생생

생생한 현장 사진으로 쉽게 이해하는

수배전설비

실무 기초

생생

생생한 현장 사진으로 쉽게 이해하는

수배전설비 실무 기초

김대성 지음

BM (주)도서출판 성안당

도서 A/S 안내

성안당에서 발행하는 모든 도서는 저자와 출판사, 그리고 독자가 함께 만들어 나갑니다.

좋은 책을 펴내기 위해 많은 노력을 기울이고 있습니다. 혹시라도 내용상의 오류나 오탈자 등이 발견되면 "좋은 책은 나라의 보배"로서 우리 모두가 함께 만들어 간다는 마음으로 연락주시기 바랍니다. 수정 보완하여 더 나은 책이 되도록 최선을 다하겠습니다.

성안당은 늘 독자 여러분들의 소중한 의견을 기다리고 있습니다. 좋은 의견을 보내주시는 분께는 성안당 쇼핑몰의 포인트(3,000포인트)를 적립해 드립니다.

잘못 만들어진 책이나 부록 등이 파손된 경우에는 교환해 드립니다.

본서 기획자 e-mail : coh@cyber.co.kr(최옥현)

홈페이지 : http://www.cyber.co.kr

전화 : 031) 950-6300

PREFACE 생생한 현장사진으로 쉽게 이해!

우리나라의 자격시험이 이론과 실습의 통합형으로 바뀐 지 오래되었으나 방침과는 거리가 먼 교육방식이 유지되고 있어 자격증 취득 후 일을 시작하는 안전관리자나 시설분야에 종사하는 일반 기사분들이 처음 전기실에 들어갔을 때 무척 당황하는 사례가 많습니다.

본 교재는 이런 실무적인 어려움을 해소해 드리기 위해 수배전 단선계통도를 중심으로 한전 인입부터 저압에 이르기까지 수전설비들의 기초부분을 풍부한 현장사진을 덧붙여 설명했습니다. 그 외 수배전과 관련하여 반드시 숙지하고 있어야 할 수배전 일반기기들의 동작계통을 다루었습니다.

또한, 교재의 처음부터 끝까지 동영상강의를 통해 자세하게 설명하여 학습효과를 극대화하였습니다(동영상강의는 필요 시 사이트에서 별도 신청 : 시설관리몰 http://cafe.naver.com/114er).

교재와 실제 실무 동영상강의를 통해 수배전 도면은 완전히 파악할 수 있고, 각종 수배전 기기들의 동작에 대해서도 충분히 이해 및 조작이 가능하도록 했습니다.

이에 본 교재로 수배전 실무를 공부한다면 현장감을 느끼며 실무의 기본을 탄탄하게 다질 수 있을 것입니다.

앞으로도 일반 온 · 오프 라인에서 취급하지 않는 현장실무의 새로운 분야를 끊임없이 개척해 나가도록 노력하겠습니다.

끝으로 이 책을 출판하기까지 힘써주신 (주)도서출판 성안당 이종춘 회장님과 편집부 직원들에게 진심으로 감사드립니다.

저자 씀

CONTENTS

Chapter 01 정식 수배전 계통도(1,000kVA 이상)[개별 난방]

Chapter 02 정식 수배전 계통도(1,000kVA 이상)[지역 난방]

Chapter 03 약식 수배전 계통도(1,000kVA 이하)

Chapter 04

기타 수배전 일반

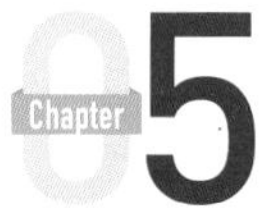
Chapter 05

APT 일반 건축 평면도 보는 법

Chapter 01

정식 수배전 계통도(1,000kVA 이상) [개별 난방]

01 아파트 전기실 배치도

02 아파트 수배전 계통도–수전 용량 1,300kVA, 발전기 350kVA

Chapter 01 정식 수배전 계통도(1,000kVA 이상)[개별 난방]

01 아파트 전기실 배치도

1 전기실 및 발전기실 평면도

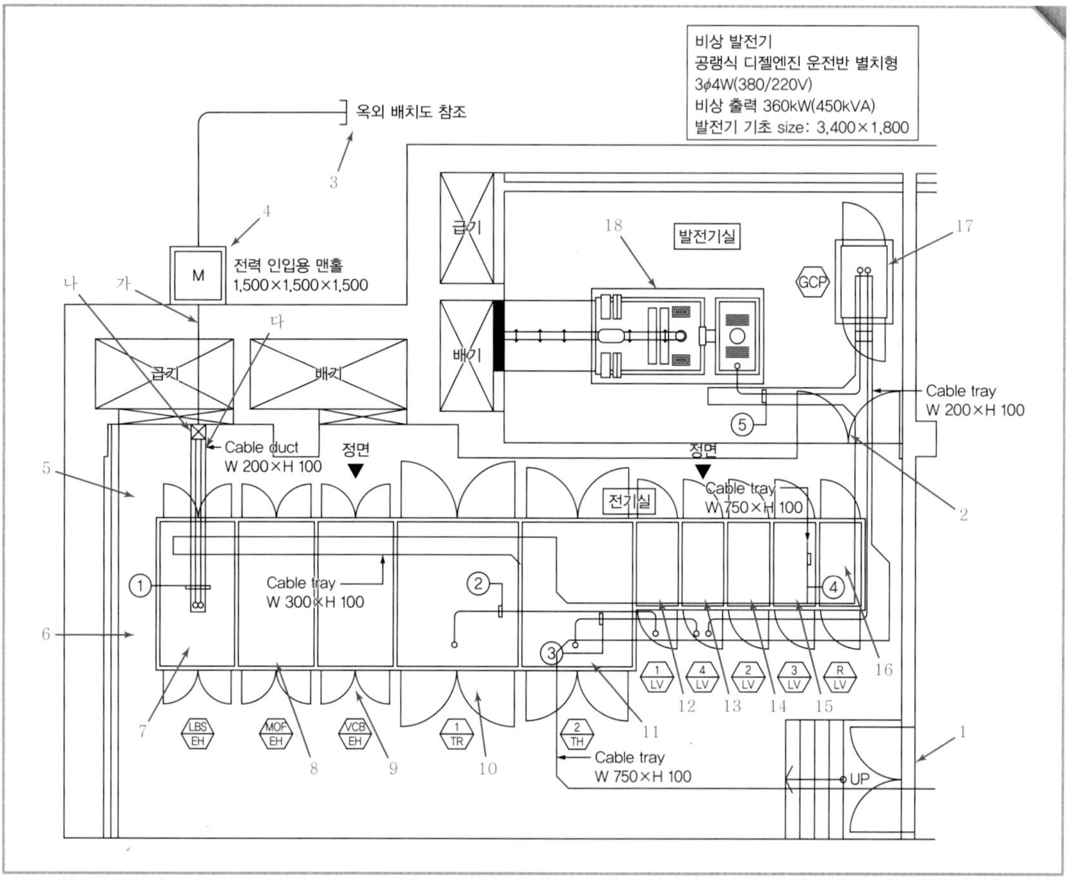

비상 발전기
공랭식 디젤엔진 운전반 별치형
3ϕ4W(380/220V)
비상 출력 360kW(450kVA)
발전기 기초 size: 3,400×1,800

옥외 배치도 참조
전력 인입용 맨홀
1,500×1,500×1,500
M
급기
배기
발전기실
GCP
Cable tray
W 200×H 100
Cable duct
W 200×H 100
정면
전기실
Cable tray
W 750×H 100
Cable tray
W 300×H 100
LBS EH
MOF EH
VCB EH
1 TR
2 TH
1 LV
4 LV
2 LV
3 LV
R LV
UP
가
나
다
1
2
3
4
5
6
7
8
9
10
11
12
13
14
15
16
17
18

▶ 1번 : 지하 전기실 출입문

▶ 2번 : 발전기실 출입문

▶ 3번 : 건물 외부 한전 책임 분기점으로, 아파트 입구에 있는 전주에서 지중(땅속)으로 인입 전원이 들어온다.

▶ 4번 : 전력 인입용 맨홀로, 건물 경계지점의 땅속에 맨홀을 묻은 뒤 전주에서 오는 배관과 전기실에서 오는 배관을 연결해 주는 역할을 한다. 만약 중간에 맨홀이 없고 전주에서 전기실까지 직접 배관된다면 인입 케이블을 입선하기 어렵다(거의 불가능).

▶ 가 : 매입 배관, 나 : 노출 풀박스, 다 : 케이블 덕트
맨홀에서 매입 배관(가) 및 풀박스(나), 케이블 덕트(다)를 지나 LBS 패널로 간다.

▶ 5번 : 패널 전면쪽

▶ 6번 : 패널 후면쪽

▶ 7번 : LBS 패널로, 맨홀을 지난 한전 인입 케이블이 LBS에 연결된다.

▶ 8번 : MOF 패널

▶ 9번 : 메인 VCB 패널

▶ 10번 : TR1(800kVA) 패널

▶ 11번 : TR2(500kVA) 패널

▶ 12번 : LV1 패널

▶ 13번 : LV4 패널

▶ 14번 : LV2 패널

▶ 15번 : LV3 패널

▶ 16번 : LVR 패널

▶ 17번 : GCP(발전기) 패널

▶ 18번 : 발전기

살·펴·보·기 수기사항

번호	FROM	TO	배선규격	비고
①	KEPCO	LBS EH	22.9kV-Y CNCV/W 60°/1C × 3 (ST104C) -2조	1조 예비
②	1 TR	1 LV	600V F-CV 325°/1C × 8	IN TRAY
③	2 TR	2 LV	600V F-CV 200°/1C × 8	IN TRAY
④	2 LV	GCP	600V FR-8 200°/1C × 8	IN TRAY
⑤	GCP	발전기	600V FR-8 200°/1C × 8	IN TRAY

1. ①번

(1) KEPCO : 인입 전원(22.9kV)이 한전에서 온다는 뜻이다.

(2) LBS : 한전에서 온 인입 전원이 LBS 패널로 간다는 뜻이다.

(3) 22.9kV-Y CNCV/W 60°/1C×3(ST104C)-2조 : 인입되는 전압은 22,900V이며 케이블 종류는 CNCV이다. 케이블의 굵기는 60sq(스키아)이고, 1코어짜리 3가닥이다. 배관은 스틸 배관으로 하되, 굵기는 104mm이다.

(4) 1조 예비 : 1조 3가닥은 예비용으로 사용한다. 따라서 한전에서 오는 케이블은 2조로 총 6가닥이다.

2. ②번

(1) TR1, LV1 : TR1에서 LV1으로 패널 내부 간 트레이(IN TRAY)를 이용해 케이블 8가닥을 연결한다는 것이다.

(2) ③, ④번 : 위 ②번의 형태로 해석한다.

3. ⑤번

GCP, 발전기 : 발전기실에 있는 발전기 패널(GCP)과 발전기 사이에 연결된 케이블 트레이(IN TRAY)를 통해 케이블 8가닥을 연결한다는 것이다.

한전 인입용 전주(평면도의 3번)

㉠ 1번 : 한전 인입 전원(22.9kV)

㉡ 2번 : 지중(땅속)으로 들어간다.

풀박스와 덕트(평면도의 나, 다)

건물 외부의 인입용 맨홀에 건물 내부로 들어와 풀박스와 덕트를 거쳐 패널로 들어간다.

전기실 내부

㉠ 1번 : 특고압 라인 ㉡ 2번 : 저압 라인

발전기 패널(평면도의 17번, GCP)

정전 시 전기실의 패널에서 정전 신호를 받아 발전기를 기동시킨다.

발전기(평면도의 18번)

정전 시 발전기 패널에서 신호가 오면 기동되어 공용부에 전기를 공급해 준다.

2 전기실 패널 측면도

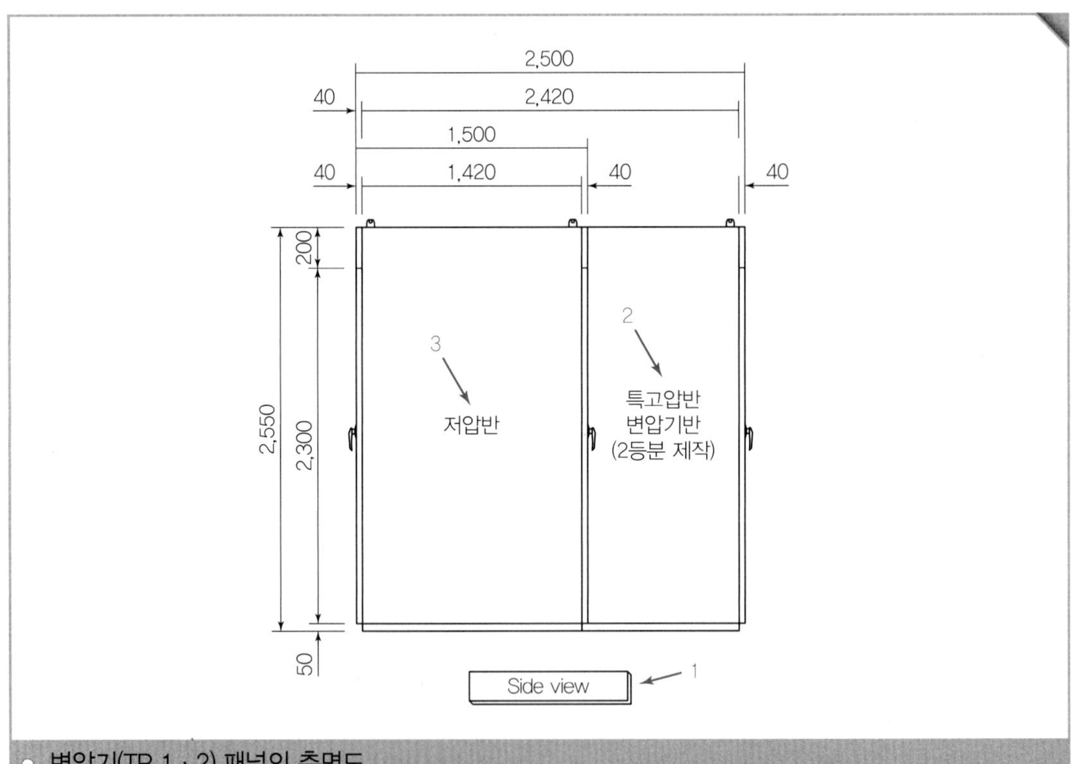

변압기(TR 1 · 2) 패널의 측면도

한전 인입(22.9kV)은 특고압으로 LBS 패널부터 TR2 패널까지 오며, 이 중 변압기 패널의 경우 후면(1차측)은 특고압, 정면(2차측)은 저압의 2등분으로 되어 있다.

▶ 1번 : 패널의 측면을 나타내는 표시

▶ 2번 : 특고압(22,900V)이 흐르는 패널

▶ 3번 : 저압(380/220V)이 흐르는 패널

TR1(800kVA) 패널의 후면

변압기(TR1)가 들어 있는 패널의 후면 모습이다.

TR1(800kVA) 패널의 전면 내부 모습

TR 2차측으로, 저압(380/220V)이다.

참고 대부분 패널의 전면이 저압, 후면이 특고압이다.

TR1(800kVA) 패널의 후면 내부 모습

TR 1차측으로, 특고압(22.9kV)이다.

3 전기실 패널 전면 및 뒷면 평면도

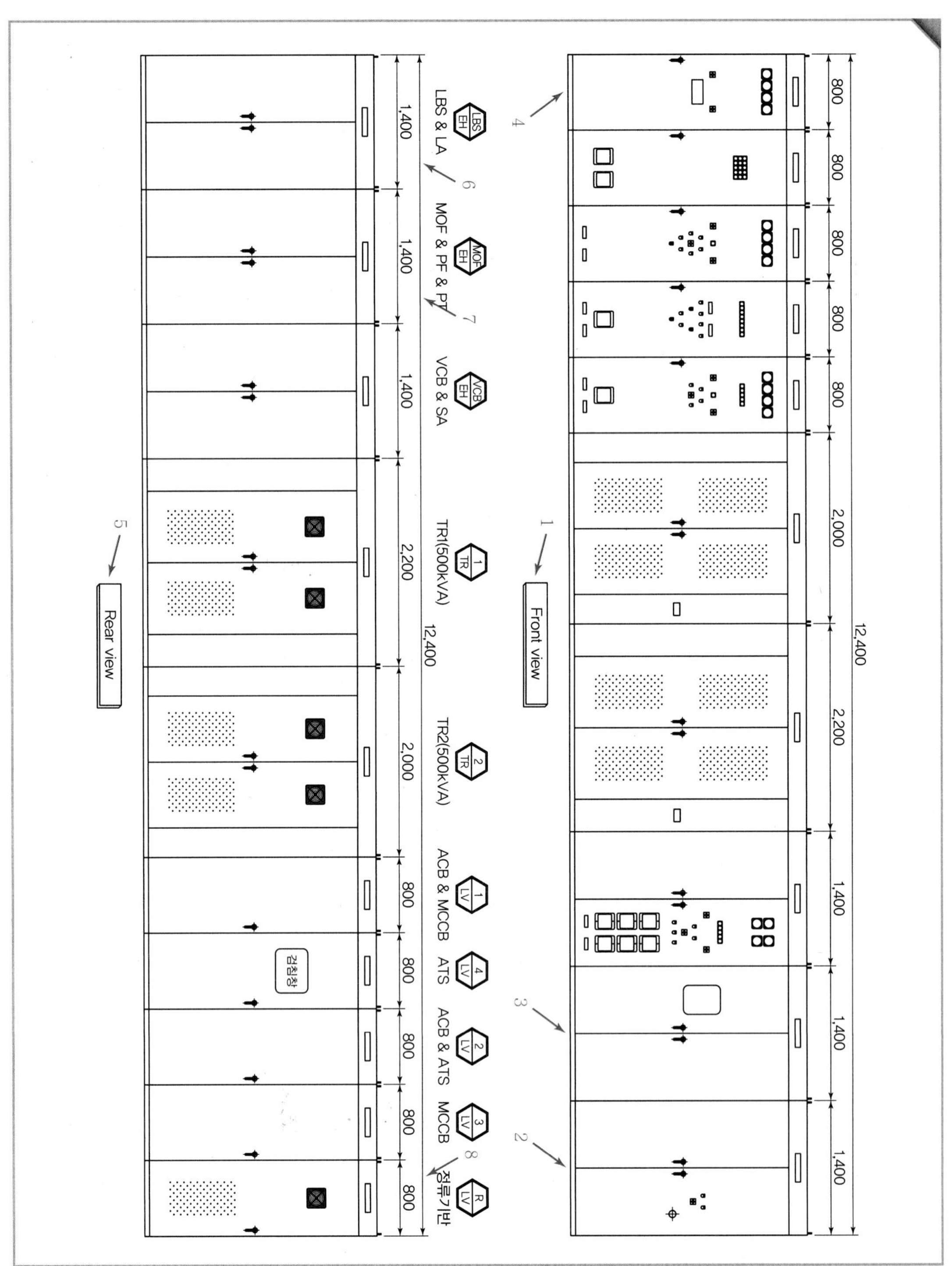

▶ 1번 : 전면 ▶ 2 · 6번 : LBS 패널 ▶ 3 · 7번 : MOF 패널

▶ 4 · 8번 : LVR 패널 ▶ 5번 : 후면

4 전기실 패널 윗면 및 바닥 평면도

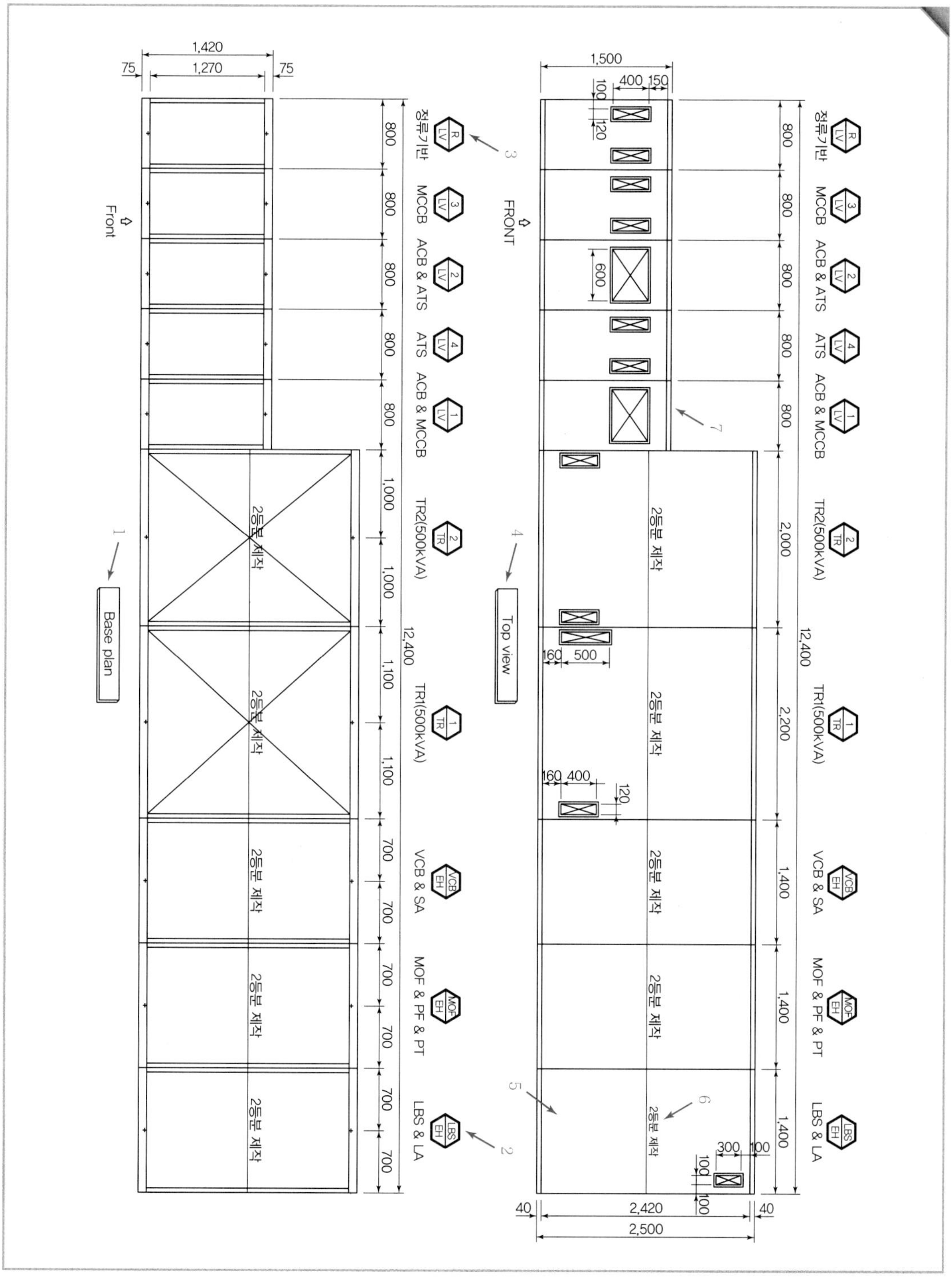

Base plan
Front
1,420
75 1,270 75
800 800 800 800 800 1,000 1,000 1,100 1,100 700 700 700 700 700 700
12,400
2등분 제작

Top view
FRONT
1,500
400 150
100 120 600
2,000 2,200 1,400 1,400 1,400
12,400
160 500
160 400 120
300 100 100 100
40 2,420 40
2,500

R LV 정류기반
3 LV MCCB
2 LV ACB & ATS
4 LV ATS
1 LV ACB & MCCB
2 TR TR2(500kVA)
1 TR TR1(500kVA)
VCB EH VCB & SA
MOF EH MOF & PF & PT
LBS EH LBS & LA

▶ 1번 : 바닥면
▶ 2 · 5 · 6번 : LBS 패널
▶ 3번 : LVR 패널
▶ 4번 : 윗면
▶ 7번 : LV1 패널

02 아파트 수배전 계통도 – 수전 용량 1,300kVA, 발전기 350kVA

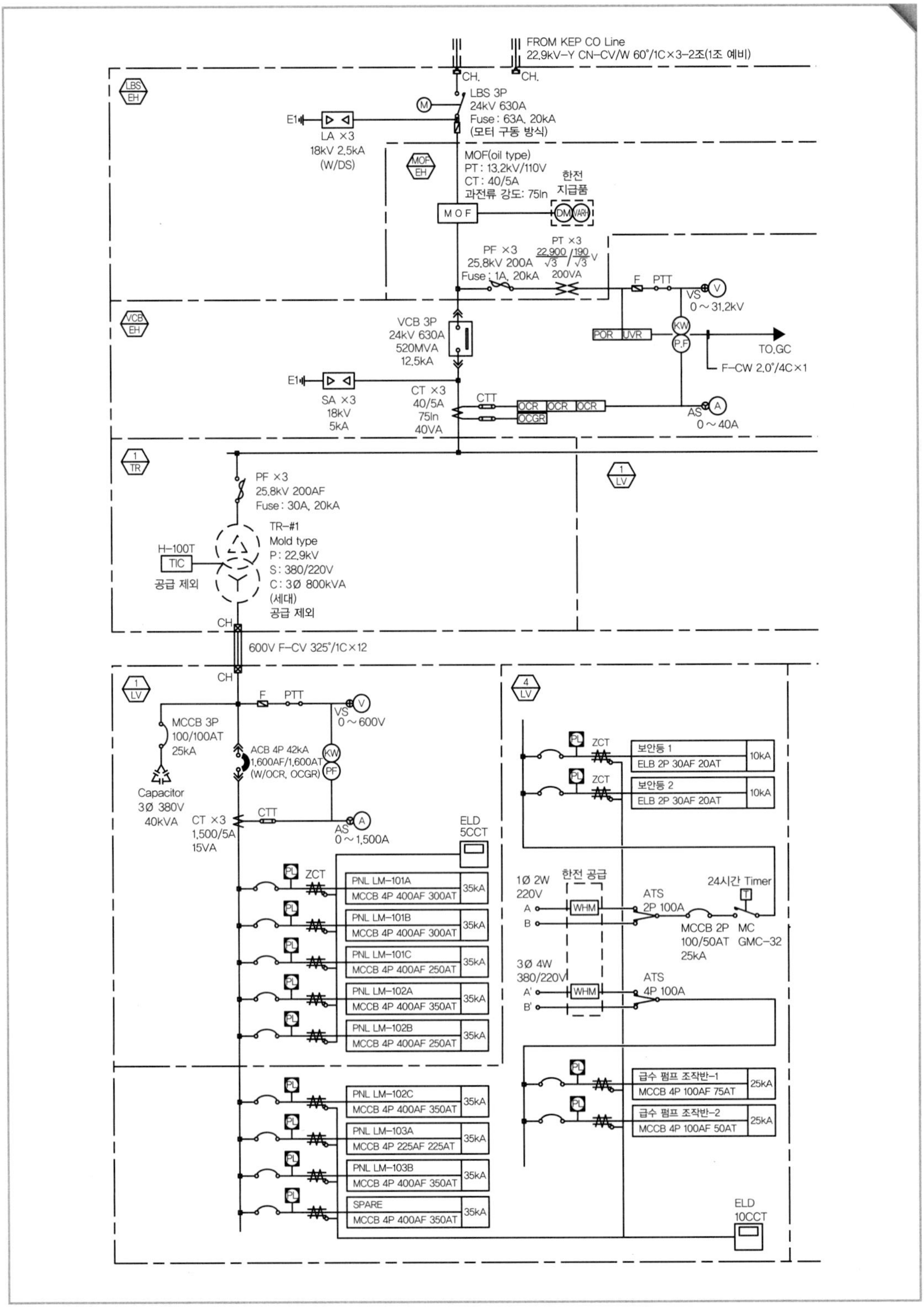

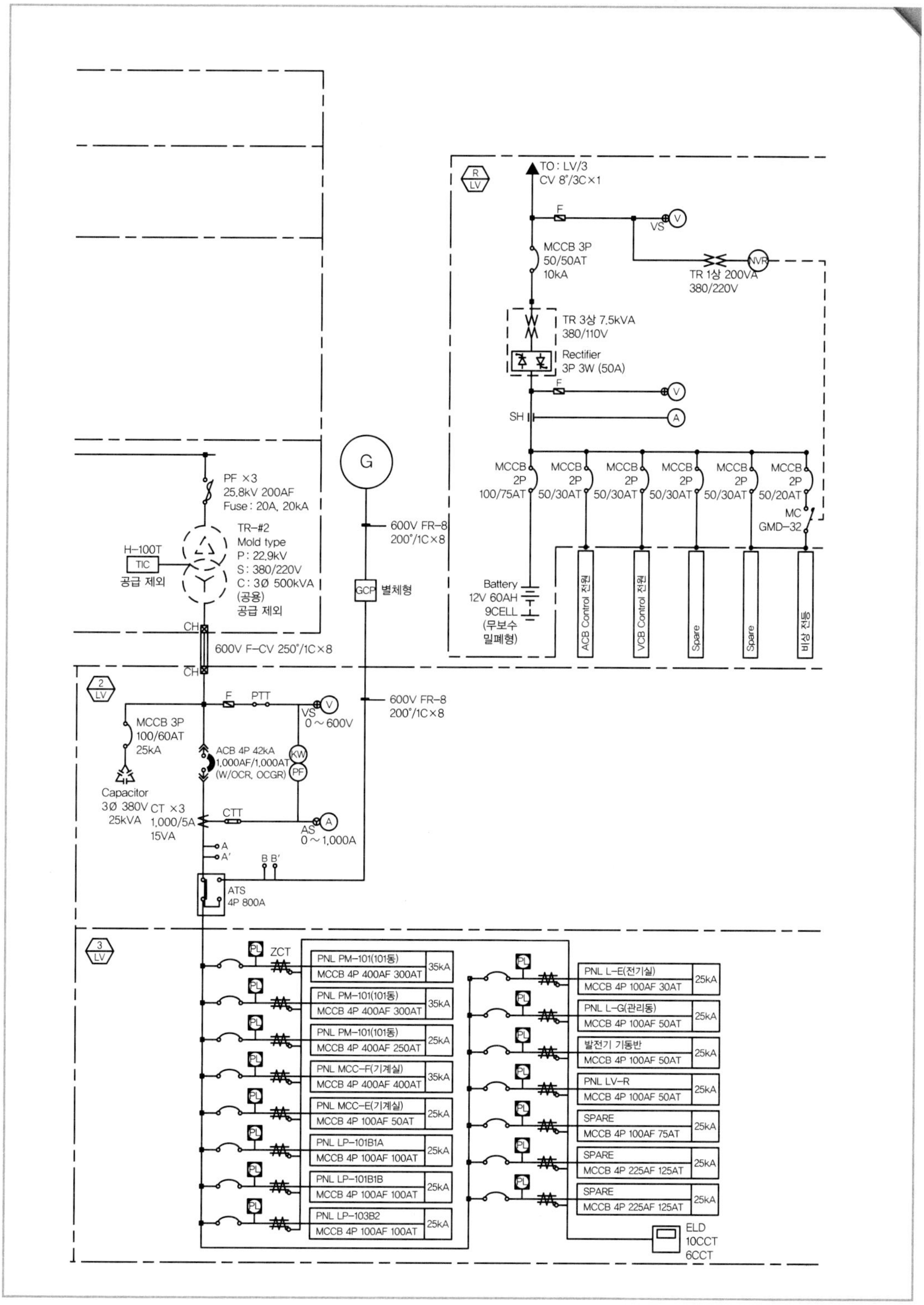

R LV
TO : LV/3
CV 8˚/3C×1
F
VS
V
MCCB 3P
50/50AT
10kA
TR 1상 200VA
380/220V
NVR
TR 3상 7.5kVA
380/110V
Rectifier
3P 3W (50A)
F
V
SH
A
MCCB 2P 100/75AT
MCCB 2P 50/30AT
MCCB 2P 50/30AT
MCCB 2P 50/30AT
MCCB 2P 50/30AT
MCCB 2P 50/20AT
MC
GMD-32
Battery
12V 60AH
9CELL
(무보수 밀폐형)
ACB Control 전원
VCB Control 전원
Spare
Spare
비상 전등
PF ×3
25.8kV 200AF
Fuse : 20A, 20kA
TR-#2
Mold type
P : 22.9kV
S : 380/220V
C : 3Ø 500kVA
(공용)
공급 제외
H-100T
TIC
공급 제외
G
600V FR-8
200˚/1C×8
GCP 별체형
CH
600V F-CV 250˚/1C×8
CH
2 LV
F
PTT
VS
V
0～600V
600V FR-8
200˚/1C×8
MCCB 3P
100/60AT
25kA
ACB 4P 42kA
1,000AF/1,000AT
(W/OCR, OCGR)
KW
PF
Capacitor
3Ø 380V
25kVA
CT ×3
1,000/5A
15VA
CTT
AS
A
0～1,000A
A
A'
B B'
ATS
4P 800A
3 LV
PL
ZCT
PNL PM-101(101동) MCCB 4P 400AF 300AT 35kA
PNL PM-101(101동) MCCB 4P 400AF 300AT 35kA
PNL PM-101(101동) MCCB 4P 400AF 250AT 25kA
PNL MCC-F(기계실) MCCB 4P 400AF 400AT 35kA
PNL MCC-E(기계실) MCCB 4P 100AF 50AT 25kA
PNL LP-101B1A MCCB 4P 100AF 100AT 25kA
PNL LP-101B1B MCCB 4P 100AF 100AT 25kA
PNL LP-103B2 MCCB 4P 100AF 100AT 25kA
PNL L-E(전기실) MCCB 4P 100AF 30AT 25kA
PNL L-G(관리동) MCCB 4P 100AF 50AT 25kA
발전기 기동반 MCCB 4P 100AF 50AT 25kA
PNL LV-R MCCB 4P 100AF 50AT 25kA
SPARE MCCB 4P 100AF 75AT 25kA
SPARE MCCB 4P 225AF 125AT 25kA
SPARE MCCB 4P 225AF 125AT 25kA
ELD
10CCT
6CCT

1 LBS ~ VCB 1차측

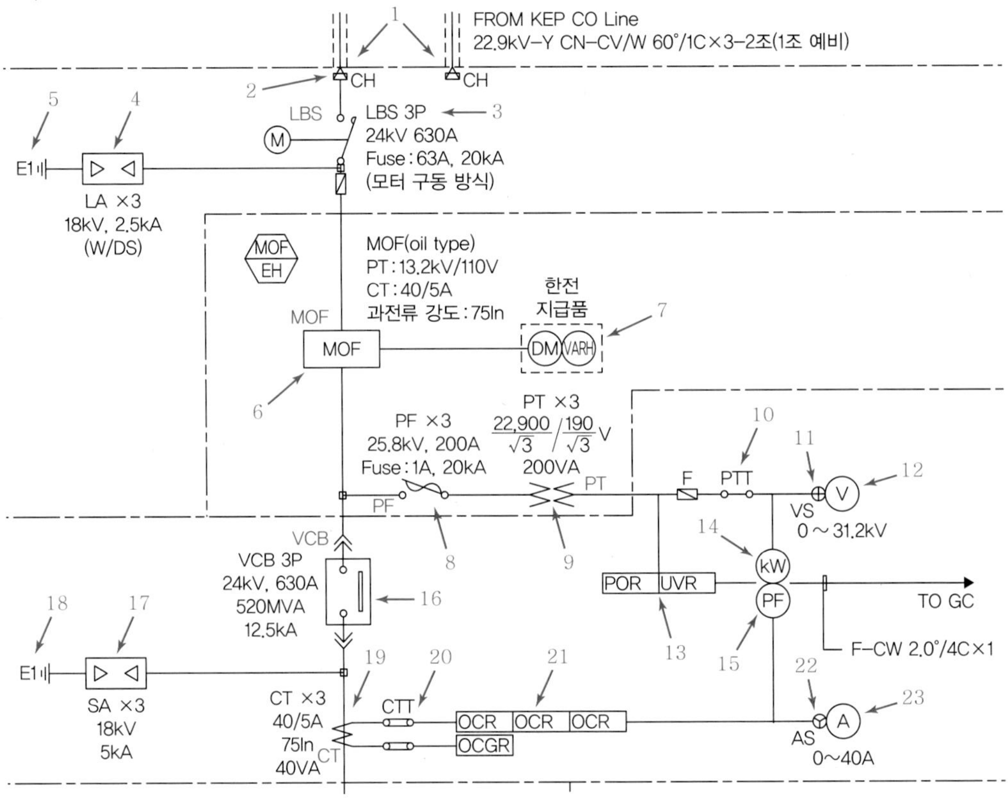

(1) 1번 – 한전 인입 케이블

전력 공급용과 예비용 케이블이 설치된 모습

1조에 3가닥(R, S, T)씩, 예비 포함해 총 2조 6가닥이 와서 3가닥은 사용되고, 예비 3가닥은 패널 옆면에 고정된다.

(2) 2번 – CH(케이블 헤드)

피복을 벗긴 부분(도체)의 표면에는 전압과 비례해 전계가 형성되는데, 벗겨진 부분(절단면)에 집중된다. 이때, 자칫 절단면이 소손되기도 하는데 이를 방지하기 위해 사용된다.

LBS에 케이블이 접속된 모습

㉠ 1번 : 케이블 헤드

㉡ 2번 : CNCV 케이블

㉢ 3번 : LBS

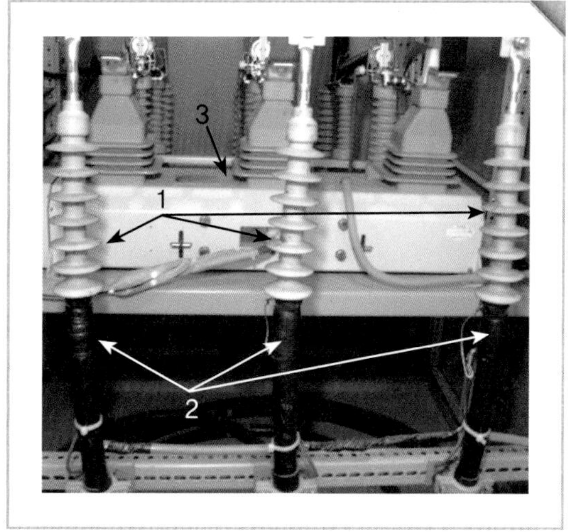

(3) 3번 – LBS(부하 개폐기)

LBS에 PF(파워 퓨즈)가 장착된 모습

LBS는 정격 전류 이하는 개폐할 수 있으나 큰 고장 전류는 스스로 개폐할 수 없으므로 PF(전력 퓨즈) 장착형을 많이 사용한다.

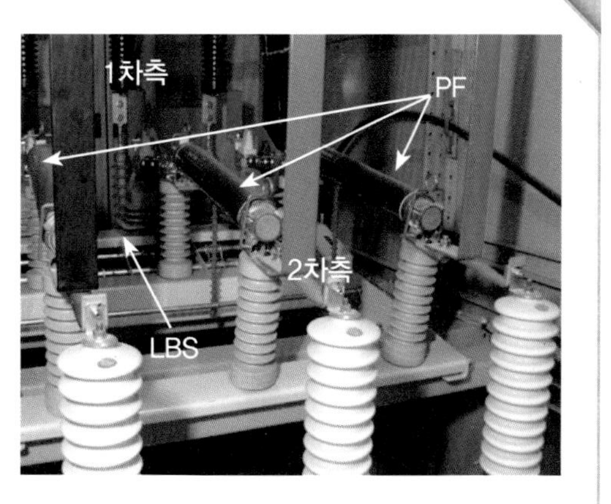

(4) 4번 – LA(피뢰기)

LBS 2차측에 LA(피뢰기)가 장착된 모습

낙뢰 등으로 인한 이상 전류 발생 시 피뢰기 → 편조선 → 접지 버스바 → 접지선(GV) → 대지로 흘려보낸다.

(5) 5번 – E1(제1종 접지)

제1종 접지 저항값은 10Ω 이하로 나와야 한다. 접지 저항의 종류는 제1종(10Ω 이하, 제2종(5Ω 이하), 제3종(100Ω 이하), 특별 제3종(10Ω 이하)이 있다.

접지선이 피뢰기와 연결된 모습

㉠ 1번 : 피뢰기
㉡ 2번 : 고정 브래킷
㉢ 3번 : 버스바
㉣ 4번 : 접지선

(6) 6번 – MOF(계기용 변압 변류기)

한전 전기의 계량을 목적으로 사용된다. 즉, 22.9kV의 전기를 직접 계량기로 측정할 수 없기 때문에 낮춰서 측정하기 위해 MOF를 사용하는 것이다. 22.9kV의 특고압은 110V로 무조건 강압(전압을 내림)하고, 대전류는 소전류(5A)로 낮추어 계량기에 공급한다. 그리고 매월 검침할 때 낮춘 배율만큼 곱해 적산을 하면 그 배율에 의해 사용량이 정확히 계산된다.

MOF 모습

㉠ 1번 : MOF의 O 단자

㉡ 2번 : 외함 접지

㉢ 3번 : 한전 인입 케이블의 중성선 접지로, 사진을 보면 결국 1~3번이 모두 연결된다.

㉣ 4번 : 적산 전력계와 연결되는 단자대

㉤ 5번 : 부싱

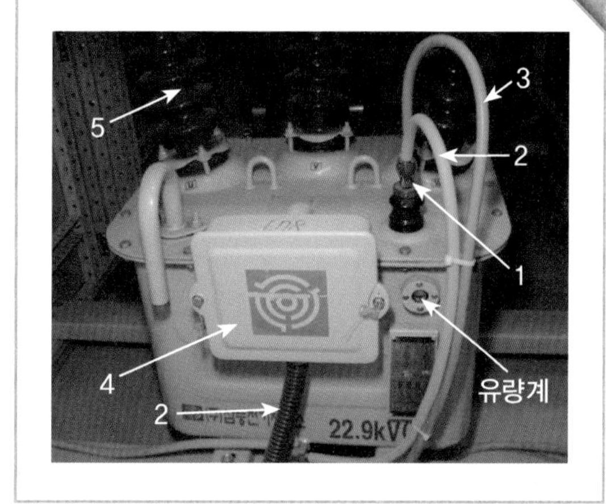

적산 전력계와 MOF가 결선된 모습

특고압(22.9kV)이 MOF를 통해 낮춰졌기 때문에 적산 전력계로 계량이 가능하다.

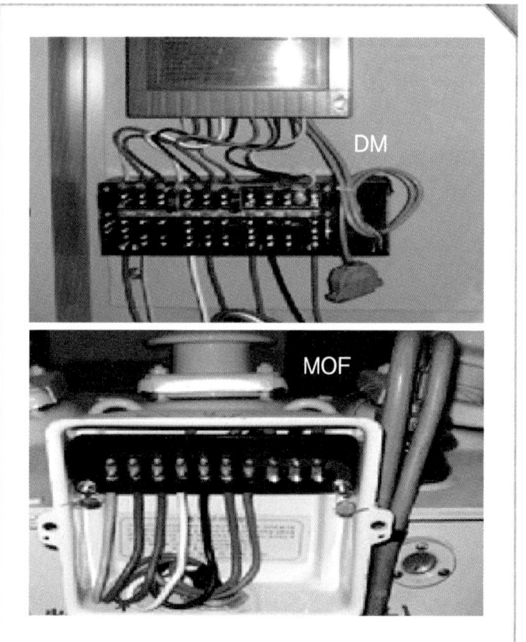

(7) 7번 – 한전 적산 전력계

① 적산 전력량계에는 배율이 있는데 계량기에서 나온 수치에 이 배율을 적용시켜 전기요금이 산정된다.

② DM(Demand Meter) : 최대 수요 전력계

③ VARH(VAR Hour) : 무효 전력량계

④ 일 사용 전력[kW] = (금일 지침−전일 지침) × 승률

여기서, 승률 = PT비 × CT비

MOF 패널 후면

㉠ 7번 : 한전 적산 전력계

㉡ 8번 : 사진에서는 보이지 않지만 패널 바닥에 MOF가 있다.

(8) 8번 – PF(전력 퓨즈, 파워 퓨즈)

① 고압 및 특고압 기기의 단락 보호를 위해 사용되며, 퓨즈 선정은

$I = \frac{P[\text{kVA}]}{\sqrt{3} \times 22.9[\text{kV}]}$이다.

위 공식값×2배의 퓨즈를 선정한다.

② 사용 목적 : 고압 및 특고압 기기의 단락을 보호한다.

PF 모습

㉠ 1번 : 애자

㉡ 2번 : 디스콘봉을 끼우는 고리

㉢ 3번 : PF 용량(1A)

㉣ 4번 : 캡

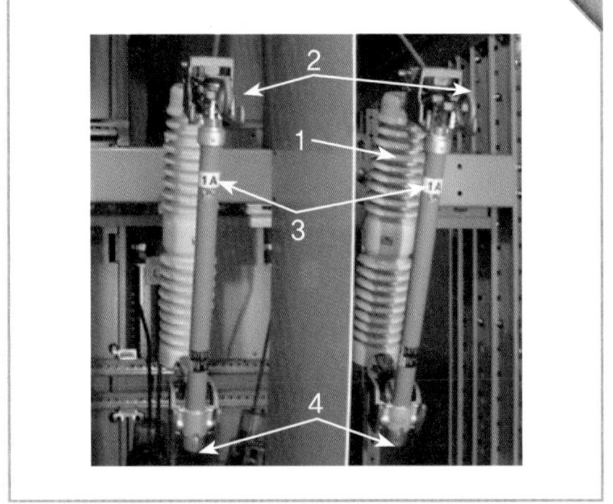

VCB와 MOF 사이에 설치된 PF 모습

8번 : PF 용량(1A)

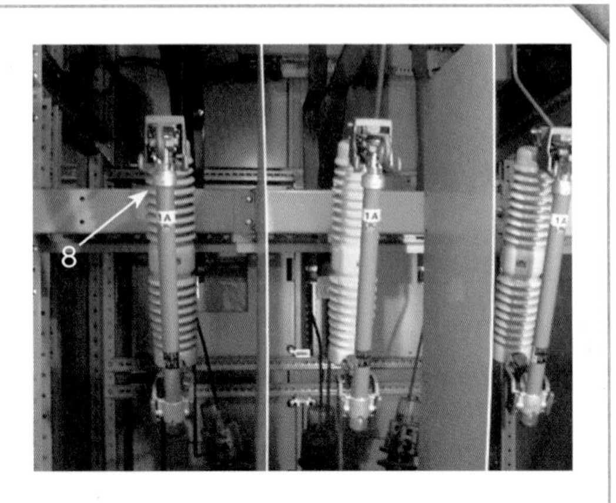

③ 종류

㉠ 소호 방식에 따라 한류형과 비한류형이 있으며, 한류형 퓨즈는 높은 아크 저항을 발생하여 사고 전류를 강제적으로 한류 억제해서 차단하는 퓨즈이고, 밀폐 절연통 안에 퓨즈 엘리먼트와 규소 등이 소호재를 충전 · 밀폐한 구조이며 현재 수·변전 설비에서 많이 사용된다.

㉡ 전력 퓨즈는 차단기와 릴레이, 변성기의 3가지 역할을 하는 특성이 있고, 경제적인 기기이면서도 동작 특성이 확실하며, 소형·염가일 뿐만 아니라 동작 대상의 일정값 이상 과전류에서는 오동작이 없는 완전한 차단 특성을 가지고 있다.

④ 기타 정보

㉠ 부하가 걸린 상태에서 파워 퓨즈를 방출하지 않는다.

㉡ 퓨즈가 단락될 때는 내부에서 자체적으로 소호(아크를 소멸시킴)된다. 모래 같은 것이 들어 있어서 퓨즈가 끊기면서 단락에 의해 발생되는 에너지를 흡수한다.

⑤ 교체 순서

㉠ 안전 장구(작업모, 절연 장갑, 절연 장화, 3상용 접지셋) 및 탈부착에 사용하는 디스콘(discon)봉을 준비한다.

㉡ PF 분리 작업 : 파손된 PF의 탈부착 고리에 디스콘봉의 고리를 걸어 PF를 분리시킨다. 이때, 고리를 건 뒤 강한 힘을 가하여 단번에 몸쪽으로 당긴다.

㉢ 방전 작업 : PF를 분리한 뒤 작업용 접지선을 접지에 먼저 연결한 다음 PF 2차측(부하측) 접지 버스바(bus bar) 한 상씩 방전 작업을 한다(부하측 전력 기기에 남아 있는 잔류 전류를 방전하여 인명 피해 방지).

㉣ PF(3개 1세트)를 교체한다. 1개가 파손되었어도 나머지도 충격이 가해지므로 한꺼번에 교체하는 것이 바람직하며, 교체 후 접지선을 분리한 뒤 탈부착 고리에 디스콘봉을 걸어 강한 힘을 주고 단번에 몸 바깥쪽으로 밀어 부착한다.

(9) 9번 – PT(Potential Transformer : 계기용 변압기)

① 고전압 회로의 계측 및 보호에 사용되는데, 주로 고압을 저압(110V)으로 변성하여 계기, 계전기에 공급하는 역할을 한다.

② **용도** : 배전반의 전압계, 전력계, 주파수계, 역률계, 보호 계전기, 부족 전압계 등의 전원으로 사용된다.

PT 설치 모습

9번 : 계기용 변압기

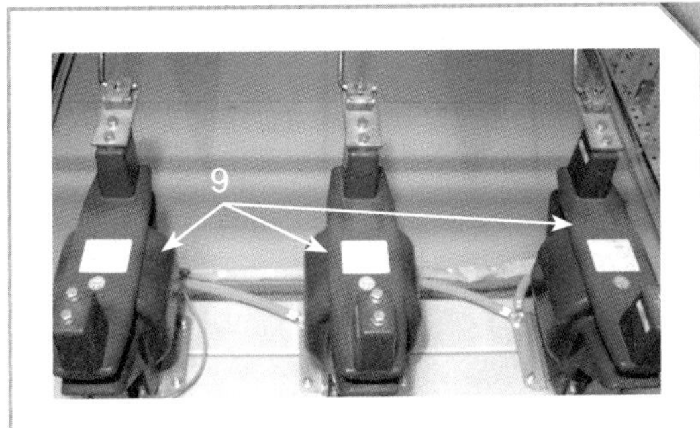

(10) 10번 – PTT(PT Tester : 변성기 시험 단자)

① PT의 2차측 회로에 설치하는 시험 단자이다. 전압계 · 전력계 등을 보수할 때 플러그를 테스트 단자에 삽입하여 PTT 2차측에 전압이 인가되지 않도록 한다.

② **PTT 삽입 시 주의사항** : 플러그를 삽입할 때 테스트 단자의 단자 4개가 서로 연결되지 않도록 해야 한다. 즉, 1차와 2차가 연결되지 않도록 하며, 1차의 단자가 서로 단락되면 안 된다.

패널 하부에 설치된 PTT

PT의 2차측 회로에 설치한다.

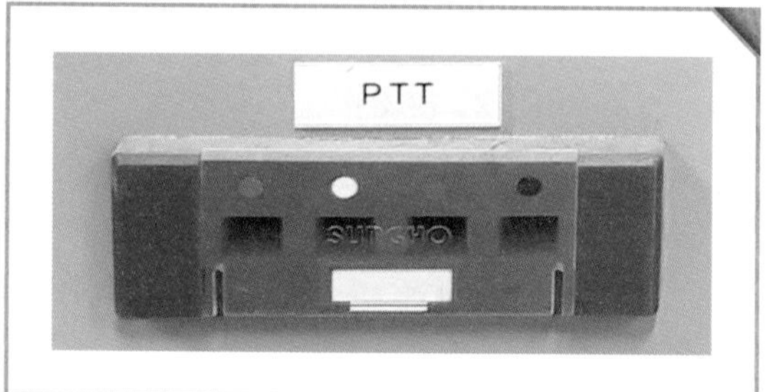

PTT 플러그 단자 모습

가운데 4개의 구멍으로 플러그를 삽입한다.

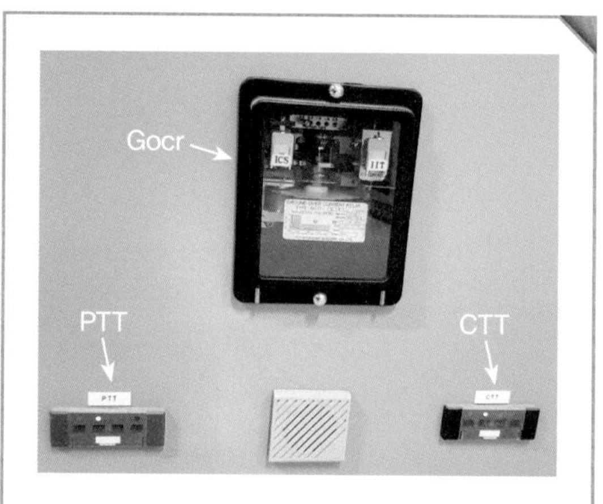

PTT 플러그 모습

보통 적색이다.

잘못 연결된 핀 모습

PTT는 사진처럼 단자가 서로 연결(단락)되면 안 된다.

(11) 11번 – VS(전압계 전환 스위치)

VS

왼쪽(9시 방향) 정지부터 시작해서 전환 스위치를 돌려 차례로 각 상(R, S, T)을 지시하면 전압 지시계에 전압이 측정된다.

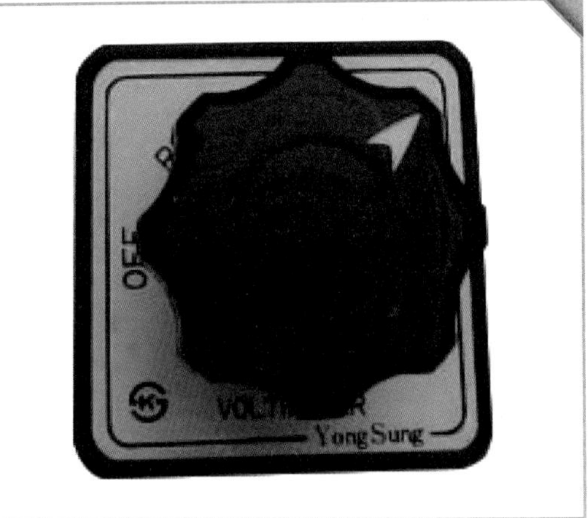

(12) 12번 – 전압 지시계

전압 지시계

VS로 선택된 상의 전압이 표시된 모습이다.

(13) 13번 – POR(결상 계전기), UVR(교류 부족 전압 계전기)

① **결상 계전기(phase open relay)** : 3상 전력 회로에 결상 · 역상 · 부족 전압 등의 사고 시 동작하여 기기를 보호하는 데 사용된다.

② **교류 부족 전압 계전기(under voltage relay)** : 입력 전압이 규정값보다 작아졌을 때 동작하는 계전기로, 정격 전압의 약 80%에서 접점이 동작한다.

보호 계전기

COR, POR, UVR 등의 보호 계전기가 설치된 모습이다.

UVR

UVR(부족 전압 계전기)이 설치된 모습이다.

(14) 14번 – kW(전력계)

전력계는 전력량을 지시하는 계기이다.

지시계 보는 법

바늘이 가리키는 지침을 읽으면 된다. 사진에서는 눈금 1개가 100이므로 지침은 약 330kW이다.

(15) 15번 – PF(역률) 지시계

① **역률** : 피상 전력(총전력)에 대한 유효 전력의 비율을 역률이라 하며, 부하 기기에 실제로 걸리는 전압과 전류가 얼마나 유효하게 일을 하는가 하는 비율을 의미한다. 한편으론 전압과 전류의 위상차라고도 한다.

㉠ 유효 전력 : 실제 사용되는 유효한 전력이다.

㉡ 무효 전력 : 실제 사용되지 않고 소비되는 전력이다.

㉢ 진상(LEAD) : 콘덴서 성분으로, 역률이 앞선다.

㉣ 지상(LAG) : 코일 성분으로, 역률이 뒤쳐진다.

② 역률의 크기와 의미

㉠ 역률이 큰 경우 : 역률이 크다는 것은 유효 전력이 피상 전력에 근접하는 것이다.

- 부하측(수용가측)면 : 같은 용량의 전기 기기를 최대한 유효하게 이용하는 것을 의미한다.
- 전원측(공급자측)면 : 같은 부하에 대하여 작은 전류를 흘려보내도 되므로 전압 강하 전원 설비의 이용 효과가 커지는 이점이 있다.

㉡ 역률이 작은 경우 : 역률이 큰 경우와 반대되는 불이익이 있다.

③ 역률계 보는 법

㉠ 역률계는 %로 읽는다.

㉡ 계기의 정중앙(12시에 해당되며 지침 숫자는 1임) 왼쪽이 진상(LEAD), 오른쪽이 지상(LAG)이다.

㉢ 바늘이 지시하는 수치를 읽으면 된다(예 : 0.9 = 90%).

㉣ 역률이라 함은 대부분 지상을 말하는데, 이는 진상은 콘덴서 성분이기 때문이다. 일반 부하는 거의 다 코일 성분(모터)이기 때문에 지상이다. 역률을 높이기 위해서는(정중앙 1에 가깝게) 콘덴서를 설치하여 바늘이 왼쪽(진상)으로 가도록 해야 한다.

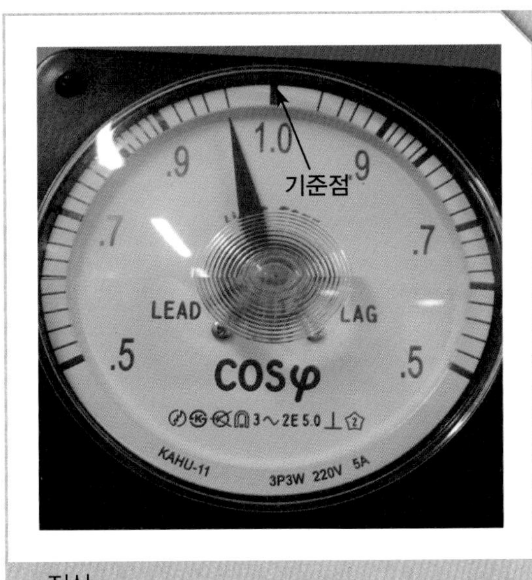

진상

진상(LEAD)이며 바늘이 중앙(1)을 기준으로 왼쪽이다(98%).

지상

지상(LAG)이며 바늘이 중앙(1)을 기준으로 오른쪽이다(98%).

ⓜ 역률을 높이기 위해 콘덴서를 많이 설치할 경우 부하의 사용이 줄어드는 야간에는 진상이 되는 경우도 있는데, 이런 현상이 지속될 경우 콘덴서의 용량을 조절해 주어야 한다.

ⓑ 역률이 90% 이하로 내려갈 경우 한전에서 역률 요금을 추가로 징수하므로 주의해야 한다.

(16) 16번 – VCB(Vacuum Circuit Breaker : 진공 차단기)

전류를 개폐함과 동시에 과부하, 단락(短絡) 등의 이상 상태에 대해 회로를 차단해 안전을 유지하는 장치이다. 평상 시에는 수동 또는 전동으로 개폐하고, 이상 시에는 자동적으로 전로를 차단한다. 차단 시 발생하는 아크 방전을 소멸시키기 위해 진공 방법을 이용한다. 작동 상태는 한전이 정전되면 UVR(부족 전압 계전기)이 정전 상태를 감지하여 VCB를 트립시킨다.

VCB 패널 모습

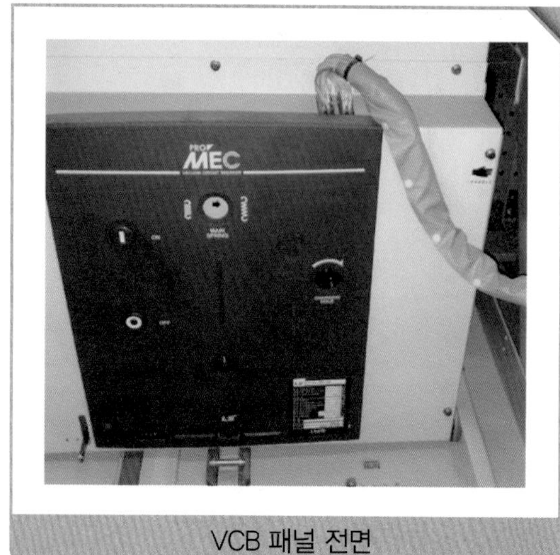

VCB 패널 전면

VCB 패널 후면

(17) 17번 – SA(서지 흡수기)

SA 모습

VCB 단자 부하측에 설치하며 보통 개폐 서지를 흡수하여 기기를 보호한다.

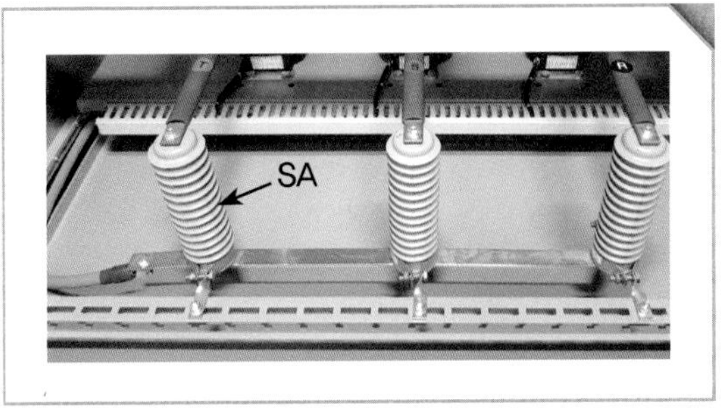

(18) 18번 – E1(제1종 접지)

① 제1종 접지 저항값은 10Ω 이하로 나와야 한다. 접지 저항의 종류는 제1종(10Ω 이하), 제2종(5Ω 이하), 제3종(100Ω 이하), 특별 제3종(10Ω 이하)이 있다.

② 제1종 접지는 주로 고압 기기나 고압 기기 시설물의 울타리 같은 곳에 사용하고, 제2종 접지는 변압기 중성점 접지에 쓰이며, 제3종 접지는 저압인 일반 전기 기기(각종 기기의 외함)에 사용한다. 그리고 특별 제3종 접지는 저압이지만 중요한 장비나 위험성이 있는 곳에 사용한다.

③ 땅속에 박은 구리봉을 접지봉이라고 하는데, 제3종 접지 시공은 쉬우나 제1종이나 특별 제3종 접지는 대지의 여건에 따라서 매우 어렵다. 이는 대지마다 고유 저항이 각각 다르기 때문이다.

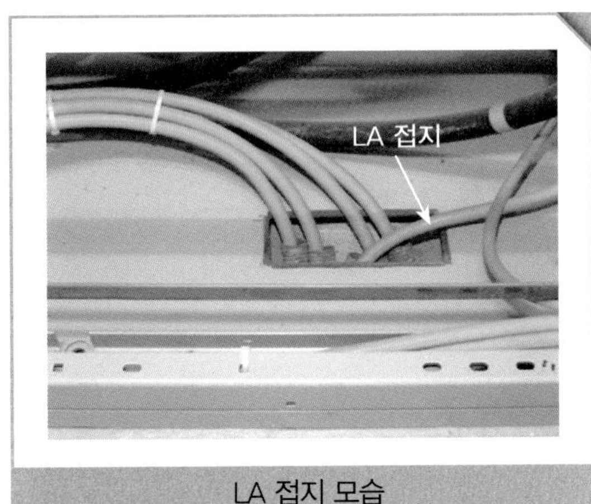

LA 접지 모습

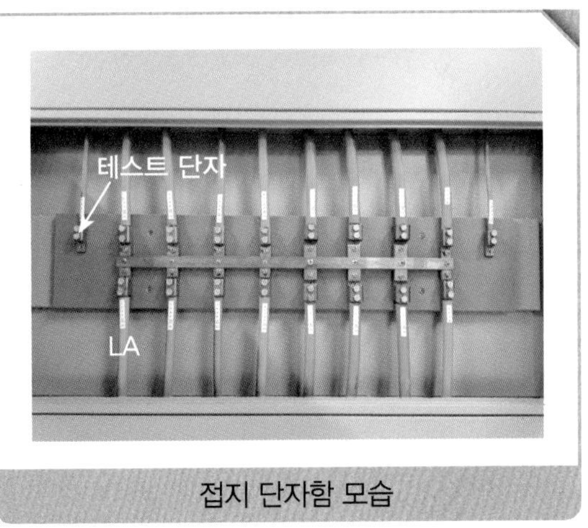

접지 단자함 모습

(19) 19번 – CT(Current Transformer : 계기용 변류기)

대전류를 소전류로 변환시켜 2차측 계기를 보호하는 역할을 하며, 보통 정격 2차 전류는 5A인데, 이는 계기나 계전기의 입력이 5A로 설계되기 때문이다.

VCB 2차측에 연결된 CT

교체하기 위해 준비된 신제품

(20) 20번 – CTT(CT TEster : 변류기 시험 단자)

① CT의 2차측 회로에 설치하는 시험 단자이다. 전류계 등을 보수할 때 플러그를 테스트 단자에 삽입하여 사용한다.

② CTT 삽입 시 주의사항

㉠ CTT의 1차와 2차가 서로 연결되지 않도록 한다.

㉡ 플러그를 삽입할 때 테스트 단자의 단자 4개가 가로로 반드시 서로 연결(단락)되어야 한다. 즉, PT와 반대(PT는 개방)이다.

㉢ 각 단자 접속 시 계전기(특히 지락 계전기)가 오동작할 수 있으니 주의한다.

CTT

패널 하부에 부착된 CTT 플로그 단자이다.

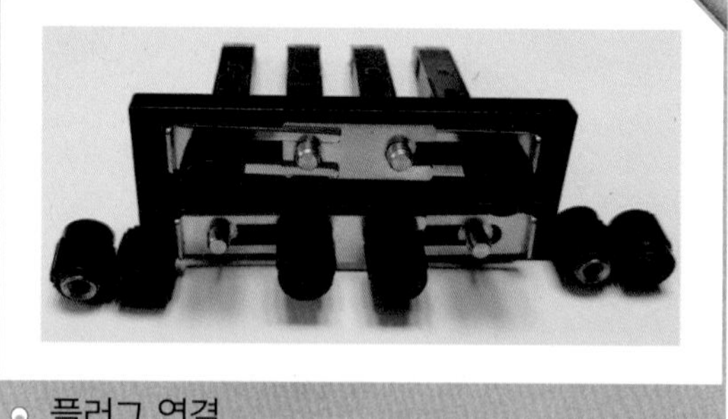
플러그 연결

플러그 단자 4개를 가로 방향으로 모두 연결(단락)시킨 모습이다.

(21) 21번 – OCR, OCGR

① OCR(Over Current Relay : 과전류 계전기)

㉠ 주전력은 차단기 VCB를 통하여 공급되며, 하트상에 과전류가 검출되면 계전기 Relay가 동작하고 특성에 의하여 접점이 동작한다. 이 접점 동작에 의해 VCB 차단

기를 동작시켜 VCB가 전압을 차단하게 된다. 전압을 차단하면 전류, 전력 등 모든 전원이 차단된다.

㉡ ACB(기중 차단기)와 결합하여 과전류 등이 흐를 때 ACB를 트립시키기도 한다.

② OCGR : 중성선에 과전류가 흐르면 동작한다. 즉, OCR 계전기의 기능을 가지면서 추가로 Ground(지락) 검출기능을 가지고 있다.

원판형 OCR 보호 계전기와 전면에 부착된 특성 곡선

(22) 22번 – AS(전류계 전환 스위치)

전류계 전환 스위치

왼쪽(9시 방향) 정지부터 시작해서 전환 스위치를 돌려 차례로 각 상(RS, ST, TR)을 지시하면 전류 지시계에 전압이 측정된다.

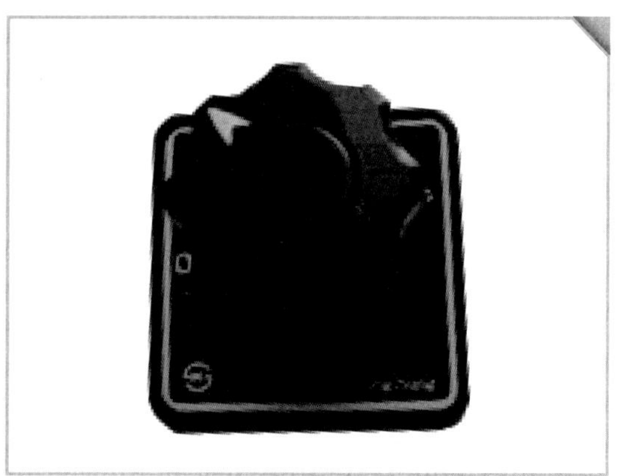

(23) 23번 – A(전류 지시계)

전류 지시계

AS계로 선택된 상의 전류가 표시된 모습이다.

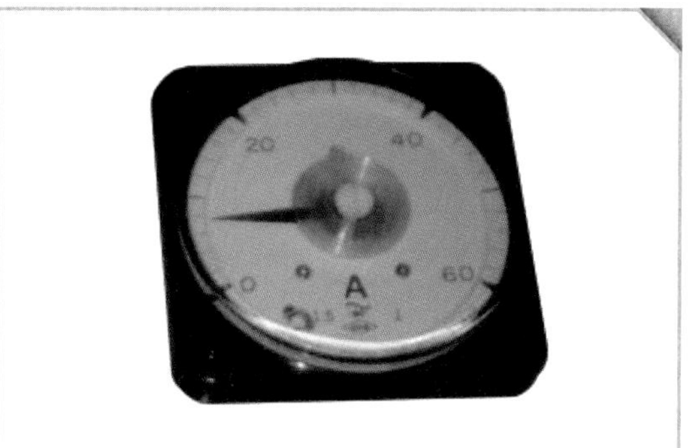

② VCB 2차～TR1 1차측

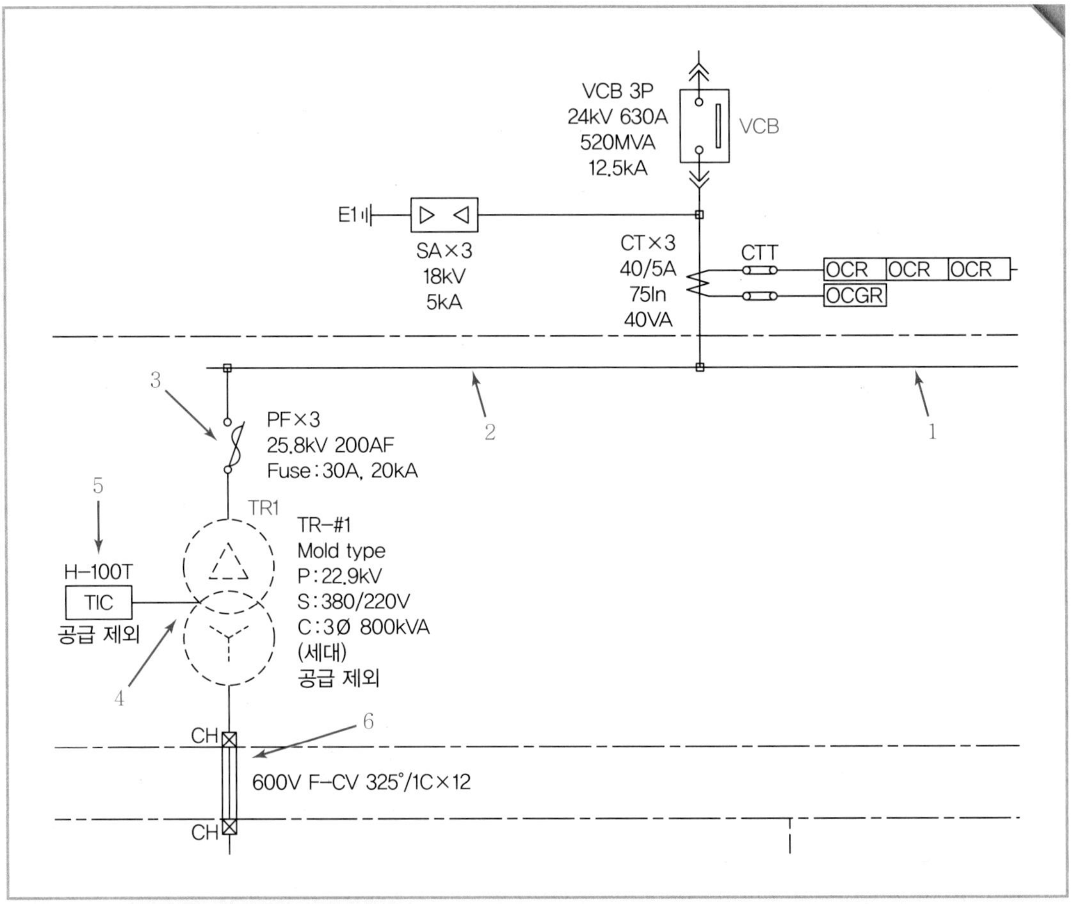

VCB 3P
24kV 630A
520MVA
12.5kA
VCB
E1
SA×3
18kV
5kA
CT×3
40/5A
75In
40VA
CTT
OCR OCR OCR
OCGR
3
2
1
PF×3
25.8kV 200AF
Fuse : 30A, 20kA
5
TR1
TR-#1
Mold type
P : 22.9kV
S : 380/220V
C : 3Ø 800kVA
(세대)
공급 제외
H-100T
TIC
공급 제외
4
6
CH
600V F-CV 325˚/1C×12
CH

- ▶ 1번 : 메인 VCB 2차에서 변압기(TR2)를 보호하기 위한 전력 퓨즈(PF2)는 1차로 갔다.
- ▶ 2번 : 메인 VCB 2차에서 변압기(TR1)를 보호하기 위한 전력 퓨즈(PF1)는 1차로 갔다.
- ▶ 3번 : 변압기(TR1)를 보호하기 위한 전력 퓨즈(PF1)
- ▶ 4번 : 변압기(TR1)
- ▶ 5번 : 변압기 온도 미터기
- ▶ 6번 : 변압기 2차측(저압) 라인

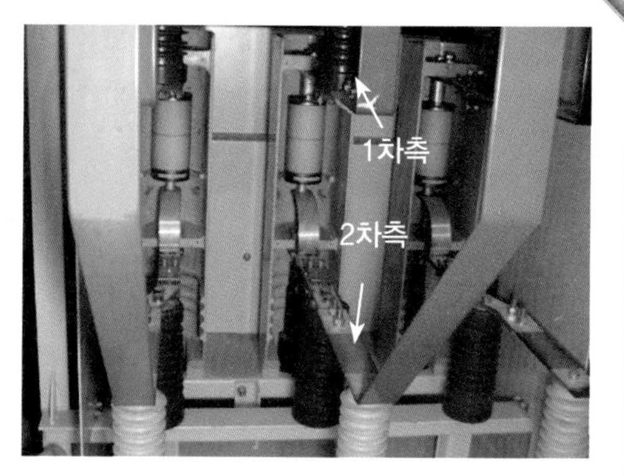

VCB 후면 모습

㉠ 1차측 : MOF 2차와 연결된다.
㉡ 2차측 : TR 1차측과 연결된다.

VCB 2차측 ~ TR 1차측 연결

㉠ 1번 : VCB의 2차측과 연결된 버스바
㉡ 2번 : TR1의 1차측으로 간 버스바

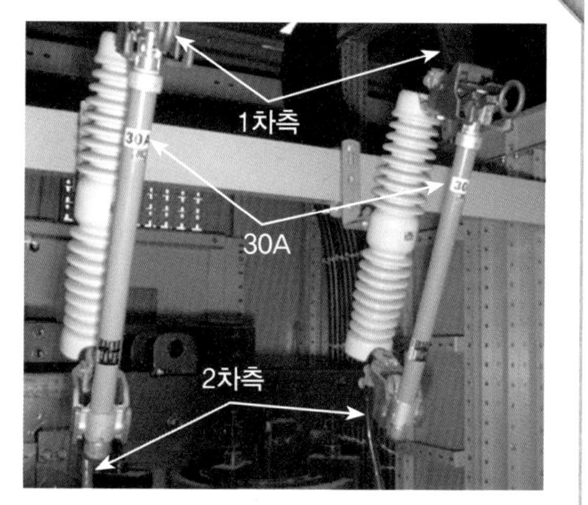

TR 1차측 PF

VCB 2차측에서 TR1의 1차측 사이에 전력 퓨즈(PF)가 설치되었다.

PF와 TR 연결 모습

PF 2차측에서 TR1의 1차측으로 연결된 모습이다.

온도 미터기

변압기 패널 내부의 온도를 나타낸다.

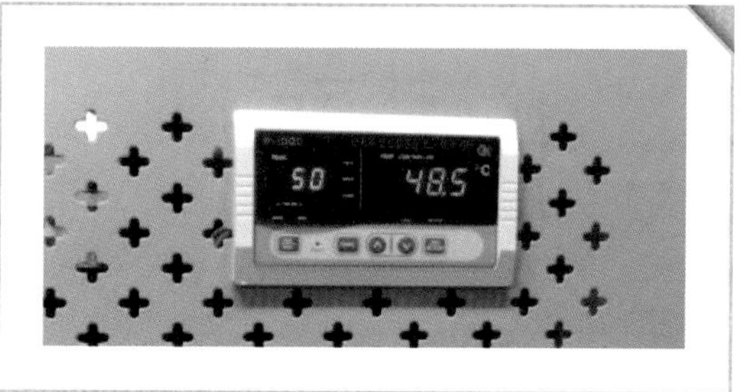

3 TR1 2차～ATS1 2차측(LV 1 · 4 패널)

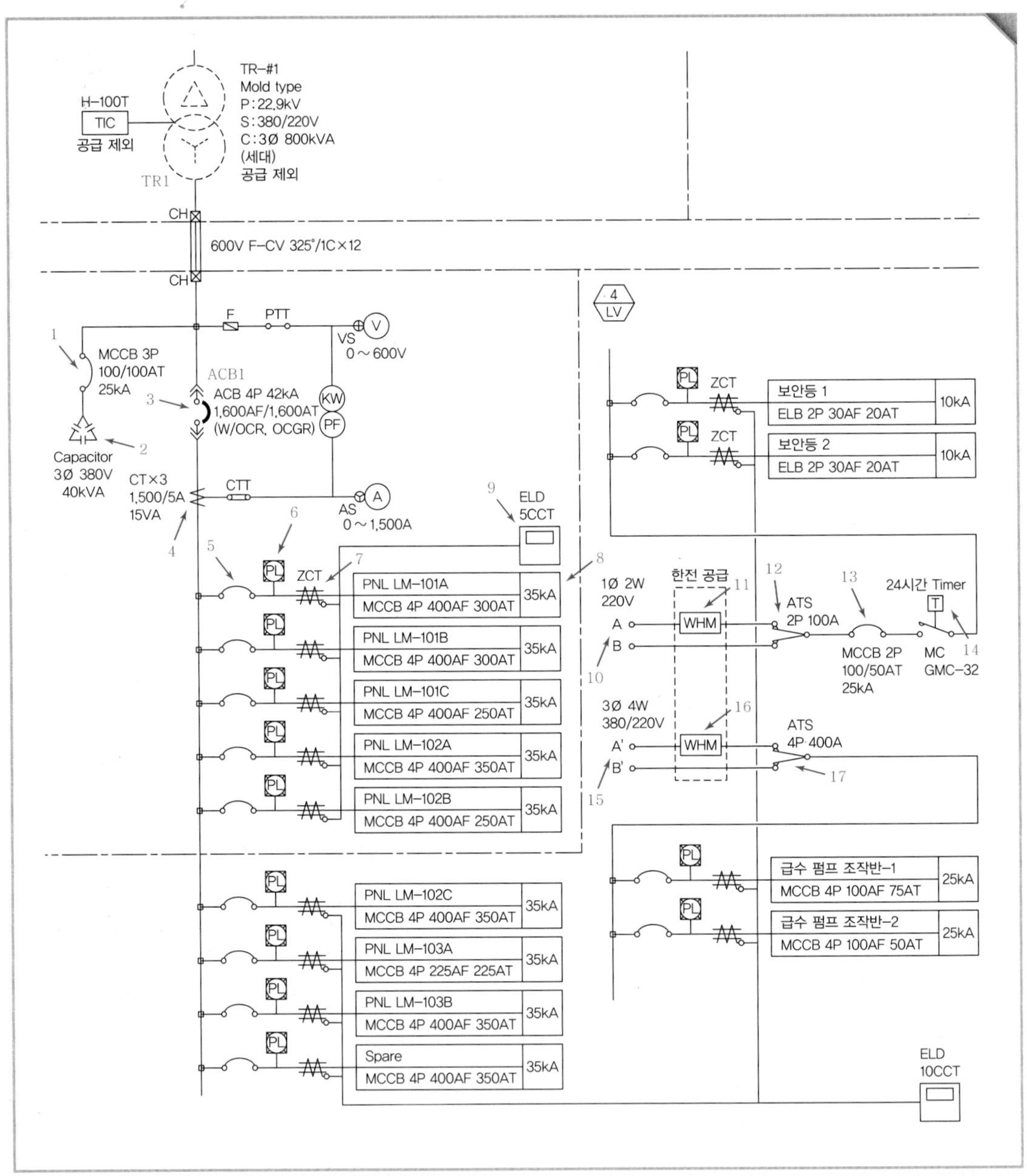

▶ 1번 : 전력 콘덴서 보호용 MCCB 차단기(3P, 100/100AT, 25kA)

▶ 2번 : 전력 콘덴서(3ϕ 380V, 40kVA)

▶ 3번 : 기중 차단기1(ACB1, 4P, 42kA, 1,600AF/1600AT)

▶ 4번 : 계기용 변류기(3개, 1,500A/5A, 15VA)

▶ 5번 : 저압반 MCCB 차단기(LM 패널)

▶ 6번 : 사각 표시등

▶ 7번 : ZCT
▶ 8번 : 각 동 LM 패널 표시명판
▶ 9번 : 누전 경보기(ELD, 5회로용)
▶ 10번 : 보안등 전원(A : 한전 라인, B : 발전 라인)
▶ 11번 : 보안등용 적산 전력계
▶ 12번 : 보안등 라인 ATS(2P/100A, 자동 절체 스위치)
▶ 13번 : 보안등용 메인 차단기(MCCB 2P 100/50AT, 25kA)
▶ 14번 : 보안등 제어용 24시간 타이머와 마그넷
▶ 15번 : 급수 펌프 전원(A : 한전 라인, B : 발전 라인)
▶ 16번 : 급수 펌프용 적산 전력계
▶ 17번 : 급수 펌프 라인 ATS(2P/100A)
▶ 18번 : 누전 경보기(ELD, 10회로용)

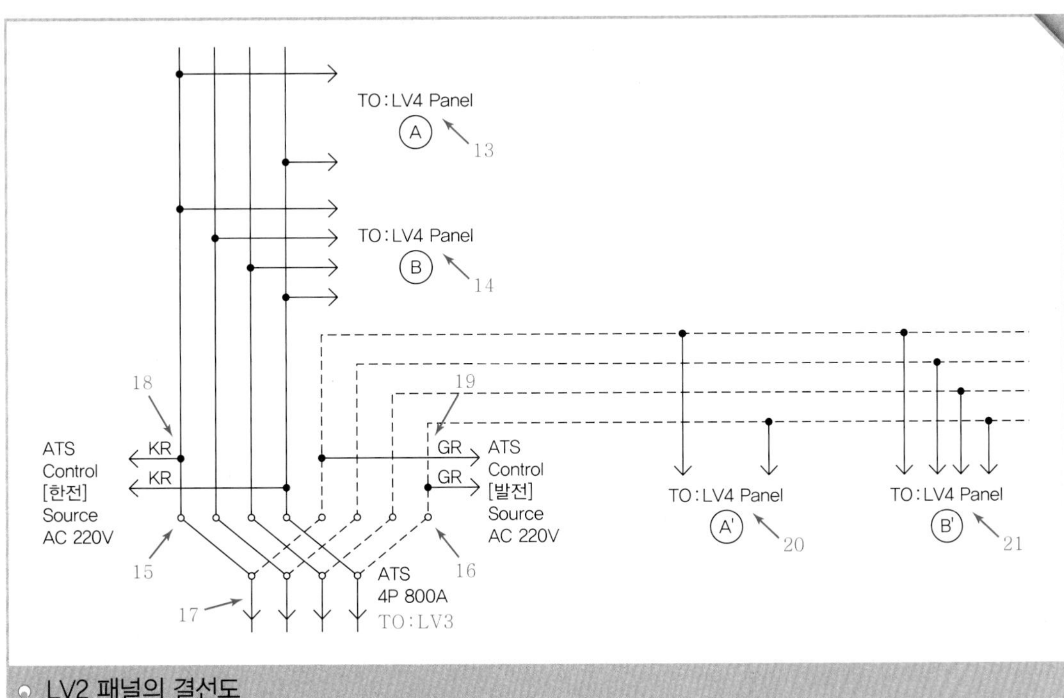

LV2 패널의 결선도

▶ 13 · 14 · 20 · 21번이 위 그림의 LV4 수배전 계통도의 10 · 15번에 해당된다.
▶ 15번 : 한전측 전원 라인
▶ 16번 : 부하측 전원 라인
▶ 17번 : 부하측 전원 라인
▶ 18번 : 한전측 조작 라인
▶ 19번 : 발전측 조작 라인

TR1 전면 패널 내부 모습

후면의 PF가 1차측이고, 터미널 단자로 케이블이 연결된 전면이 2차측이다.

ACB1 모습

㉠ 1번 : 수동 작동 시 ON 버튼
㉡ 2번 : 수동 작동 시 OFF 버튼
㉢ 3번 : 현재 ON 상태를 표시(적색)

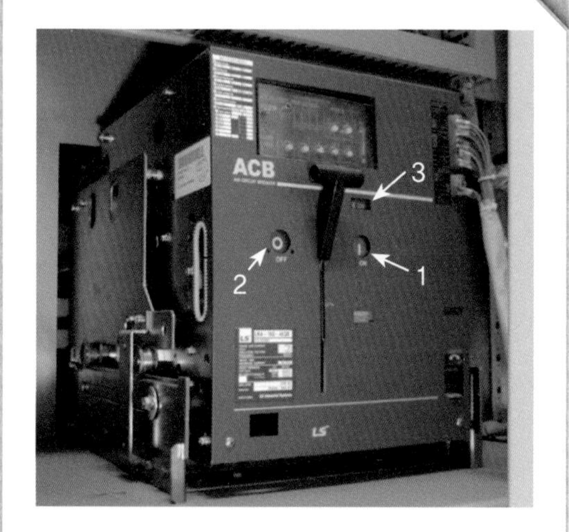

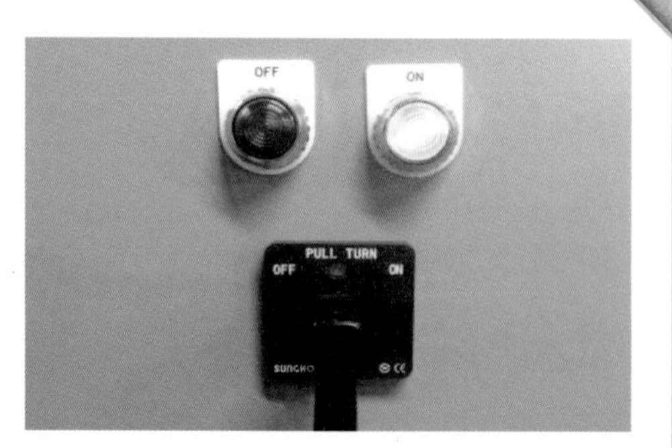

ACB 전면 패널

ON 표시 램프가 점등된 상태이다.

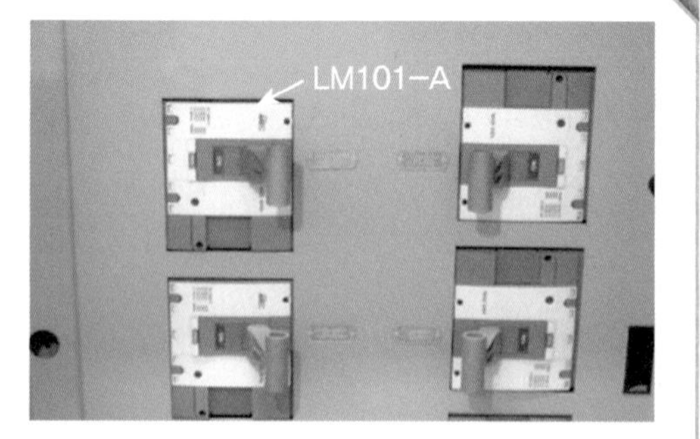

ACB 패널 내부

각 동 지하 패널로 간 저압반 MCCB 차단기(LM 패널)이다.

MCCB 패널 후면의 ZCT

㉠ 1번 : ZCT

㉡ 2번 : 누전 경보기로 간 조작선

ZCT 확대

㉠ Z1 : 누전 경보기의 회로 단자와 연결

㉡ Z0 : 공통

MCCB 표시 램프

MCCB 패널 전면문에 설치된 사각 표시 램프이다.

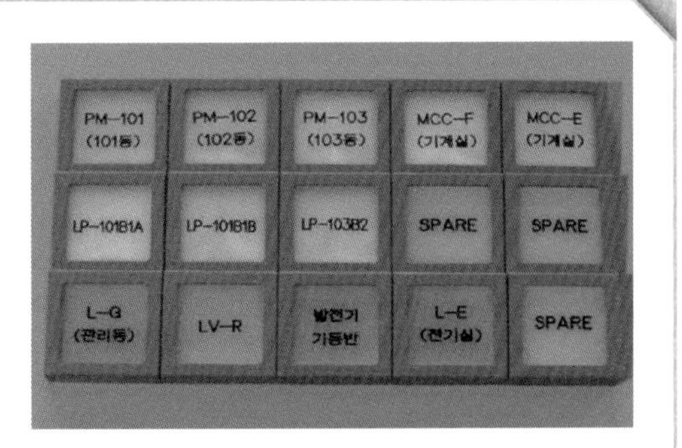

누전 경보기(ELD)

㉠ 10회로 : LV1 패널에 있는 부하에 사용
㉡ 6회로 : LV4 패널에 있는 부하에 사용

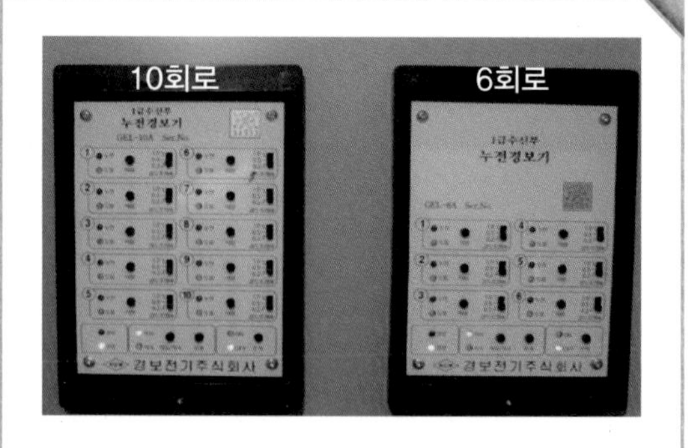

산업용 계량기(3상 4선식)와 보안등용 계량기(단상)

계량이 2차측에서 급수 펌프(산업용) ATS와 보안등 ATS의 한전 측으로 간다.

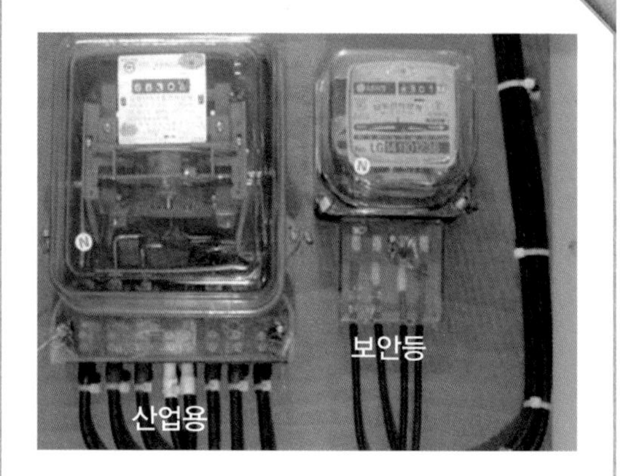

보안등 라인 ATS 모습

보안등 라인의 ATS(12번), 차단기(13번), 마그넷(14번)으로 구성된다.

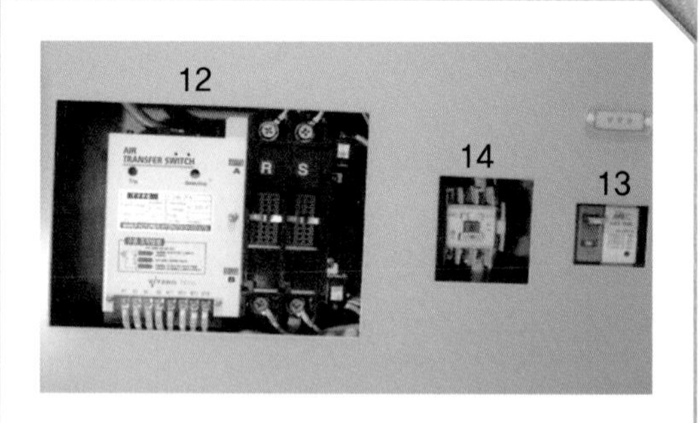

4 TR2(500kW) 2차 ~ ATS(2) 2차측(LV2 패널)

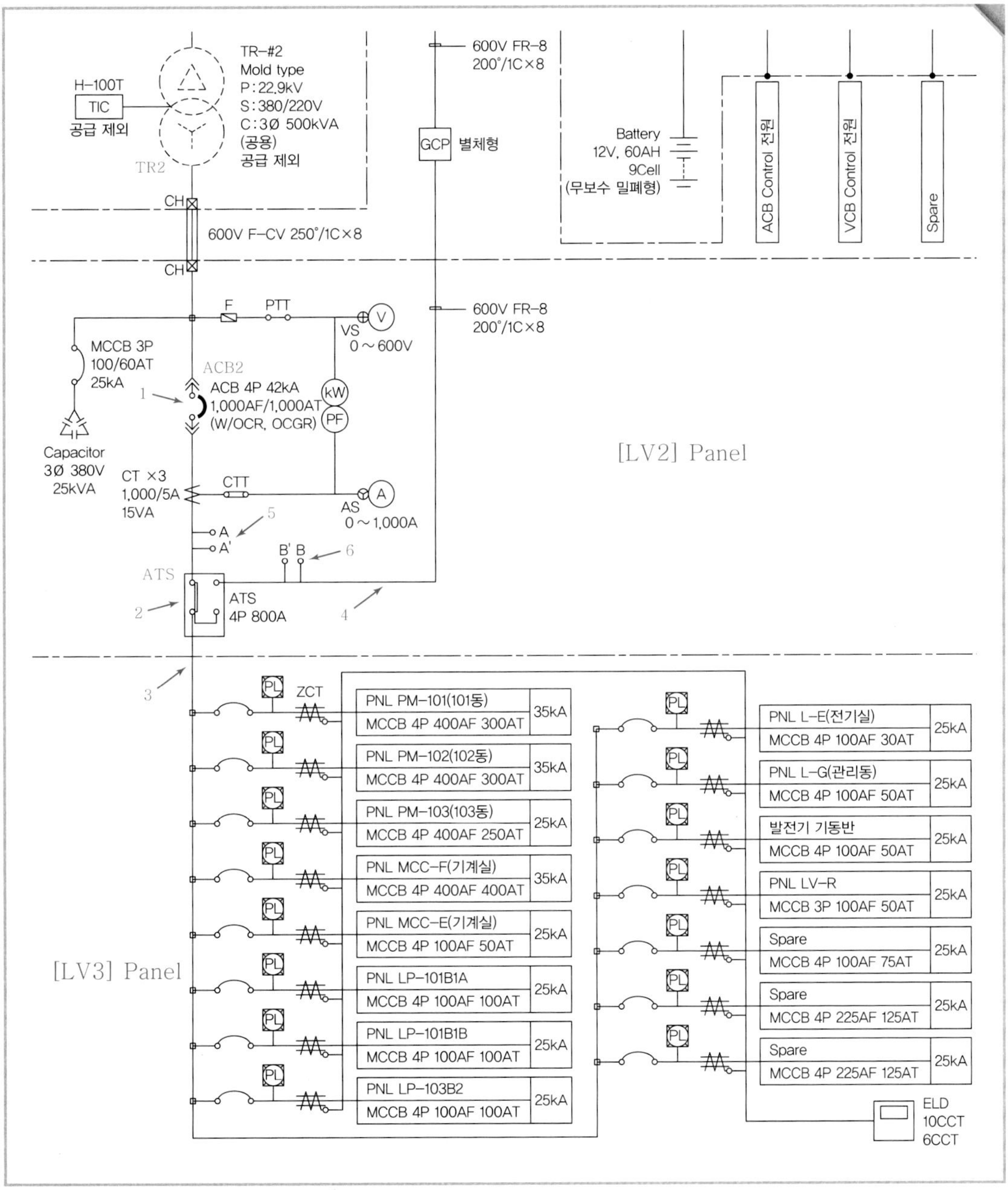

▶ 1번 : 기중 차단기2(ACB2, 4P, 42kA, 1,000AF/1,000AT)

▶ 2번 : ATS(4P, 800A)

▶ 3번 : ATS 한전 라인(LV3 패널)

▶ 4번 : ATS 발전 라인

▶ 5번

- ATS 한전 조작 라인(LV2 패널 결선도의 18번 참조)
- ATS Control source(AC 220V) : ATS의 후면 한전 라인 단자에서 가느다란 연선으로 ATS의 컨트롤부에 연결되어 조작 전원으로 사용

▶ 6번

- ATS 발전 조작 라인(LV2 패널 결선도의 19번 참조)
- ATS Control source(AC 220V) : ATS의 후면 발전 라인 단자에서 가느다란 연선으로 ATS의 조작부에 연결되어 조작 전원으로 사용

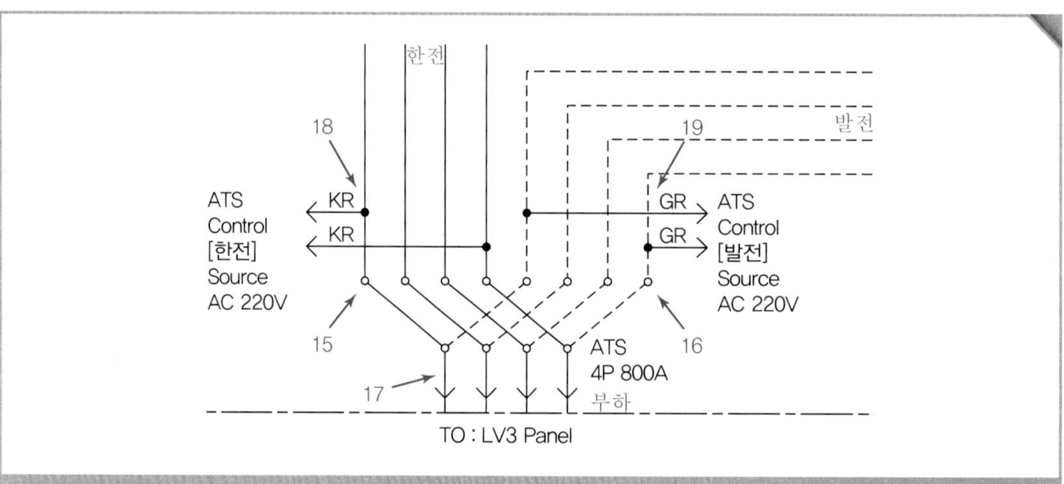

LV2 패널의 결선도

▶ 18번 : ATS 한전 조작 라인(계통도 5번 참조)

▶ 19번 : ATS 발전 조작 라인(계통도 6번 참조)

ATS 후면 단자 모습

㉠ 1번 : 부하측(위 결선도의 17번)

㉡ 2번 : 한전측(위 결선도의 15번)

㉢ 3번 : 발전측(위 결선도의 16번)

㉣ 4번 : ATS(한전, 발전) 조작 라인(위 결선도의 18 · 19번)

LV2 패널 내부 모습

수배전 계통도 LV2 패널로, ACB와 ATS가 들어 있다.

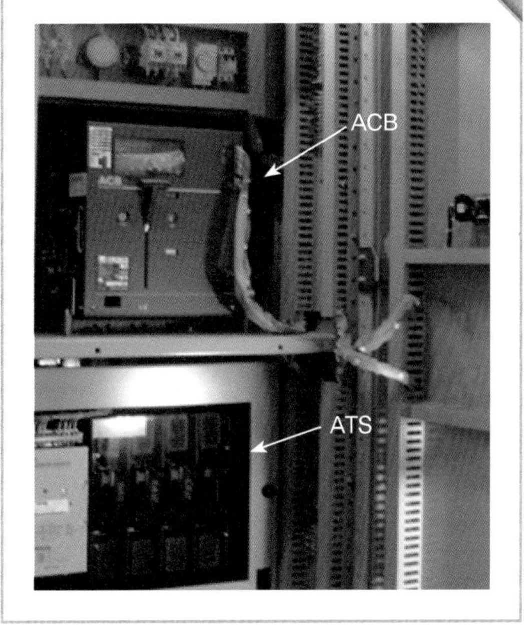

ATS의 한전 라인과 발전 라인의 상태를 알 수 있는 표시부

㉠ 1번(A) : 한전 표시부로 적색으로 ON 표시가 되어 있다. 이는 현재 한전 라인이라는 의미이다.

㉡ 2번(B) : 녹색으로 OFF 상태가 표시되어 있다. 정전이 되어 발전기가 가동되고 발전 라인이 투입되면 2번이 ON 표시가 될 것이다.

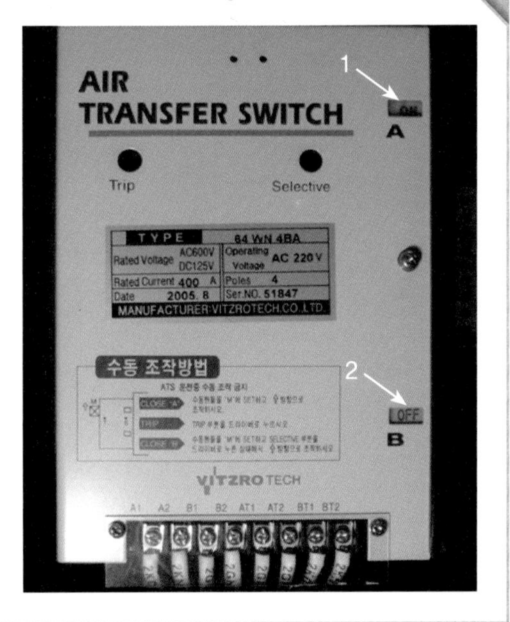

5 정류기반(LVR)

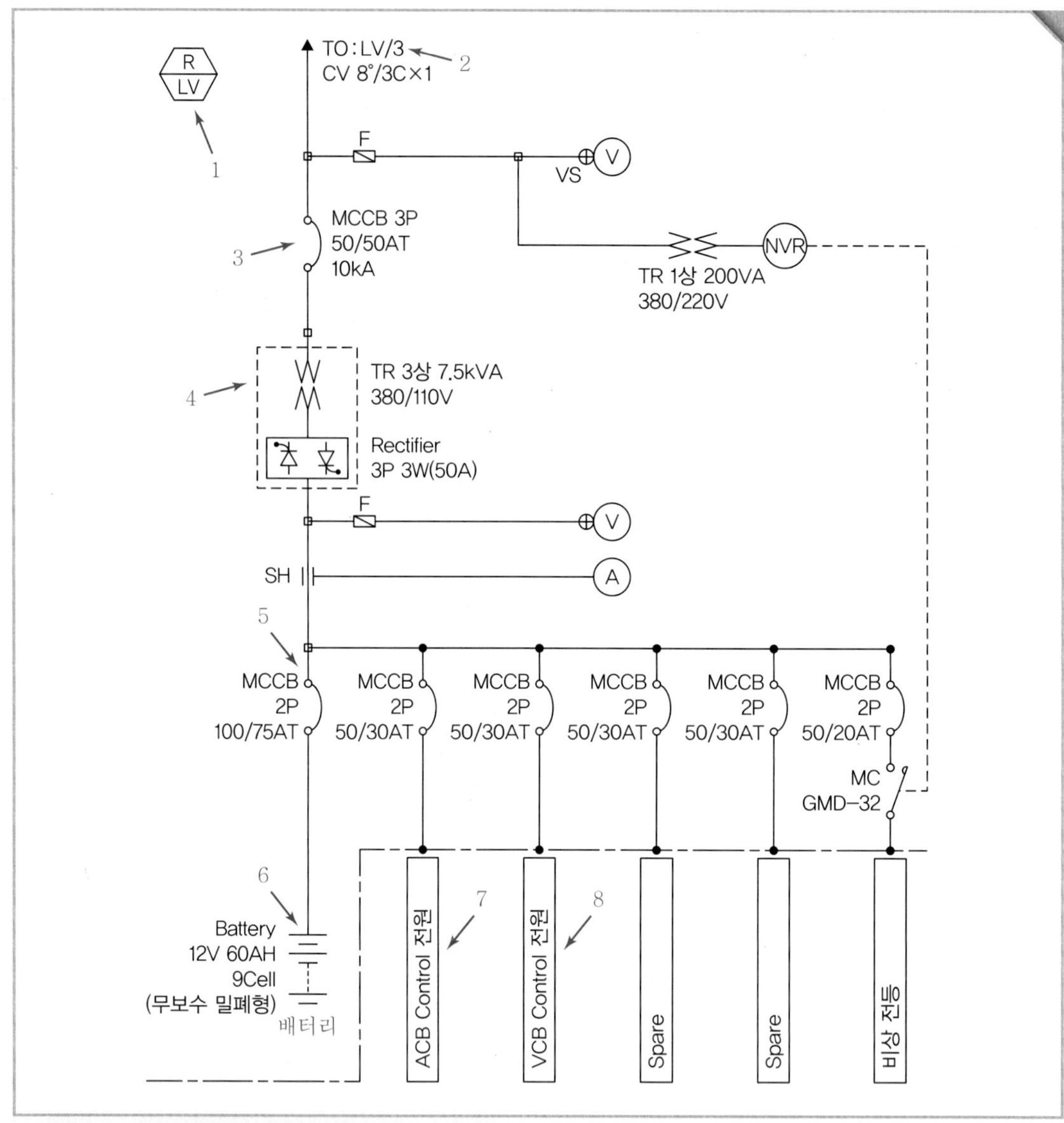

- ▶ 1번 : LVR(정류기) 패널 명칭
- ▶ 2번 : LV3 패널에서 380V 전원을 받는다.
- ▶ 3번 : 메인 MCCB 차단기(50/50AT)
- ▶ 4번 : TR(3상, 7.5kVA, AC 380/DC 110V) – LV3 패널에서 받은 AC 380V 전원을 DC 110V로 변환시킨다.
- ▶ 5번 : 각 부하별 분기 차단기(MCCB 차단기)로, 5번은 배터리 차단기이다.
- ▶ 6번 : 배터리(무보수 밀폐형, 12V 60AH, 9Cell, 현장마다 제품에 차이가 있음) – 정전 시 각 부하에 DC 110V를 공급해 준다.

▶ 7번 : ACB Control 전원

▶ 8번 : VCB Control 전원

참고 ACB와 VCB의 조작 전원은 DC 110V지만, ATS의 조작 전원은 AC 220V이다.

(1) 정류기 패널의 이해

① 평상시 교류를 직류로(DC) 변환하여 수변전실 및 발전기실의 각종 조작 전원, DC 전등, 배전반 전원 등으로 공급하고, 또한 축전지를 충전시키는 기능을 한다.

② DC 라인은 NVR(무전압 계전기)과 연계되어 반드시 정류기반에 전원이 공급되지 않았을 때만 동작되어야 한다. 즉, 정전 시 발전 전원으로 전환되기까지, 그리고 복전 시 발전 전원에서 한전 전원으로 전환되는 그 사이에만 일시적으로 작동한다.

LVR(정류기반) 패널 전면 모습

AC 지시용 계기(V, A)와 DC 지시용 계기(V, A)가 있다.

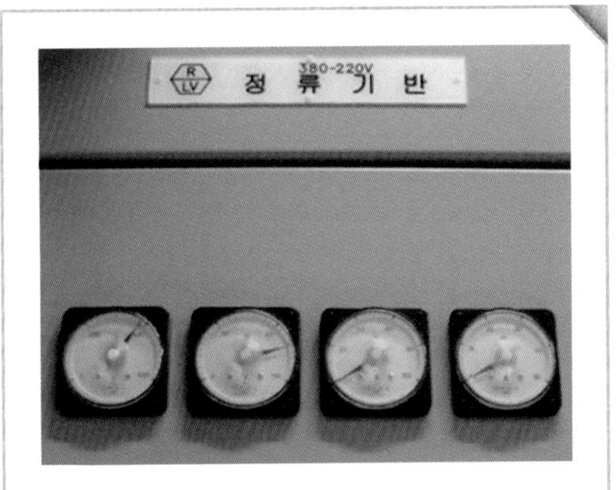

TR 모습

㉠ 1번 : 입력측(AC 380V)

㉡ 2번 : 출력측(DC 110V)

㉢ AC 110V는 내부 정류 회로를 통해 DC 110V로 변환된다.

차단기(MCCB) 모습

㉠ 1번 : 메인(3상)

㉡ 2번 : 배터리(단상)

㉢ 3번 : 일반 부하(단상)

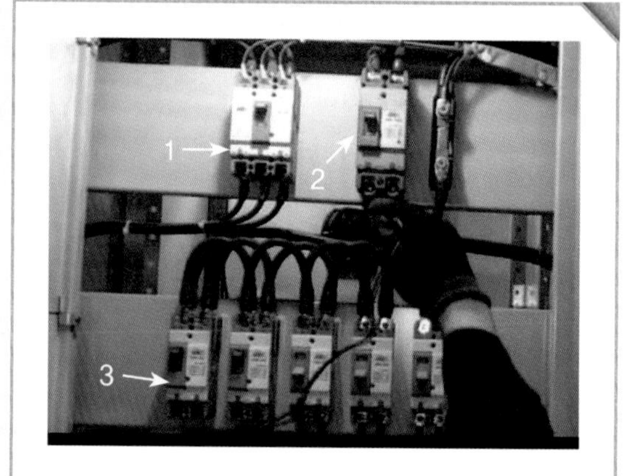

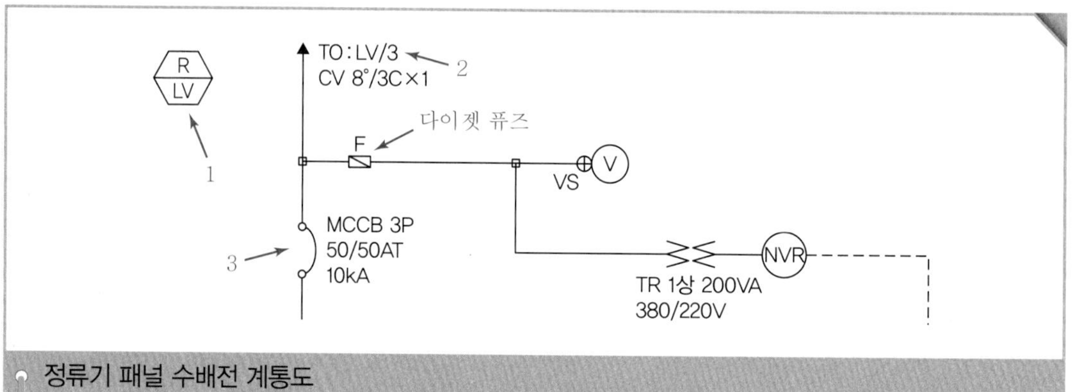

정류기 패널 수배전 계통도

▶ 1번 : 패널 명판

▶ 2번 : LV3 패널에서 전원이 옴

▶ 3번 : 메인 MCCB 차단기

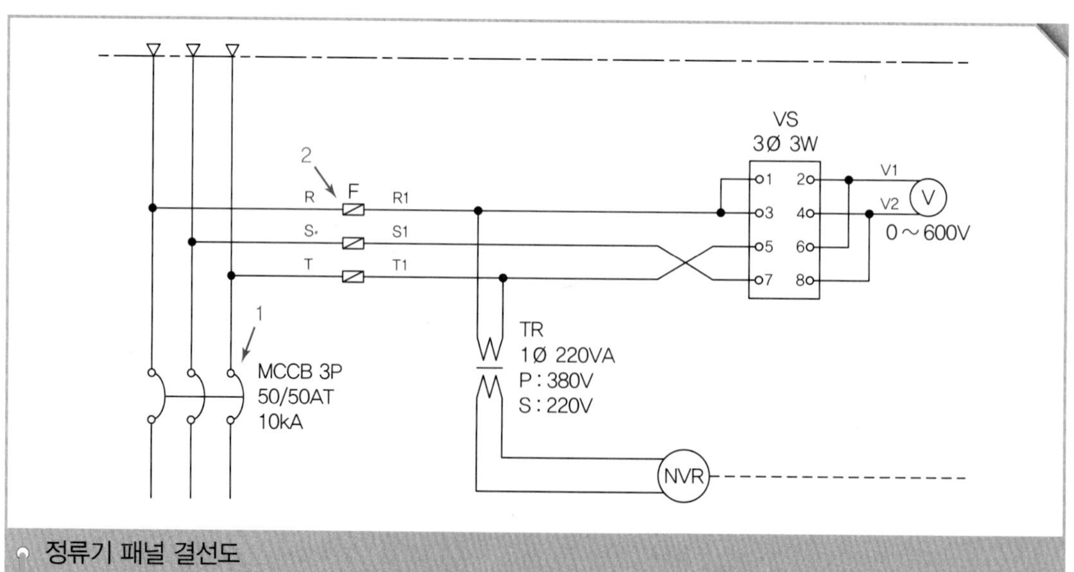

정류기 패널 결선도

▶ 1번 : 메인 MCCB 차단기

▶ 2번 : 다이젯 퓨즈

정류기반의 메인 차단기

㉠ 1번 : 메인 MCCB 차단기

㉡ 2번 : 다이젯 퓨즈로 나간 선

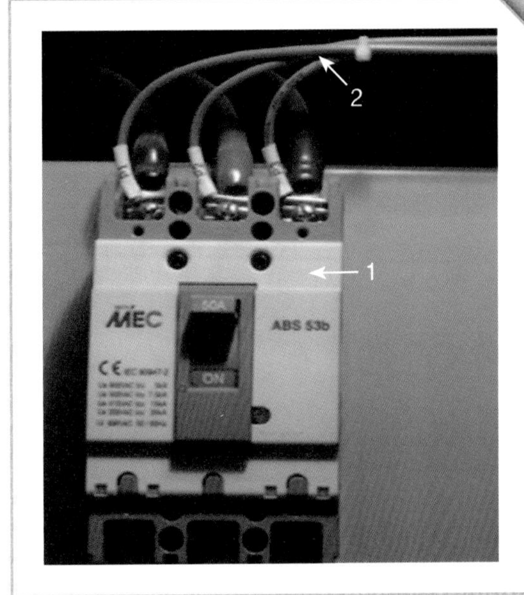

다이젯 퓨즈 모습

㉠ 1번 : 몸체

㉡ 2번 : 단자

㉢ 3번 : 뚜껑

㉣ 4번 : 몸체 속에 들어 있는 퓨즈로, 사진의 적색이 떨어져 있으면 퓨즈가 나간 것이다.

(2) 무전압 계전기(no voltage relay)의 이해

NVR은 일반적으로 상용 전원 정전 시 NVR-b접점에 의해 MC(마그넷)가 동작하여 전기실의 DC 전등 전원 공급용으로 사용된다.

전기실의 일반 전등과 비상 전등

㉠ 1번 : 비상등

㉡ 2번 : 일반 형광등

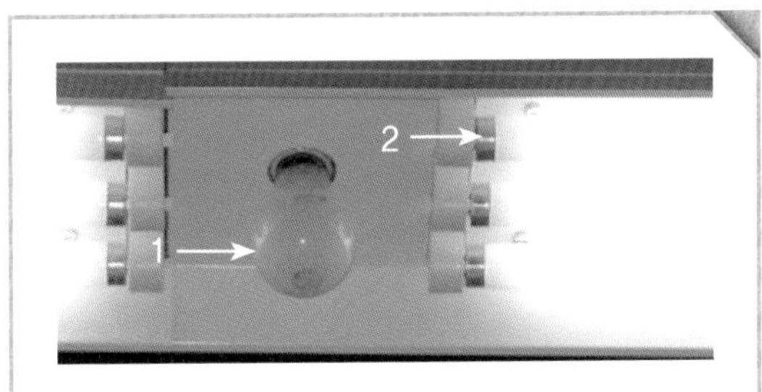

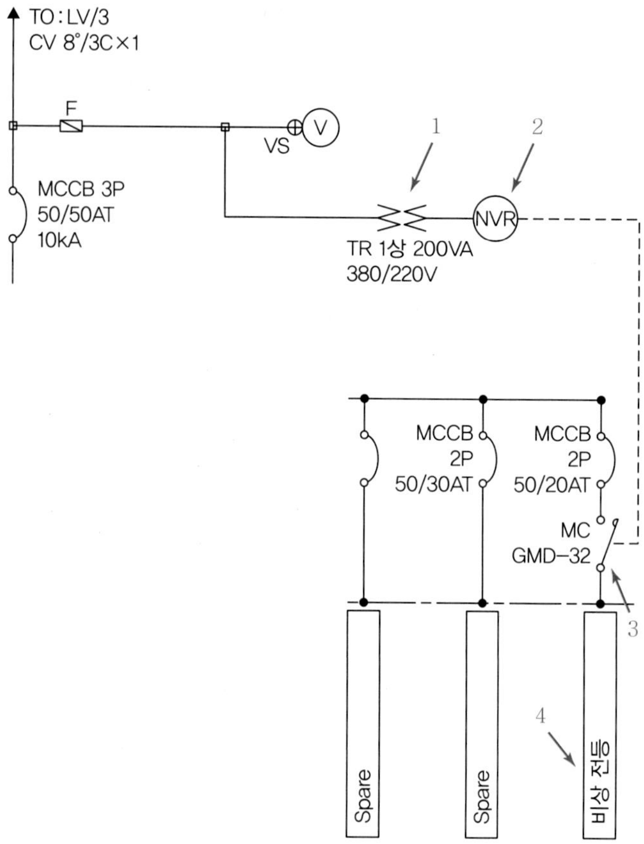

TO : LV/3
CV 8°/3C×1
F
VS
V
MCCB 3P
50/50AT
10kA
1
2
NVR
TR 1상 200VA
380/220V
MCCB
2P
50/30AT
MCCB
2P
50/20AT
MC
GMD-32
3
4
Spare
Spare
비상 전등

무전압 계전기 계통도

- ▶ 1번 : 변압기 – 평상시 전원(380V)을 220V로 다운시켜 NVR에 공급한다.
- ▶ 2번 : NVR – 평상시 전원을 받은 NVR은 여자되어 b접점이 열려 있으므로 비상 전등은 점등되지 않는다.
- ▶ 3번 : 마그넷 – 평상시 NVR의 b접점이 열려 있으므로 마그넷의 전원이 차단되어 부하(비상 전등) 전원은 차단되어 있다.
- ▶ 4번 : 부하(비상 전등) – 정전이 되면 NVR에 전원 공급이 중단되고, b접점이 원상 복귀(닫힘) 되므로 마그넷 코일에 인가되어 3번의 마그넷 접점이 닫혀 부하(비상 전등)측에 전원이 공급된다. 이때, 부하측에 공급되는 전원은 정전 상황이므로 패널 후면에 있는 배터리에서 공급된다.

정류기 패널 후면

정전 시 LBS, VCB, ACB, DC 전등 라인에 전원을 공급해 주는 배터리가 있다.

배터리 설치 모습

정전 시 DC 110V를 공급하기 위한 배터리 9개가 설치되어 있다.

6 LBS, MOF, VCB 패널 결선도

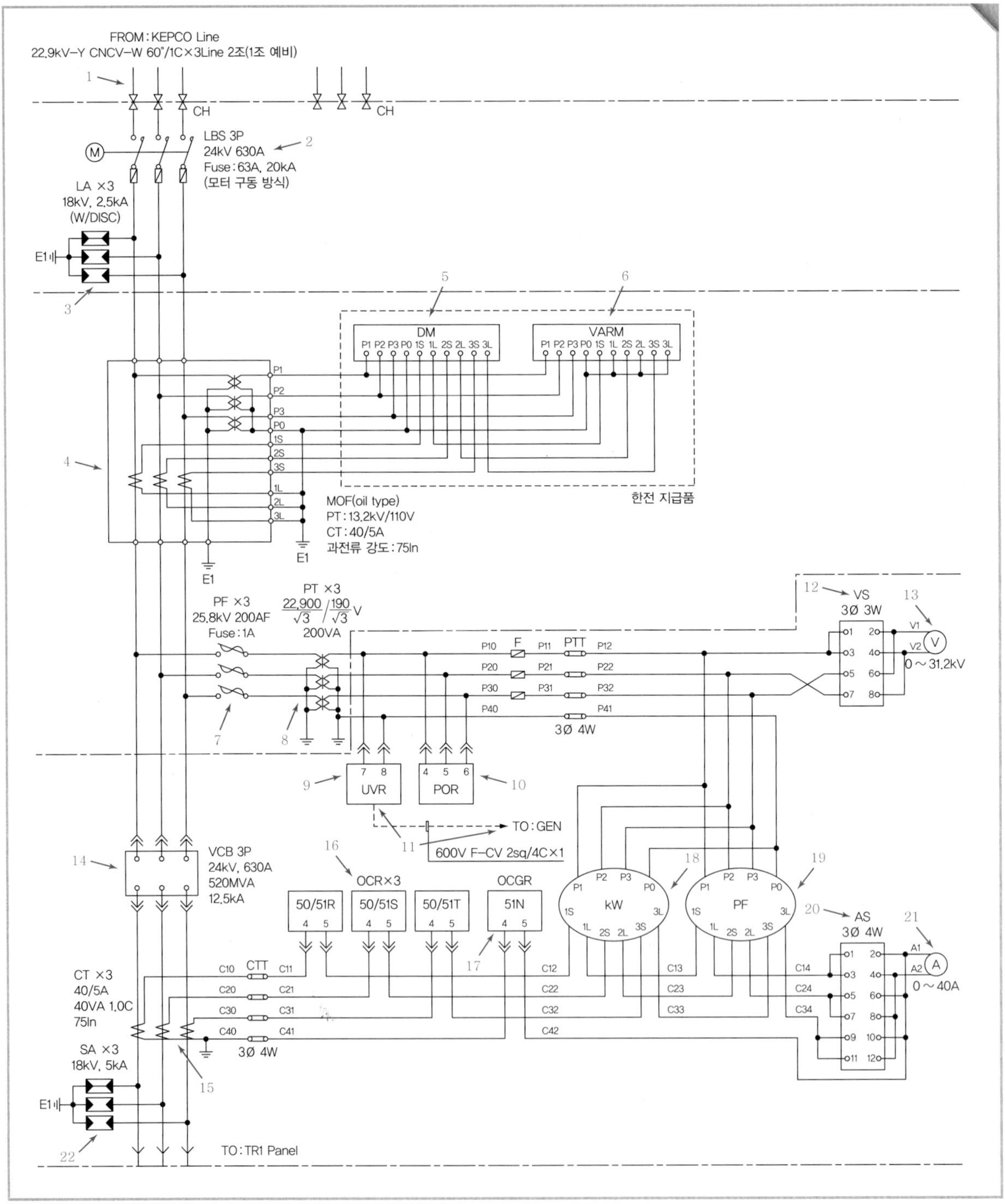

FROM : KEPCO Line
22.9kV-Y CNCV-W 60㎟/1C×3Line 2조(1조 예비)

1
CH
CH

LBS 3P
24kV 630A
Fuse : 63A, 20kA
(모터 구동 방식)
2

M

LA ×3
18kV, 2.5kA
(W/DISC)
E1
3

5
6
DM
P1 P2 P3 P0 1S 1L 2S 2L 3S 3L
VARM
P1 P2 P3 P0 1S 1L 2S 2L 3S 3L

4
P1
P2
P3
P0
1S
2S
3S
1L
2L
3L

MOF(oil type)
PT : 13.2kV/110V
CT : 40/5A
과전류 강도 : 75In
E1
E1
한전 지급품

PF ×3
25.8kV 200AF
Fuse : 1A

PT ×3
$\frac{22,900}{\sqrt{3}} / \frac{190}{\sqrt{3}}$ V
200VA

7
8

P10 F P11 PTT P12
P20 P21 P22
P30 P31 P32
P40 P41
3Ø 4W

12 VS
3Ø 3W
13
V1
V2
V
0 ~ 31.2kV

9
UVR
7 8
POR
4 5 6
10

TO : GEN
11
600V F-CV 2sq/4C×1

14
VCB 3P
24kV, 630A
520MVA
12.5kA

16
OCR×3
50/51R
50/51S
50/51T
OCGR
51N
4 5
17

18
kW
P1 P2 P3 P0 1S 1L 2S 2L 3S 3L
19
PF
P1 P2 P3 P0 1S 1L 2S 2L 3S 3L

20 AS
3Ø 4W
21
A1
A2
A
0 ~ 40A

CT ×3
40/5A
40VA 1.0C
75In

C10 CTT C11
C20 C21
C30 C31
C40 C41
3Ø 4W
C12
C22
C32
C42
C13
C23
C33
C14
C24
C34

SA ×3
18kV, 5kA
E1
15
22
TO : TR1 Panel

(1) LBS, MOF, VCB 패널 결선도 – LBS ~ MOF 1차측

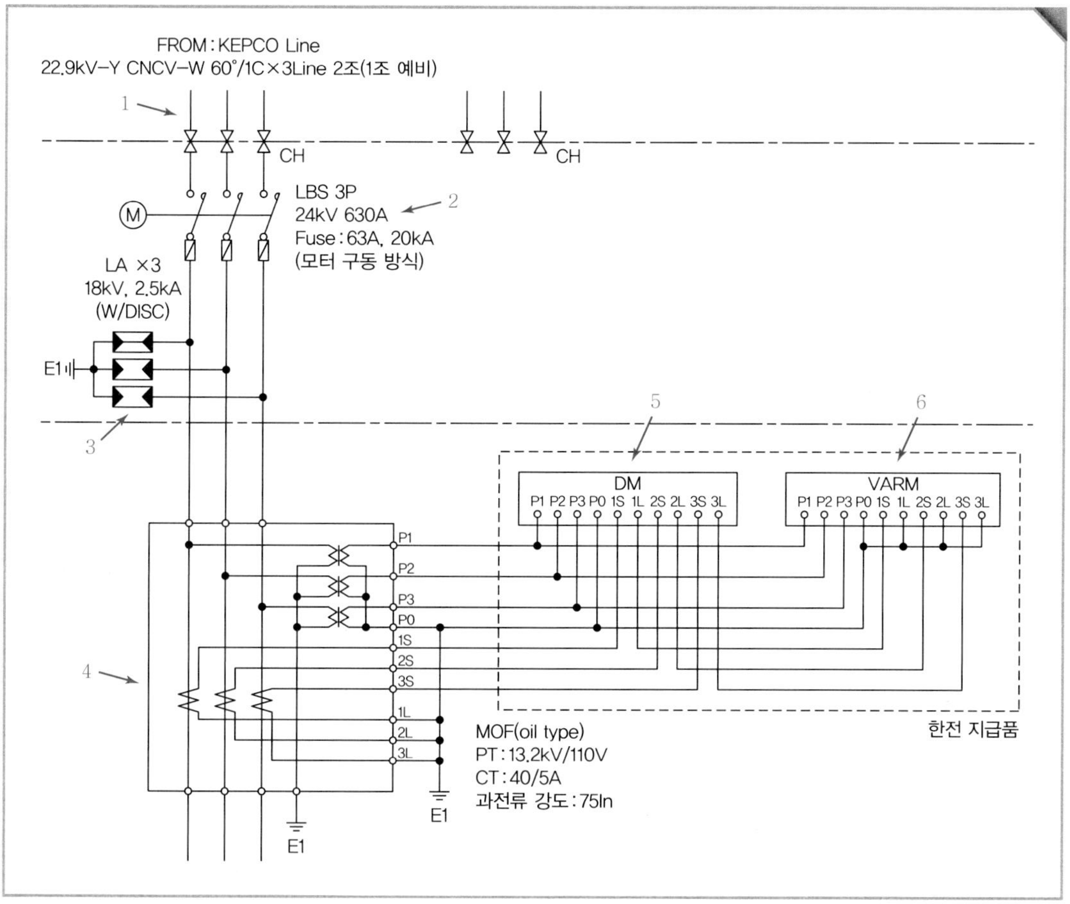

▶ 1번 : 한전 인입 케이블(22.9kV CNCV 60sq 케이블)

▶ 2번 : LBS(모터 구동 방식)

▶ 3번 : LA(피뢰기)

▶ 4번 : MOF(내부에 PT, CT, 결상 검출기 등이 들어 있음)

▶ 5번 : DM(Demand Meter : 최대 수요 전력계)

한전에서 검침하고 있는 전력량은 15분에 한 번씩 검침을 한다. 1시간에 15분씩, 4번을 검침해서 15분 동안의 사용량을 환산하여 평균 최대 사용 전력량을 최대 수요 전력량으로 정하고 있는데, DM은 이 최대 수요 전력량을 측정해서 표시하는 계기이다.

▶ 6번 : VARM(VAR Meter : 무효 전력계)

LBS 패널 후면 모습

㉠ 1번 : 한전 인입 케이블(CNCV) 헤드

㉡ 2번 : 버스바 절곡하여 이용해 케이블과 LBS가 연결됨

㉢ 3번 : LBS

㉣ 4번 : 퓨즈(63A, 20kA)

㉤ 5번 : 접지

LBS 전면에 있는 수동 조작용 핸들 투입구

조작용 핸들을 투입구에 넣고 요령에 따라 돌려준다.

살·펴·보·기 수동 조작 시 유의 사항

1. 수동 조작 투입 시 약 50~60회 정도 시계 방향으로 돌린다. 이때, 30회 정도까지는 하중이 걸린 상태에서, 나머지 투입까지는 비하중 상태에서 회전한다.
2. 트립 시는 투입 완료 후 같은 방향으로 5~6회 정도 돌리면 트립되므로 투입 완료 후 가급적 공회전을 금한다.
3. 조작은 전용 핸들을 사용한다.

옆에서 본 모습

케이블이 LBS와 연결되어 있다.

패널 내부 모습

전면에 있는 수동 투입구와 LBS가 연결되어 있다.

LA(피뢰기)

㉠ 1번 : 연결 및 지지용 금구
㉡ 2번 : 상부 단자
㉢ 3번 : 애관
㉣ 4번 : 단로기
㉤ 5번 : 하부 단자

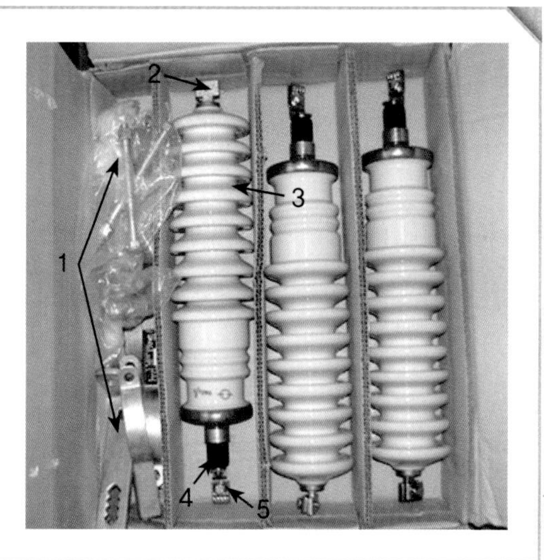

상부 단자 연결

LBS 퓨즈 2차측에 LA 상부 단자가 연결된 모습이다.

LA 하부 단자 연결

㉠ 1번 : 애자
㉡ 2번 : 지지용 금구
㉢ 3번 : 접지 버스바
㉣ 4번 : 접지선

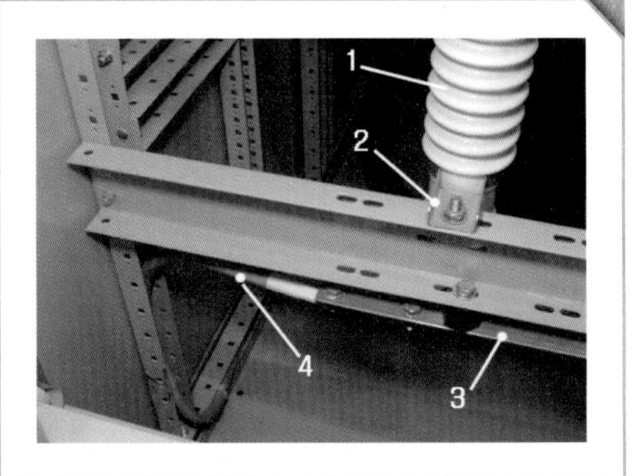

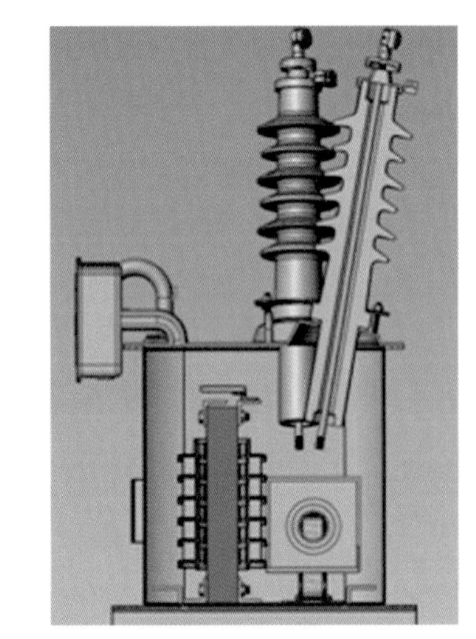

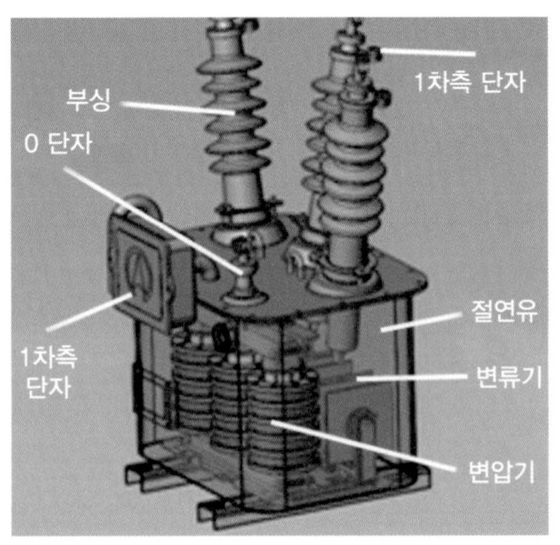

MOF(계기용 변압 변류기) 내부 모습

MOF는 몰드 타입과 오일 타입이 있는데 그중 오일 타입이다.

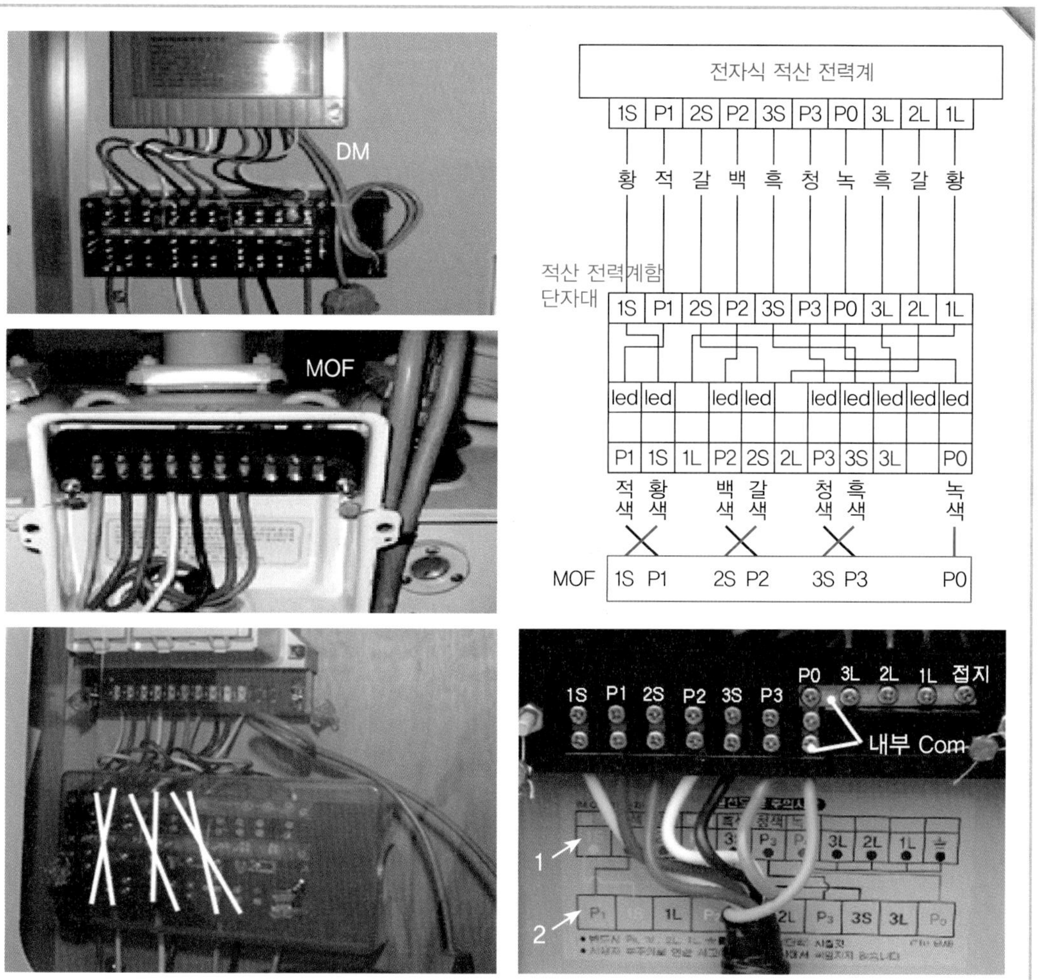

DM

MOF

전자식 적산 전력계

1S P1 2S P2 3S P3 P0 3L 2L 1L

황 적 갈 백 흑 청 녹 흑 갈 황

적산 전력계함 단자대

1S P1 2S P2 3S P3 P0 3L 2L 1L

led led led led led led led led led

P1 1S 1L P2 2S 2L P3 3S 3L P0

적색 황색 백색 갈색 청색 흑색 녹색

MOF 1S P1 2S P2 3S P3 P0

1S P1 2S P2 3S P3 P0 3L 2L 1L 접지

내부 Com

1

2

MOF와 적산 전력계의 연결

계량기에서 나온 선이 중간 단자대(적산 전력계함 단자대)의 2차에서 한번 바뀐 다음 MOF 단자대에 연결될 때는 다시 정상으로 연결된다.

(2) LBS, MOF, VCB 패널 결선도 – MOF 2차 ~ VCB 2차측 결선도

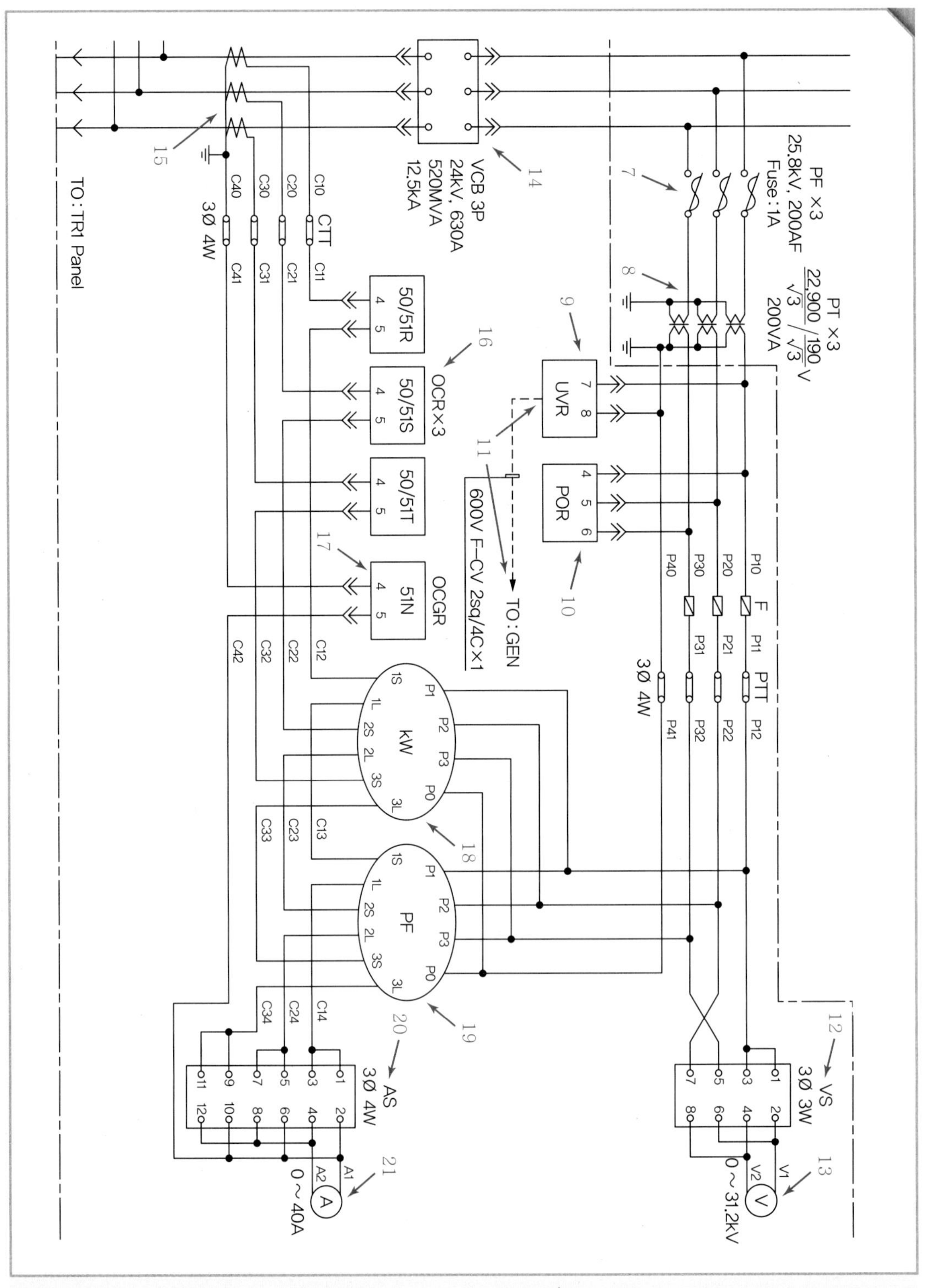

▶ 7번 : PF×3, 25.8kV, 200AF, Fuse(1A)

전력 퓨즈(power fuse) 3개, 정격 전압 25.8kV, 최대 사용 정격 전류 200AF, UNIT 퓨즈 용량 1A이다.

▶ 8번 : PT×3, (22,900/√3)/(190/√3), 200VA
특고압 계기용 변압기(PT) 3개, 정격 전압은 1차(22,900/√3), 2차(190/√3), 정격 부담 200VA이다.

▶ 9번 : UVR(저전압 계전기)

▶ 10번 : POR(결상 계전기)

▶ 11번 : TO : GEN, 600VF-CV 2sq/4C×1
정전 시 UVR(27X 릴레이 접점 이용)에서 발전기 패널로 신호를 보낸다.

▶ 12번 : VS(3φ 3W) – 전압계 3상 절환 스위치로, 정격 전류 10A이다.

▶ 13번 : V(0~31.2kV) – 전압계로 최대 31.2kV까지 표시된다.

▶ 14번 : VCB(24kV, 630A, 520MVA, 12.5kA), 진공 차단기이다.
정격 전압 24kV, 정격 전류 630A, 정격 차단 전류 12.5kA(520MVA), 정격 투입 조작 전압 DC 110V, 조작 전압 DC 110V이다.

▶ 15번 : CT×3(40/5A, 75ln, 40VA)
특고압 계기용 변류기(CT) 3개, 정격 전압 25.8kV, 정격 전류 40/5A, 정격 부담 40VA, 과전류 강도 75ln이다.

▶ 16번 : OCR×3(50/51R, 50/51S, 50/51T) – 과전류 계전기 3개

▶ 17번 : OCGR(51N) – 지락 과전류 계전기 1개

▶ 18번 : kW(전력계)

▶ 19번 : PF(역률계)

▶ 20번 : AS(3φ 4W) – 전류계 3상 절환 스위치로, 정격 전류 10A이다.

▶ 21번 : A(0~40A) – 전류계로, 최대 40A까지 표시한다.

PT(앞 결선도의 8번)

1차측과 2차측을 버스바로 연결하여 접지되어 있다.

방전과 접지선

정전 작업을 위해 접지봉을 PF 2차측에 접촉시키는 모습이다.

UVR(저전압 계전기)의 전면과 후면(앞 결선도의 9번)

설정 전압(보통 정격의 60~80%) 이하로 낮아지면 동작한다.

전압계 3상 절환 스위치(앞 결선도의 12번)와 전압계(앞 결선도의 13번)

절환 캠스위치를 조작하여 원하는 상(S, R, T)에 놓으면, 전압계에 선택한 상의 전압이 지시된다.

VCB(진공 차단기, 앞 결선도의 14번)

UCB 패널 내부에 설치된 UCB로, 계통상 MOF와 TR(변압기) 사이에 설치된다.

OCR(과전류 계전기, 앞 결선도의 16번)

해당 계전기가 설치된 계통에 설정값 이상의 과전류가 흐를 때 동작한다.

OCGR(지락 과전류 계전기, 앞 결선도의 17번)

해당 계전기가 설치된 계통에 설정값 이상의 과전류가 흐를 때 동작한다.

kW(전력계, 앞 결선도의 18번)

사진에서 보는 바와 같이 3,000kW까지 표시되며, 눈금당 100kW를 나타낸다. 현재의 바늘은 약 330kW를 가리키고 있다.

PF(역률계)의 진상(LEAD, 앞 결선도의 19번)

지침 바늘이 기준점(중앙) 대비 왼쪽으로 향하며, 사진의 진상값은 약 0.96이다.

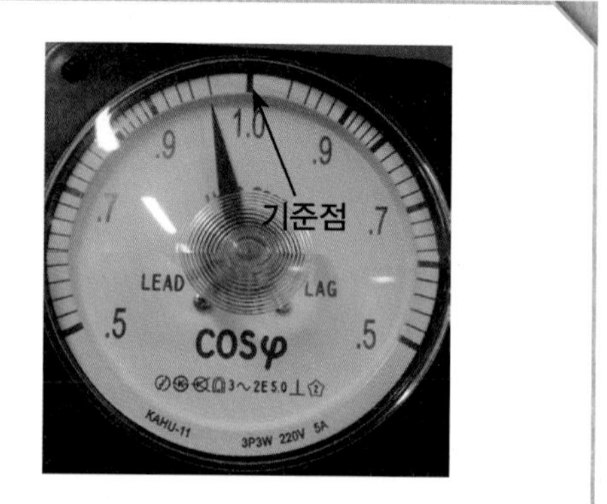

PF(역률계)의 지상(LAG, 앞 결선도의 19번)

지침 바늘이 기준점(중앙) 대비 오른쪽으로 향하며, 사진의 지상값은 약 0.98이다.

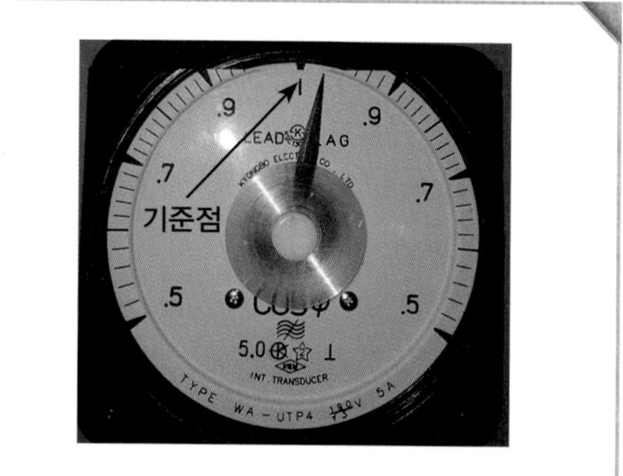

AS(전류계 3상 절환 스위치, 앞 결선도의 20번)

절환 캠스위치를 조작하여 원하는 상(R, S, T)에 놓으면 선택한 상의 전류가 지시된다.

A(전류계, 앞 결선도의 21번)

절환 캠스위치를 조작하여 원하는 상(R, S, T)에 놓으면 선택한 상의 전류가 지시된다.

7 TR1, TR2 패널 결선도

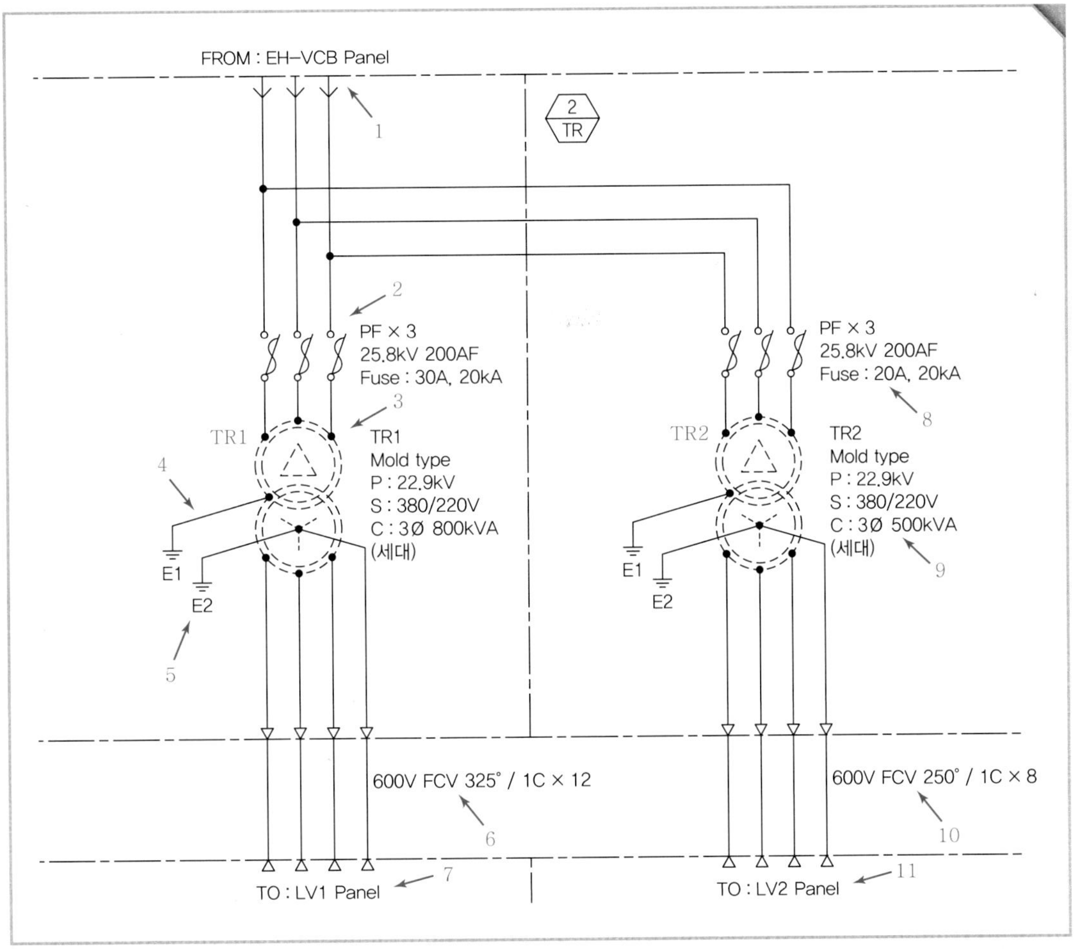

FROM : EH−VCB Panel
1
2
TR
2
PF × 3
25.8kV 200AF
Fuse : 30A, 20kA
3
TR1
TR1
Mold type
P : 22.9kV
S : 380/220V
C : 3Ø 800kVA
(세대)
4
E1
E2
5
PF × 3
25.8kV 200AF
Fuse : 20A, 20kA
8
TR2
TR2
Mold type
P : 22.9kV
S : 380/220V
C : 3Ø 500kVA
(세대)
9
E1
E2
600V FCV 325° / 1C × 12
6
600V FCV 250° / 1C × 8
10
TO : LV1 Panel
7
TO : LV2 Panel
11

▶ 1번 : FROM : EH−VCB Panel − VCB 패널에서 전원이 왔다는 뜻이다.

▶ 2번 : PF×3(25.8kV, 200AF, fuse : 30A, 20kA)
세대 전용 라인 전력 퓨즈(power fuse) 3개, 정격 전압 25.8kV, 최대 사용 정격 전류 200AF, Unit 퓨즈 용량 30A이다.

▶ 3번 : TR1(mold type, P : 22.9kV, S : 380/220V, C : 3ϕ 800kVA)
세대 전용의 몰드 타입 변압기로, 결선 방식 △−Y, 정격 1차 전압 22,900V, 정격 2차 전압 380/220V, 정격 용량 800kVA이다.

▶ 4번 : E1 − 제1종 접지로, 변압기 외함을 접지한다.

▶ 5번 : E2 − 제2종 접지로, 변압기 2차측을 Y결선하여 중성점 접지를 한다.

▶ 6번 : 600V FCV 325°/1C×12
변압기 2차측에서 다음 패널인 LV1 Panel로 가는 데 필요한 케이블이다. 허용 전압 최대

600V, 케이블 종류 FCV, 케이블 굵기 325sq, 1코어짜리(케이블 피복 속에 들어 있는 전선이 1가닥) 케이블 12가닥이 간다.

▶ 7번 : TO : LV1 Panel

변압기 2차측(저압, 380/220V)에서 LV1 패널의 1차측으로 간다.

▶ 8번 : PF×3(25.8kV, 200AF, fuse : 20A, 20kA)

공용부 전용 라인 전력 퓨즈(power fuse) 3개, 정격 전압 25.8kV, 최대 사용 정격 전류 200AF, Unit 퓨즈 용량 20A이다.

▶ 9번 : TR2(mold type, P : 22.9kV, S : 380/220V, C : 3ϕ 500kVA)

세대 전용의 몰드 타입 변압기이다. 결선 방식 △-Y, 정격 1차 전압 22,900V, 정격 2차 전압 380/220V, 정격 용량 500kVA이다.

▶ 10번 : 600V FCV 250°/1C×8

변압기 2차측에서 다음 패널인 LV2 Panel로 가는 데 필요한 케이블이다. 허용 전압 최대 600V, 케이블 종류 FCV, 케이블 굵기 250sq, 1코어짜리(케이블 피복 속에 들어 있는 전선이 1가닥) 케이블 8가닥이 간다.

▶ 11번 : TO : LV2 Panel

변압기 2차측(저압, 380/220V)에서 LV2 패널의 1차측으로 간다.

VCB 패널

㉠ 1번 : MOF 2차측에서 VCB 1차측으로 온다.

㉡ 2번 : VCB 2차측에서 TR 패널의 1차측으로 갔다.

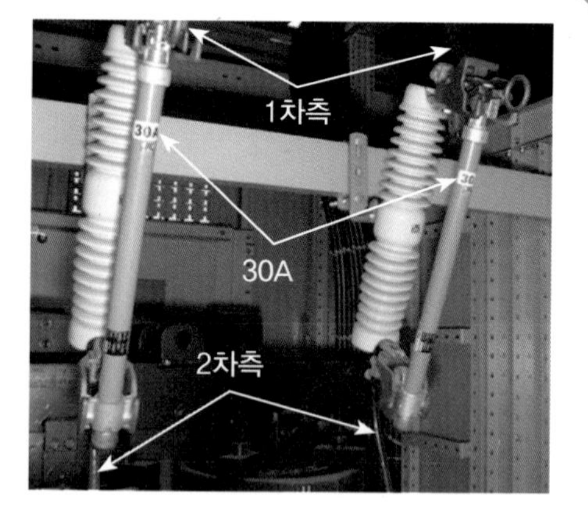

PF(전력 퓨즈, 앞 결선도의 2번)

VCB 패널 2차측에서 왔다.

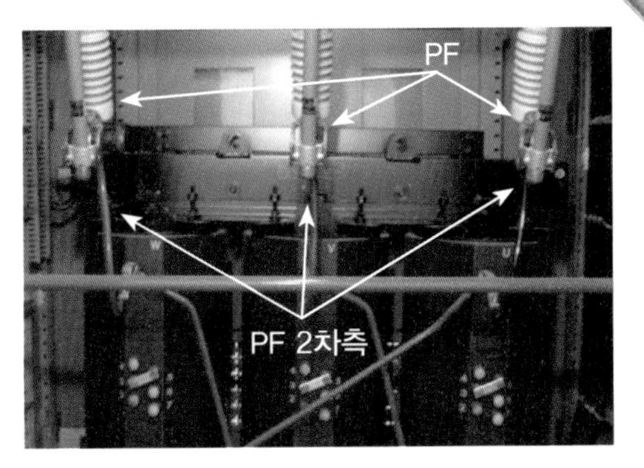

TR1(패널 후면) 1차측(앞 결선도의 3번)

패널 후면으로, 특고압(22.9kV)이며 1차측이다.

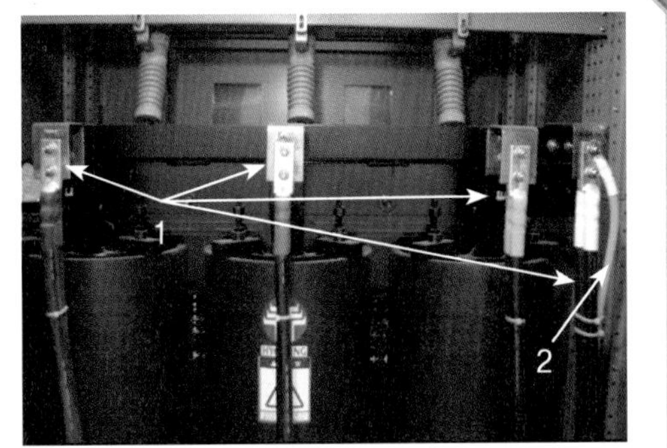

TR2 2차측(저압, 380/220V, 앞 결선도의 3번)

패널 전면으로, 저압(380/220V)이며 2차측이다.

㉠ 1번 : R, S, T, N

㉡ 2번 : 중성점 접지선

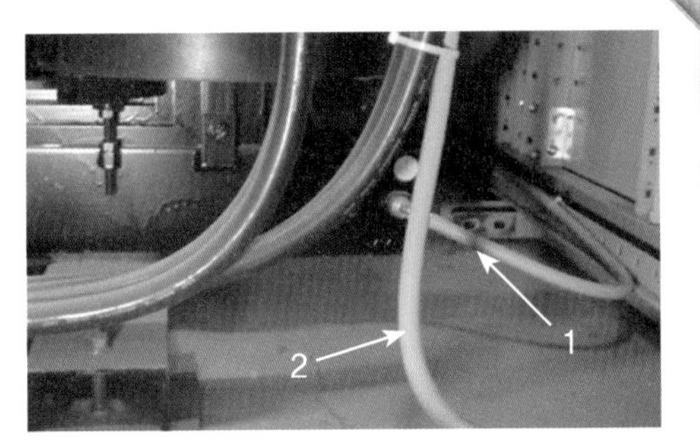

변압기 접지(앞 결선도의 4 · 5번)

변압기 외함(1번, 제1종 접지), 중성점(2번, 제2종 접지)의 접지 모습이다.

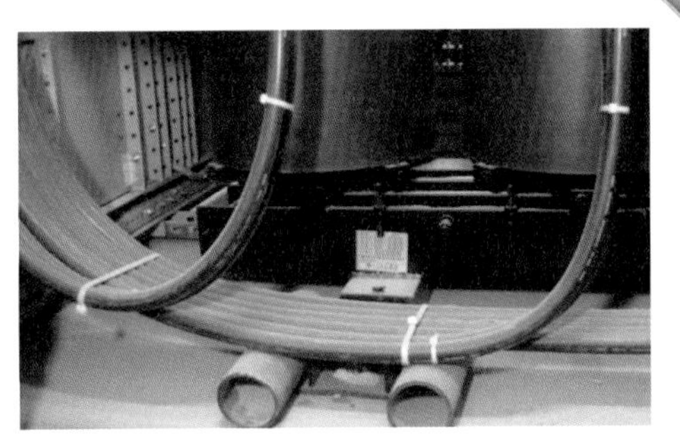

변압기 2차측 케이블(앞 결선도의 6 · 7번)

LV1 패널로 간 케이블이다.

LV1 패널

㉠ 1번 : TR 2차에서 온 케이블이다.

㉡ 2번 : ACB 1차측으로 갔다.

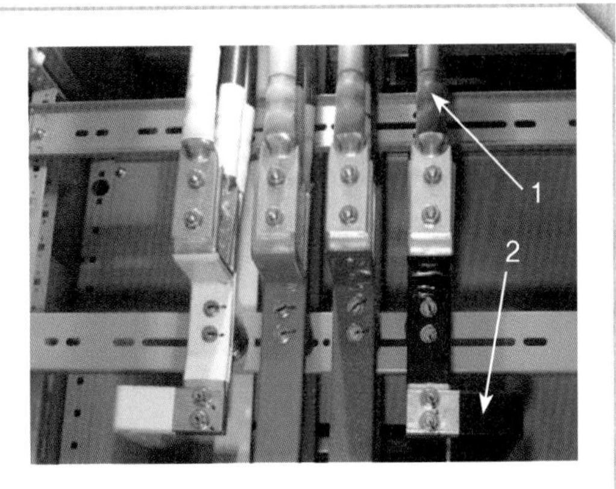

8 LV1 패널 결선도

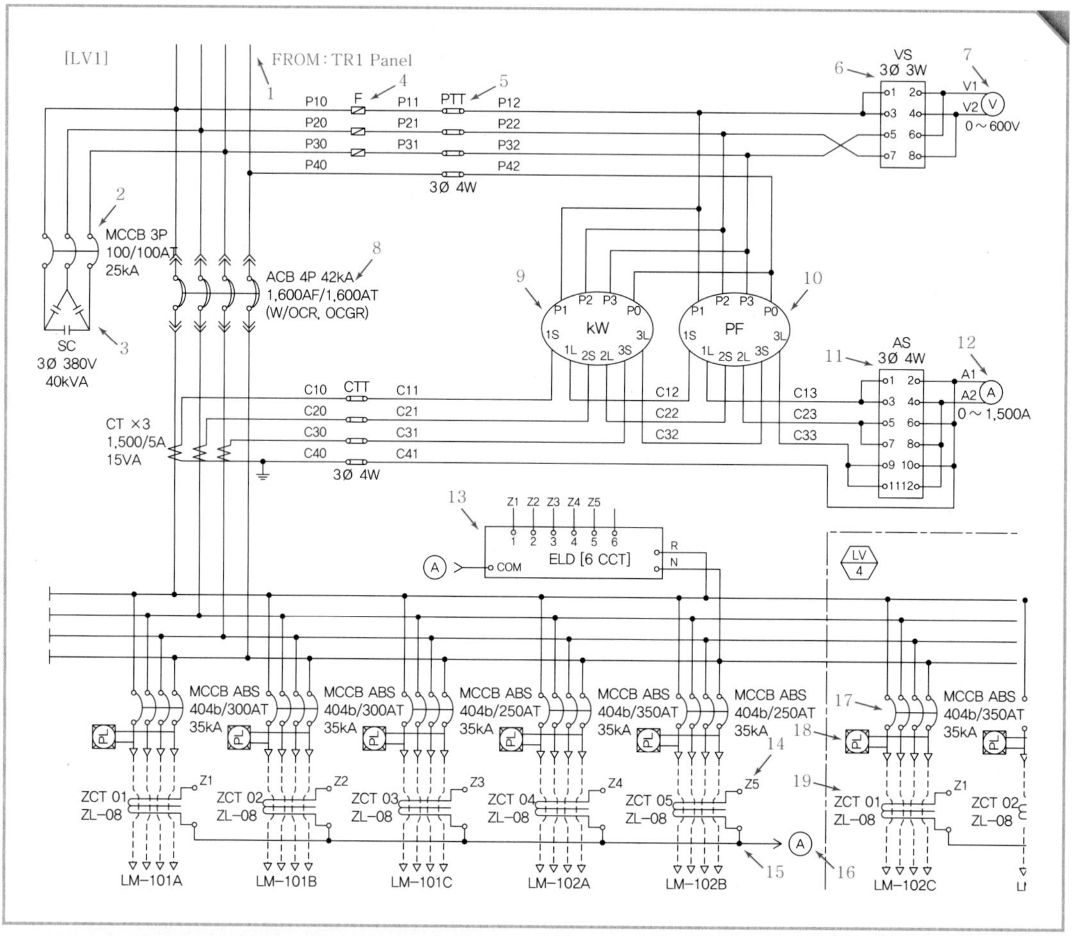

[LV1]
FROM : TR1 Panel
1
P10 F P11 PTT P12
P20 P21 P22
P30 P31 P32
P40 P42
3Ø 4W
4
5
6 VS 3Ø 3W
7 V1 V2 V 0 ~ 600V
2 MCCB 3P 100/100AT 25kA
3 SC 3Ø 380V 40kVA
8 ACB 4P 42kA 1,600AF/1,600AT (W/OCR, OCGR)
9 kW P1 P2 P3 P0 1S 1L 2S 2L 3S 3L
10 PF P1 P2 P3 P0 1S 1L 2S 2L 3S 3L
11 AS 3Ø 4W
12 A1 A2 A 0 ~ 1,500A
CT ×3 1,500/5A 15VA
C10 CTT C11 C12 C13
C20 C21 C22 C23
C30 C31 C32 C33
C40 C41
3Ø 4W
13 Z1 Z2 Z3 Z4 Z5 ELD [6 CCT] COM R N
LV 4
MCCB ABS 404b/300AT 35kA
MCCB ABS 404b/300AT 35kA
MCCB ABS 404b/250AT 35kA
MCCB ABS 404b/350AT 35kA
MCCB ABS 404b/250AT 35kA
17 MCCB ABS 404b/350AT 35kA
14 18 19
ZCT 01 ZL-08 Z1
ZCT 02 ZL-08 Z2
ZCT 03 ZL-08 Z3
ZCT 04 ZL-08 Z4
ZCT 05 ZL-08 Z5
ZCT 01 ZL-08 Z1
ZCT 02 ZL-08
15 16
LM-101A LM-101B LM-101C LM-102A LM-102B LM-102C

- ▶ 1번 : FROM : TR1 Panel – TR1 Panel에서 전원이 왔다는 뜻이다.
- ▶ 2번 : MCCB 3P(100/100AT, 25kA)
  콘덴서 제어용 배선용 차단기, 3극, 정격 프레임 100AF, 정격 전류 100A, 정격 차단 전류 25kA를 의미한다.
- ▶ 3번 : SC(3φ 380V, 40kVA) – 콘덴서, 형식 3상 380V, 정격 용량 40kVA이다.
- ▶ 4번 : F×3(다이젯 퓨즈)
- ▶ 5번 : PTT(3φ 4W) – PT Tester
- ▶ 6번 : VS(3φ 3W) – 전압계 3상 절환 스위치
- ▶ 7번 : V(0 ~ 600V) – 전압계로, 최대 600V까지 표시한다.
- ▶ 8번 : ACB 4P 42kA(1,600AF/1,600AT), (W/OCR, OCGR)
  기중 차단기로, 형식 4극 인출형, 정격 차단 전류 42kA, 부속품 OCR, OCGR 내장, 정격 투입 및 차단 조작 전원 DC 110V
- ▶ 9번 : kW(전력계)

▶ 10번 : PF(역률계)

▶ 11번 : AS(3ϕ 4W) – 전류계 3상 절환 스위치이다.

▶ 12번 : A(0~1,500A) – 전류계로, 최대 1,500A까지 표시한다.

▶ 13번 : ELD(6CCT) – 누전 경보기(6회로)이다.

▶ 14번 : ZCT 단자(Z5) – 영상 변류기의 회로측 단자로, A 누전 경보기의 5번 단자에 연결한다.

▶ 15번 : ZCT 단자(공통) – 영상 변류기의 공통측 단자로, A 누전 경보기의 공통 단자에 연결한다.

▶ 16번 : A – LV1 패널의 부하 패널 5개(LM 101A~101C, 102A, 102B)를 담당하는 A 누전 경보기(6회로)이다.

▶ 17번 : MCCB ABS(404b/350AT, 35kA) – LV4 패널의 부하 패널인 LM–102C 패널 제어용 배선용 차단기이다.

▶ 18번 : PL – 원형 표시등이다.

▶ 19번 : ZCT 01(ZL–08) – 영상 변류기이다.

TR 패널 후면 모습

㉠ 1번 : 2차측(저압)에서 LV1 패널로 간 케이블

㉡ 2번 : 패널 전면 저압측(380/220V)

LV1 패널 후면 상단 모습

㉠ 1번 : TR 패널에서 온 1차측 라인

㉡ 2번 : 부하측 패널로 간 케이블

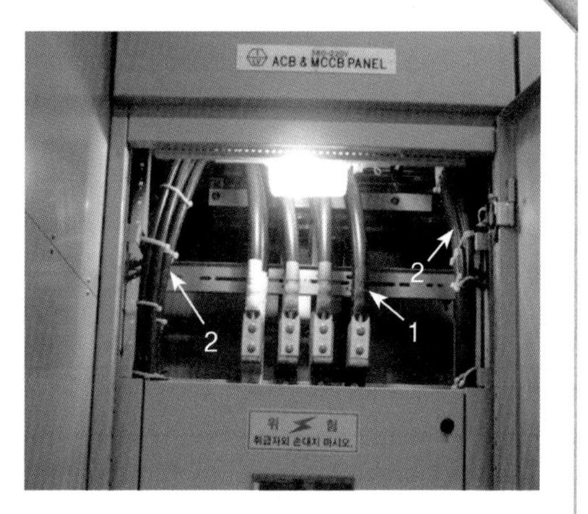

LV1 패널 후면 하단 모습

1번 : 콘덴서

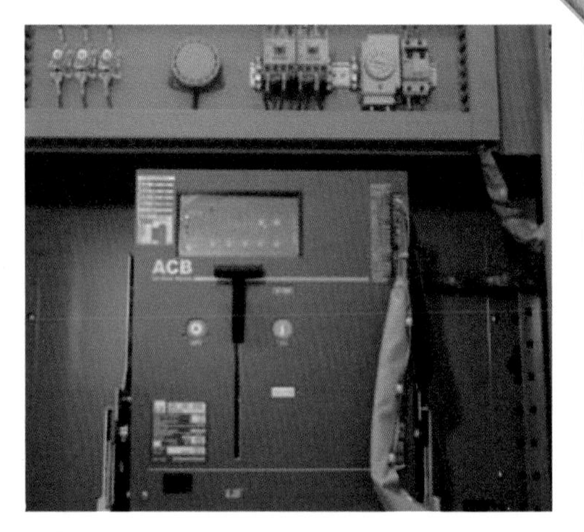

LV1 패널 전면 모습

㉠ 1번 : PTT로 가는 다이젯 퓨즈
㉡ 2번 : ACB

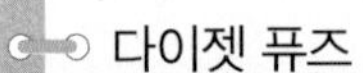

다이젯 퓨즈

㉠ 1번 : 퓨즈 몸체에 넣을 때 위쪽
㉡ 2번 : 퓨즈 몸체에 넣을 때 아래쪽
㉢ 3번 : 허용 전류와 전압 표시

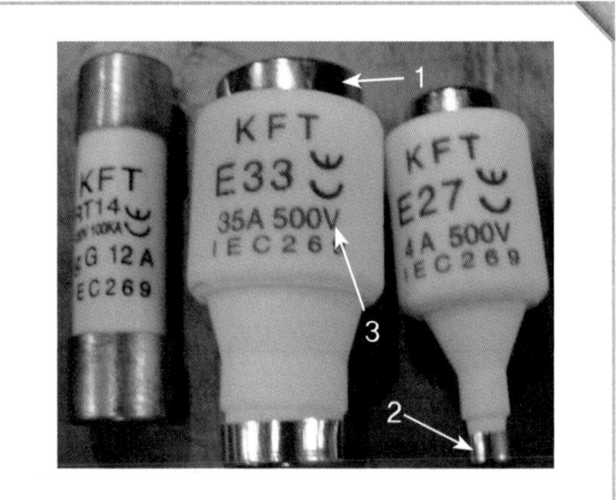

다이젯 퓨즈 윗모습

위쪽에 있는 화살표 표시 부분으로, 황색(혹은 적색)이 떨어지면 퓨즈가 단선된 것이다.

캠 스위치 용량 및 연결도

㉠ 1번 : 허용 용량(10A, 250V)

㉡ 2번 : 스위치 절환에 따른 연결도

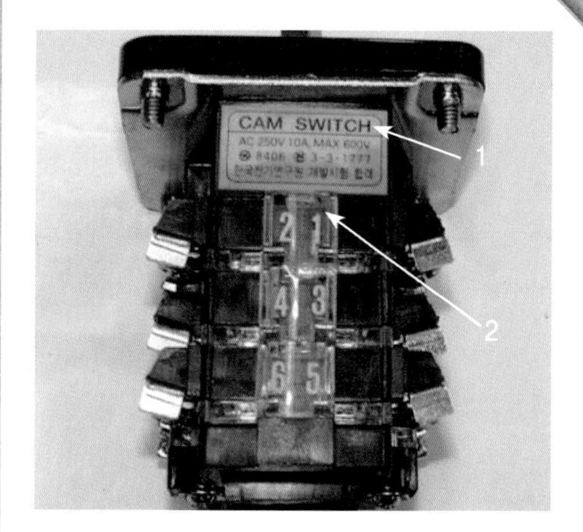

캠 스위치 용량 및 단자대

㉠ 1번 : 허용 용량(10A, 250V, 최대 600V 이하)

㉡ 2번 : 단자대 번호

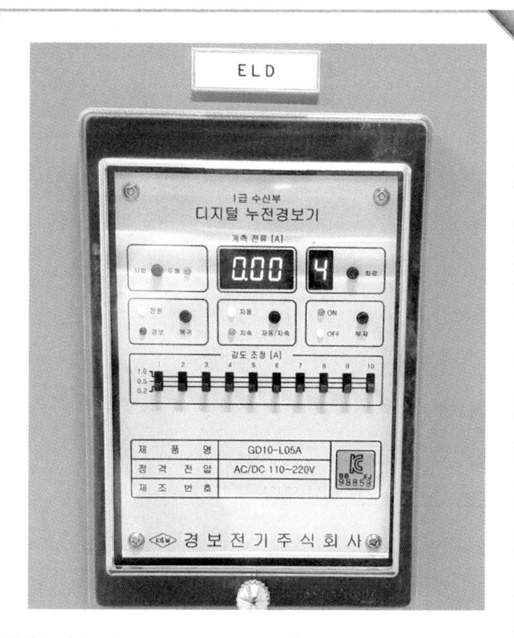

누전 경보기 전면 모습(10회로)

해당 계통에 설정값 이상의 누설 전류가 흐르면 경보를 울린다.

누전 경보기 후면 모습

㉠ 1번 : ZCT의 공통 단자에서 온 선이 연결됐다(Z0).

㉡ 2번 : ZCT의 회로 단자에서 온 선이 연결됐다(Z1 ~ Z10).

㉢ 3번 : 접지

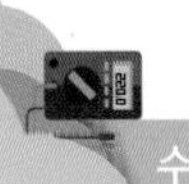

9 LV2 패널 결선도

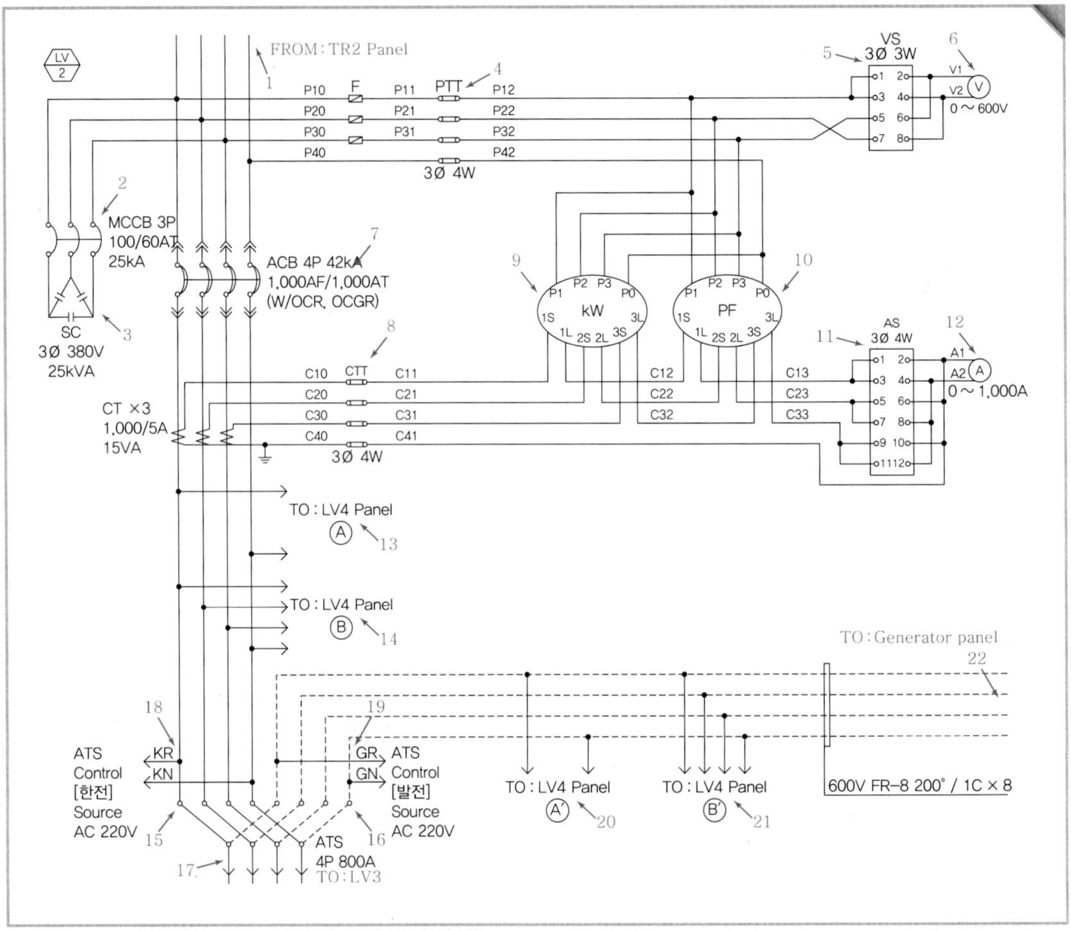

▶ 1번 : FROM : TR2 Panel – TR2 Panel에서 전원이 왔다는 뜻이다.

▶ 2번 : MCCB(3P, 100/60AT, 25kA) – 콘덴서 제어용 배선용 차단기
3극, 정격 프레임 100AF, 정격 전류 60A, 정격 차단 전류 25kA

▶ 3번 : SC(3ϕ 380V) – 콘덴서, 형식 3상 380V, 정격 용량 25kVA

▶ 4번 : PTT(3ϕ 4W) – PT Tester

▶ 5번 : VS(3ϕ 3W) – 전압계 3상 절환 스위치

▶ 6번 : V(0~600V) – 전압계, 최대 600V까지 표시한다.

▶ 7번 : ACB(4P, 42kA, 1,000AF/1,000AT, W/OCR, OCGR) – 기중 차단기, 형식 4극 인출형, 정격 차단 전류 42kA, 부속품 OCR, OCGR 내장, 정격 투입 및 차단 조작 전원 DC 110V이다.

▶ 8번 : CTT(3ϕ 4W) – CT Tester

▶ 9번 : kW(전력계)

▶ 10번 : PF(역률계)

▶ 11번 : AS(3ϕ 4W) – 전류계 3상 절환 스위치

▶ 12번 : A(0 ~ 1,000A) – 전류계로 최대 1,000A까지 표시한다.

▶ 13번 : A(TO : LV4 panel)
LV2의 한전 라인에서 LV4 패널의 한전 라인 보안등용 적산 전력계 1차측으로 간다.

▶ 14번 : B(TO : LV4 panel)
LV2의 한전 라인에서 LV4 패널의 한전 라인 급수 펌프용 적산 전력계 1차측으로 간다.

▶ 15번 : ATS 한전측
ACB 2차측에서 ATS의 한전측 단자에 연결되어 평소(상시)에 LV3 패널에 전원을 공급한다.

▶ 16번 : ATS 발전측
발전기 패널에서 ATS의 발전측 단자에 연결되어 정전 시 LV3 패널에 전원을 공급한다.

▶ 17번 : ATS 부하측(TO : LV3 panel)
ATS의 부하측 단자로, 상시에는 한전 라인과 정전 시에는 발전 라인과 연결되어 LV3 패널에 전원을 공급한다.

▶ 18번 : ATS Control(한전) source AC 220V
ATS의 한전 컨트롤 라인에 전원(220V)을 공급해 준다.

▶ 19번 : ATS Control(발전) source AC 220V
ATS의 발전 컨트롤 라인에 전원(220V)을 공급해 준다.

▶ 20번 : A′(TO : LV4 panel)
LV2의 발전 라인에서 LV4 패널의 발전 라인 보안등용 적산 전력계 1차측으로 간다.

▶ 21번 : B′(TO : LV4 panel)
LV2의 발전 라인에서 LV4 패널의 발전 라인 급수 펌프용 적산 전력계 1차측으로 간다.

▶ 22번 : 발전기 패널에 있는 ACB로 간다.

LV2 패널의 전면 모습

ACB와 ATS가 들어 있다.

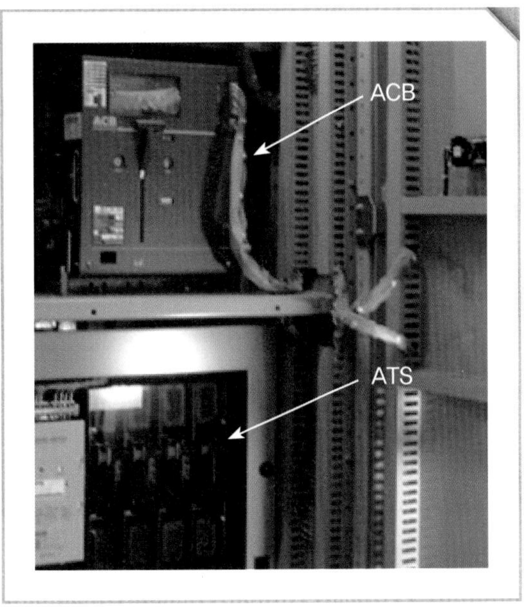

10 LV4 패널 결선도

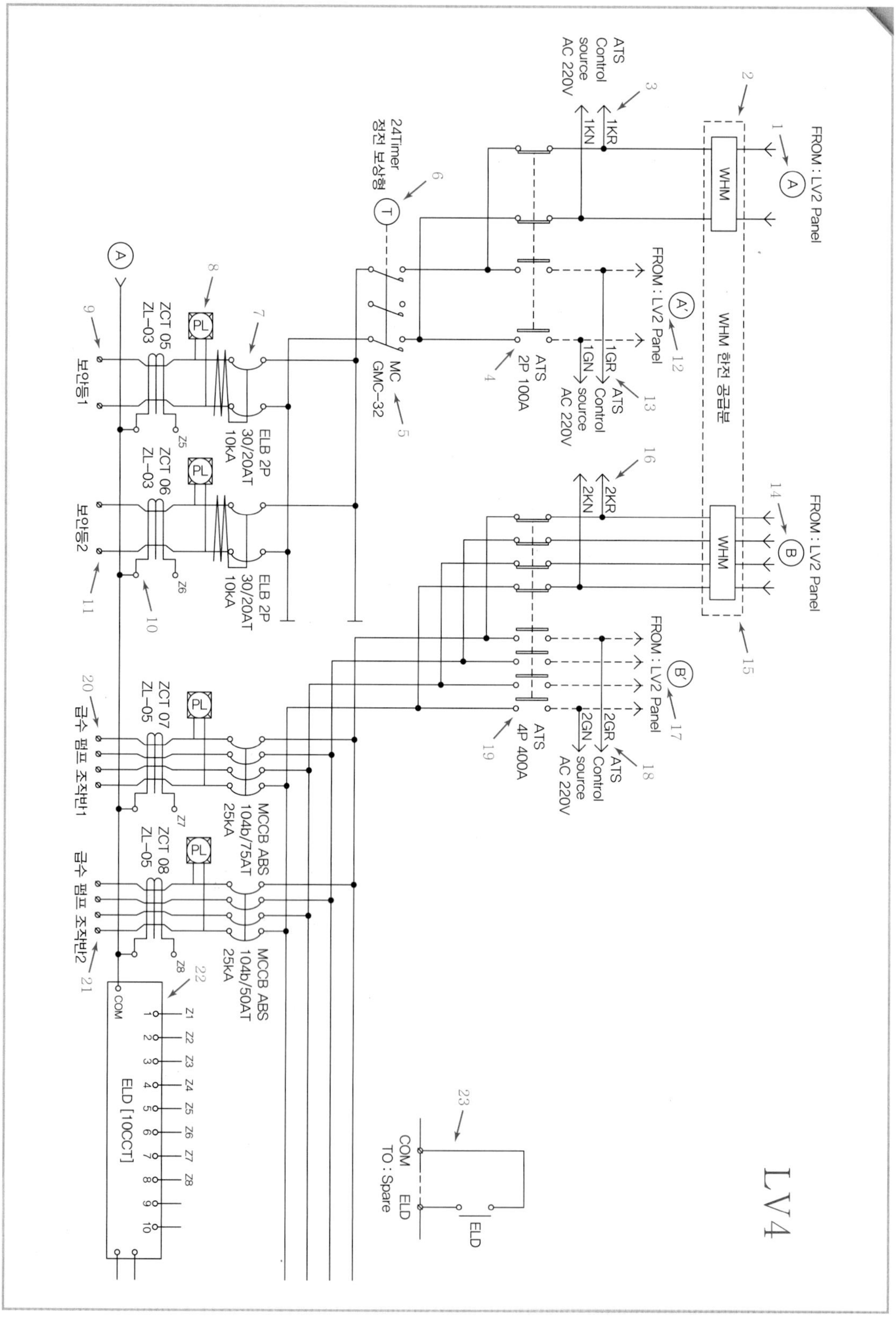

LV4
FROM : LV2 Panel
A
WHM
WHM 한전 공급분
FROM : LV2 Panel
B
WHM
1
2
3
ATS
Control
source
AC 220V
1KR
1KN
FROM : LV2 Panel
A'
12
1GR
1GN
ATS
Control
source
AC 220V
13
ATS
2P 100A
4
24Timer
정전 보상형
T
6
MC
GMC-32
5
14
15
16
2KR
2KN
FROM : LV2 Panel
B'
17
2GR
2GN
ATS
Control
source
AC 220V
18
ATS
4P 400A
19
A
8
PL
7
ELB 2P
30/20AT
10kA
ZCT 05
ZL-03
Z5
9
보안등1
PL
ELB 2P
30/20AT
10kA
ZCT 06
ZL-03
Z6
보안등2
10
11
PL
MCCB ABS
104b/75AT
25kA
ZCT 07
ZL-05
Z7
20
급수 펌프 조작반1
PL
MCCB ABS
104b/50AT
25kA
ZCT 08
ZL-05
Z8
급수 펌프 조작반2
21
22
Z1 Z2 Z3 Z4 Z5 Z6 Z7 Z8
COM 1 2 3 4 5 6 7 8 9 10
ELD [10CCT]
23
ELD
COM
ELD
TO : Spare

▶ 1번 : A(FROM : LV2 panel)

LV2 패널의 한전 라인에 있는 ACB 2차측에서 보안등용 적산 전력계의 1차로 가며, 적산 전력계의 2차측에서 보안등용 ATS의 한전측 단자에 연결된다.

▶ 2번 : WHM(한전 공급분) – 보안등용 적산 전력계로 단상용이다.

▶ 3번 : ATS Control(한전) source AC 220V

보안등용 ATS 컨트롤 회로 중 한전 라인 컨트롤 회로의 전원(AC 220V)으로 간다.

▶ 4번 : ATS(2P 100A) – 보안등용 ATS, 단상(2P), 용량 100A

▶ 5번 : MC(GMC–32) – 마그넷

마그넷과 타이머를 이용하여 보안등을 제어한다. GMC–32는 보안등의 용량에 맞게 설정된 마그넷 형식이다.

▶ 6번 : T(24timer, 정전 보상형) – 설정된 타이머의 시간에 따라 보안등이 점등된다.

▶ 7번 : ELB(2P, 30/20AT, 10kA) – 보안등 1번용 누전 차단기

LV4 패널 내부에 있으며 단상, 정격 전류 20A, 정격 차단 전류 10kA이다.

▶ 8번 : PL – 사각 표시 램프

▶ 9번 : 보안등1 – 아파트 단지에 있는 보안등

▶ 10번 : ZCT–05(ZL–03) – 1번 보안등용 영상 변류기

공통(ZL0)은 다른 ZCT의 공통과 연결하여 누전 경보기(ELD)의 공통 단자로 가며, 회로선(ZL–03)은 단독으로 누전 경보기(ELD)의 회로 단자로 간다.

▶ 11번 : 보안등2 – 아파트 단지에 있는 보안등

▶ 12번 : A′(FROM : LV2 panel) – 보안등용 발전 라인

LV2 패널의 발전 라인에서 오며 보안등용 ATS의 발전 단자에 연결된다.

▶ 13번 : ATS Control(발전) source AC 220V

보안등용 ATS 컨트롤 회로 중 발전 라인 컨트롤 회로의 전원(AC 220V)으로 간다.

▶ 14번 : B(FROM : LV2 panel)

LV2 패널의 한전 라인에 있는 ACB 2차측에서 급수 펌프용 적산 전력계의 1차로 가며, 적산 전력계의 2차측에서 급수 펌프용 ATS의 한전측 단자에 연결된다.

▶ 15번 : WHM(한전 공급분) – 급수 펌프용 적산 전력계로, 3상 4선식용이다.

▶ 16번 : ATS Control(한전) source AC 220V

급수 펌프용 ATS 컨트롤 회로 중 한전 라인 컨트롤 회로의 전원(AC 220V)으로 간다.

▶ 17번 : B′(FROM : LV2 panel)

LV2 패널의 발전 라인에서 오며 급수 펌프용 ATS의 발전 단자에 연결된다.

▶ 18번 : ATS Control(발전) source AC 220V

보안등용 ATS 컨트롤 회로 중 발전 라인 컨트롤 회로의 전원(AC 220V)으로 간다.

▶ 19번 : ATS(4P 400A) – 급수 펌프용 ATS, 3상 4선식(4P), 용량 400A

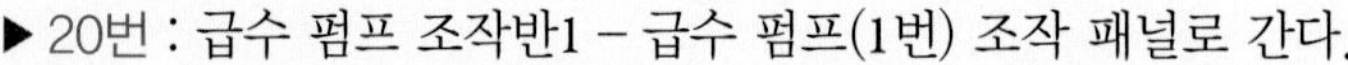

▶ 20번 : 급수 펌프 조작반1 – 급수 펌프(1번) 조작 패널로 간다.

▶ 21번 : 급수 펌프 조작반2 – 급수 펌프(2번) 조작 패널로 간다.

▶ 22번 : ELD(10CCT) – 10회로 누전 경보기이다.

▶ 23번 : TO : Spare – 누전 경보기의 회로 단자 중 여유분용이다.

11 LV4 패널 결선도 주요 부위 확대

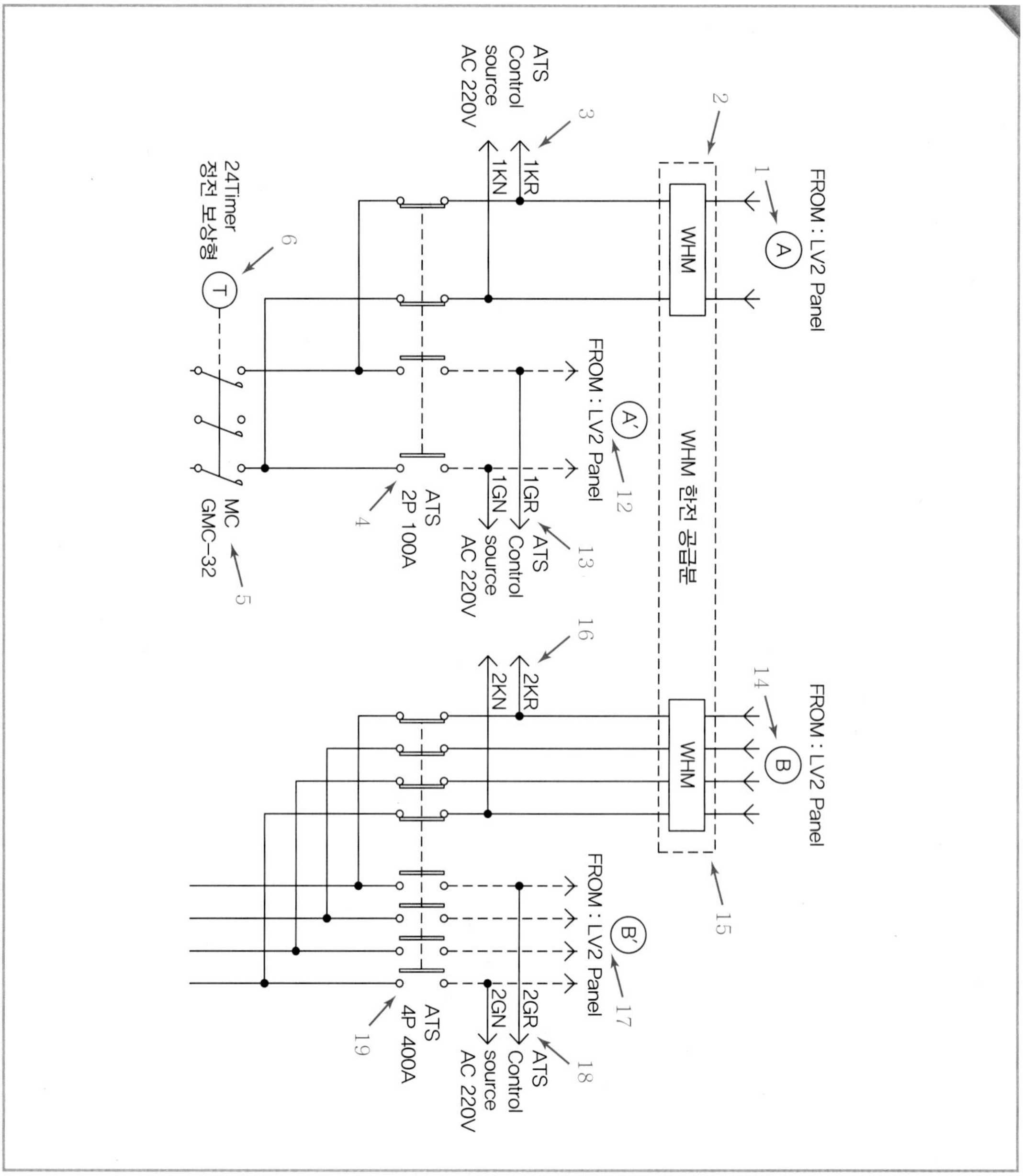

보안등 라인 구성품

㉠ 1번 : 보안등용 ATS(2P)
㉡ 2번 : 마그넷
㉢ 3번 : 차단기

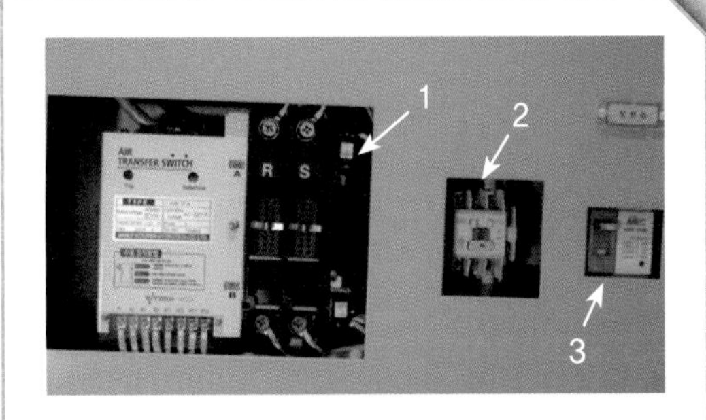

급수 펌프용(산업용)

적산 전력계와 보안등용 적산 전력계 모습이다.

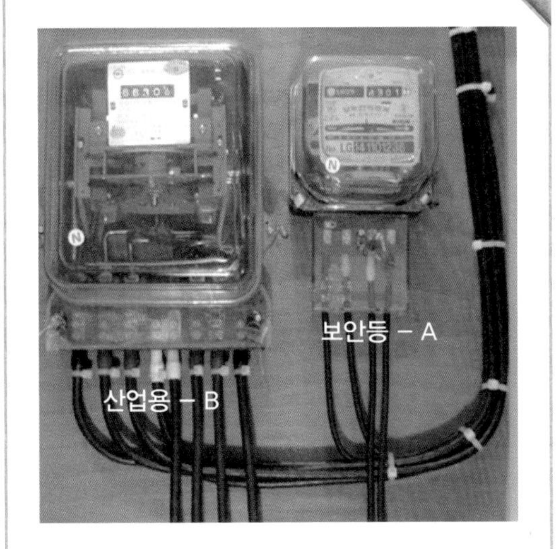

급수 펌프용 ATS 후면

㉠ 1번 : 부하측(급수 펌프 조작반 패널)
㉡ 2번 : 한전측(적산 전력계 2차측에서 옴)
㉢ 3번 : 발전측(발전 패널에서 옴)
㉣ 4번 : ATS 컨트롤 라인 전원(220V)

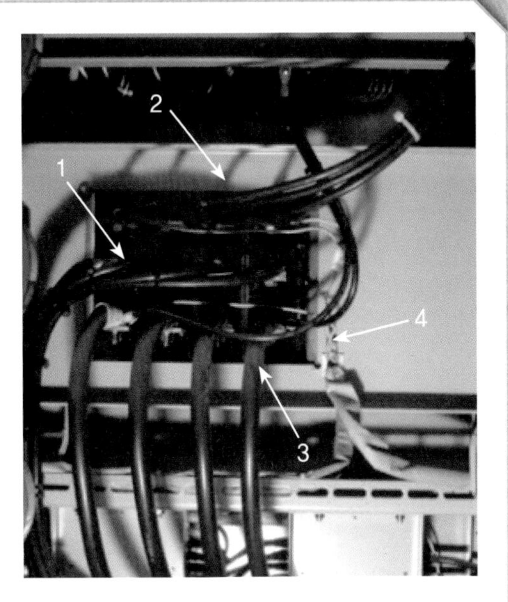

⑫ LV3 패널 결선도

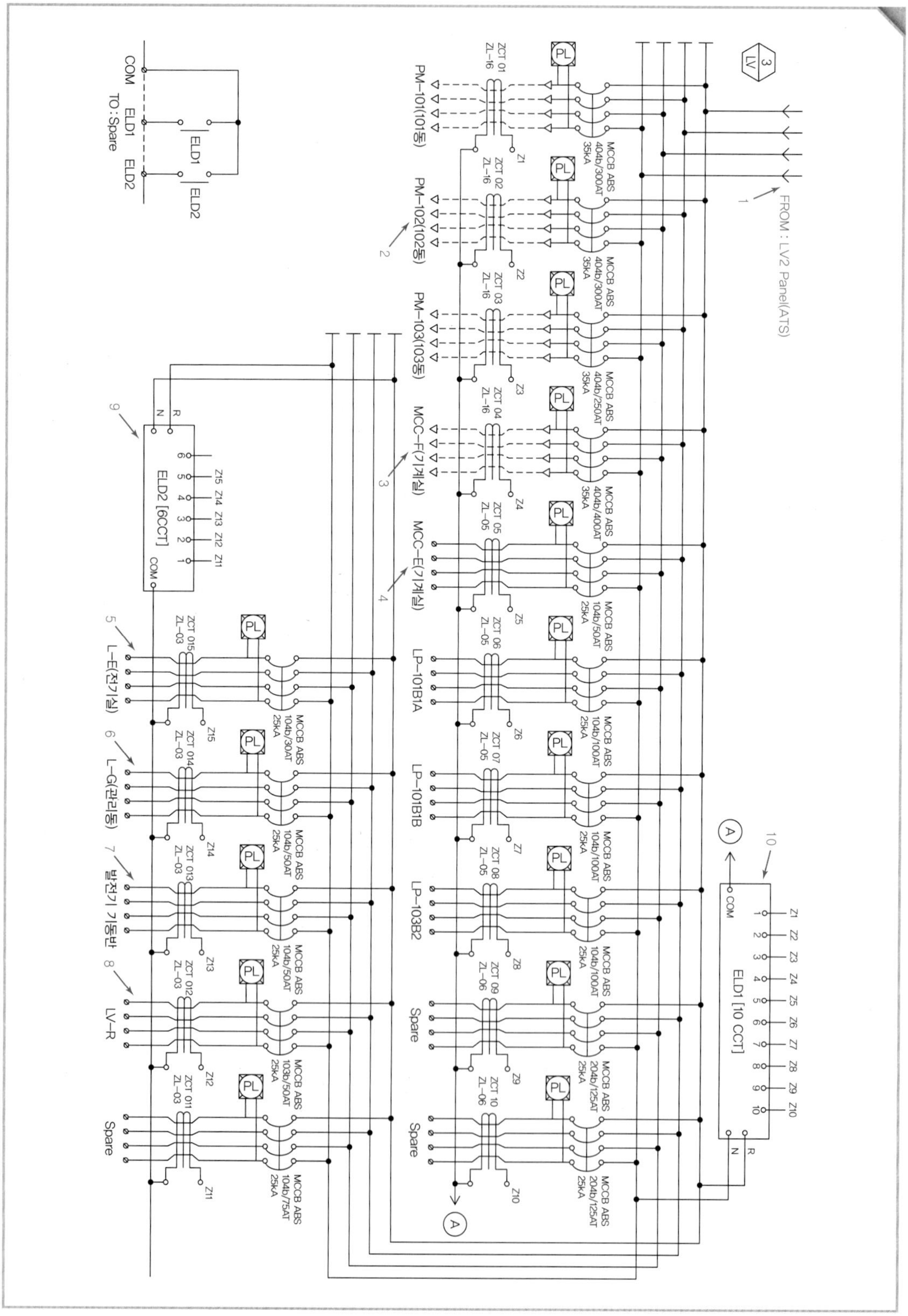

▶ 1번 : FROM : LV2 Panel(ATS)

LV3 패널의 메인 전원으로, LV2 패널에 있는 ATS의 부하측 단자에서 왔다.

▶ 2번 : PM−102(102동) − PM−102 패널 공급 전원

현장(102동)에 있는 PM−102 패널의 메인 차단기 1차측으로 간다.

▶ 3번 : MCC−F(기계실) − MCC−F 패널 공급 전원

기계실에 있는 MCC−F 패널의 메인 차단기 1차측으로 간다.

▶ 4번 : MCC−E(기계실) − MCC−E 패널 공급 전원

기계실에 있는 MCC−E 패널의 메인 차단기 1차측으로 간다.

▶ 5번 : L−E(전기실) − L−E 패널 공급 전원

전기실에 있는 L−E 패널의 메인 차단기 1차측으로 간다.

▶ 6번 : L−G(관리동) − L−G 패널 공급 전원

관리동에 필요한 전기를 공급해 주는 L−G 패널의 메인 차단기 1차측으로 간다.

▶ 7번 : 발전기 기동반

발전기를 기동시키는 기동 패널의 메인 차단기 1차측으로 간다.

▶ 8번 : LV−R

정류기반(LV−R) 패널의 메인 차단기 1차측으로 간다.

▶ 9번 : ELD2(6CCT) − 누전 경보기(6회로)

▶ 10번 : ELD1(10 CCT) − 누전 경보기(10회로)

13 LBS 패널 시퀀스 회로도

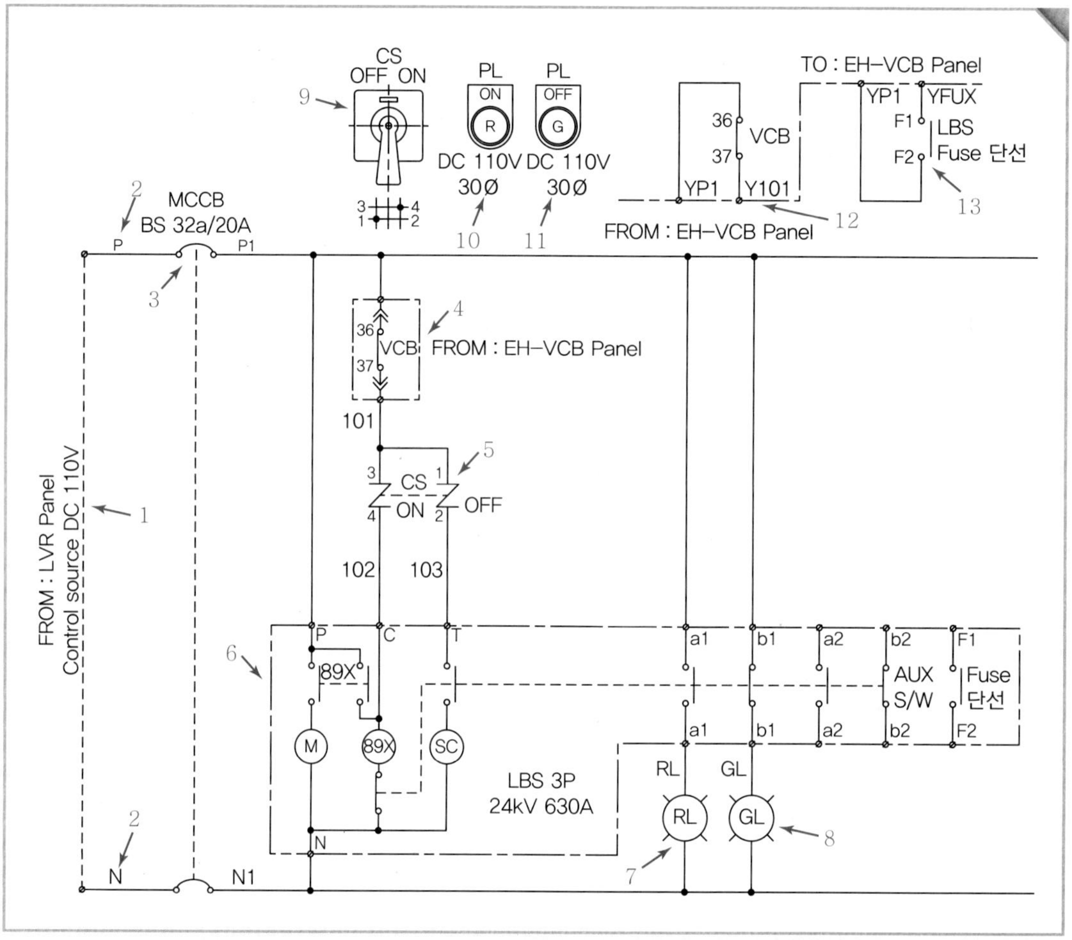

CS
OFF ON
PL ON R DC 110V 30Ø
PL OFF G DC 110V 30Ø
TO : EH-VCB Panel
YP1 YFUX F1 F2 LBS Fuse 단선
36 37 VCB YP1 Y101
FROM : EH-VCB Panel
MCCB BS 32a/20A
P P1
36 VCB 37 FROM : EH-VCB Panel
101
3 CS 1 4 ON 2 OFF
102 103
FROM : LVR Panel Control source DC 110V
P C T 89X M 89X SC
a1 b1 a2 b2 F1 AUX S/W Fuse 단선 a1 b1 a2 b2 F2
LBS 3P 24kV 630A
RL GL
N N1
1 2 3 4 5 6 7 8 9 10 11 12 13

▶ 1번 : FROM LVR Panel control source DC 110V

LBS의 컨트롤(조작) 전원은 DC 110V이며, 이 전원은 정류기반(LV–R)에서 공급한다.

▶ 2번 : P, N

DC 전원 표시로, P(+), N(–)이다.

▶ 3번 : MCCB(BS 32a/20A) – 조작용 차단기(정격 전류 20A)

▶ 4번 : FROM : EH–VCB Panel

VCB 내부에 있는 트립용 b접점으로, 이상 발생 시 b접점이 떨어져 LBS의 컨트롤 회로를 차단시킨다.

▶ 4 · 6번의 점선 : 점선 내에 있다는 것은 이 회로의 외부에 있다는 뜻이다. 때문에 상기 회로도처럼 단자대를 이용한다(단자대 번호가 있음).

▶ 5번 : CS, 캠 스위치 – 공통(1 · 3번), ON(4번), OFF(2번) 단자이다.

▶ 7번 : RL – ON 표시 램프(적색)

▶ 8번 : GL – OFF 표시 램프(녹색)

- ▶ 9번 : CS – 패널 전면에 부착된 캠 스위치
- ▶ 10번 : PL(ON, R, DC 110V, 30ϕ) – 패널 전면에 부착된 ON 표시 램프
- ▶ 11번 : PL(OFF, G, DC 110V, 30ϕ) – 패널 전면에 부착된 OFF 표시 램프
- ▶ 12번 : VCB b접점(FROM : EH–VCB panel)

  4번의 b접점으로 단자대를 통해 VCB 패널에서 왔다.
- ▶ 13번 : LBS Fuse 단선(TO : EH–VCB panel)

  LBS의 퓨즈가 단선되면 작동되는 a접점으로 단자대를 통해 VCB 패널로 간다.

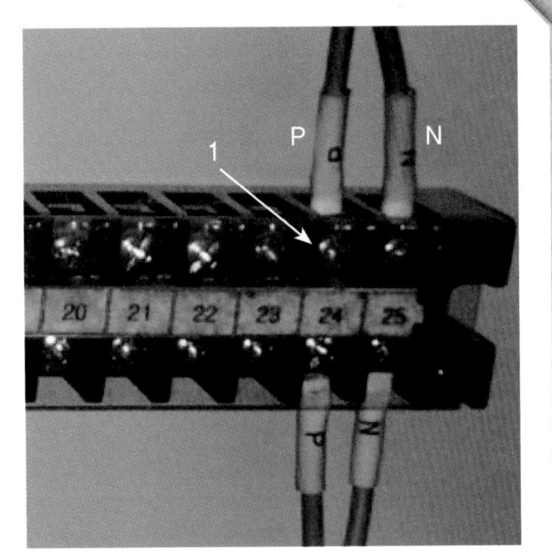

조작 전원

정류기반(LVR)에서 온 조작 전원으로, 단자대를 거쳐 차단기 1차측으로 간다.

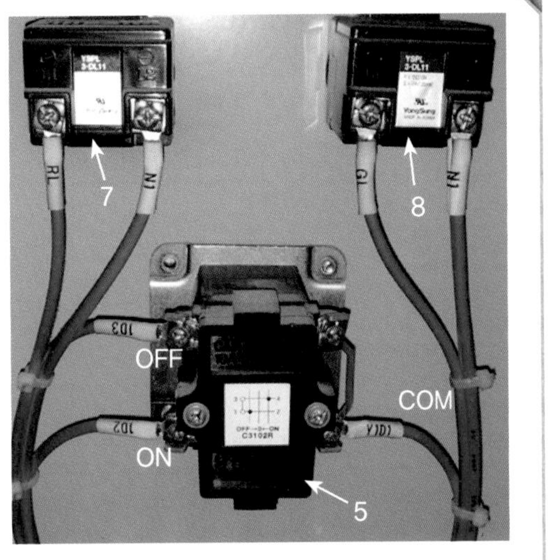

표시 램프와 캠 스위치 단자대 모습

㉠ 5번 : 캠 스위치로, 공통 단자 번호(1 · 3번)를 전선이 아닌 자체 연결핀으로 COM을 했다.

㉡ 7번 : ON 표시 램프로, 전선에 끼워진 넘버링(RL)을 보고 알 수 있다.

㉢ 8번 : OFF 표시 램프

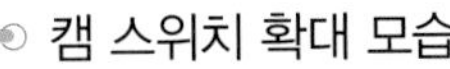

캠 스위치 확대 모습

공통 단자(결선 번호 1 · 3)를 연결핀으로 연결한 모습이다.

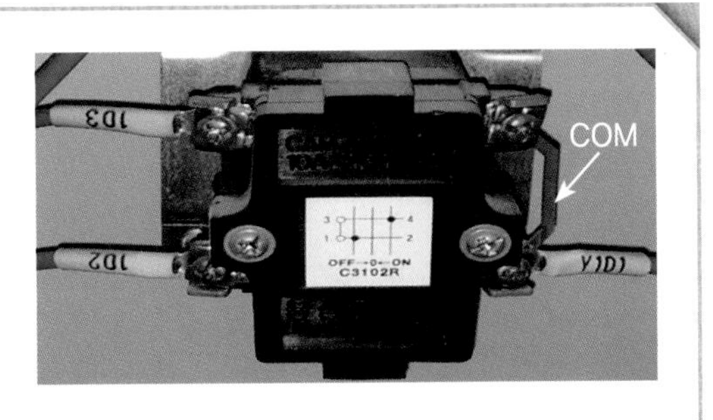

패널 전면

㉠ 5번 : 캠 스위치

㉡ 7번 : ON 램프

㉢ 8번 : OFF 램프

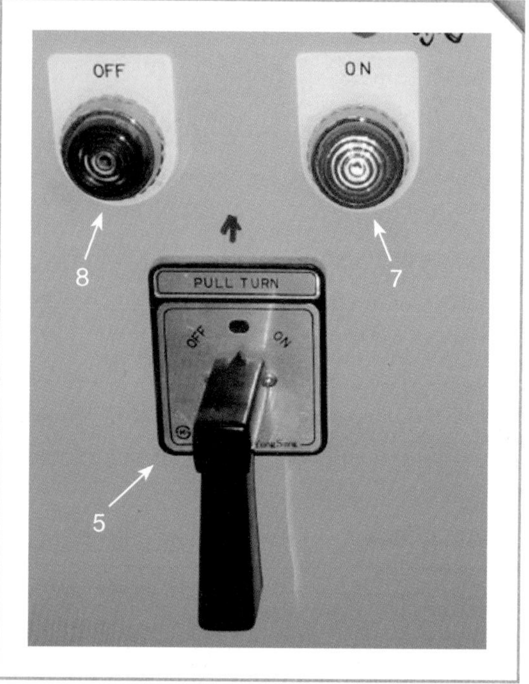

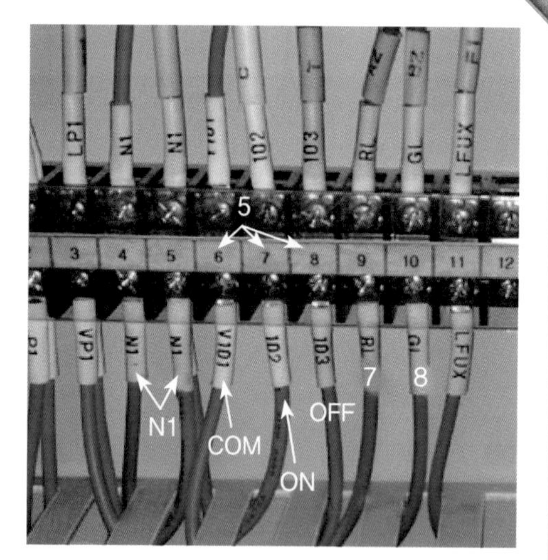

LBS 커넥터 연결 단자

회로도의 5번(캠 스위치), 7번(ON 램프), 8번(OFF 램프)에 해당되는 선들이 단자대에 연결된 모습이다.

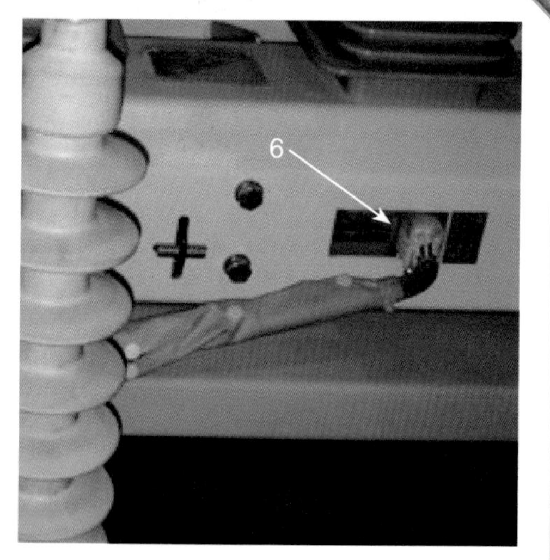

패널과 LBS를 연결해 주는 단자대

회로도의 6번(점선 내의 접점들)에 해당되는 선들이 커넥터를 통해 LBS와 연결됐다.

14 VCB 패널 시퀀스 회로도 I

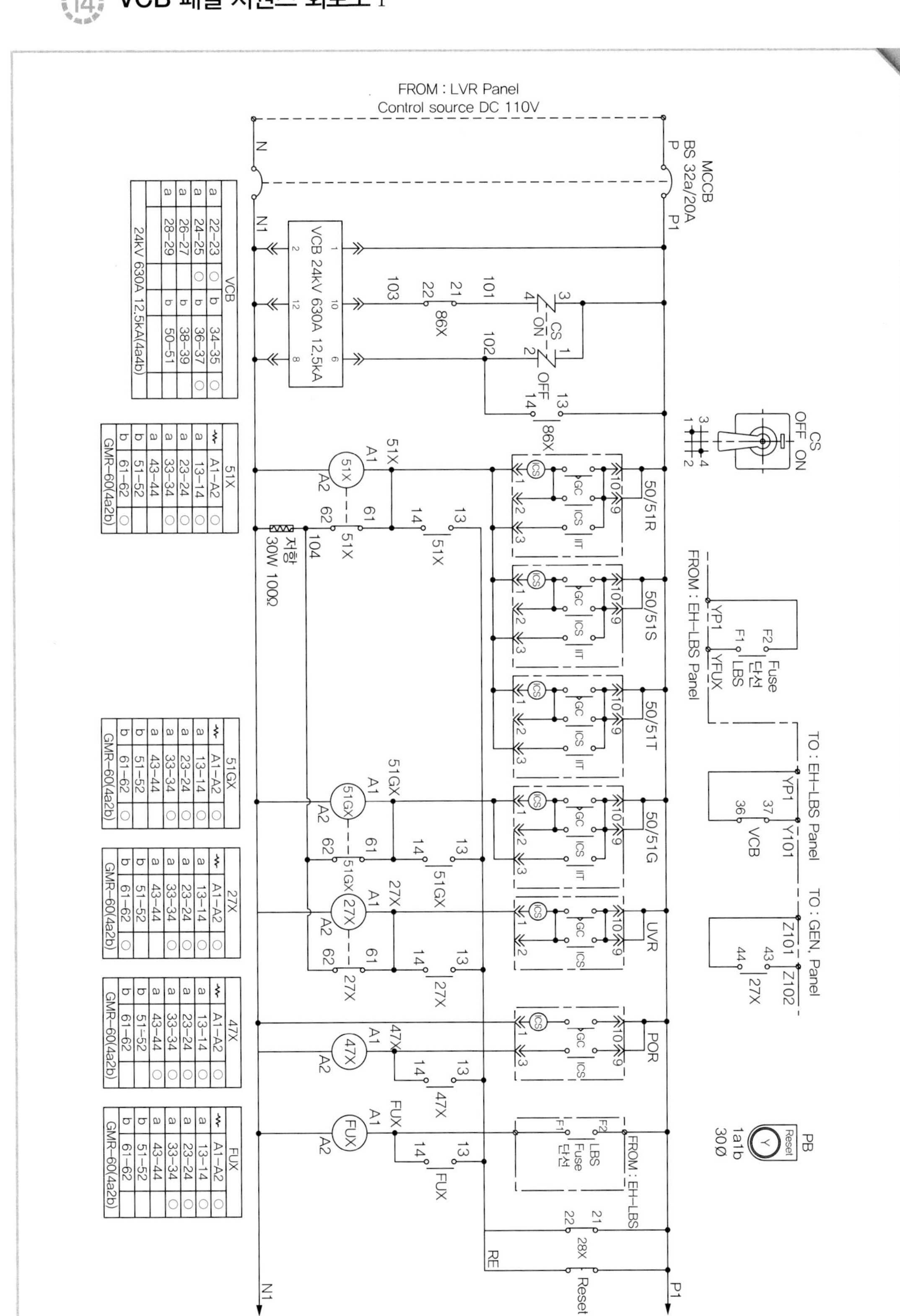

(1) 주요 부위 확대 I

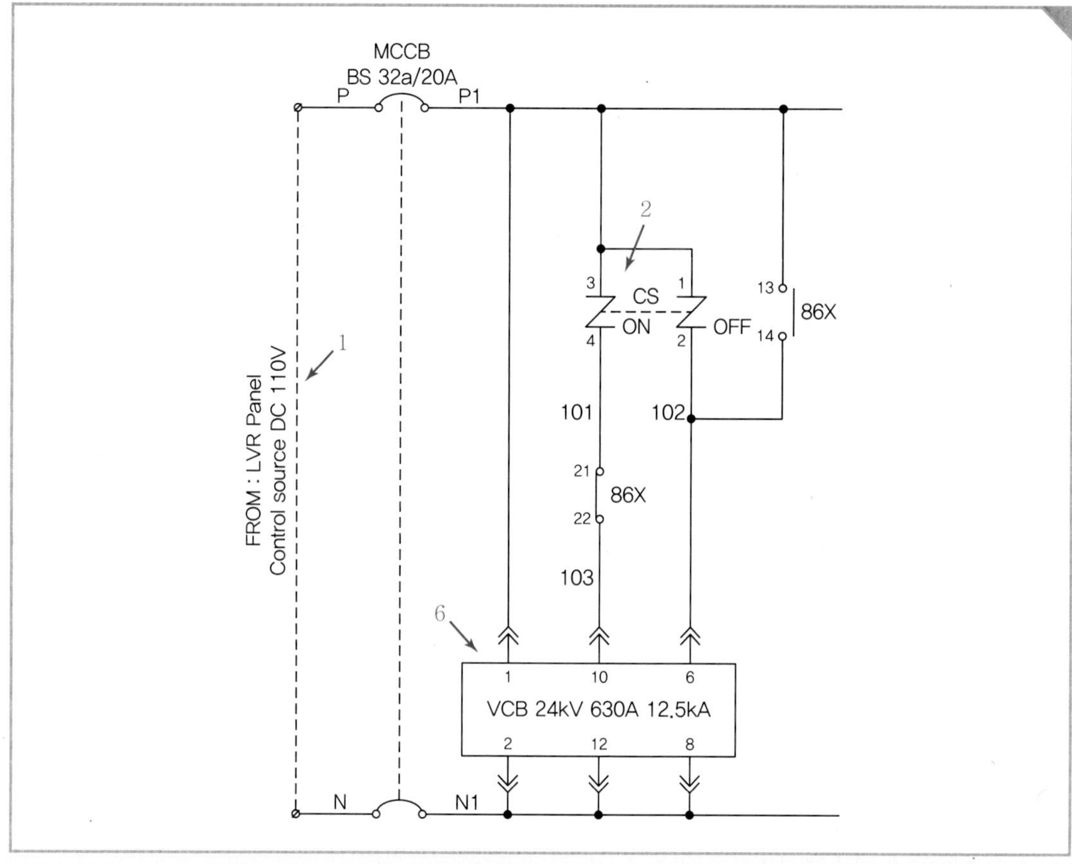

▶ 1번 : VCB의 컨트롤(조작) 전원은 DC 110V이며, 이 전원은 정류기반(LVR)에서 공급한다.

▶ 2번 : CS

▶ 6번 : VCB(24kV, 630A, 12.5kA)

(2) 주요 부위 확대 Ⅱ

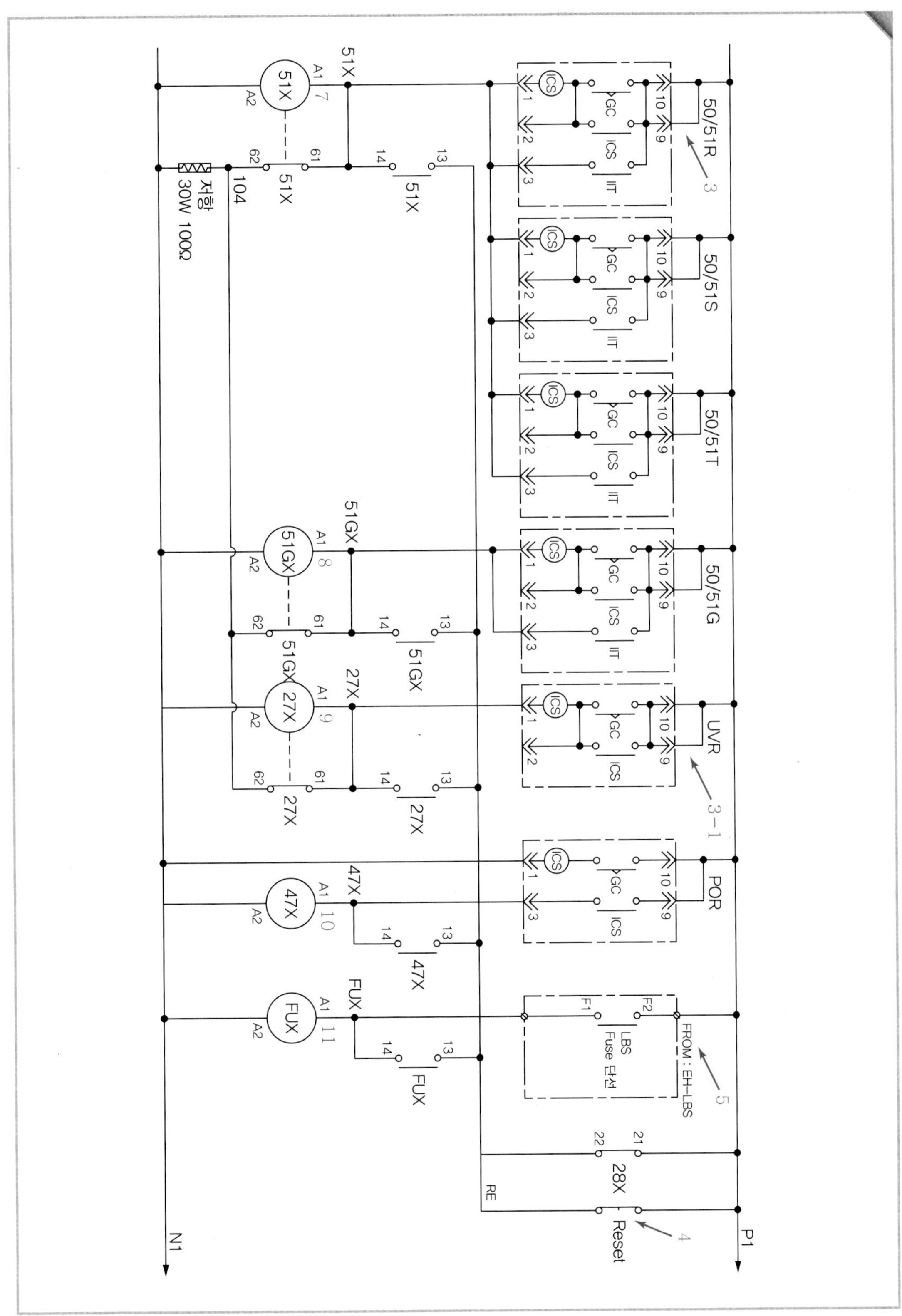
51X
A1
A2
7
62
61
14
13
저항
30W 100Ω
104
ICS
GC
IIT
10
9
1
2
3
50/51R
50/51S
50/51T
50/51G
51GX
8
27X
9
UVR
3-1
47X
10
POR
FUX
11
F1
F2
LBS
Fuse 단선
FROM : EH-LBS
5
21
22
28X
RE
Reset
4
P1
N1

▶ 3번 : OCR×3개, GOCR×1개

- 과전류 계전기(OCR)는 각 상에 1개씩 3개, 지락 과전류 계전기(GOCR)는 1개가 설치되었다.
- OCR 동작 : 과전류에 의한 이상이 생기면 해당 OCR의 접점에 의해 관련 릴레이(51X)가 동작한다. 51X는 86번 릴레이(86X, VCB 패널 시퀀스 회로도 II 참조)를 동작시키고, 86X에 의해 VCB가 차단된다. 이때, OCR의 타깃을 원상 복귀시켜도(동작한 a접점이 떨어져도) 리셋 버튼(reset)을 누르기까지는 51X의 a접점에 의해 자기 유지 상태를 지속한다.
- GOCR 동작 : 지락 과전류에 의한 이상이 생기면 해당 GOCR의 접점에 의해 관련 릴레이(51GX)가 동작한다. 51GX는 86번 릴레이(86X, VCB 패널 시퀀스 회로도 II 참조)를 동작시키고, 86X에 의해 VCB가 차단된다. 이때, GOCR의 타깃을 원상 복귀시켜도(동작한 a접점이 떨어져도) 리셋 버튼(reset)을 누르기까지는 51GX의 a접점에 의해 자기 유지 상태를 지속한다.

▶ 3-1번 : UVR

정전이 되면 전압이 떨어지면서 부족 전압 계전기(UVR)의 접점에 의해 관련 릴레이(27X)가 동작한다. 27X는 86번 릴레이(86X, VCB 패널 시퀀스 회로도 II 참조)를 동작시키고, 86X에 의해 VCB가 차단된다. 이때, UVR의 타깃을 원상 복귀시켜도(동작한 a접점이 떨어져도) 리셋 버튼(reset)을 누르기까지는 27X의 a접점에 의해 자기 유지 상태를 지속한다.

▶ 4번 : Reset

OCR(51X), GOCR(51GX), UVR(27X), POR(47X), LBS Fuse 단선 동작 릴레이(FUX) 등이 동작되어 자기 유지된 상태를 해제하여 초기 상태를 만들 때 누르면 된다.

▶ 5번 : LBS Fuse 단선(FROM : EH-LBS panel)

LBS 패널에 있는 LBS의 Fuse가 단선되면 a접점(LBS fuse 단선)이 붙으면서 관련 릴레이(FUX)가 동작한다. FUX는 86번 릴레이(86X, VCB 패널 시퀀스 회로도 II 참조)를 동작시키고, 86X에 의해 VCB가 차단된다. 이때, 동작한 a접점(LBS fuse 단선)이 떨어져도 리셋 버튼(reset)을 누르기까지는 FUX의 a접점에 의해 자기 유지 상태를 지속한다.

▶ 7번 : 51X – OCR의 접점에 의해 동작하는 릴레이

▶ 8번 : 51GX – GOCR의 접점에 의해 동작하는 릴레이

▶ 9번 : 27X – UVR의 접점에 의해 동작하는 릴레이

▶ 10번 : 47X – POR의 접점에 의해 동작하는 릴레이

▶ 11번 : FUX – LBS Fuse 단선의 접점에 의해 동작하는 릴레이

OCR 모습

설정값 이상의 과전류가 흐르면 동작하는 원판형 과전류 보호 계전기이다.

OCR 후면 단자대의 결선 모습

시퀀스 회로도에서 51X(OCR)가 결선된 모습으로 공통 단자 1 · 3과 9 · 10은 핀으로 연결되었다.

UVR 후면 단자대의 결선 모습

시퀀스 회로도에서 27X(UVR)가 결선되었다.

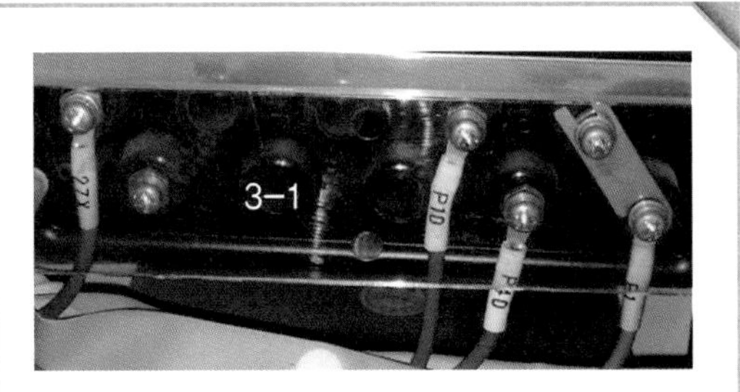

VCB 패널 내부에 있는 51X, 51GX 릴레이

OCR(51X), OCGR(51GX) 보호 계전기의 신호가 패널 내부에 있는 사진의 해당 보조 계전기로 간다.

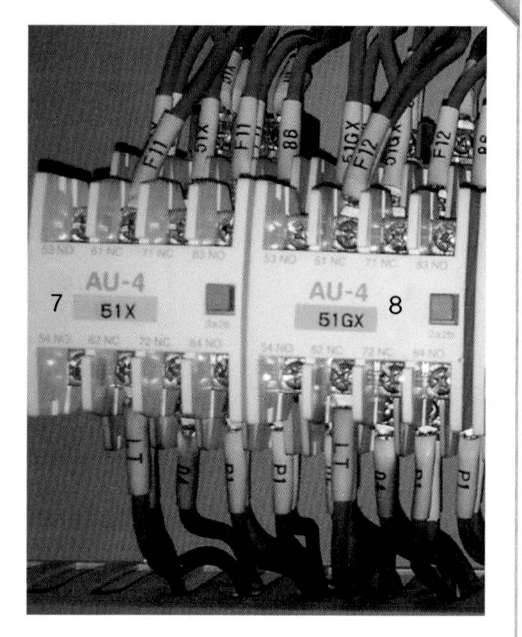

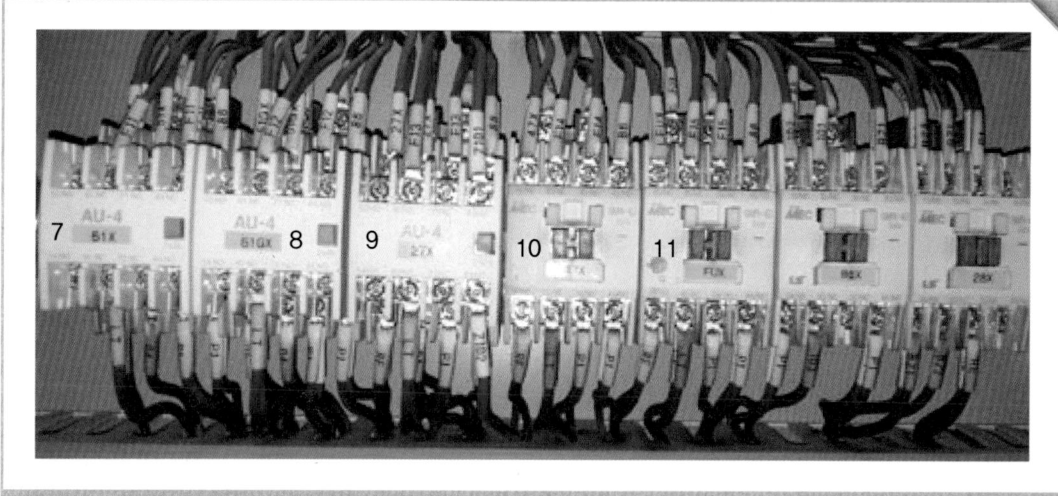

51X, 51GX, 27X, 47X, FUX 릴레이

OCR(51X), OCGR(51GX), UVR(27X), LBS Fuse 단선(fux) 등과 연결된다.

VCB 패널 시퀀스 회로도 Ⅱ

86X		
⌁	A1~A2	○
a	13~14	○
b	21~22	○
b	31~32	○
a	43~44	○

GMR-40(2a2b)

28X		
⌁	A1~A2	○
a	13~14	○
b	21~22	○
b	31~32	○
a	43~44	○

GMR-40(2a2b)

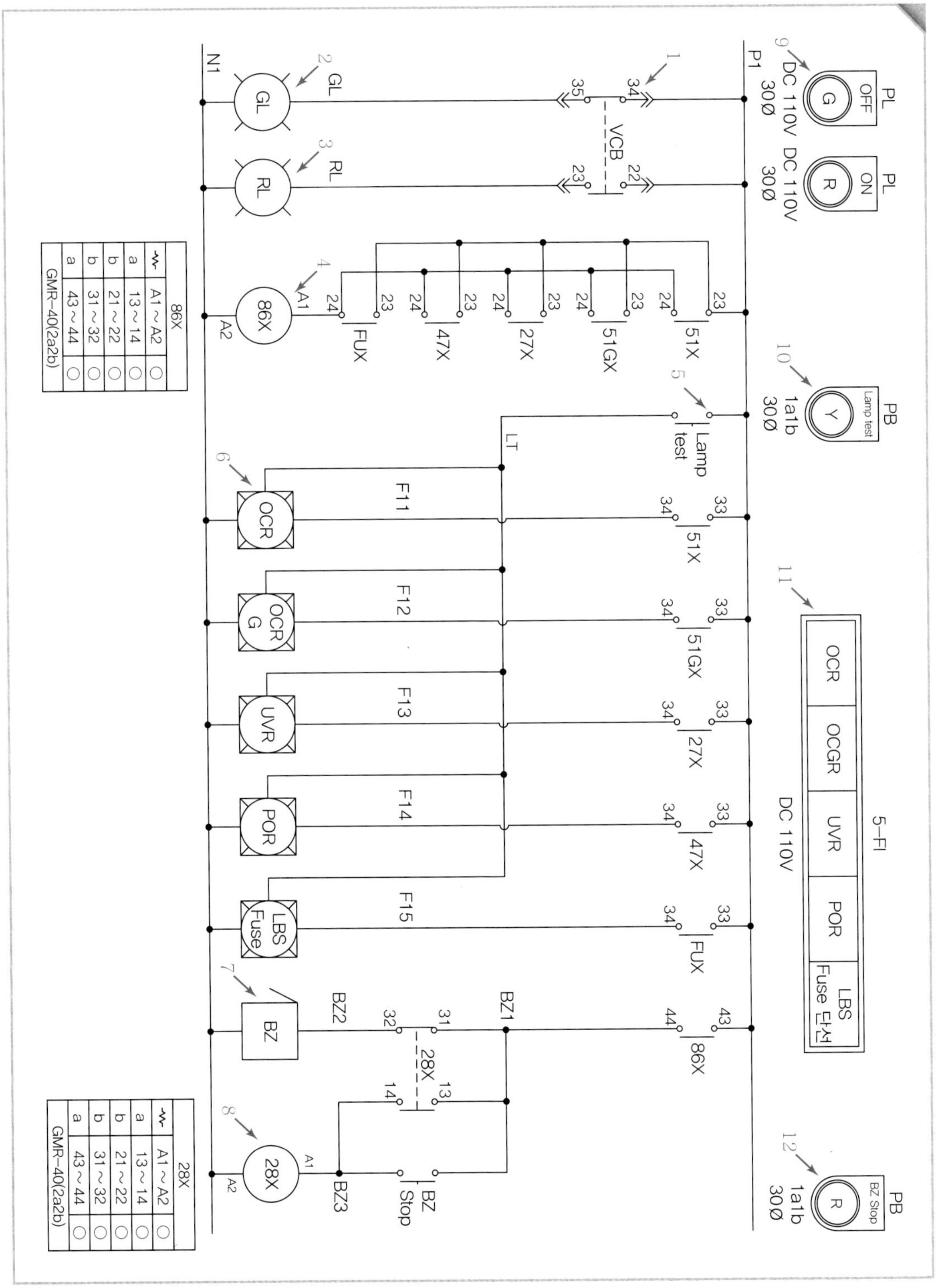

▶ 1번 : VCB 동작 상태 접점

평상시에는 b접점에 의해 GL(녹색) 램프가 점등되고 VCB 작동 시 a접점에 의해 적색(RL) 램프가 점등된다.

▶ 2번 : GL – VCB OFF 램프

▶ 3번 : RL – VCB ON 램프

▶ 4번 : 86X

51X, 51GX, 27X, 47X, FUX 릴레이의 a접점이 병렬로 연결되어 있기 때문에 이들 중 1개만 동작해도 릴레이(86X)가 동작한다. 86X가 동작하면 VCB의 ON 라인은 차단(86X–b접점에 의해)되고, 동시에 OFF 라인에 전원이 투입(86X–a접점에 의해)되어 VCB가 차단된다.

▶ 5번 : Lamp test

OCR, GOCR, UVR, POR, LBS Fuse 등 동작 상태를 알려주는 램프들과 병렬로 연결되었으며, 정상인 경우 버튼을 눌렀을 때 해당 램프가 모두 점등된다.

▶ 6번 : OCR – OCR이 동작하면 패널 전면에 있는 해당 표시 램프가 점등된다.

▶ 7번 : BZ – 86X가 동작하면 a접점이 붙으면서 버저가 울리면서 근무자에게 알려준다. BZ Stop 버튼을 누르면 28X의 b접점에 의해 버저가 스톱된다.

▶ 8번 : 28X – 버저 스톱용 릴레이

▶ 9번 : PL(OFF, G, DC 110V, 30ϕ), PL(ON, R, DC 110V, 30ϕ) – 패널 전면에 부착된 VCB ON, OFF용 램프이다.

▶ 10번 : PB(lamp test, Y, 1a1b 30ϕ) – 패널 전면에 부착된 Lamp test용 버튼이다.

▶ 11번 : 5–F1(DC 110V) – OCR, GOCR, UVR, POR, LBS Fuse 등의 동작 표시 램프

▶ 12번 : PB(BZ stop, R, 1a1b 30ϕ) – BZ Stop 버튼

BZ stop, Lamp test 버튼

전면 패널에 부탁된 버저 스톱과 램프 테스트 버튼의 결선된 모습으로, 단자에 끼워진 넘버링을 보고 알 수 있다.

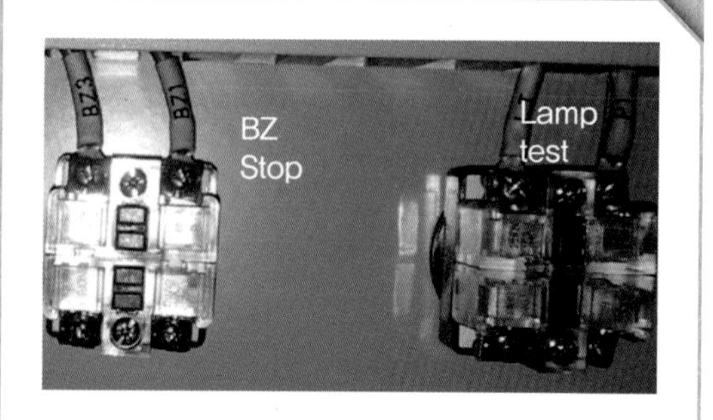

86X와 28X 릴레이 모습

패널 내부 속판에 부착된 VCB 차단용 릴레이(86X)와 버저 스톱용 릴레이(28X)이다.

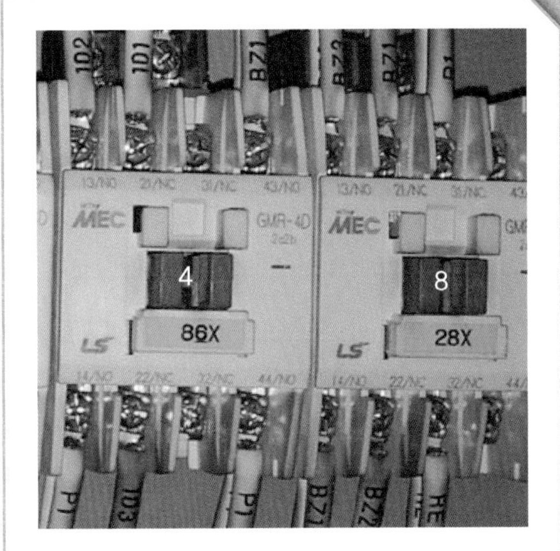

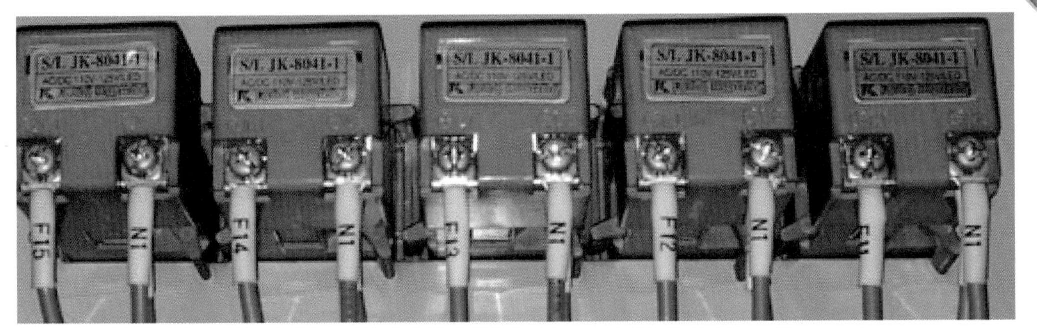

동작 표시 램프

오른쪽부터 OCR(넘버링 F11), GOCR(F12), UVR(F13), POR(F14), LBS Fuse(F15)이며, N1은 전원 공통이다.

패널 내부 속판에 부착된 버저

86X에 의해 동작하며 현장에 따라 패널 내부 혹은 전면에 설치된다.

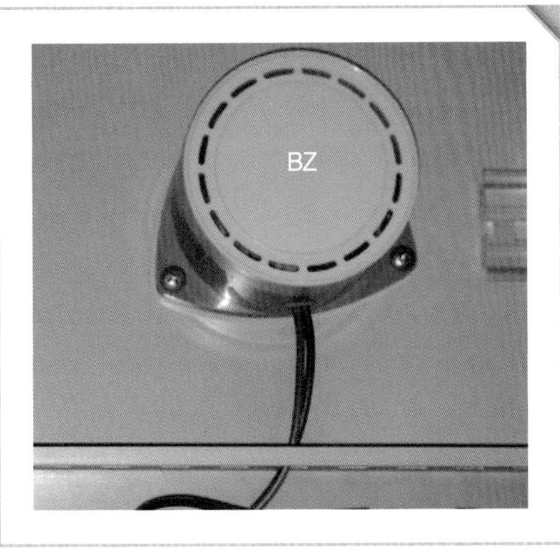

16 LV 1 · 2 패널 시퀀스 회로도(ACB)

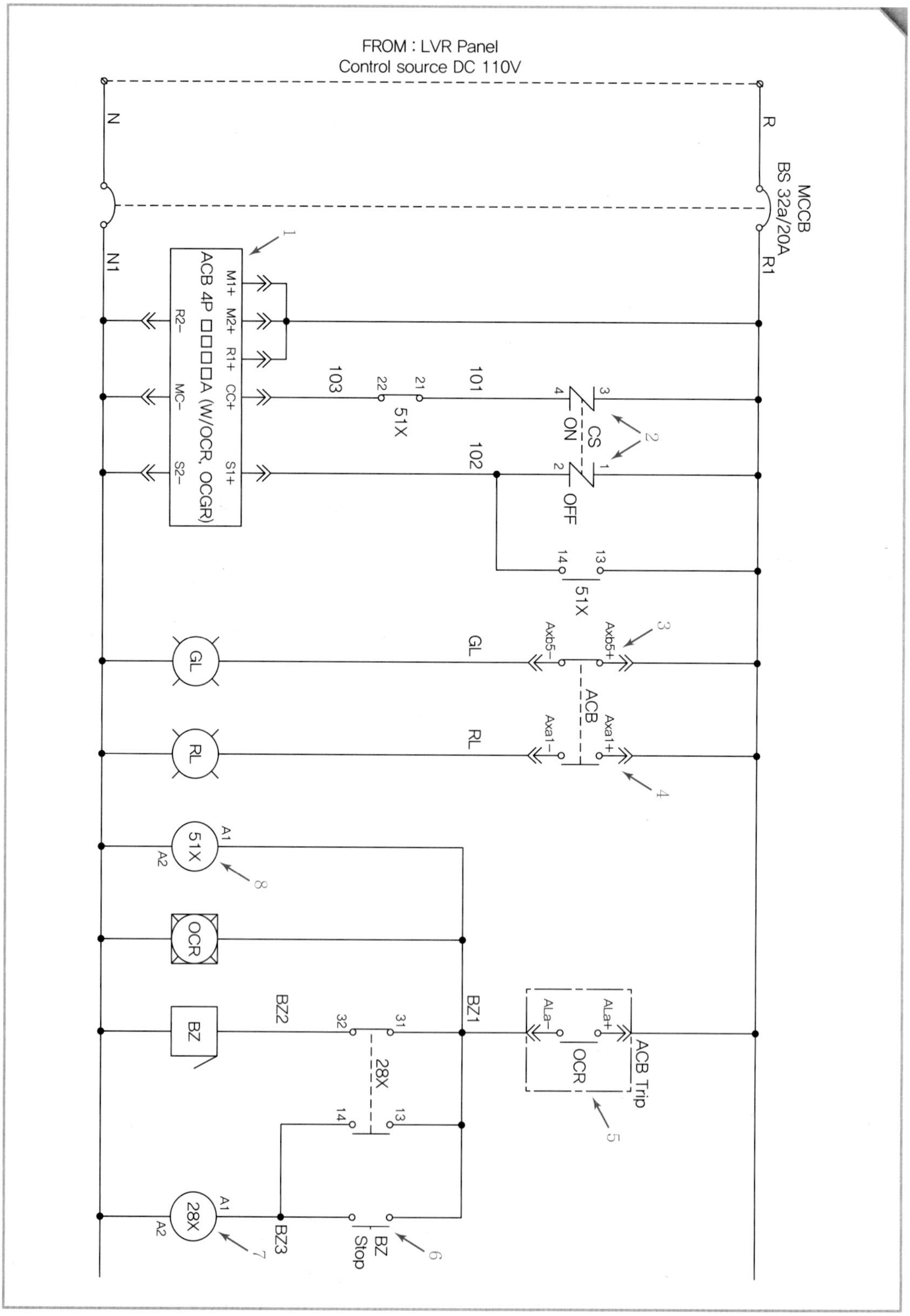

FROM : LVR Panel
Control source DC 110V

〈전반적 동작 상황〉

- 캠 스위치에 의해 수동으로 ON, OFF 동작한다.
- 이상 발생 시 OCR과 51X에 의해 ACB가 자동으로 트립된다.

▶ 1번 : ACB(4P, W/OCR, OCGR)

- 전원 : (M1+, M2+, R1), R2−
- W/OCR, OCGR : OCR과 OCGR이 ACB와 결합되었다(W : With 함께).
- ON 동작 : CC+, MC−
- OFF 동작 : S1+, S2−

▶ 2번 : CS, 캠 스위치

- ON 동작 : 캠 스위치를 ON 상태로 유지하면 51X−b접점을 거쳐 CC+에 전원이 투입되어 ACB가 ON된다.
- OFF 동작 : 캠 스위치를 OFF 상태로 유지하면 S1+에 전원이 투입되어 ACB가 OFF된다.

▶ 3번 : ACB OFF 상태 표시 램프

▶ 4번 : ACB ON 상태 표시 램프

▶ 5번 : ACB Trip − OCR이 동작하면 a접점이 붙으면서 버저가 울리고 동작 표시 램프가 점등되면서 51X에 의해 ACB가 트립(OFF)된다.

▶ 6번 : BZ Stop − 버튼을 누르면 28X에 의해 버저는 스톱되고 표시 램프는 OCR이 원상 복귀될 때까지 계속 점등되어 있는다.

▶ 7번 : 28X − 버저 스톱용 릴레이

▶ 8번 : 51X − ACB 차단용 릴레이

ACB

1번 : 패널 문에 있는 각종 SW, Lamp 등 전선이 ACB와 연결된 모습이다.

패널 전면에 부착된 계기들

㉠ 2번 : 캠 스위치

㉡ 3번 : ACB OFF 동작 표시 램프

㉢ 4번 : ACB ON 동작 표시 램프

㉣ 6번 : 버저 스톱 버튼

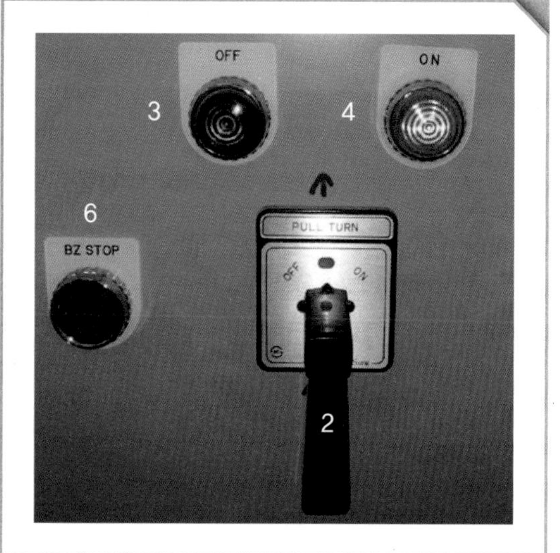

패널 전면에 부착된 계기들의 결선 모습

㉠ 2번 : 캠 스위치

㉡ 3번 : OFF 표시 램프

㉢ 4번 : ON 표시 램프

㉣ 6번 : 버저 스톱

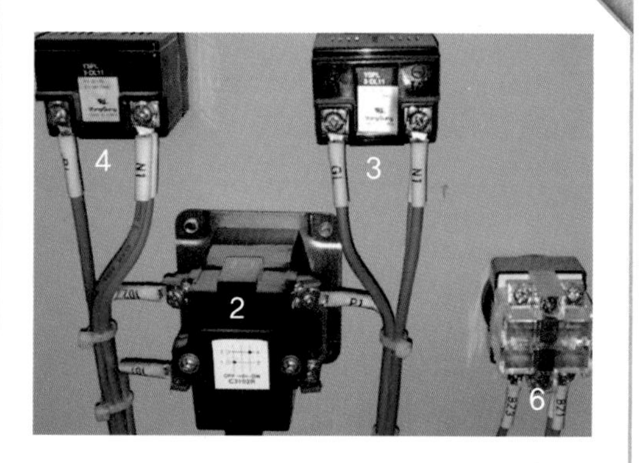

패널 속에 부착된 릴레이

㉠ 28X(7번)

- 전원 : BZ3, N1
- a접점 : BZ1, BZ3
- b접점 : BZ1, BZ2

㉡ 51X(8번)

- 전원 : BZ1, N1
- a접점 : 102, P1
- b접점 : 101, 103번

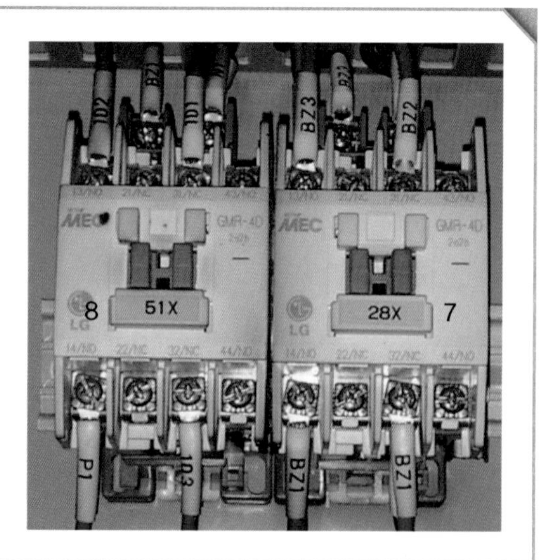

17 LV 2 · 4 패널 시퀀스 회로도(ATS)

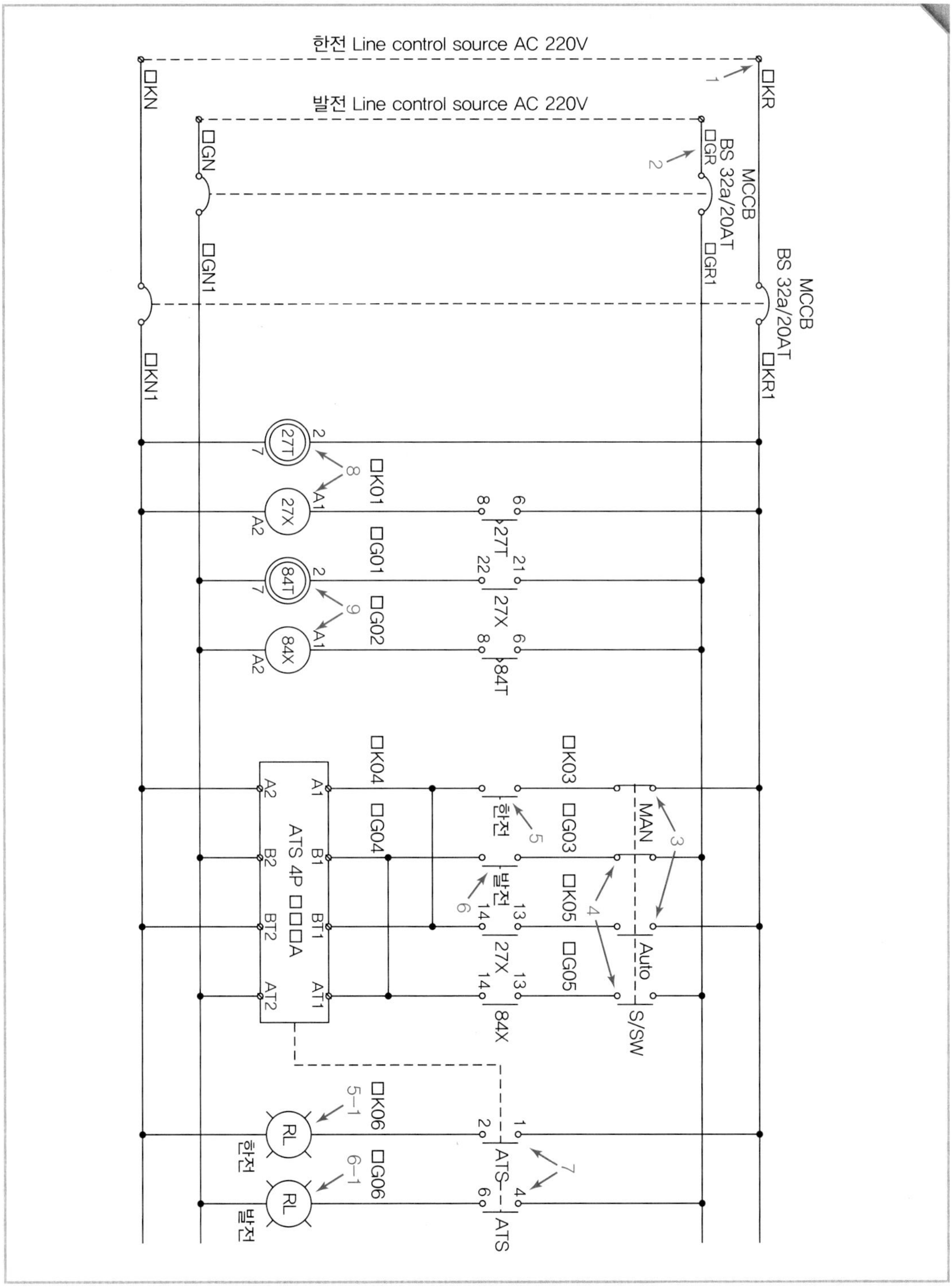

〈전반적인 동작 설명 및 주의 사항〉

- LV 2 · 4 패널 시퀀스 회로도(ATS)라는 것은 LV2와 LV4의 시퀀스 회로가 같다는 뜻이다.

- 다른 조작 전원(LBS, VCB, ACB 등)은 DC 110V이지만 ATS는 AC 220V이므로 주의한다.
- 한전 라인과 발전 라인이 한 회로에 같이 있으므로 해당 계전기들을 잘 구분해야 한다.
- 한전 라인에 해당되는 계전기들은 27T(타이머), 27X(릴레이)번이다.
- 발전 라인에 해당되는 계전기들은 84T(타이머), 84X(릴레이)번이다.
- 회로의 설명은 LV4를 기본으로 한다.

▶ 1번 : 한전 라인 Control source AC 220V

LV4 패널 ATS의 한전측 단자에서 공급된다.

▶ 2번 : 발전 라인 Control source AC 220V

LV4 패널 ATS의 발전측 단자에서 공급된다.

▶ 3 · 4번 : S/SW 한전 라인(auto, MAN)

셀렉터 스위치는 1개이며 접점이 각각 자동(2개), 수동(2개)이다. 셀렉터를 자동으로 선택하면 접점은 한전과 발전 모두 붙으며(이때 수동 라인은 모두 떨어짐), 수동으로 선택하면 한전과 발전 모두 붙는다(이때 자동 라인은 모두 떨어짐). 결국 수동이든 자동이든 한전과 발전 라인은 접점이 함께 움직인다.

▶ 5번 : PB(한전) – 한전 기동용 버튼

셀렉터가 수동일 경우 버튼을 누르면 한전용 전원인 A1과 A2에 전원이 투입된다.

▶ 6번 : PB(발전) – 발전 기동용 버튼

셀렉터가 수동일 경우 버튼을 누르면 발전용 전원인 B1과 B2에 전원이 투입된다.

▶ 7번 : ATS a접점(한전, 발전)

한전 및 발전일 때 각각 접점이 붙으면서 표시 램프가 점등된다.

▶ 8번 : 27T, 27X – 한전용 계전기(타이머, 릴레이)

- 상시의 경우 한전 라인에 전원이 투입되어 타이머에 전원이 투입된다.
- 타이머의 설정시간이 되면 릴레이에 전원이 투입된다.
- 릴레이의 a접점에 의해 ATS의 BT1, BT2에 전원이 투입되어 ATS가 한전 전원을 인식하고 한전측으로 절체된다.

▶ 9번 : 84T, 84X – 발전용 계전기(타이머, 릴레이)

- 정전의 경우 한전 라인에 전원이 투입되지 않기 때문에 한전 타이머(27T)에 전원이 투입되지 않는다.
- VCB 패널의 신호를 받아 발전기가 가동되면 발전기 라인에서 컨트롤 전원이 투입된다.
- 발전 라인 타이머(84T)에 전원이 투입된다.
- 릴레이(84X)의 a접점에 의해 ATS의 AT1, AT2에 전원이 투입되어 ATS가 발전 전원을 인식하고 그때서야 발전측으로 절체된다.

참고 회로도 자체 및 회로도에 그려진 접점 번호나 기호 등은 현장에 따라 조금씩 다를 수 있으므로 반드시 근무지 회로도를 숙지해야 한다.

누전 차단기

㉠ 1번 : 한전 전원용 누전 차단기
- 1차측 : KR, KN
- 2차측 : KR1, KN1

㉡ 2번 : 발전 전원용 누전 차단기
- 1차측 : GR, GN
- 2차측 : GR1, GN1

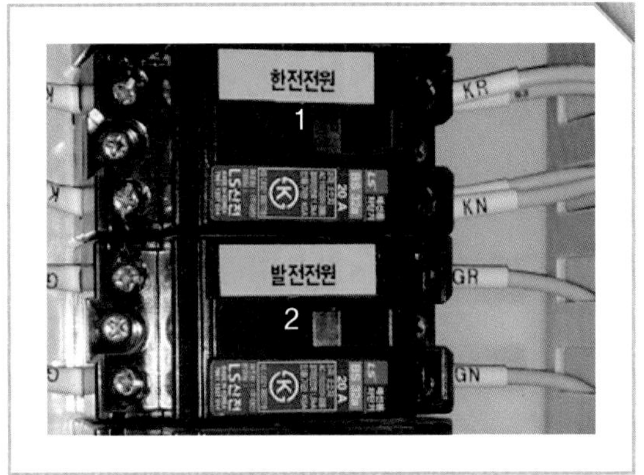

셀렉터 스위치와 푸시 버튼

㉠ 3 · 4번 : 셀렉터 스위치 자동 및 수동

㉡ 5 · 5–1번 : 수동 시 한전 라인 기동 버튼 및 표시 램프

㉢ 6 · 6–1번 : 수동 시 발전 라인 기동 버튼 및 표시 램프

참고 램프가 단독형이 아니라 버튼과 결합된 일체형이 사용되었다.

셀렉터 스위치와 푸시 버튼의 결선

㉠ 3 · 4번 : 자동과 수동 각각 2개씩 총 4개의 접점이 모두 사용되었다.
- KR1, K03 : 한전 수동
- KR1, K05 : 한전 자동
- GR1, G03 : 발전 수동
- GR1, G05 : 발전 자동

㉡ 5번 : 한전 라인 기동 버튼

㉢ 5–1번 : 한전 라인 표시 램프

㉣ 6번 : 발전 라인 기동 버튼

㉤ 6–1번 : 발전 라인 표시 램프

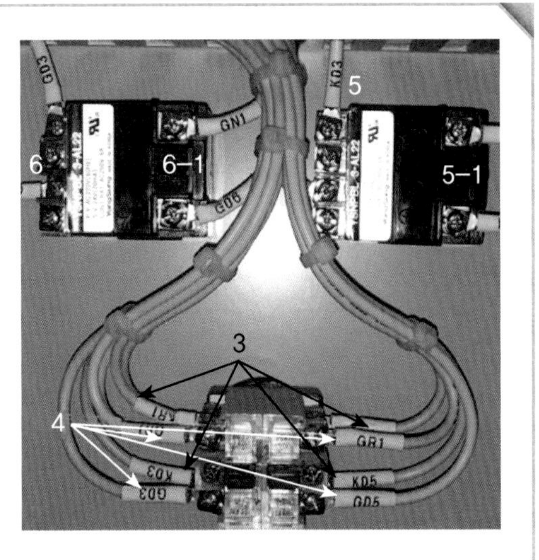

ATS 컨트롤 단자에 결선된 모습(6번)

㉠ A1, BT1 : 한전 라인 수동 및 자동

㉡ A2, BT2 : 한전 라인 중성선 전원

㉢ B1, AT1 : 발전 라인 수동 및 자동

㉣ B2, AT2 : 한 · 발전 라인 중성선 전원

한전 라인 타이머와 릴레이(8번)

타이머의 UP에 LED가 점등된 것은 설정 시간이 되어 한시 접점이 동작되었으며, 그로 인해 27X가 동작되었다는 뜻이다.

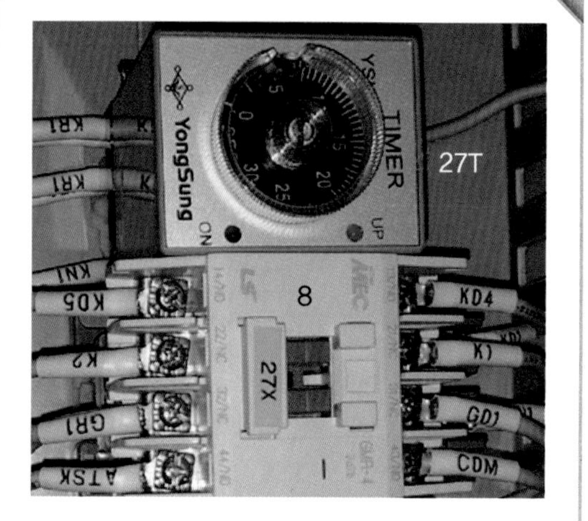

발전 라인 타이머와 릴레이(9번)

타이머의 UP에 LED가 점등되지 않은 것은 한전 라인이 동작하고 있기 때문에 발전기가 가동되지 않고 있으며, 그에 따라 전원이 투입되지 않았다는 뜻이다.

 18 LV4 패널 시퀀스 회로도(보안등)

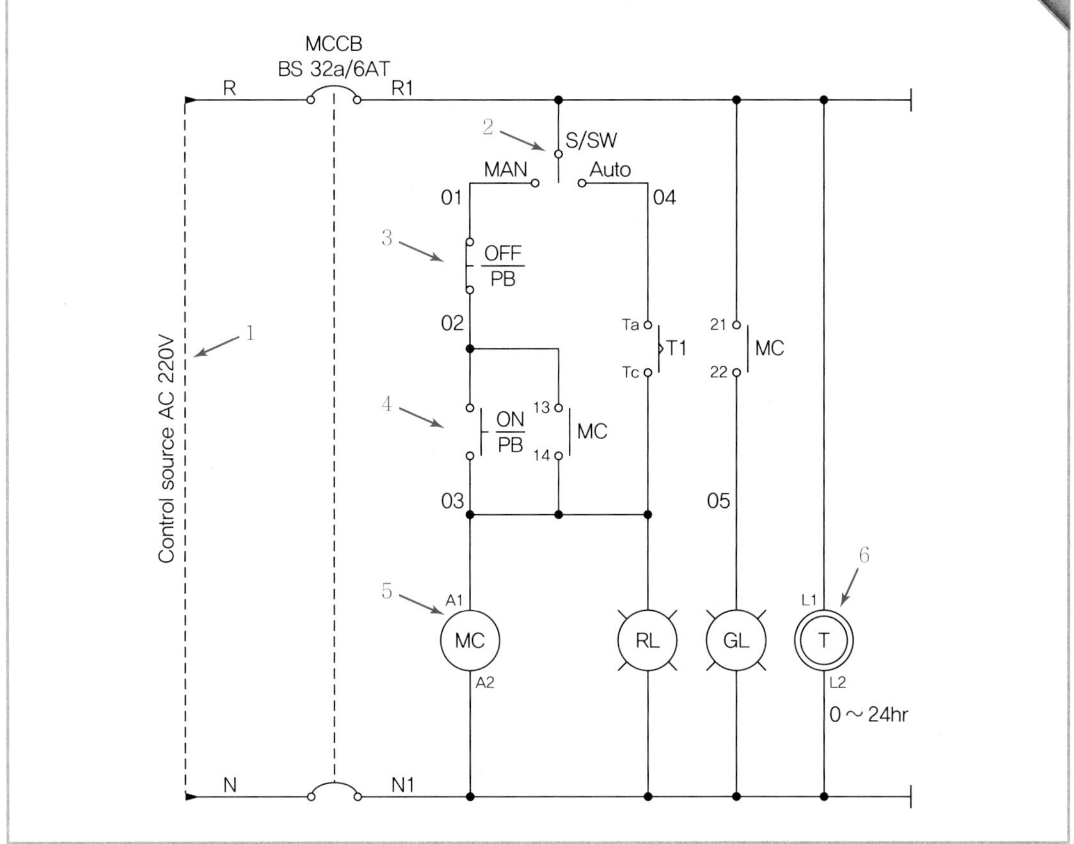

▶ 1번 : Control source AC 220V
  보안등 회로의 조작 전원이다.

▶ 2번 : S/SW(auto, MAN) – 자동 및 수동 선택 셀렉터 스위치
- 자동(A) : 타이머의 설정된 시간이 되면 한시 a접점에 의해 마그넷에 전원이 투입되어 보안등이 점등된다.
- 수동(M) : 기동에 의해 마그넷에 전원이 투입되어 보안등이 점등된다.

▶ 3번 : PB(OFF) – 셀렉터 수동 위치에서 수동으로 점등된 보안등을 OFF시킬 때 누른다.

▶ 4번 : PB(ON) – 셀렉터 수동 위치에서 수동으로 버튼을 누르면 보안등이 점등된다.

▶ 5번 : MC – 마그넷

▶ 6번 : T(0 ~ 24hr) – 타이머

차단기와 타이머

㉠ 1번 : 전원용 누전 차단기

㉡ 6번 : 24시간용 해바라기 타이머

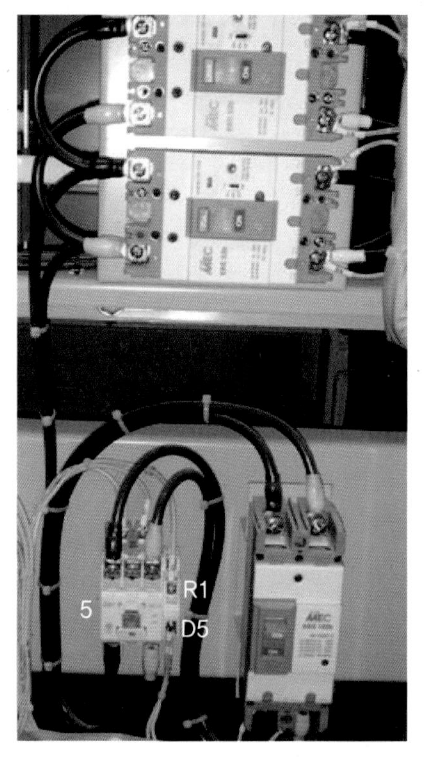

분기 차단기(2개), 마그넷, 메인 차단기

마그넷의 b접점(R1, 05)은 보이지만 a접점은 b접점에 가렸다.

패널 전면에 있는 셀렉터 및 푸시 버튼

㉠ 2번 : 셀렉터 스위치

㉡ 3번 : OFF ㉢ 4번 : ON

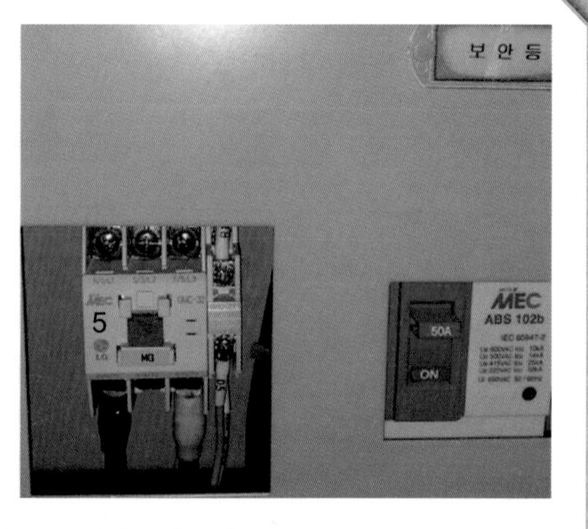

보안등 계통의 MCCB와 MC

5번 : 마그넷 및 차단기 모습이다.

19 MCC-F 패널 결선도와 LV3 패널

(1) MCC-F 패널 결선도

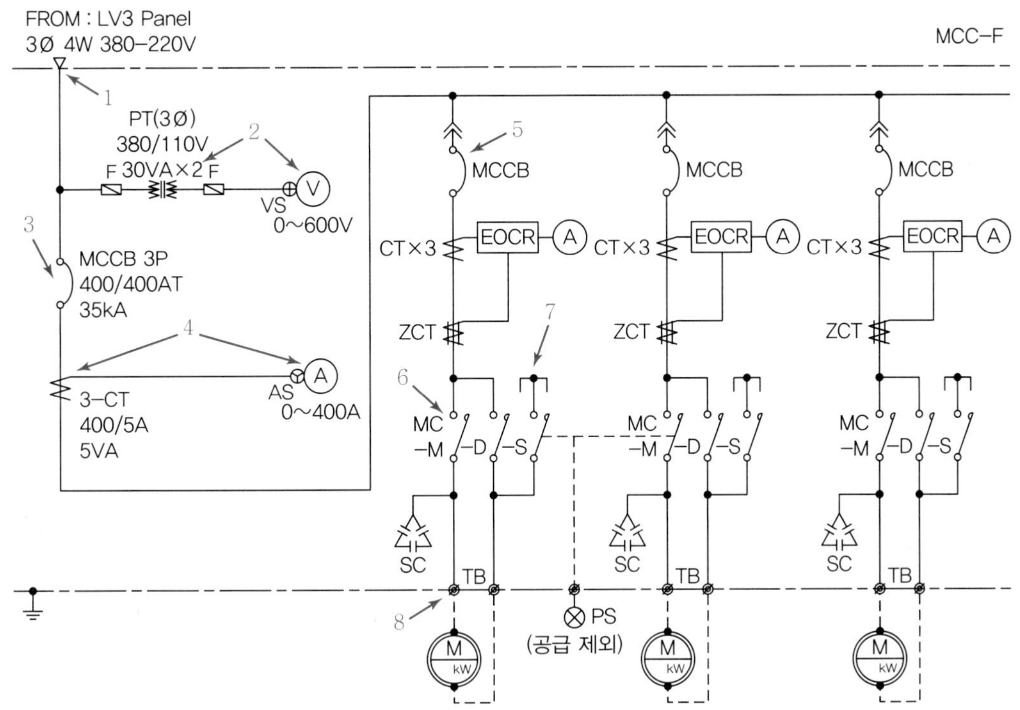

FROM : LV3 Panel
3Ø 4W 380-220V
MCC-F
1
PT(3Ø)
380/110V
F 30VA×2 F
2
VS
0~600V
3
MCCB 3P
400/400AT
35kA
4
3-CT
400/5A
5VA
AS
0~400A
5
MCCB
CT×3
EOCR
ZCT
6
7
MC
-M
-D
-S
SC
TB
8
PS
(공급 제외)
M
kW

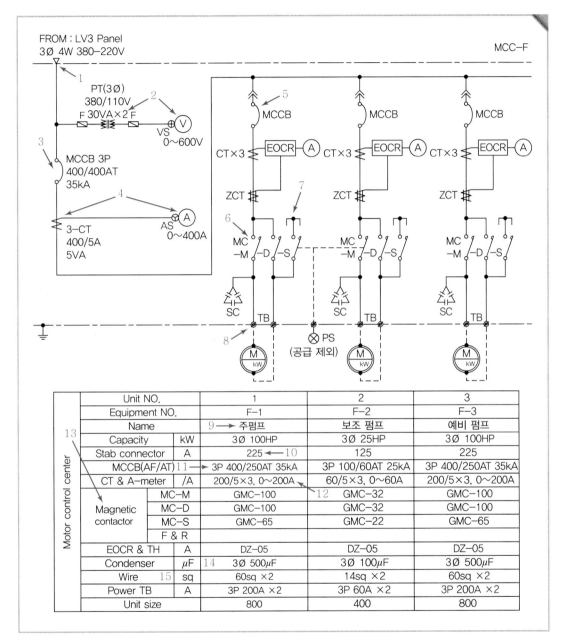

Motor control center			1	2	3
Unit NO.			1	2	3
Equipment NO.			F-1	F-2	F-3
Name			9 → 주펌프	보조 펌프	예비 펌프
13 Capacity		kW	3Ø 100HP	3Ø 25HP	3Ø 100HP
Stab connector		A	225 ← 10	125	225
MCCB(AF/AT) 11 →			3P 400/250AT 35kA	3P 100/60AT 25kA	3P 400/250AT 35kA
CT & A-meter		/A	200/5×3, 0~200A ← 12	60/5×3, 0~60A	200/5×3, 0~200A
Magnetic contactor	MC-M		GMC-100	GMC-32	GMC-100
	MC-D		GMC-100	GMC-32	GMC-100
	MC-S		GMC-65	GMC-22	GMC-65
	F & R				
EOCR & TH		A	DZ-05	DZ-05	DZ-05
Condenser		μF	14 3Ø 500μF	3Ø 100μF	3Ø 500μF
Wire 15		sq	60sq ×2	14sq ×2	60sq ×2
Power TB		A	3P 200A ×2	3P 60A ×2	3P 200A ×2
Unit size			800	400	800

▶ 1번 : FROM : LV3 Panel(3ϕ 4W, 380/220V)

LV3 패널에서 전원을 받는다.

▶ 2번 : PT(3ϕ) – V(0~600V) – 계기용 변압기와 볼트 미터(전압 지시계)

▶ 3번 : MCCB(3P, 400/400AT, 35kA) – 메인 차단기

▶ 4번 : 3–CT, A(0~400A) – 계기용 변류기와 암페어 미터(전류 지시계)

▶ 5번 : MCCB – 분기 차단기

▶ 6번 : MC–M, D

와이–델타 회로에서 주마그넷(M)과 델타 마그넷이다.

▶ 7번 : MC–S

와이–델타 회로에서 와이 마그넷이다.

▶ 8번 : TB – 터미널 블록으로 와이–델타 결선(6가닥)된 케이블이 현장에 있는 모터로 가기 위해 단자대(터미널 블록)에 연결된다.

▶ 9번 : Capacity(kW, 3ϕ 100HP)

- 주펌프(F–1) 라인의 모터 용량
- 100HP(마력) = 약 74.5kW(1HP=0.746kW)

▶ 10번 : Stab connector(A, 225)

차단기나 버스바에서 차단기 등으로 전선을 인출할 때 사용하는 커넥터이다.

▶ 11번 : MCCB(3P, 400/250AT, 35kA)

- 주펌프(F–1) 라인의 차단기 용량
- AF : 차단기 자체 프레임(크기)
- AT : 차단기 용량

▶ 12번 : CT & A–meter(200/5×3, 0 ~ 200A)

주펌프(F–1) 라인의 계기용 변류기 및 전류 지시계의 사양

▶ 13번 : Magnetic contactor

각 라인(주펌프, 보조 펌프)의 와이–델타 회로에 사용된 마그넷 사양

▶ 14번 : Condenser(μF, 3ϕ 500μF)

각 라인(주펌프, 보조 펌프)의 역률 개선용 콘덴서 사양

▶ 15번 : Wire(sq, 60sq×2)

각 라인(주펌프, 보조 펌프)의 모터에 연결되는 케이블 사양

(2) MCC-F 패널에 전원을 공급해 주는 LV3 패널 결선도

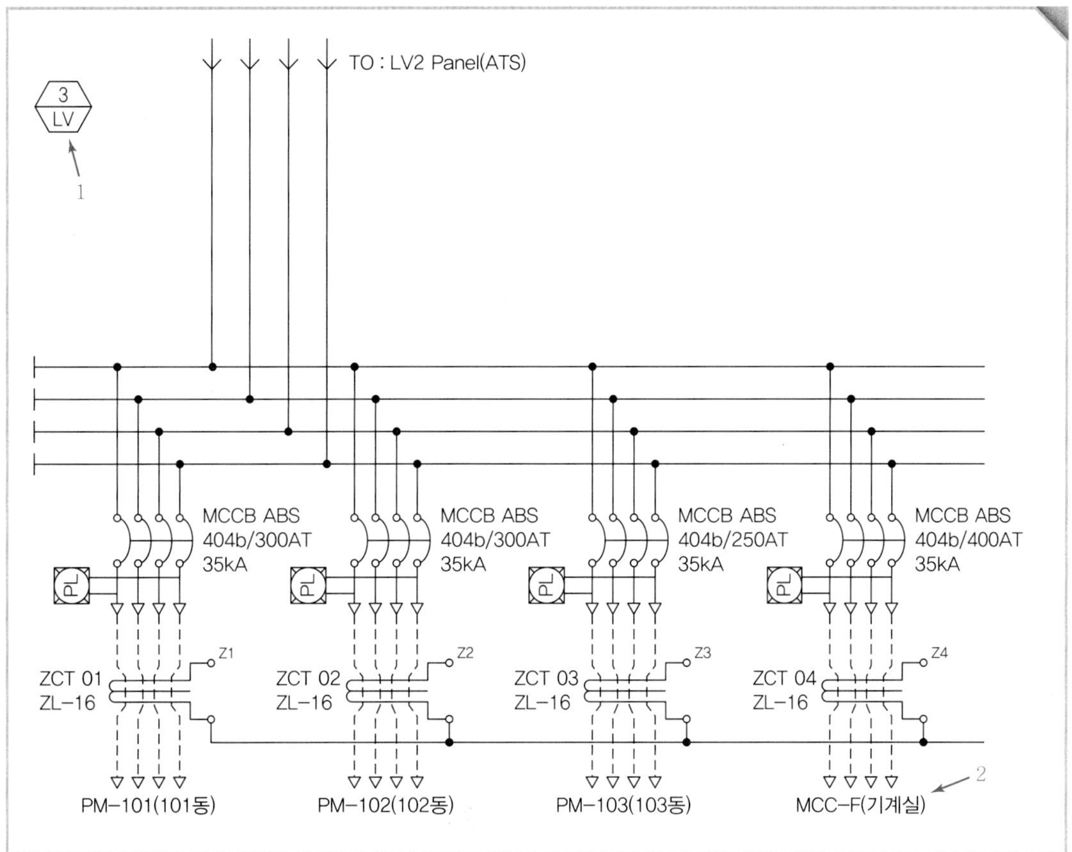

▶ 1번 : LV3 패널

▶ 2번 : MCC-F 패널로 전원을 공급해 주는 라인

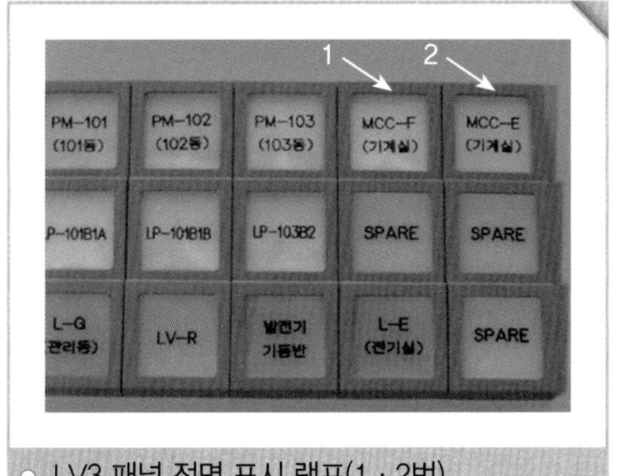

LV3 패널 전면 표시 램프(1 · 2번)

MCC-F, MCC-E 패널로 현재 전원 공급이 되고 있는 상태이다.

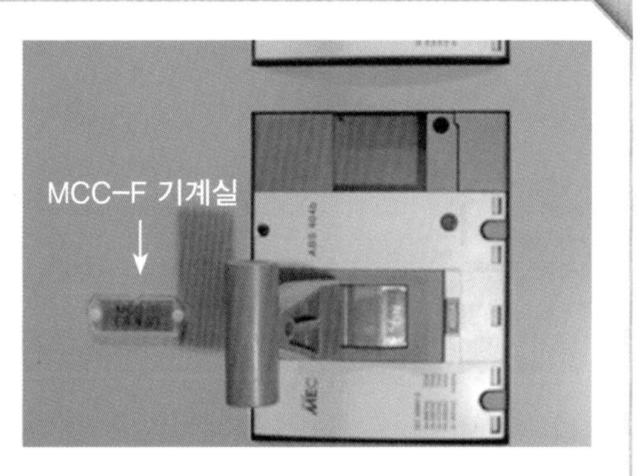

LV3 패널 내부에 있는 MCC-F 메인 차단기

기계실에 있는 MCC-F 패널의 메인 차단기 1차측으로 전원을 공급해준다.

기계실에 있는 MCC－F · E 패널

전기실에서 전원을 공급받아 소방 설비와 급수 펌프 등의 동력 설비에 전원을 공급한다.

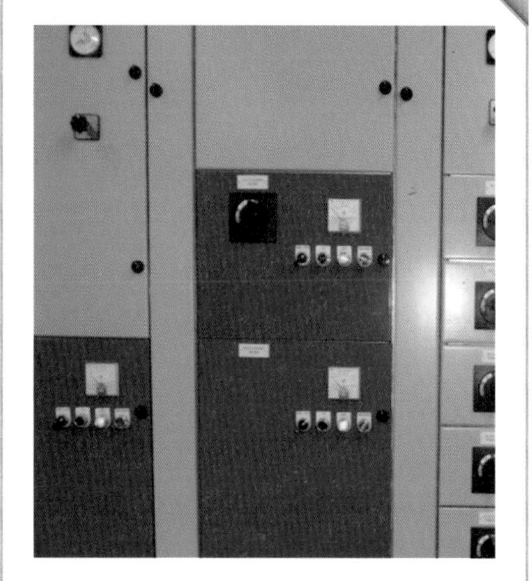

MCC-F 패널에 있는 와이-델타 회로

소방 펌프(주 · 보조 · 예비)를 제어하는 회로로 구성되었다.

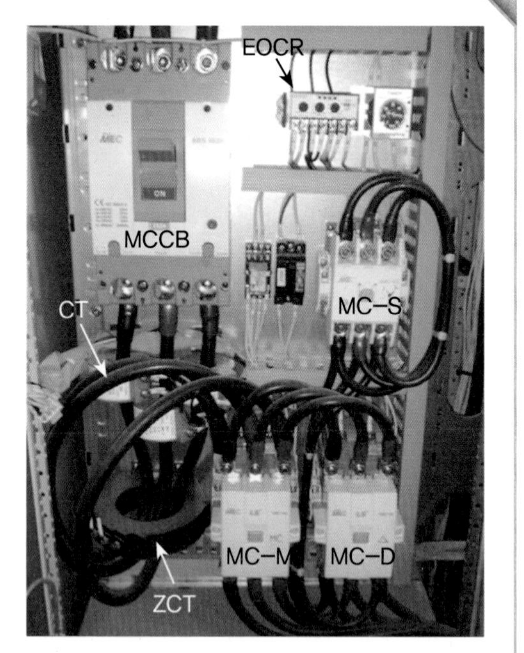

역률 개선용 콘덴서

역률이 지상일 경우 이를 개선하기 위해 사진처럼 진상 성분인 콘덴서를 설치한다.

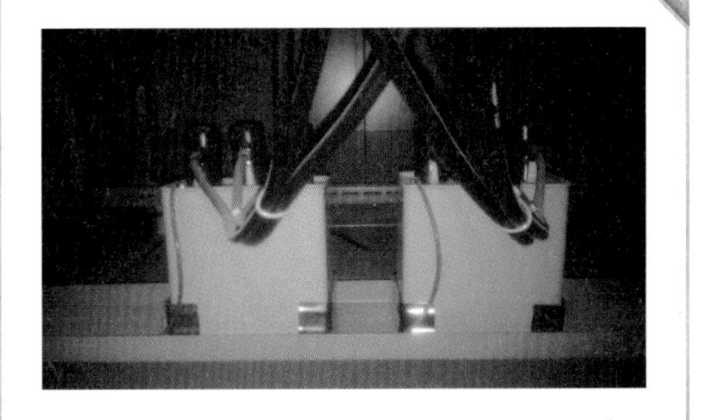

와이-델타 마그넷에서 온 선이 단자대에 연결된 모습

㉠ 상 : 마그넷측

㉡ 하 : 모터측

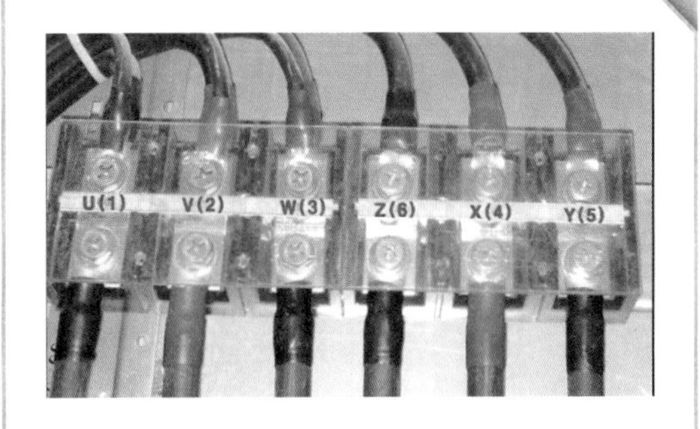

모터에 연결된 모습

와이-델타 결선을 모터의 단자함보다 동력 패널의 단자대에서 맞는 것이 유지 보수 측면에서 더 좋다.

모터에 부착된 명판

㉠ 용량 : 100마력(75kW)

㉡ 전압 : 380V

㉢ 전류 : 144A

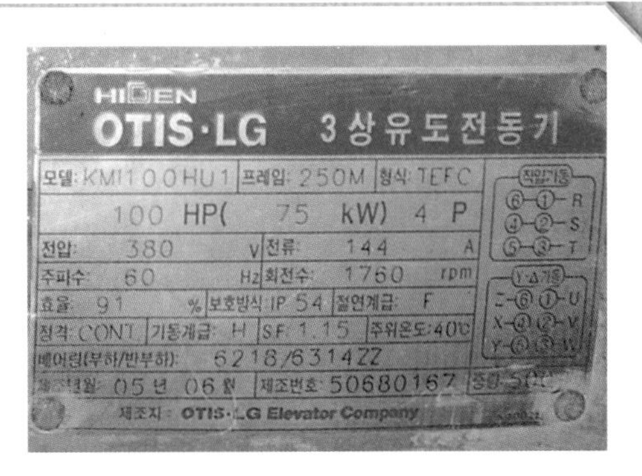

기계실에 있는 주펌프와 보조 펌프

일반적으로 주펌프의 크기가 더 크다.

20 MCC-F · E 패널 외관

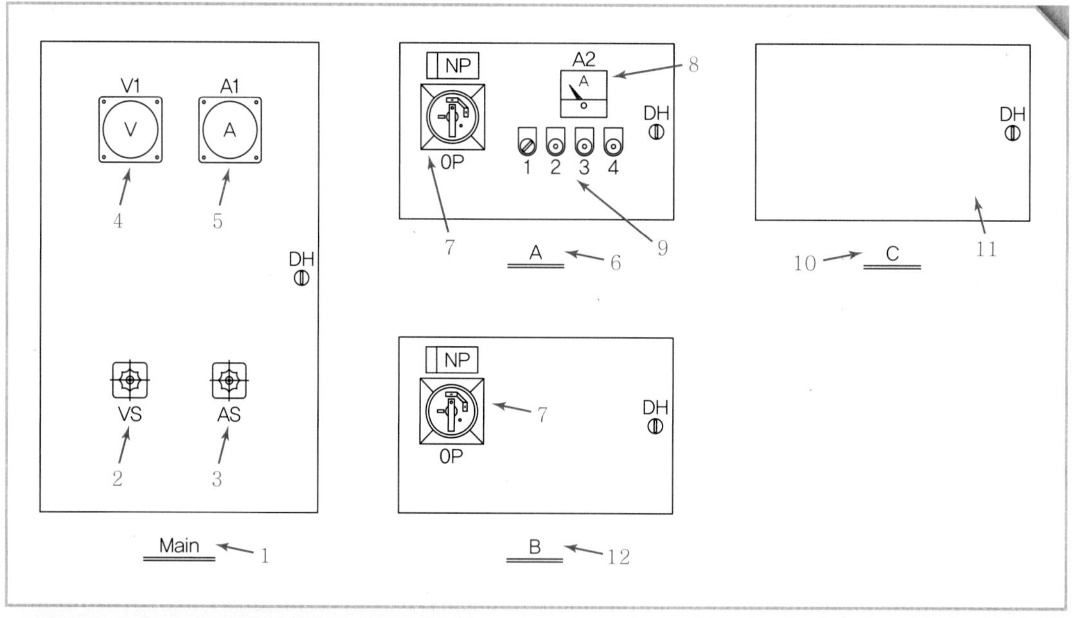

- ▶ 1번 : Main – 메인 패널 부분 표시
- ▶ 2번 : VS – 전압계 절환 스위치
- ▶ 3번 : AS – 전류계 절환 스위치
- ▶ 4번 : V1 – 전압 지시계(볼트 미터)
- ▶ 5번 : A1 – 전류 지시계(암페어 미터)
- ▶ 6번 : A – 메인 스위치가 있는 부분으로, A타입이다.
- ▶ 7번 : OP – 차단기 ON/OFF 스위치
- ▶ 8번 : A2 – 전류 지시계(암페어 미터)

- ▶ 9번 : 셀렉터 스위치, 푸시 버튼 스위치 등
- ▶ 10번 : C – C타입으로, 빈 공간이다.
- ▶ 11번 : DH – 패널 잠금 장치로, 수평으로 돌리고 문을 열 수 있다.
- ▶ 12번 : B – 메인 스위치가 있는 부분으로, B타입이다.

MCC-F 패널 모습

㉠ 1번 : 메인 부분
㉡ 3번 : 전압계 절환 스위치
㉢ 5번 : 전류 지시계
㉣ 6번 : A타입
㉤ 10번 : C타입

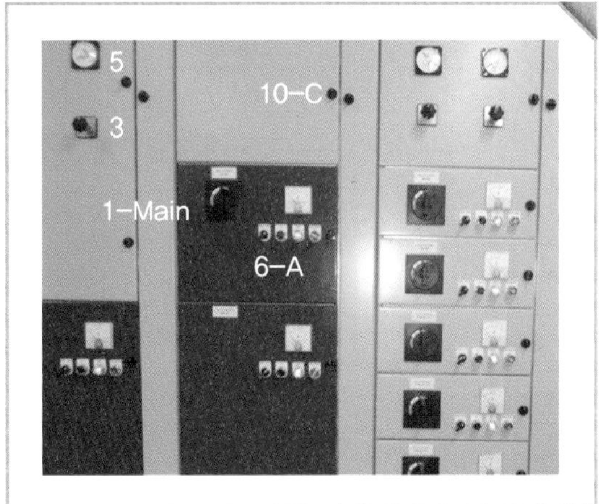

A타입 모습

㉠ 7번 : OP, 차단기 ON/OFF 스위치
㉡ 8번 : A2, 전류 지시계(암페어 미터)
㉢ 9번 : 셀렉터 스위치, 푸시 버튼 스위치 등

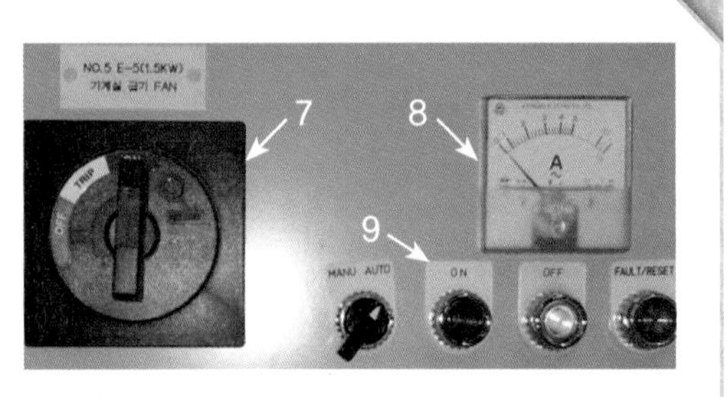

메인 차단기 ON/OFF 스위치

㉠ 1번 : 손잡이
㉡ 2번 : OFF 위치
㉢ 3번 : ON 위치
㉣ 4번 : 트립 위치, 이상이 발생해서 차단기가 트립되면 손잡이가 해당 위치를 지시한다.

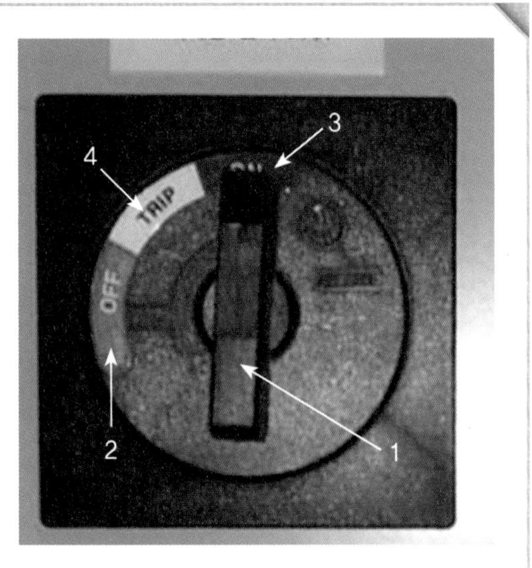

21 MCC 패널 Main type 결선도

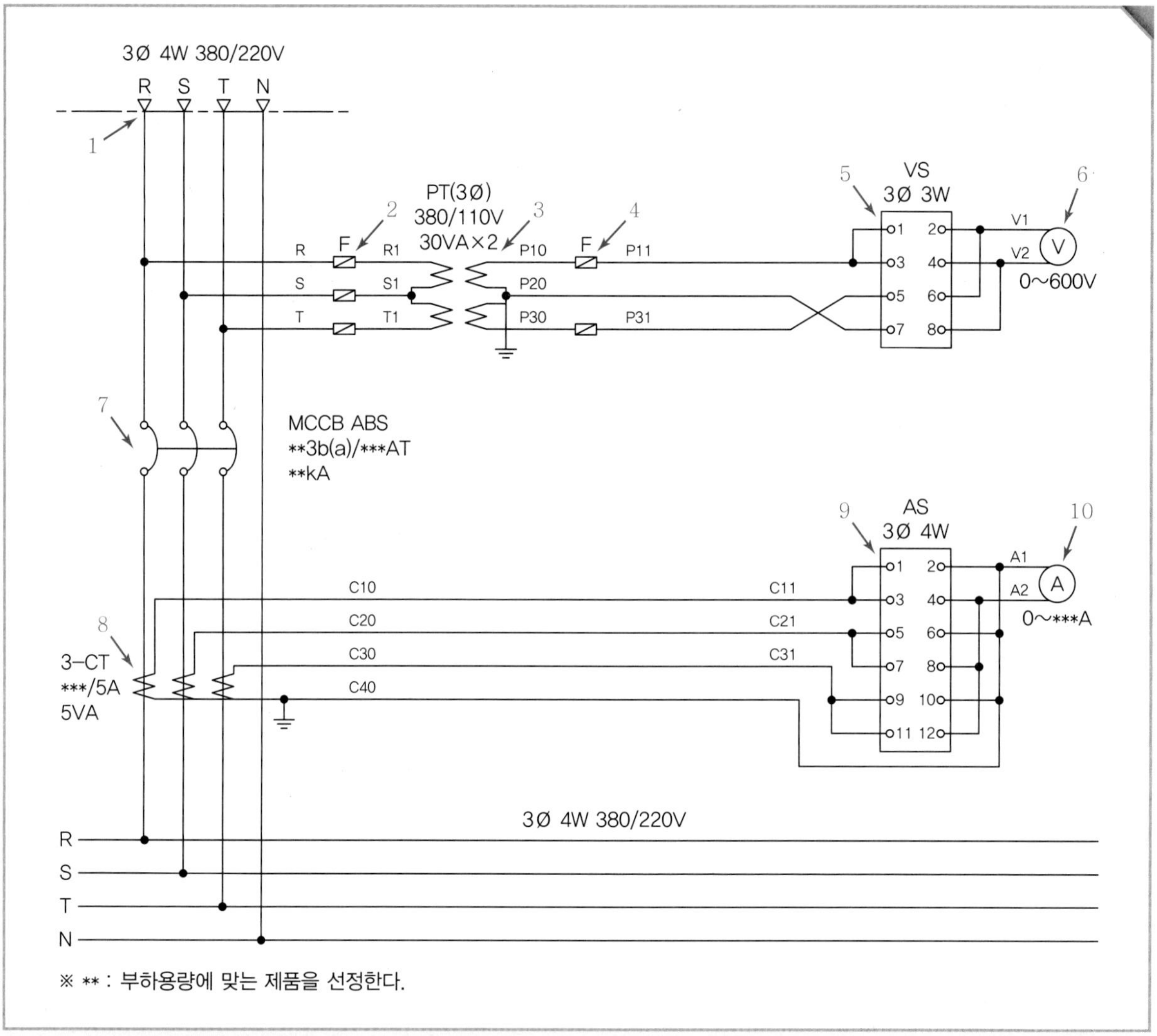

3Ø 4W 380/220V
R S T N
1
2 F R1 S1 T1
PT(3Ø) 380/110V 30VA×2
3 P10 P20 P30
4 F P11 P31
5 VS 3Ø 3W
1 2 3 4 5 6 7 8
6 V1 V2 V 0~600V
7 MCCB ABS **3b(a)/***AT **kA
8 3-CT ***/5A 5VA
C10 C20 C30 C40 C11 C21 C31
9 AS 3Ø 4W
1 2 3 4 5 6 7 8 9 10 11 12
10 A1 A2 A 0~***A
3Ø 4W 380/220V
R S T N

※ ** : 부하용량에 맞는 제품을 선정한다.

▶ 1번 : 메인 전원(380/220V)

▶ 2번 : PT용 다이젯 퓨즈

각 상에 걸린 퓨즈 2차측에서 PT 1차측에 연결된다. 이때, S상은 PT의 2번과 3번을 결선도처럼 연결한다.

▶ 3번 : PT(3ϕ), 380(정격 1차 전압)/110V(정격 2차 전압), 30VA(정격 부담)×2(개)

- 1번(P10) : 다이젯 퓨즈로 간다.
- 2 · 3번(P20) : VS의 7번으로 가고, 동시에 접지를 잡아준다.
- 4번(P30) : 다이젯 퓨즈로 간다.

▶ 4번 : VS용 다이젯 퓨즈

▶ 5번 : VS(3ϕ 3W) – 전압 조절 절환 스위치(캠 스위치)

- 1 · 3번(P11) : COM하여 다이젯 퓨즈로 간다.
- 5번(P31) : 다이젯 퓨즈로 간다.
- 7번(P20) : PT의 2 · 3번으로 가서 COM한다.
- 2 · 6번(V1) : COM하여 볼트 미터 단자로 간다.
- 4 · 8번(V2) : COM하여 볼트 미터 단자로 간다.

▶ 6번 : V(전압 지시계 – 볼트 미터)

▶ 7번 : 메인 차단기(용량 : 현장에 맞게)

▶ 8번 : CT(용량 : 현장에 맞게)

- C10 : R상 CT의 회로 단자에서 AS의 1 · 3번(C11)과 COM하여 연결한다.
- C20 : S상 CT의 회로 단자에서 AS의 5 · 7번(C21)과 COM하여 연결한다.
- C30 : T상 CT의 회로 단자에서 AS의 9 · 11번(C31)과 COM하여 연결한다.
- C40 : 각 CT의 공통 단자를 COM하여 접지한 다음 AS의 2 · 6 · 10번과 COM하여 연결하고, 다시 A의 단자(A1)로 간다.

▶ 9번 : AS(3ϕ 3W) – 전압 조절 절환 스위치(캠 스위치)

- 2 · 6 · 10번과 COM하여 연결하고, 다시 A의 단자(A1)로 간 다음, 각 CT의 공통 단자를 COM하여(C40) 접지한다.
- 4 · 8 · 12번을 COM하여 A의 단자(A2)로 간다.

▶ 10번 : A(전류 지시계 – 암페어 미터)

22 MCC 패널 A-와이 델타 회로 Type 결선도

(1) 주회로

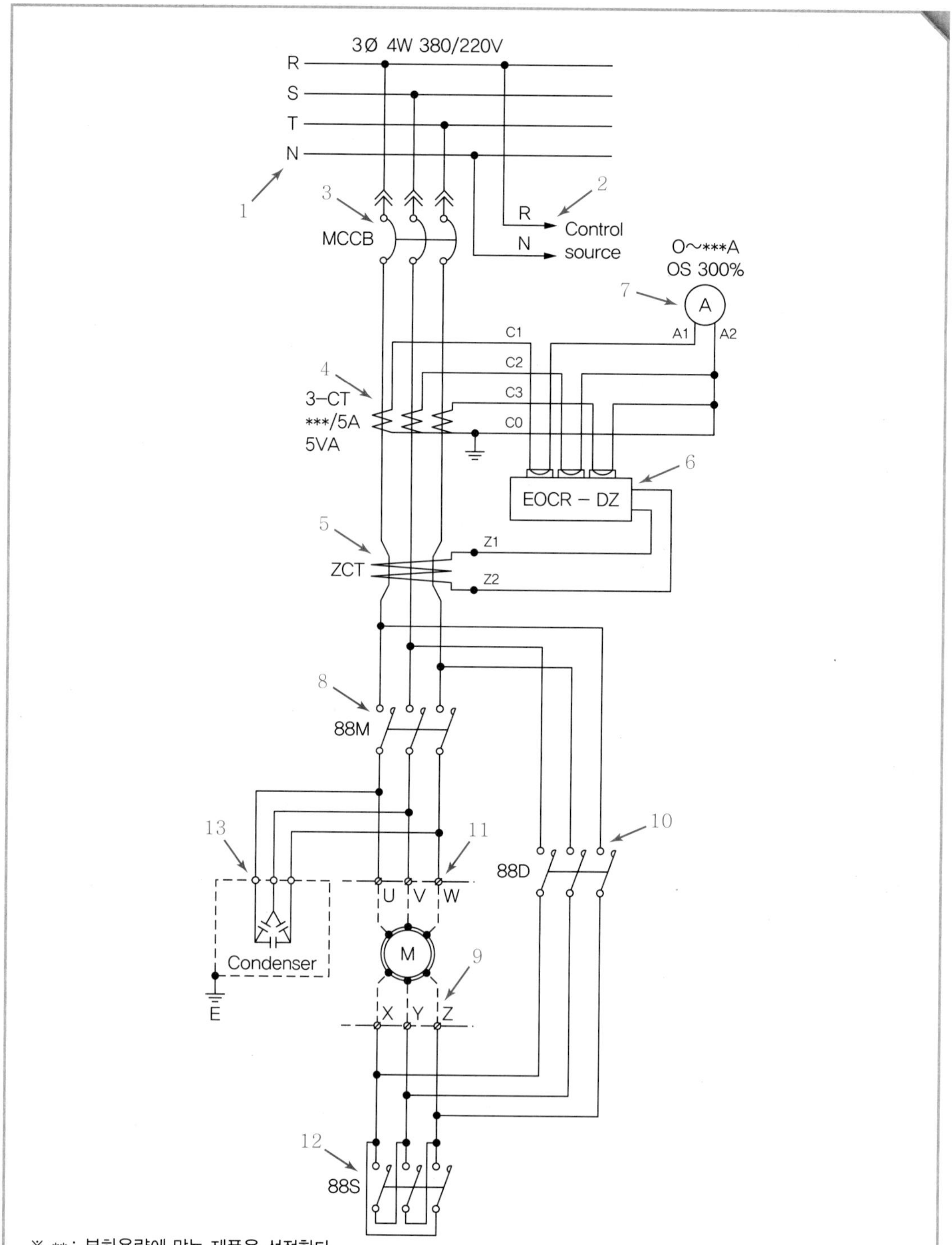

3Ø 4W 380/220V
R
S
T
N
1
2
3
MCCB
R
N
Control
source
0~***A
OS 300%
7
A
A1
A2
C1
C2
C3
C0
4
3-CT
***/5A
5VA
6
EOCR - DZ
5
ZCT
Z1
Z2
8
88M
10
13
11
88D
U
V
W
Condenser
M
9
E
X
Y
Z
12
88S

※ **: 부하용량에 맞는 제품을 선정한다.

▶ 1번 : 메인 전원(380/220V)

▶ 2번 : 보조 회로 전원 공급(220V)

▶ 3번 : 메인 차단기(3P–380V)

▶ 4번 : CT×3개

- 공통 : 서로 COM하여 접지한 뒤 A(A2)로 간다.
- R상 회로선 : EOCR을 거쳐 A(A1)로 간다.
- S상, T상 회로선 : EOCR을 거쳐 A(A2)로 가서 공통 단자 라인과 함께 연결한다.

▶ 5번 : ZCT – 주회로선은 ZCT를 관통해서 나가고, 회로선은 EOCR로 간다.

▶ 6번 : EOCR

▶ 7번 : A(암페어 미터)

▶ 8번 : 88M – 와이 델타의 주마그넷

▶ 9번 : 와이 델타 회로의 X · Y · Z 단자
마그넷에서 모터로 직접 가지 못하므로 단자대를 거쳐 간다.

▶ 10번 : 88D – 델타 마그넷

▶ 11번 : 와이 델타 회로의 U, V, W 단자

▶ 12번 : 88S – 와이 마그넷

▶ 13번 : 역률 개선용 콘덴서

CT선이 EOCR을 관통해서 나간 모습

선이 사진처럼 3상을 모두 통과하는 경우(3CT 방식)도 있고 2상(보통 R, T상)을 통과하는 경우(2CT 방식)도 있다.

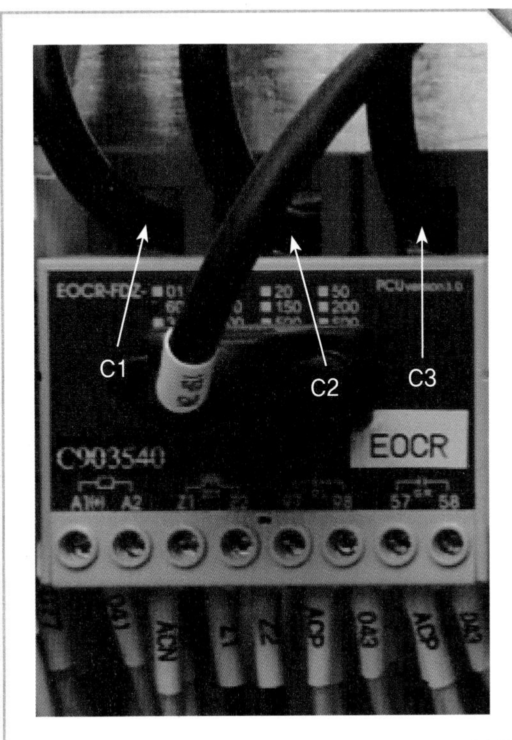

터미널 단자 Unit

㉠ 1번 : 컨트롤 패널 터미널 단자대
㉡ 2번 : 단자대 번호
㉢ 3번 : 튜브 넘버링
㉣ 4번 : 동력(모터) 라인 단자 Unit
㉤ 5번 : 단자대 번호
㉥ 6번 : 튜브 넘버링

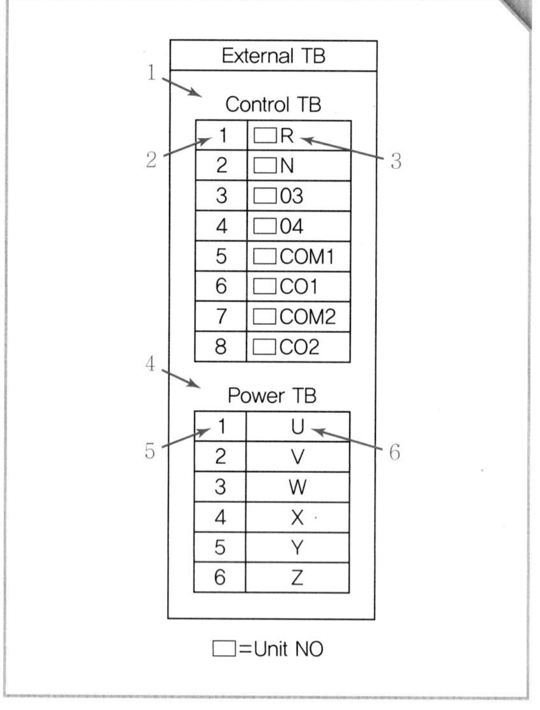

컨트롤 패널 터미널 단자대 샘플

㉠ 1번 : 단자대 번호
㉡ 2번 : 튜브 넘버링

참고 예시를 위한 사진으로 실제와 다르다.

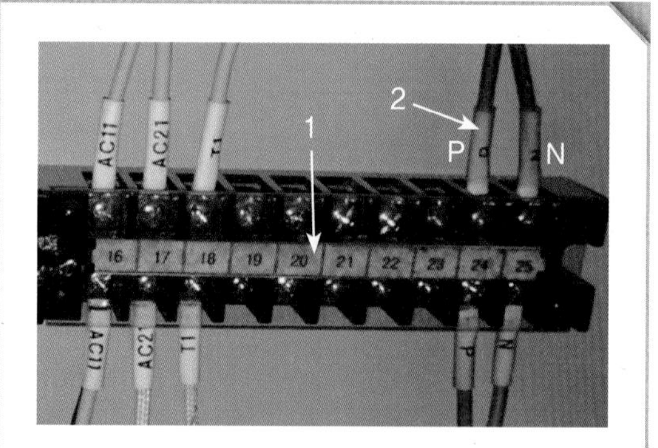

동력 라인 터미널 단자대 샘플

와이 델타의 경우 보통 단자대의 번호가 U(1), V(2), W(3), Z(6), X(4), Y(5) 순서이다. 이것을 U, V, W, X, Y, Z으로 했다면 모터의 코일에서 U, V, W, Z, X, Y를 반드시 확인해서 연결해 주어야 한다.

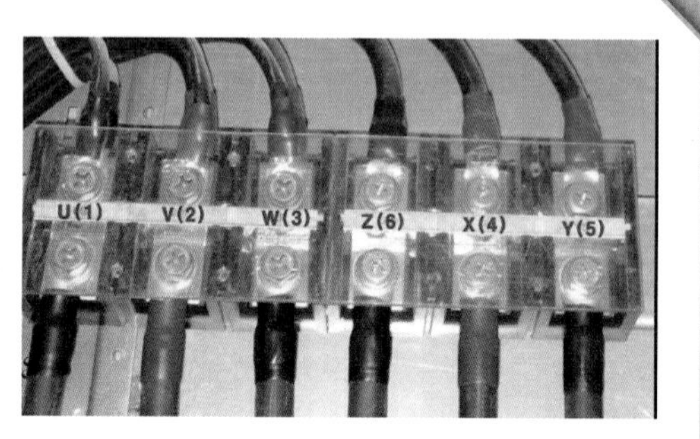

주마그넷(88M)의 접점 이용 상태

㉠ 1번 : 88M(63 · 64)－a접점
자동 제어 패널로 가서 일반 회로에 이용된다.

㉡ 2번 : 88M(83 · 84)－a접점
스프링클러 및 소화전 회로에 이용된다.

참고 마그넷 번호(63, 64, 83, 84 등)는 마그넷 자체의 접점에 새겨져 있다.

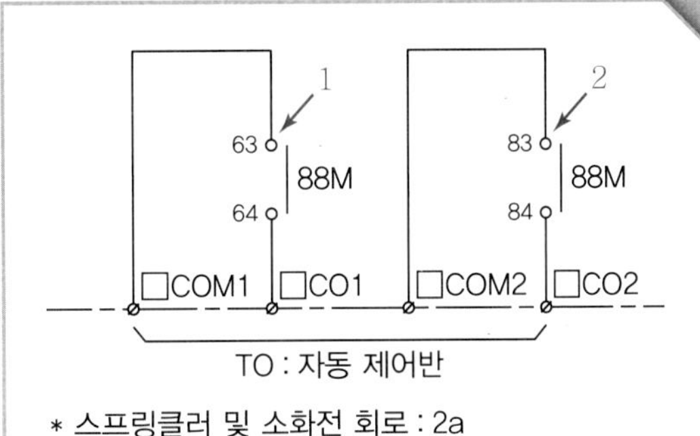

(2) 보조 회로

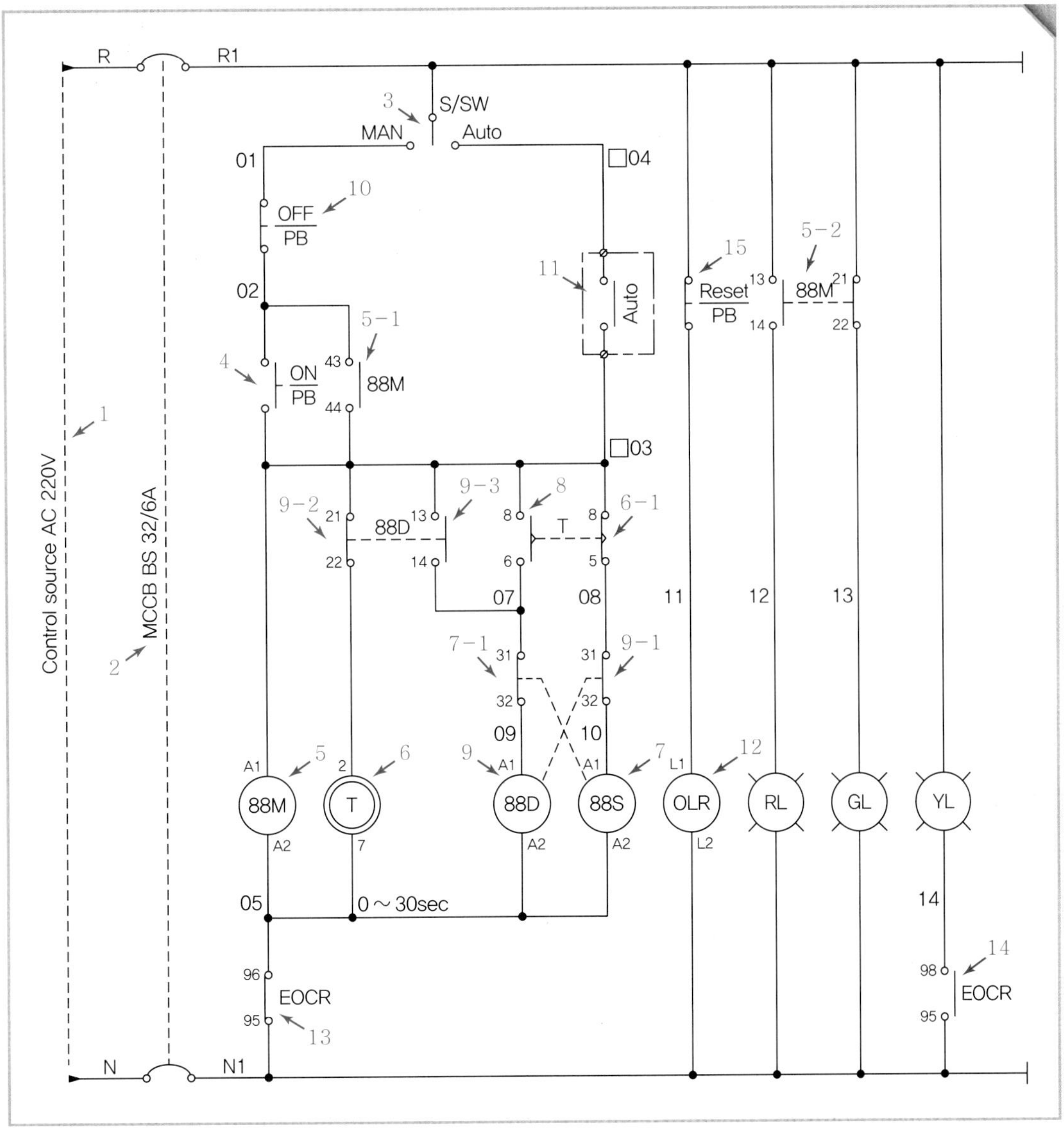

▶ 1번 : 보조 회로 전원 – 주회로에 공급되는 메인 전원에서 공급된다.

▶ 2번 : 보조 회로용 차단기

- 차단기를 ON시켜 보조 회로에 전원이 공급되면 GL 램프가 점등되어 정상적으로 전원이 공급되었음을 나타낸다.
- EOCR(OLR)에도 전원이 공급되어 감시 동작을 하게 된다.

▶ 3번 : 셀렉터 스위치(S/SW) – 자동과 수동으로 선택에 사용된다.

〈수동 동작〉

셀렉터 스위치를 수동(11시 방향)으로 놓는다.

▶ 4번 : ON 버튼 – 수동인 상태에서 버튼을 누른다.

▶ 5번 : 88M(주마그넷)

주마그넷(88M), 타이머, 와이 마그넷(88S)에 전원이 공급되면서 모터는 와이 결선 형태로 동작하기 시작한다. 이때, 버튼에서 손을 떼어도 주마그넷에 전원이 공급된다.

▶ 5 – 1번 : 88M의 a접점(43 · 44)이 붙으면서(자기 유지) 전원 공급 상태가 유지된다.

▶ 5 – 2번 : 88M의 b접점(21 · 22)이 떨어지면서 GL 램프가 소등되고, a접점(13 · 14)이 붙으면서 RL 램프가 점등되어 정상적으로 ON 상태가 되었음을 나타낸다.

▶ 6번 : 타이머 – 타이머에 전원이 공급되면 설정된 시간(보통 5~10초)이 되면, 바로 다음 단계와 이어지기 때문에 종료시킬 수 없다.

▶ 6 – 1번 : 타이머의 한시 b접점(8 · 5)이 떨어지면서 88S의 전원이 차단된다. 동시에 한시 a접점(8 · 6)이 붙으면서 델타 마그넷(88D)에 전원이 공급되어 모터는 델타 회로 형태로 동작하기 시작한다.

▶ 7번 : 와이 마그넷(88S)

▶ 7 – 1번 : 인터록용 88S–b접점

▶ 8번 : 타이머 한시 a접점(8 · 6)

▶ 9번 : 델타 마그넷(88D)

▶ 9 – 1번 : 인터록용 88D–b접점

▶ 9 – 2번 : 델타 마그넷(88D)이 동작하면서 88D–b(21 · 22) 접점이 떨어지면서 타이머의 전원을 차단시킨다(이때 타이머의 한시 접점은 원상 복귀됨).

▶ 9 – 3번 : 동시에 88D–a(13 · 24) 접점이 붙으면서 자기 유지가 되어 88D에는 전원이 계속 공급된다.

▶ 10번 : 정지 버튼(OFF)을 누르면 수동 라인에서는 정지 버튼이 가장 상위 단계에 위치하고 있기 때문에 모든 수동 라인의 전원이 차단된다. 모터는 동작을 멈추고 회로는 원상 복귀되어 최초 상태(GL 램프 점등)가 된다.

〈자동 동작〉

셀렉터 스위치를 자동(1시 방향)으로 전환시킨다.

▶ 11번 : 자동 조건에 맞는 접점(현장 조건에 따라 다름)이 붙으면 수동일 때 ON 버튼을 누른 것과 같은 동작을 시작한다.

▶ 12번 : 모터 보호 계전기(EOCR) – 수동이나 자동에서 모터가 동작하고 있다가 모터에 이상이 감지된다.

▶ 13번 : 동시에 EOCR–b접점이 떨어지면서 동작이 멈춘다.

▶ 14번 : 동시에 EOCR–a접점이 붙으면서 YL 램프가 점등되어 이상 현상을 알려준다.

▶ 15번 : 근무자가 Reset 버튼을 누르면 EOCR 전원이 순간적으로 차단되어 접점이 원상 복귀된다.

23 MCC 패널 B–모터 직기동 Type 결선도

(1) 주회로

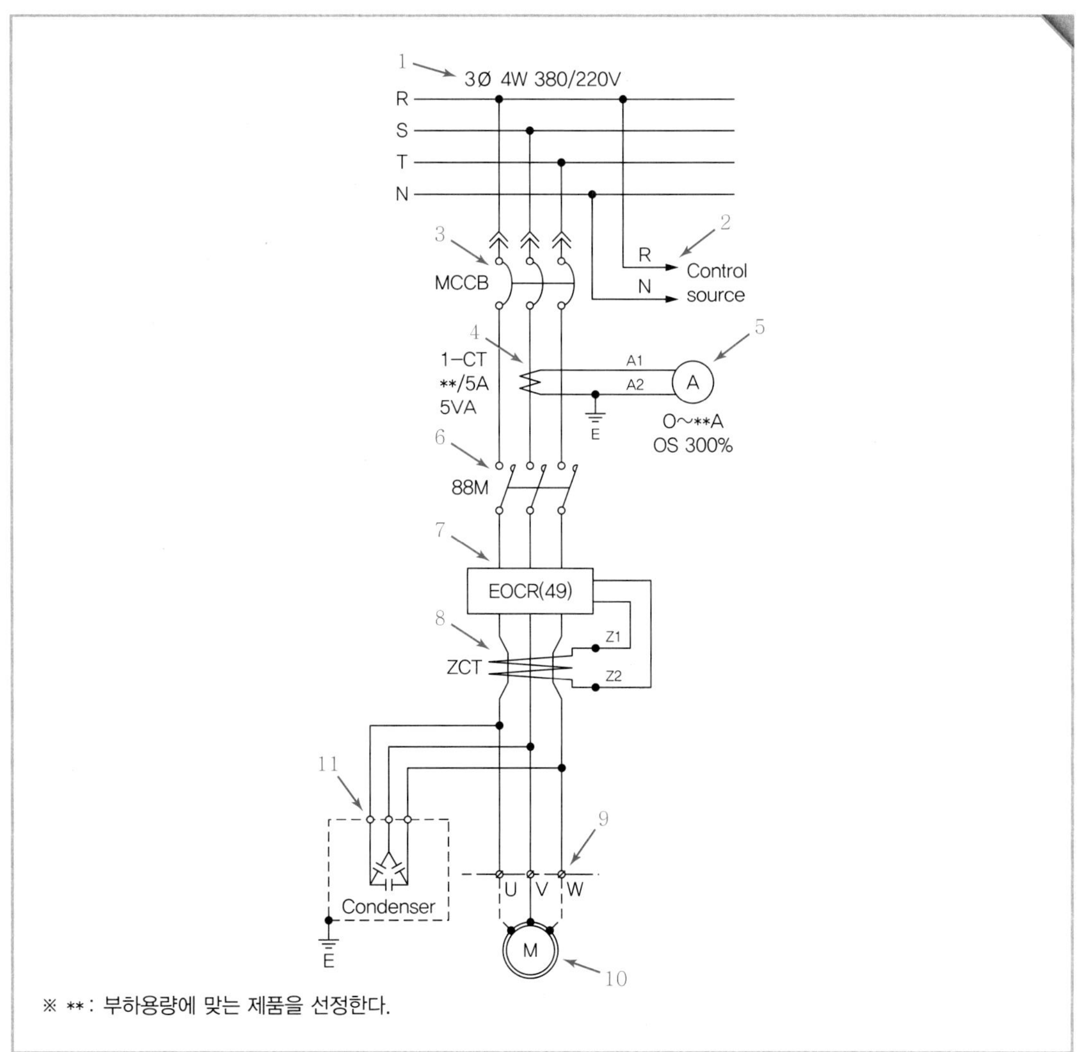

※ **: 부하용량에 맞는 제품을 선정한다.

▶ 1번 : 메인 전원(380/220V)
▶ 2번 : 보조 회로 전원 공급(220V)
▶ 3번 : 메인 차단기(3P-380V)
▶ 4번 : CT(계기용 변류기)
▶ 5번 : A(암페어 미터)
▶ 6번 : 88M(마그넷 주회로)
▶ 7번 : EOCR
▶ 8번 : ZCT(영상 변류기)
▶ 9번 : 단자대
▶ 10번 : M(모터)
▶ 11번 : 역률 개선용 콘덴서

마그넷(88M)의 접점 이용 상태

1번 : 88M(63 · 64)-a접점으로, 자동 제어 패널로 가서 일반 회로에 이용된다.

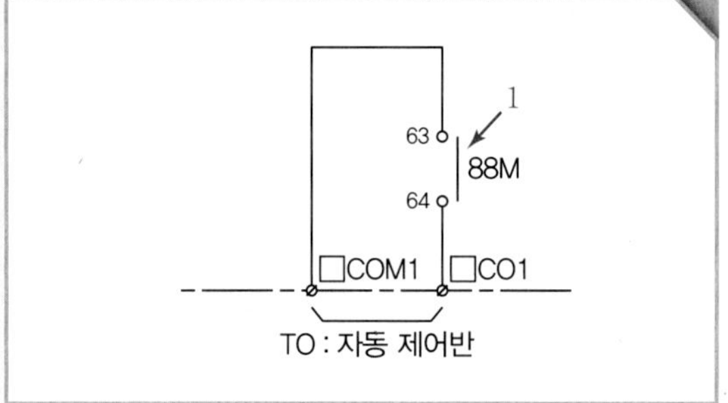

터미널 단자 Unit

㉠ 1번 : 컨트롤 패널 터미널 단자대
㉡ 2번 : 단자대 번호
㉢ 3번 : 튜브 넘버링
㉣ 4번 : 동력(모터) 라인 단자 Unit
㉤ 5번 : 단자대 번호
㉥ 6번 : 튜브 넘버링

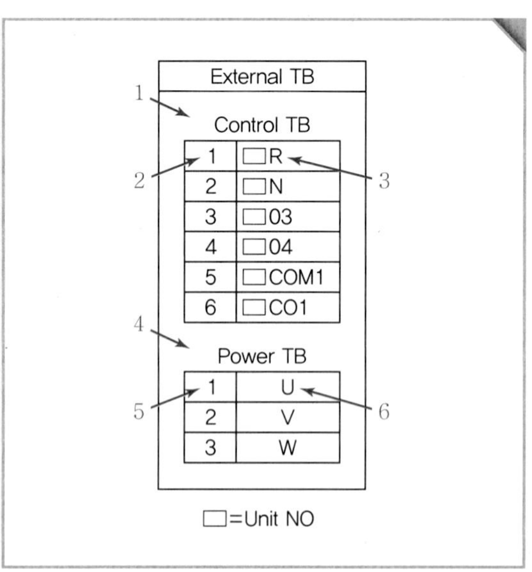

(2) 보조 회로

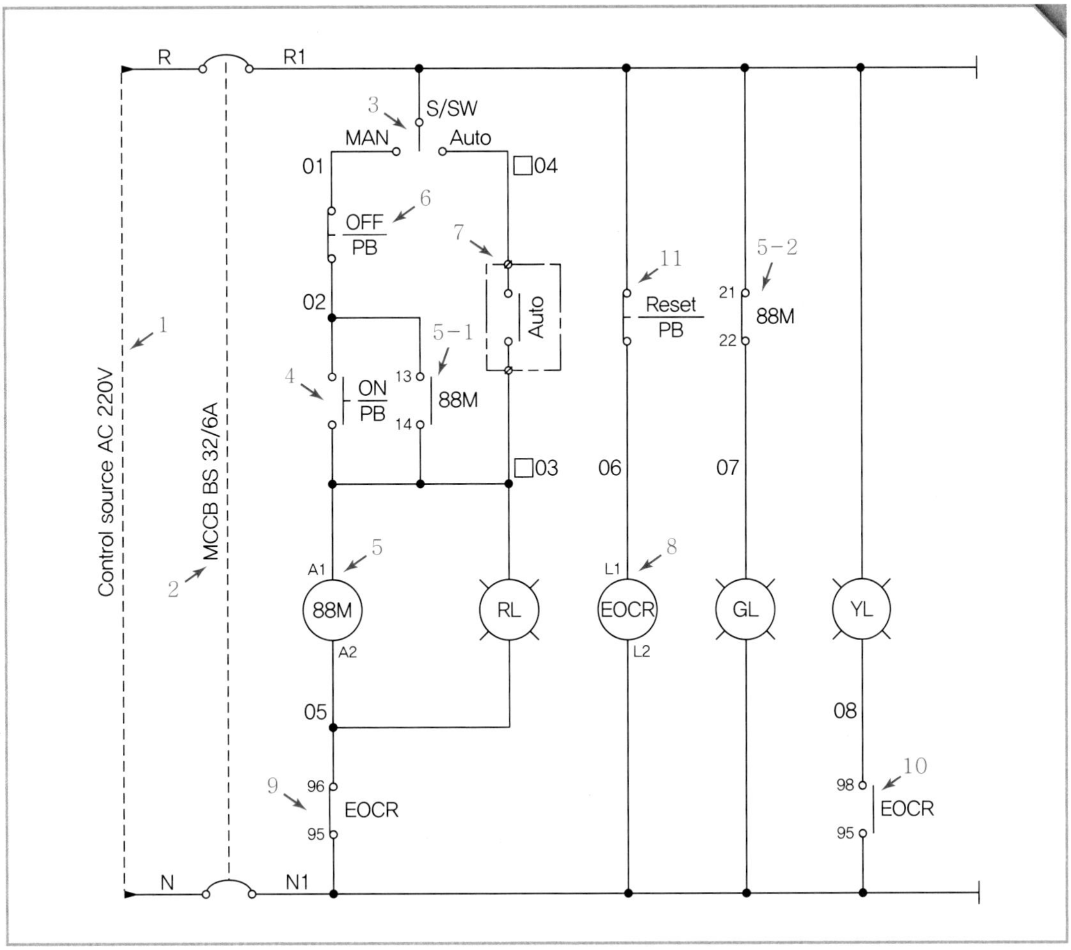

▶ 1번 : 보조 회로 전원 – 주회로에 공급되는 메인 전원에서 공급된다.

▶ 2번 : 보조 회로용 차단기

- 차단기를 ON시켜 보조 회로에 전원이 공급되면 GL 램프가 점등되어 정상적으로 전원이 공급되었음을 나타낸다.
- EOCR(OLR)에도 전원이 공급되어 감시 동작을 하게 된다.

▶ 3번 : 셀렉터 스위치(S/SW) – 자동과 수동으로 선택에 사용된다.

〈수동 동작〉

셀렉터 스위치를 수동(11시 방향)으로 놓는다.

▶ 4번 : ON 버튼, 수동인 상태에서 ON 버튼을 누른다.

▶ 5번 : 마그넷(88M)에 전원이 공급되어, 마그넷의 주접점이 붙으면서 모터가 동작하기 시작한다.

▶ 5 – 1번 : 88M의 a접점(13 · 14)이 붙으면서(자기 유지) 전원 공급 상태가 유지된다.

▶ 5－2번 : 동시에 88M의 b접점(21 · 22)이 떨어지면서 GL 램프가 소등되고, a접점(13 · 14)이 붙으면서 RL 램프가 점등되어 정상적으로 ON 상태가 되었음을 나타낸다.

▶ 6번 : 정지 버튼(OFF)을 누르면 수동 라인에서는 정지 버튼이 가장 상위 단계에 위치하고 있기 때문에 모든 수동 라인의 전원이 차단된다. 모터는 동작을 멈추고 회로는 원상 복귀되어 최초 상태(GL 램프 점등)가 된다.

〈자동 동작〉

셀렉터 스위치를 자동(1시 방향)으로 전환시킨다.

▶ 7번 : 자동 조건에 맞는 접점(현장 조건에 따라 다름)이 붙으면 수동일 때 ON 버튼을 누른 것과 같은 동작을 시작한다.

▶ 8번 : 모터 보호 계전기(EOCR)－수동이나 자동에서 모터가 동작하고 있다가 모터에 이상이 감지되면,

▶ 9번 : EOCR－b접점이 떨어지면서 동작이 멈춘다.

▶ 10번 : 동시에 EOCR－a접점이 붙으면서 YL 램프가 점등되어 이상 현상을 알려준다.

▶ 11번 : 근무자가 Reset 버튼을 누르면 EOCR 전원이 순간적으로 차단되어 접점이 원상 복귀된다.

24 LM－101 분전함

(1) LM－101A 분전함 결선도

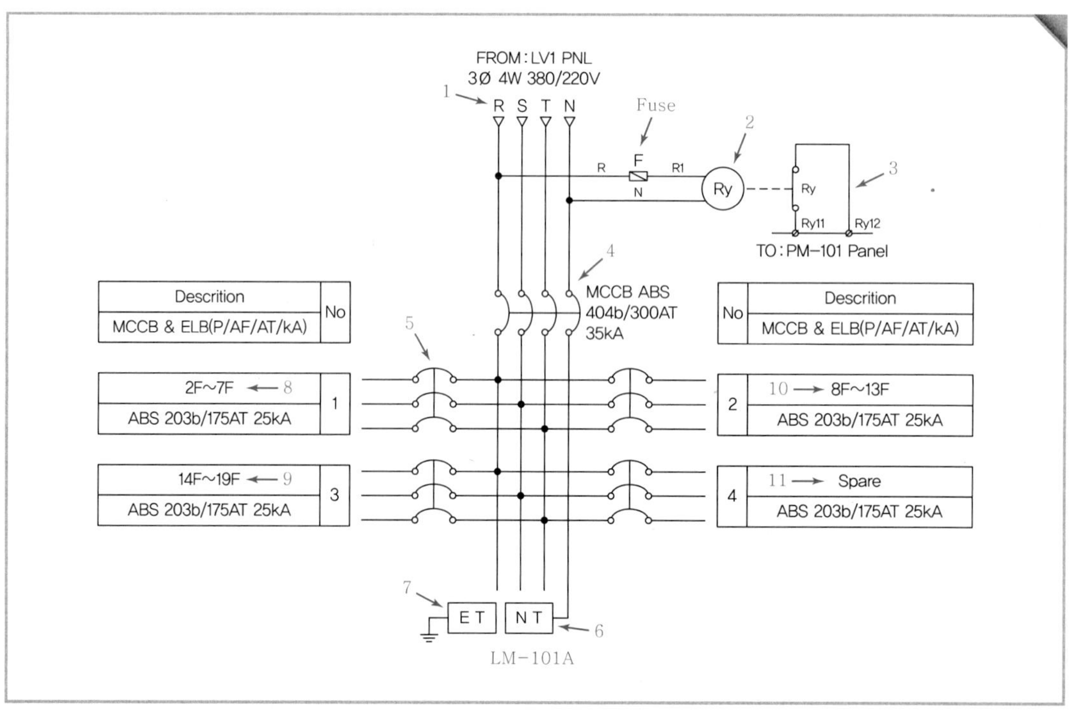

▶ 1번 : FROM : LV1 PNL(3ϕ 4W, 380/220V)

LV1 패널에서 전원을 받는다. LM−101−A패널은 101동 A라인의 2F~19F까지 각 세대의 전원을 공급한다.

▶ 2번 : RY, PM 패널의 비상등 전원 제어용 릴레이이다.

- 상시 : 릴레이는 항상 동작하고 있는 상태이며, 사용된 접점은 b접점이기 때문에 PM 패널에 있는 마그넷에 전원 공급이 차단된다. 그에 따라 마그넷의 주접점이 붙지 않으므로 비상 전원이 차단된다.
- 정전 시 : LM−101−A패널 자체에 전원 공급이 안 되기 때문에 릴레이는 동작을 멈추고, 평상시 떨어져 있던 b접점이 원상 복귀(붙는다)되면서 마그넷에 전원이 공급된다. 이때, 마그넷의 주접점이 붙으면서 비상 전원이 공급되기 시작한다.

참고 릴레이의 코일에는 LM−101A전원이 들어가고, 릴레이의 b접점에는 PM−101패널의 전원이 들어간다.

▶ 3번 : TO : PM−101 Panel − PM−101패널의 마그넷 전원으로 간다.

▶ 4번 : MCCB ABS(404b/300AT, 35kA) − 메인 차단기

▶ 5번 : MCCB − 분기 차단기

▶ 6번 : NT − 중성선을 연결할 수 있는 버스바 단자

▶ 7번 : ET − 접지를 연결하는 버스바 단자

▶ 8번 : 2F~7F(ABS, 203b/175AT, 25kA) − 2F~7F까지의 세대 전원을 공급하는 차단기

▶ 9번 : 14F~19F(ABS, 203b/175AT, 25kA) − 14F~19F까지의 세대 전원을 공급하는 차단기

▶ 10번 : 8F~13F(ABS, 203b/175AT, 25kA) − 8F~13F까지의 세대 전원을 공급하는 차단기

▶ 11번 : Spare(ABS, 203b/175AT, 25kA) − 여유분 차단기

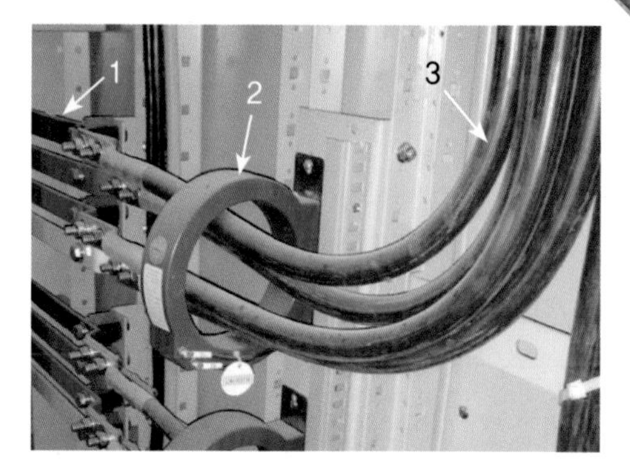

LV1에서 LM-101A로 공급되는 결선도

- ▶ 1번 : 분기 차단기 2차에 연결된 버스바
- ▶ 2번 : ZCT
- ▶ 3번 : LM-101A 패널로 간 케이블

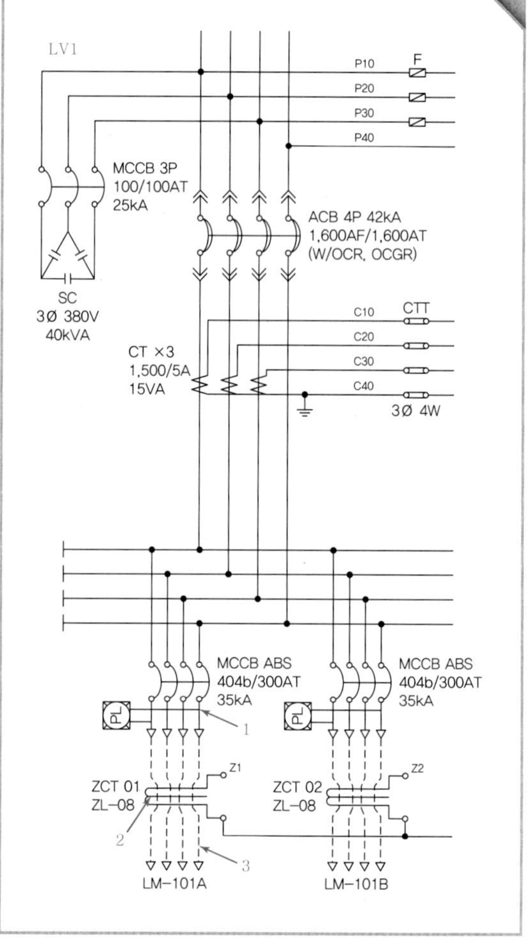

현장에 있는 LM-101A 패널

전기실의 LV1 패널에 있는 차단기 2차측에서 101동 지하에 있는 LM-101A 패널로 간다.

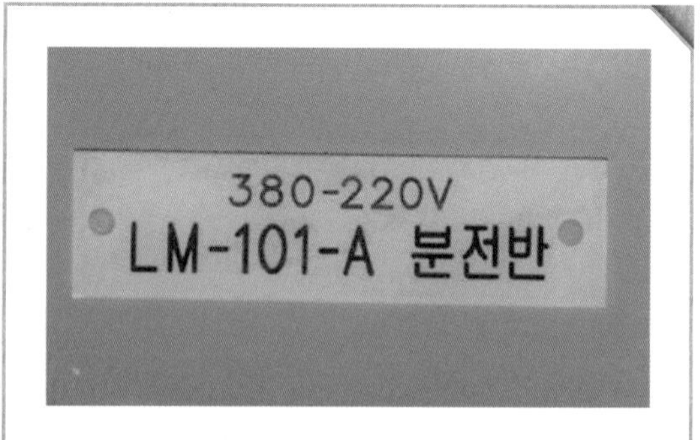

LM-101A패널 속에 있는 릴레이 모습

㉠ 2번 : 릴레이

㉡ 3번 : PM-101패널의 마그넷으로 간 b 접점

㉢ 4번 : MCCB 차단기

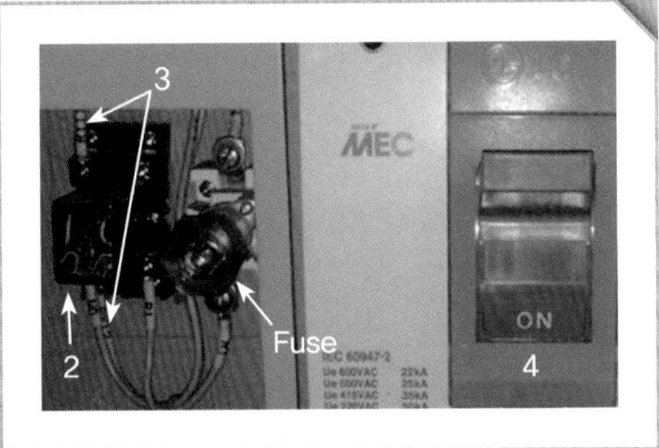

PM-101패널 결선도의 마그넷

㉠ 1번 : 마그넷 1차측

㉡ 2번 : 마그넷 2차측

㉢ 3번 : LM-101 A · B · C 라인 패널에서 온다는 의미

㉣ 4번 : 마그넷

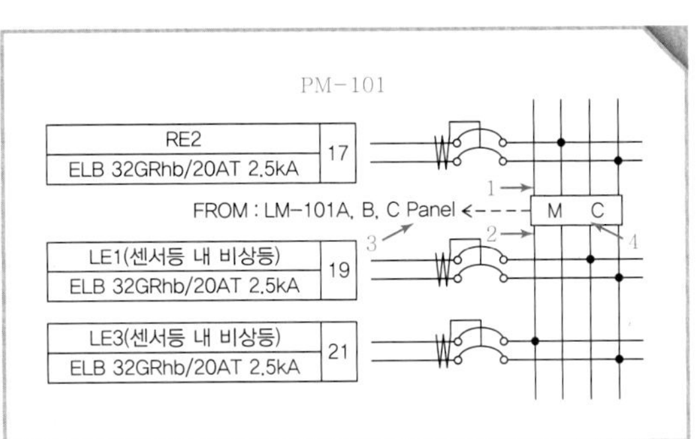

(2) LM-101B 분전함 결선도

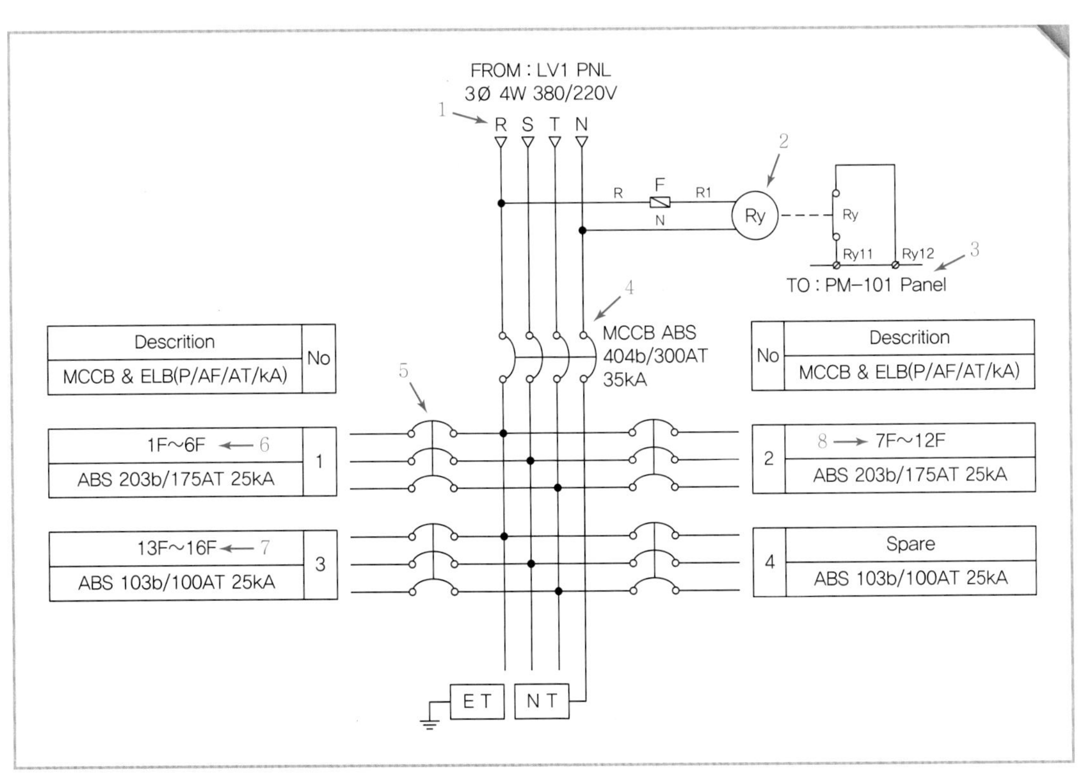

▶ 1번 : FROM : LV1 PNL(3φ 4W, 380/220V)
LV1에서 전원을 받고, LM-101B는 101동 B라인의 1F~16F까지 각 세대 전원을 공급한다.

▶ 2번 : RY

▶ 3번 : TO : PM-101 Panel

▶ 4번 : MCCB ABS(404b/300AT, 35kA)

▶ 5번 : MCCB

▶ 6번 : 1F~6F(ABS, 203b/175AT, 25kA)

▶ 7번 : 13F~16F(ABS, 103b/100AT, 25kA)

▶ 8번 : 7F~12F(ABS, 203b/175AT, 25kA)

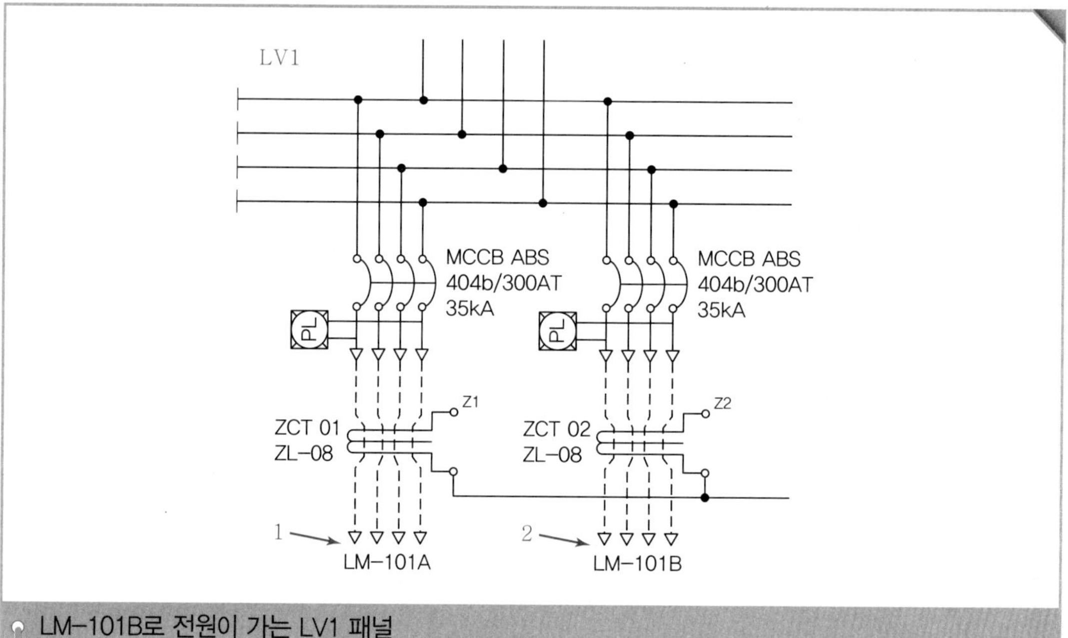

LM-101B로 전원이 가는 LV1 패널

▶ 1번 : LM-101A로 가는 라인

▶ 2번 : LM-101B로 가는 라인

LM-101B의 ZCT

㉠ 1번 : 누전 경보기로 간 선

㉡ 2번 : 네임 플레이트

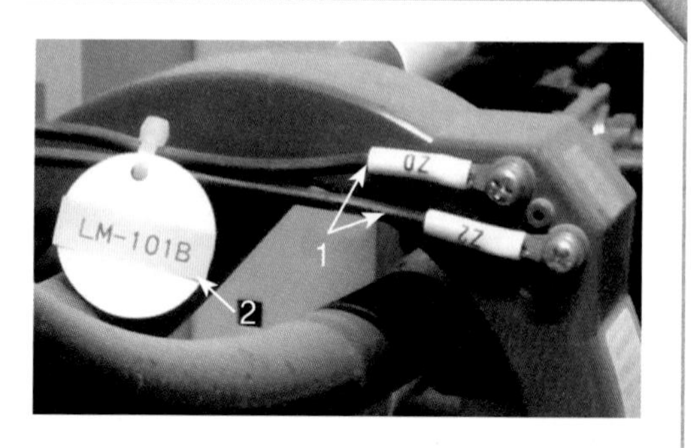

 PM-101 분전함 결선도

FROM : LV3
3Ø 4W 380/220V ← 1
R S T N

MCCB ABS
404b/300AT
35kA

No	Descrition / MCCB & ELB(P/AF/AT/kA)
31	비상 콘센트 ← 2 / ABS 53b/50AT 10kA
1	PP-101A / ABS 103b/100AT 25kA
3	PP-101C / ABS 103b/100AT 25kA
5	L1(센서등) ← 3 / ELB 32GRhb/20AT 2.5kA
7	L3(센서등) / ELB 32GRhb/20AT 2.5kA
9	L5(센서등) / ELB 32GRhb/20AT 2.5kA
11	L7(센서등) / ELB 32GRhb/20AT 2.5kA
13	소방 전원반 ← 5 / ELB 32GRhb/20AT 2.5kA
15	EX1 ← 7 / ELB 32GRhb/20AT 2.5kA
17	RE2 / ELB 32GRhb/20AT 2.5kA
19	LE1(센서등 내 비상등) / ELB 32GRhb/20AT 2.5kA
21	LE3(센서등 내 비상등) / ELB 32GRhb/20AT 2.5kA
23	LE5(센서등 내 비상등) / ELB 32GRhb/20AT 2.5kA
25	LE7(센서등 내 비상등) / ELB 32GRhb/20AT 2.5kA
27	LE9(세대 비상등) / ELB 32GRhb/20AT 2.5kA
29	LE11(세대 비상등) / ELB 32GRhb/20AT 2.5kA

No	Descrition / MCCB & ELB(P/AF/AT/kA)
32	비상 콘센트 / ABS 52b/50AT 10kA
2	PP-101B / ABS 103b/100AT 25kA
4	Spare / ABS 103b/100AT 25kA
6	4 → L2(센서등) / ELB 32GRhb/20AT 2.5kA
8	L4(센서등) / ELB 32GRhb/20AT 2.5kA
10	L6(센서등) / ELB 32GRhb/20AT 2.5kA
12	L8(센서등) / ELB 32GRhb/20AT 2.5kA
14	L-K2 / MCCB BF52a/50AT 10kA
16	RE1 / ELB 32GRhb/20AT 2.5kA
18	RE3 / ELB 32GRhb/20AT 2.5kA
20	LE2(센서등 내 비상등) / ELB 32GRhb/20AT 2.5kA
22	LE4(센서등 내 비상등) / ELB 32GRhb/20AT 2.5kA
24	LE6(센서등 내 비상등) / ELB 32GRhb/20AT 2.5kA
26	LE8(센서등 내 비상등) / ELB 32GRhb/20AT 2.5kA
28	LE10(세대 비상등) / ELB 32GRhb/20AT 2.5kA
30	L-K2 / MCCB BF52a/30AT 10kA

TB RY1

TO : 수신반 SEQ' B Type ← 6

8 →

FROM : LM-101 A·B·C Panel ← M 9 C

MG : GMC-32
SEQ'T : C Type ← 10

11 12

PM-101

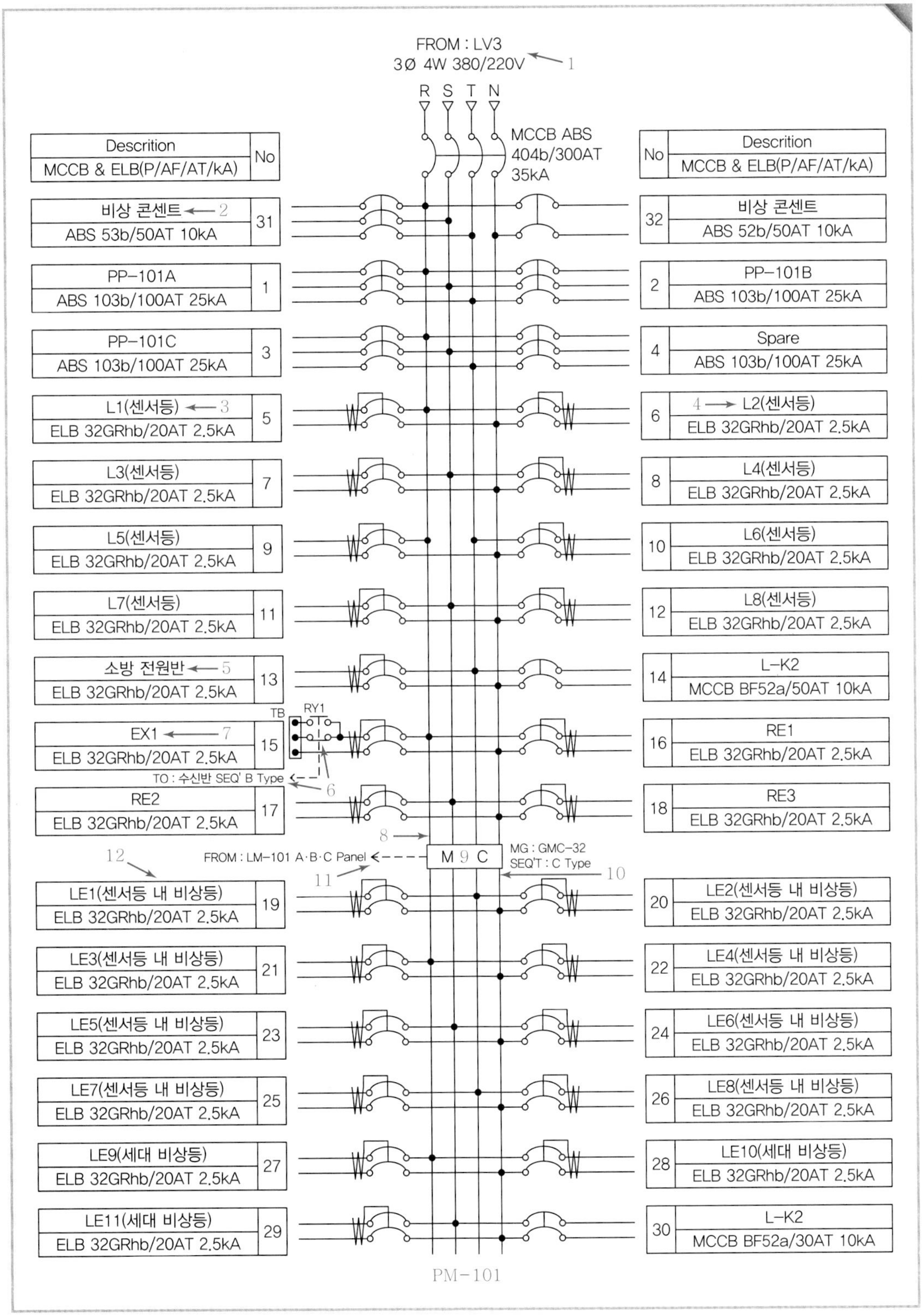

▶ 1번 : FROM : LV3(3ϕ 4W, 380/220V)

LV3에서 전원을 받으며, PM-101은 일반 센서등 및 비상 콘센트, 소방 전원반, 센서등 내 비상등, 세대 비상등에 전원을 공급한다.

▶ 2번 : 비상 콘센트(ABS, 53b/50AT, 10kA)

▶ 3번 : L1(센서등), ELB, 32GRhb/20AT, 2.5kA

복도에 있는 센서등(L1 라인)의 일반 램프에 전원을 공급해 준다.

▶ 4번 : L2(센서등), ELB, 32GRhb/20AT, 2.5kA

복도에 있는 센서등(L1 라인)의 일반 램프에 전원을 공급해 준다.

▶ 5번 : 소방 전원반(ELB, 32GRhb/20AT, 2.5kA)

▶ 6번 : RY1(TO : 수신반 SEQ, B-type)

비상 유도등 라인의 전원으로 공급되며, 수신반에 있는 릴레이(RY1)의 접점에 의해 제어한다.

▶ 7번 : EX1(ELB, 32GRhb/20AT, 2.5kA) - 유도등 라인

▶ 8번 : 마그넷 1차측으로 상시 전원이 공급된다.

▶ 9번 : MC(MG : GMC-32, C-type) - 마그넷

LM-101패널 내부에 있는 릴레이(RY)의 b접점이 마그넷의 전원에 연결되고, 주접점을 이용해 비상 라인에 전원을 공급해 준다.

▶ 10번 : 마그넷 2차측으로 정전 시 전원이 공급된다.

▶ 11번 : FROM : LM-101 A · B · C Panel

LM-101패널 내부에 있는 릴레이(RY)의 b접점의 동작 유무에 따라 비상 라인에 전원 공급을 한다.

▶ 12번 : LE1(센서등 내 비상등), (ELB, 32GRhb/20AT, 2.5kA)

복도에 있는 센서등 속에는 일반 램프와 비상 램프가 함께 들어 있는데, 그중 비상 램프를 뜻한다.

현장에 있는 PM-101패널 명판

전기실의 LV3패널에 있는 차단기 2차측에서 101동 지하에 있는 PM-101패널로 간다.

패널 내부에 있는 비상 콘센트

㉠ 2번 : 3상용 콘센트 라인 차단기

㉡ 2－1번 : 단상용 콘센트 라인 차단기

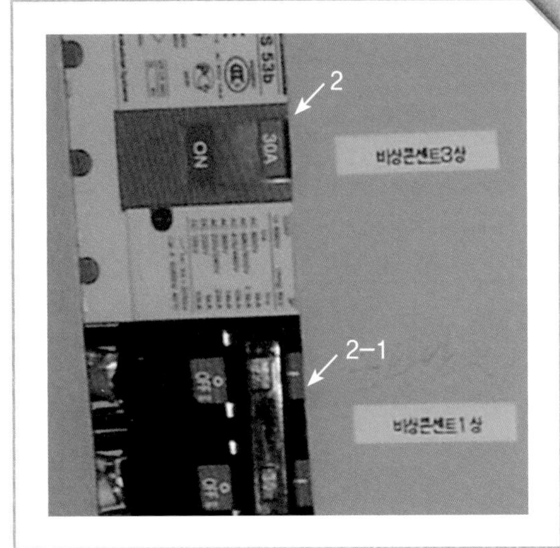

PM–101 내부에 있는 파워 릴레이

유도등 라인에 전원을 공급한다.

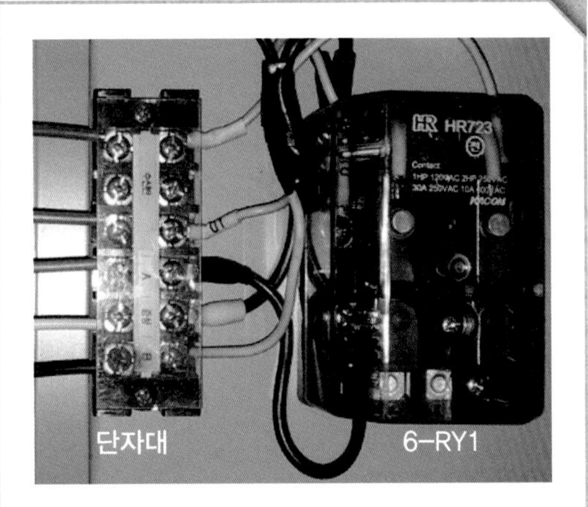

일반 센서등 라인

㉠ 3번 : L2 라인 센서등

㉡ 4번 : L3 라인 센서등

㉢ Spare : L1 라인 명판인데 실제로는 사용하지 않는 여유분이다.

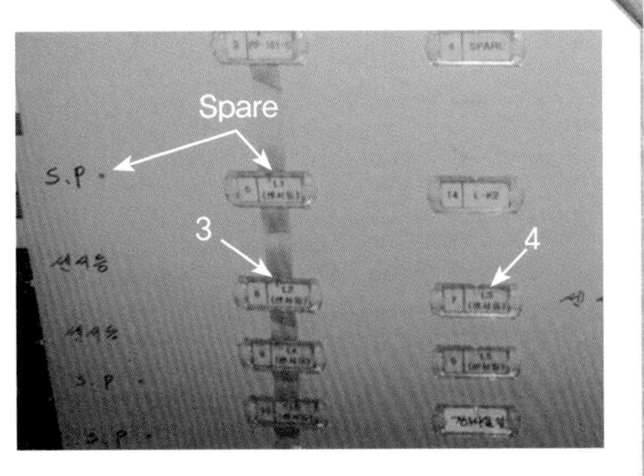

마그넷

㉠ 6번 : LM-101패널의 릴레이 접점에서 온 선이 마그넷의 전원으로 바로가지 않고 릴레이를 추가시켰다.

㉡ 8번 : 1차측

㉢ 9번 : 2차측

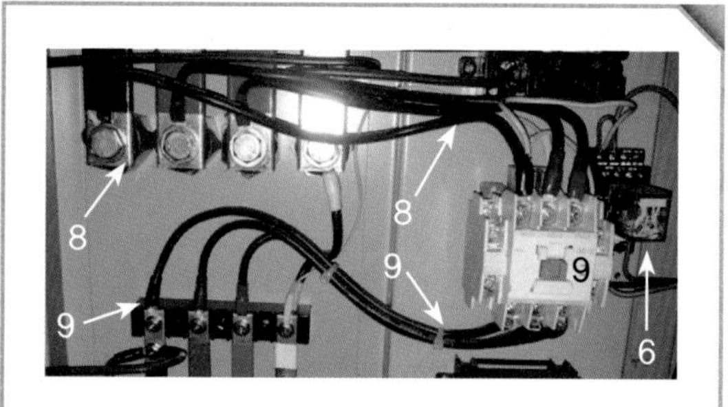

26 P1-B1 C · D · E 분전함 결선도

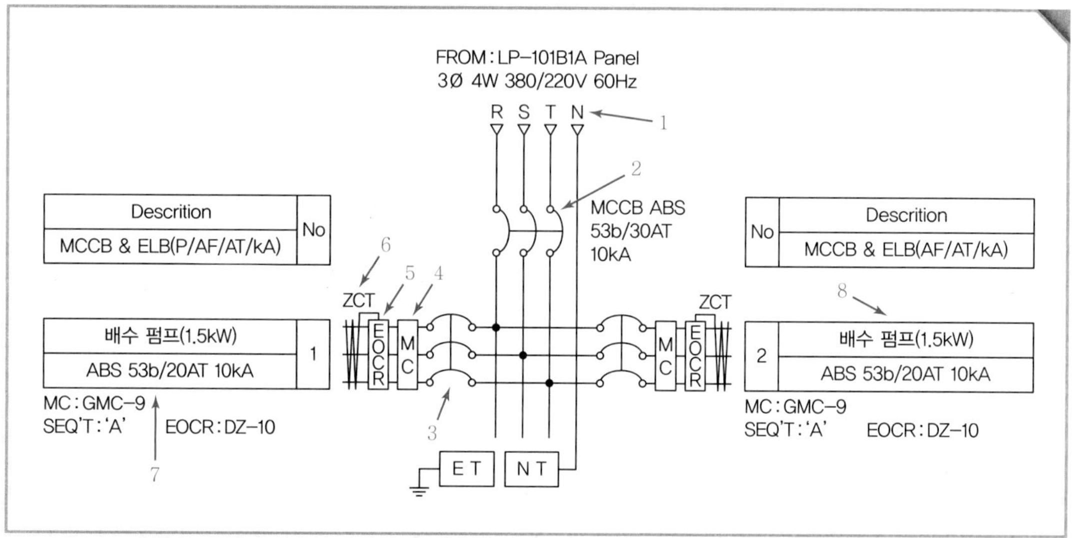

▶ 1번 : FROM : LP-101B1A Panel(3ϕ 4W, 380/220V, 60Hz)

LP-101B1A패널에서 전원을 받으며 지하 1층 C~E라인에 있는 집수정의 배수 펌프를 제어하는 패널이다.

▶ 2번 : MCCB ABS(53b/30AT, 10kA) – 메인 차단기

▶ 3번 : MCCB – 분기 차단기

▶ 4번 : MC(GMC-9, SEQ'T : 'A', EOCR : DZ-10)

▶ 5번 : EOCR

▶ 6번 : ZCT

▶ 7 · 8번 : 배수 펌프(1.5kW, ABS, 53b/20AT, 10kA)

지하 집수정에 있는 배수 펌프 패널 전면

㉠ 1 · 2번 : 명판(1.5kW)

㉡ 3 · 4번 : 셀렉터 스위치(자동 설정)

㉢ 5번 : 수동

㉣ 6번 : 자동

㉤ 7 · 8번 : ON 버튼

㉥ 9 · 10번 : OFF 버튼

참고 시험 가동할 경우 셀렉터를 수동으로 놓고 ON / OFF 버튼을 이용한다.

모터 보호 계전기 모습

㉠ 1번 : 모터 보호 계전기

㉡ 2번 : 전원선이 모터 보호 계전기 밑에 결합된 ZCT를 통과한다.

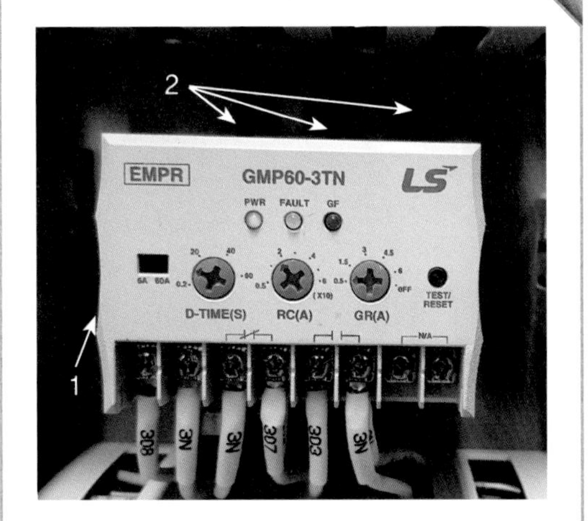

전원선이 통과되는 ZCT 구멍

사진은 3상(R, S, T)을 통과하는 3CT용이며 2상(대부분 R, T)을 통과하는 2CT용도 있다.

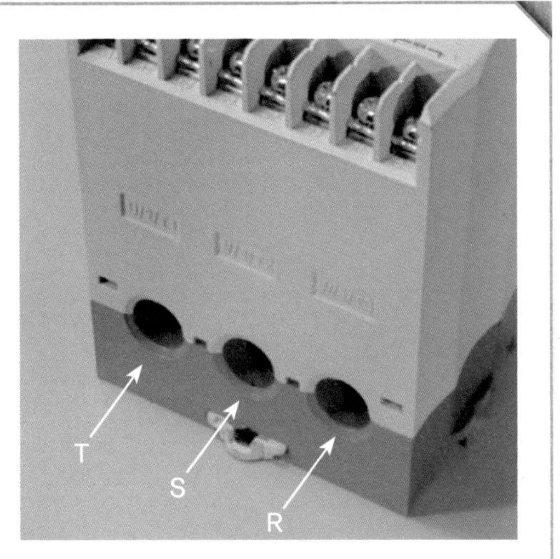

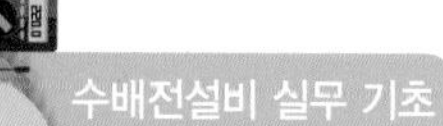

27 P1-B1A 분전함 결선도

지하주차장에 있는 배기팬과 유인팬 전원 공급용 패널에 대한 내용이다.

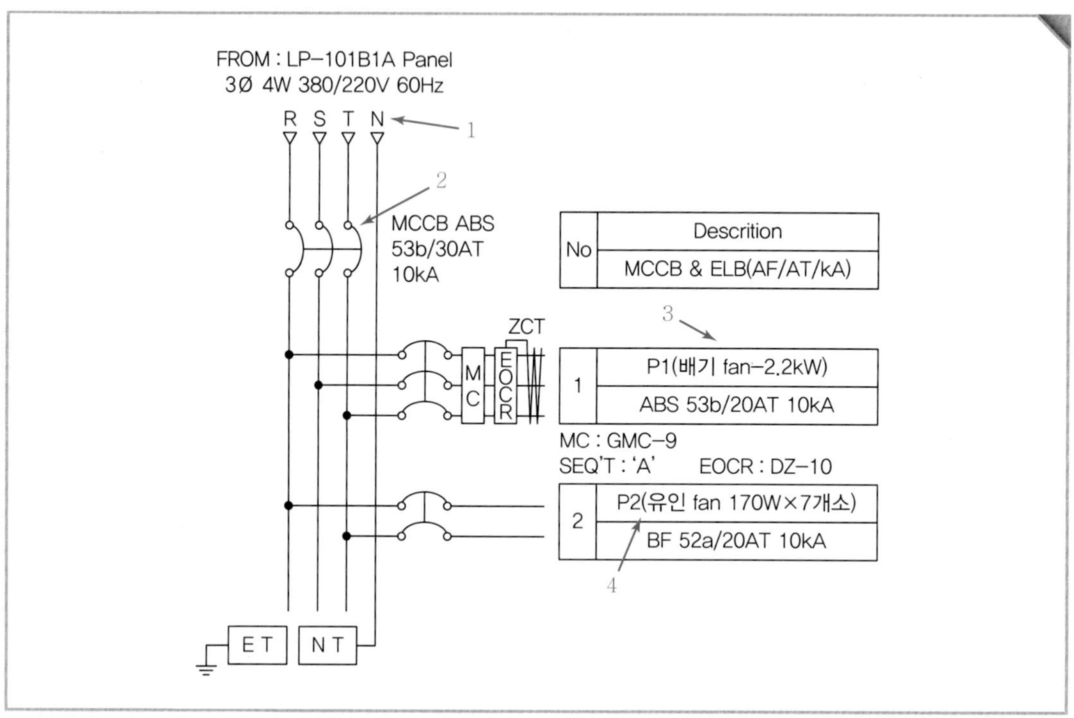

- ▶ 1번 : FROM : LP-101B1A Panel(3ϕ 4W, 380/220V, 60Hz)
- ▶ 2번 : MCCB ABS(53b/50AT, 10kA)
- ▶ 3번 : P1(배기 fan-2.2kW), (ABS, 53b/20AT, 10kA)
  - MC : GMC-9, SEQ'T : 'A', EOCR : DZ-10
- ▶ 4번 : P2(유인 fan-170W×7개소), (BF 52a/20AT, 10kA)

지하주차장 천장의 유인팬

㉠ 1번 : 유인팬

㉡ 2번 : 전원 플러그

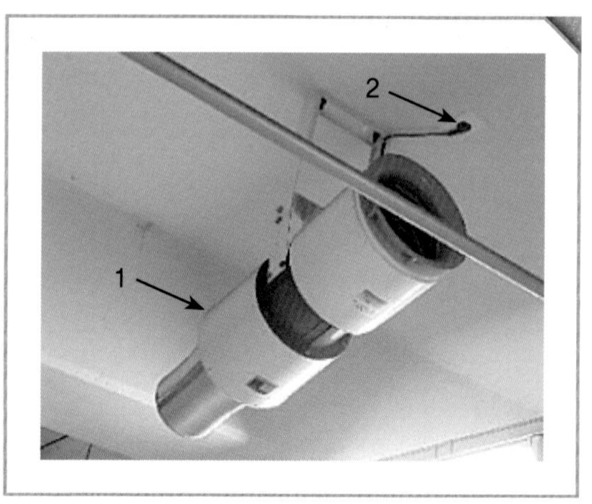

28 관리사무실 분전함 결선도

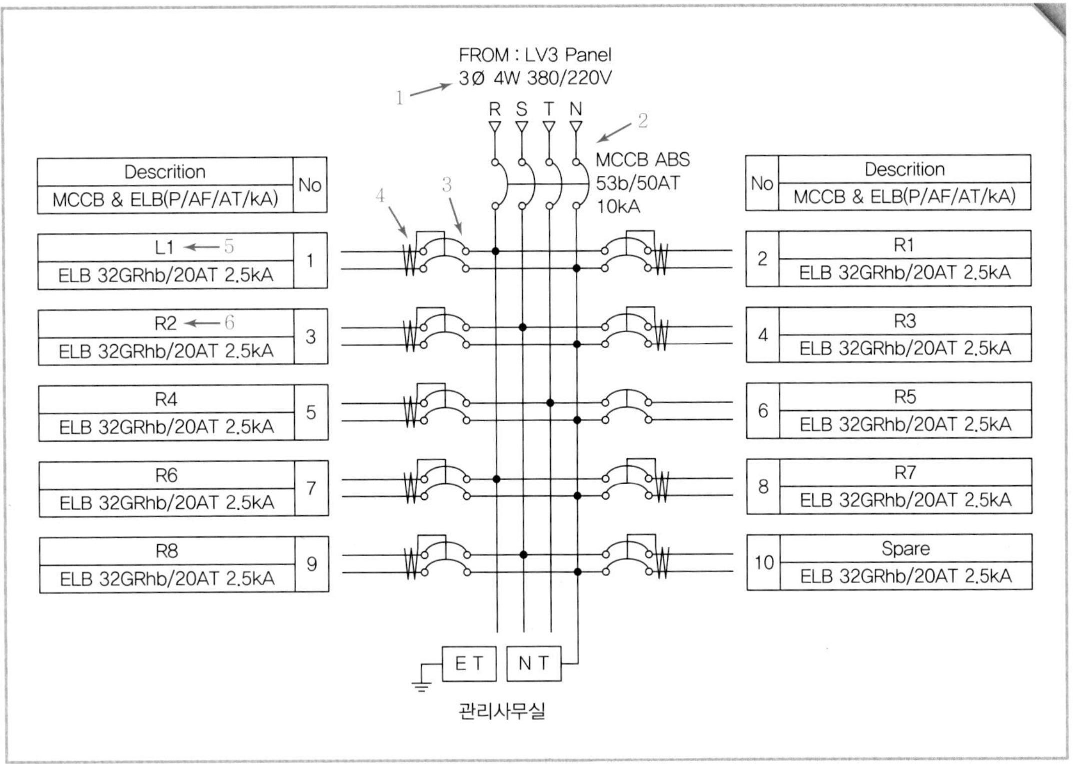

▶ 1번 : FROM : LV3 Panel(3ϕ 4W, 380/220V)

LV3 패널에서 전원을 받으며 관리사무실에 전기를 공급한다.

▶ 2번 : MCCB ABS(53b/50AT, 10kA) – 메인 차단기

▶ 3번 : MCCB – 분기 차단기

▶ 4번 : ZCT – 영상 변류기

▶ 5번 : L1(ELB, 32GRhb/20AT, 2.5kA) – 전등 라인

▶ 6번 : R2(ELB, 32GRhb/20AT, 2.5kA) – 전열 라인

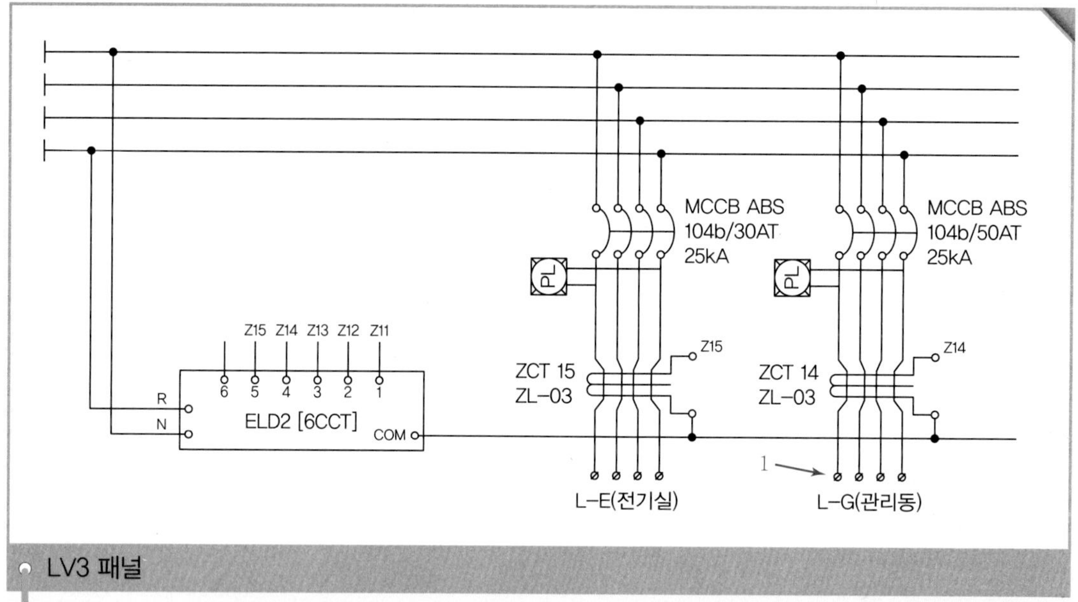

LV3 패널

▶ 1번 : L-G(관리동) 전원 공급 라인

MEMO

Chapter 02

정식 수배전 계통도(1,000kVA 이상) [지역 난방]

01 전기실 및 발전기실 평면도

02 특고압 열반도

03 저압 열반도

04 전기실 접지 및 제어 배선도

05 특고압반 도면

06 저압반 도면

07 IL 패널

08 발전기 패널

Chapter 02

2 정식 수배전 계통도(1,000kVA 이상)[지역 난방]

01 전기실 및 발전기실 평면도

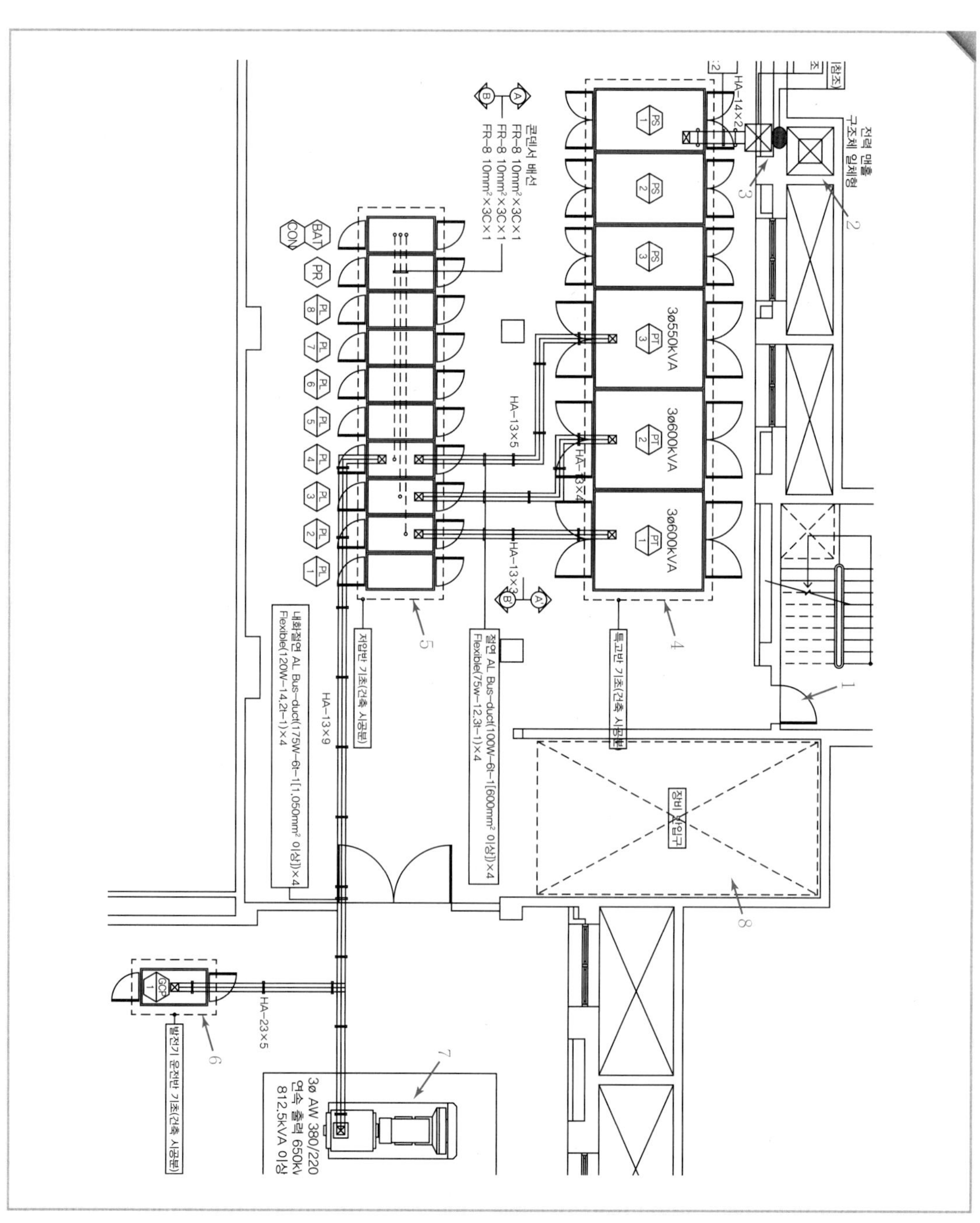

▶ 1번 : 지하전기실 출입문
▶ 2번 : 지상 전력 맨홀
▶ 3번 : 풀박스
▶ 4번 : 특고압반
▶ 5번 : 저압반
▶ 6번 : 발전기 패널
▶ 7번 : 발전기
▶ 8번 : 장비 반입구

1 외부와 내부 인입구

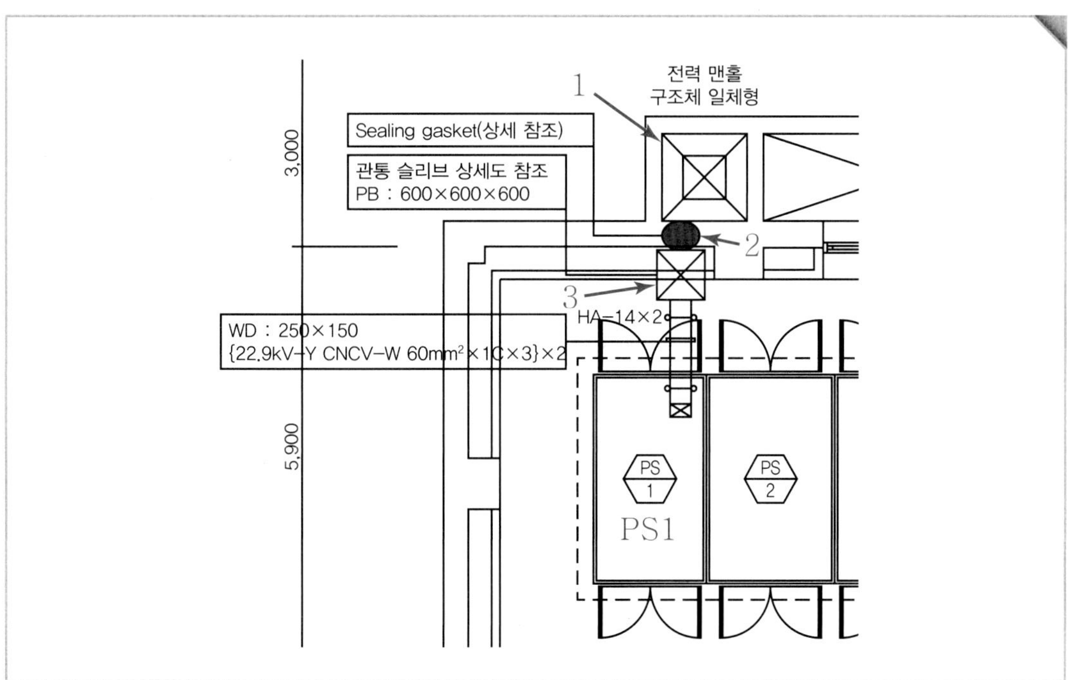

▶ 1번 : 지상 전력 맨홀
▶ 2번 : 관통 슬리브를 통해 지하 전기실과 연결된다.
▶ 3번 : 슬리브와 고압 패널 사이에 풀박스를 설치해 유지 · 보수의 편리성을 확보한다.

전력 맨홀 실제 모습

1번 : 지상 전력 맨홀로, 한전에서 온 인입 케이블이 맨홀을 통해 전기실로 들어간다.

전기실 모습

㉠ 1번 : 전기실 출입문

㉡ 2번 : 장비 반입구로, 변압기같은 것을 교체할 때 뚜껑을 열고 이용한다.

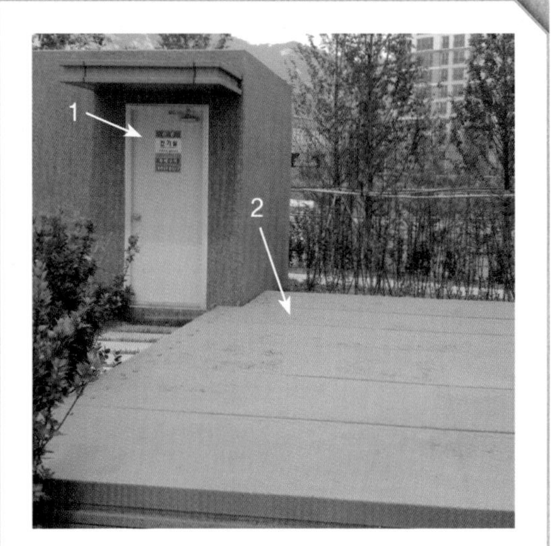

전기실 내부 풀박스

㉠ 1번 : 슬리브가 벽을 통과한 지점에 설치된 풀박스

㉡ 2번 : 풀박스와 특고압 패널을 연결한 케이블 트레이

㉢ 3번 : 특고압 패널

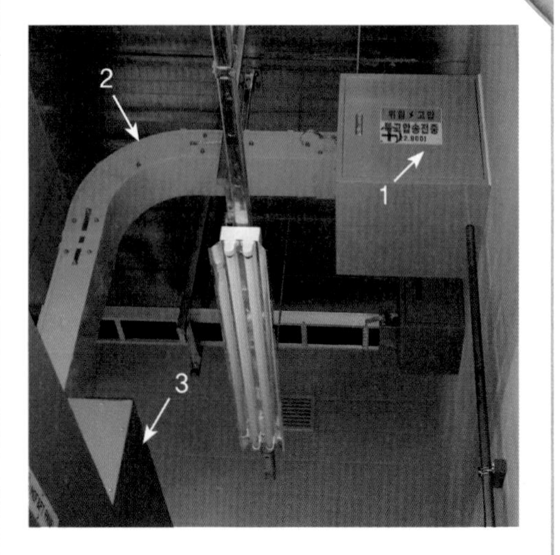

2 특고압반, 저압반, 발전기실의 연결

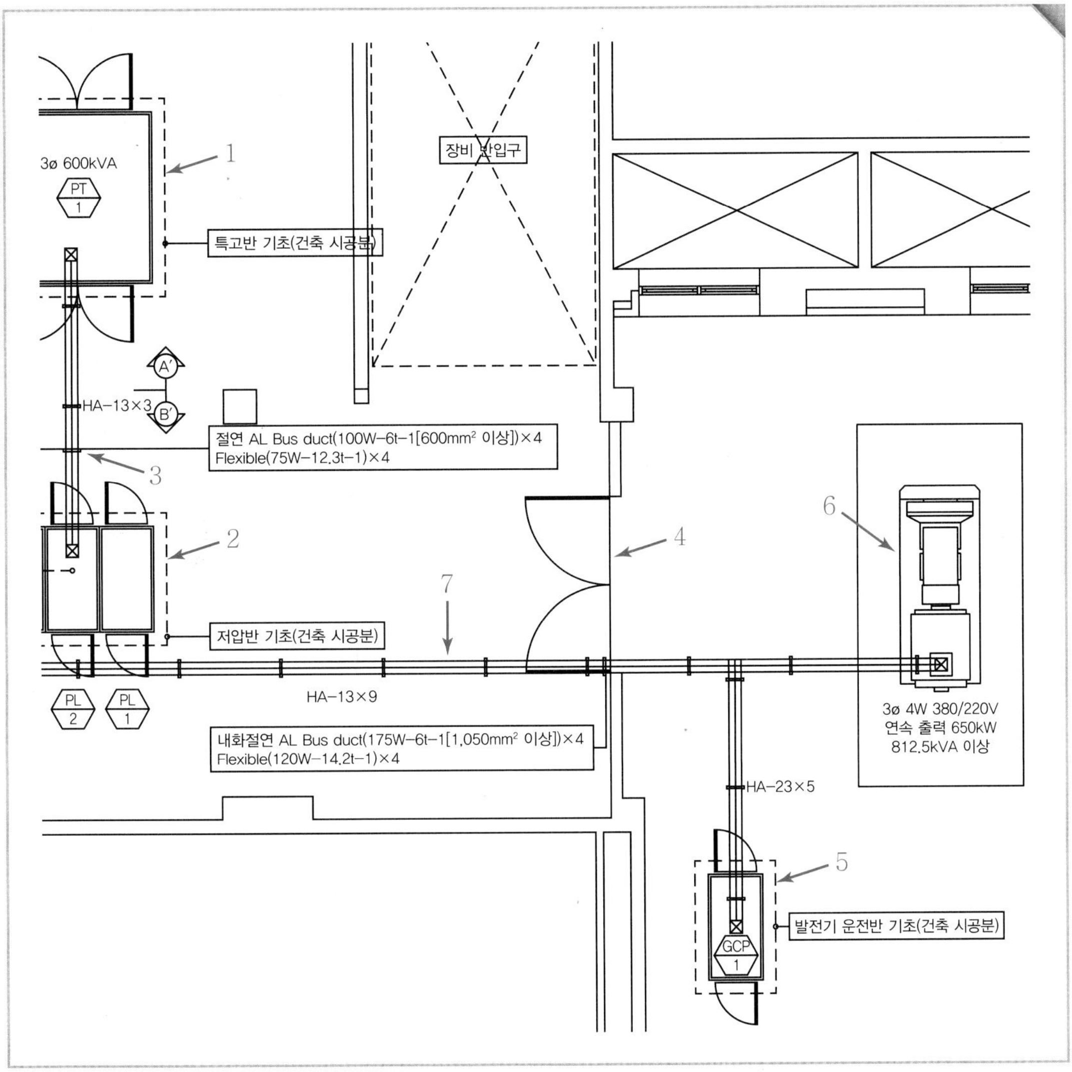

3ø 600kVA
PT 1
1
특고반 기초(건축 시공분)
장비 반입구
A'
B'
HA-13×3
절연 AL Bus duct(100W-6t-1[600mm² 이상])×4
Flexible(75W-12.3t-1)×4
3
2
저압반 기초(건축 시공분)
7
4
6
PL 2
PL 1
HA-13×9
내화절연 AL Bus duct(175W-6t-1[1,050mm² 이상])×4
Flexible(120W-14.2t-1)×4
3ø 4W 380/220V
연속 출력 650kW
812.5kVA 이상
HA-23×5
5
발전기 운전반 기초(건축 시공분)
GCP 1

▶ 1번 : 특고압(22.9kV) 패널들이 연결되어 있다.

▶ 2번 : 저압(220/380V) 패널들이 연결되어 있다.

▶ 3번 : 회로 구성상 특고압 패널~저압 패널 간의 연결은 버스 덕트(bus duct)로 했다.

▶ 4번 : 발전기실로 들어가는 출입문이다.

▶ 5번 : 발전기 패널로, 회로 구성에 따라 각각 발전기 및 저압 패널과 연결되어 있다.

▶ 6번 : 발전기로, 발전기 패널의 신호에 따라 가동되어 공용 부하에 전력을 공급해준다.

▶ 7번 : 발전기 패널~저압 패널 사이를 버스 덕트(bus duct)로 연결했다.

전기실 출입문과 장비반 입구

㉠ 1번 : 지하 전기실 출입문

㉡ 2번 : 장비 반입구실

㉢ 3번 : 장비 반입구 천장

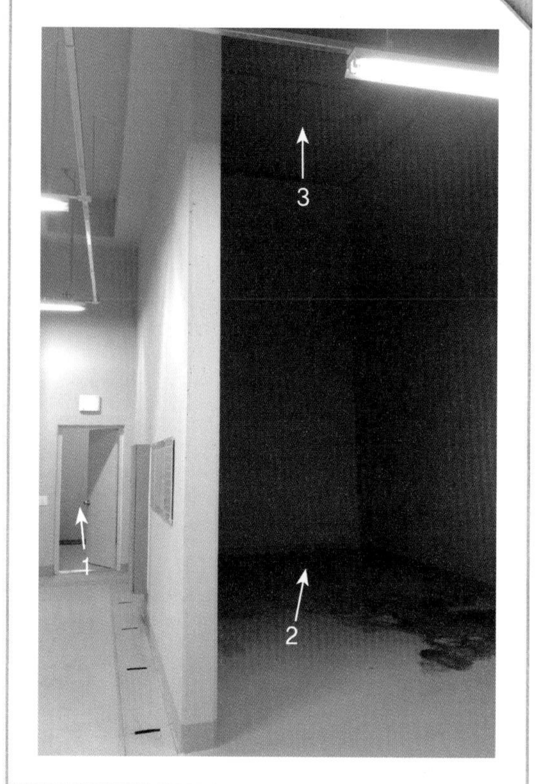

발전기와 패널의 연결

㉠ 1번 : 발전기 패널

㉡ 2번 : 발전기

㉢ 3번 : 패널과 발전기 간 버스 덕트

㉣ 4번 : 패널과 저압반 간 버스 덕트

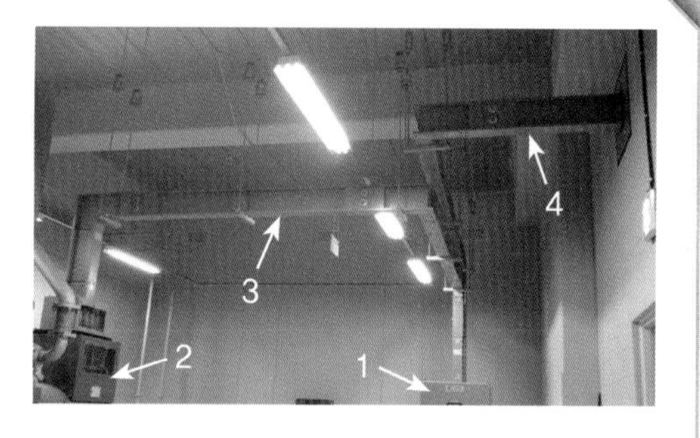

특고압반과 저압반의 연결

㉠ 1번 : 특고압반

㉡ 2번 : 저압반

㉢ 3번 : 패널과 저압반 간 버스 덕트

㉣ 4번 : 특고압반과 저압반 간 버스 덕트

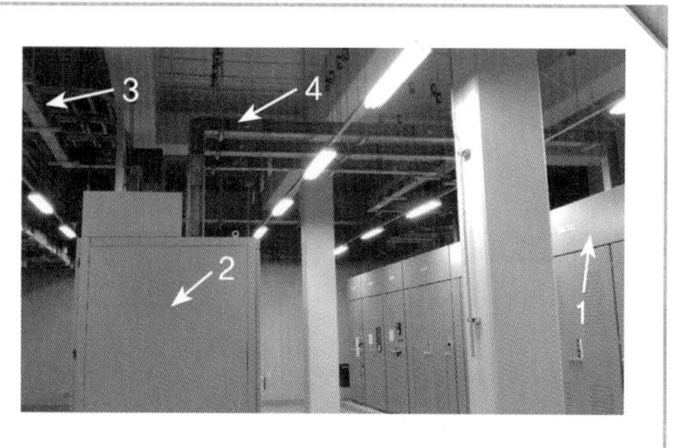

02 특고압 열반도

특고압반은 한전 인입 라인이 전력 맨홀과 풀박스를 지나 처음 시작되는 PS1(LBS & LA) 패널, PS2(MOF & PT) 패널, PS3(VCB & SA) 패널, PT(TR)1~PT(TR)3 패널까지의 패널이 설치된 순서도이다.

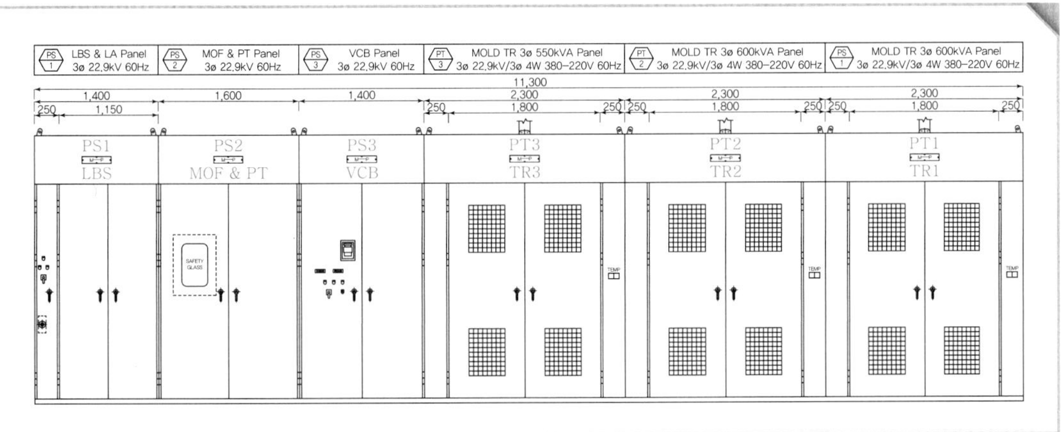

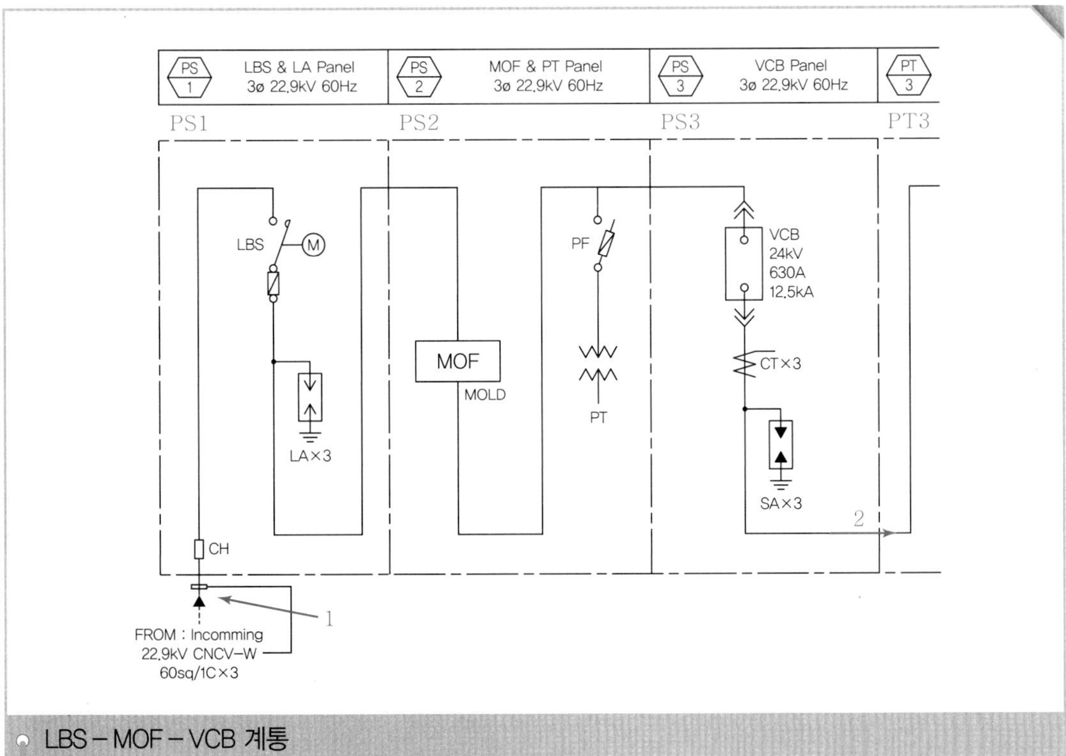

LBS – MOF – VCB 계통

▶ 1번 : 한전 인입 케이블이 시작되는 지점이다.

▶ 2번 : VCB 2차에서 PT3(변압기) 패널로 간다.

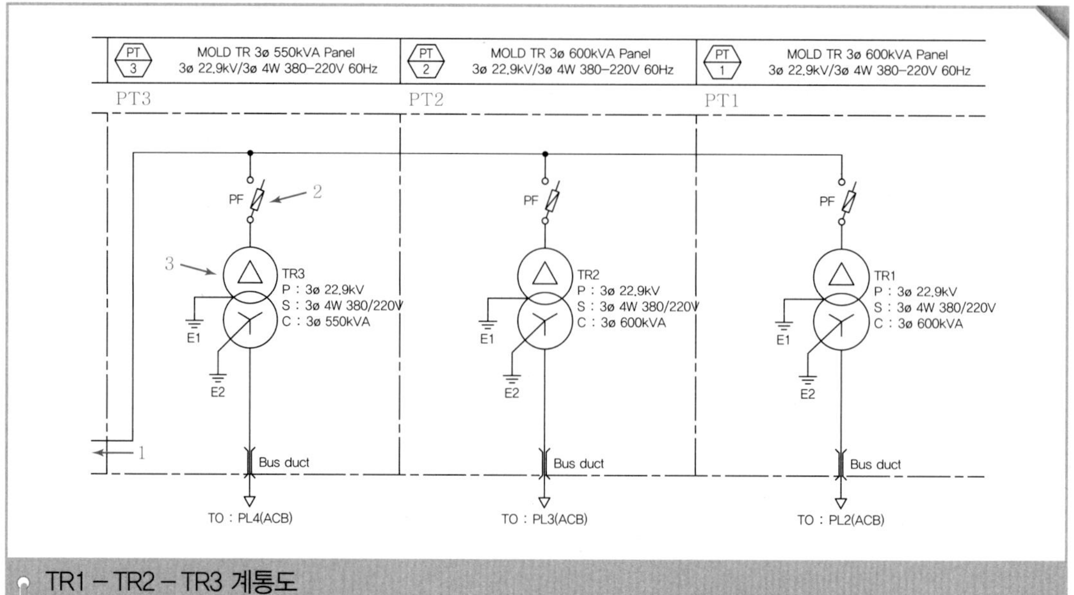

TR1 – TR2 – TR3 계통도

- ▶ 1번 : PS3(VCB) 패널 2차측
- ▶ 2번 : 전력(파워) 퓨즈
- ▶ 3번 : TR(변압기)

전기실 내부

㉠ 특고압반 : 22.9kV

㉡ 저압반 : 380/220V

특고압반 모습

LBS에서 TR 1차측까지 22.9kV가 흐른다.

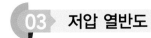

03 저압 열반도

저압반은 특고압(22.9kV)을 PT(TR)를 이용해 낮춘 저압(380/220V)을 공급받아 각각 필요한 현장의 부하에 공급해 준다.

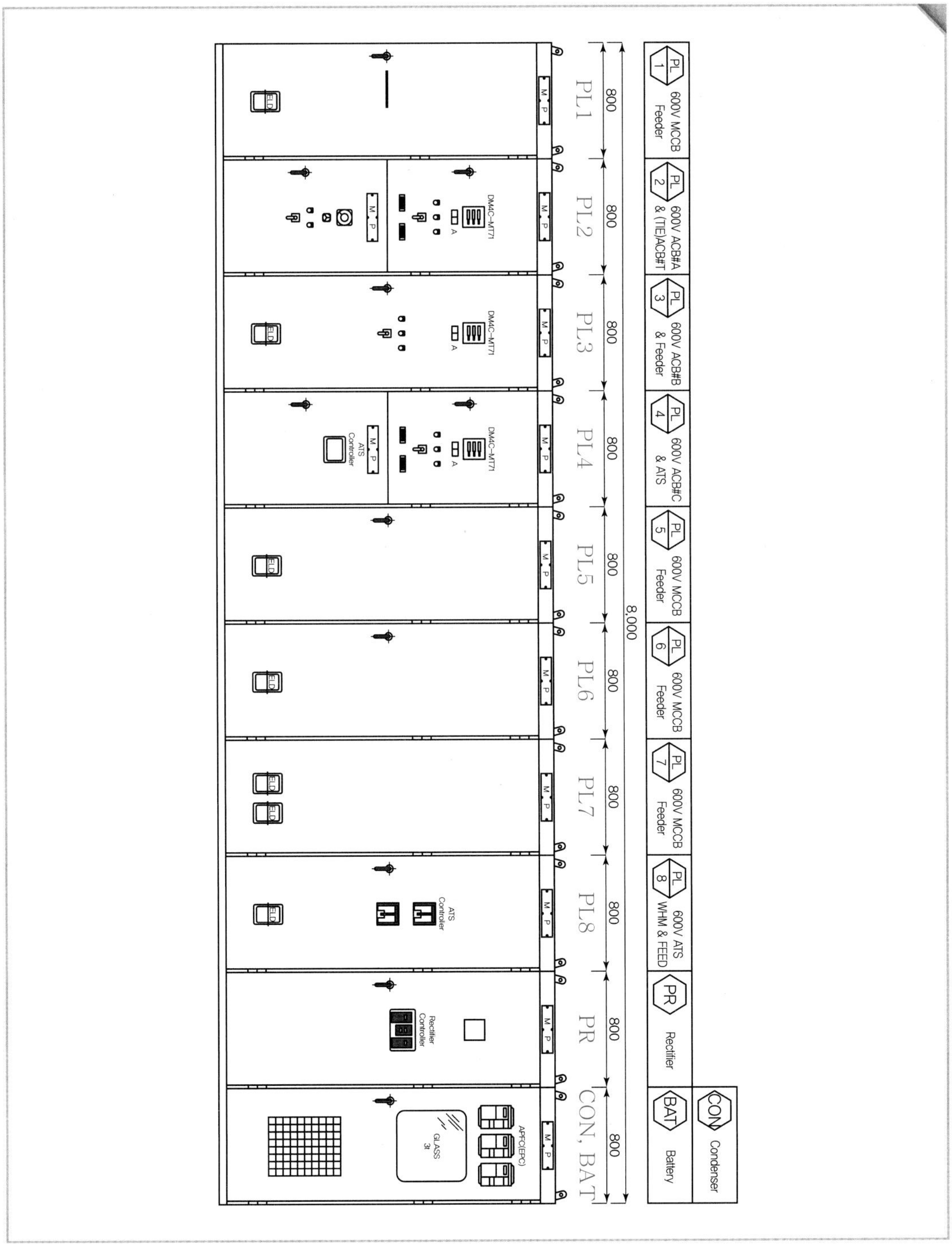

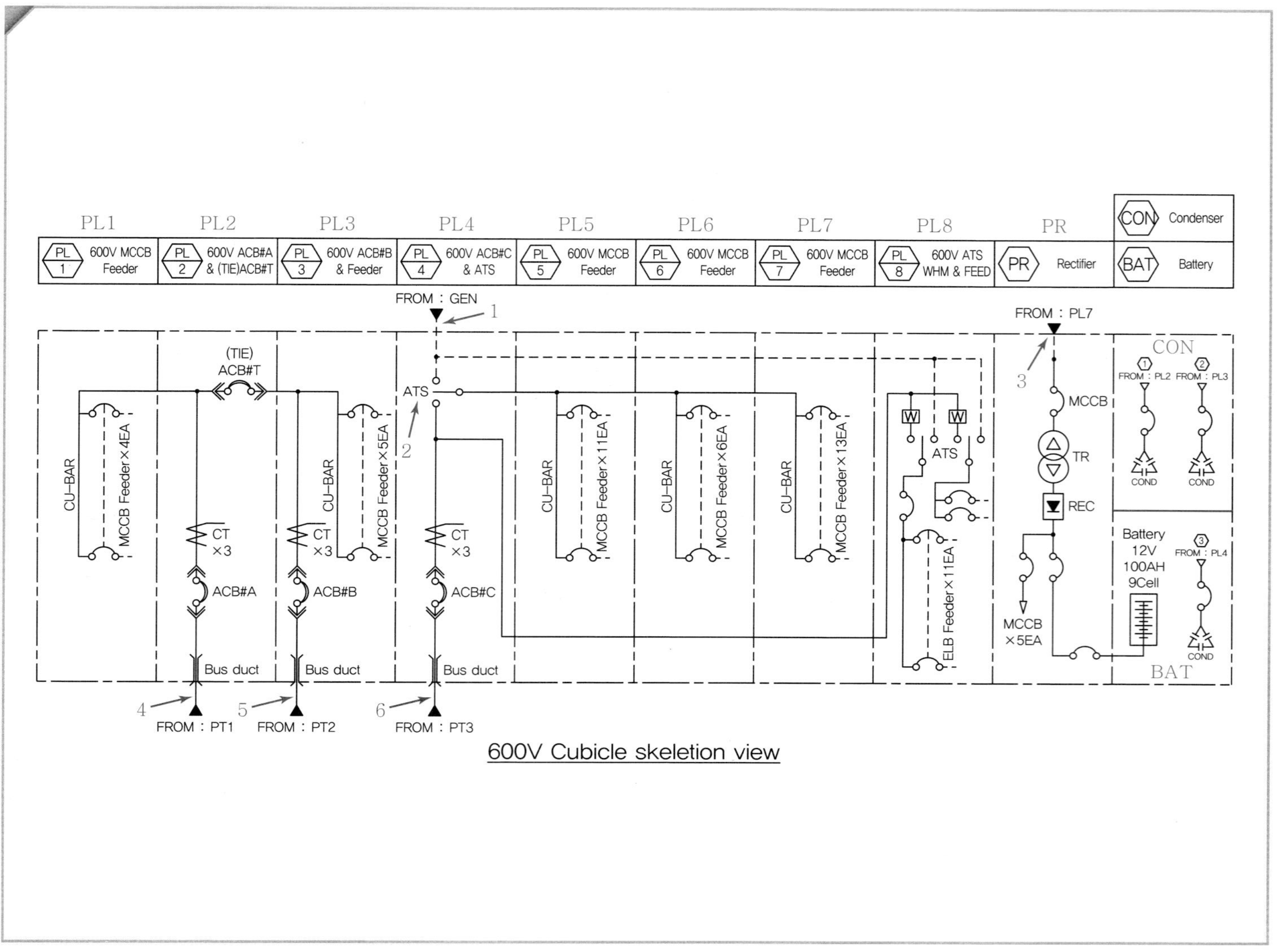
PL1
PL 1
600V MCCB Feeder
PL2
PL 2
600V ACB#A & (TIE)ACB#T
PL3
PL 3
600V ACB#B & Feeder
PL4
PL 4
600V ACB#C & ATS
PL5
PL 5
600V MCCB Feeder
PL6
PL 6
600V MCCB Feeder
PL7
PL 7
600V MCCB Feeder
PL8
PL 8
600V ATS WHM & FEED
PR
PR
Rectifier
CON
Condenser
BAT
Battery
FROM : GEN
1
FROM : PL7
CU–BAR
MCCB Feeder×4EA
(TIE) ACB#T
CT ×3
ACB#A
Bus duct
ACB#B
MCCB Feeder×5EA
ATS
2
ACB#C
MCCB Feeder×11EA
MCCB Feeder×6EA
MCCB Feeder×13EA
W
ELB Feeder×11EA
3
MCCB
TR
REC
MCCB ×5EA
CON
FROM : PL2
FROM : PL3
COND
Battery 12V 100AH 9Cell
FROM : PL4
BAT
4
FROM : PT1
5
FROM : PT2
6
FROM : PT3
600V Cubicle skeletion view

저압 계통도

▶ 1번 : 정전 시 발전기에서 발전된 전력이 공급되는 라인

▶ 2번 : 상황에 따라 한전과 발전 라인을 선택하는 ATS(자동 절체스 위치)

▶ 3번 : PR(정류기반) 패널의 전원은 PL7 패널에서 공급받는다.

▶ 4번 : PL2(세대 부하 전용) 패널의 전원은 PT1 패널에서 공급받는다.

▶ 5번 : PL3(세대 부하 전용) 패널의 전원은 PT2 패널에서 공급받는다.

▶ 6번 : PL4(공용 부하 전용) 패널의 전원은 PT3 패널에서 공급받는다.

저압반 모습

PT(TR)를 통해 낮아진 전압(380/220V)을 공급받는다.

04 전기실 접지 및 제어 배선도

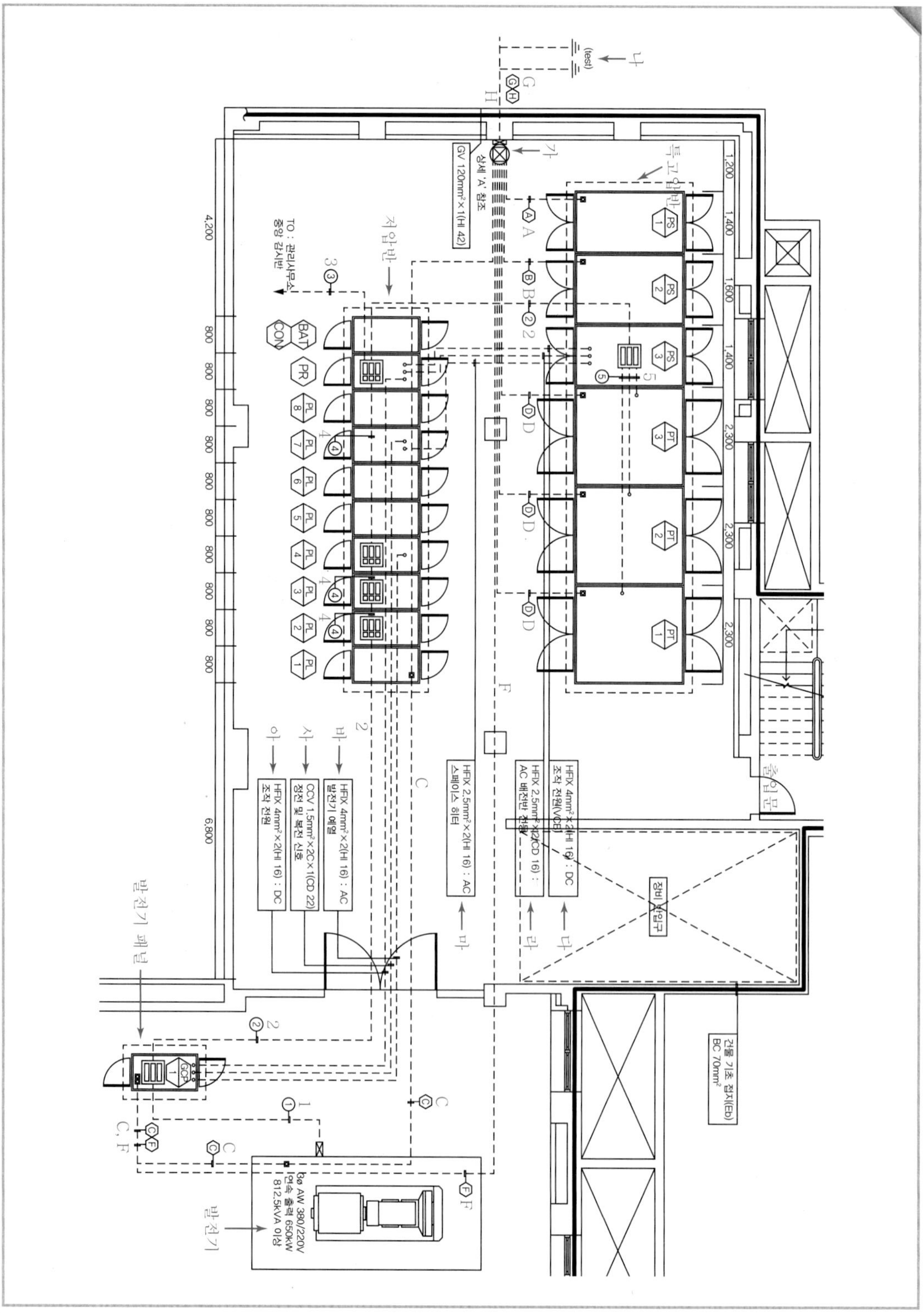
나
(test)
G
H
가
상세 'A' 참조
GV 120mm²×1(HI 42)
특고압반
PS 1
PS 2
PS 3
PT 3
PT 2
PT 1
1,200
1,400
1,600
1,400
2,300
2,300
2,300
저압반
TO : 관리사무소 중앙 감시반
BAT
CON
PR
PL 8
PL 7
PL 6
PL 5
PL 4
PL 3
PL 2
PL 1
4,200
800
6,800
HFIX 4mm²×2(HI 16) : DC 조작 전원(VCB)
HFIX 2.5mm²×2(CD 16) : AC 배전반 전원
HFIX 2.5mm²×2(HI 16) : AC 스페이스 히터
HFIX 4mm²×2(HI 16) : AC 발전기 예열
CCV 1.5mm²×2C×1(CD 22) 정전 및 복전 신호
HFIX 4mm²×2(HI 16) : DC 조작 전원
출입문
장비 반입구
건물 기초 접지(Eb) BC 70mm²
발전기 패널
GCP 1
3φ 4W 380/220V 연속 출력 650kW 812.5kVA 이상
발전기

살·펴·보·기 제어, 계측, 접지 주기표

1. 제어 · 계측 주기표

통신을 통해 방재실의 감시반에서 전기실의 주요 기능을 감시 및 계측한다.

구분	배관 및 배선	배선 용도	시공 한계
1	EMPTY(HI 42)	발전기 조작용	옥외 전기
2	UTP Cat.5E 0.5mm 4Pr × 1(HI 16)	변전실 감시 및 계측	옥외 전기
3	UTP Cat.5E 0.5mm 4Pr × 1(ST 16)	변전실 감시 및 계측	옥외 전기
4	UTP Cat.5E 0.5mm 4Pr × 1	변전실 감시 및 계측	수배전반
5	CVV 1.5mm^2 × 2C × 1	변압기 이상 온도 경보	수배전반

참고 디지털 미터 : 발전기 패널, PL 2~4, PR 패널

디지털 복합계전기 : VCB 패널

2. 접지 주기표

접지 단자함과 패널 간의 접지에 대한 주기표

구분	접지선 규격	옥외 배관	옥내 배관	접지 종별	접지 대상
A	F-GV 120mm^2	CD-P 42	HI 42	E1	LA
B	F-GV 70mm^2	CD-P 36	HI 36	E1	특고압 기기 및 외함
C	F-GV 95mm^2	CD-P 36	HI 36	E3	저압 기기 및 외함
D	F-GV 50mm^2	CD-P 28	HI 28	E2	변압기 중성점
F	F-GV 95mm^2	CD-P 36	HI 36	E3	발전기 중성점
G	F-GV 6mm^2	CD-P 16			시험용 접지극
H	F-GV 6mm^2	CD-P 16			시험용 접지극

① 변전실 측벽에 500mm 높이의 접지 시험 단자함(10P)을 매입 설치한다.
② 접지선은 F-GV를 사용한다.
③ TR 외함 접지는 특고반 외함과 공용 접지한다.
④ SA(서지 업서버) 접지는 특고압 기기 외함과 연접 접지한다.
⑤ SPD(서지 억제기) 접지는 저압 기기 외함과 연접 접지한다.
⑥ 변압기 중성점 접지선은 변압기의 드럼과 충분히 이격한다.
⑦ 접지 시험용 접지극은 각 접지극으로부터 직선상 10m 이격한다.
⑧ 접지 시험 단자함 내에는 접지 용도별 표찰을 취부한다.

1 접지 배선도

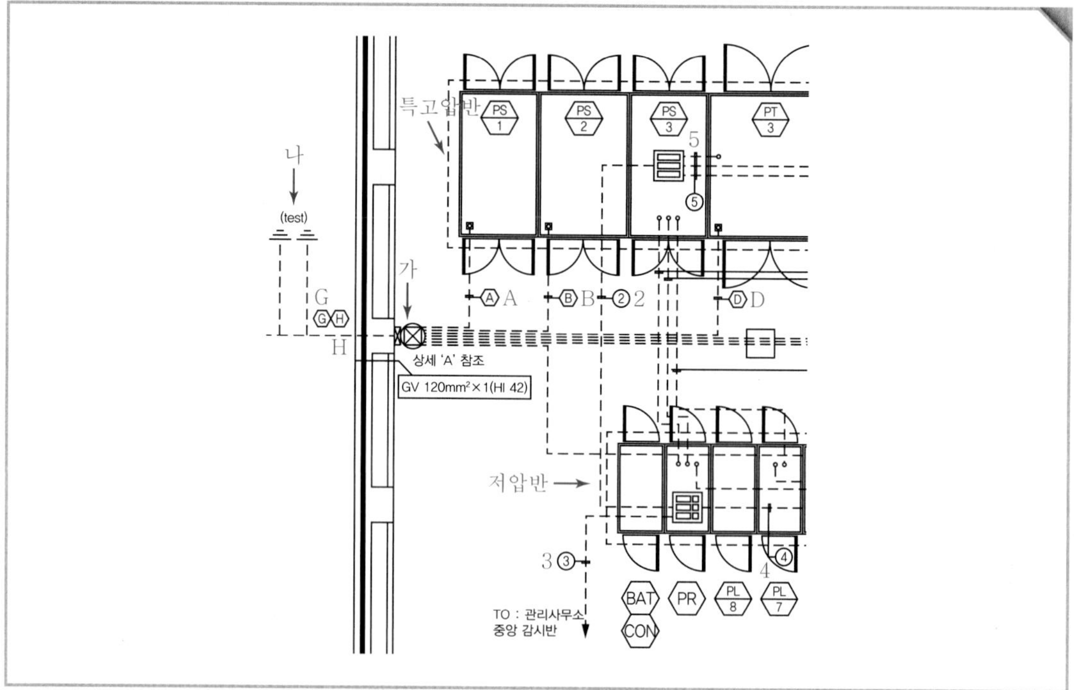

▶ 가 : 접지 시험 단자함 위치이다.

▶ 나 : 시험 단자함 내부에 있는 시험 접지극으로, 건물 기초 공사 때 이루어진다.

▶ 2 · 3 · 4 · 5번 : 제어 · 계측 계통

▶ G · H : 시험 접지선 2가닥

▶ A : PS1 패널에 있는 LA 접지로, 제1종 접지이다.

▶ B : 특고압 기기 및 해당 패널의 외함 접지로, 제1종 접지이다.

참고 접지 단자함에서 PS2(MOF) 패널로 간 다음, 나머지 특고압 기기 및 패널로 간다.

▶ D : 변압기(TR) 중성점을 접지(N선)하는 것으로, 제2종 접지이다.

접지 시험 단자함

보통 전기실 벽에 매입되어 있으며 접지 종별로 대지에서 온 접지선과 기기에서 온 접지선이 만난다.

접지 시험 단자함 내부

1차측 및 시험 접지선은 건물 기초 공사 때 법적 기준에 맞게 땅속에 매입되어 이루어지고, 2차측은 지하층 구조물이 올라가면서 이루어진다.

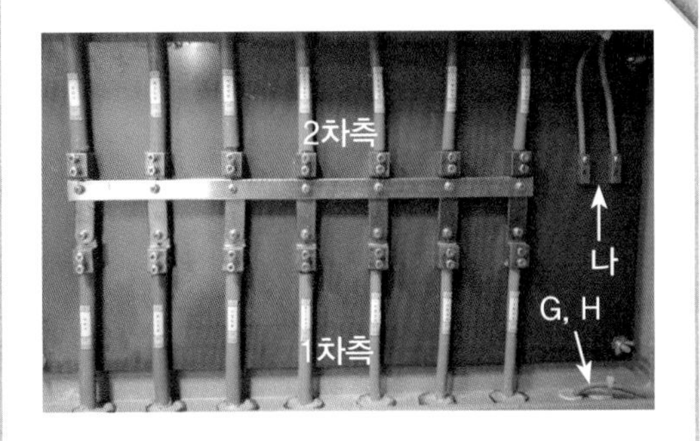

LA(제1종) 접지

LA는 LBS 2차측에 연결되어 낙뢰 등 이상 전압을 접지선을 통해 대지로 흘려보내 선로 계통을 보호한다.

접지 모습

A는 LA 3개(R, S, T)의 2차측을 버스바로 연결한 다음 접지된 모습이다.

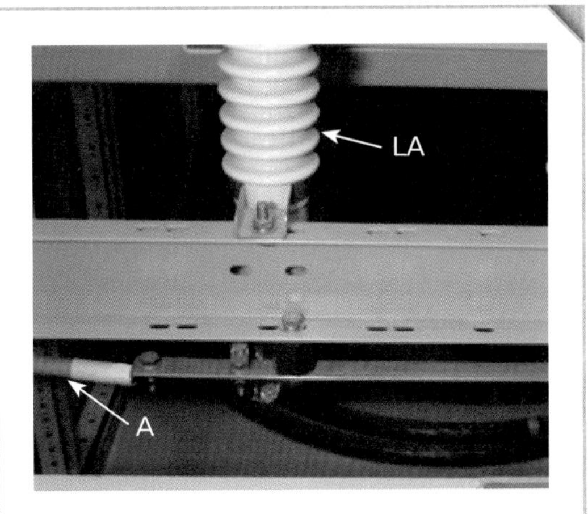

LBS 기기 프레임 접지

LBS(부하 개폐기)의 프레임을 접지한 것으로, 제1종 접지이다.

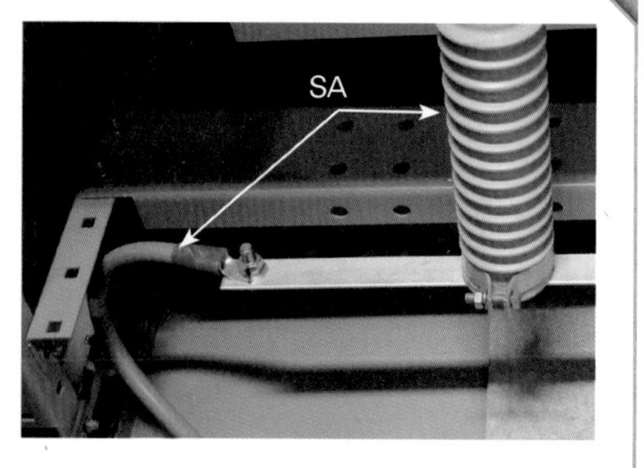

SA(서지 흡수기) 접지

각 상의 SA 2차측을 모두 연결하여 접지(제1종)로 간다.

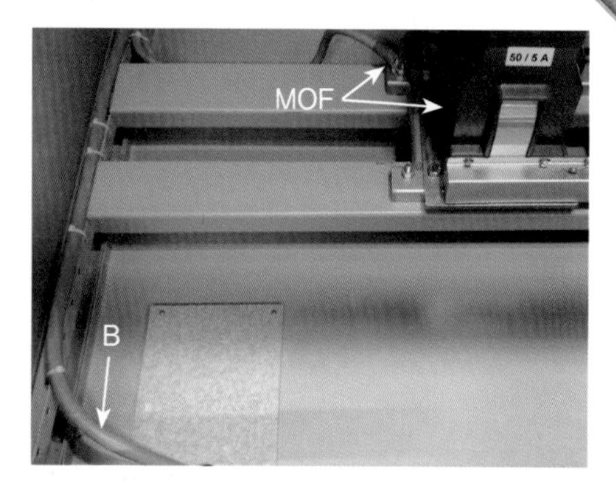

MOF 프레임 접지

㉠ MOF 기기 프레임 접지이다.
㉡ B : 접지 시험 단자함으로 연결됐다.

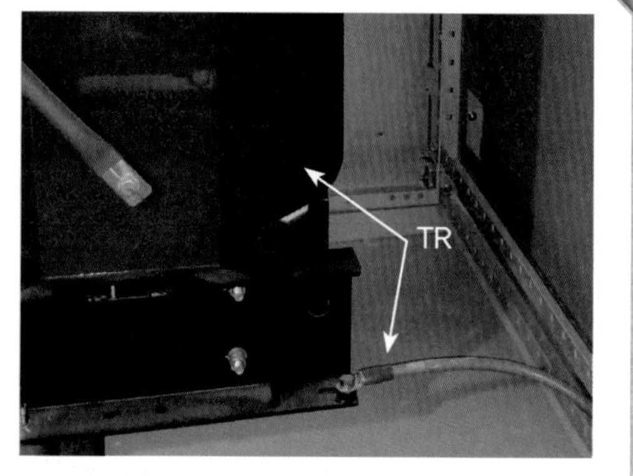

TR 프레임 접지

TR(변압기)의 프레임 접지는 제1종이고 중성점 접지는 제2종이다.

변압기 중성점 접지(제2종)

D : 변압기의 중성선(N선)에서 접지 시험 단자함으로 연결됐다.

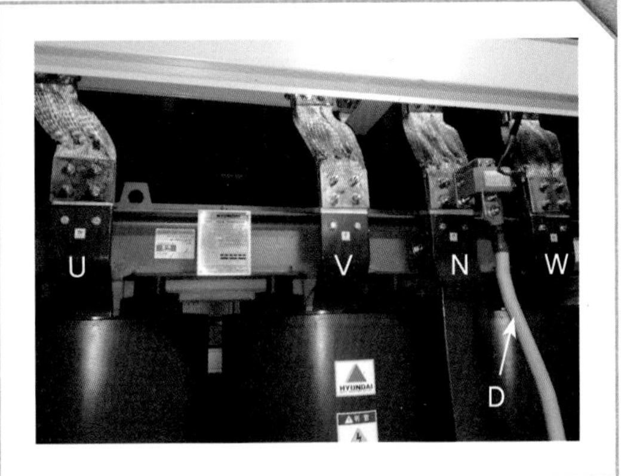

2 제어 · 계측 배선도

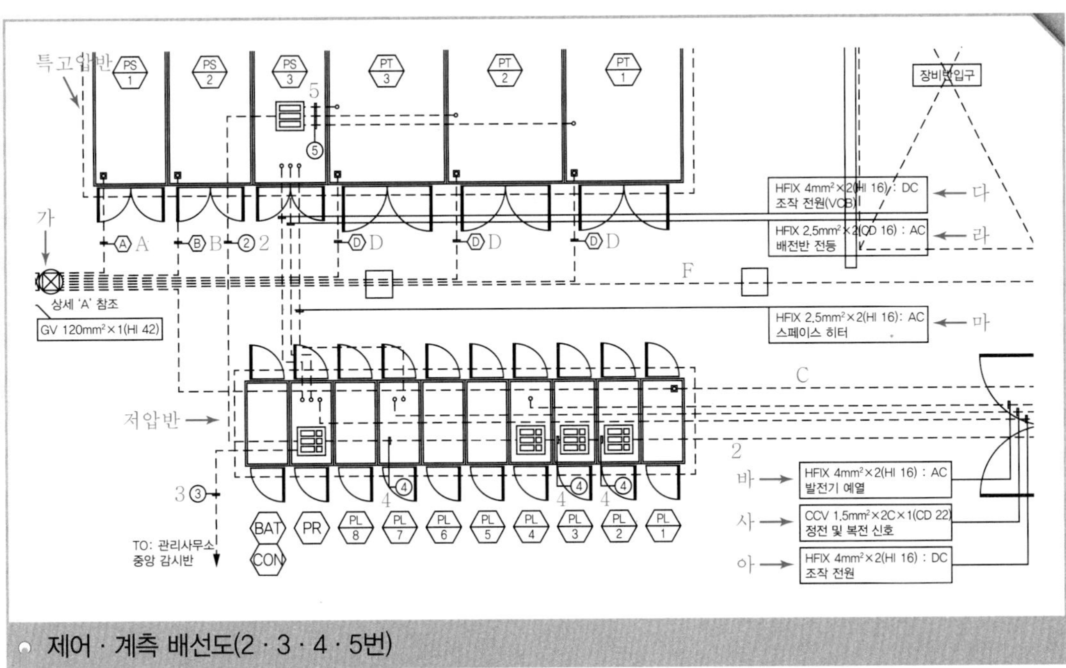

제어 · 계측 배선도(2 · 3 · 4 · 5번)

- ▶ 2번 : 발전기 ~ PR, PS3(VCB) ~ PR
- ▶ 3번 : PR ~ 방재실 중앙 감시반
- ▶ 4번 : PL 2 · 3 · 4 ~ PR
- ▶ 5번 : PT 1 · 2 · 3 ~ PS 3(VCB)

참고 PL7에는 (4번)라인의 표시를 한 것이지 계측기가 있는 것이 아니다.

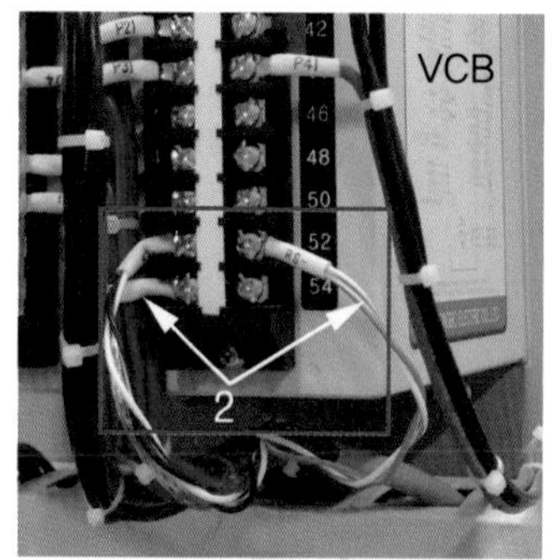

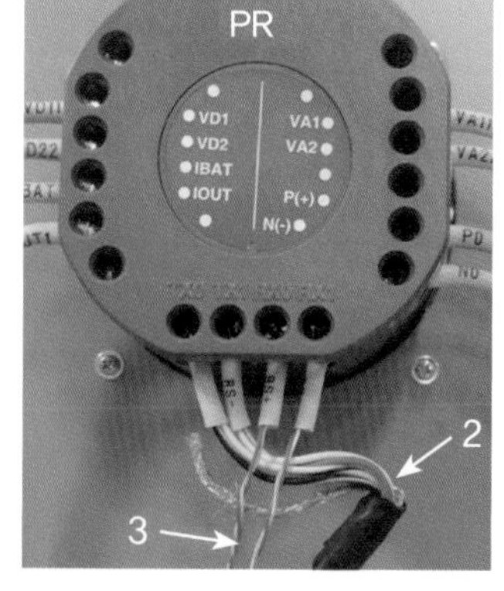

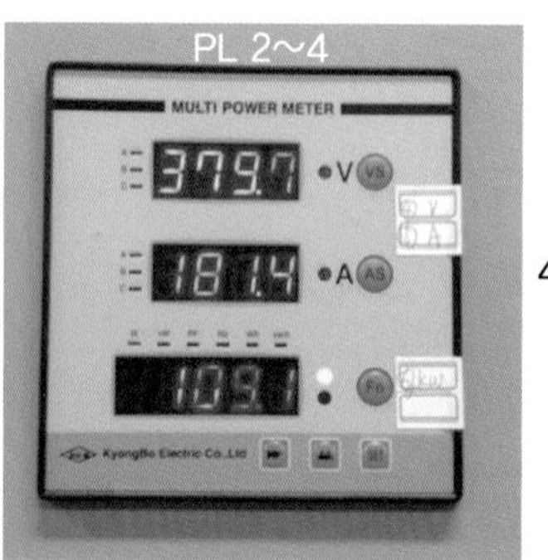

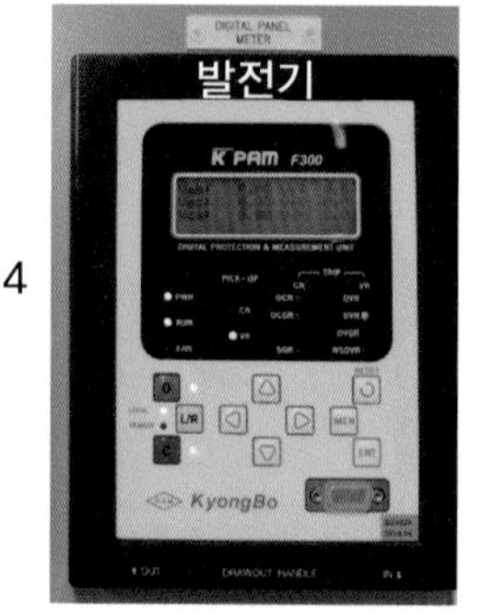

제어 · 계측 기기

㉠ 2번 : PS3(VCB) 패널의 디지털 복합 계전기

㉡ 3번 : PR 패널의 디지털미터

㉢ 4번 : PL 2 · 3 · 4 및 발전기 패널의 디지털미터

제어 기기

㉠ 다 : VCB, ACB 조작 전원(DC 110V)

㉡ 라 : 패널 문을 열었을 때 점등되는 전등 전원

㉢ 마 : 패널 바닥에 있는 히터의 전원

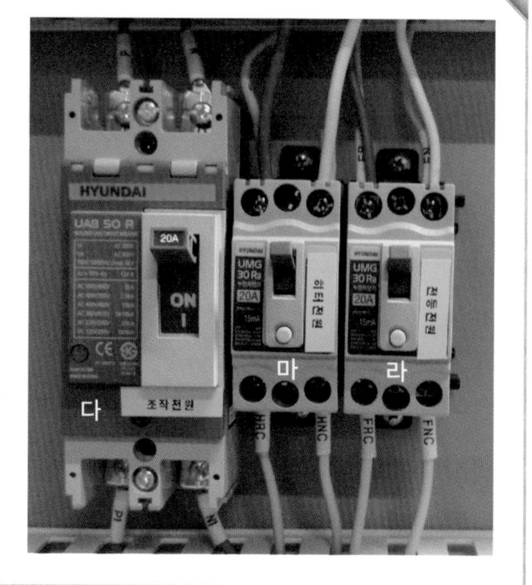

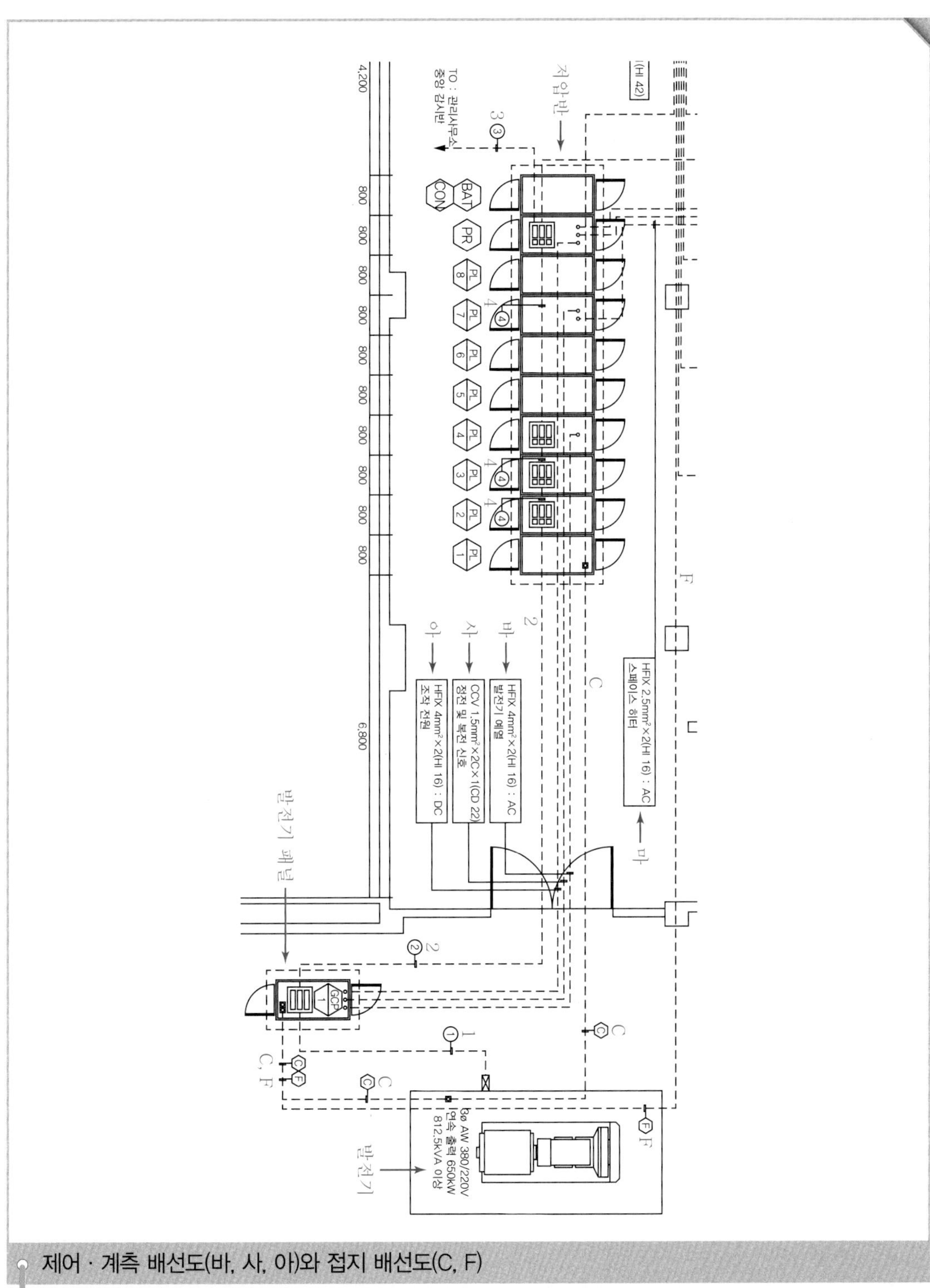

제어 · 계측 배선도(바, 사, 아)와 접지 배선도(C, F)

- ▶ 바 : 발전기 예열(PL4~발전기 패널)
- ▶ 사 : 정전 및 복전 신호(PS3~발전기 패널)
- ▶ 아 : DC 조작 전원(PR~발전기 패널)
- ▶ C : 저압 기기 외함 접지(제3종)
- ▶ F : 발전기 중성점 접지

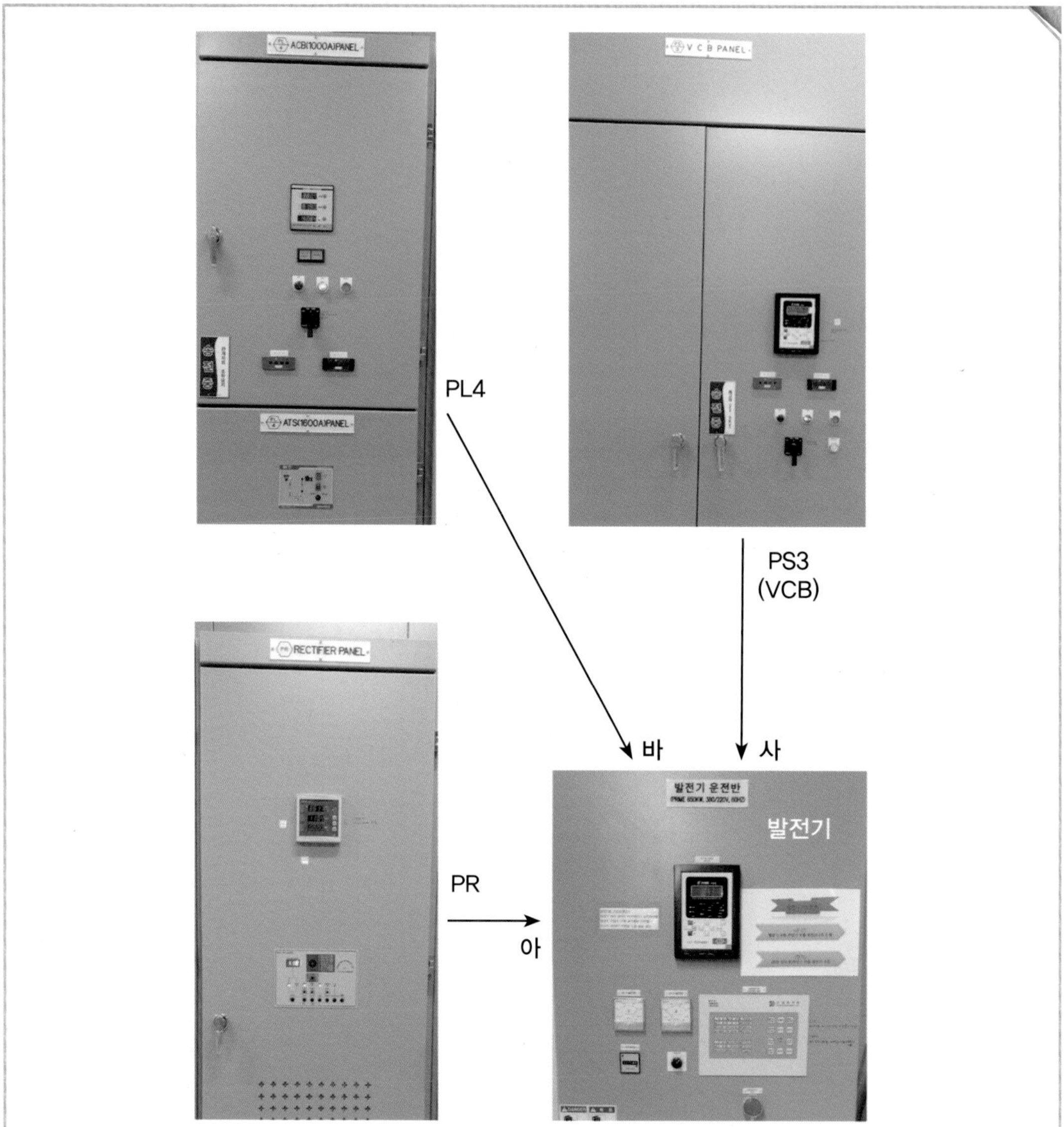

PL4

PS3
(VCB)

바 사

발전기

PR

아

제어 · 계측 패널 계통(바, 사, 아)

㉠ 바 : 발전기 예열(PL4~발전기 패널)

㉡ 사

- 정전 및 복전 신호(PS3~발전기 패널)
- VCB 패널의 UVR이 동작하면 접점 신호가 발전기 패널로 간다.

㉢ 아

- DC 조작 전원(PR~발전기 패널)
- 정류기반에서 DC 110V를 보내준다.

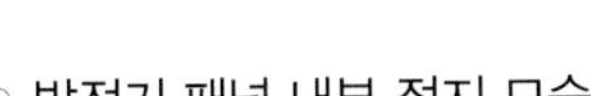

발전기 패널 내부 접지 모습

㉠ C : 발전기 패널 ACB의 프레임 접지(제3종)

㉡ F : 발전기 중성점 접지

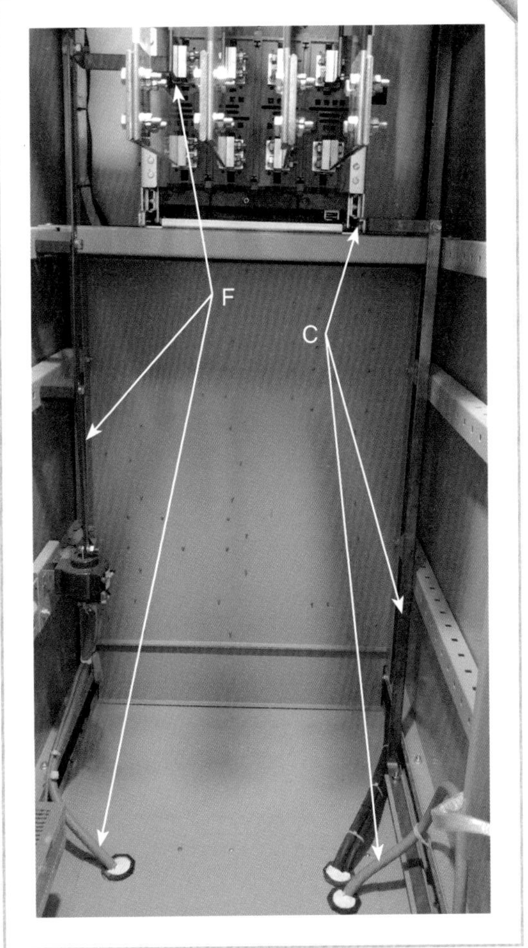

발전기 프레임 접지 모습(C)

발전기의 프레임 접지는 제1종이나 제2종이 아닌 제3종이다.

05 특고압반 도면

1 PS1(LBS 패널)

(1) 단선도

전기의 흐름을 1개의 선으로 나타낸다.

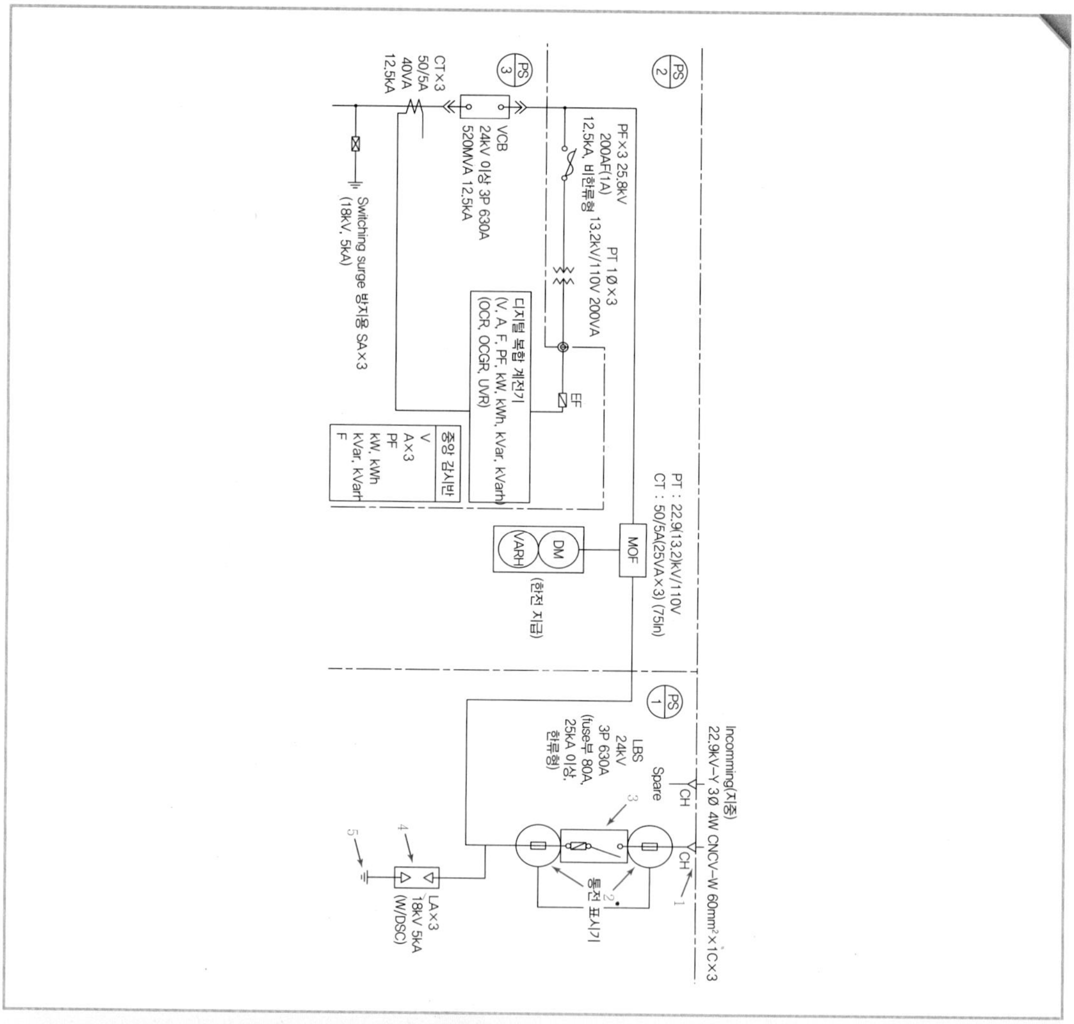

Incomming(지중)
22.9kV-Y 3Ø 4W CNCV-W 60mm²×1C×3
CH
CH
Spare
PS 1
LBS
24kV
3P 630A
(fuse부 80A,
25kA 이상,
한류형)
통전 표시기
LA×3
18kV 5kA
(W/DSC)
PS 2
PT : 22.9(13.2)kV/110V
CT : 50/5A(25VA×3) (75In)
MOF
DM
VARH
(한전 지급)
PF×3 25.8kV
200AF(1A)
12.5kA 비한류형
PT 1Ø×3
13.2kV/110V 200VA
EF
디지털 복합 계전기
(V, A, F, PF, kW, kWh, kVar, kVarh)
(OCR, OCGR, UVR)
중앙 감시반
V
A×3
PF
kW, kWh
kVar, kVarh
F
PS 3
VCB
24kV 이상 3P 630A
520MVA 12.5kA
CT×3
50/5A
40VA
12.5kA
Switching surge 방지용 SA×3
(18kV, 5kA)
1
2
3
4
5

- ▶ 1번 : 한전 인입 케이블 헤드 – 60sq 굵기의 CNCV–W케이블 6가닥이 와서 3가닥은 상시로 사용되고, 나머지 3가닥은 여유분이다.
- ▶ 2번 : 통전 표시기 – LBS의 1 · 2차의 각 상에 설치되어 전기가 통하는 유무를 알려준다.
- ▶ 3번 : LBS(부하 개폐기) – 부하 개폐 및 단락 보호(퓨즈 장착 시) 기능을 가진다.
- ▶ 4번 : LA(피뢰기) – 낙뢰 등의 이상 전압으로부터 설비 계통을 보호한다.
- ▶ 5번 : 피뢰기 접지 – 제1종 접지이다.

인입 케이블 헤드 모습

피복을 벗긴 부분(도체)의 표면에는 전계가 형성되는데, 이때 절단면이 소손되는 것을 방지하기 위해 사용된다.

㉠ 1번 : 현재 사용되고 있는 상시 케이블
㉡ 2번 : 상시 케이블의 헤드
㉢ 3번 : 예비 케이블
㉣ 4번 : 예비 케이블의 헤드

LBS 주변 모습

㉠ 1번 : 통전 표시기
㉡ 2번 : LBS 개폐훅(스위치)
㉢ 3번 : PF(전력 퓨즈)

참고 LBS는 생산회사 및 스펙에 따라 다양한 모양이다.

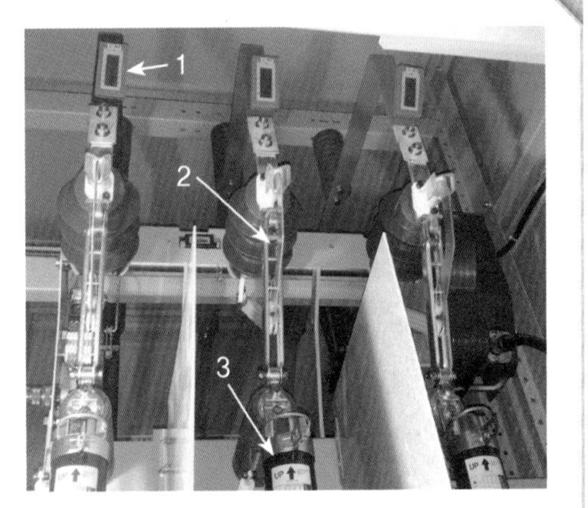

LBS 2차측

㉠ 1번 : PF(전력 퓨즈)
㉡ 2번 : 통전 표시기
㉢ 3번 : 전력 퓨즈 프레임 접지
㉣ 4번 : 피뢰기

(2) 삼선도

전기의 흐름을 3개의 선으로 나타낸다.

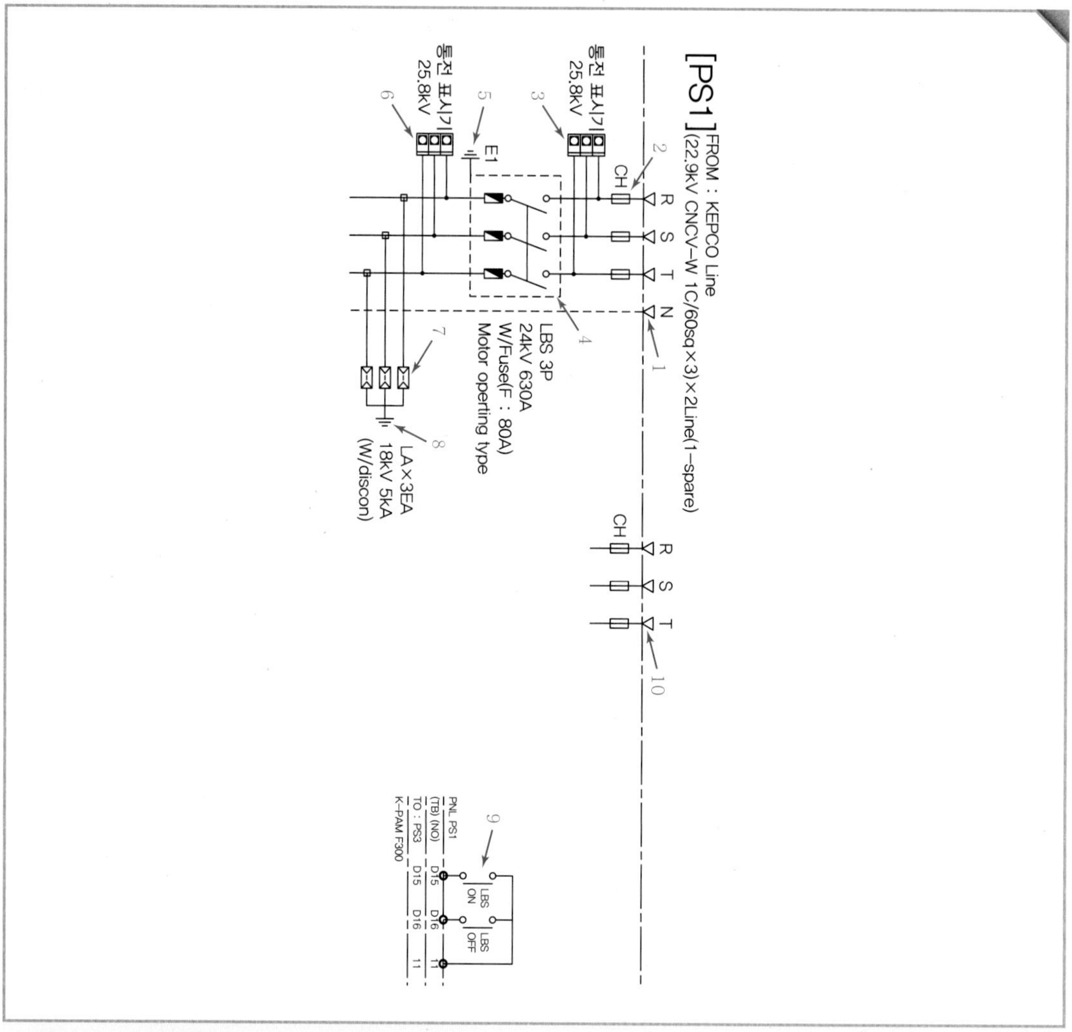

- ▶ 1번 : 인입 케이블
- ▶ 2번 : 인입 케이블 헤드
- ▶ 3번 : LBS 1차측 통전 표시기
- ▶ 4번 : LBS 및 PF
- ▶ 5번 : LBS 및 PF 프레임 접지 – 제1종 접지
- ▶ 6번 : LBS 2차측 통전 표시기
- ▶ 7번 : 피뢰기
- ▶ 8번 : 피뢰기 접지 – 제1종 접지
- ▶ 9번 : LBS ON/OFF 상태 접점 – PS3(VCB 패널)의 디지털미터로 간다.
- ▶ 10번 : 예비용 인입 케이블

LBS 패널 후면

㉠ 1번 : 상시 케이블 헤드

㉡ 2번 : 예비용 인입 케이블 헤드

예비용 인입 케이블

㉠ 1번 : 케이블 헤드

㉡ 2번 : 중성선 실드 처리

다른 형태의 LBS 및 LA

㉠ 1번 : LBS

㉡ 2번 : LA

㉢ 3번 : LA 2차측 공통 연결 후 접지

(3) 시퀀스도

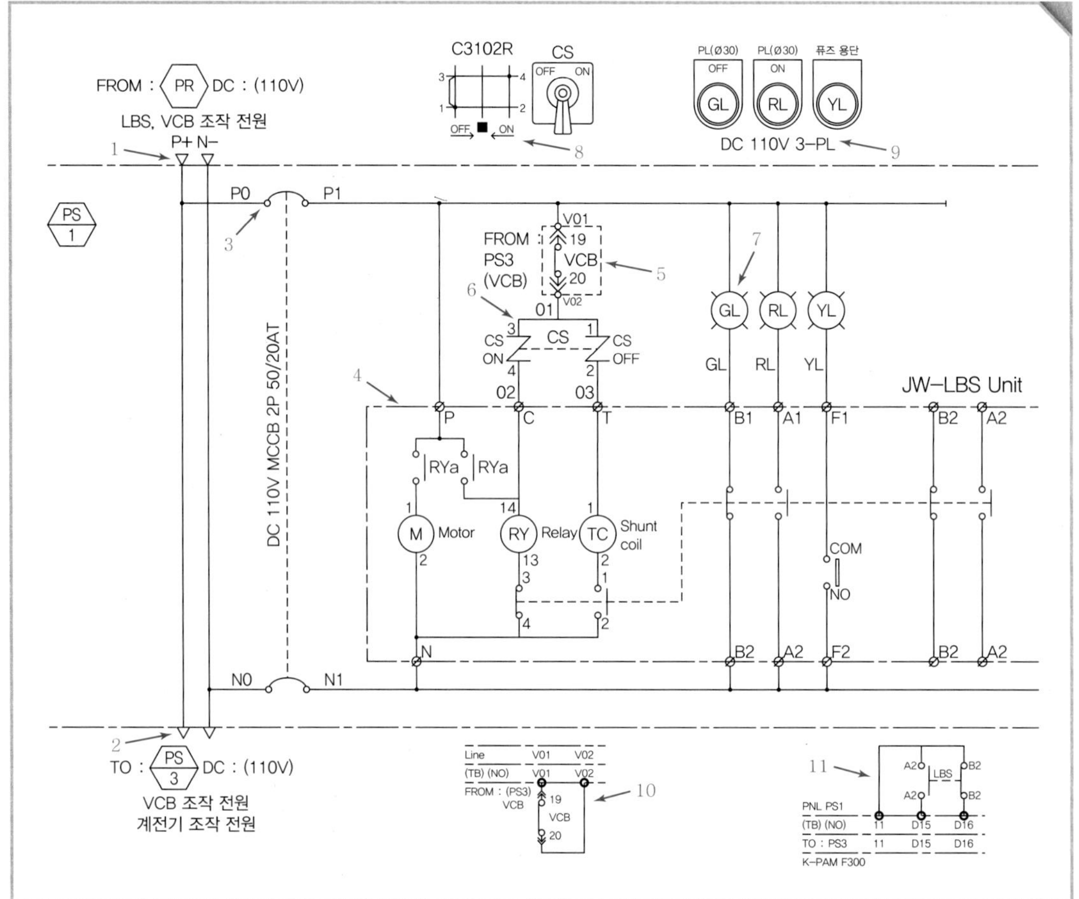

▶ 1번 : LBS 조작 전원(DC 110V)

▶ 2번 : VCB 조작 전원(DC 110V)

▶ 3번 : 조작 회로 전원 차단기

▶ 4번 : LBS 유닛

▶ 5번 : LBS 제어용 VCB b접점

▶ 6번 : LBS 수동 제어용 캠스위치

▶ 7번 : 표시 램프

▶ 8번 : 캠스위치

▶ 9번 : 표시 램프 명판

▶ 10번 : VCB b접점에 대한 설명

▶ 11번 : LBS a · b 접점

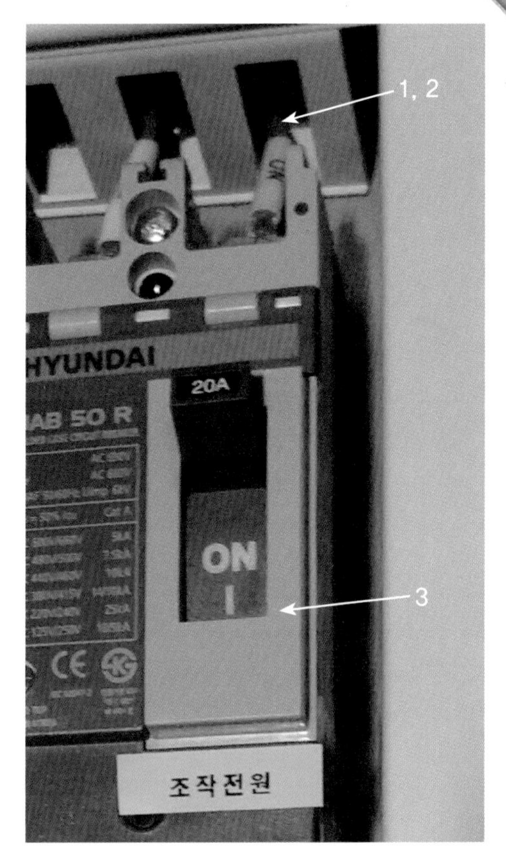

조작 전원 차단기

㉠ 1 · 2번 : LBS 조작 전원 차단기로서, 1차측에 연결된 후 VCB 조작 전원(DC 110V) 차단기로 간다.

㉡ 3번 : LBS 조작 전원 차단기

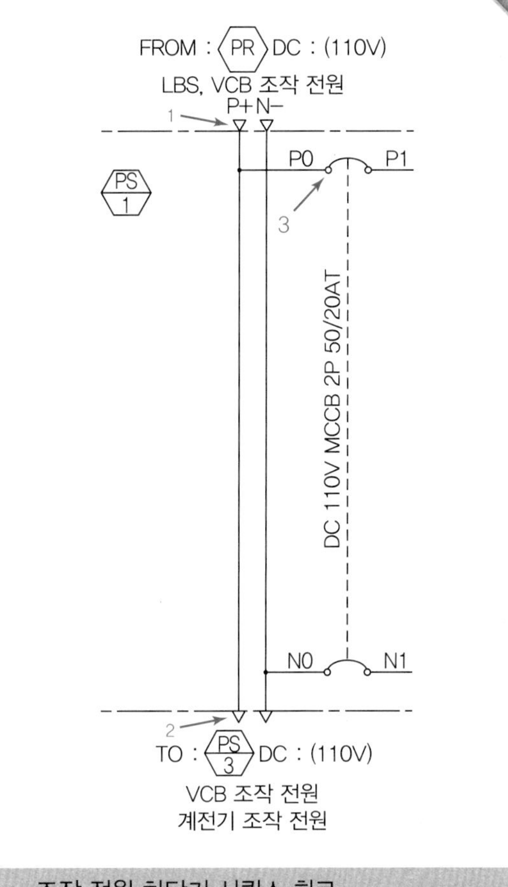

조작 전원 차단기 시퀀스 회로

▶ 1번 : LBS 조작 전원으로, DC 110V이며, PR(정류기반) 패널에서 공급받는다.

▶ 2번 : LBS 패널에 전원을 공급한 다음 VCB 패널로 간다.

▶ 3번 : 조작 전원용 차단기

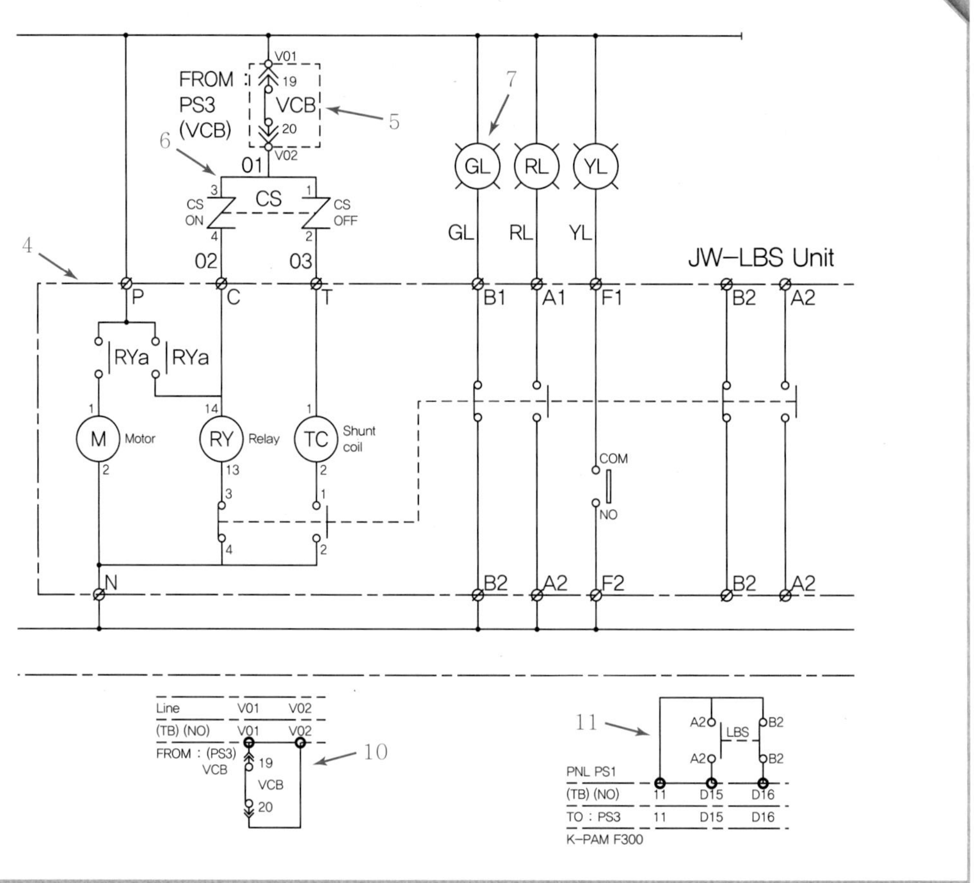

LBS 유닛부 시퀀스 회로

▶ 4번 : LBS 유닛 – 1점 쇄선 내부는 외부 기기(푸시 버튼, 램프 등)가 아니라 LBS를 구성하고 있는 기기들이다.

▶ 5번 : LBS 제어용 VCB b접점 – LBS를 구동시키기 위한 릴레이(RY)를 제어한다. VCB가 ON 상태에서는 VCB b접점이 떨어져 있으므로 전원이 차단되어 캠스위치로 ON/OFF를 해도 소용이 없다.

▶ 6번 : 캠스위치 – LBS를 ON 혹은 OFF시킬 때 이용된다.

▶ 7번 : 상태 표시 램프 – LBS의 현재 상태를 나타낸다. GL(OFF), RL(ON), YL(퓨즈 용단에 의한 경고)

▶ 10번 : LBS 제어용 VCB b접점에 대한 설명이다.

- 선(LINE) 번호 : V01, V02
- 터미널 번호(TB NO) : V01, V02
- FROM : PS3(VCB)

▶ 11번 : LBS 상태 접점에 대한 설명으로, LBS의 ON/OFF 상태를 VCB 패널에 있는 디지털 복합 계전기로 보내준다.

- 터미널 번호(TB NO) : 11, D15, D16
- TO : PS3

캠스위치와 LBS 상태 표시 램프

㉠ 1번 : 퓨즈 용단 경고 램프로, 황색이다.
㉡ 2번 : OFF 램프로, 녹색이다.
㉢ 3번 : ON 램프로, 적색이다.
㉣ 4번 : 수동으로 투입과 개방을 시키는 캠스위치이다.

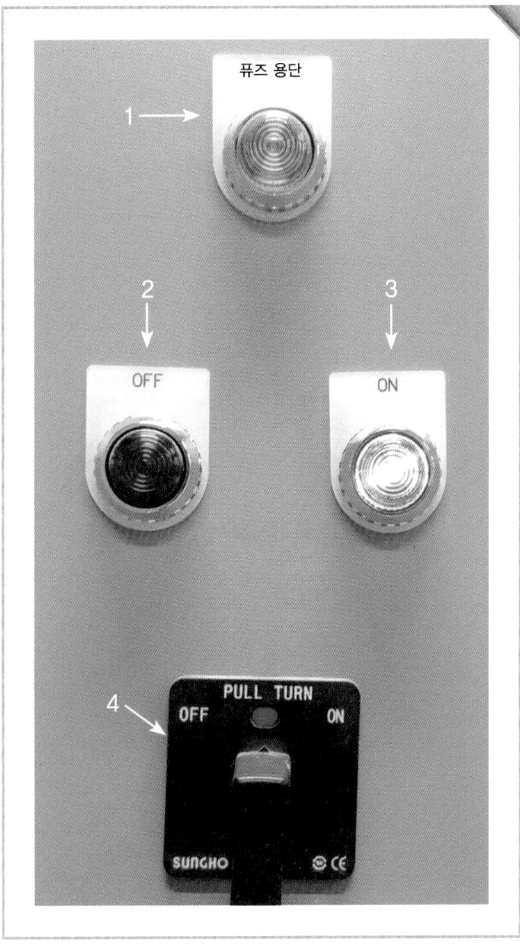

램프 후면

㉠ 1번 : 퓨즈 용단 경고 램프(황색)
㉡ 2번 : OFF 램프(녹색)
㉢ 3번 : ON 램프(적색)
㉣ 4번 : 램프 공통 연결로, DC 110V의 (−)극으로 교류(AC)의 중성선(N선)에 해당된다.
㉤ 5번 : YL, DC 110V의 (+)극으로 교류(AC)의 하트상에 해당된다.
㉥ 6번 : GL, DC 110V의 (+)극으로 교류(AC)의 하트상에 해당된다.
㉦ 7번 : RL, DC 110V의 (+)극으로 교류(AC)의 하트상에 해당된다.

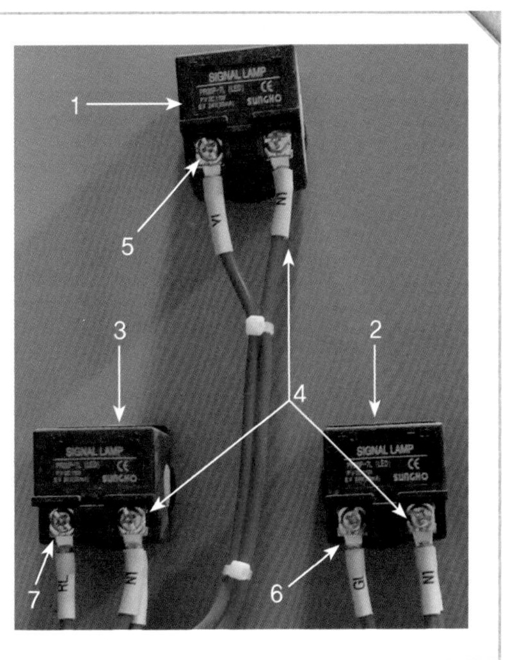

캠스위치 후면

㉠ 1번 : 결선도
㉡ 2번 : V02, 공통
㉢ 3번 : 공통 단자 연결핀
㉣ 4번 : 02로, ON이다.
㉤ 5번 : 03으로, OFF이다.

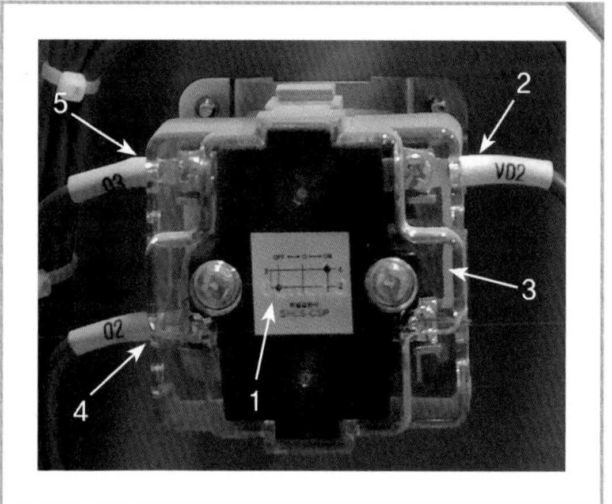

2 PS2(MOF 패널)

(1) 단선도

① MOF의 역할 : MOF는 특고압(22.9kV)을 직접 검침할 수 없기 때문에 대전압을 소전압으로, 대전류를 소전류로 낮춰서 검침이 가능하게 해준다.

② MOF 패널의 구성 : MOF, 한전 적산 전력계, PF(전력 퓨즈), PT(계기용 변압기)

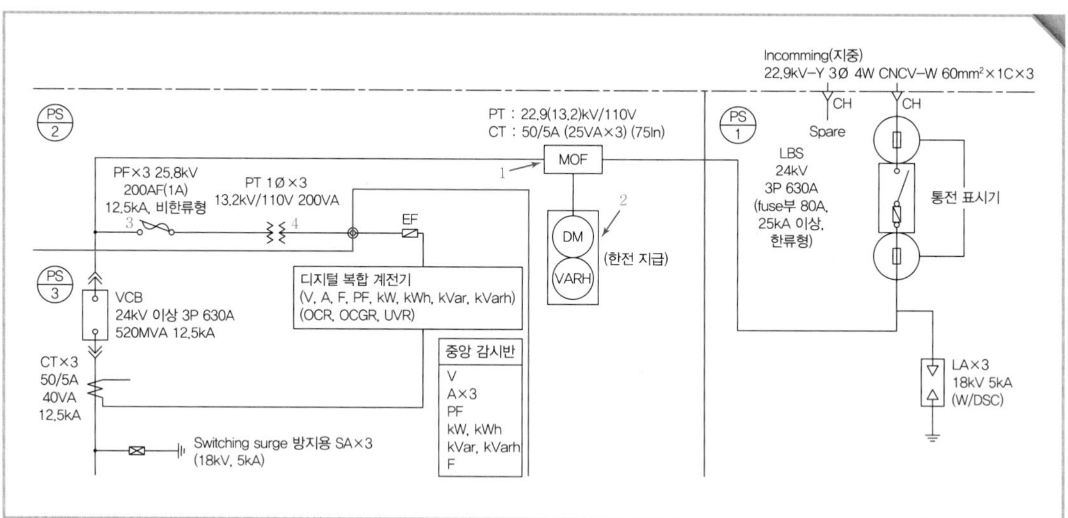

▶ 1번 : MOF
▶ 2번 : 한전 적산 전력계
▶ 3번 : PF(전력 퓨즈)
▶ 4번 : PT(계기용 변압기)

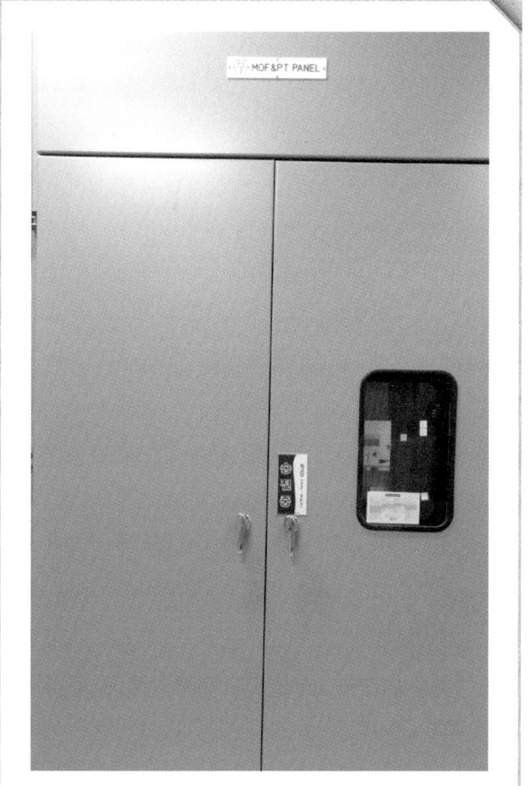

MOF 패널 전면

MOF는 한전 전기의 계량을 목적으로 하며, PT와 CT로 구성된다.

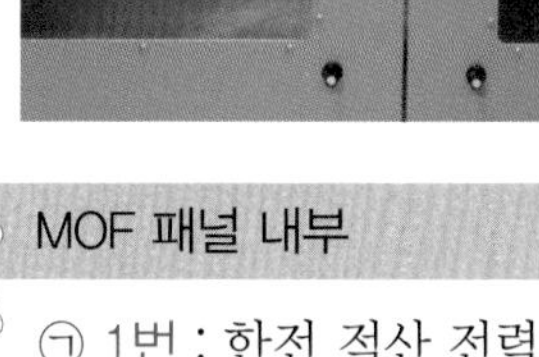

MOF 패널 내부

㉠ 1번 : 한전 적산 전력계
㉡ 2번 : 몰드형 MOF

PT(계기용 변압기) 및 PF(전력 퓨즈)

㉠ 1번 : 전력 퓨즈
㉡ 2번 : 소호 소음기
㉢ 3번 : 계기용 변압기

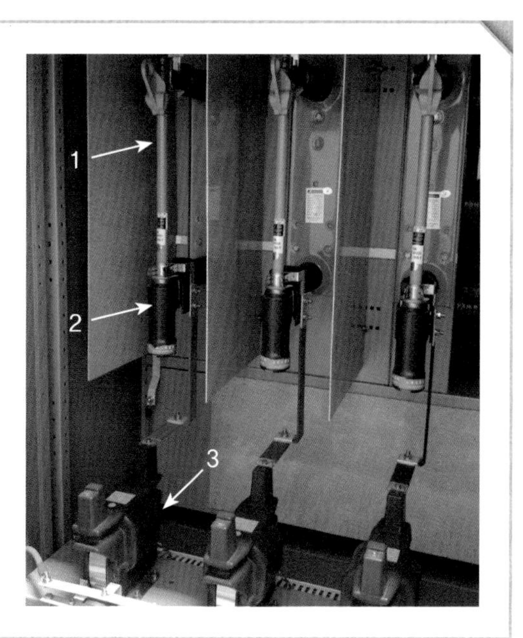

(2) 삼선도

전류의 흐름을 3개의 선으로 표시하는 도면이다.

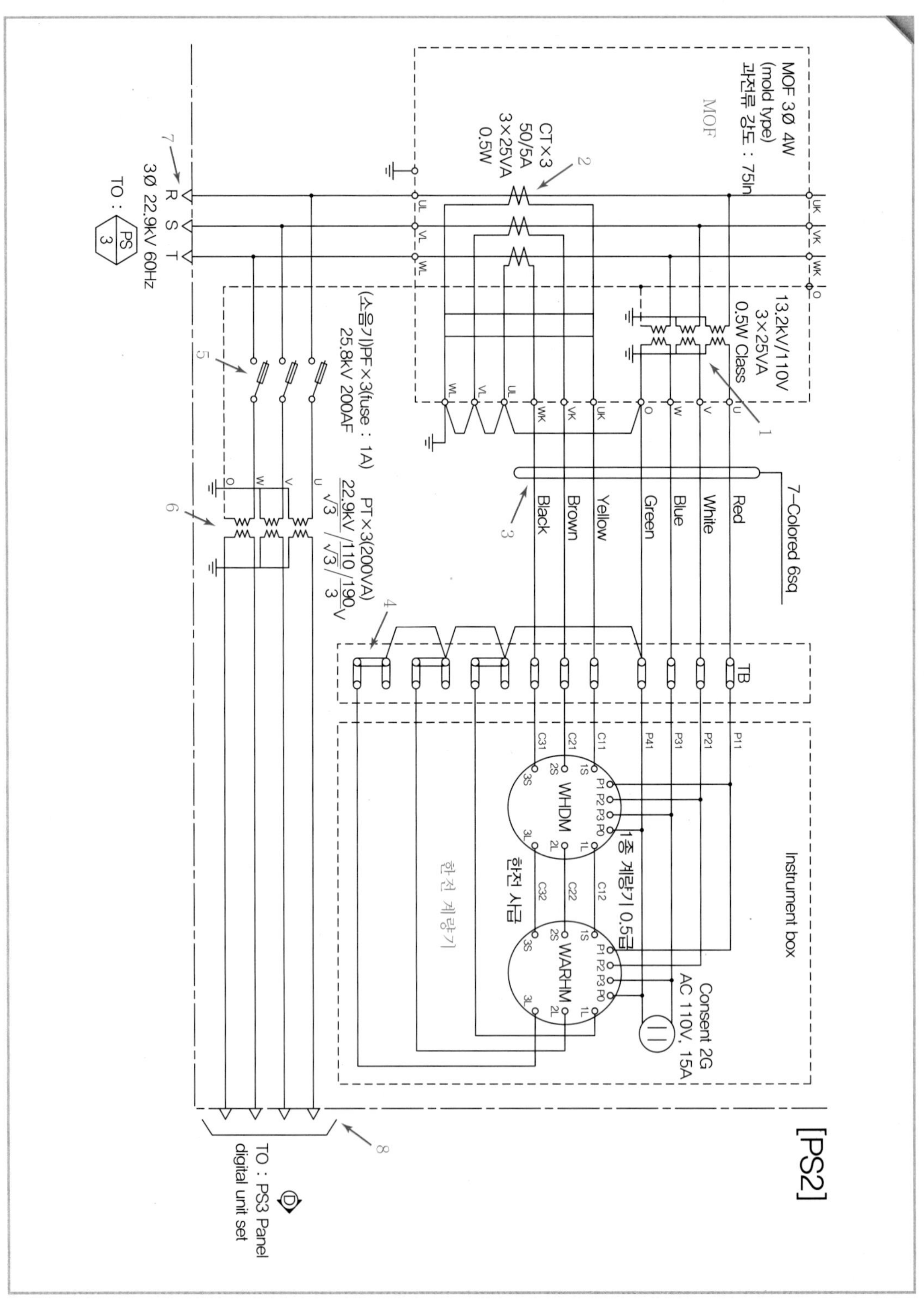

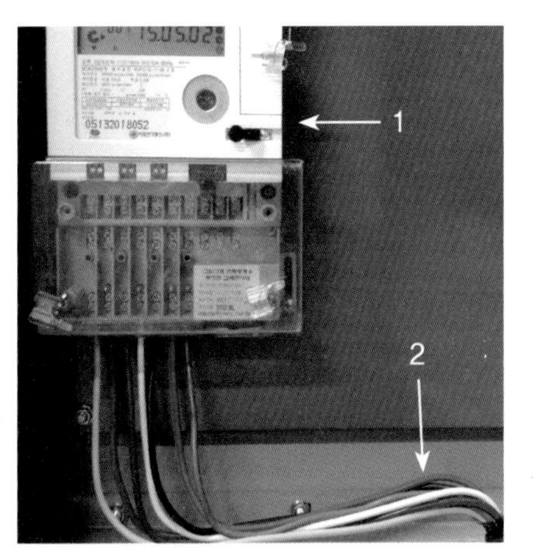

몰드형 MOF 및 한전 적산 전력계 I

㉠ 1번 : 한전 적산 전력계

㉡ 2번 : MOF와 연결되는 선

몰드형 MOF 및 한전 적산 전력계 II

㉠ 1번 : MOF, 대전압을 소전압(110V)으로, 대전류를 소전류(5A)라 낮춘 뒤 2번의 선을 통해 적산 전력계로 보내어 검침이 가능하도록 해준다.

㉡ 2번 : 한전 적산 전력계와 연결되는 선이다.

PF(전력 퓨즈)와 PT(계기용 변압기)

㉠ 1번 : 전력 퓨즈(파워 퓨즈)

㉡ 2번 : 소호 소음 장치(아크 발생 시 안전하게 아크 및 소음을 제거하는 장치)

㉢ 3번 : PT 본체

㉣ 4번 : PT 2차측 공통 연결 버스바

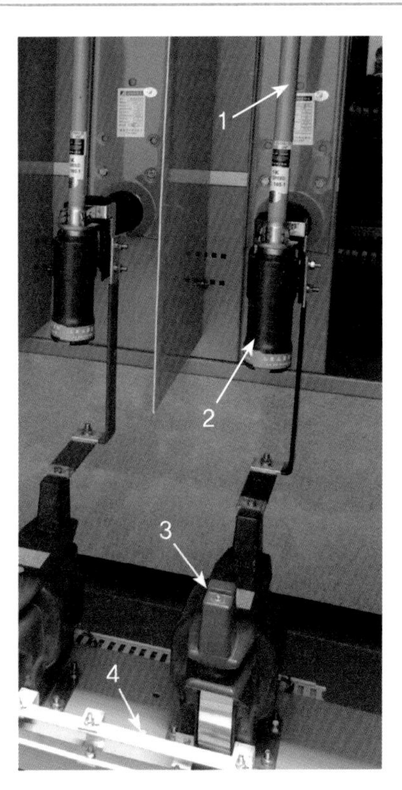

디지털 복합 계전기

8번 : 디지털 복합 계전기로, 복합 계전기는 OCR, OCGR, OVR, UVR, POR 등의 보호 계전기의 기능들이 들어 있다.

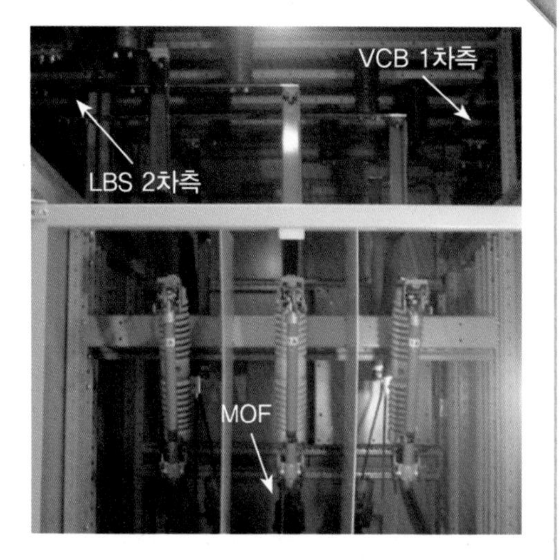

유입형 MOF Ⅰ

MOF는 LBS와 VCB 사이에 설치된다.

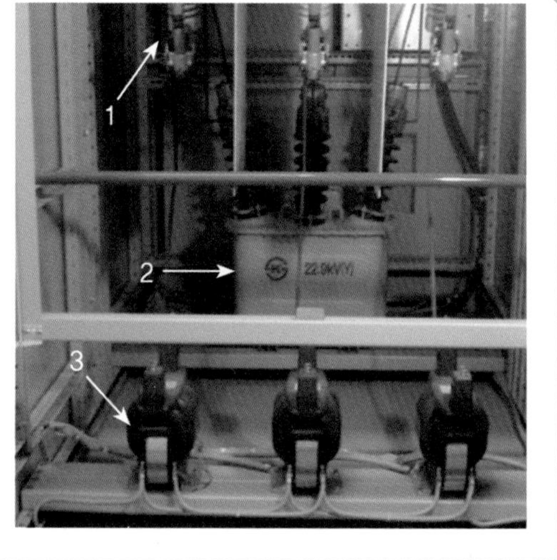

유입형 MOF Ⅱ

㉠ 1번 : 파워 퓨즈

㉡ 2번 : 유입형 MOF

㉢ 3번 : PT

유입형 MOF Ⅲ

MOF의 본체 모습이다. 내부에 대전압을 소전압으로 낮춰주는 PT, 대전류와 소전류로 낮춰주는 CT가 들어 있다.

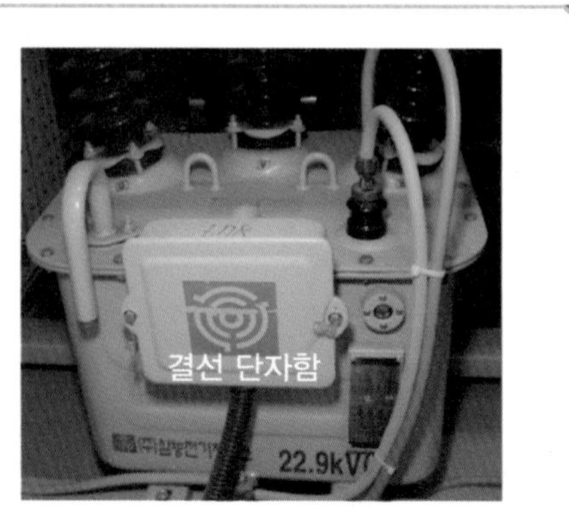

PS3(VCB 패널)

(1) 단선도

① VCB의 역할 : 해당 설비 계통의 메인 차단기며, 진공으로 차단한다.

② VCB 패널의 구성 : VCB, CT(계기용 변류기), 디지털 복합 계전기, SA(서지 흡수기)

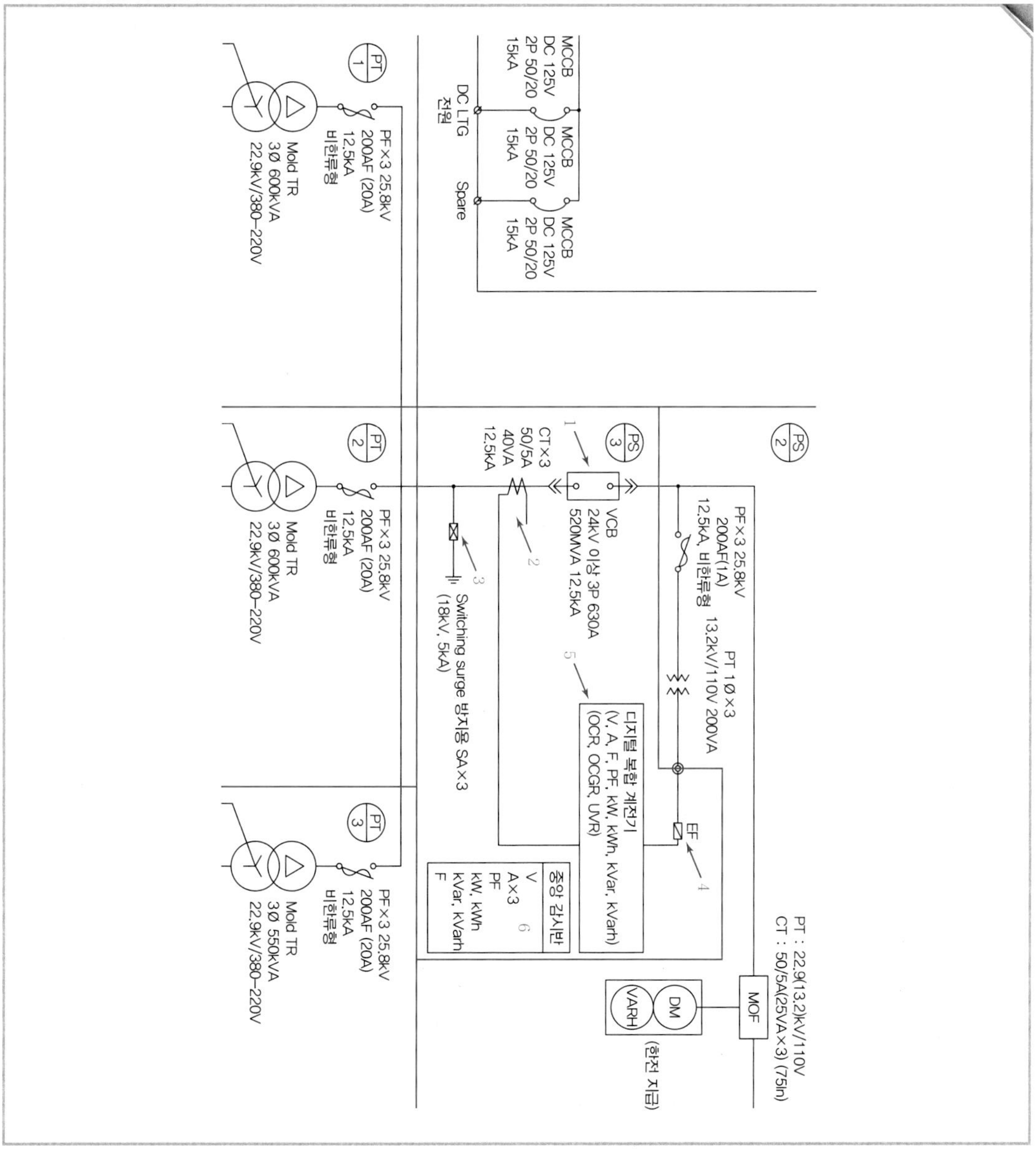

▶ 1번 : VCB ▶ 2번 : CT(계기용 변류기)

▶ 3번 : SA(서지 흡수기) ▶ 4번 : 다이젯 퓨즈

▶ 5번 : 디지털 복합 계전기 ▶ 6번 : 중앙 감시반 모니터

참고 5번과 6번은 사용자의 선택에 따라 설치 형식(제품)이 다를 수도 있다.

VCB 패널 전면

㉠ 1번 : 복합 계전기

㉡ 2번 : CTT(CT 테스터)

㉢ 3번 : PTT(PT 테스터)

㉣ 4번 : OFF

㉤ 5번 : ON

㉥ 6번 : 캠스위치

㉦ 7번 : 버저

㉧ 8번 : 버저 정지

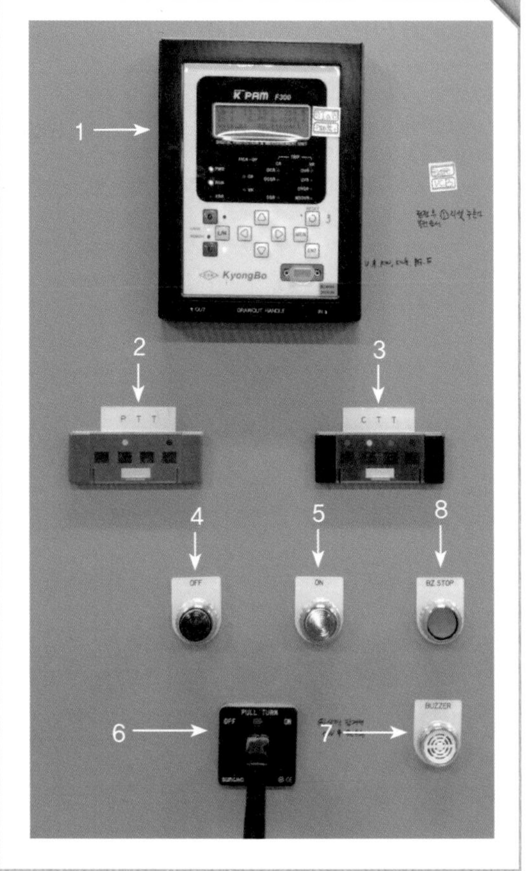

VCB 패널 내부

패널 내부에는 VCB 외에 보통 조작 전원용 차단기, 보호 계전기를 보조하는 보조 계전기 등이 있다.

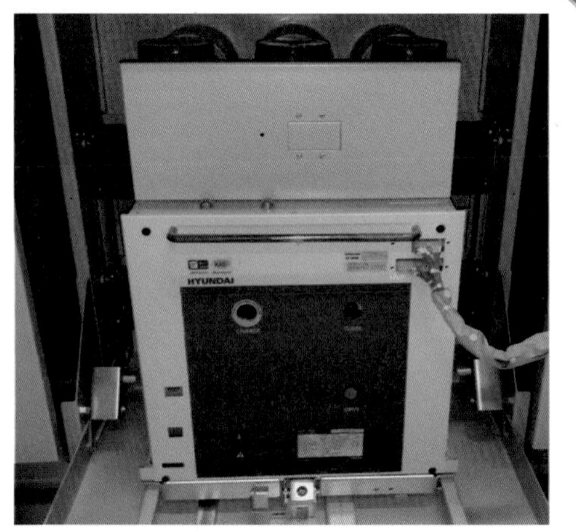

VCB(진공 차단기) 확대 모습

VCB를 차단 시 발생하는 아크 방전을 소멸시키기 위해 진공 방법을 이용한다.

HVF/HVG
VACUUM CIRCUIT BREAKER

OPTION ☐ UNDER VOLTAGE RELEASE ☐ LOCK OUT RELAY

TYPE	HVF6111F		SERIAL NO.	2 V414-00273	
RATED VOLTAGE	1 24/25.8	kV	RATED NORMAL CURRENT	630	A
RATED FREQUENCY	50/60	Hz	RATED DURATION OF SHORT CIRCUIT	3	S
RATED BREAKING CURRENT	12.5	kA	OPERATING VOLTAGE	DC 110	V
IMPULSE WITHSTAND VOLTAGE	125	kV	CLOSING VOLTAGE	DC 110	V
DC COMPONENT	44	%	TRIPPING VOLTAGE	DC 110 3	V
RATED OPERATING SEQUENCE	O-0.3s-CO-3min-CO				
CLASSIFICATION	E2C2M2				
RELEVANT STANDARD	IEC62271-100(2003)				
YEAR OF MANUFACTURE	2014		WEIGHT	135	kg

VCB 명판

㉠ 1번 : 정격 전압

㉡ 2번 : 정격 전류

㉢ 3번 : DC 110V

- 조작(operating) 전압
- 투입(closing) 전압
- 차단(tripping) 전압

VCB 패널 후면

㉠ 1번 : VCB

㉡ 2번 : CT(계기용 변류기)

㉢ 3번 : SA(서지 흡수기)

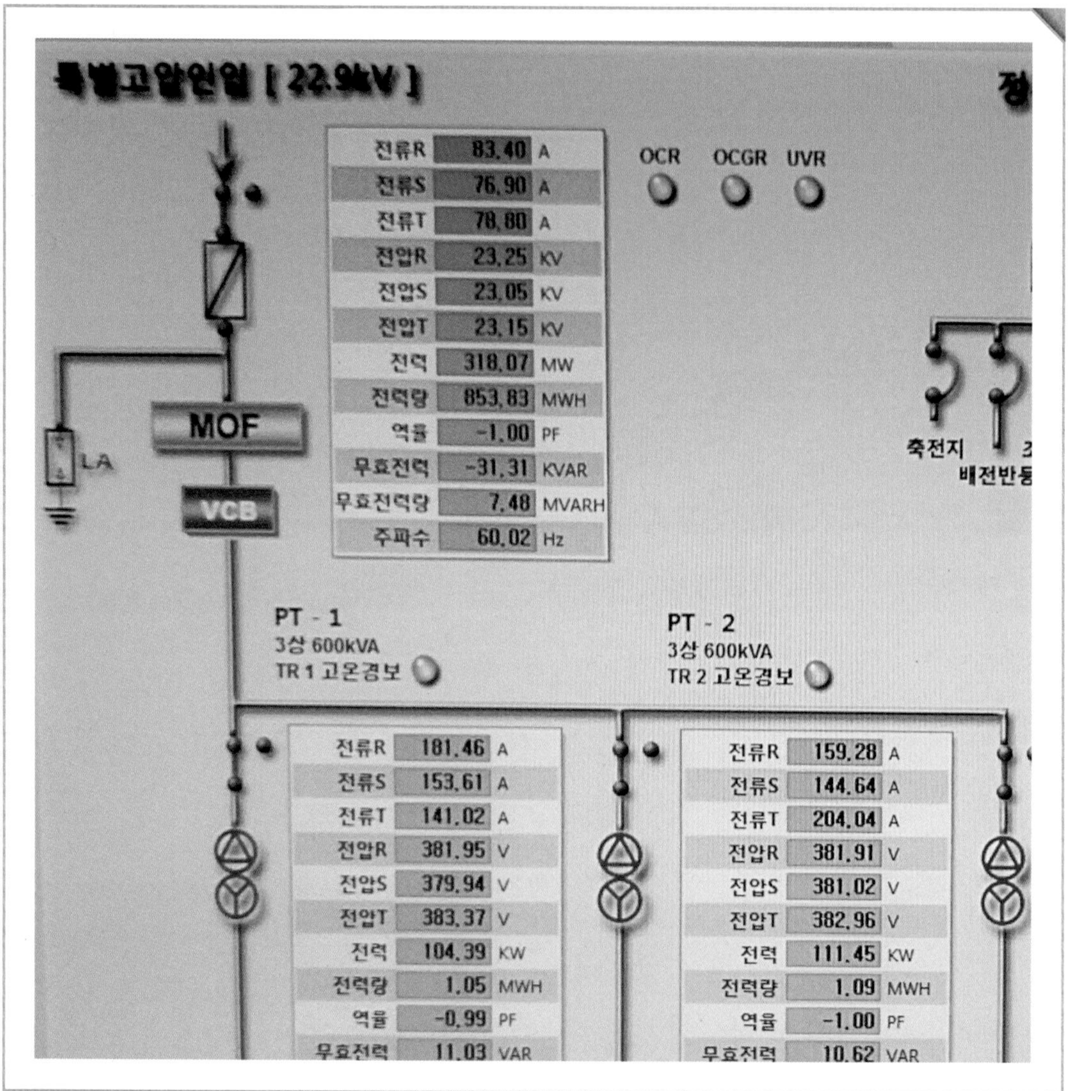

특별고압인입 [22.9kV]

MOF
VCB
LA
OCR OCGR UVR

전류R	83.40	A
전류S	76.90	A
전류T	78.80	A
전압R	23.25	KV
전압S	23.05	KV
전압T	23.15	KV
전력	318.07	MW
전력량	853.83	MWH
역률	-1.00	PF
무효전력	-31.31	KVAR
무효전력량	7.48	MVARH
주파수	60.02	Hz

축전지
배전반동

PT - 1
3상 600kVA
TR 1 고온경보

전류R	181.46	A
전류S	153.61	A
전류T	141.02	A
전압R	381.95	V
전압S	379.94	V
전압T	383.37	V
전력	104.39	KW
전력량	1.05	MWH
역률	-0.99	PF
무효전력	11.03	VAR

PT - 2
3상 600kVA
TR 2 고온경보

전류R	159.28	A
전류S	144.64	A
전류T	204.04	A
전압R	381.91	V
전압S	381.02	V
전압T	382.96	V
전력	111.45	KW
전력량	1.09	MWH
역률	-1.00	PF
무효전력	10.62	VAR

방재실의 중앙 감시반 모니터

전기실과의 통신을 이용해 전압, 전류, 전력, 역률 등의 정보가 나타난다.

(2) 삼선도

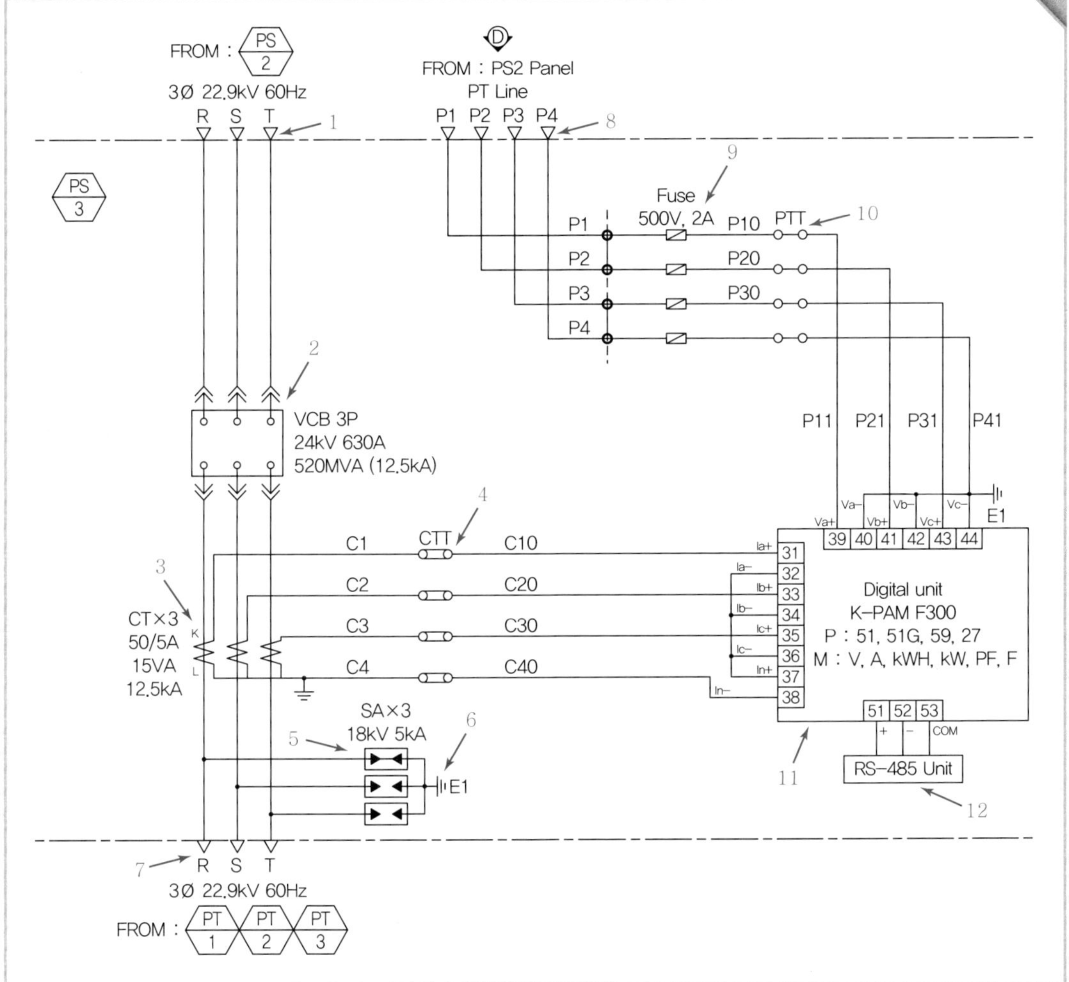

- ▶ 1번 : VCB 1차측 – PS2(MOF) 패널에서 공급받는다.
- ▶ 2번 : VCB(진공 차단기)
- ▶ 3번 : CT 3개
- ▶ 4번 : CTT(CT Tester : 변류기 시험 단자)
- ▶ 5번 : SA(서지 흡수기) – VCB 부하측에 설치하며 보통 개폐 서지를 흡수하여 기기를 보호한다.
- ▶ 6번 : 서지 흡수기 2차측을 공통 연결 후 제1종 접지한다.
- ▶ 7번 : VCB 2차에서 PT(TR, 변압기) 1~3번 패널로 전원 공급한다.
- ▶ 8번 : PS2(MOF) 패널의 PT 2차측에서 오는 라인
- ▶ 9번 : 다이젯 퓨즈
- ▶ 10번 : PTT(PT Tester : 변압기 시험 단자)
- ▶ 11번 : 디지털 복합 계전기
- ▶ 12번 : 중앙 감시반과 연결되는 통신 라인

다이젯 퓨즈

㉠ 1번 : 다이젯 퓨즈

㉡ 2번 : 1차측, PS2(MOF) 패널의 PT 2차측에서 온다.

㉢ 3번 : 2차측, PTT로 간다.

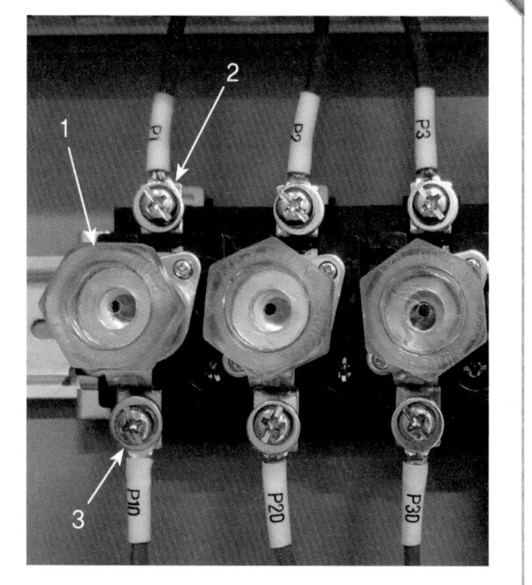

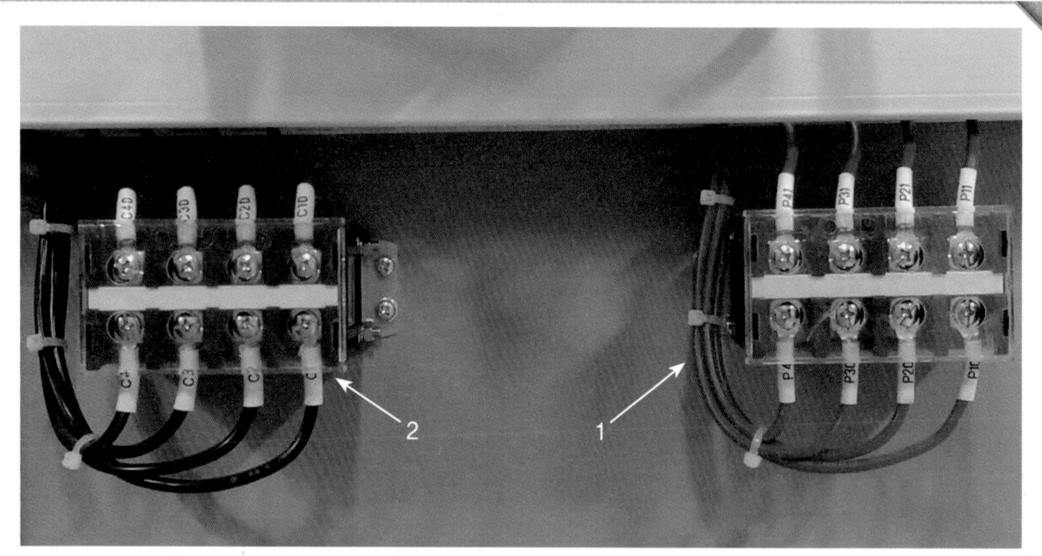

테스트 단자에 결선된 모습

㉠ 1번 : PTT 단자에 결선된 모습

㉡ 2번 : CTT 단자에 결선된 모습

패널에 취부된 CTT, PTT 테스트 단자 전면

CTT 및 PTT는 평상시 플러그를 삽입해 놓지 않는다.

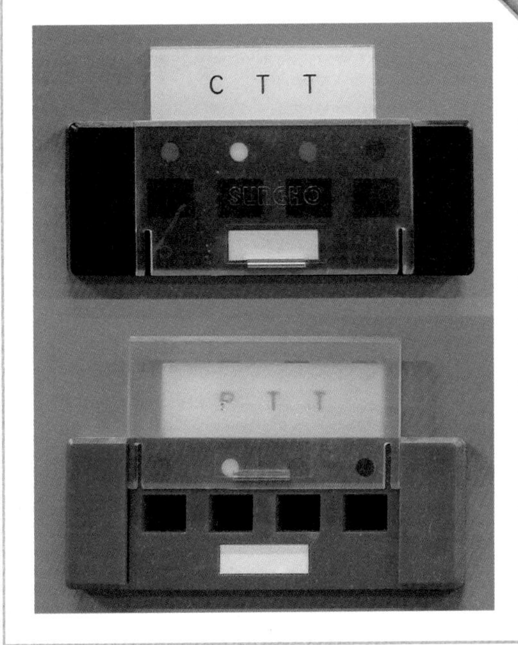

PTT, CTT 플러그 단자

㉠ CTT(CT Tester : 변류기 시험 단자) : 전류계 등을 보수할 때 플러그를 테스트 단자에 삽입하여 사용하며, 플러그를 삽입할 때 가로 방향으로 단자 4개가 반드시 연결(단락)되어야 한다. 즉, PT와 반대(PT는 개방)이다.

㉡ PTT(PT Tester : 변압기 시험 단자) : 전압계, 전력계 등을 보수할 때 플러그를 테스트 단자에 삽입하여 PTT 2차측에 전압이 인가되지 않도록 한다.

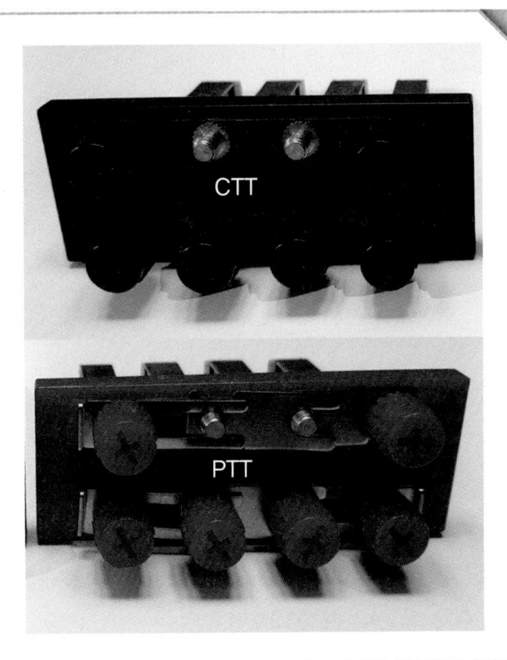

디지털 복합 계전기 후면

일반적인 계측 기능과 보호 기능을 위한 결선이 되어 있다.

VCB 패널 후면

㉠ 1번 : VCB
㉡ 2번 : 1차측 단자
㉢ 3번 : 2차측 단자
㉣ 4번 : SA
㉤ 5번 : CT
㉥ 6번 : 2차측 버스바

CT(계기용 변류기)

㉠ 1번 : CT 본체
㉡ 2번 : CT 변류비, 10배로 줄어든다(50 → 5).
㉢ 3번 : VCB 2차측에 연결한다.
㉣ 4번 : K · L 단자로, 디지털 복합 계전기로 연결된다.

SA(서지 흡수기) 결선 모습

㉠ 1번 : 서지 흡수기
㉡ 2번 : 1차측(VCB 2차측)
㉢ 3번 : 2차측
㉣ 4번 : SA 2차측을 공통 연결한 버스바
㉤ 5번 : 제1종 접지
㉥ 6번 : CT
㉦ 7번 : K · L 단자

SA(서지 흡수기) 확대

㉠ 1번 : 본체
㉡ 2번 : 1차측 단자
㉢ 3번 : 2차측
㉣ 4번 : 공통 연결 버스바
㉤ 5번 : 제1종 접지

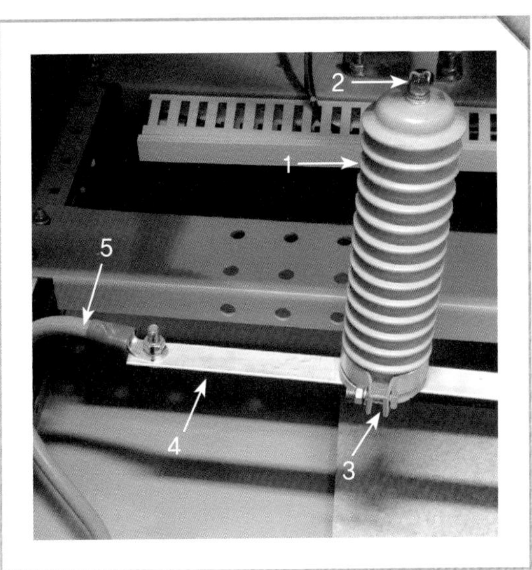

(3) 시퀀스도

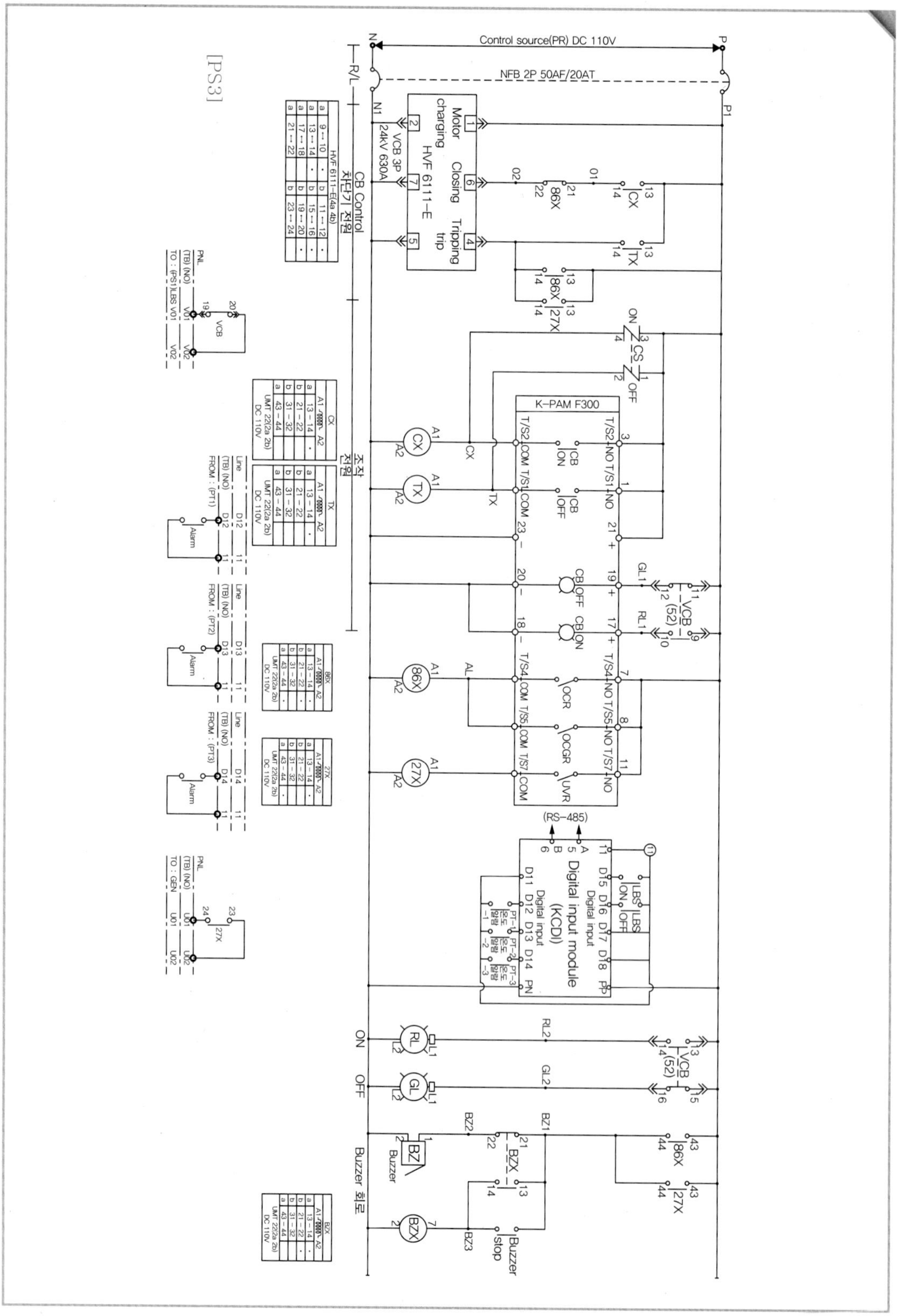

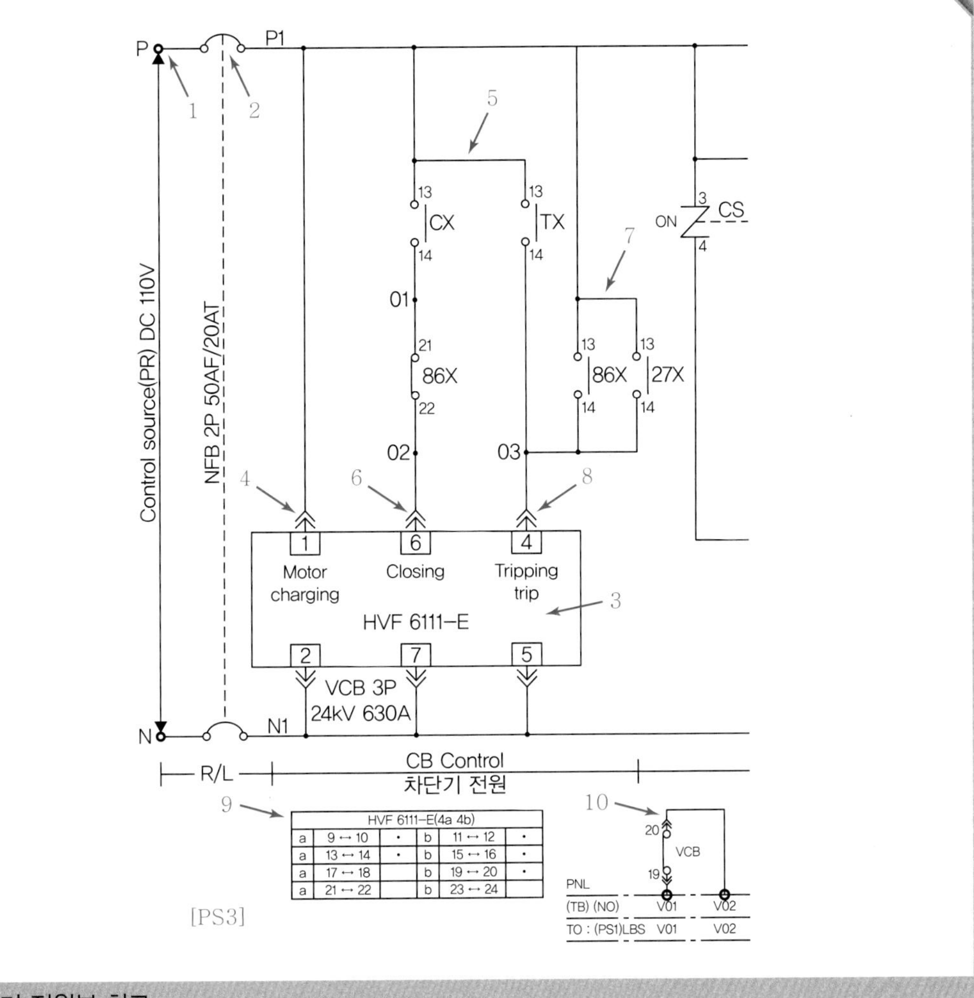

차단기 전원부 회로

▶ 1번 : 전원 – PR(정류기) 패널에서 공급받는다.

▶ 2번 : 전원용 차단기

▶ 3번 : VCB(진공 차단기) 본체

▶ 4번 : Motor charging – 모터 구동을 위한 충전 단자

▶ 5번 : 캠스위치에 의한 수동 ON/OFF용 보조 계전기 동작 접점

▶ 6번 : Closing – VCB 투입용 단자

▶ 7번 : VCB 차단용을 위한 OCR(86X), UVR (27X) 보조 계전기 동작 접점

▶ 8번 : Tripping – VCB 차단용 단자

▶ 9번 : VCB 자체로 사용할 수 있는 접점 및 번호

▶ 10번 : LBS에 인터록을 걸어주기 위한 접점으로, VCB가 동작하면 LBS는 동작하지 않는다.

조작 회로용 전원(PR, 정류기반)

㉠ 1번 : LBS, VCB 조작 회로 제어용 차단기

㉡ 2번 : 정류기반 형식

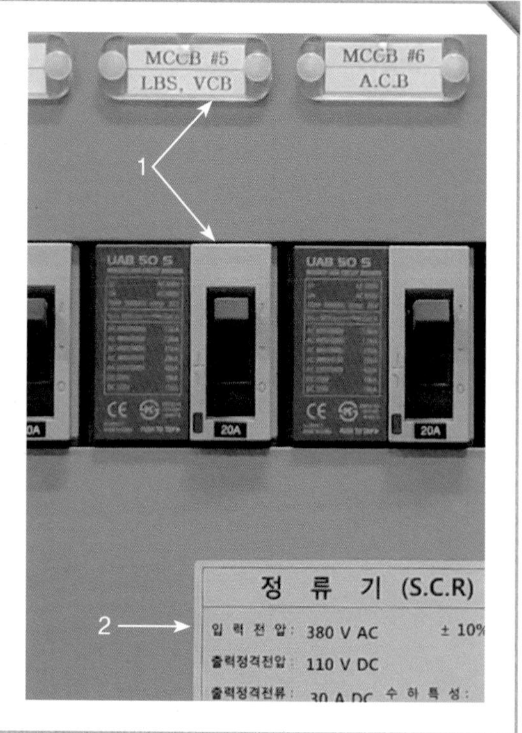

VCB 조작 회로 제어용 차단기

㉠ 1번 : 차단기

㉡ 2번 : 1차측(PR, 정류기반에서 공급)

㉢ 3번 : 2차측, VCB 시퀀스 회로 구성용 전원 공급

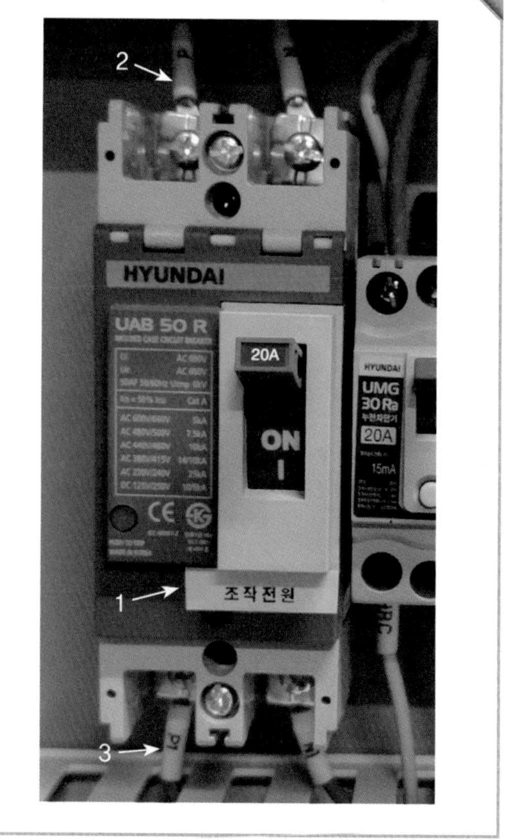

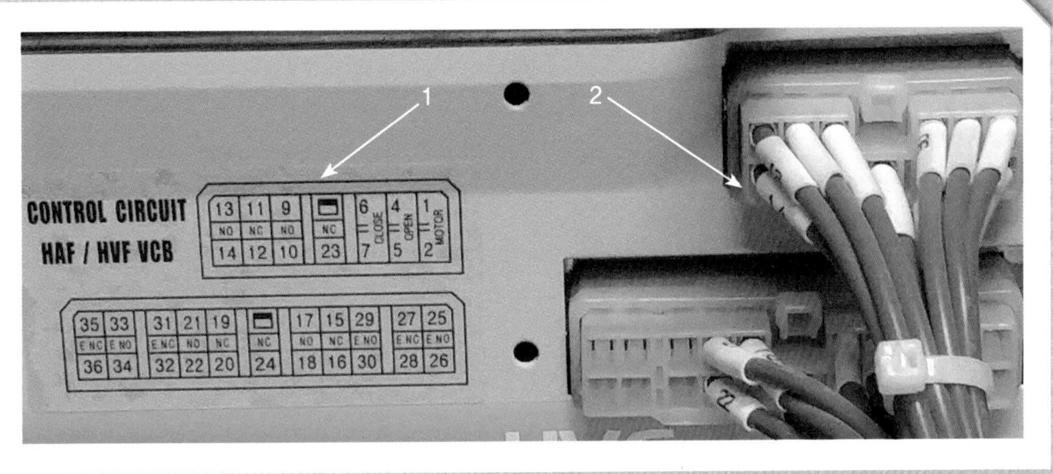

VCB 본체 단자대 및 접점 번호

㉠ 1번 : 접점 번호

㉡ 2번 : 하우징을 이용해 접점에 연결

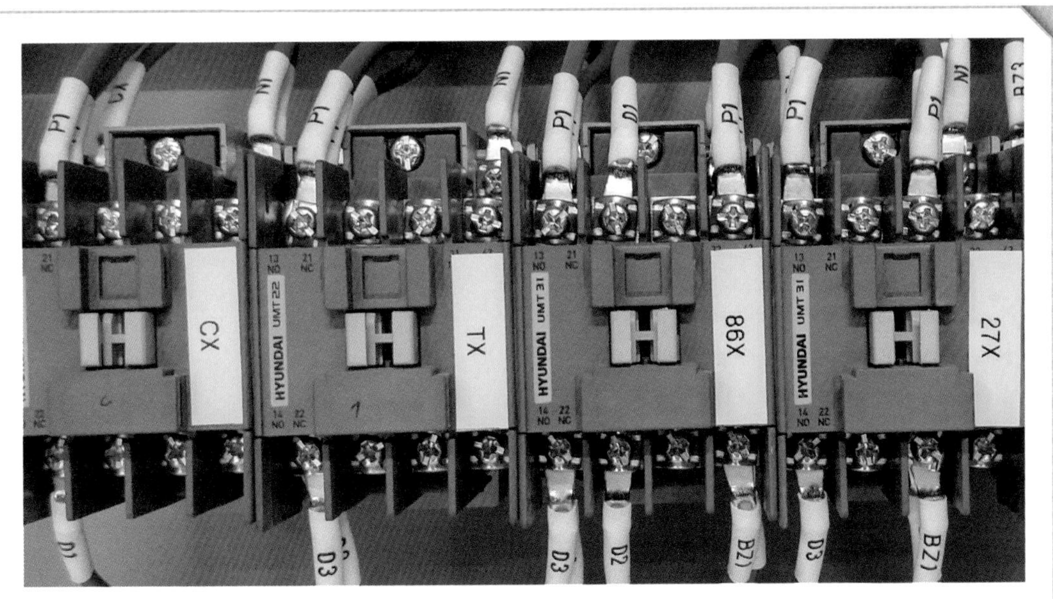

VCB 수동 조작 및 이상 발생 시 차단을 위한 보조 계전기

㉠ CX : VCB 수동 투입용 보조 계전기로서, 캠스위치 ON → CX 여자 → VCB 투입된다.

㉡ TX : VCB 수동 차단용 보조 계전기로서, 캠스위치 OFF → TX 여자 → VCB 차단된다.

㉢ 86X : 과전류 보호 계전기 동작에 의한 VCB 자동 차단용 보조 계전기로서, OCR(과전류) 계전기 동작 → 86X 여자 → VCB 차단된다.

㉣ 27X : 저전압 보호 계전기 동작에 의한 VCB 자동 차단용 보조 계전기로서, UVR(저전압) 계전기 동작 → 27X 여자 → VCB 차단된다.

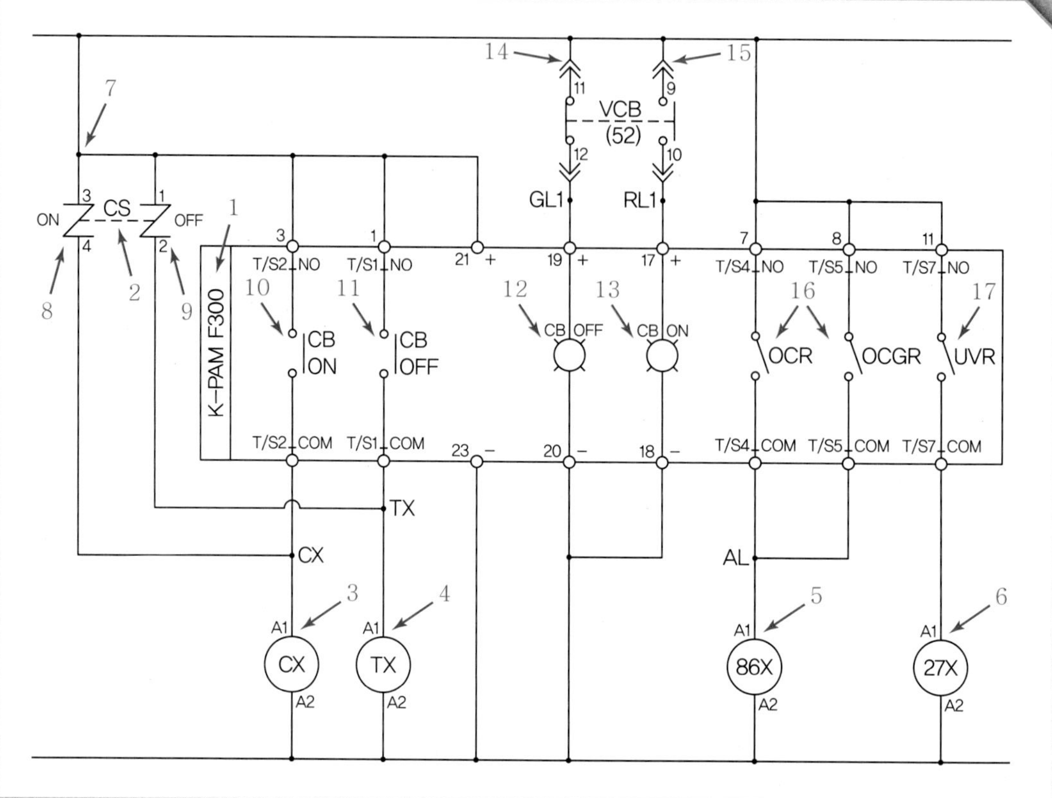

조작 전원부 회로

- ▶ 1번 : 디지털 복합 계전기
- ▶ 2번 : 수동 조작용 캠스위치
- ▶ 3번 : VCB 수동 투입용 보조 계전기
- ▶ 4번 : VCB 수동 차단용 보조 계전기
- ▶ 5번 : 과전류(OCR) 및 지락 과전류(OCGR)에 의한 자동 차단용 보조 계전기
- ▶ 6번 : 저전압 보호 계전기(UVR) 동작에 의한 자동 차단용 보조 계전기
- ▶ 7번 : 캠스위치 공통
- ▶ 8번 : 캠스위치 ON
- ▶ 9번 : 캠스위치 OFF
- ▶ 10번 : 복합 계전기 자체의 ON 버튼으로 VCB 투입
- ▶ 11번 : 복합 계전기 자체의 ON 버튼으로 VCB 차단

참고 상기 복합 계전기는 자체에 VCB ON/OFF 기능과 OCR, UVR 기능, 회로 리셋 기능이 구성되어 있다.

- ▶ 12번 : VCB 투입 표시 램프
- ▶ 13번 : VCB 차단 표시 램프
- ▶ 14(b접점) · 15(a접점)번 : VCB 자체 접점으로, VCB 동작 시 상기 접점에 의해 표시 램프가 점등된다.

▶ 16번 : 복합 계전기에 내장된 과전류(OCR) 및 지락 과전류(OCGR) 보호 계전기의 접점으로, 동작 시 86X 보조 계전기가 여자된다.

▶ 17번 : 복합 계전기에 내장된 저전압 보호 계전기(UVR)의 접점으로, 동작 시 27X 보조 계전기가 여자된다.

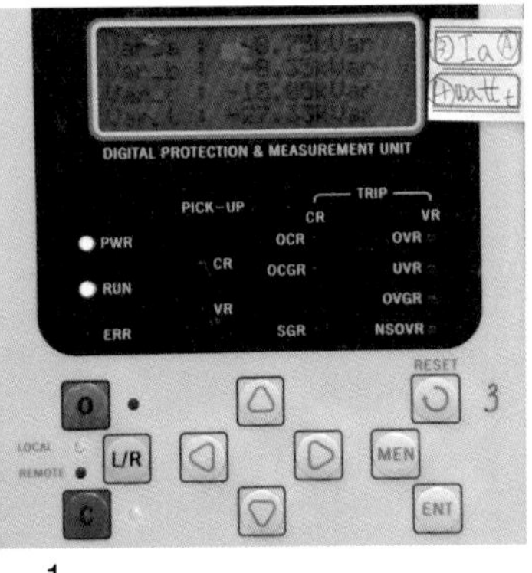

1

2

3

4

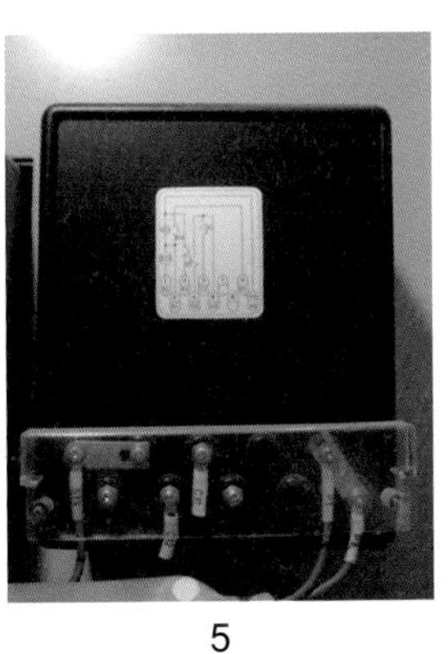

5

복합 계전기와 보호 계전기

㉠ 1번 : 복합 계전기 전면

㉡ 2번 : 복합 계전기 후면

㉢ 3번 : OCR, OCGR

㉣ 4번 : UVR

㉤ 5번 : UVR 후면

참고 본 현장에 사용된 복합 계전기에 3 · 4 · 5번의 보호 계전기 기능이 내장되어 있어, 별도의 보호 계전기들을 패널에 취부할 필요가 없다.

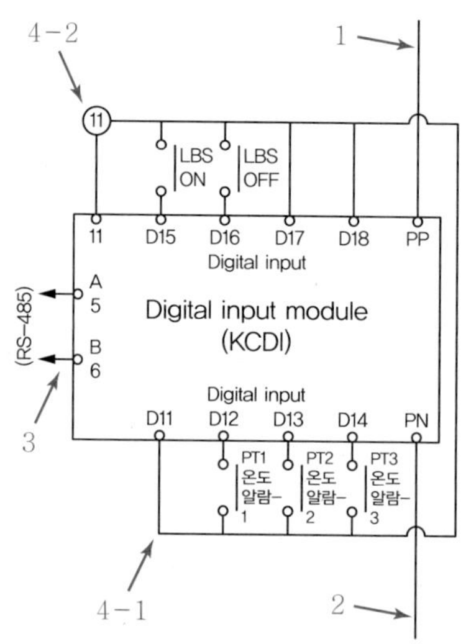

디지털 입력 모듈 결선도

각종 계측 장비들의 상태를 접점 신호로 받아 디지털 복합 계전기에 통신으로 보내준다.

▶ 1 · 2번 : DC 전원

▶ 3번 : 통신선

▶ 4-1번 : 변압기 3대의 온도 접점 신호

▶ 4-2번 : LBS 상태(ON/OFF) 접점 신호

디지터 입력 모듈 설치 모습(1번)

표시 부분은 VCB 패널 내부에 디지털 입력 모듈레이가 설치된 모습이다.

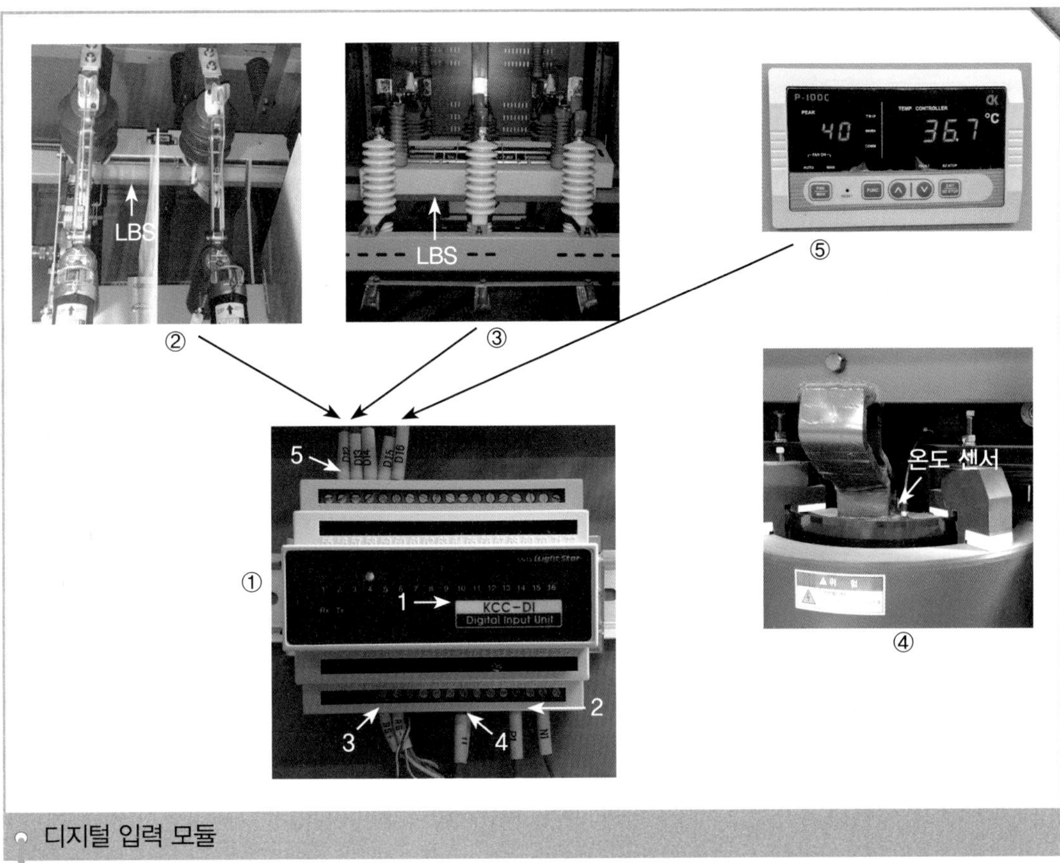

디지털 입력 모듈

LBS(② · ③번 사진)와 변압기(④ · ⑤번 사진)의 모습이다. 사진 ①의 구조는 다음과 같다.

㉠ 1번 : 입력 모듈 본체

㉡ 2번 : DC 전원

㉢ 3번 : RS 통신선

㉣ 4번 : 접점 공통 단자(D11번)

㉤ 5번 : 접점 신호로, 순서대로 변압기 1 · 2 · 3번, LBS ON, OFF

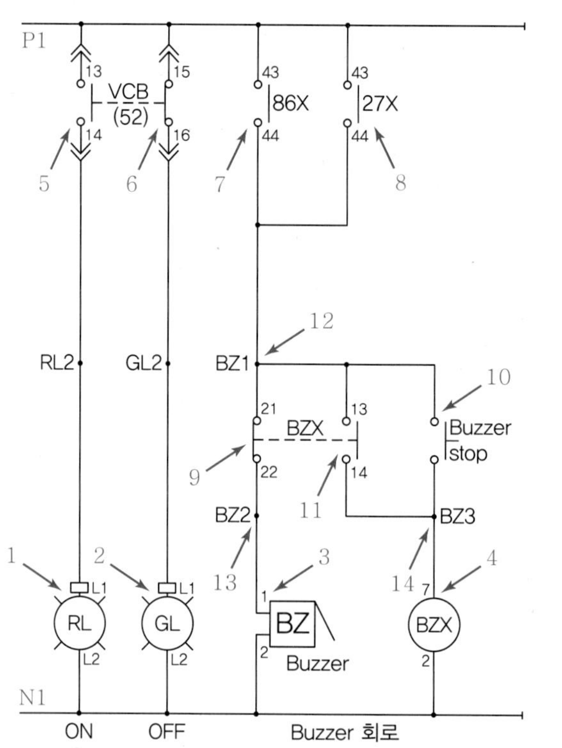

버저 정지 회로

OCR, OCGR, UVR에 의해 VCB가 트립되면 버저가 울린다.

- ▶ 1번 : VCB ON 표시 램프
- ▶ 2번 : VCB OFF 표시 램프
- ▶ 3번 : 버저
- ▶ 4번 : 버저 정지용 보조 계전기
- ▶ 5번 : VCB a접점
- ▶ 6번 : VCB b접점
- ▶ 7번 : OCR, OCGR 동작 시 여자되는 보조 계전기 접점
- ▶ 8번 : UVR 동작 시 여자되는 보조 계전기 접점
- ▶ 9번 : 버저 정지 보조 계전기 b접점
- ▶ 10번 : 버저 정지 푸시 버튼
- ▶ 11번 : 버저 정지 자기 유지용 접점
- ▶ 12번 : 버저 정지 접점 공통
- ▶ 13번 : 버저 정지 b접점 출력
- ▶ 14번 : 버저 정지 a접점 출력

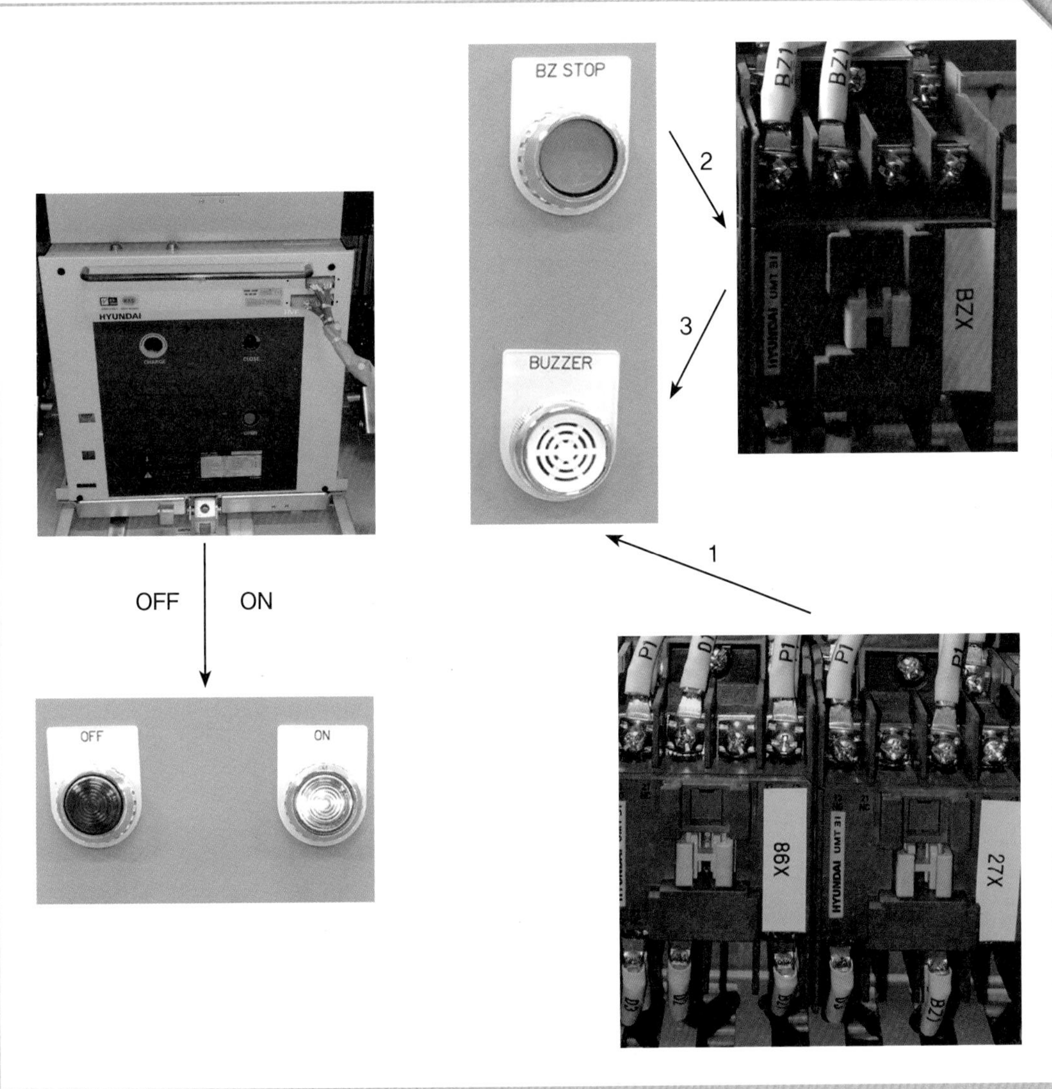

버저 동작 · 정지 순서

㉠ 1번 : 86X, 27X에 의해 버저 울림
㉡ 2번 : 버저 정지 버튼 누름
㉢ 3번 : 버저 정지 보조 계전기 작동으로 버저 정지함

보호 계전기 및 리셋 기능 내장

㉠ 1번 : 보호 계전기 작동 표시 램프

㉡ 2번 : 리셋 버튼

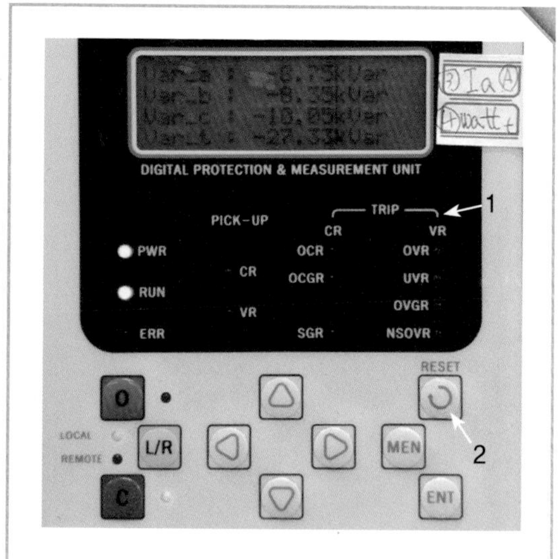

내장 기능이 없는 경우 Ⅰ

㉠ 1번 : 일반 디지털미터

㉡ 2번 : 리셋 버튼

㉢ 3번 : 버저 스톱 버튼

㉣ 4번 : 버저

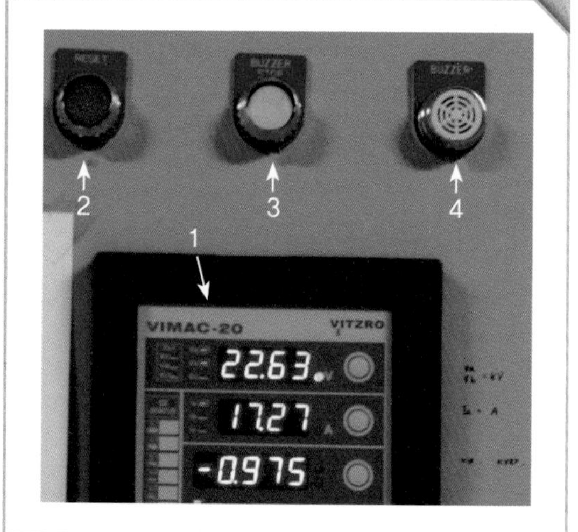

내장 기능이 없는 경우 Ⅱ

㉠ 1번 : 리셋 버튼

㉡ 2번 : 버저 스톱

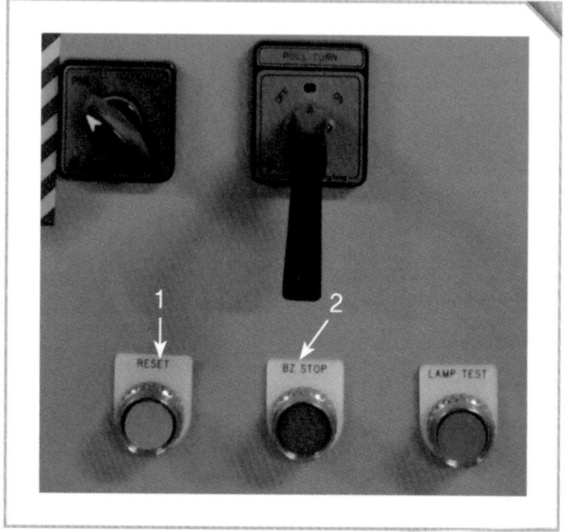

 PT 1 · 2 · 3(TR1, TR2, TR3 패널)

(1) 단선도

① PT 패널은 특고압을 우리가 세대나 공용부에서 실제 사용하는 저압으로 낮추는 TR(변압기)이 있는 패널로 22,900V → 380/220V로 낮추는 역할을 한다.

② 일반적으로 세대 부하 공급을 전용하는 것과 공용부 공급을 전용하는 것으로 나눌 수 있다.

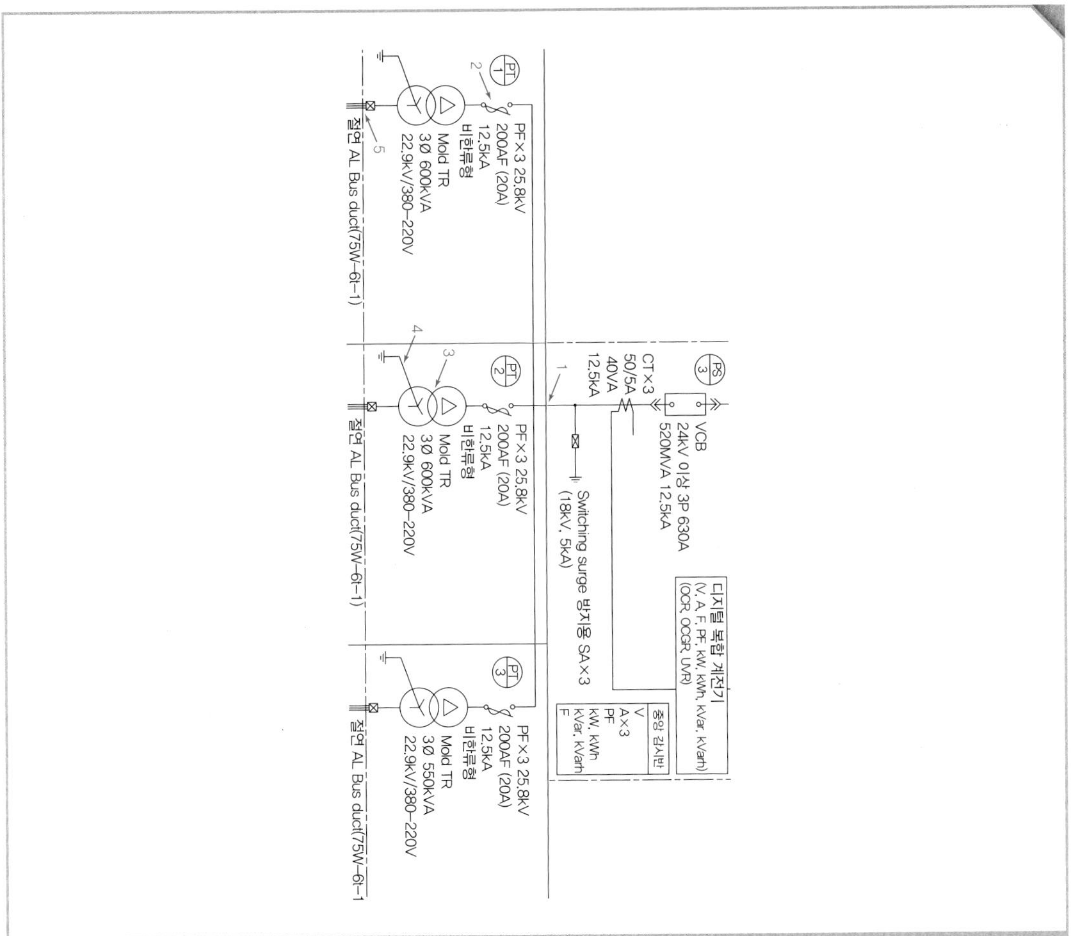

변압기 단선도

세대 부하용(PT 1 · 2)과 공용 부하 공급용(PT3)으로 나뉘었다.

- ▶ 1번 : VCB에서 온 1차측
- ▶ 2번 : PF(전력 퓨즈)
- ▶ 3번 : TR(변압기)
- ▶ 4번 : 변압기 중성점 접지
- ▶ 5번 : 저압 패널로 가는 연결 버스 덕트

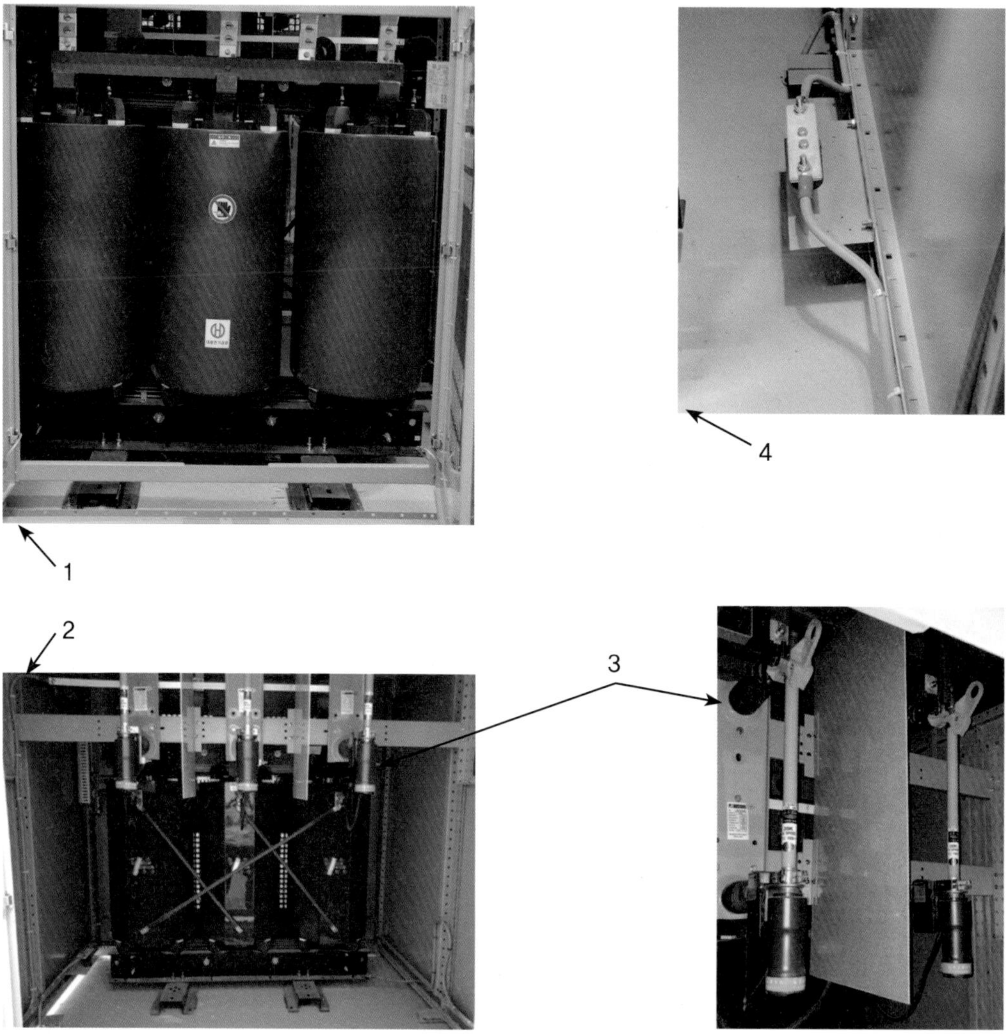

1

2

3

4

TR(변압기) 패널 내부

㉠ 1번 : 전면 – 특고압에서 저압으로 낮춰진 전압이 저압반으로 연결된 모습이다.

㉡ 2번 : TR의 패널 후면 – PF(전력 퓨즈)를 델타(△) 결선이 되었다.

㉢ 3번 : 소음기가 부착된 PF(전력 퓨즈) 모습이다.

㉣ 4번 : 중성점 접지 – 변압기 중성점에서 나온 접지선이 전기실 벽에 있는 시험 접지 단자함의 제2종 접지와 연결된다.

(2) 삼선도

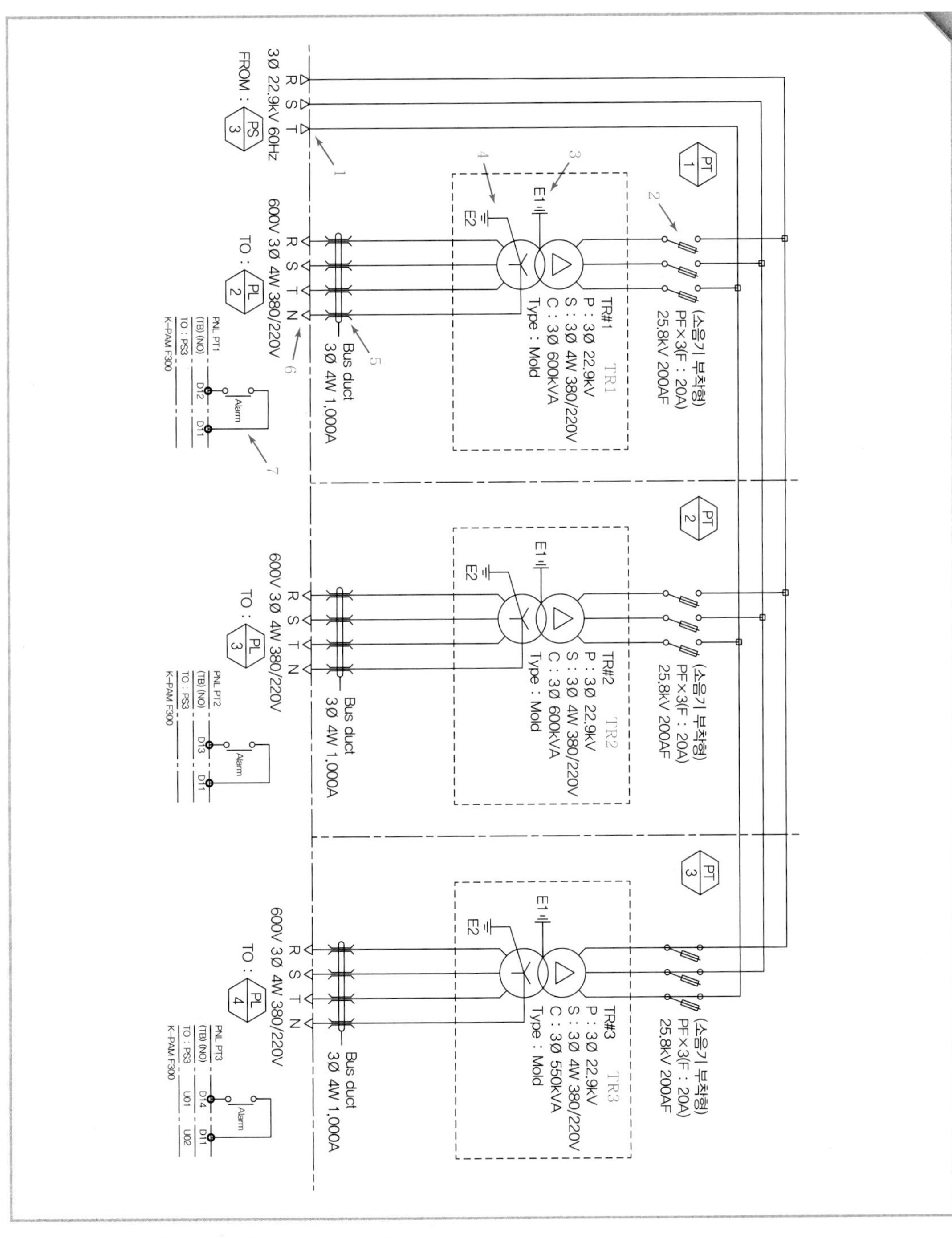

- ▶ 1번 : PS3(VCB)에서 온 1차측 전원
- ▶ 2번 : PF
- ▶ 3번 : 변압기 외함 접지(제1종)
- ▶ 4번 : 변압기 중성점 접지(제2종)
- ▶ 5번 : PL2(저압반)으로 가는 버스 덕트
- ▶ 6번 : PL2 1차측 전원 공급(380/220V)
- ▶ 7번 : 변압기 온도 이상 알람 접점

PF(전력 퓨즈)

㉠ 1번 : 1차측

㉡ 2번 : 전력 퓨즈

㉢ 3번 : 소음기

㉣ 4번 : 2차측

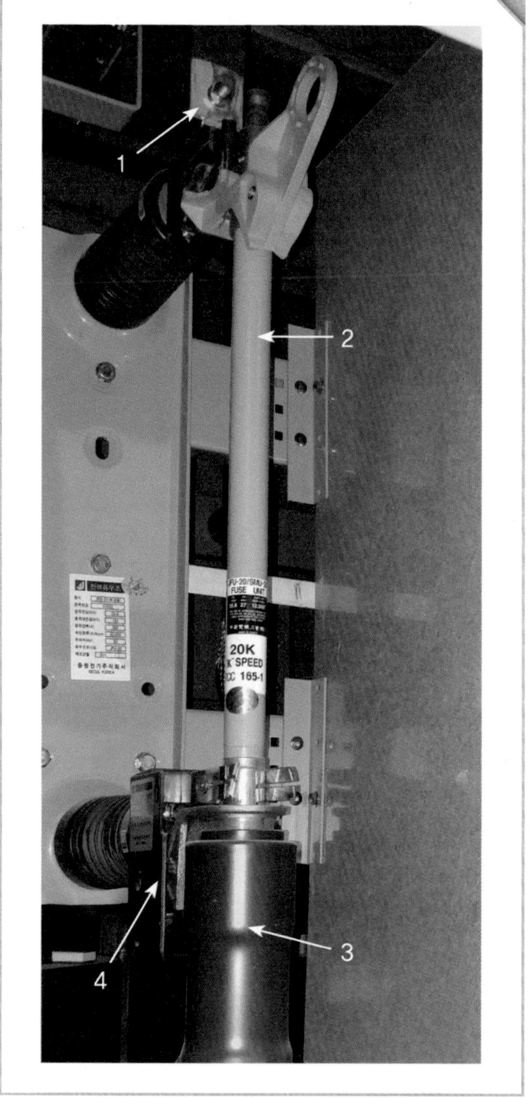

소음기 확대 모습

㉠ 1번 : 소음기 2차측에서 변압기 델타 결선 단자에 연결

㉡ 2번 : 소음기

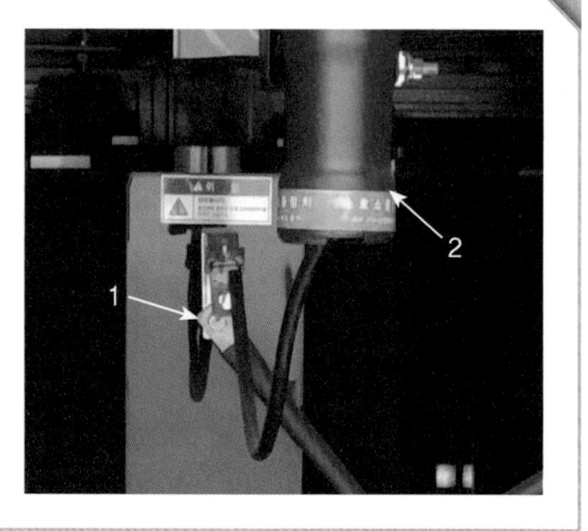

변압기 외함 접지(제1종)

㉠ 1번 : 변압기

㉡ 2번 : 변압기 베이스

㉢ 3번 : 시험 접지 단자함으로 간 접지선

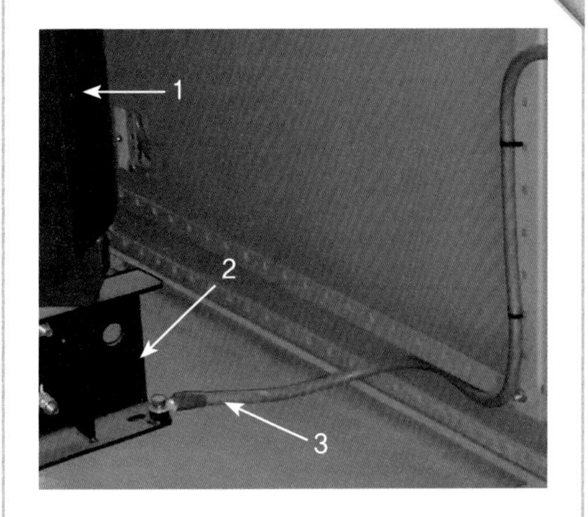

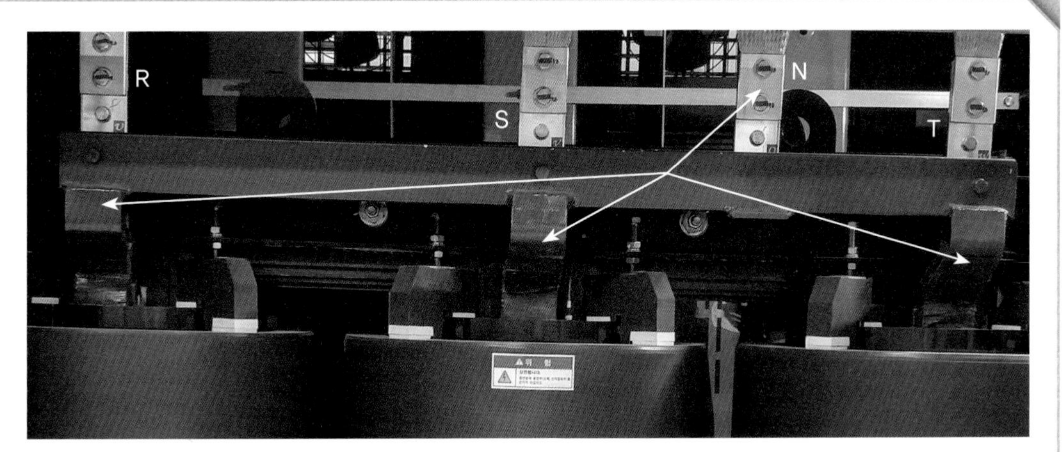

중성선 연결 모습

각 상의 변압기 2차측에서 나온 중성선(N선)이 버스바로 공통 연결되었다.

케이블로 연결된 모습

㉠ 1번 : 하트상 및 중성선 연결 케이블

㉡ 2번 : 중성점 접지선

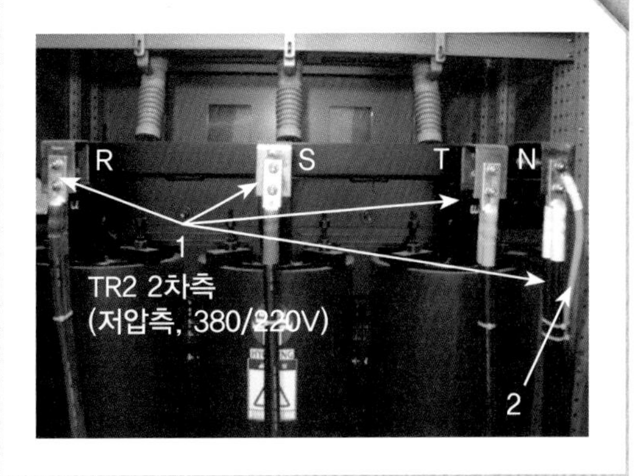

중성점 접지선 연결 모습

㉠ 1번 : 연결 버스바

㉡ 2번 : 시험 접지함으로 가는 부분

㉢ 3번 : 변압기측에서 온 부분

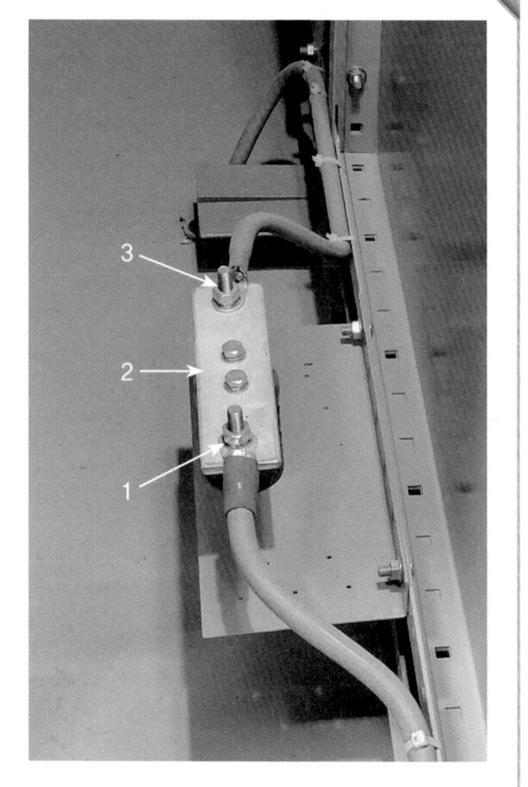

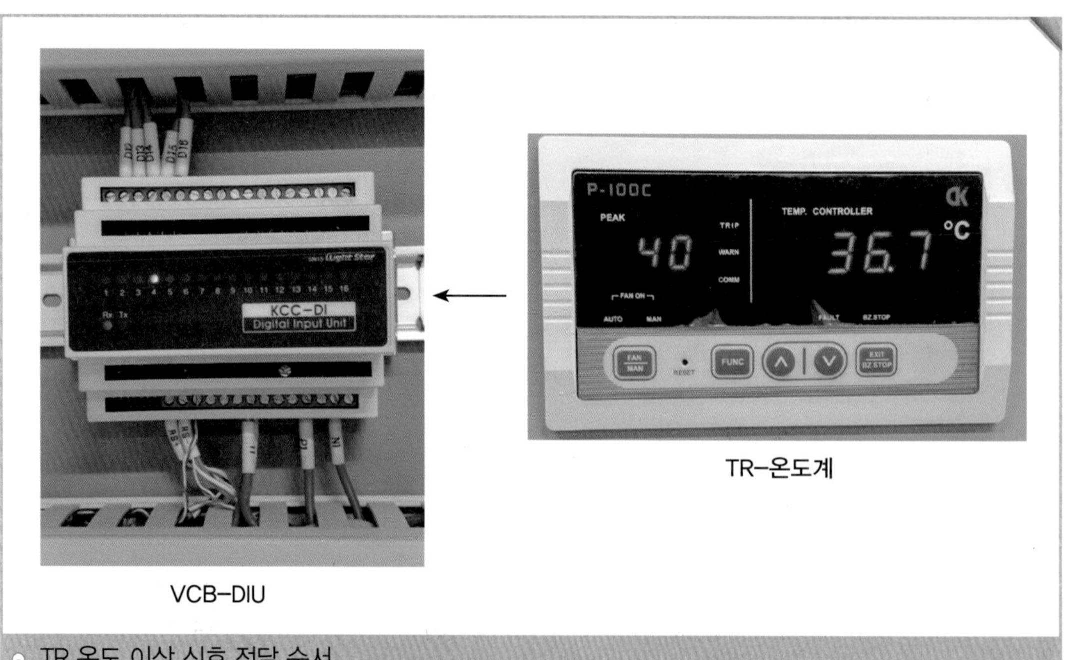

VCB-DIU

TR-온도계

TR 온도 이상 신호 전달 순서

변압기 중심에 꽂혀 있는 온도 센서 → PT 패널 전면에 있는 디지털 온도 미터 → VCB 패널에 있는 디지털 입력 유닛 → 디지털 복합 계전기에 상태가 나타난다.

(3) 시퀀스도

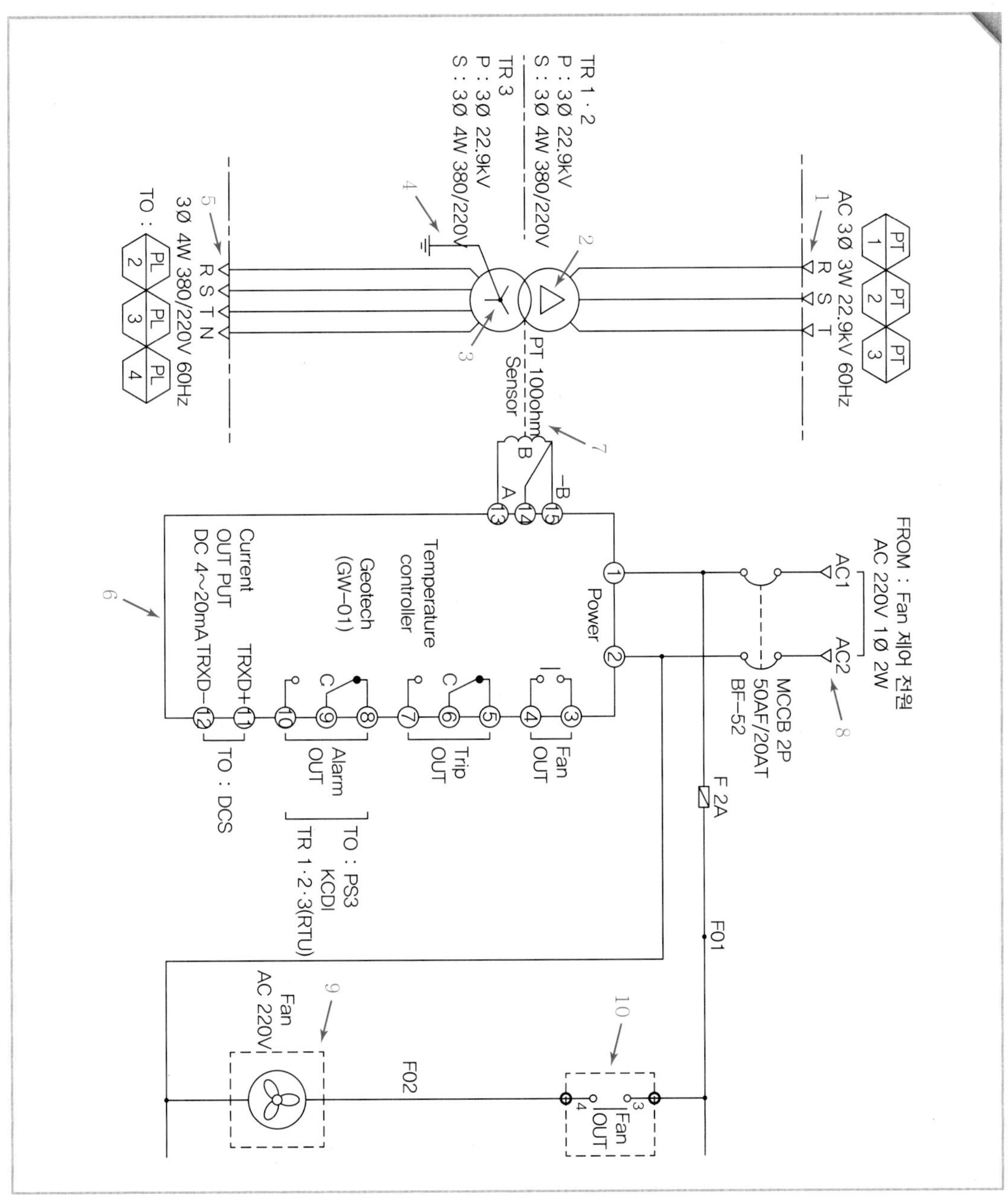
PT 1
PT 2
PT 3
AC 3Ø 3W 22.9kV 60Hz
R S T
TR 1·2
P : 3Ø 22.9kV
S : 3Ø 4W 380/220V
TR 3
P : 3Ø 22.9kV
S : 3Ø 4W 380/220V
R S T N
3Ø 4W 380/220V 60Hz
TO : PL 2 PL 3 PL 4
PT 100ohm Sensor
B
-B
A
FROM : Fan 제어 전원
AC 220V 1Ø 2W
AC1
AC2
MCCB 2P
50AF/20AT
BF-52
F 2A
F01
Power
Temperature controller
Geotech (GW-01)
Fan OUT
Trip OUT
Alarm OUT
Current OUT PUT DC 4~20mA
TRXD+
TRXD-
TO : DCS
TO : PS3
KCDI
TR 1·2·3(RTU)
F02
Fan AC 220V
Fan OUT
1
2
3
4
5
6
7
8
9
10

세대 부하와 공용 부하가 같은 회로도

- ▶ 1번 : VCB 패널에서 온 1차측
- ▶ 2번 : 변압기 1차측 델타 결선
- ▶ 3번 : 변압기 2차측 와이 결선
- ▶ 4번 : 변압기 중성점 접지(제2종)
- ▶ 5번 : 저압 패널로 간 2차측
- ▶ 6번 : 디지털 온도계 및 결선 단자
- ▶ 7번 : 변압기에 꽂힌 온도 센서
- ▶ 8번 : 저압 IL반의 팬 제어 전원에서 온 온도계 및 팬 조작 전원
- ▶ 9번 : 패널 팬
- ▶ 10번 : 온도 컨트롤러에 의한 접점으로, 설정된 온도에 도달하면 접점이 동작되어 팬이 가동된다.

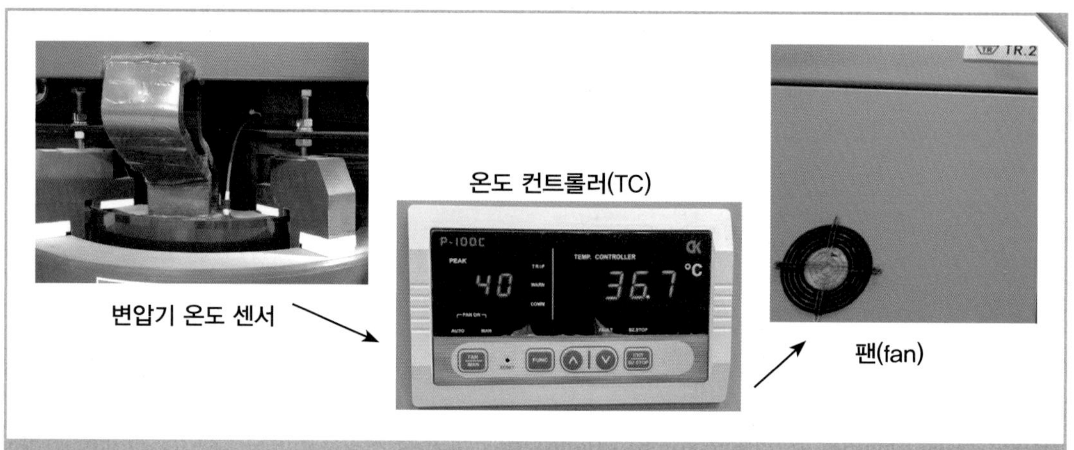

TR 패널 팬 작동 순서

온도 센서 작동 → 온도 컨트롤러 작동 → 팬 작동

전원 차단기

㉠ 1번 : 팬 전원 차단기

㉡ 2번 : 전등 전원 차단기

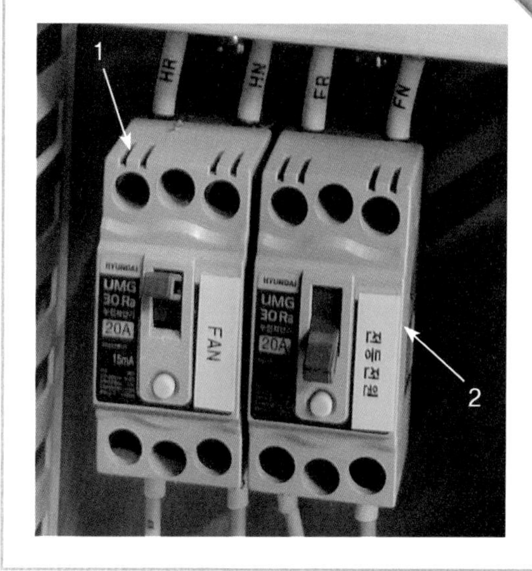

온도 컨트롤러 단자대

㉠ 1번 : 전원

㉡ 2번 : 온도 센서

㉢ 3번 : 팬 가동 a접점

㉣ 4번 : 팬 이상 온도 알람

변압기에 온도 센서가 연결된 모습

센서의 선은 패널에 설치된 컨트롤러로 가서 변압기의 온도를 나타낸다.

06 저압반 도면

1 PL1(MCCB 패널)

(1) 단선도

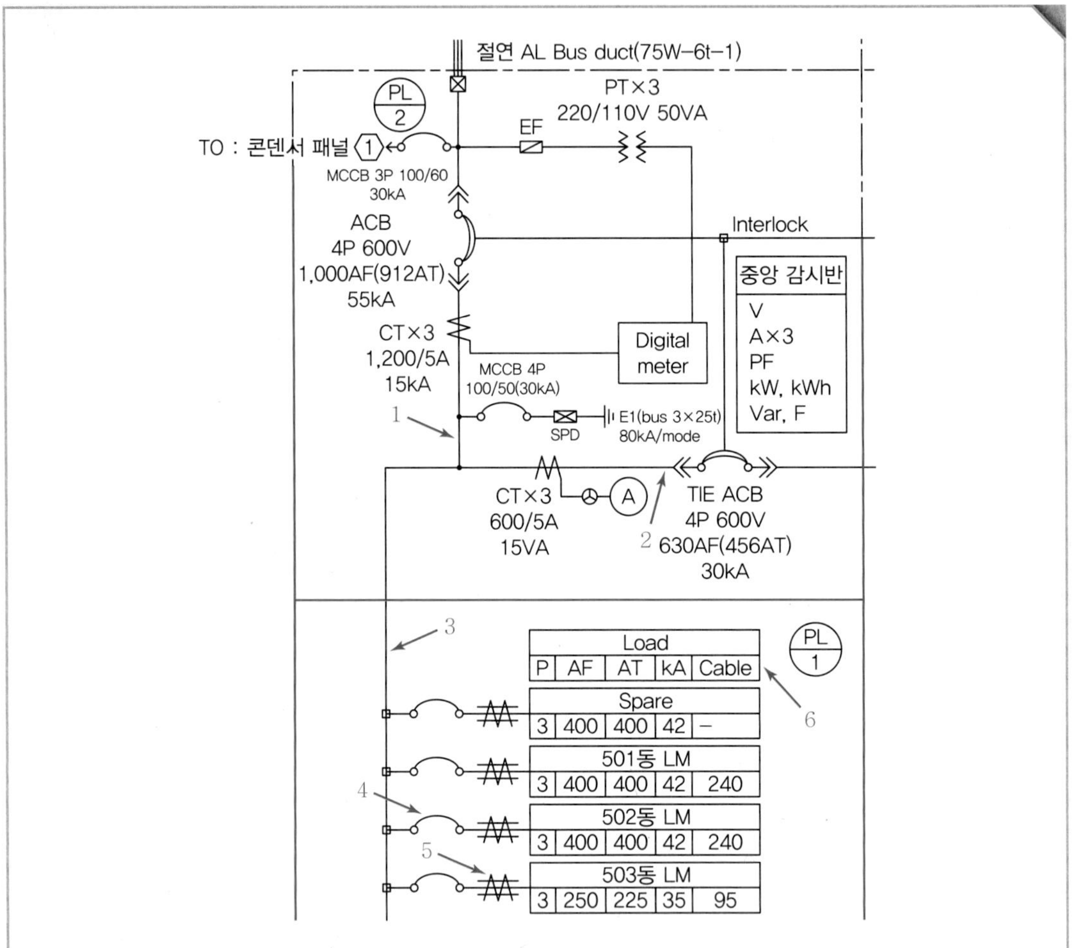

Load				
P	AF	AT	kA	Cable
Spare				
3	400	400	42	–
501동 LM				
3	400	400	42	240
502동 LM				
3	400	400	42	240
503동 LM				
3	250	225	35	95

저압반(PL1) 단선도

PL1과 PL2는 PT1(변압기)에서 특고압(22,900V)을 저압(380/220V)으로 낮춰 보내준 것으로, 501~503동의 세대 부하를 공급해 준다.

- ▶ 1 · 3번 : PL2–ACB1 2차측에서 공급받는다.
- ▶ 2번 : TIE ACB
- ▶ 4번 : 각 동 세대 부하용 메인 MCCB
- ▶ 5번 : MCCB 2차측에 걸린 ZCT
- ▶ 6번 : 각 동 메인 차단기에 대한 스펙 자료

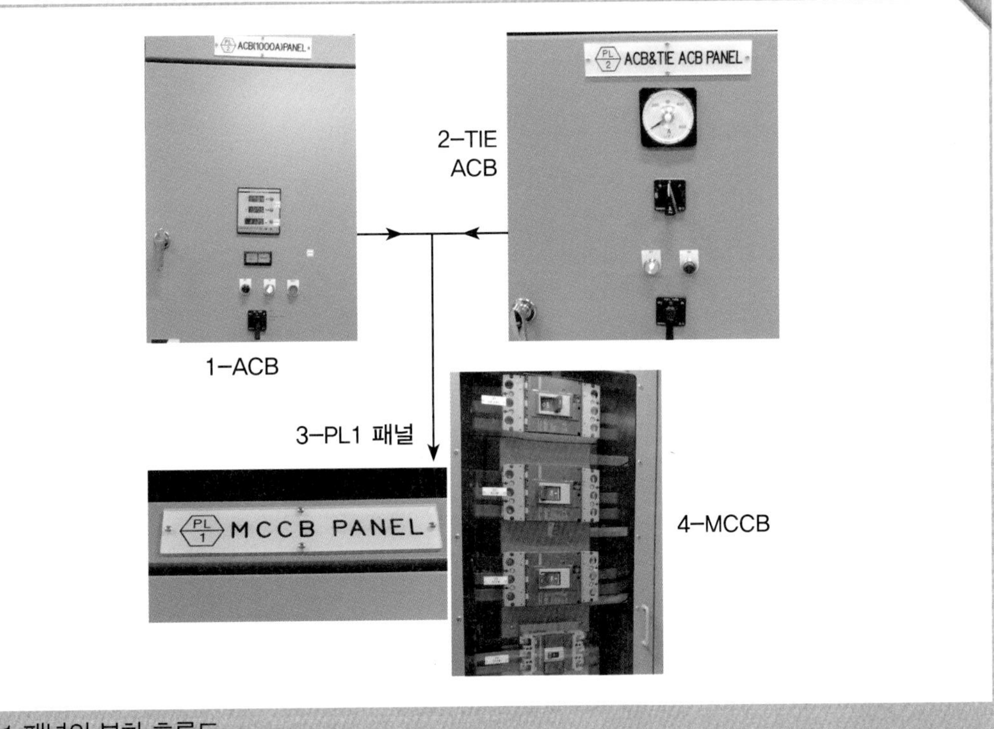

PL1 패널의 부하 흐름도

㉠ 1번 : PL2(ACB1) 패널

㉡ 2번 : TIE ACB, PL2(ACB1)가 고장났을 때 PL3(ACB2) 라인으로 임시 전원을 공급해 준다.

㉢ 3번 : PL1 패널

㉣ 4번 : 각 동 메인 차단기(MCCB)

패널 후면 ZCT 모습

화살표 표시 부분(5번)은 ZCT가 각 동 차단기 2차측과 연결된 버스바에 끼워져 있다.

(2) 삼선도

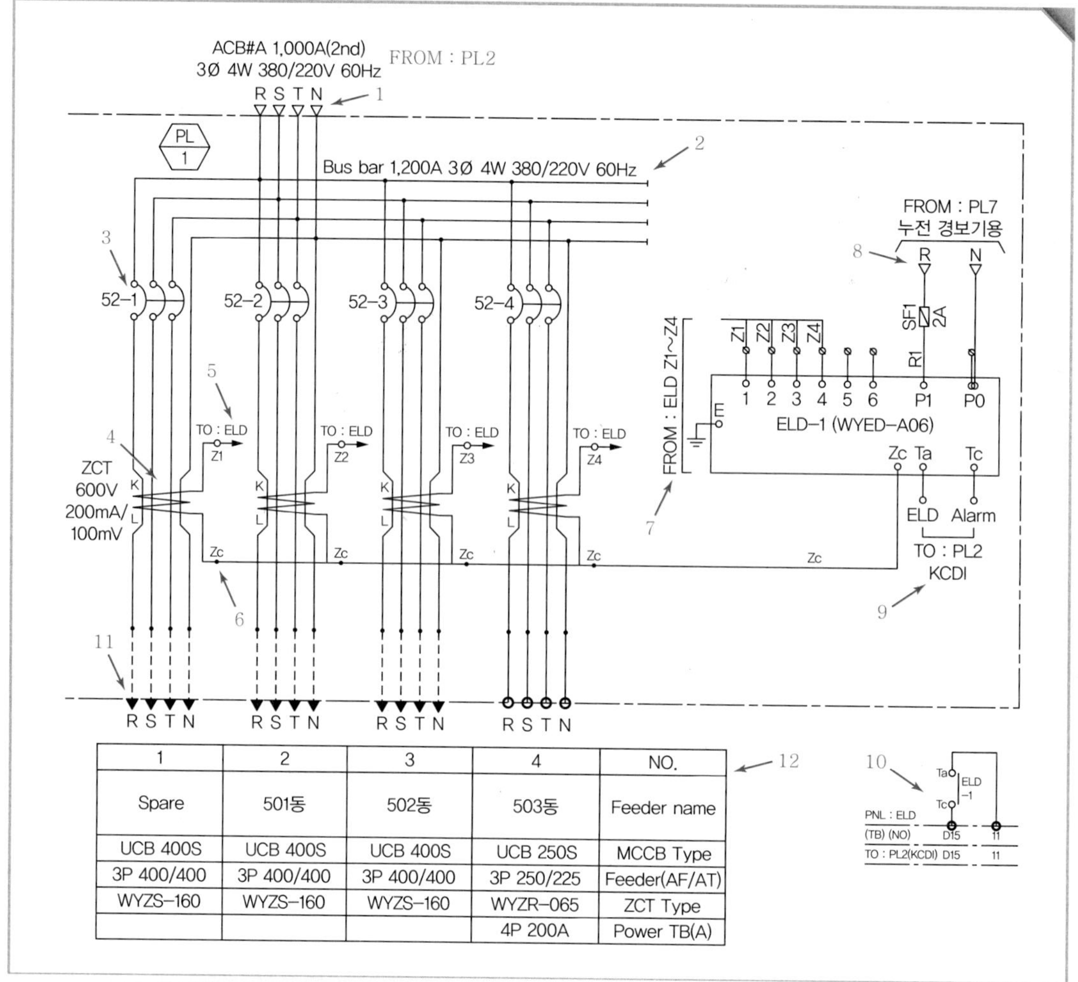

1	2	3	4	NO.
Spare	501동	502동	503동	Feeder name
UCB 400S	UCB 400S	UCB 400S	UCB 250S	MCCB Type
3P 400/400	3P 400/400	3P 400/400	3P 250/225	Feeder(AF/AT)
WYZS-160	WYZS-160	WYZS-160	WYZR-065	ZCT Type
			4P 200A	Power TB(A)

- ▶ 1번 : PL2(ACB1) 2차측에서 전원이 온다.
- ▶ 2번 : PL2(ACB1) 2차측에서 온 전원이 각 동 메인 차단기(MCCB) 1차측에 버스바로 연결된다.
- ▶ 3번 : 각 동 메인 차단기(MCCB)이다.
- ▶ 4번 : 누설 전류를 감지하기 위한 ZCT(영상 변류기)이다.
- ▶ 5번 : ZCT에서 ELD(누전 경보기)로 가는 라인선이다.
- ▶ 6번 : ZCT에서 ELD(누전 경보기)로 가는 공통선이다.
- ▶ 7번 : 6회로인 ELD(누전 경보기)이다.
- ▶ 8번 : 전원(PL7 패널에서 옴)
- ▶ 9번 : 알람 신호 접점으로, PL2의 디지털 입력 유닛으로 간다.
- ▶ 10번 : 알람 신호 접점에 대한 설명이다.
- ▶ 11번 : 각 동 메인 차단기에서 각 동 지하에 있는 패널로 간다.
- ▶ 12번 : 각 동 메인 차단기에 대한 설명이다.

PL1 패널 후면

㉠ 1번 : PL2에서 온 1차측
㉡ 2번 : 각 동 메인 차단기 1차측 연결 버스바
㉢ 4번 : ZCT(영상 변류기)
㉣ 11번 : 각 동 지하에 있는 분전함으로 연결되는 라인

ZCT(영상 변류기) 연결 모습

㉠ 4번 : ZCT
㉡ 5 · 6번 : ELD(누전 경보기)로 연결되는 라인선 및 공통선
㉢ 11번 : ZCT를 통과해서 부하로 간 케이블

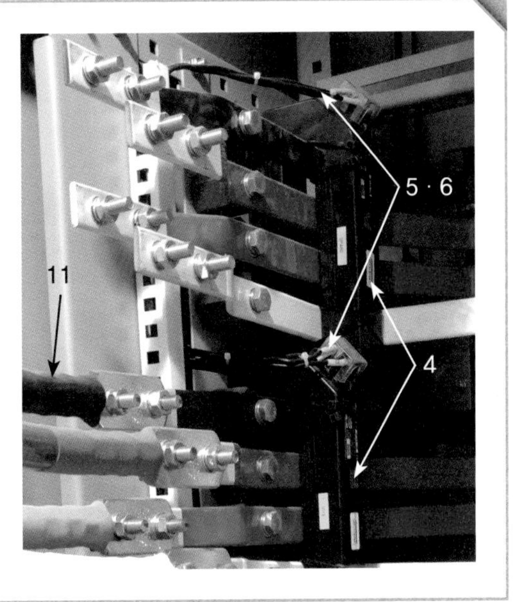

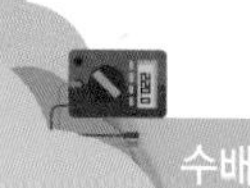

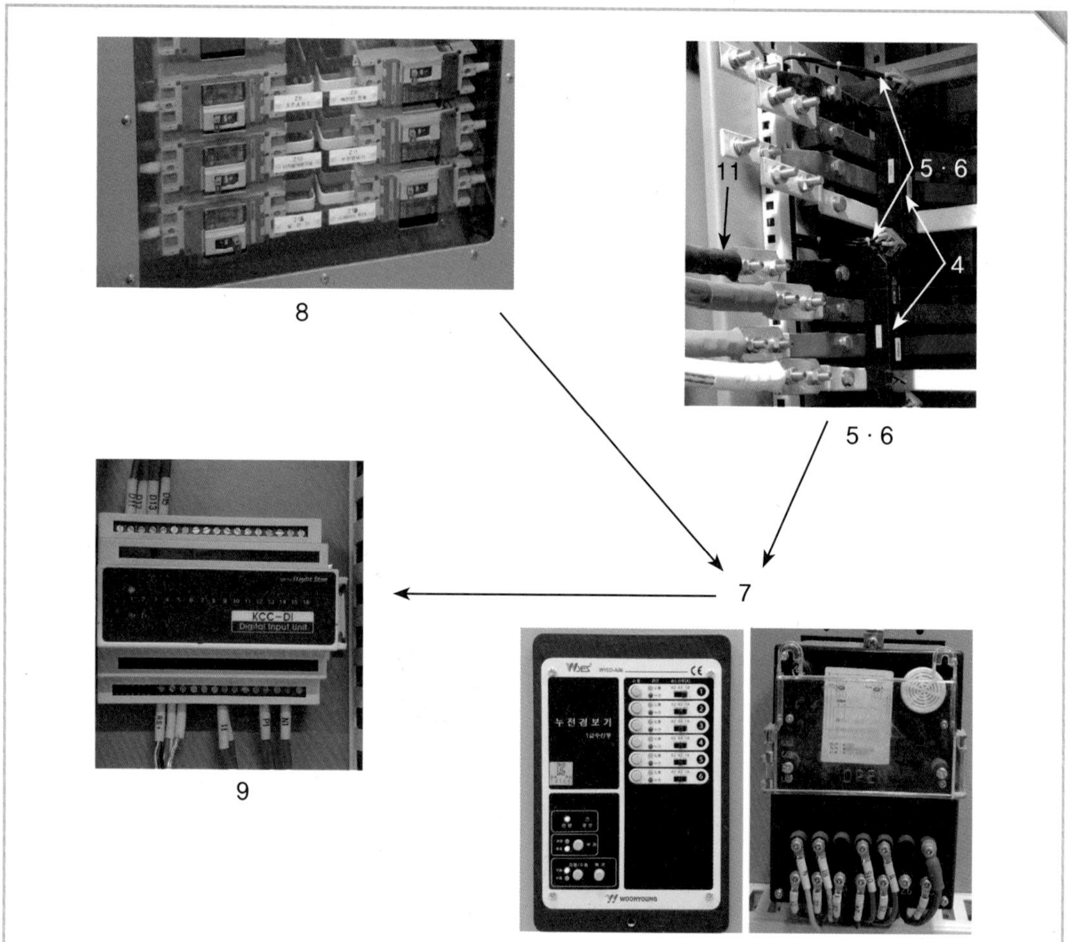

8

5 · 6

9

7

ELD(누전 경보기) 결선 흐름

㉠ 5 · 6번 : ZCT
㉡ 7번 : ELD
㉢ 8번 : PL2(ELD 전원)
㉣ 9번 : PL2(디지털 유닛)

ELD 후면 단자대

㉠ 5번 : ZCT 라인선
㉡ 6번 : ZCT 공통선
㉢ 8번 : 전원(220V)
㉣ 9번 : PL2의 디지털 입력 유닛으로 가는 접점
㉤ E번 : 접지

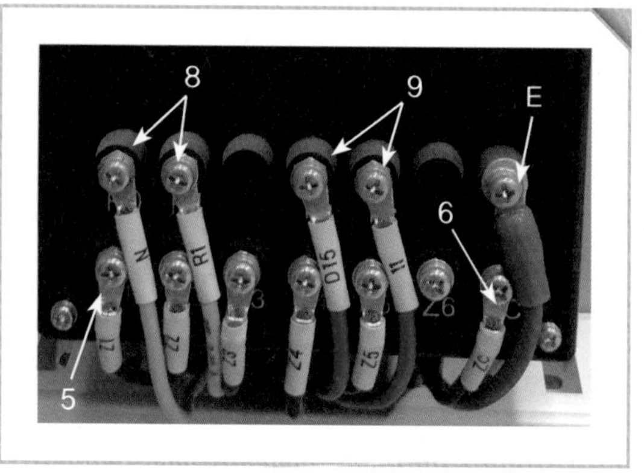

PL2의 디지털 입력 유닛

9 · 10번 : PL1의 ELD에서 온 a접점이다.

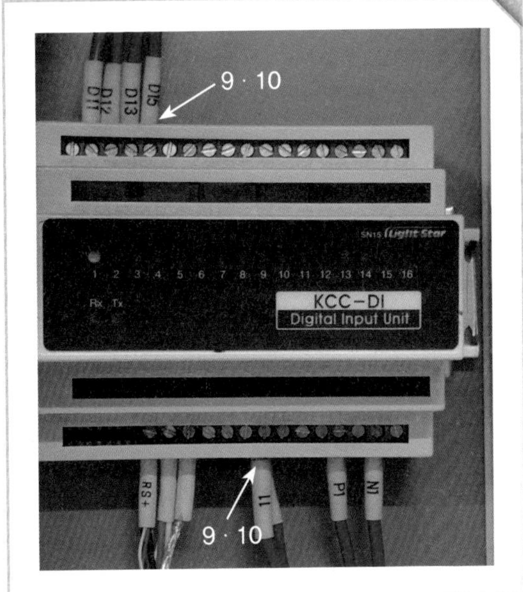

PL7 패널 누전 경보기 차단기 모습

8번 : 누전 경보기에 결선된 각 회로의 전원이 아니라 누전 경보기 자체 전원 공급용이다.

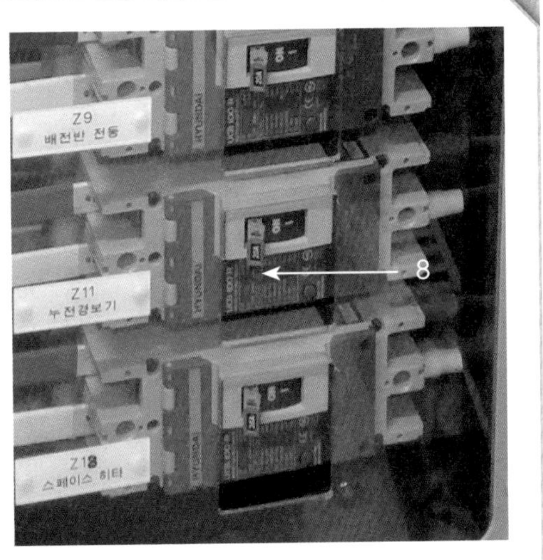

② PL2(ACB–A, TIE 패널)

(1) 단선도

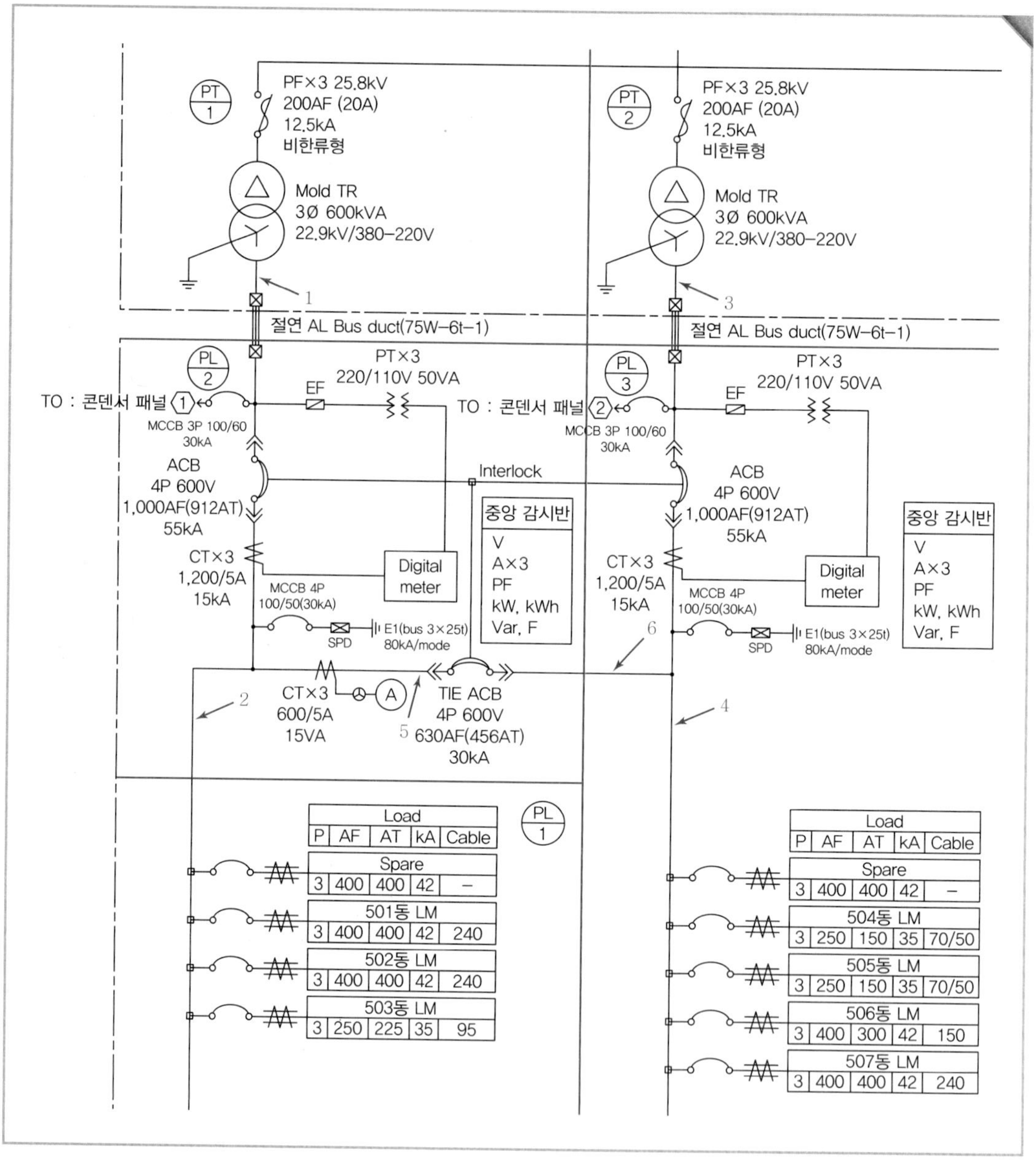

PT 1
PF×3 25.8kV
200AF (20A)
12.5kA
비한류형

Mold TR
3Ø 600kVA
22.9kV/380–220V

1

절연 AL Bus duct(75W–6t–1)

PL 2

TO : 콘덴서 패널 ⟨1⟩
MCCB 3P 100/60
30kA

EF
PT×3
220/110V 50VA

ACB
4P 600V
1,000AF(912AT)
55kA

Interlock

CT×3
1,200/5A
15kA

Digital meter

중앙 감시반
V
A×3
PF
kW, kWh
Var, F

MCCB 4P
100/50(30kA)
SPD
E1(bus 3×25t)
80kA/mode

CT×3
600/5A
15VA

TIE ACB
4P 600V
630AF(456AT)
30kA

2
5
6

PT 2
PF×3 25.8kV
200AF (20A)
12.5kA
비한류형

Mold TR
3Ø 600kVA
22.9kV/380–220V

3

절연 AL Bus duct(75W–6t–1)

PL 3

TO : 콘덴서 패널 ⟨2⟩
MCCB 3P 100/60
30kA

EF
PT×3
220/110V 50VA

ACB
4P 600V
1,000AF(912AT)
55kA

CT×3
1,200/5A
15kA

Digital meter

중앙 감시반
V
A×3
PF
kW, kWh
Var, F

MCCB 4P
100/50(30kA)
SPD
E1(bus 3×25t)
80kA/mode

4

PL 1

Load				
P	AF	AT	kA	Cable
Spare				
3	400	400	42	–
501동 LM				
3	400	400	42	240
502동 LM				
3	400	400	42	240
503동 LM				
3	250	225	35	95

Load				
P	AF	AT	kA	Cable
Spare				
3	400	400	42	–
504동 LM				
3	250	150	35	70/50
505동 LM				
3	250	150	35	70/50
506동 LM				
3	400	300	42	150
507동 LM				
3	400	400	42	240

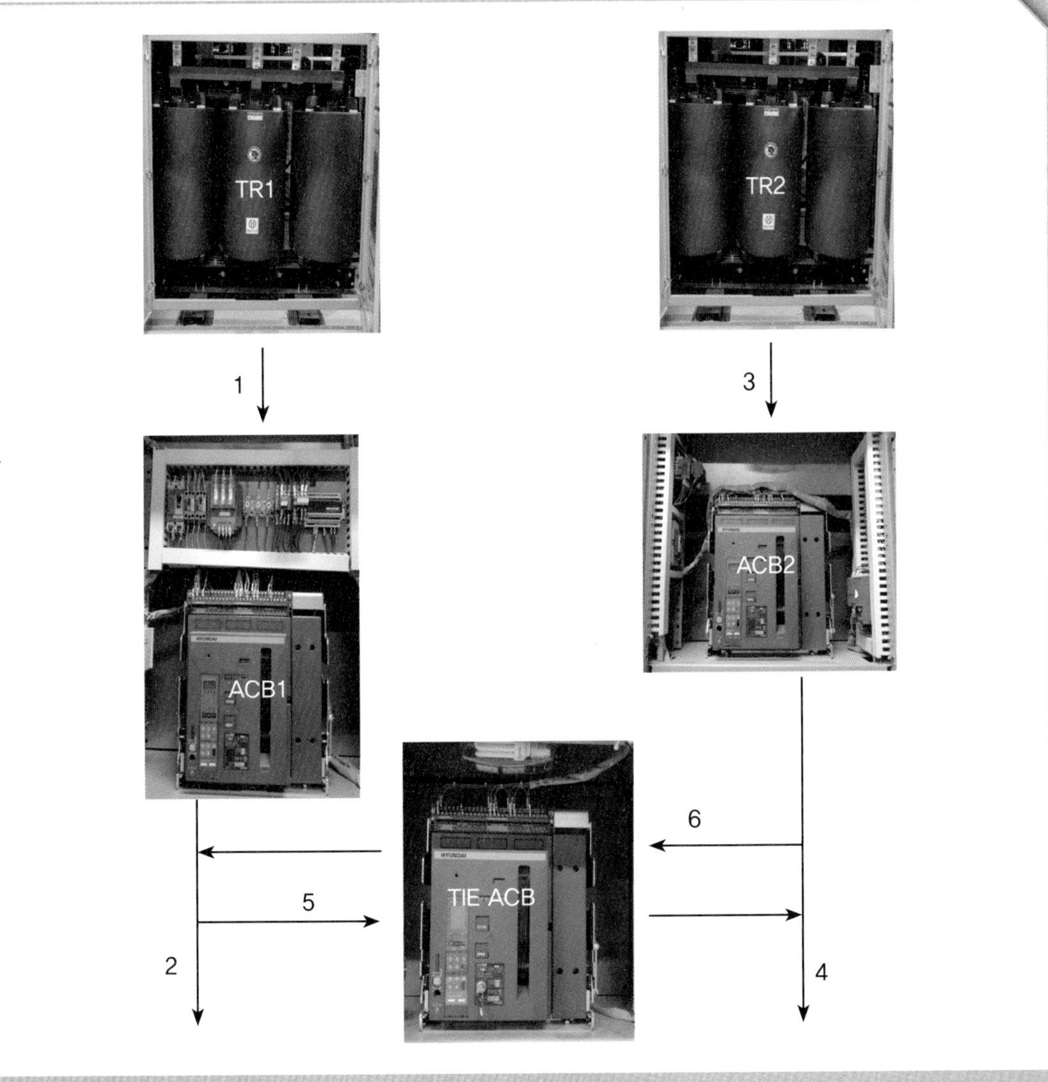

PL2(ACB-A, TIE 패널) 흐름도

㉠ 1번 : 세대 부하(501~503동) 공급용 변압기(TR1)

㉡ 2번 : TR1 → ACB1 → 각 동 세대 부하

㉢ 3번 : 세대 부하(504~507동) 공급용 변압기(TR2)

㉣ 4번 : TR2 → ACB2 → 각 동 세대 부하

㉤ 5번 : TR2 및 ACB2에 이상이 생겼을 때 TIE ACB를 ON시키면 TR1 라인의 전원을 임시로 공급받을 수 있다.

㉥ 6번 : TR1 및 ACB1에 이상이 생겼을 때 TIE ACB를 ON시키면 TR2 라인의 전원을 임시로 공급받을 수 있다.

참고 변압기(TR)는 두 라인의 용량이 차이가 날 수도 있다(사용하는 부하의 용량 차이). 만약 용량이 큰 변압기가 고장났을 경우 용량이 적은 변압기로 양쪽의 부하를 모두 감당할 수가 없다. 때문에 TIE ACB는 부하를 조절해 가면서 수동으로 사용하는 것도 좋다.

(2) 삼선도

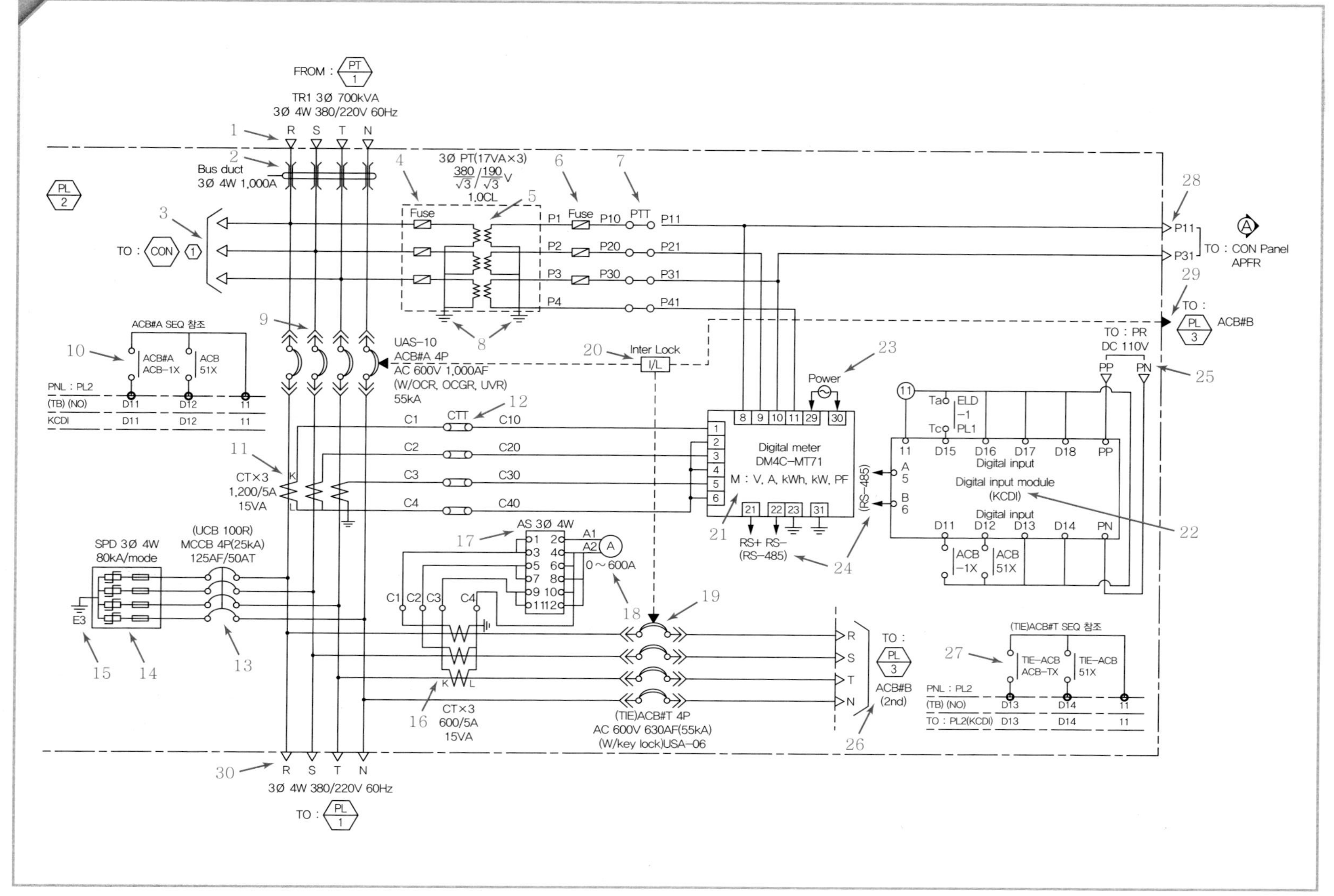
FROM : PT 1
TR1 3Ø 700kVA
3Ø 4W 380/220V 60Hz
R S T N
Bus duct
3Ø 4W 1,000A
PL 2
TO : CON 1
3Ø PT(17VA×3)
380/√3 / 190/√3 V
1.0CL
Fuse
P1 P2 P3 P4
Fuse
P10 P20 P30
PTT
P11 P21 P31 P41
P11 P31
TO : CON Panel
APFR
A
TO : PL 3 ACB#B
ACB#A SEQ 참조
ACB#A ACB-1X
ACB 51X
PNL : PL2
(TB) (NO) D11 D12 11
KCDI D11 D12 11
UAS-10
ACB#A 4P
AC 600V 1,000AF
(W/OCR, OCGR, UVR)
55kA
Inter Lock
I/L
TO : PR
DC 110V
PP PN
Power
CTT
C1 C10
C2 C20
C3 C30
C4 C40
CT×3
1,200/5A
15VA
K L
Digital meter
DM4C-MT71
M : V, A, kWh, kW, PF
1 2 3 4 5 6
8 9 10 11 29 30
21 22 23 31
RS+ RS-
(RS-485)
(RS-485)
11
Ta ELD -1
Tc PL1
11 D15 D16 D17 D18 PP
Digital input
A 5
B 6
Digital input module
(KCDI)
Digital input
D11 D12 D13 D14 PN
ACB -1X
ACB 51X
SPD 3Ø 4W
80kA/mode
E3
(UCB 100R)
MCCB 4P(25kA)
125AF/50AT
AS 3Ø 4W
1 2 3 4 5 6 7 8 9 10 11 12
A1 A2
A
0～600A
C1 C2 C3 C4
CT×3
600/5A
15VA
(TIE)ACB#T 4P
AC 600V 630AF(55kA)
(W/key lock)USA-06
R S T N
TO : PL 3
ACB#B
(2nd)
(TIE)ACB#T SEQ 참조
TIE-ACB ACB-TX
TIE-ACB 51X
PNL : PL2
(TB) (NO) D13 D14 11
TO : PL2(KCDI) D13 D14 11
R S T N
3Ø 4W 380/220V 60Hz
TO : PL 1
1 2 3 4 5 6 7 8 9 10 11 12 13 14 15 16 17 18 19 20 21 22 23 24 25 26 27 28 29 30

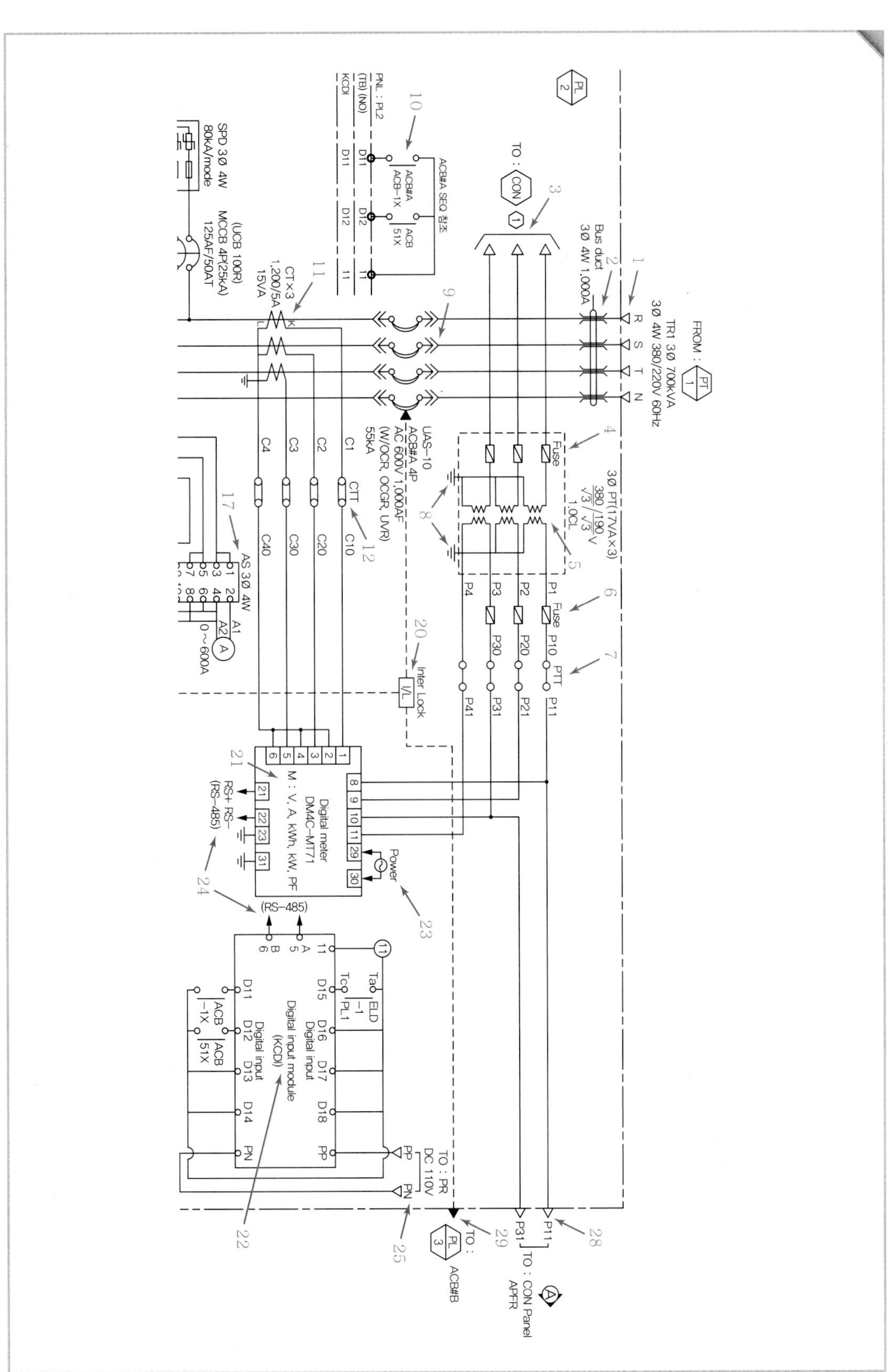
FROM : PT 1
TR1 3Ø 700kVA
3Ø 4W 380/220V 60Hz
R S T N
Bus duct
3Ø 4W 1,000A
TO : CON 1
3Ø PT(17VA×3)
1.0CL
Fuse
PTT
P1 P2 P3 P4
P10 P20 P30
P11 P21 P31 P41
UAS-10
ACB#A 4P
AC 600V 1,000AF
(W/OCR, OCGR, UVR)
55kA
CT×3
1,200/5A
15VA
CTT
C1 C2 C3 C4
C10 C20 C30 C40
AS 3Ø 4W
A1
A2
0~600A
Inter Lock
I/L
Digital meter
DM4C-MT71
M : V, A, kWh, kW, PF
Power
RS+ RS-
(RS-485)
ACB#A SEQ 참조
ACB#A
ACB-1X
ACB
51X
PNL : PL2
(TB) (NO)
KCDI
D11 D12
SPD 3Ø 4W
80kA/mode
(UCB 100R)
MCCB 4P(25kA)
125AF/50AT
Digital input module
(KCDI)
Digital input
ELD
-1
PL1
D15 D16 D17 D18
D11 D12 D13 D14
PP PN
TO : PR
DC 110V
TO : PL 3
ACB#B
TO : CON Panel
APFR
PL 2
1 2 3 4 5 6 7 8 9 10 11 12 17 20 21 22 23 24 25 28 29

PL2 삼선도

- ▶ 1번 : 1차측(PT1)
- ▶ 2번 : 연결 버스바
- ▶ 3번 : 콘덴서(CON 패널로 감)
- ▶ 4번 : PT에 있는 퓨즈
- ▶ 5번 : PT 3개
- ▶ 6번 : 다이젯 퓨즈
- ▶ 7번 : PTT
- ▶ 8번 : PT 접지
- ▶ 9번 : ACB1
- ▶ 10번 : ACB 상태 표시용 접점
- ▶ 11번 : CT 3개
- ▶ 12번 : CTT
- ▶ 17번 : AS(전류계 전환 스위치)
- ▶ 20번 : ACB2와 인터록
- ▶ 21번 : 디지털미터
- ▶ 22번 : 디지털 입력 유닛
- ▶ 23번 : 전원(220V)
- ▶ 24번 : 중앙 감시반 ↔ 디지털 입력 유닛 ↔ 디지털미터 상호간 통신선
- ▶ 25번 : 전원(DC 110V)
- ▶ 28번 : 콘덴서 패널로 가는 PT 라인
- ▶ 29번 : PL3(ACB2)와 인터록 라인 형성

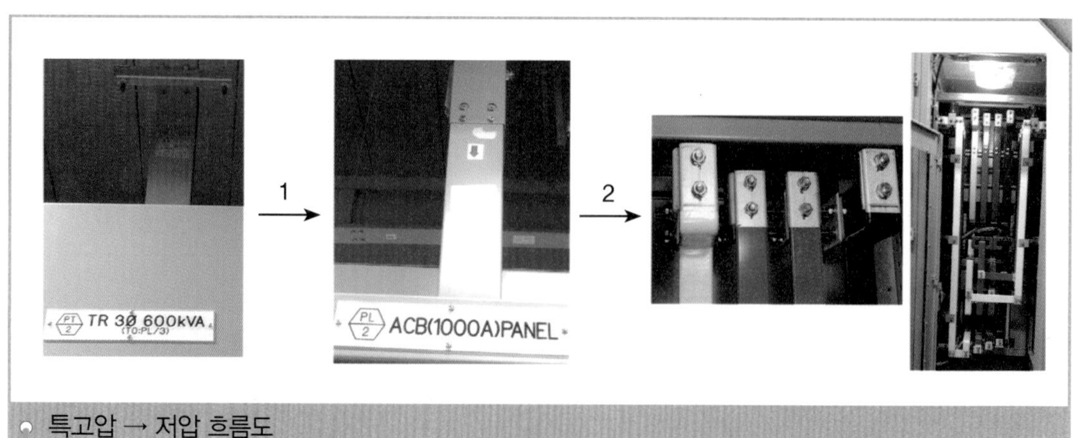

특고압 → 저압 흐름도

㉠ 1번 : TR(변압기)에서 전압이 낮아진다.

㉡ 2번 : 연결 버스 덕트(혹은 케이블)를 통해 저압 패널로 간다.

ACB 후면 단자

㉠ 1번 : ACB
㉡ 2번 : 1차측
㉢ 3번 : 콘덴서 연결 케이블

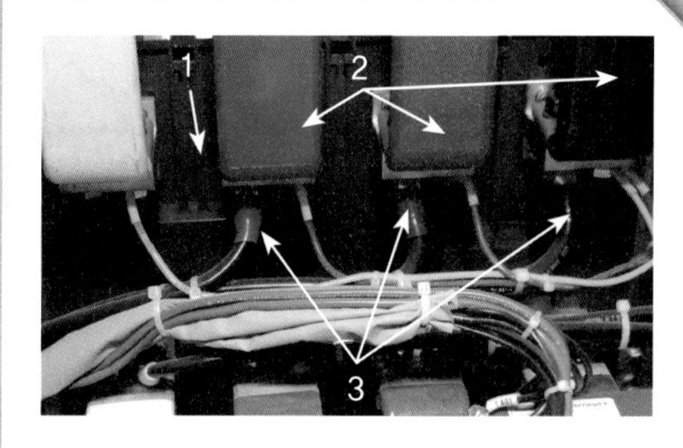

콘덴서 라인

㉠ 1번 : 차단기 1차측
㉡ 2번 : 콘덴서 메인 차단기
㉢ 3번 : 차단기 2차측

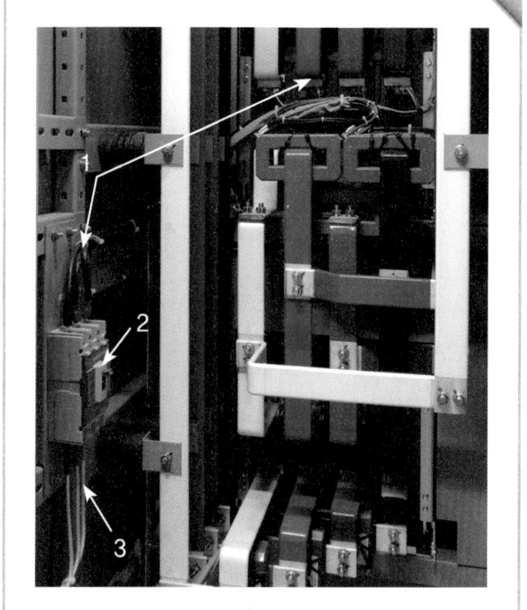

콘덴서 메인 차단기 확대 모습

㉠ 1번 : 1차측
㉡ 2번 : 차단기
㉢ 3번 : 콘덴서 패널로 연결되는 2차측

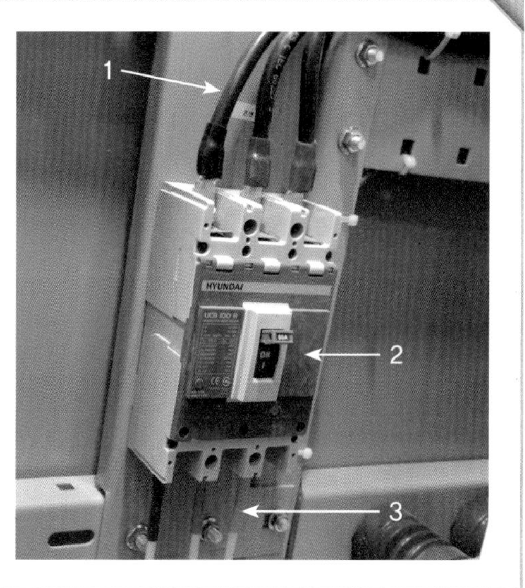

PT 단자

㉠ 4번 : PT 퓨즈
㉡ 5번 : PT
㉢ 6번 : 다이젯 퓨즈로 연결되는 라인

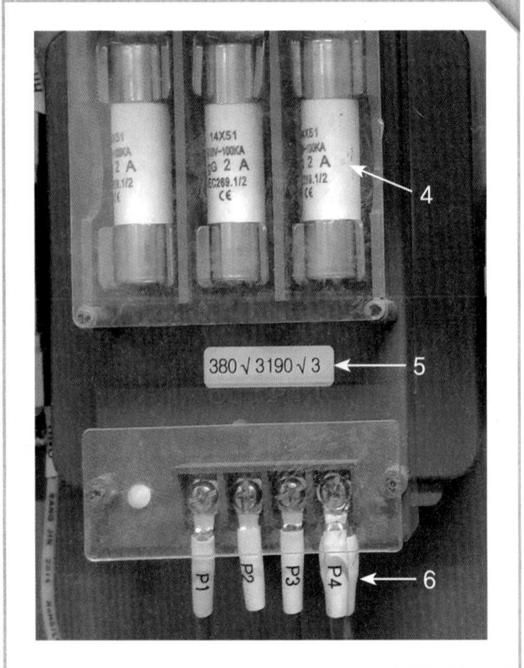

PT 단자대 확대 모습

㉠ 5번 : 표시 램프
㉡ 6번 : 라인선
㉢ 8번 : 공통선 접지

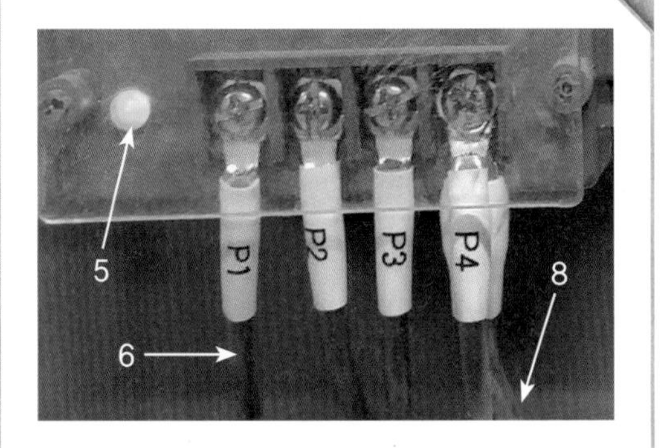

다이젯 퓨즈

㉠ 5번 : PT 라인 단자에서 오는 선
㉡ 6번 : 다이젯 퓨즈
㉢ 7번 : PTT로 연결됨

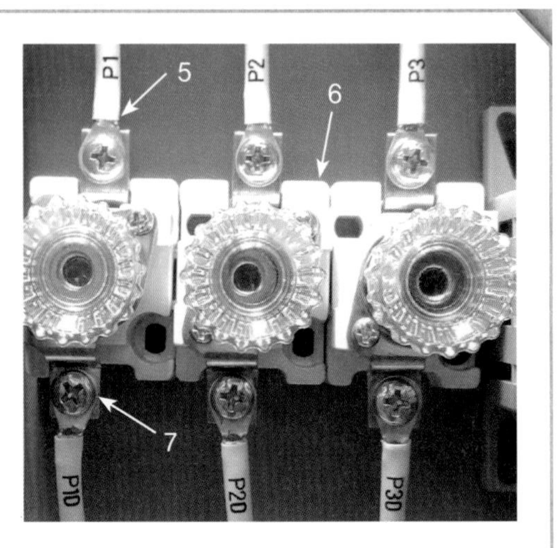

PTT(PT Tester)

㉠ 6번 : 다이젯 퓨즈에서 오는 입력측

㉡ 7번 : PTT

㉢ 28번 : PL2의 디지털미터(21번) 및 콘덴서 패널의 디지털미터와 연결되는 출력측

참고 입력과 출력측을 잘 구분해야 한다.

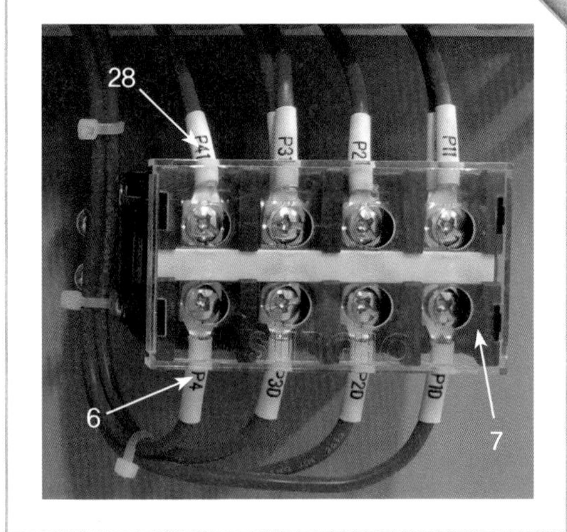

PL3 패널 ACB2

㉠ 1번 : TR2에서 온 1차측이다.

㉡ 2번 : 2차측으로, 504~507동 세대 부하 패널에 전원을 공급한다.

㉢ 3번 : PL1 패널의 TIE ACB 2차측과 연결한다.

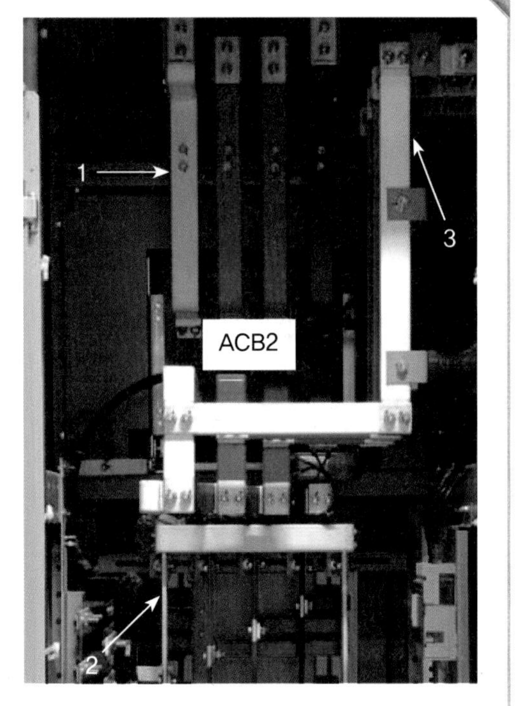

PL2 패널 ACB1 및 TIE ACB

㉠ 1번 : TR1에서 온 1차측이다.

㉡ 2번 : PL1 패널 1차측과 연결한다.

㉢ 3번 : TIE ACB 2차측으로, PL3 패널의 ACB2 2차측과 연결된다.

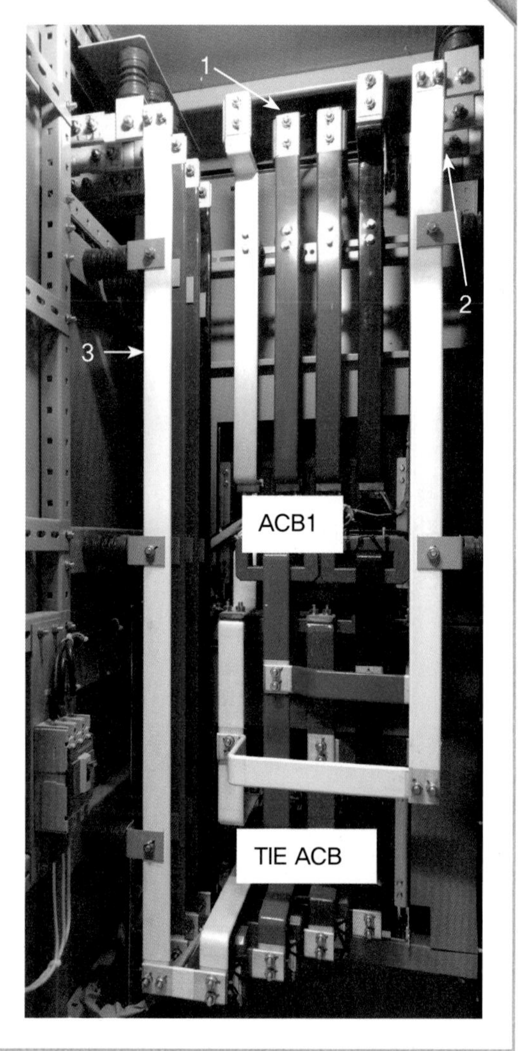

CT 결선

㉠ 11번 : ACB 2차측 각 상에 끼워진 CT이다.

㉡ 11-1번 : CTT로 연결되는 라인선이다.

㉢ 11-2번 : CTT로 연결되는 공통선으로 각 상 CT의 공통끼리 연결 후 1가닥만 연결된다.

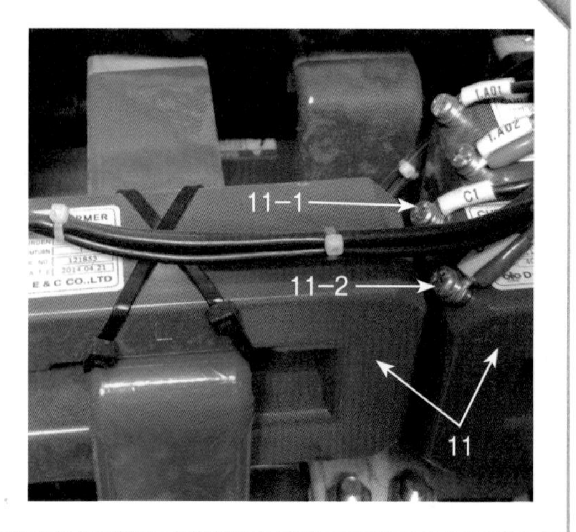

CTT 결선

㉠ 11번 : CT에서 오는 입력측
㉡ 12번 : CTT
㉢ 21번 : 디지털미터로 연결되는 출력측

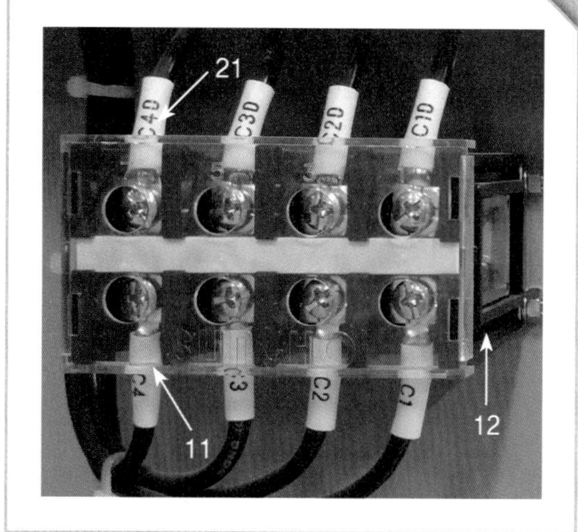

디지털미터 결선

㉠ 12번 : CT에서 오는 라인
㉡ 21번 : 디지털미터
㉢ 23번 : 전원
㉣ 24번 : 통신선
㉤ 28번 : PT에서 오는 라인

디지털 입력 유닛 결선

㉠ 22번 : 디지털 입력 유닛
㉡ 24번 : 통신선
㉢ 25번 : 전원

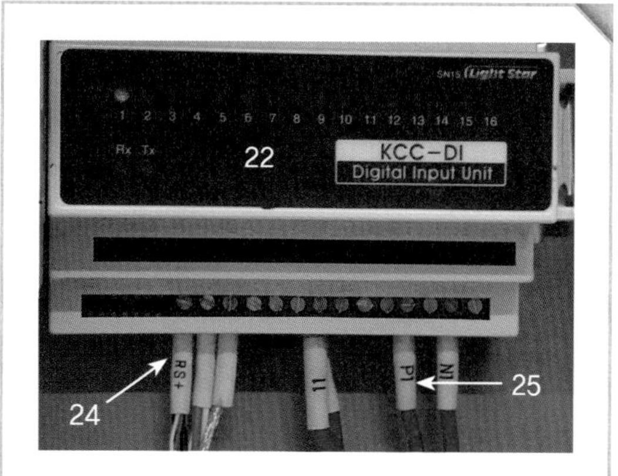

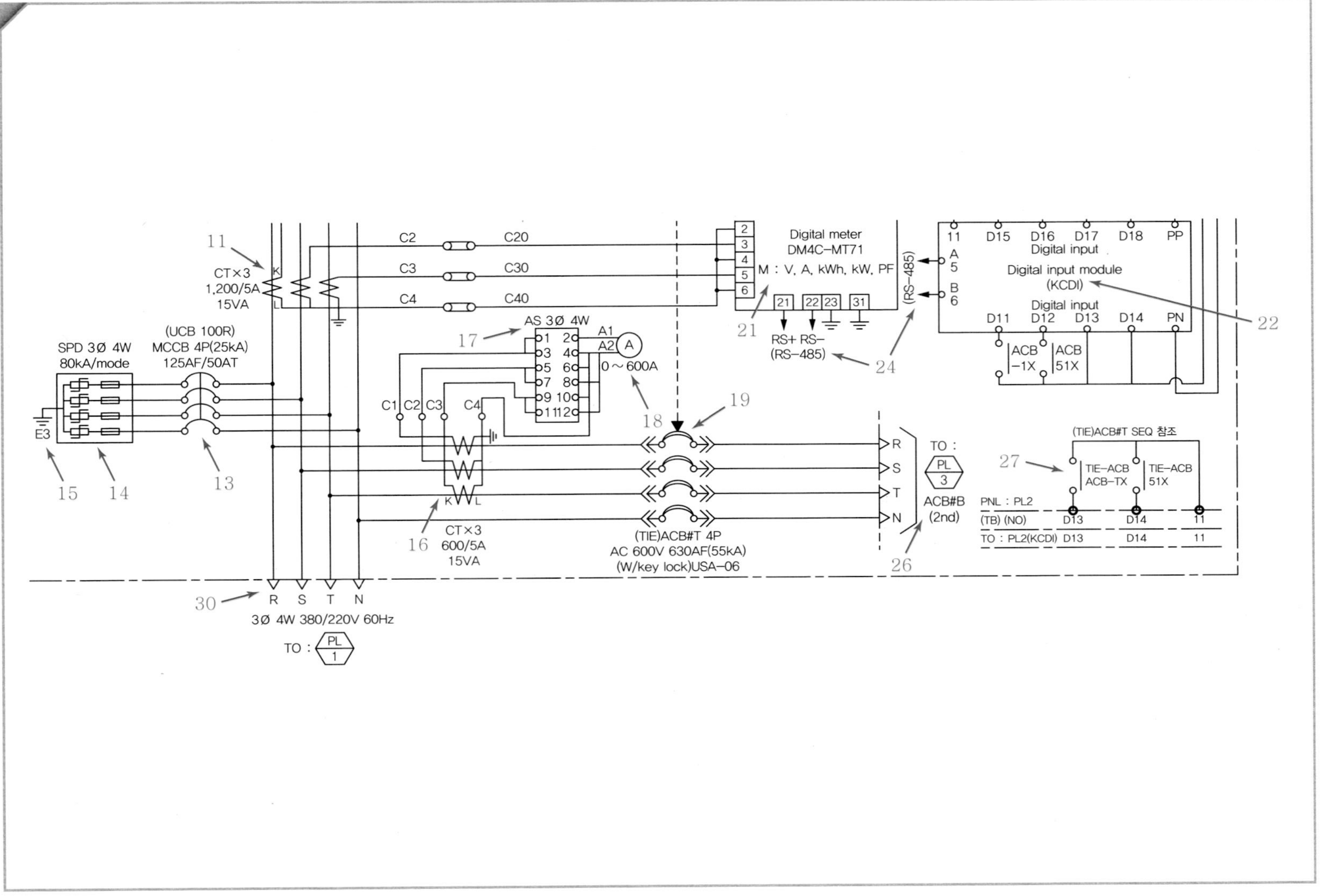

11
CT×3
1,200/5A
15VA
C2 C20
C3 C30
C4 C40
Digital meter
DM4C-MT71
M : V, A, kWh, kW, PF
21 22 23 31
RS+ RS-
(RS-485)
(RS-485)
A 5
B 6
11 D15 D16 D17 D18 PP
Digital input
Digital input module
(KCDI)
Digital input
D11 D12 D13 D14 PN
ACB -1X
ACB 51X
22
21
24
SPD 3Ø 4W
80kA/mode
(UCB 100R)
MCCB 4P(25kA)
125AF/50AT
E3
AS 3Ø 4W
17
A1
A2
0～600A
C1 C2 C3 C4
18
19
R S T N
TO :
PL 3
ACB#B
(2nd)
(TIE)ACB#T SEQ 참조
27
TIE-ACB ACB-TX
TIE-ACB 51X
PNL : PL2
(TB) (NO) D13 D14 11
TO : PL2(KCDI) D13 D14 11
15 14 13
16
CT×3
600/5A
15VA
(TIE)ACB#T 4P
AC 600V 630AF(55kA)
(W/key lock)USA-06
26
30
R S T N
3Ø 4W 380/220V 60Hz
TO : PL 1

ACB 2차측

- ▶ 11번 : CT(1,200/5A)
- ▶ 14번 : SPD
- ▶ 15번 : SPD 접지(제3종)
- ▶ 16번 : CT(600/5A)
- ▶ 17번 : 전류계 전환 스위치
- ▶ 18번 : 전류계
- ▶ 19번 : TIE ACB
- ▶ 21번 : 디지털미터
- ▶ 22번 : 디지털 입력 유닛
- ▶ 24번 : 통신 라인
- ▶ 26번 : PL3의 ACB2와 연결
- ▶ 27번 : 디지털 입력 유닛으로 가는 TIE ACB 접점
- ▶ 30번 : PL1 패널의 MCCB 1차측에 연결

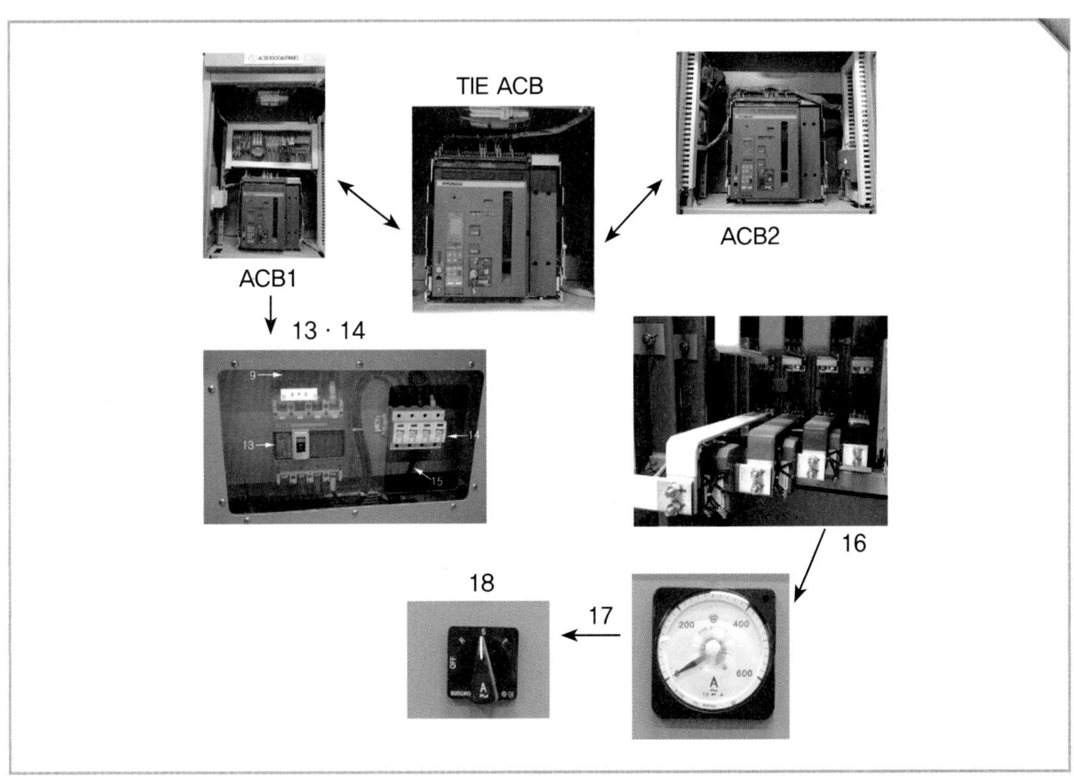

ACB 2차측 흐름도

㉠ TIE ACB에 의한 인터록 : ACB1과 ACB2 중 어느 한 라인에 이상 발생 시 TIE ACB를 통해 반대 라인의 전력을 임시로 공급받을 수 있다. TIE ACB가 동작 시 ACB1과 ACB2는 동시에 전력을 공급할 수 없고 반드시 둘 중 1개 라인만 공급된다.

㉡ 13 · 14번 : ACB1 2차측에 설치된 서지 보호기(SPD)

㉢ 16번 : ACB 2차측에 설치된 CT에서 전류계로 연결된다.

㉣ 17번 : 전류계의 각 상별 전류는 AS(전류계 전환 스위치)계에 의해 측정된다.

㉤ 18번 : AS(전류계 전환 스위치)계

콘덴서와 SPD 1차측

㉠ 3번 : 콘덴서 전원으로, ACB 1차측에 연결된다.

㉡ 13번 : SPD 전원으로, ACB 2차측에 연결된다.

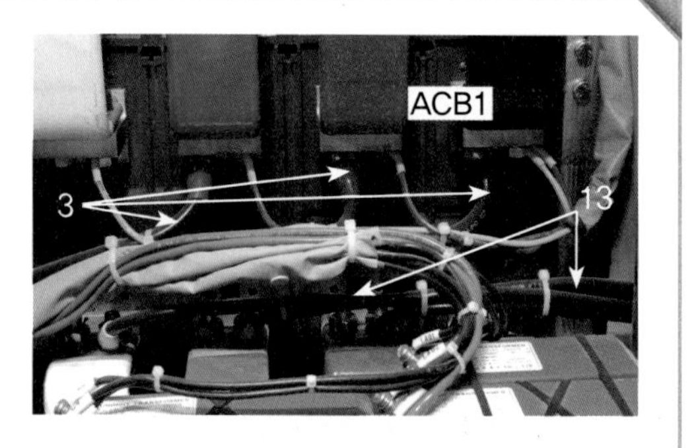

SPD 결선 모습

㉠ 9번 : ACB 2차측에서 온 전원

㉡ 13번 : SPD 차단기

㉢ 14번 : SPD(Surge Protective Device : 서지 보호기)

㉣ 15번 : 이상 전압을 대지로 보내는 접지

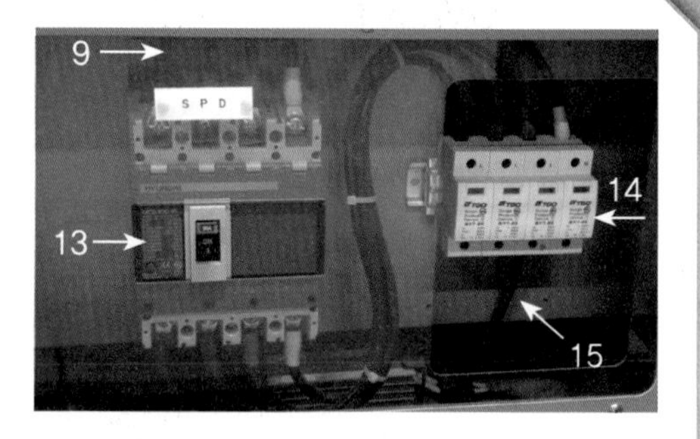

SPD 확대 Ⅰ

㉠ 13번 : SPD 차단기에서 온다.

㉡ 14번 : SPD로, 보통 정격 전압의 20~30% 이상되는 서지 등 이상 전압이 회로에 유입될 때 대지로 유입된 이상 전압을 방출하는 기능을 한다.

㉢ 15번 : SPD의 2차측을 COM으로 연결해서 대지로 간다.

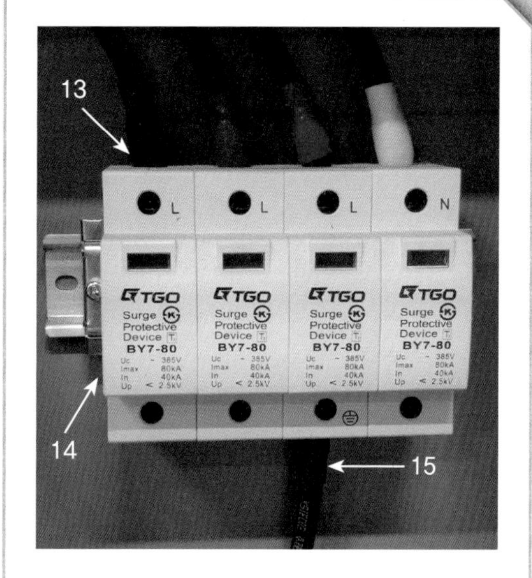

SPD 확대 Ⅱ

㉠ 1번 : SPD

㉡ 2번 : SPD 4개의 2차측을 공통으로 연결 후 접지 버스바에 연결되었다.

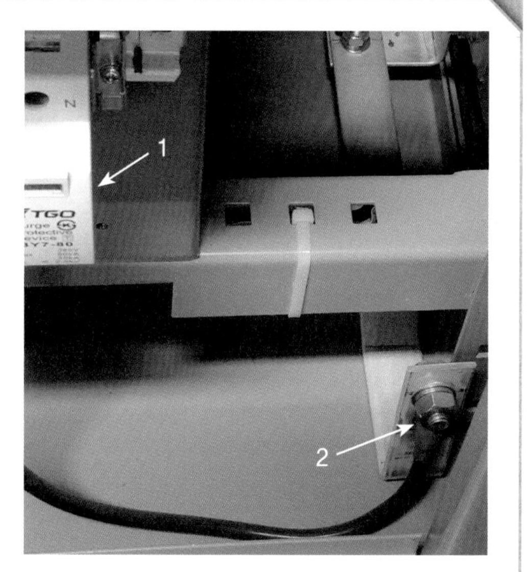

TIE ACB 후면

㉠ 9 · 30번 : ACB1의 2차측과 연결

㉡ 16번 : 각 상에 걸린 CT

㉢ 26번 : ACB2의 2차측과 연결

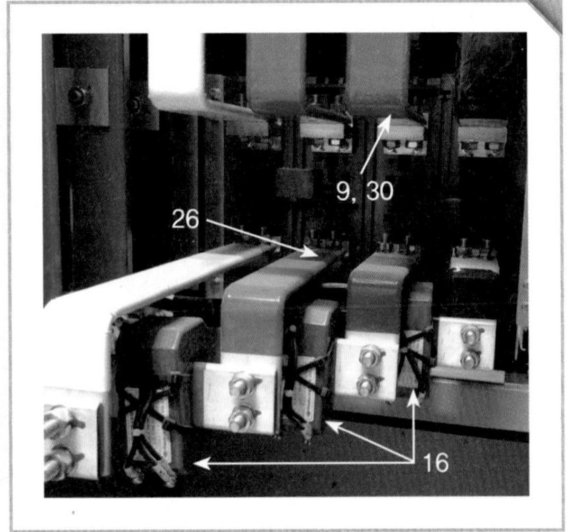

AS(전류계 전환 스위치)계 후면

㉠ 16번 : 공통 연결 및 접지선

㉡ 17번 : AS계

㉢ 18번 : CT에서 온 각 상별 라인선

㉣ A1 · A2는 전류계로 간 선이다.

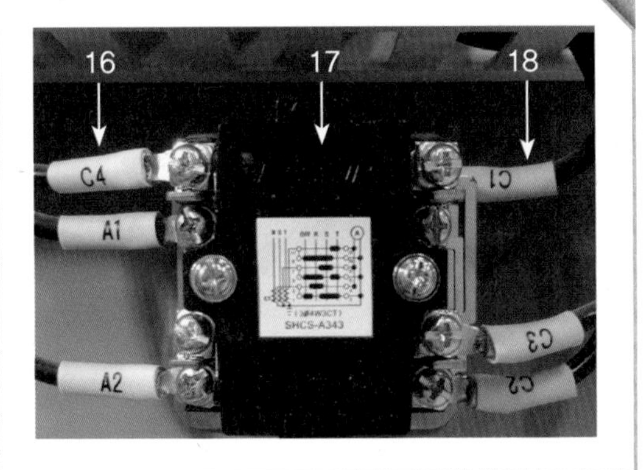

전류계 후면

㉠ 17번 : AS계에서 온 선

㉡ 18번 : 전류계

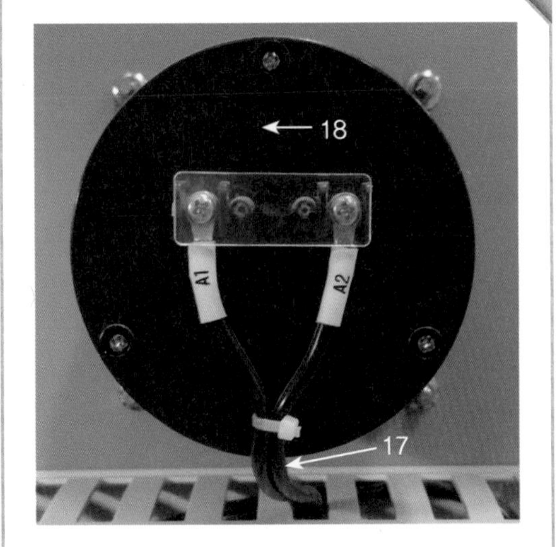

(3) PL2(ACB–A 패널) 시퀀스도

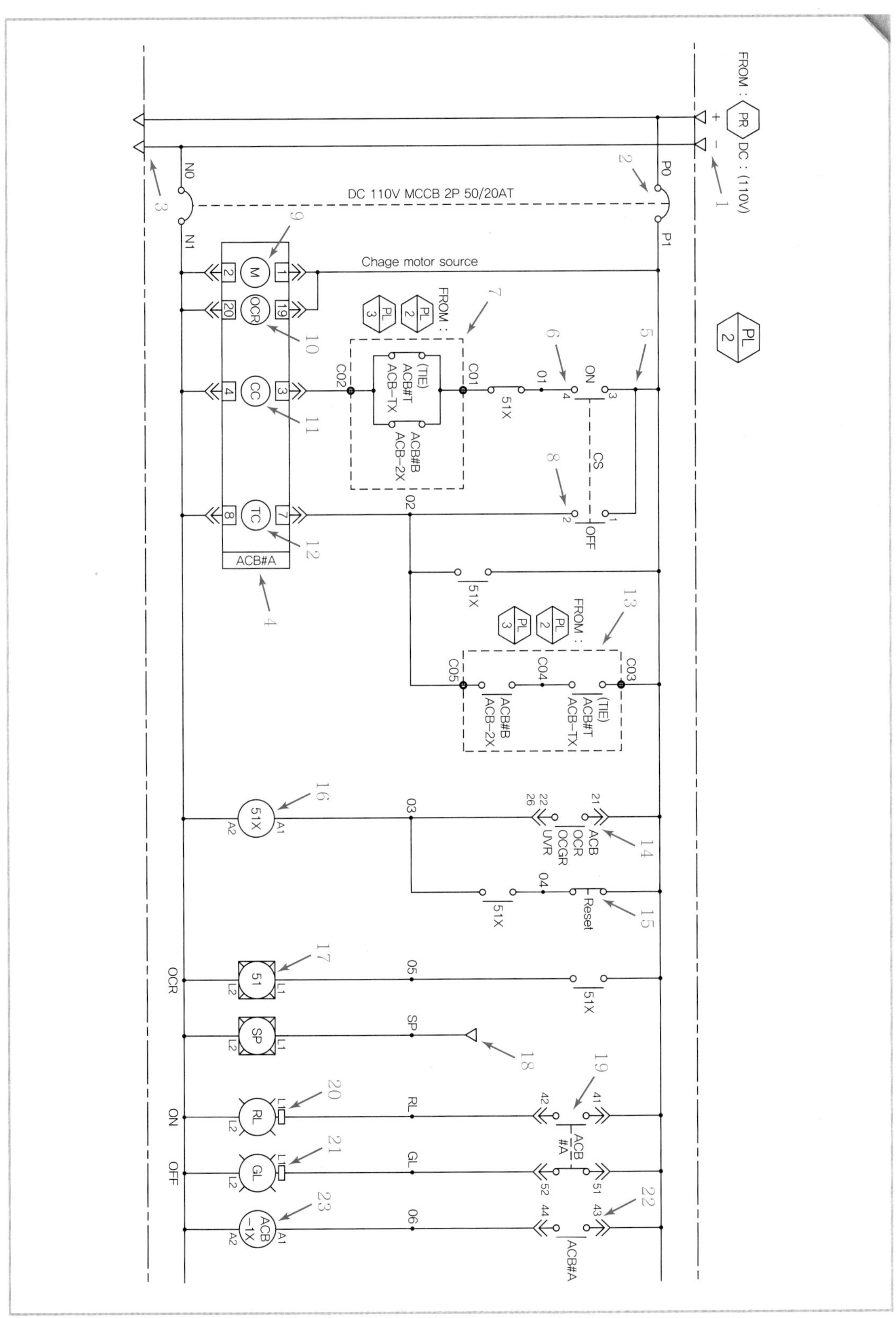

▶ 1번 : 정류기반에서 오는 전원
▶ 2번 : 조작 전원 공급용 차단기
▶ 3번 : DC 110V를 필요로 하는 다른 패널로 간다.
▶ 4번 : ACB-A
▶ 5번 : 수동 조작용 캠스위치
▶ 6번 : 캠스위치 ACB ON
▶ 7번 : ACB2, TIE ACB의 병렬 연결 접점
▶ 8번 : 캠스위치 ACB OFF
▶ 9번 : 구동 모터 전원
▶ 10번 : OCR 장치 전원
▶ 11번 : ACB 동작 코일 전원
▶ 12번 : ACB 트립 코일 전원
▶ 13번 : ACB2, TIE ACB의 직렬 연결 접점
▶ 14번 : 각종 보호 계전기 동작 접점
▶ 15번 : 리셋 버튼
▶ 16번 : 51X 보조 계전기
▶ 17번 : 51X 표시 램프
▶ 18번 : 스페어
▶ 19번 : ACB ON 표시 접점
▶ 20번 : ACB ON 표시 램프
▶ 21번 : ACB OFF 표시 램프
▶ 22번 : ACB-1X 동작용 접점
▶ 23번 : ACB-1X 계전기

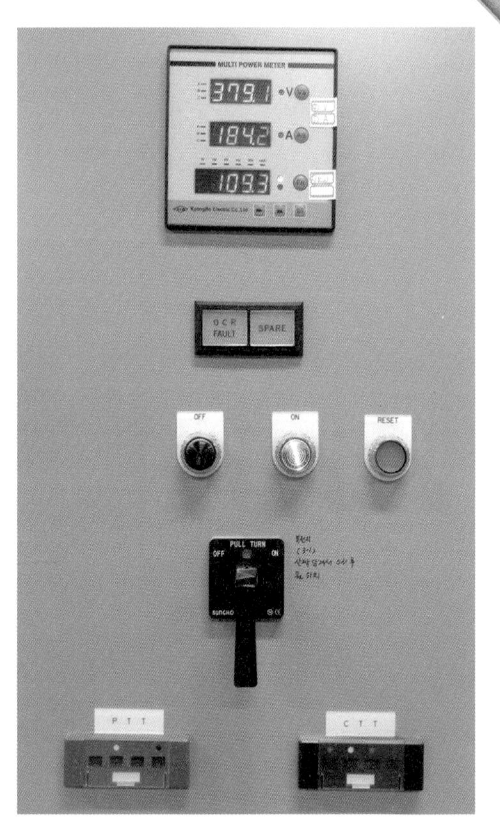

PL2(ACB1) 전면 모습

주요 부품으로 디지털미터, 표시 램프, 리셋 버튼, 캠스위치, PTT 및 CTT가 있다.

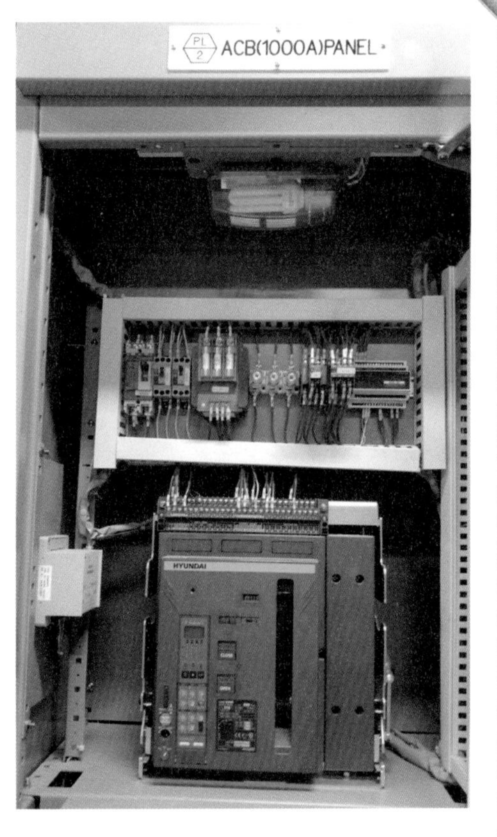

PL2(ACB1) 내부 모습

주요 부품으로 ACB, UVT, 조작 전원용 차단기, PT, 다이젯 퓨즈, 보조 계전기, 디지털 입력 유닛이 있다.

PR(정류기) 패널에 있는 ACB 차단기

AC를 DC 110V로 정류시킨 전압을 ACB 조작 전원으로 공급받는다.

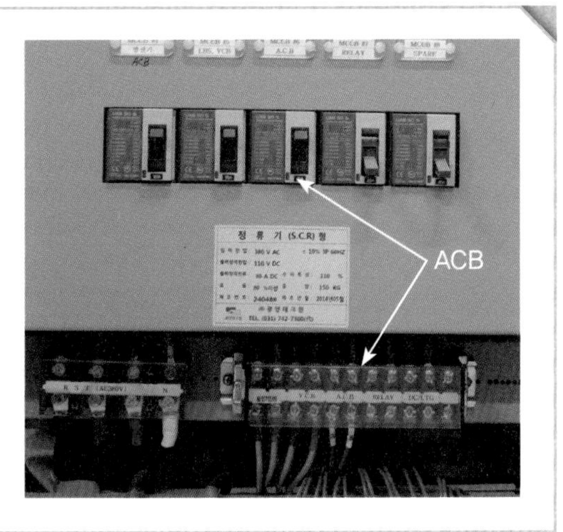

PR(정류기) 패널에 있는 ACB 차단기

ACB의 조작 전원 공급용으로, DC 110V 이다.

PR(정류기) 패널에 있는 ACB 차단기 확대

1번 : 차단기에서 ACB로 가기 위해 단자대에 연결된 모습이다.

ACB 조작 전원 차단기

㉠ 1번 : PR 패널의 차단기에서 온다.

㉡ 2번 : ACB를 동작시키는 조작 회로 1차측 전원으로 간다.

ACB 전면

1번 : 단자대 부분이다.

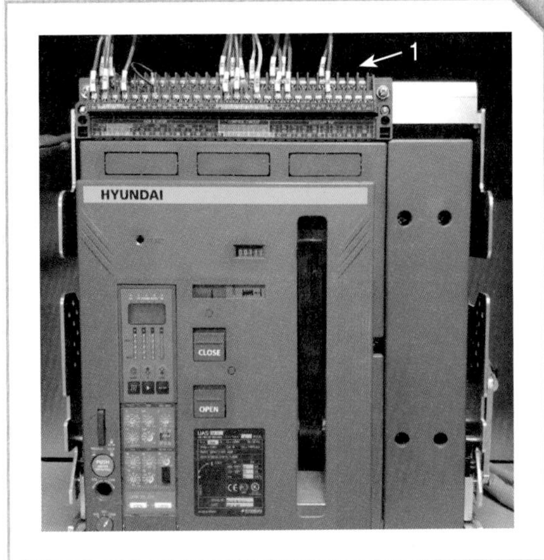

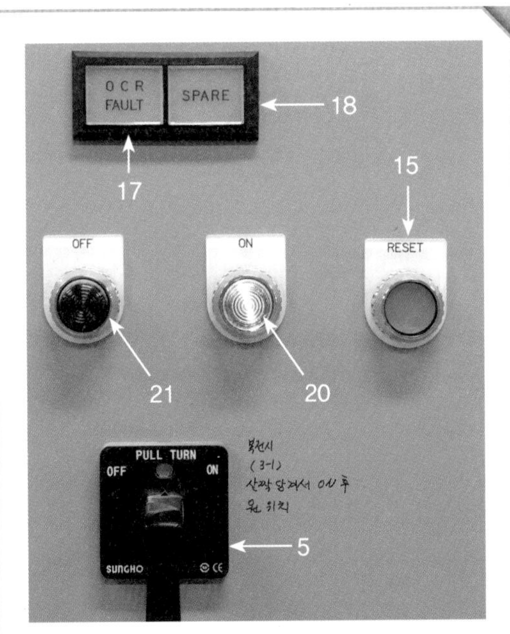

ACB 패널 전면

㉠ 5번 : 수동 ON/OFF를 위한 캠스위치
㉡ 15번 : ACB 트립 후 회로 복구를 위한 리셋 버튼
㉢ 17번 : OCR 동작 표시 램프
㉣ 18번 : Spare
㉤ 20번 : ACB ON 표시 램프
㉥ 21번 : ACB OFF 표시 램프

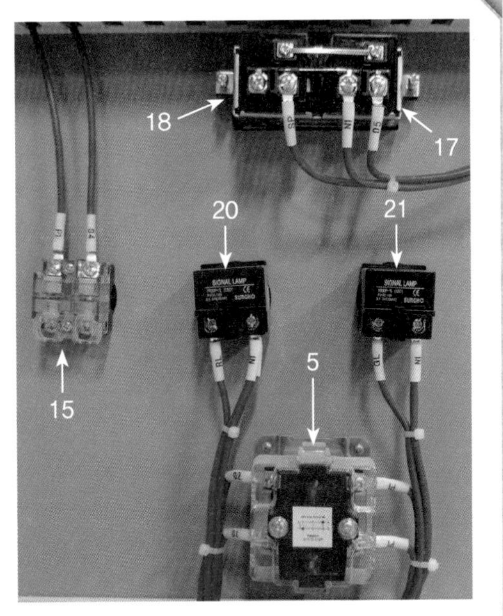

ACB 패널 후면

㉠ 5번 : 캠스위치
㉡ 15번 : 리셋 버튼
㉢ 17번 : OCR 동작 표시 램프
㉣ 18번 : Spare
㉤ 20번 : ACB ON 표시 램프
㉥ 21번 : ACB OFF 표시 램프

캠스위치 결선

㉠ 5번 : (+)공통으로, P1을 연결핀으로 공통을 연결했다.

㉡ 6번 : ACB ON

㉢ 8번 : ACB OFF

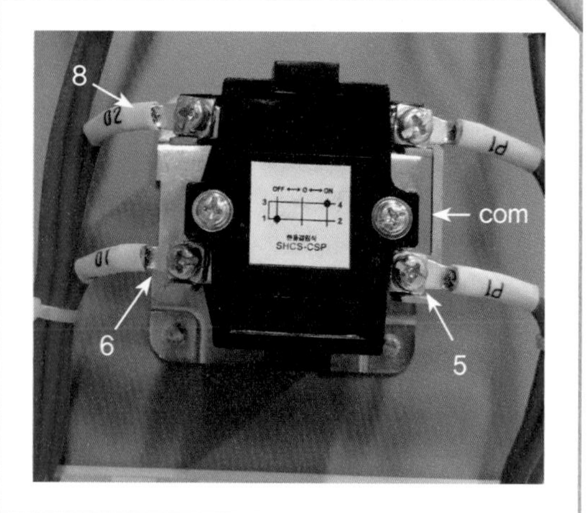

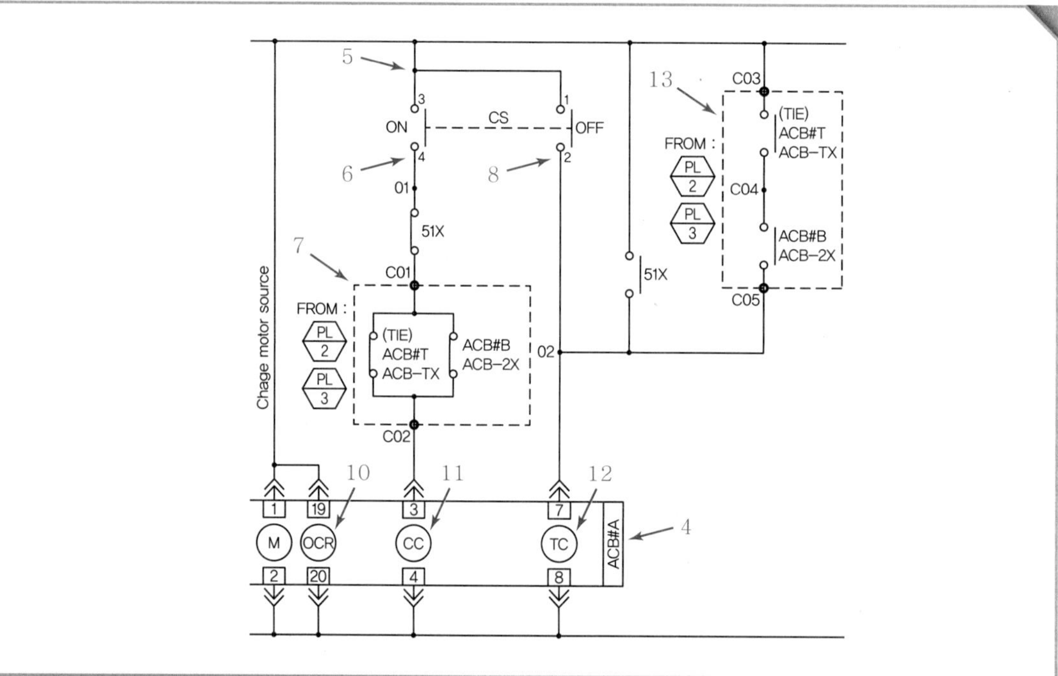

ACB1, ACB2, TIE ACB 간 인터록 회로

▶ 7번(투입) : ACB2, TIE ACB의 b접점이 병렬로 연결되어 둘 중에 1개만 OFF되어도 투입 가능하다.

▶ 13번(트립) : ACB2, TIE ACB의 a접점이 직렬로 연결되어 2개 모두 ON 시 자동 트립된다.

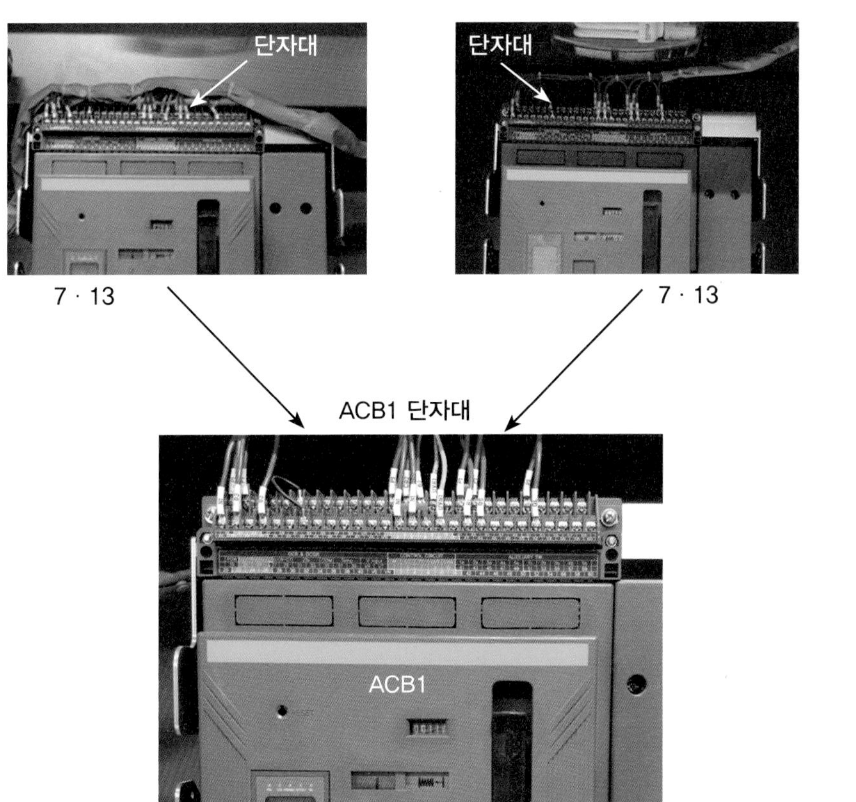

인터록 회로 흐름도

ACB2, TIE ACB에서 인터록 회로에 필요한 접점들이 ACB1으로 연결된다.

㉠ 7번 : 접점의 병렬 연결 ㉡ 13번 : 접점의 직렬 연결

단자대 결선 확대

접점은 보조 계전기를 이용한 것이 아니라 ACB 자체에 있는 것들이다.

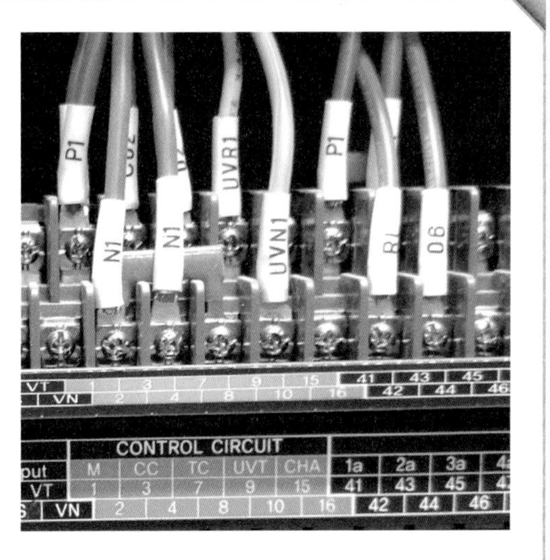

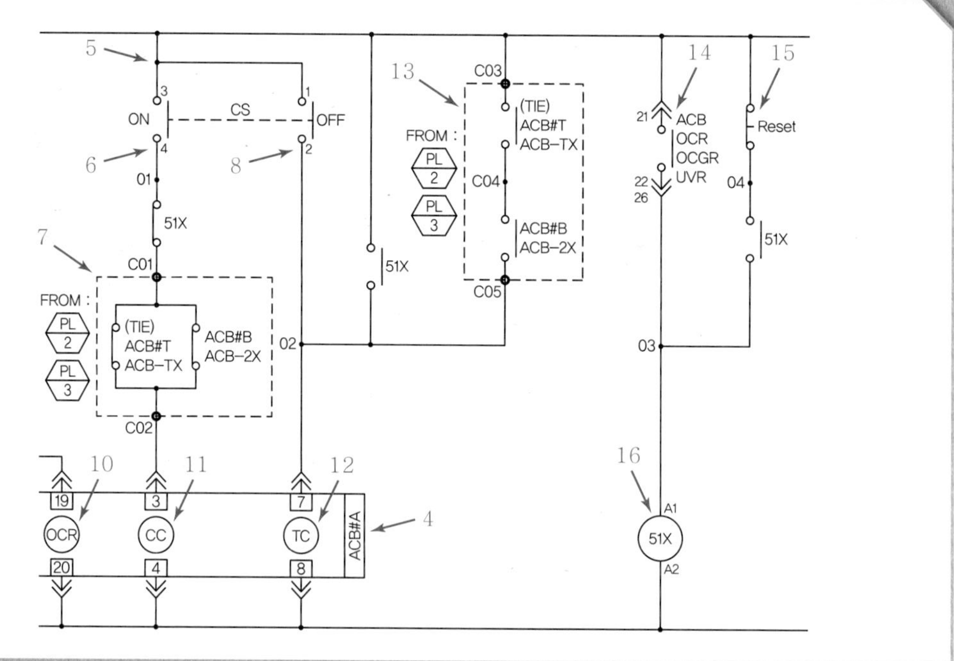

51X(보조 계전기) 역할

- ▶ 14번 : OCR, OCGR, UVR(UVT가 동작했을 때 51X가 동작하여 b접점으로 ACB의 ON 라인(11번)을 끊고, 동시에 a접점으로 트립 라인(12번)에 전원을 인가시켜 ACB를 트립시킨다.
- ▶ 15번 : 51X 동작 원인 제거 후 리셋 버튼을 눌러 회로를 복구시켜야 ACB를 정상화시킬 수 있다.
- ▶ 16번 : 51X(보조 계전기)

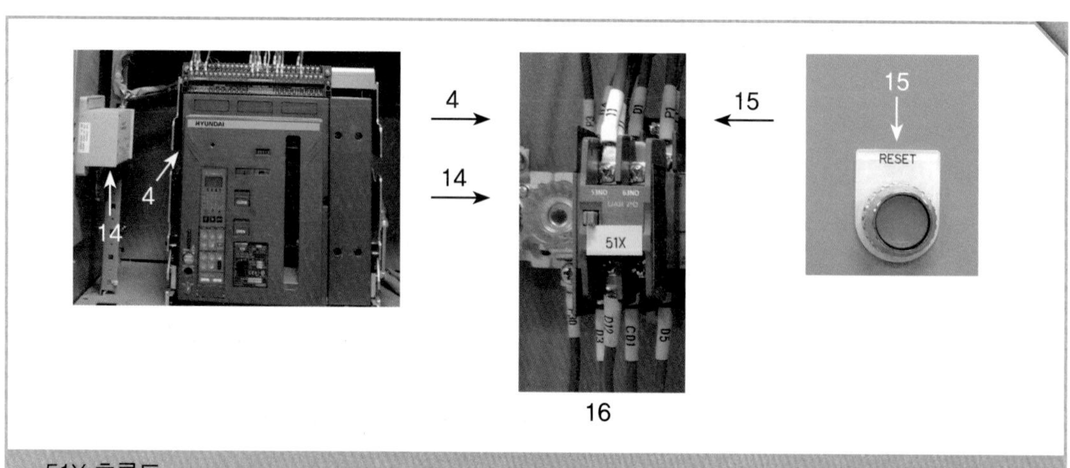

51X 흐름도

㉠ 4번 : ACB
㉡ 14번 : UVT(UVR)
㉢ 15번 : 리셋 버튼
㉣ 16번 : 51X

OCR, OCGR 기능이 내장된 ACB

ACB(14번)는 별도의 보호 계전기(OCR, OCGR) 없이 자체의 기능으로 동작한다.

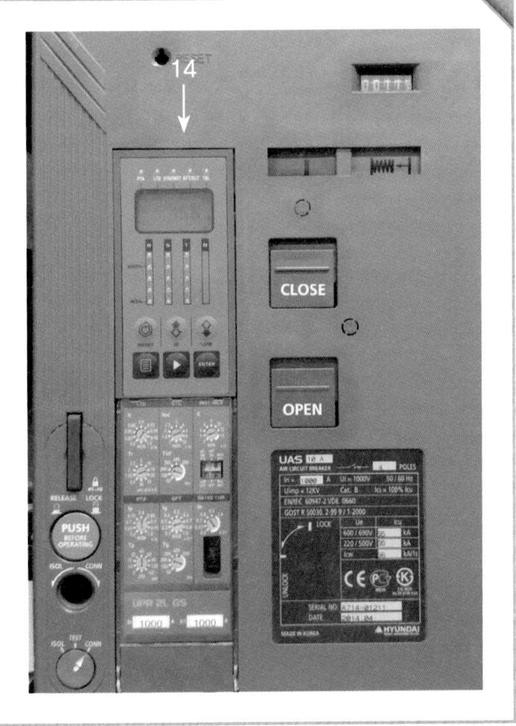

UVT 시간 조절 컨트롤러(under voltage trip device)

㉠ 차단기 내부에 설치되며, 주전원이나 제어 전원의 전압이 규정값 이하로 떨어졌을 때 자동으로 차단기를 트립시키는 장치이다.

㉡ UVT는 순시형과 한시형으로, 기본은 순시 동작형이며 ACB 내부에 UVT 코일이 있다.

㉢ 한시형은 외부에 별도의 시간 조절용 컨트롤러를 설치하여 내부 UVT 코일과 연결한다.

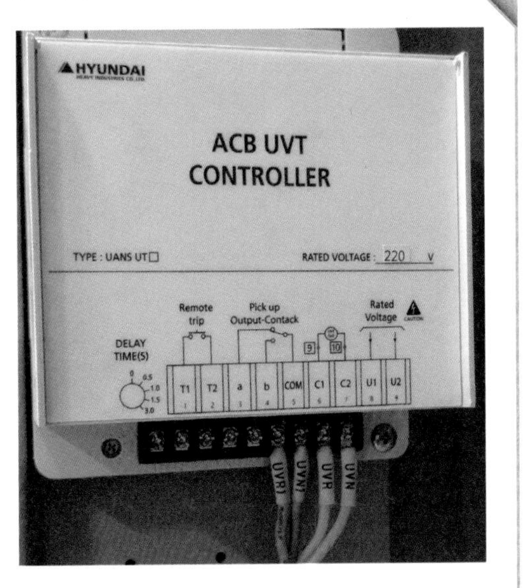

UVT 단자 결선

14번 : ACB의 UVT 순시 단자로 연결된다.

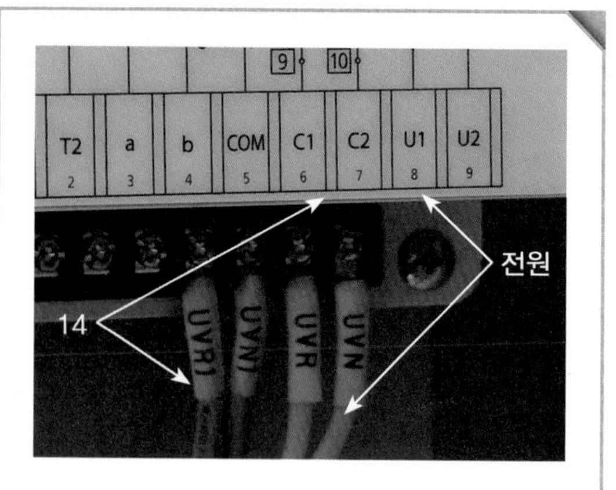

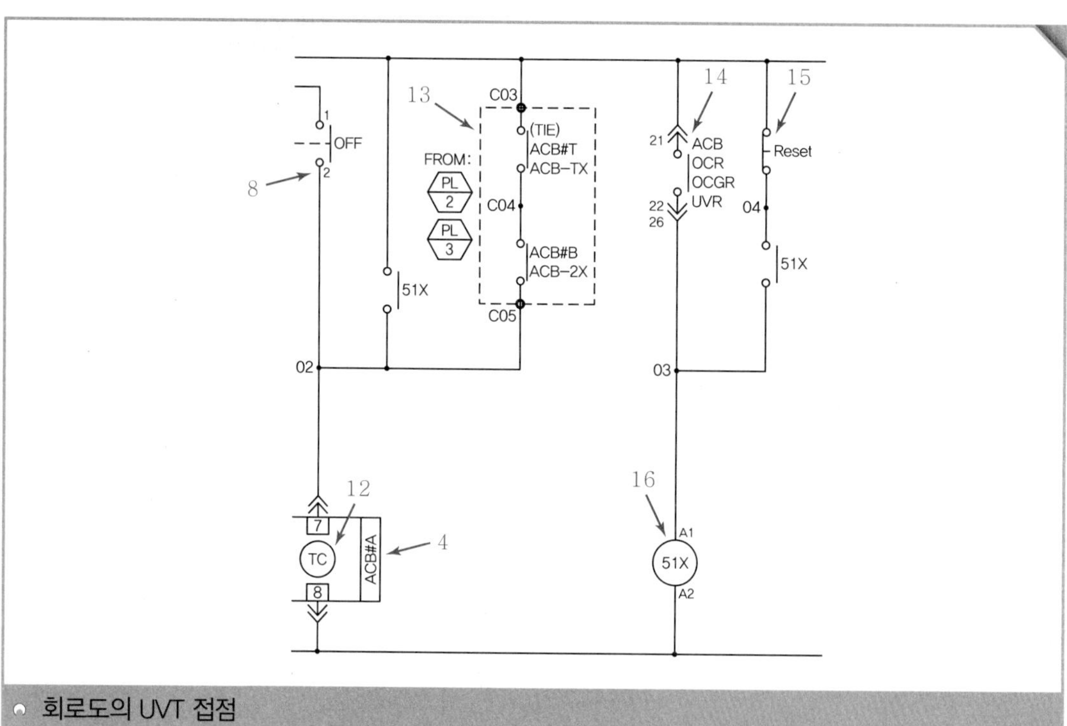

회로도의 UVT 접점

14 · 16번에서 14번에 있는 UVR은 UVT이며 접점이 51X로 가지 않고 ACB에 있는 UVT 접점으로 바로 간다.

ACB 단자대

12번 : UVT 컨트롤러에서 온 접점이 ACB의 해당 UVT 단자대에 결선된다.

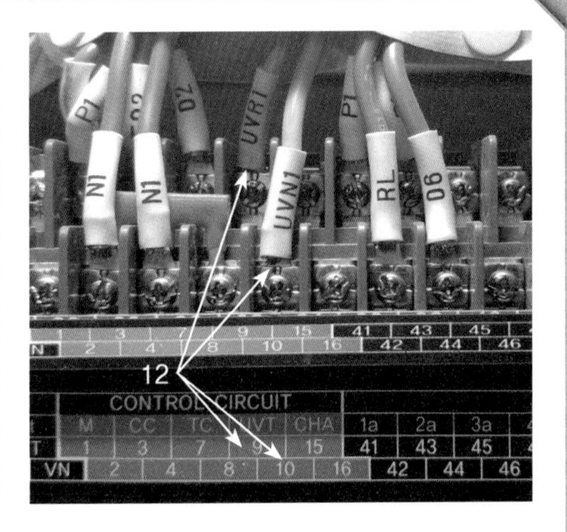

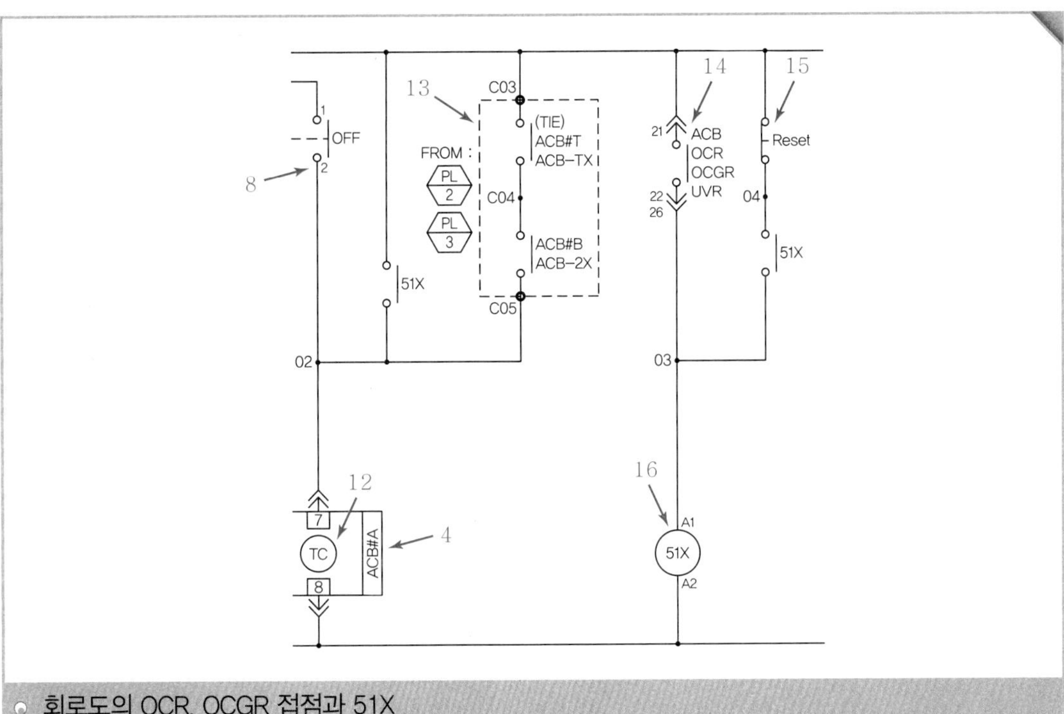

회로도의 OCR, OCGR 접점과 51X

14 · 16번에서 14번에 있는 OCR, OCGR 접점이 51X를 여자시키고, 51X의 a접점이 ACB에 있는 해당 접점으로 간다.

51X(보조 계전기) 실제 결선

3번 : 회로도에 부여된 넘버링으로, 51X의 코일과 자기 유지용 a접점으로 연결됐다.

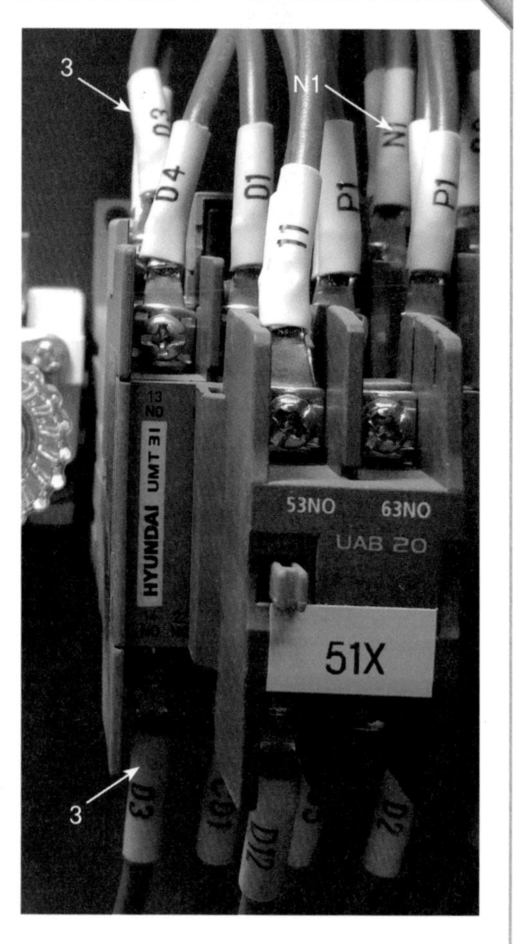

ACB 단자대 실제 결선

사진의 03번 51X와 연결된 OCR, OCGR 접점이다.

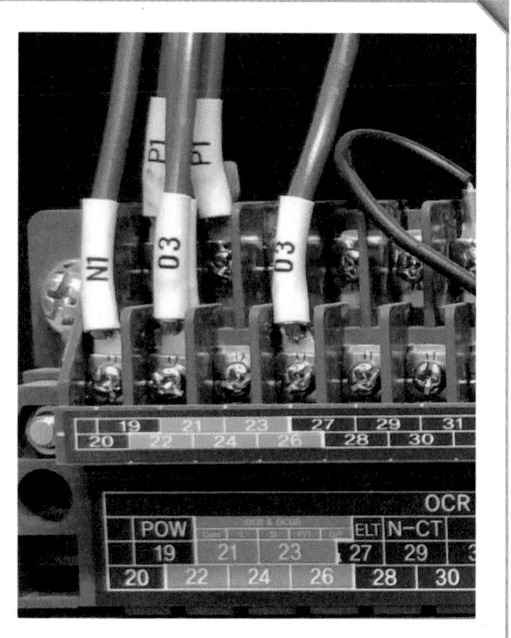

(4) PL2(TIE ACB 패널) 시퀀스도

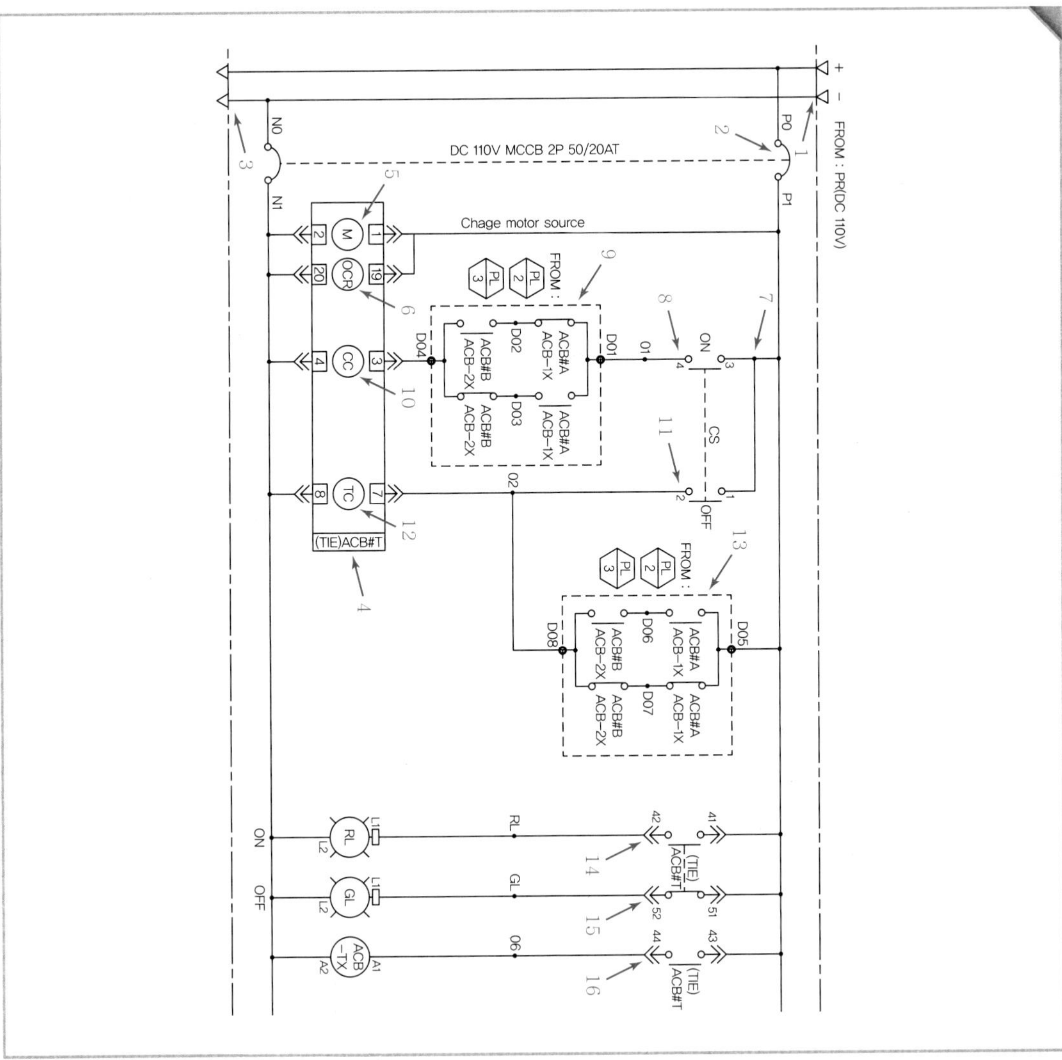

▶ 1번 : PR 패널에서 공급받는 조작 전원(DC 110V)

▶ 2번 : 조작 전원 차단기

▶ 3번 : DC 110V 조작 전원이 필요한 패널로 연결

▶ 4번 : TIE ACB

▶ 5번 : 구동 모터 전원

▶ 6번 : OCR 장치 전원

▶ 7번 : ACB 수동 조작용 캠스위치

▶ 8번 : 캠스위치 ON 라인

▶ 9번 : ACB1, ACB2의 ON 동작 인터록 회로

▶ 10번 : ACB 동작 코일 전원

▶ 11번 : 캠스위치 OFF 라인

▶ 12번 : ACB 트립 코일 전원

▶ 13번 : ACB1, ACB2의 OFF 동작 인터록 회로

▶ 14번 : ACB ON 표시 램프

▶ 15번 : ACB OFF 표시 램프

▶ 16번 : 보조 계전기

PR 패널의 조작 전원

1번 : PR 패널에 있는 ACB 전원 차단기 모습이다.

TIE ACB 패널의 조작 전원

㉠ 2번 : TIE ACB 패널에 있는 조작 전원 차단기

㉡ 2-1번 : 1차측

㉢ 2-2번 : 2차측

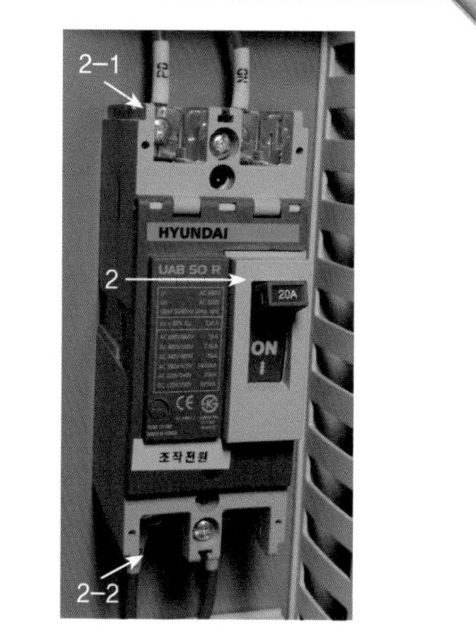

TIE ACB 접점

㉠ 2번 : 전원(+극)

㉡ 14번 : ON 표시 램프

㉢ 15번 : OFF 표시 램프

㉣ 16번 : 보조 계전기(ACB-TX)로 가는 접점

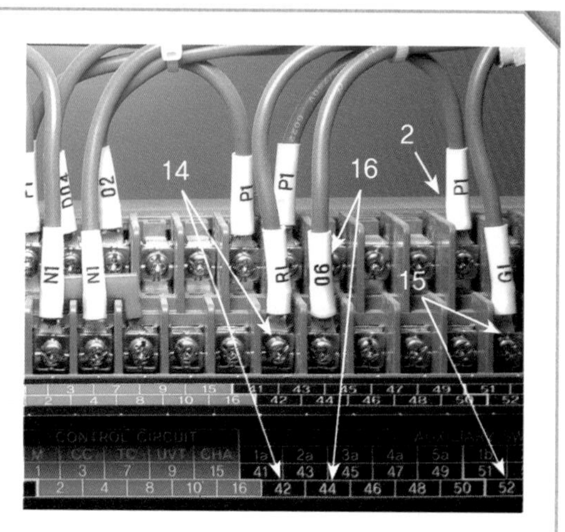

TIE ACB 전원

㉠ 2-1번 : 차단기에서 온 (+)극

㉡ 2-2번 : 차단기에서 온 (-)극

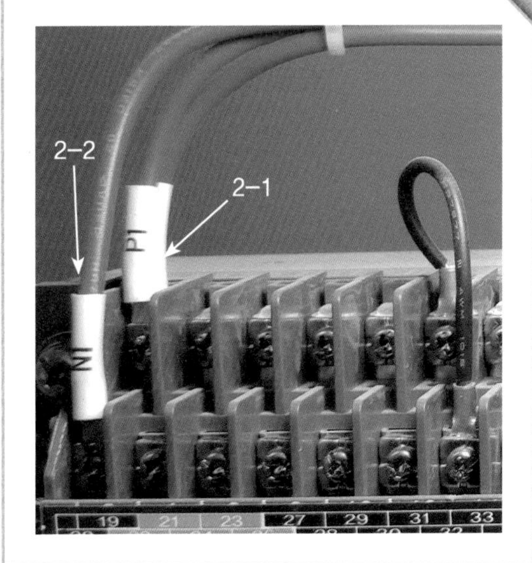

ACB 자체 회로 접점

5 · 10 · 12번 : 5번(M : 모터), 10번(CC : 동작), 12번(TC : 트립)에 대한 접점 단자대에 결선된 모습이다.

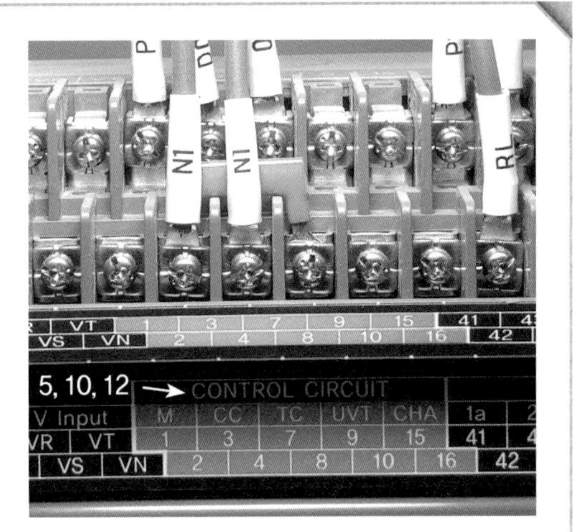

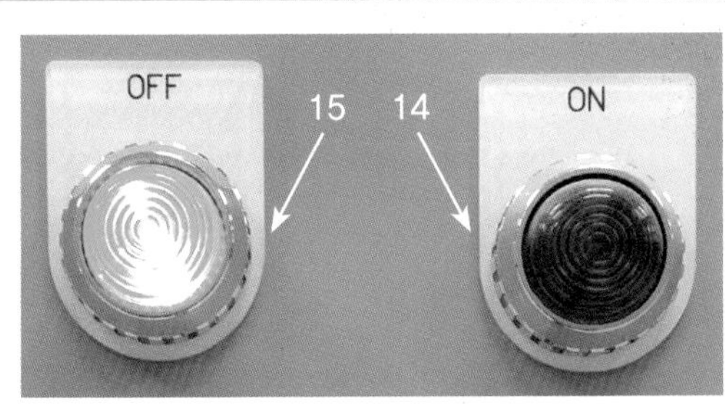

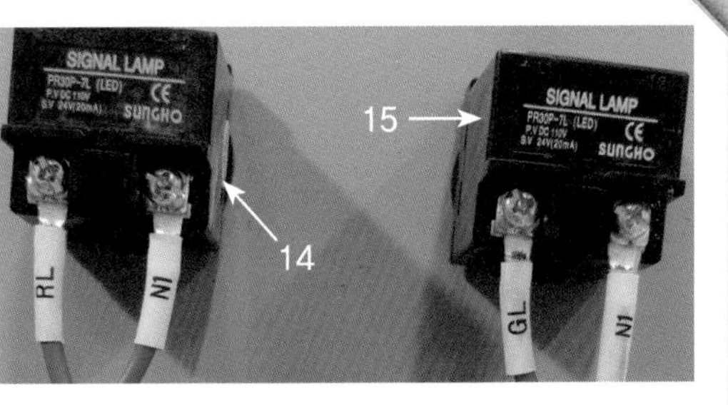

표시 램프 전면과 후면

㉠ 14번 : ON 표시 램프

㉡ 15번 : OFF 표시 램프

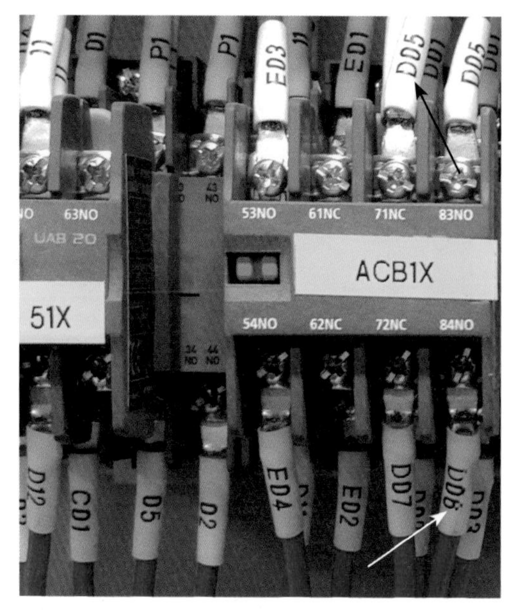

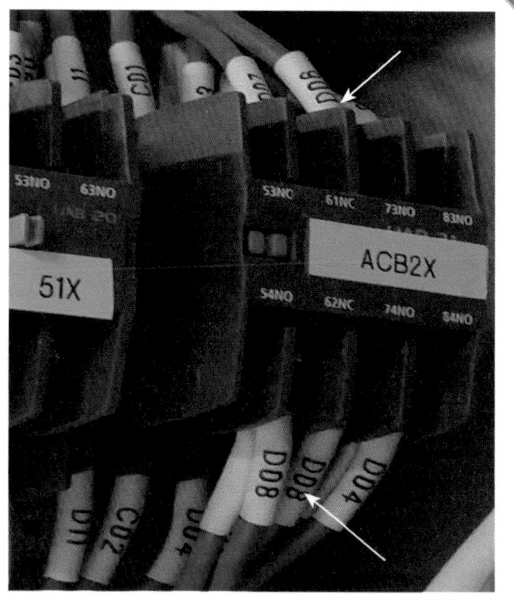

인터록 회로가 결선된 ACB1X, ACB2X

㉠ D 01~04 : ON 동작 인터록 회로

㉡ D 05~08 : OFF 동작 인터록 회로

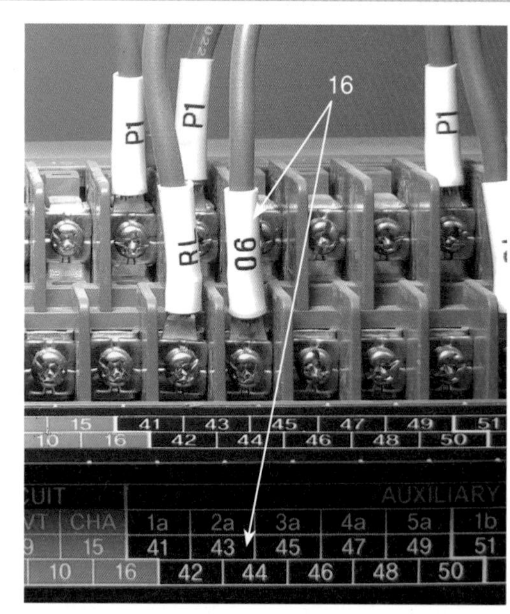

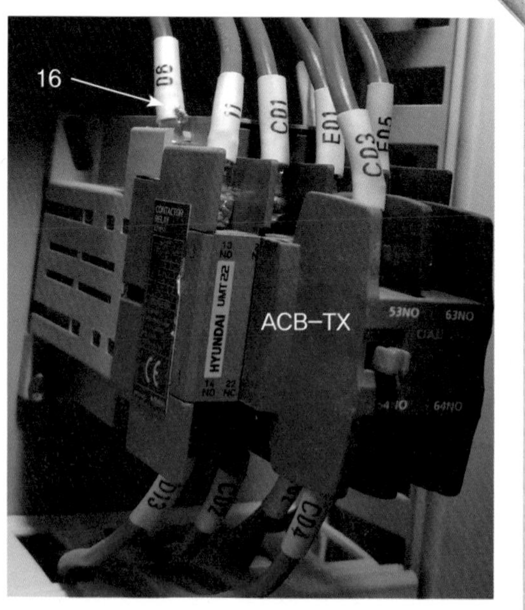

ACB-TX(보조 계전기) 결선

㉠ 16번 : TIE ACB의 단자대에서 ACB-TX(보조 계전기)의 코일로 연결됐다.

㉡ ACB-TX의 접점은 각각 ACB1, ACB2의 트립 단자(TC)로 연결됐다.

3 PL3(ACB-B 패널)

(1) 단선도

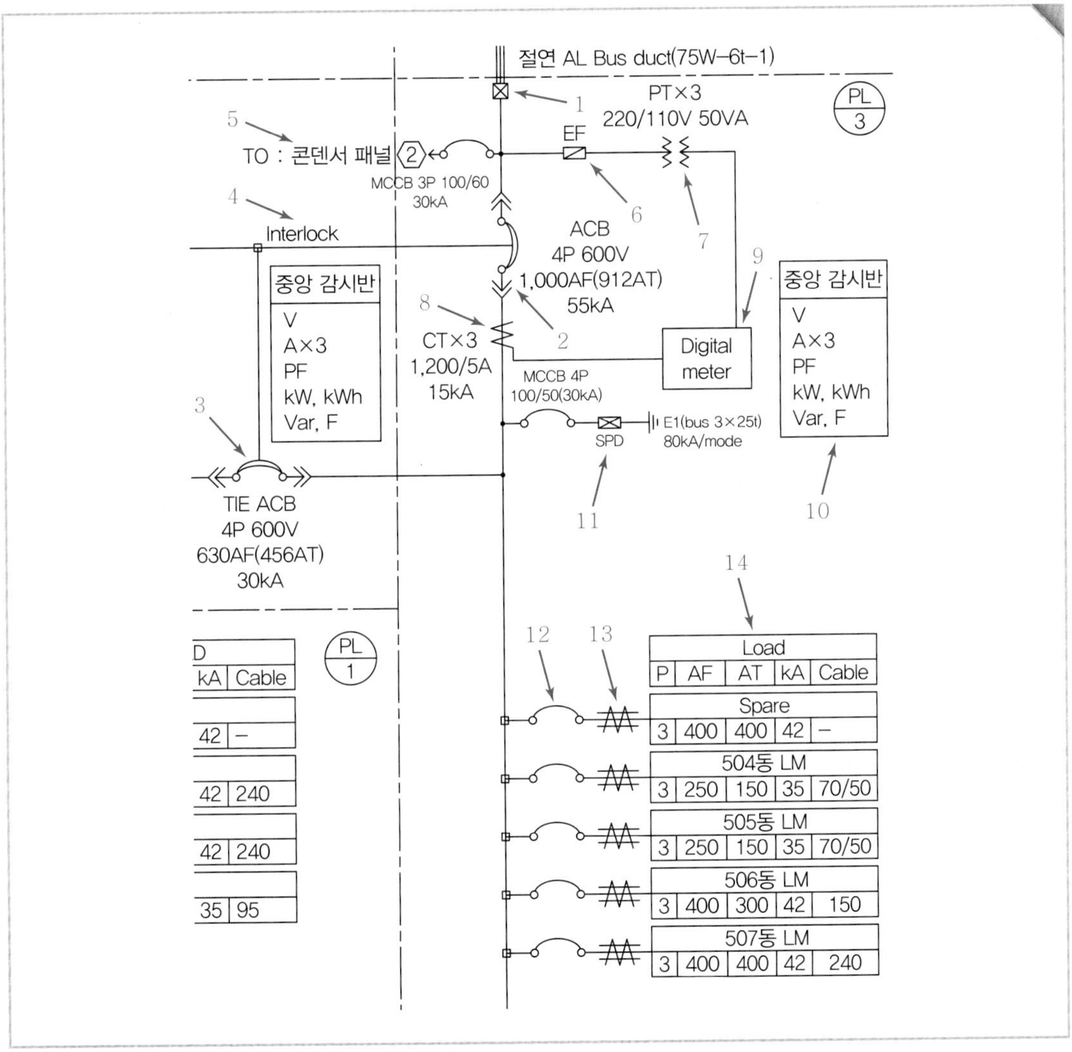

- ▶ 1번 : TR2에서 오는 절연 버스 덕트
- ▶ 2번 : ACB2
- ▶ 3번 : TIE ACB
- ▶ 4번 : ACB1과 ACB2, TIE ACB 간의 인터록
- ▶ 5번 : PL3 라인의 콘덴서로 별도의 콘덴서 패널로 연결됐다.
- ▶ 6번 : 다이젯 퓨즈
- ▶ 7번 : PT
- ▶ 8번 : CT
- ▶ 9번 : 디지털미터
- ▶ 10번 : 방재실의 중앙 감시반
- ▶ 11번 : 서지 보호기
- ▶ 12번 : 각 동 메인 MCCB
- ▶ 13번 : 영상 변류기(ZCT)
- ▶ 14번 : 각 동 메인 MCCB에 대한 주기

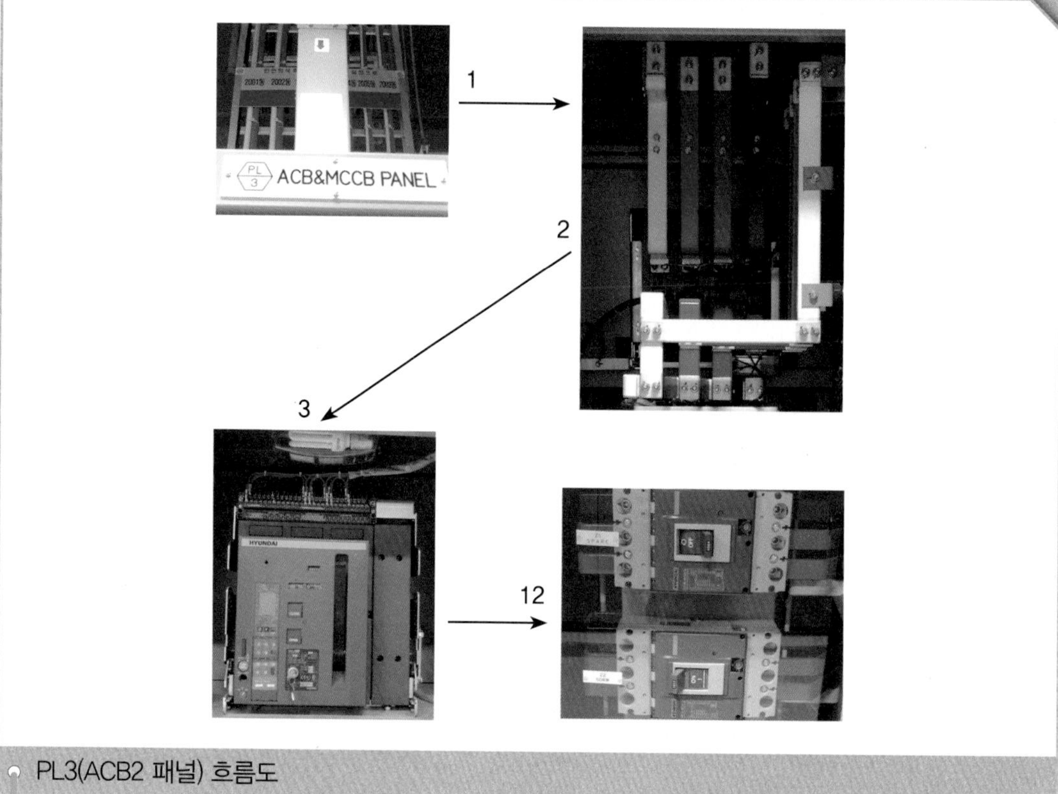

PL3(ACB2 패널) 흐름도

㉠ 1번 : TR2에서 오는 절연 버스 덕트
㉡ 2번 : ACB 후면
㉢ 3번 : ACB 전면
㉣ 12번 : 각 동 메인 MCCB를 통해 해당 동의 전력을 공급한다.

ACB 후면

㉠ 1번 : TR2에서 오는 라인
㉡ 3번 : TIE ACB에서 오는 라인
㉢ 12번 : 각 동 세대로 연결되는 부하 라인

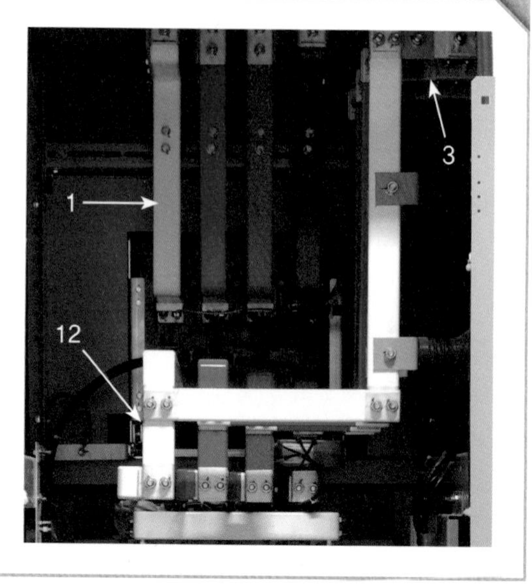

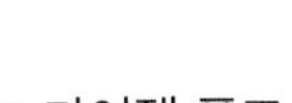

다이젯 퓨즈

㉠ 6-1번 : ACB 1차측과 연결된다.

㉡ 6-2번 : PT 1차측과 연결된다.

PT

㉠ 7-1번 : 다이젯 퓨즈 2차측과 연결된다.

㉡ 7-2번 : 디지털미터와 연결된다.

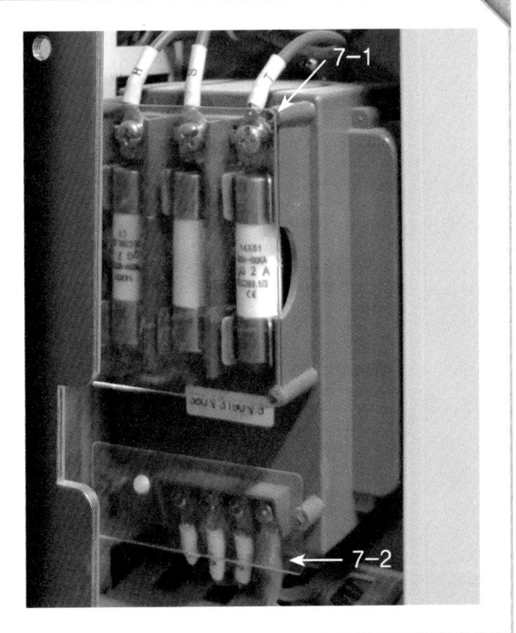

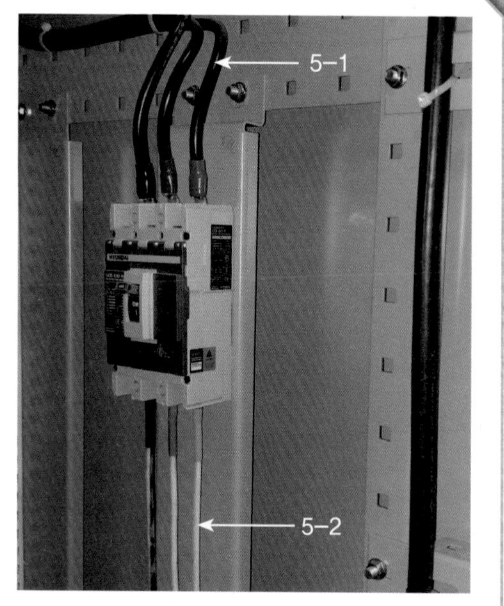

콘덴서 차단기

㉠ 5-1번 : ACB 1차측과 연결된다.

㉡ 5-2번 : 콘덴서 패널의 콘덴서와 연결된다.

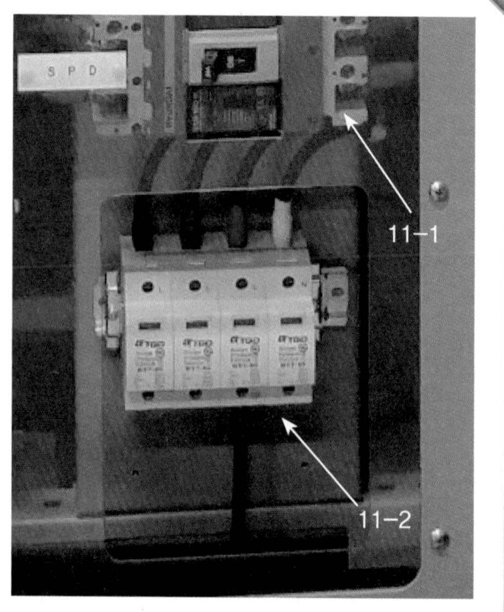

SPP 계통

㉠ 11-1번 : SPD 차단기

㉡ 11-2번 : 접지

영상 변류기(ZCT)

㉠ 13-1번 : ZCT

㉡ 13-2번 : 해당 동 MCCB 2차측

㉢ 13-3번 : 해당 동 지하 패널로 연결된다.

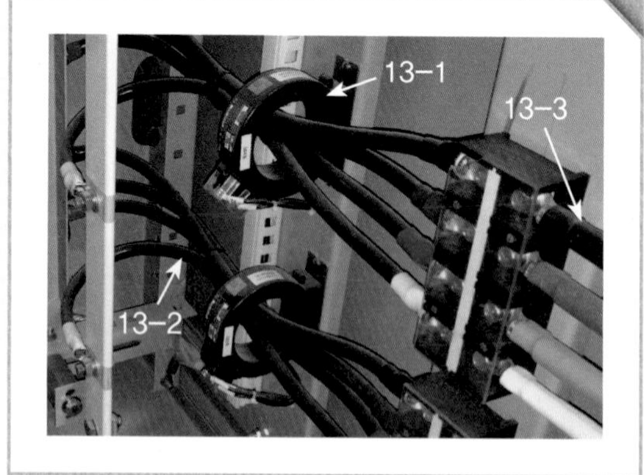

(2) 삼선도

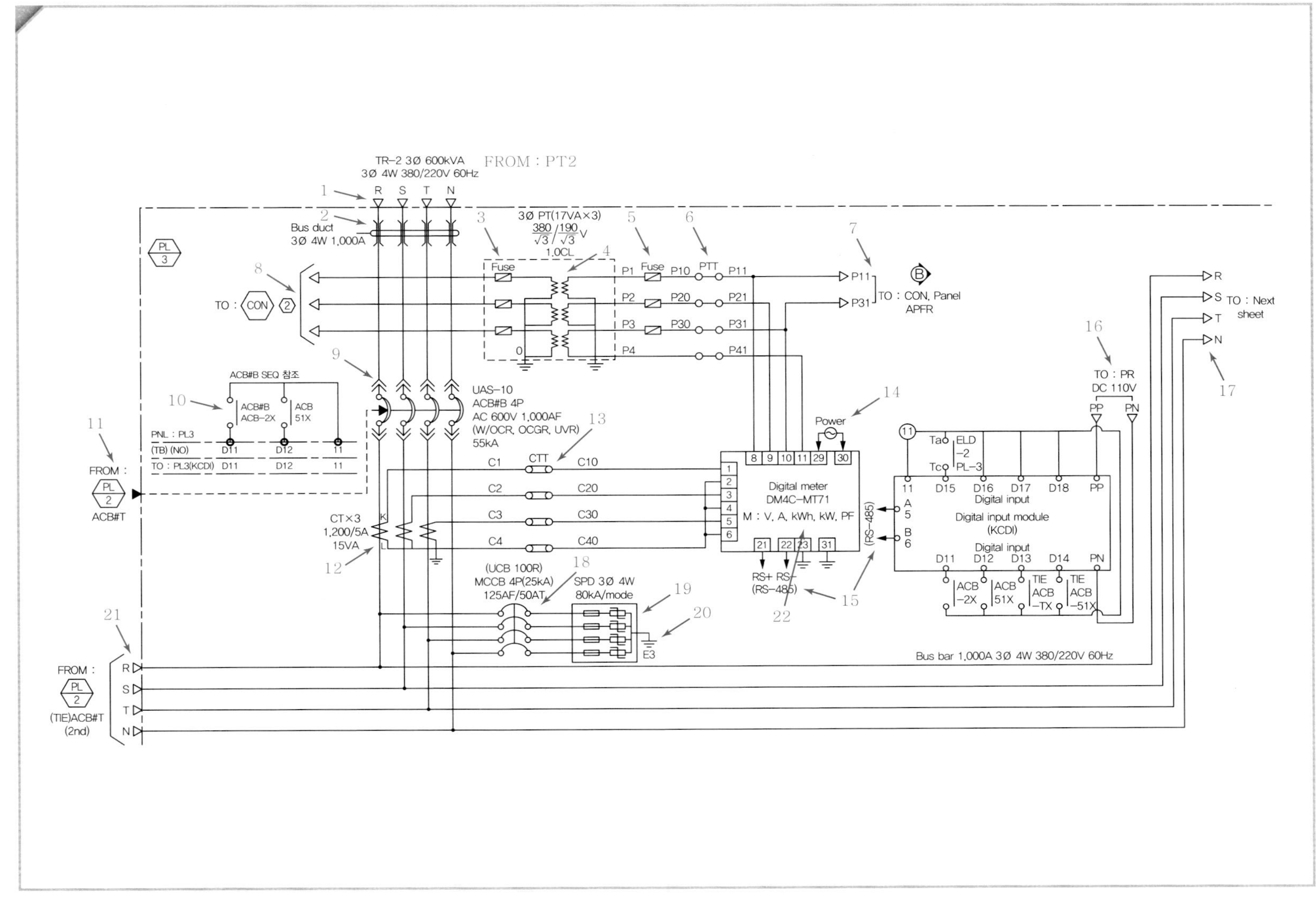

TR-2 3Ø 600kVA
3Ø 4W 380/220V 60Hz
FROM : PT2
Bus duct
3Ø 4W 1,000A
3Ø PT(17VA×3)
380/√3 / 190/√3 V
1.0CL
Fuse
P1 P10 P11
P2 P20 P21
P3 P30 P31
P4 P41
PTT
P11
P31
TO : CON, Panel
APFR
TO : CON 2
PL 3
ACB#B SEQ 참조
ACB#B ACB-2X
ACB 51X
PNL : PL3
(TB) (NO) D11 D12 11
TO : PL3(KCDI) D11 D12 11
FROM :
PL 2
ACB#T
UAS-10
ACB#B 4P
AC 600V 1,000AF
(W/OCR, OCGR, UVR)
55kA
CTT
C1 C10
C2 C20
C3 C30
C4 C40
CT×3
1,200/5A
15VA
(UCB 100R)
MCCB 4P(25kA)
125AF/50AT
SPD 3Ø 4W
80kA/mode
E3
Power
Digital meter
DM4C-MT71
M : V, A, kWh, kW, PF
RS+ RS-
(RS-485)
(RS-485)
Ta ELD -2
Tc PL-3
D15 D16 D17 D18 PP
Digital input
Digital input module
(KCDI)
Digital input
D11 D12 D13 D14 PN
ACB -2X
ACB 51X
TIE ACB -TX
TIE ACB -51X
TO : PR
DC 110V
PP PN
R S T N
TO : Next
sheet
Bus bar 1,000A 3Ø 4W 380/220V 60Hz
FROM :
PL 2
(TIE)ACB#T
(2nd)

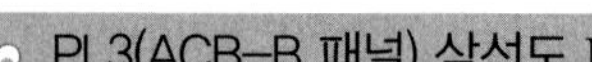

PL3(ACB-B 패널) 삼선도 I

- ▶1번 : TR2에서 공급받는 저압(380/220V)
- ▶2번 : TR2 ~ PL3 간 연결 버스 덕트
- ▶3번 : PT 자체에 있는 PT 퓨즈
- ▶4번 : PT
- ▶5번 : 다이젯 퓨즈
- ▶6번 : PTT
- ▶7번 : 콘덴서 패널의 역률 디지털미터
- ▶8번 : PL3 라인의 콘덴서
- ▶9번 : ACB2
- ▶10번 : 디지털 입력 유닛으로 가는 접점
- ▶11번 : TIE ACB와 연결된다는 표시
- ▶12번 : CT
- ▶13번 : CTT
- ▶14번 : 디지털 입력 유닛 전원(DC)
- ▶15번 : 방재실의 중앙 감시반과 연결되는 통신선
- ▶16번 : 디지털미터 전원(AC)
- ▶17번 : 다음 페이지에 PL3 관련 회로가 계속됨
- ▶18번 : SPD 메인 차단기
- ▶19번 : SPD(서지 보호기)
- ▶20번 : SPD 접지
- ▶21번 : PL2의 TIE ACB와 연결
- ▶22번 : 디지털미터

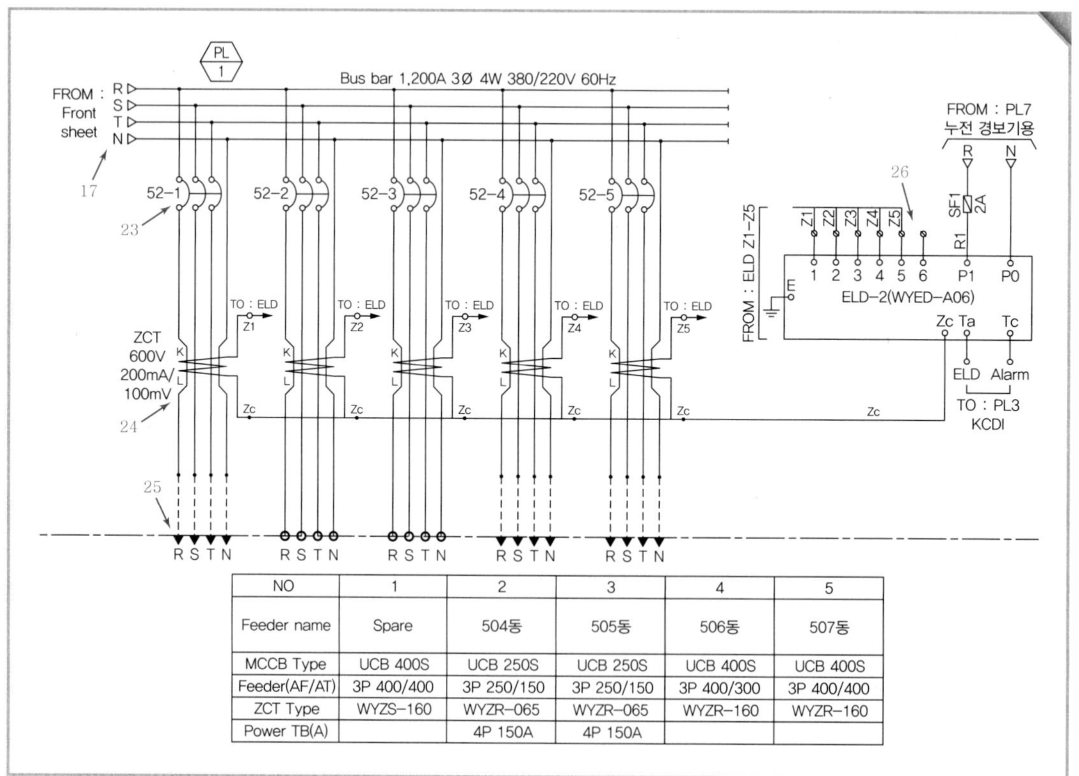

NO	1	2	3	4	5
Feeder name	Spare	504동	505동	506동	507동
MCCB Type	UCB 400S	UCB 250S	UCB 250S	UCB 400S	UCB 400S
Feeder(AF/AT)	3P 400/400	3P 250/150	3P 250/150	3P 400/300	3P 400/400
ZCT Type	WYZS-160	WYZR-065	WYZR-065	WYZR-160	WYZR-160
Power TB(A)		4P 150A	4P 150A		

PL3(ACB-B 패널) 삼선도 Ⅱ

▶ 17번 : 이전 페이지에서 계속

▶ 21번 : 각 동 메인 차단기(MCCB)

▶ 24번 : 영상 변류기(ZCT)

▶ 25번 : 해당 동으로 연결되는 라인

▶ 26번 : 누전 경보기(ELD)

ACB2 패널 후면

㉠ 2번 : TR2에서 공급받은 1차측

㉡ 9번 : ACB

㉢ 12번 : CT

㉣ 17번 : 각 동 세대 부하 전원 공급용 2차측

㉤ 21번 : 각 TIE ACB와 연결

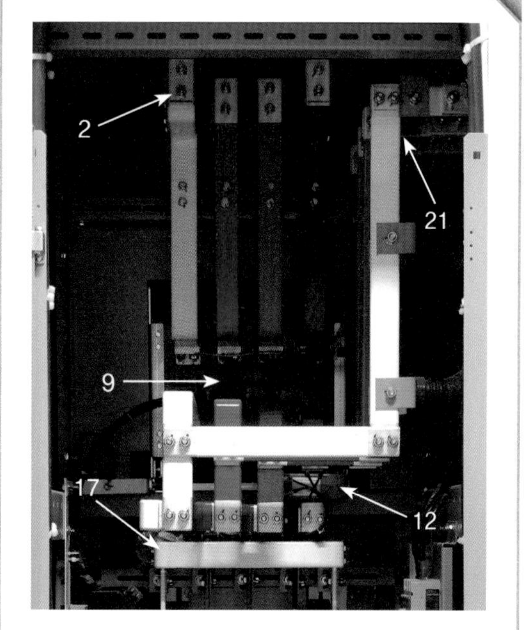

SPD(서지 보호기) 접지 연결

㉠ 19번 : SPD 2차측은 모두 공통 연결이다.

㉡ 20번 : 2차측과 접지용 버스바와 연결된다.

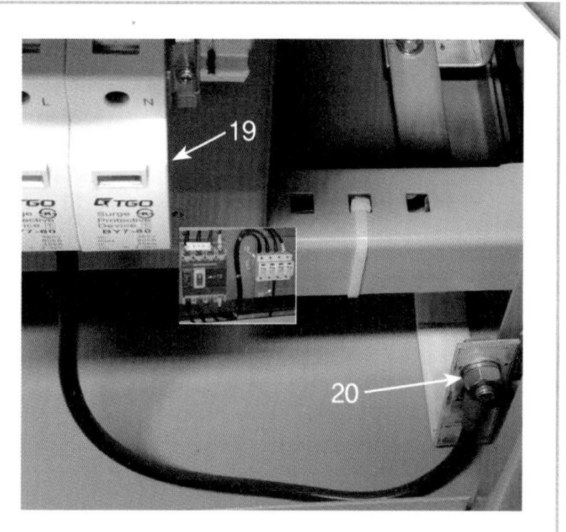

각 동 메인 차단기의 전면

㉠ 17번 : 1차측(ACB 2차)

㉡ 25번 : 2차측(해당 동으로 연결됨)

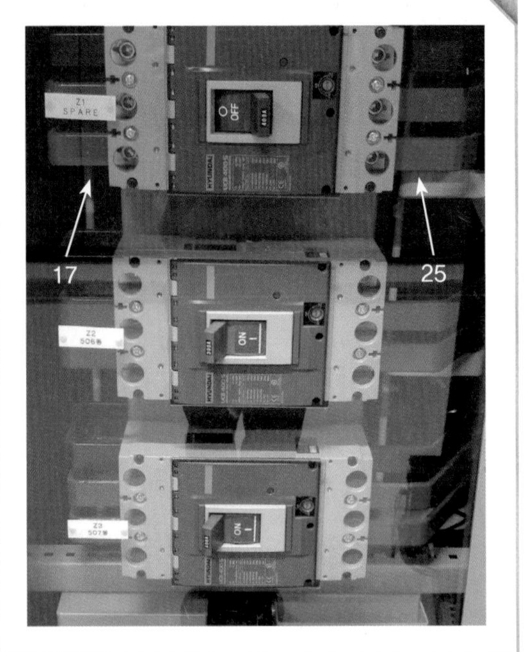

각 동 메인 차단기의 후면

㉠ 9번 : ACB

㉡ 17번 : ACB 2차측으로, 각 동 메인 차단기 1차와 연결

㉢ 23번 : 메인 차단기 2차

㉣ 25번 : 해당 동으로 연결되는 케이블

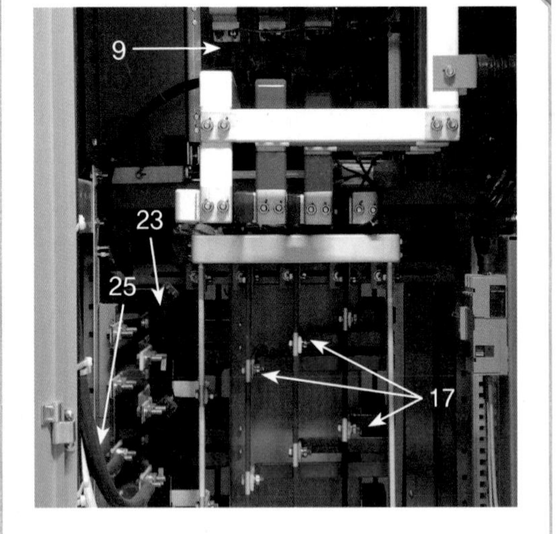

누전 경보기(ELD)의 전면

전원 및 경보 표시, 버저 정지, 자동 · 수동 및 복귀, 각 라인별 감도 조절 등으로 구성되어 있다.

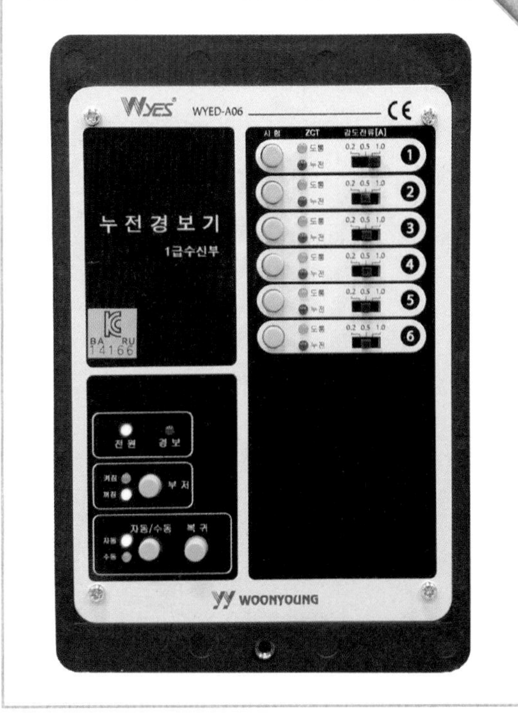

누전 경보기(ELD)의 후면

전원, 상태 표시용 접점, 각 회로별 단자 등으로 구성되어 있다.

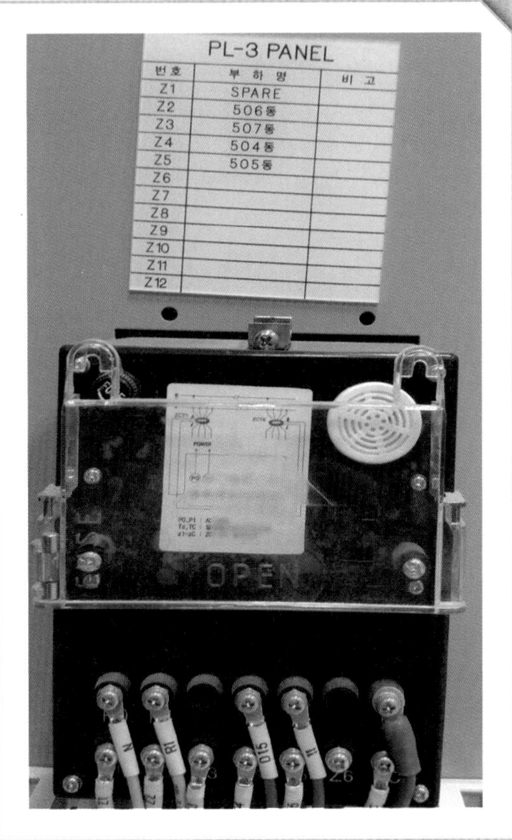

(3) 시퀀스도

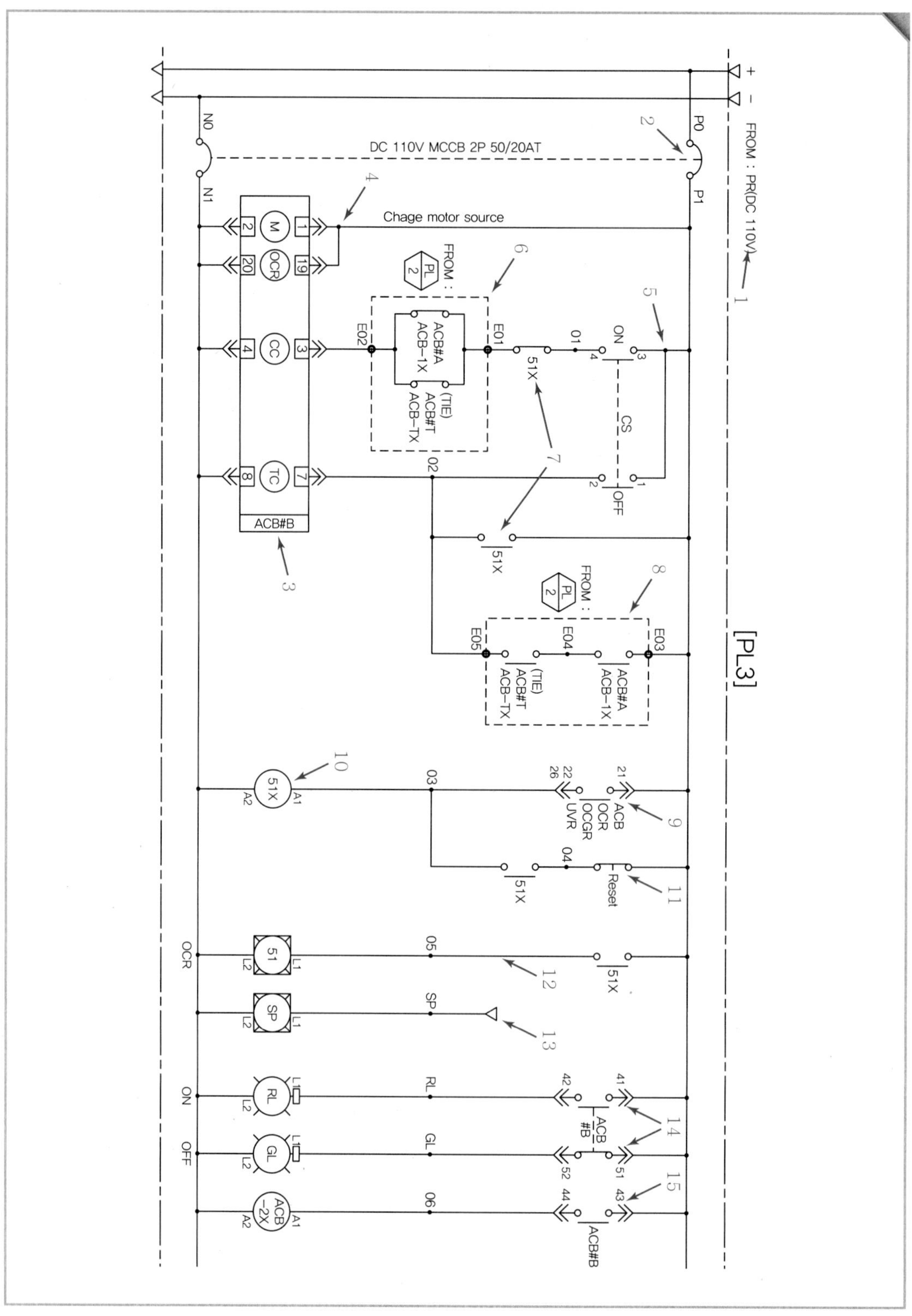

FROM : PR(DC 110V)
DC 110V MCCB 2P 50/20AT
Chage motor source
ACB#B
[PL3]

ACB2 시퀀스도

▶ 1번 : PR 패널에서 오는 조작 전원(DC 120V)

▶ 2번 : 조작 전원 차단기

▶ 3번 : ACB2

▶ 4번 : 구동 모터 및 OCR

▶ 5번 : 수동 조작용 캠스위치

▶ 6번 : ACB1, TIE ACB b접점의 병렬 연결

▶ 7 · 10번 : OCR, OCGR, UVR 등으로 동작하는 보조 계전기(10번) 및 접점(7번)

▶ 8번 : ACB1, TIE ACB a접점의 직렬 연결

▶ 9번 : OCR, OCGR, UVR 접점

▶ 11번 : 리셋 버튼

▶ 12번 : 보조 계전기 동작 표시 램프

▶ 13번 : 스페어

▶ 14번 : ACB 동작 표시 램프

▶ 15번 : ACB2의 보조 계전기

수동 조작용 캠스위치

전면 모습이다.

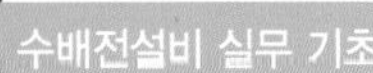

수동 조작용 캠스위치 연결 모습

㉠ 5(P1)번 : 공통 연결

㉡ 01 : ACB ON

㉢ 02 : ACB OFF

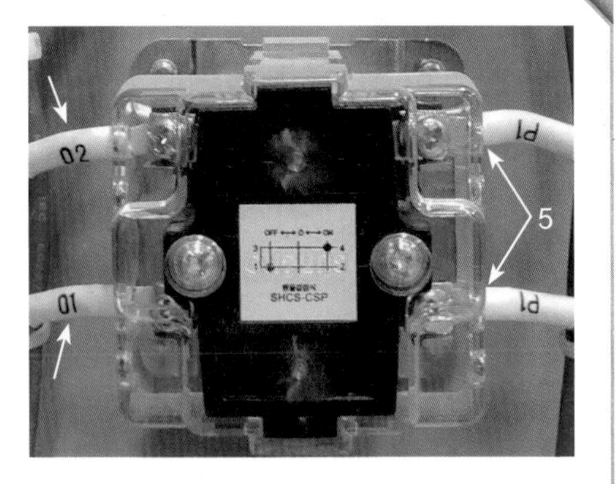

OCR, OCGR, UVR 등으로 동작하는 보조 계전기

7번 : a접점과 b접점이 사용된 부분이다.

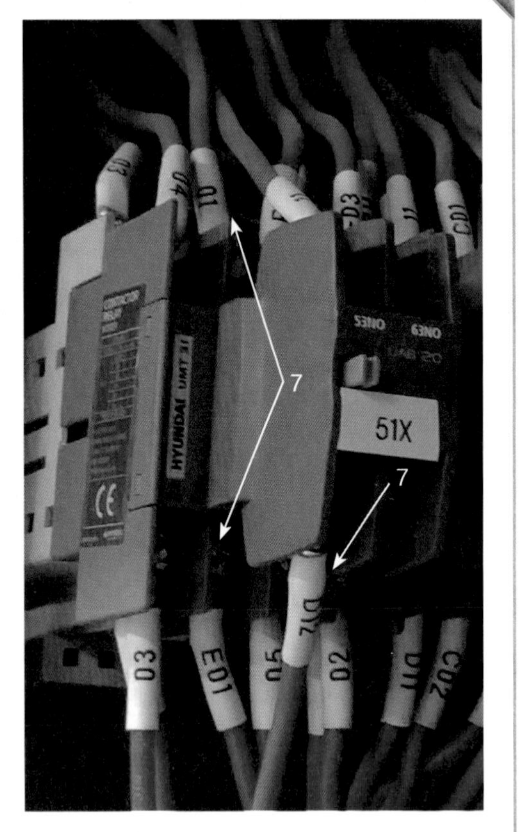

ACB1 보조 계전기

㉠ 6번 : b접점으로, ACB2의 ON 라인과 연결된다.

㉡ 8번 : a접점으로, ACB2의 OFF 라인과 연결된다.

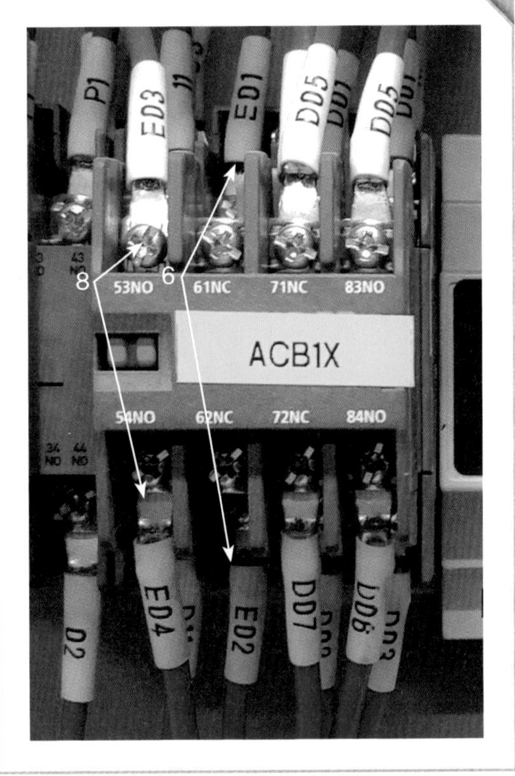

TIE ACB 보조 계전기

㉠ 6번 : b접점으로, ACB2의 ON 라인과 연결된다.

㉡ 8번 : a접점으로, ACB2의 OFF 라인과 연결된다.

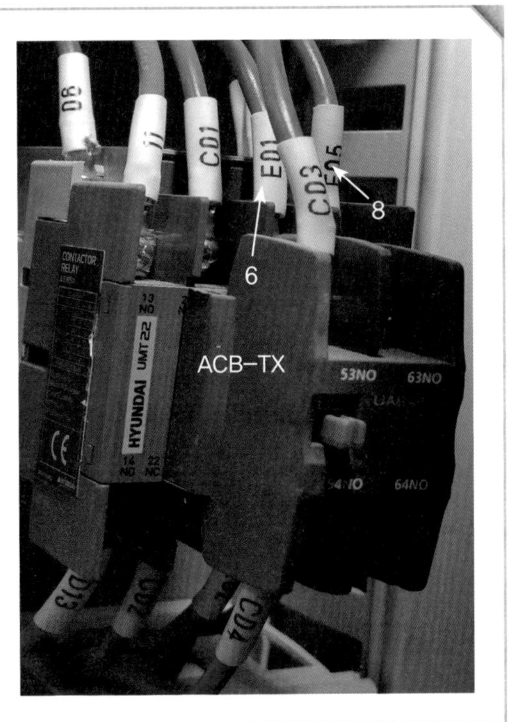

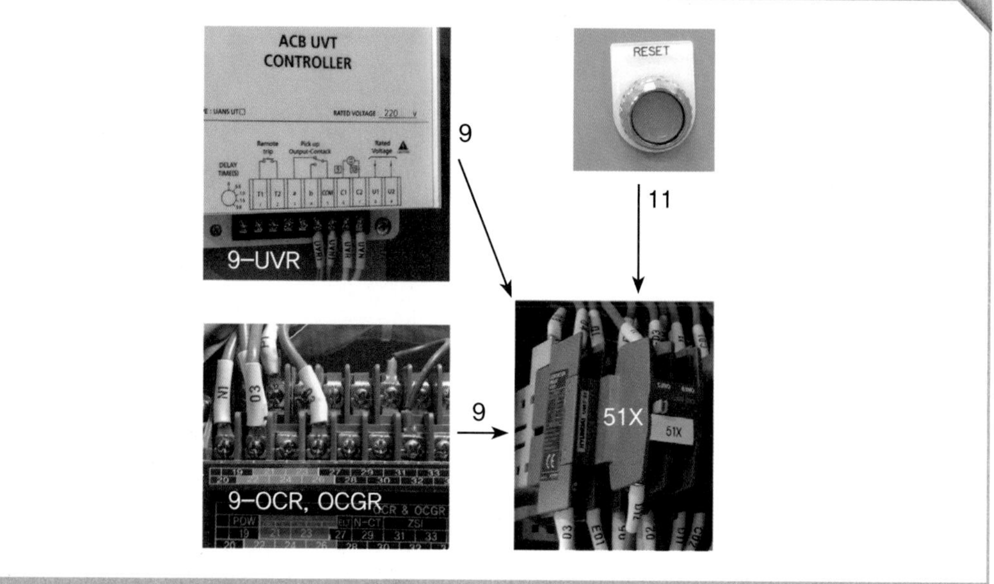

UVT(부족 전압 트립) 흐름도

㉠ 9번 : 부족 전압 발생 시(보통 70~80%) UVT 동작 시 외부에 연결된 컨트롤러의 신호가 ACB에 있는 UVT 코일 단자로 전달되고, ACB에 의해 보조 계전기(51X)가 여자되면서 동작된다.

㉡ 11번 : 리셋 버튼을 누르면 여자가 풀리면서 회로가 처음 상태로 복귀된다.

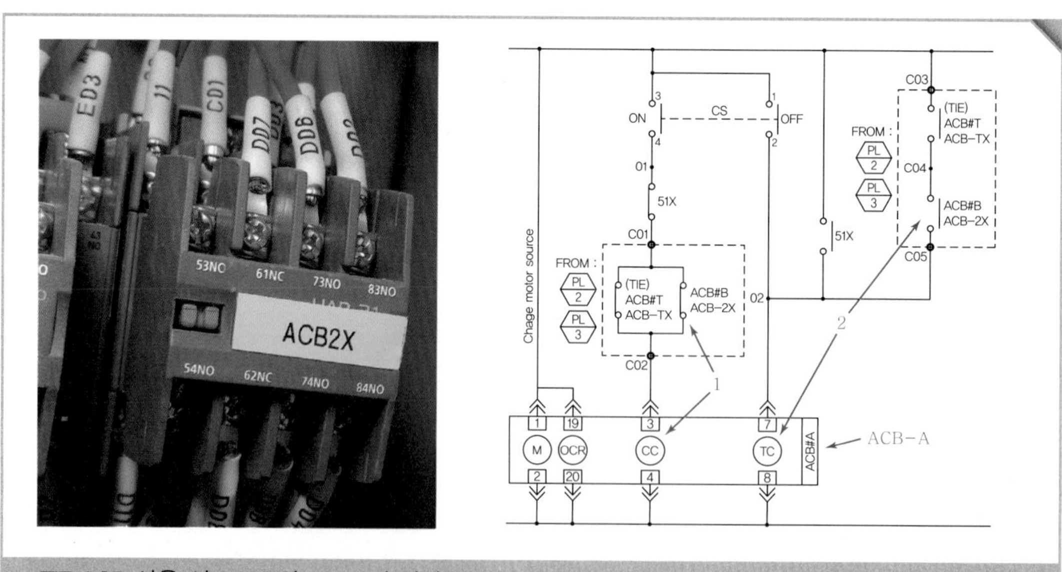

TIE ACB 사용 시 ACB2와 ACB1의 인터록

ACB2의 보조 계전기(ACB2X)를 이용하여 TIE ACB를 이용할 경우 ACB2와 ACB1이 동시에 동작하지 못하도록 인터록 회로가 구성된다.

㉠ 1번 : 보조 계전기(ACB2X)의 b접점을 이용하여 ACB1이 동작하지 못하게 한다.

㉡ 2번 : 보조 계전기(ACB2X)의 a접점을 이용하여 ACB1을 OFF시킨다.

PL4(ACB–C, ATS 패널)

(1) PL4(ACB–C, ATS 패널) 단선도

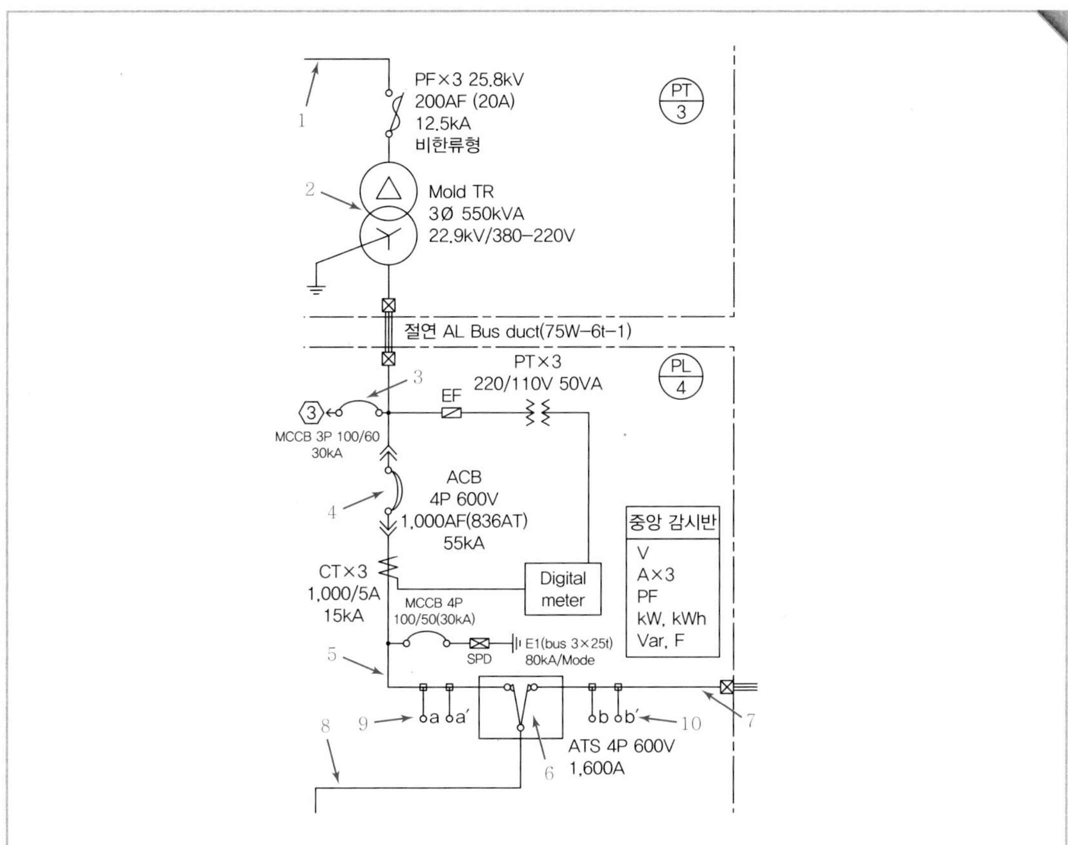

▶ 1번 : VCB 2차측

▶ 2번 : 공용 부하용 TR

▶ 3번 : PL4 라인 콘덴서용 차단기

▶ 4번 : ACB3

▶ 5번 : ACB 2차측에서 ATS 한전측으로 연결

▶ 6번 : ATS(자동 절체 스위치)

▶ 7번 : 발전기로 연결

▶ 8번 : ATS 2차측으로, 현장의 모든 공용 부하를 공급

▶ 9번 : 한전 라인 인식용 컨트롤 전원

▶ 10번 : 발전 라인 인식용 컨트롤 전원

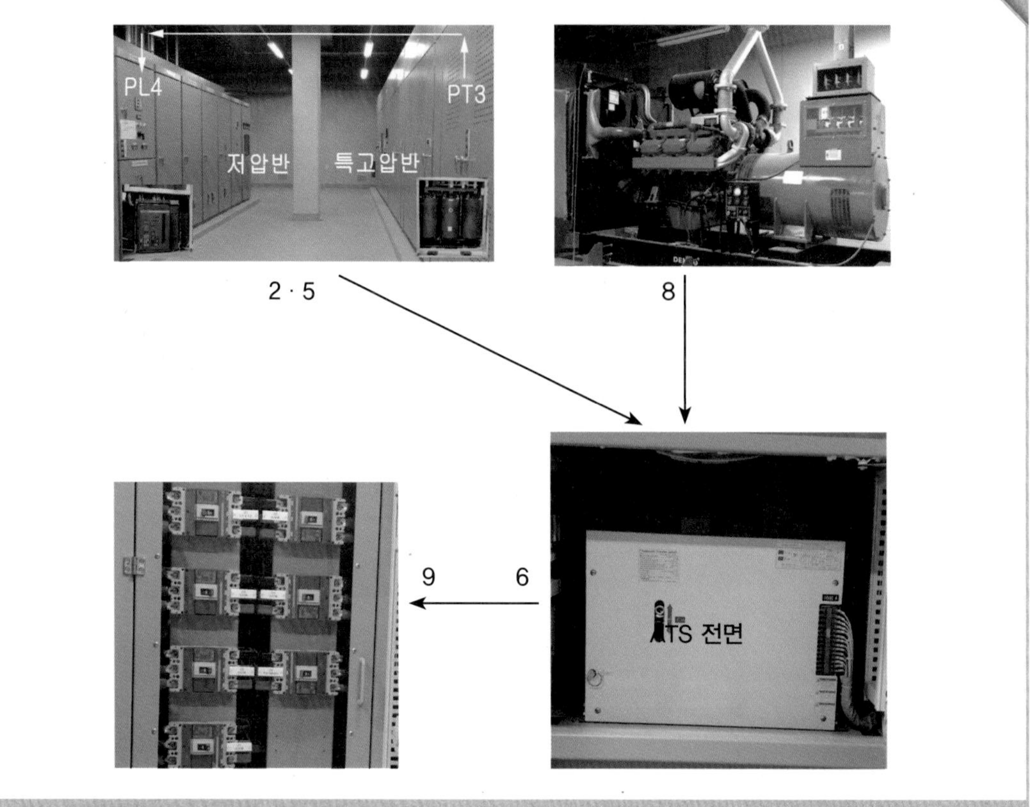

ATS(자동 절체 스위치) 흐름도

㉠ 2 · 5번 : 평상시 PT3(공용 부하용 변압기) → 버스 덕트 → ATS 한전 라인 → 공용 부하로 흐른다.

㉡ 6번 : ATS

㉢ 8 · 9번 : 정전 시 발전기 가동 → 버스 덕트 → ATS 발전 라인 → 공용 부하로 흐른다.

참고 ATS는 한전 및 발전 라인 인식용 컨트롤 전원에 의해 한전(혹은 발전)측으로 자동으로 절체되며, 어떤 이유로 인해 자동 절체가 안 될 시 봉을 전면(혹은 제품에 따라 측면) 구멍에 넣고 수동으로 절체할 수 있다.

(2) 삼선도

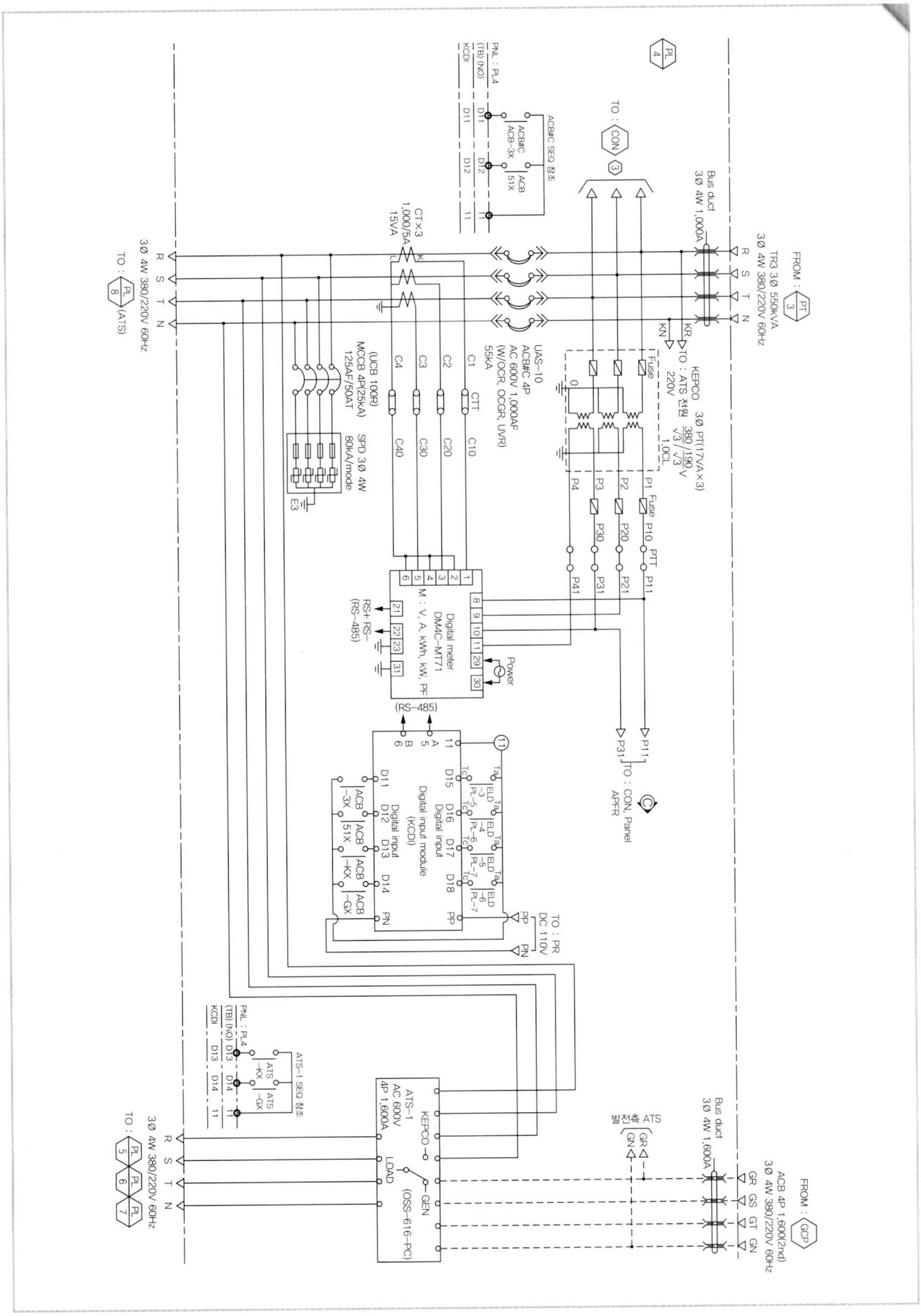

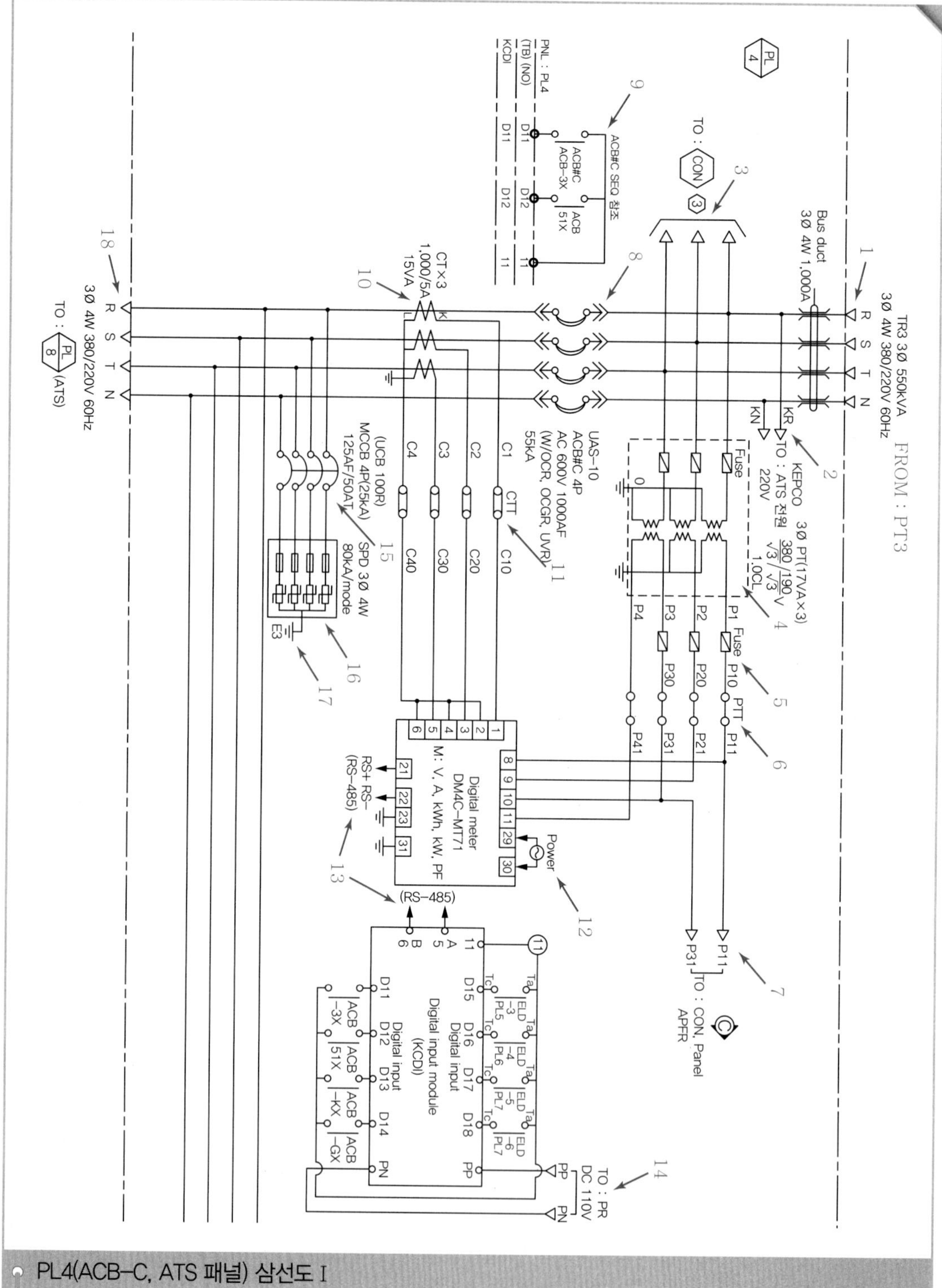

PL4(ACB-C, ATS 패널) 삼선도 I

▶ 1번 : 1차측 전원(TR3)

▶ 2번 : 한전측 ATS 인식 전원으로 한전 전원이 정상일 경우 이 전원에 의해 ATS가 자동으로 한전 라인을 유지하거나 절체된다.

▶ 3번 : PL4의 콘덴서 전원

▶ 4번 : PT

▶ 5번 : 다이젯 퓨즈

▶ 6번 : PTT

▶ 7번 : 콘덴서 패널의 역률 디지털미터

▶ 8번 : ACB3(공용 부하용)

▶ 9번 : 디지털 입력 유닛으로 가는 접점

▶ 10번 : CT

▶ 11번 : CTT

▶ 12번 : 디지털미터 전원(AC)

▶ 13번 : 방재실의 중앙 감시반과 연결되는 통신선

▶ 14번 : 디지털 입력 유닛 전원(DC)

▶ 15번 : SPD(서지 보호기) 차단기

▶ 16번 : SPD(서지 보호기)

▶ 17번 : SSPD(서지 보호기) 접지(제3종)

▶ 18번 : ACB3 2차측으로, PL8 패널로 연결된다.

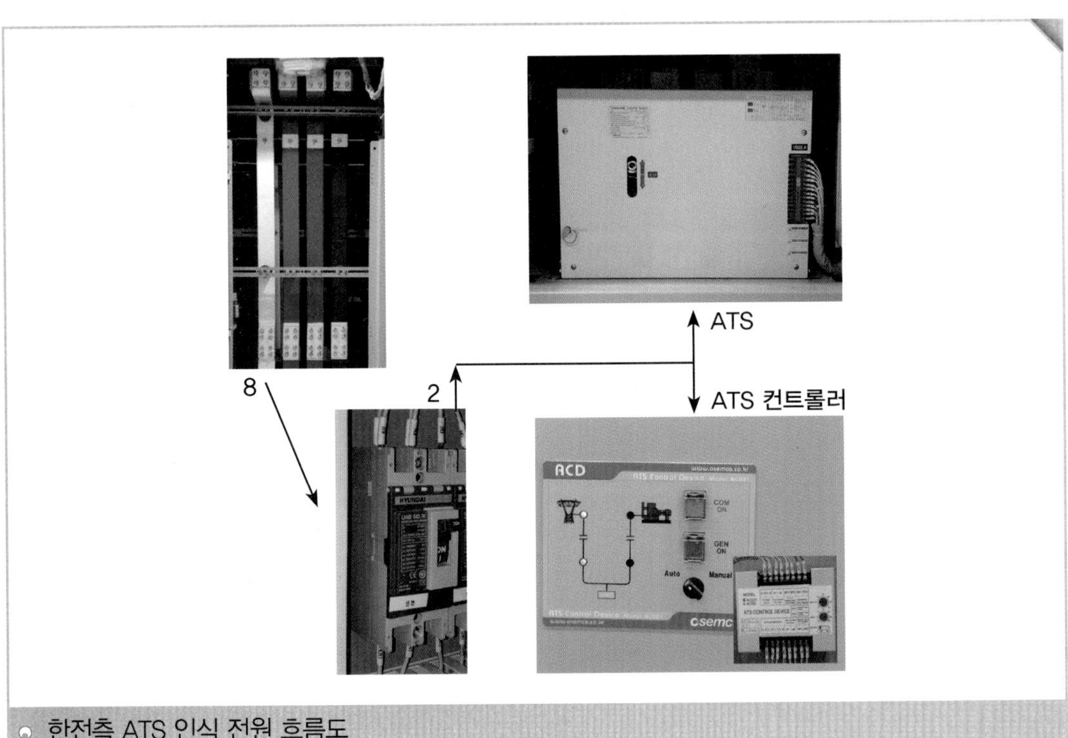

한전측 ATS 인식 전원 흐름도

㉠ 2번 : 한전 차단기 2차측에서 ATS 및 ATS 컨트롤러로 연결된다.

㉡ 8번 : ACB3 1차측에서 220V가 한전 차단기로 연결된다.

콘덴서 전원 흐름도

㉠ 1번 : ACB3 1차측에서 ACB3 패널 벽에 있는 콘덴서 메인 차단기로 연결된다.

㉡ 2번 : 차단기 2차측에서 콘덴서 패널에 있는 해당 콘덴서 차단기 1차로 연결된다.

㉢ 3번 : 차단기 2차측에서 해당 콘덴서로 연결된다.

참고 콘덴서는 별도의 패널 없이 해당 패널(PL3) 바닥에 설치되는 경우가 대부분이다. 이 경우 1 · 2번의 차단기를 생략하고 3번의 차단기만 설치된다.

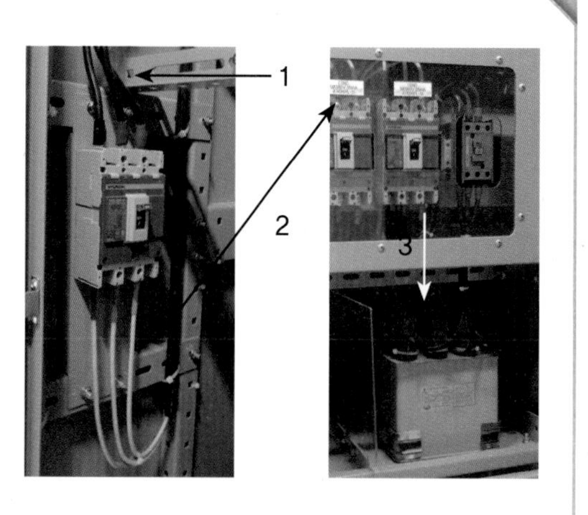

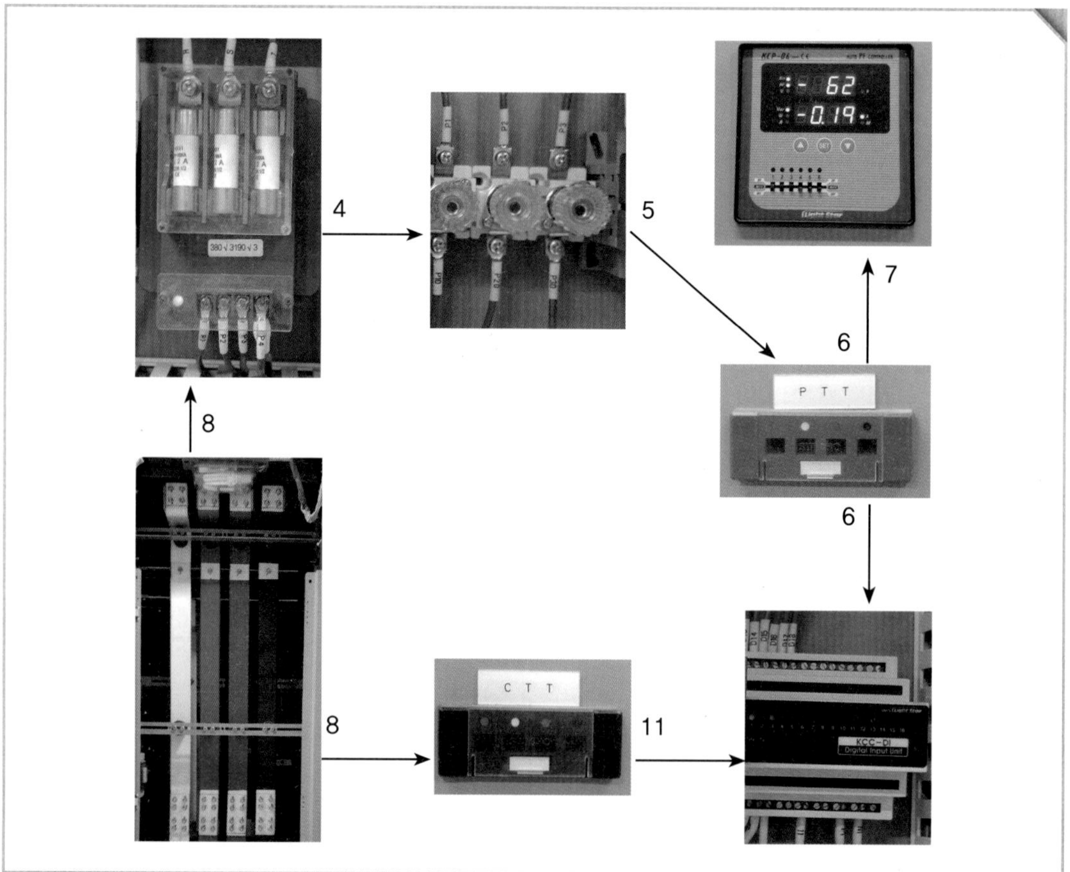

PTT, CTT 흐름도

㉠ PT 2차(4번) → 다이젯 퓨즈(5번) → PTT(6번)로 연결된다. PTT 2차에서 병렬로 연결되어 각각 역률 디지털미터(7번)와 디지털 입력 유닛으로 연결된다.

㉡ ACB(8번) 1차와 PT와 연결되고, 2차에서 → CT → CTT(11번) → 디지털 입력 유닛으로 연결된다.

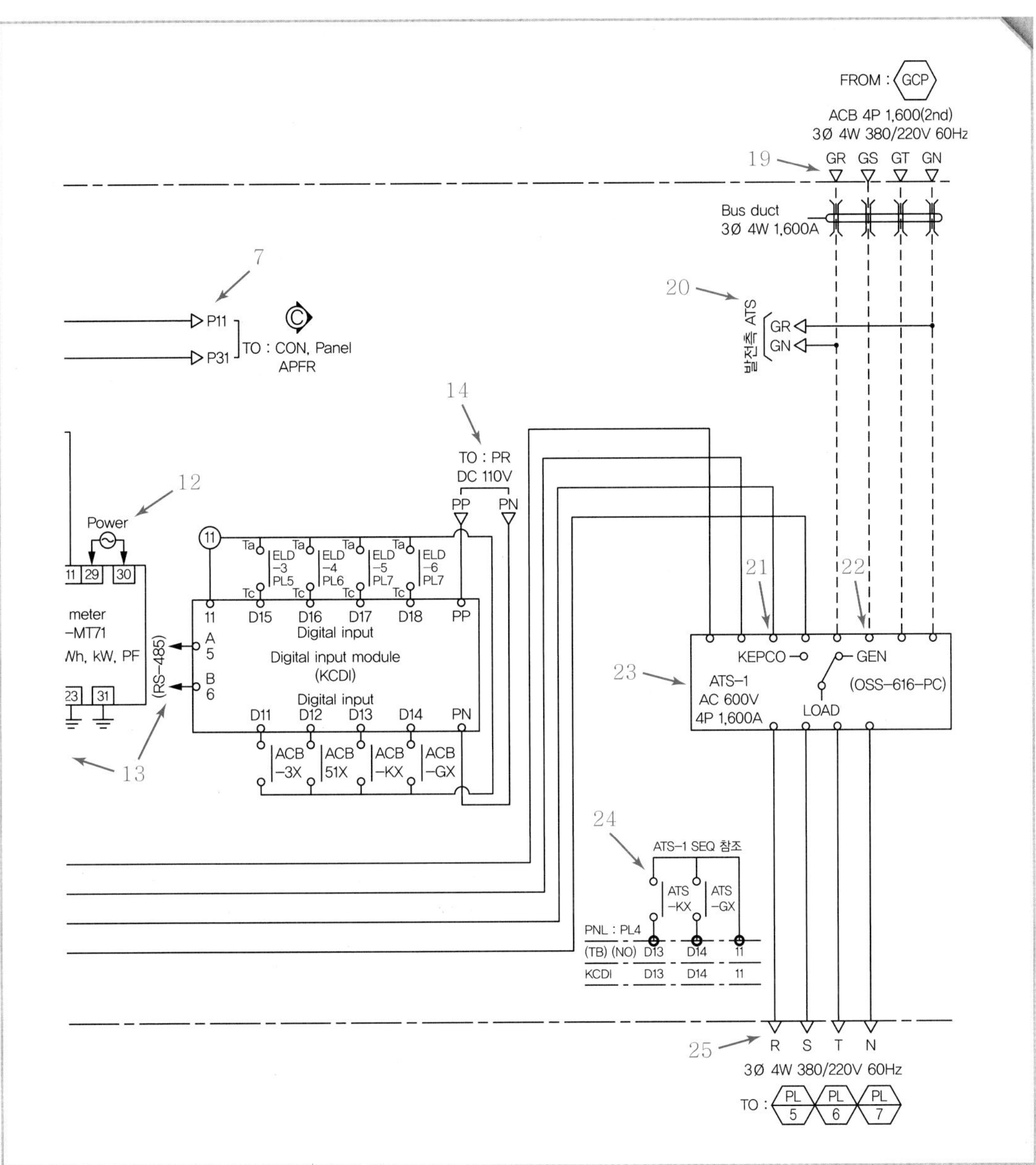
FROM : GCP
ACB 4P 1,600(2nd)
3Ø 4W 380/220V 60Hz
19
GR GS GT GN
Bus duct
3Ø 4W 1,600A
7
P11
P31
TO : CON, Panel
APFR
20
발전측 ATS
GR
GN
14
TO : PR
DC 110V
PP PN
12
Power
meter
-MT71
Wh, kW, PF
(RS-485)
Digital input
Digital input module
(KCDI)
ELD -3 PL5
ELD -4 PL6
ELD -5 PL7
ELD -6 PL7
ACB -3X
ACB 51X
ACB -KX
ACB -GX
13
21
22
23
KEPCO
GEN
ATS-1
AC 600V
4P 1,600A
LOAD
(OSS-616-PC)
24
ATS-1 SEQ 참조
ATS -KX
ATS -GX
PNL : PL4
(TB) (NO) D13 D14 11
KCDI D13 D14 11
25
R S T N
3Ø 4W 380/220V 60Hz
TO : PL 5 PL 6 PL 7

PL4(ACB-C, ATS 패널) 삼선도 Ⅱ

▶ 7번 : 콘덴서 패널의 역률 디지털미터

▶ 12번 : 디지털미터 전원(AC)

▶ 13번 : 방재실의 중앙 감시반과 연결되는 통신선

▶ 14번 : 디지털 입력 유닛 전원(DC 110V)

▶ 19번 : 발전기 패널측

▶ 20번 : 발전측 ATS 인식 전원으로, 발전기가 작동될 경우 이 전원에 의해 ATS가 자동으로 발전 라인을 유지하거나 절체된다.

▶ 21번 : ATS의 한전측 단자

▶ 22번 : ATS의 발전측 단자

▶ 23번 : ATS

▶ 24번 : 디지털 입력 유닛으로 가는 접점

▶ 25번 : ATS 부하측으로, 공용 부하 패널인 PL5, PL6, PL7로 간다.

발전기

정전 신호가 발전기 운전반에 전달 → 발전기 운전반에서 보내는 신호에 의해 발전기가 가동된다.

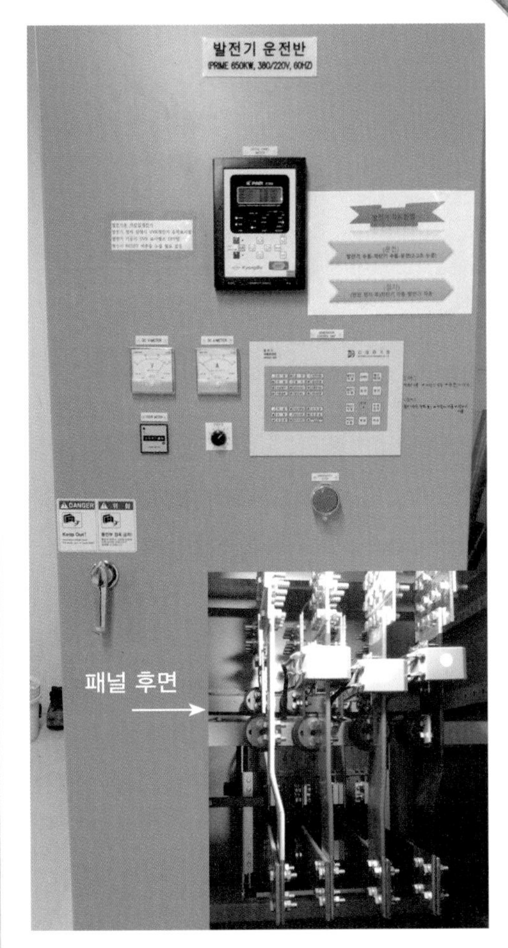

발전기 운전반

발전기에서 생선된 전기가 발전기 운전반의 ACB를 거쳐 ATS로 간다.

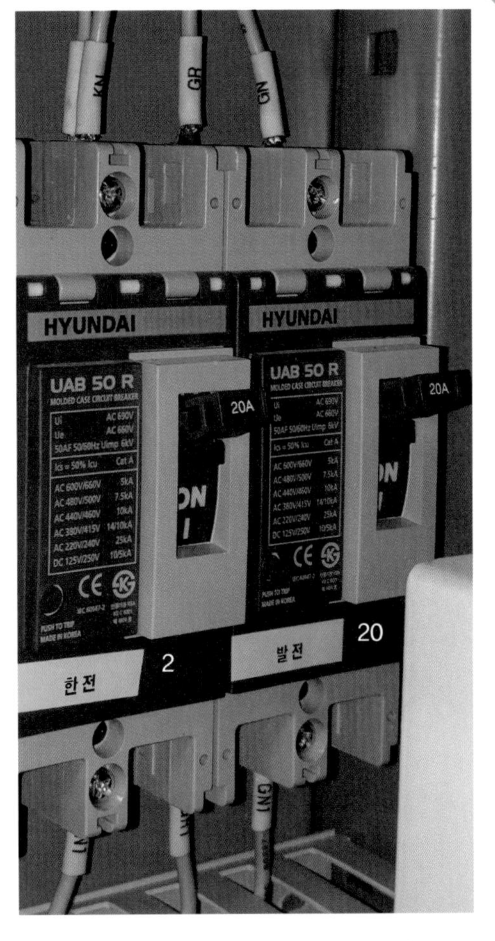

한전, 발전 컨트롤 전원용 차단기

㉠ 2번 : 한전측 차단기

㉡ 20번 : 발전측 차단기

참고 컨트롤 전원용 차단기가 OFF 되어 있으면 ATS가 인식을 하지 못해 절체가 되지 않는다.

ATS 패널

패널 내부에 ATS가 설치되어 있다.

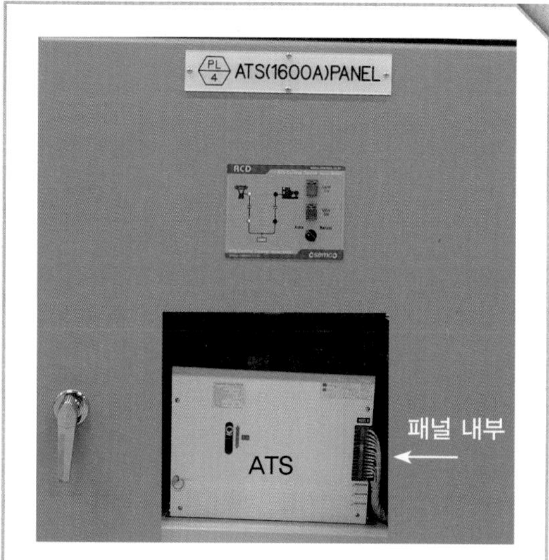

PL 5~7 MCCB 패널

MCCB 패널 내부에는 특별한 장치 없이 각각의 공용 부하를 책임지는 MCCB들만 있다.

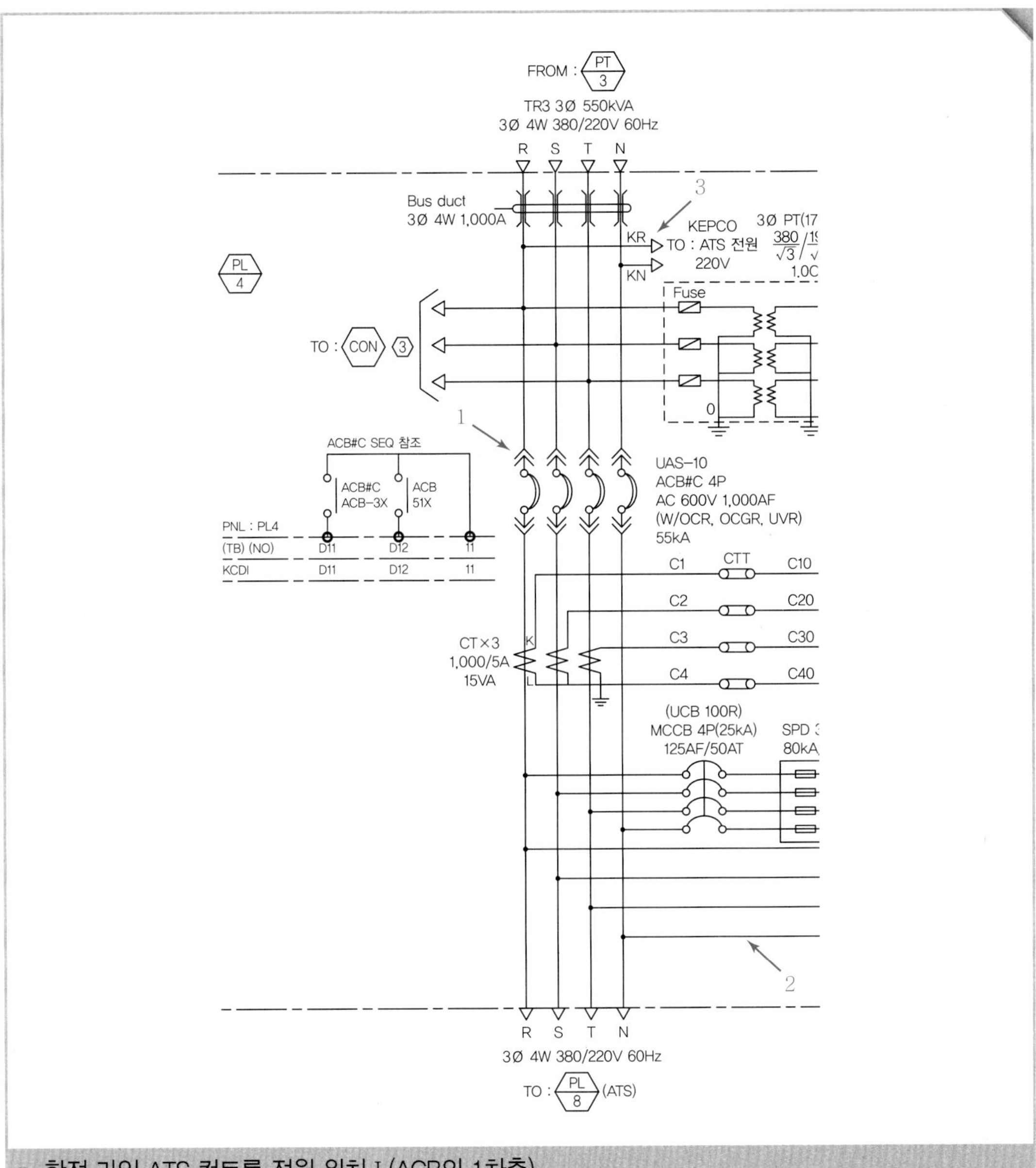

한전 라인 ATS 컨트롤 전원 위치 I (ACB의 1차측)

▶ 1번 : ACB

▶ 2번 : ATS의 한전측 단자 라인

▶ 3번 : 한전측 ATS 인식 전원으로, ACB의 1차측에 연결되었다. 이 경우 ACB가 OFF 상태일지라도 ATS 인식 전원이 ACB 1차측에 연결되었으므로 ATS는 한전쪽으로 절체된다. 그러나 공용 부하측에는 ACB가 OFF 상태이므로 전원이 공급되지 않는다.

ATS 컨트롤 전원 위치 후면 I

3번 : ATS 1차측에 연결된 모습이다.

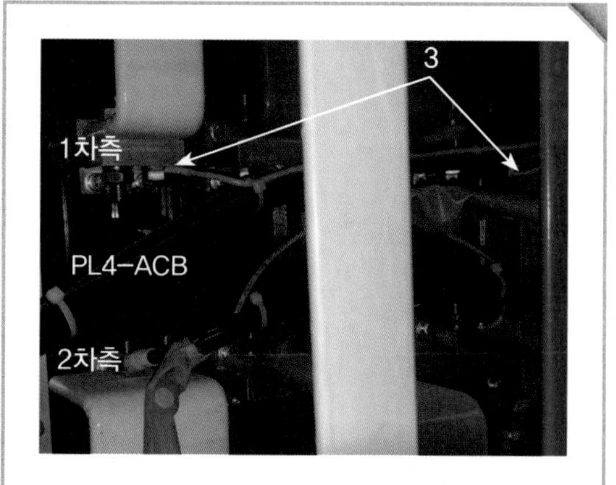

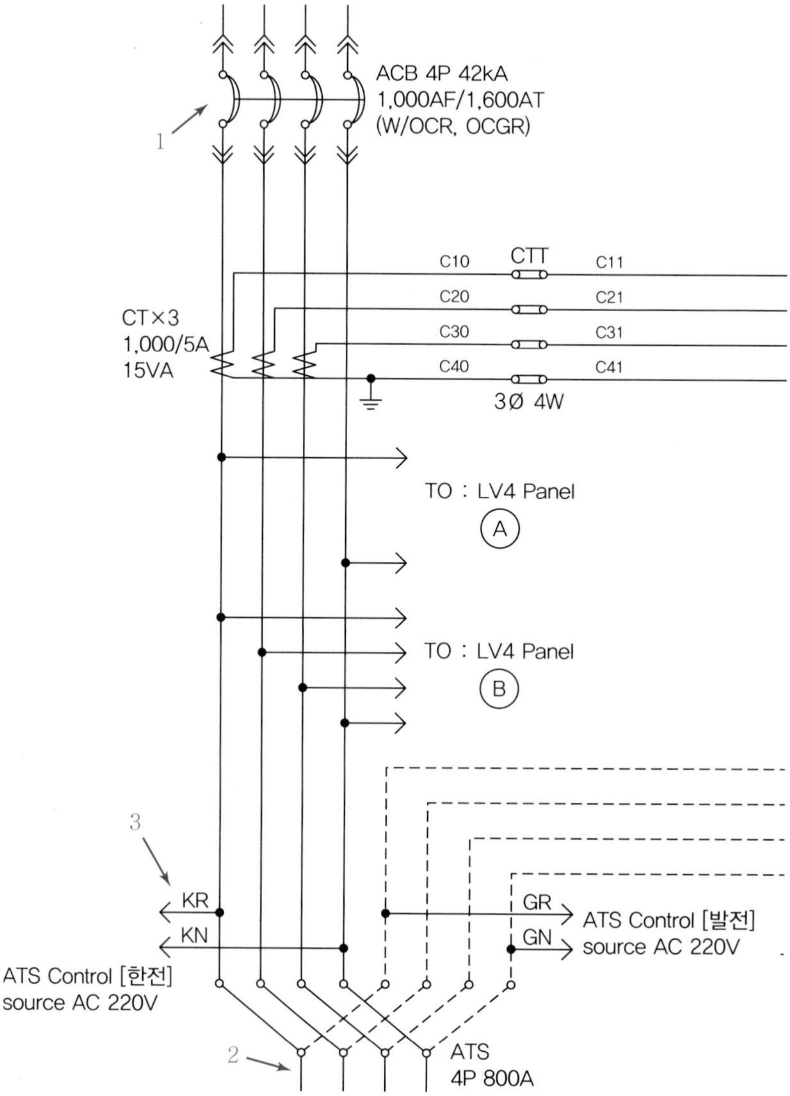

ACB 4P 42kA
1,000AF/1,600AT
(W/OCR, OCGR)
1
C10 CTT C11
C20 C21
C30 C31
C40 C41
CT×3
1,000/5A
15VA
3Ø 4W
TO : LV4 Panel
A
TO : LV4 Panel
B
3
KR
KN
ATS Control [한전]
source AC 220V
GR
GN
ATS Control [발전]
source AC 220V
2
ATS
4P 800A

한전 라인 ATS 컨트롤 전원 위치 Ⅱ(ACB의 2차측)

▶ 1번 : ACB

▶ 2번 : ATS의 부하측 단자 라인

▶ 3번 : 한전측 ATS 인식 전원으로, ACB의 2차측에 연결되었다. 이 경우 ACB가 OFF 상태라면 ATS 인식 전원이 ACB 2차측에 연결되었으므로 ATS는 한전쪽으로 절체되지 않는다.

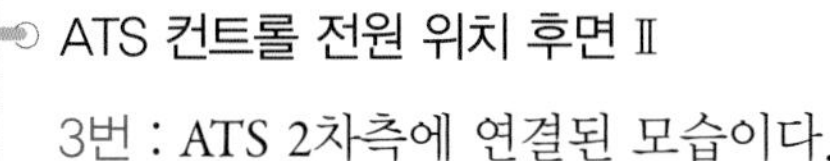

ATS 컨트롤 전원 위치 후면 Ⅱ

3번 : ATS 2차측에 연결된 모습이다.

(3) PL4(ACB-C) 시퀀스도

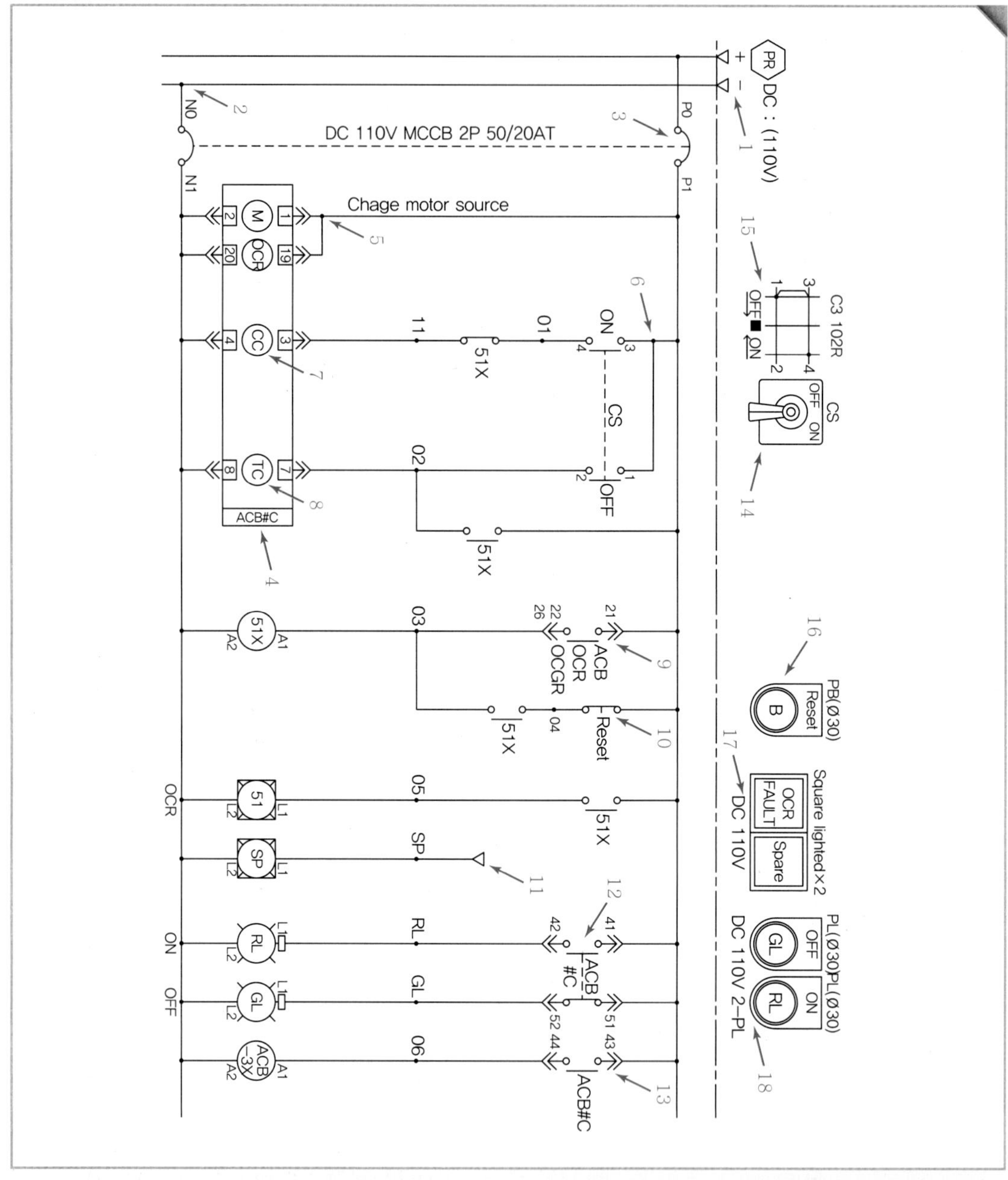

▶ 3번 : 조작 전원 차단기

▶ 4번 : ACB3

▶ 5번 : 구동 모터 전원 및 OCR 장치 전원

▶ 6번 : ACB 수동 조작용 캠스위치

▶ 7번 : 캠스위치 ON 라인 및 ACB 동작 코일

▶ 8번 : 캠스위치 OFF 라인 및 ACB 트립 코일 전원

▶ 9번 : ACB의 OCR, OCGR 접점

▶ 10번 : 리셋 버튼

▶ 11번 : Spear 사각 표시 램프

▶ 12번 : ACB 상태 표시 램프

▶ 13번 : ACB 보조 계전기

▶ 14 · 15번 : 캠스위치 및 결선도

▶ 16 · 17 · 18번 : 표시 램프 명판

(4) Auto control 이용한 PL4(ACB-ATS 패널) 시퀀스도

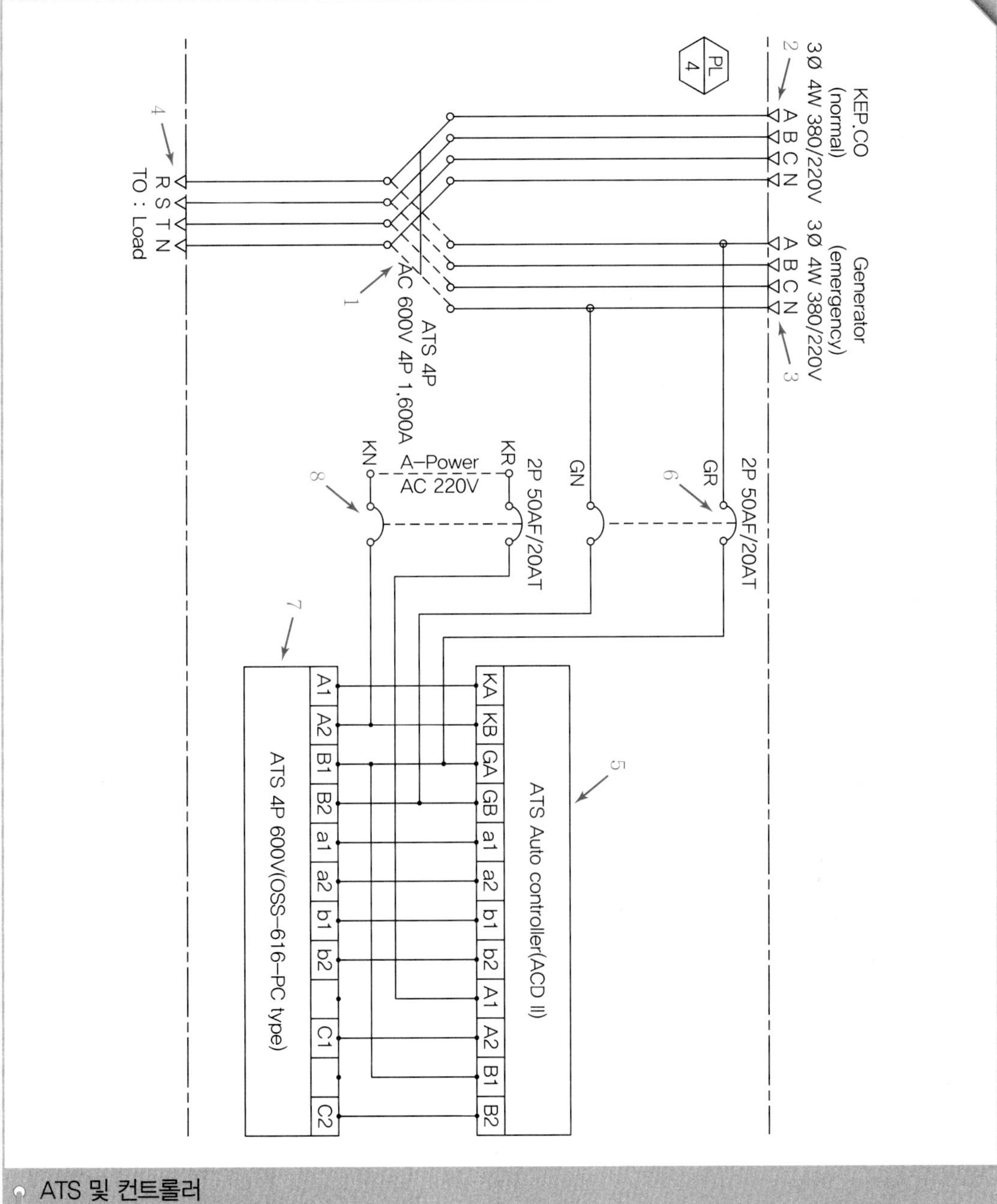

ATS 및 컨트롤러

- ▶ 1번 : ATS
- ▶ 2번 : TR3에서 연결된 한전 라인
- ▶ 3번 : 발전 라인
- ▶ 4번 : PL8(산업용, 가로등 부하) 부하 라인
- ▶ 5번 : ATS 컨트롤러
- ▶ 6번 : 발전측 ATS 인식 전원
- ▶ 7번 : ATS 단자대
- ▶ 8번 : 한전측 ATS 인식 전원

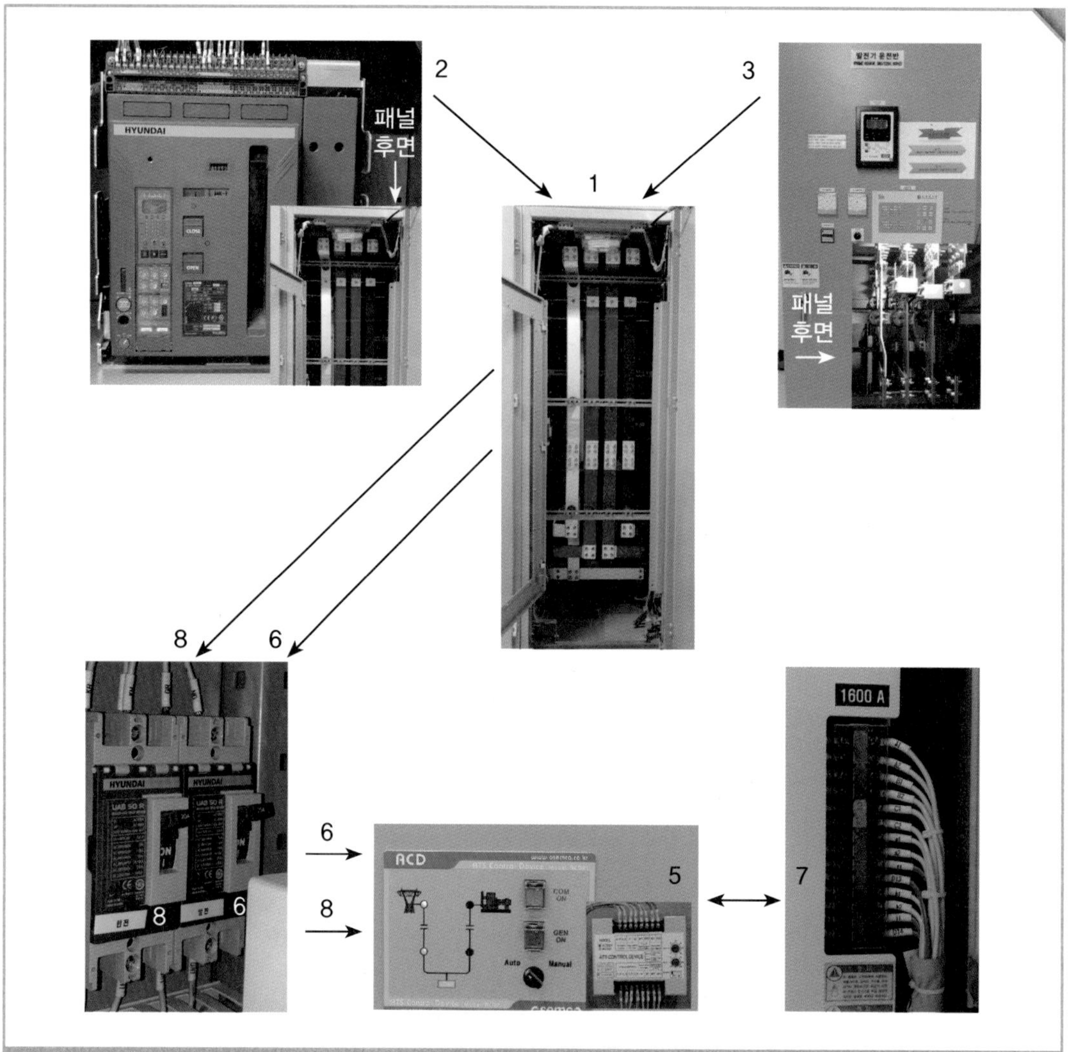

ATS 및 컨트롤러 흐름도

㉠ 1번 : ATS 후면

㉡ 2번 : ATS 전면

㉢ 3번 : 발전기 운전반

㉣ 5번 : ATS 컨트롤러

㉤ 6번 : 발전기 조작 전원 차단기

㉥ 7번 : ATS 단자대

㉦ 8번 : 한전 조작 전원 차단기

ATS 후면

ACB 밑에 ATS가 설치되어 ACB 2차측에서 ATS 한전측과 버스바로 연결되었다.

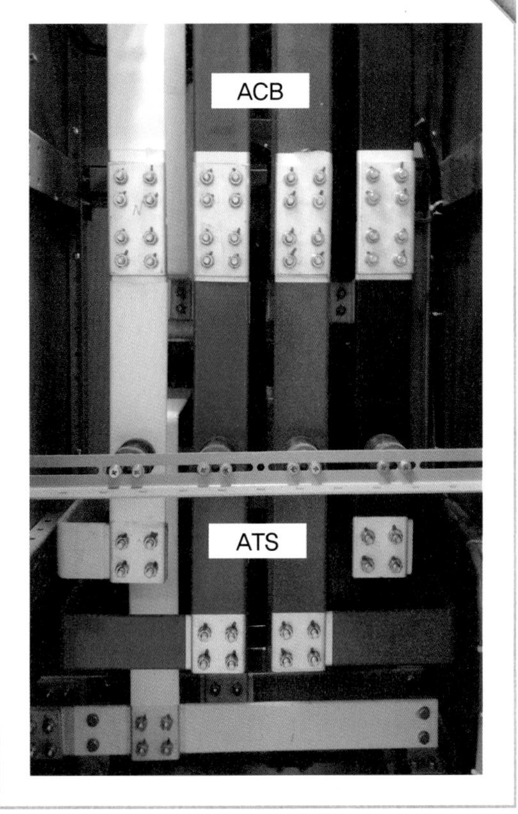

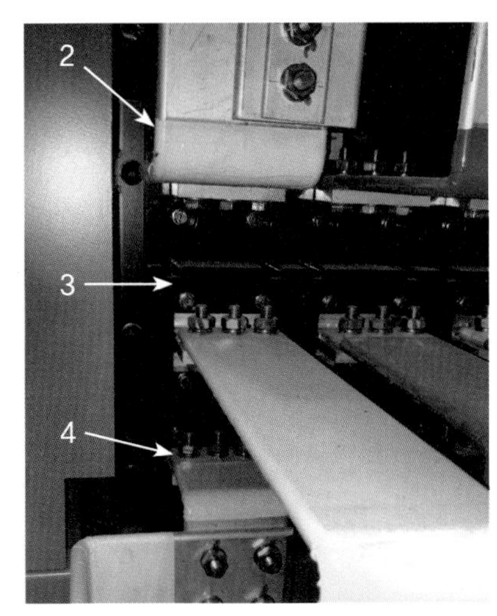

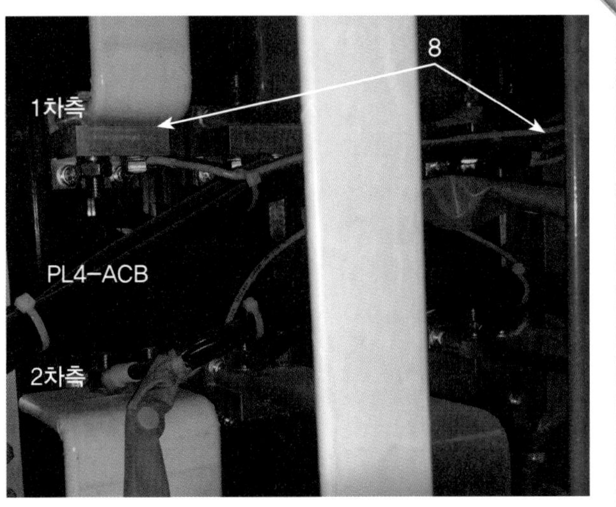

ACB 및 ATS 후면 모습

㉠ 2번 : 한전측 라인

㉡ 3번 : 발전측 라인

㉢ 4번 : 부하측(PL8) 라인

㉣ 8번 : ACB 1차측에 연결된 한전측 ATS 인식 전원

발전측 ATS 인식 전원

6번 : ATS의 발전측 라인에 연결된 발전측 ATS 인식 전원이다.

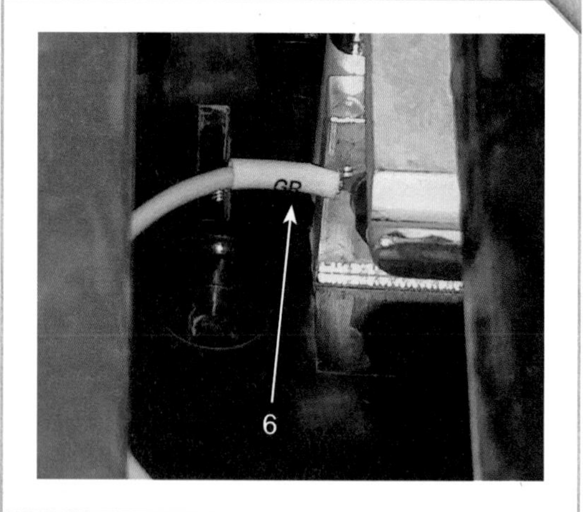

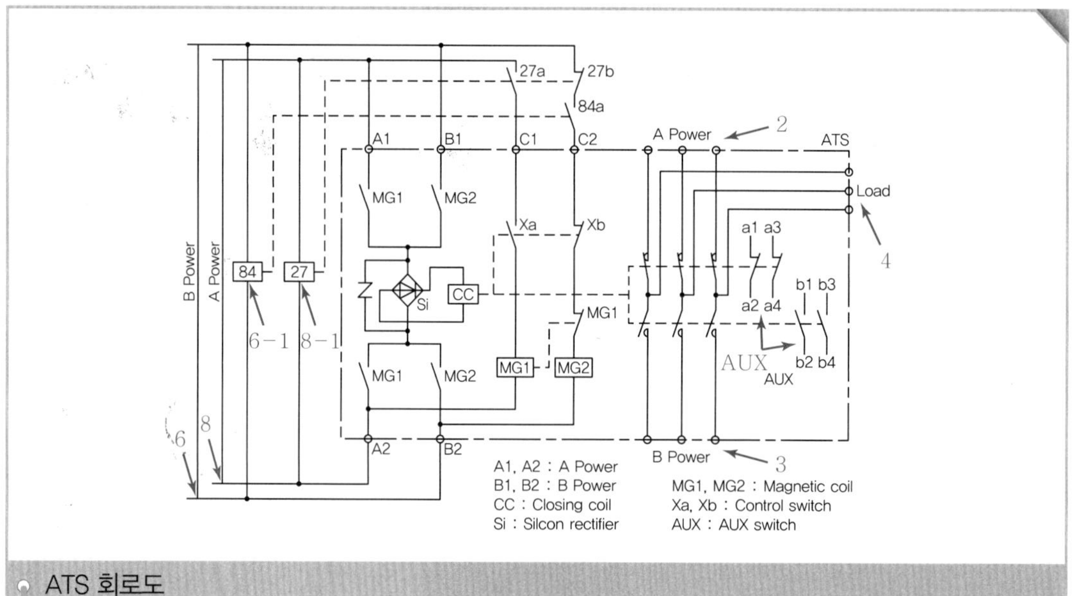

ATS 회로도

- ▶ AUX : 보조 접점
- ▶ 2번 : 한전 라인 주접점
- ▶ 3번 : 발전 라인 주접점
- ▶ 4번 : 부하 라인 주접점
- ▶ 6번 : 발전 라인 회로
- ▶ 6–1번 : 발전 라인 계전기(타이머)
- ▶ 8번 : 한전 라인 회로
- ▶ 8–1번 : 한전 라인 계전기(타이머)

ATS 단자대

㉠ 6번 : 발전 라인

㉡ 7번 : 동작 코일

㉢ 8번 : 한전 라인

㉣ AUX–a · b 접점 : 보조 접점

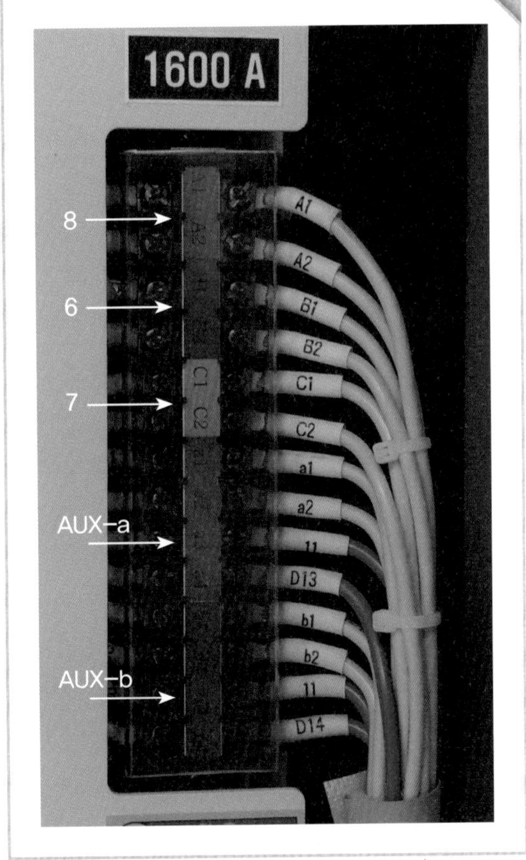

ATS 컨트롤러 단자대

㉠ 6번 : 발전 라인

㉡ 8번 : 한전 라인

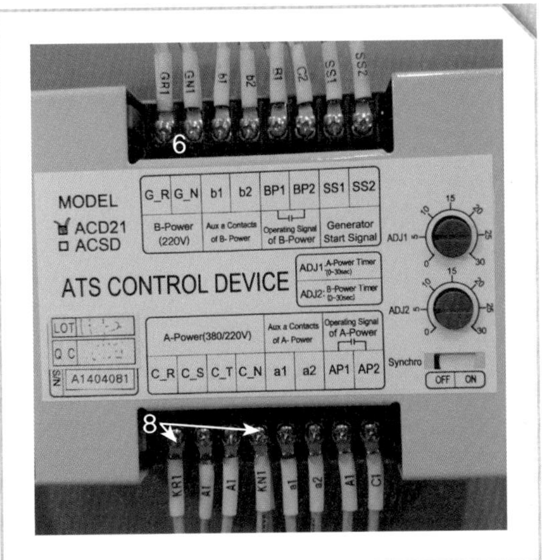

(5) 푸시 버튼을 이용한 PL4(ACB-ATS 패널) 시퀀스도

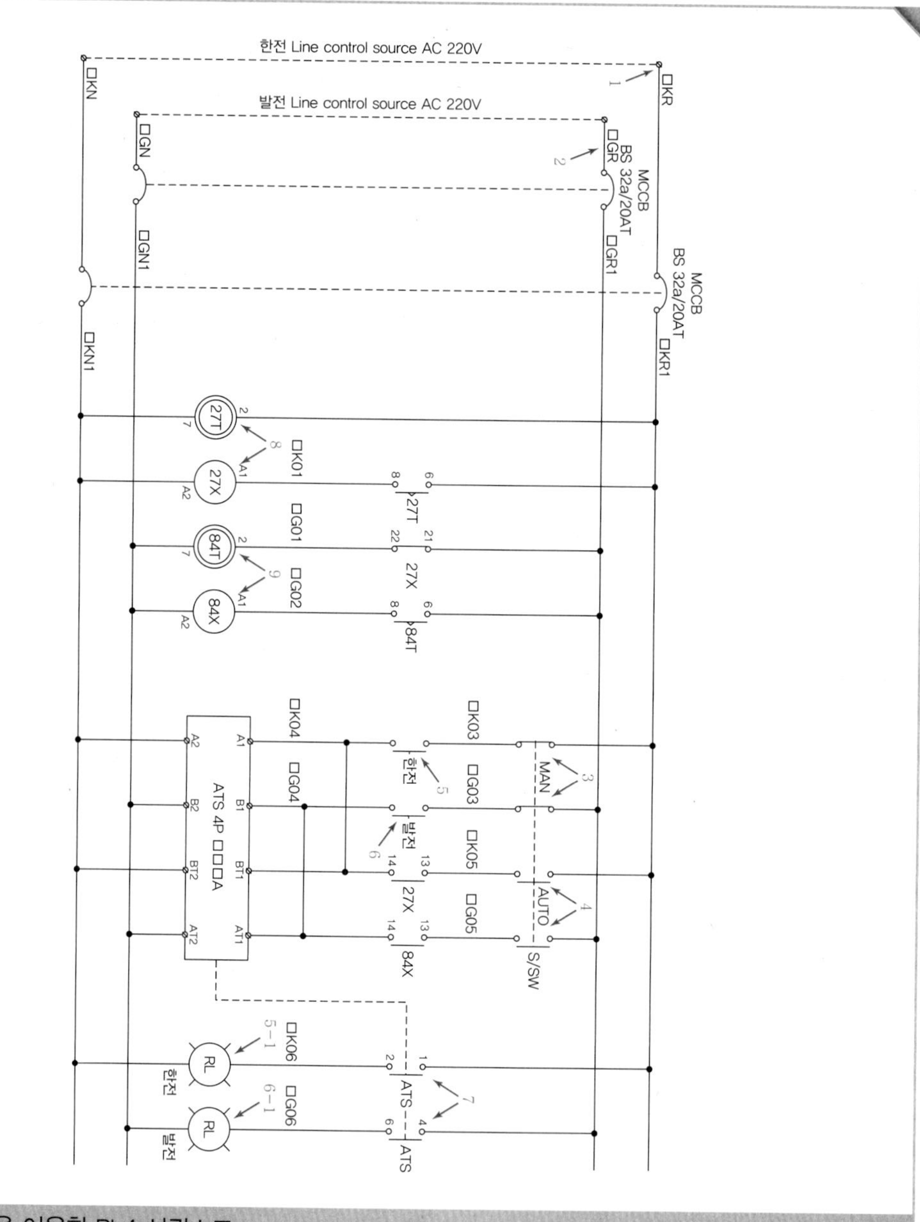

푸시 버튼을 이용한 PL4 시퀀스도

일반적으로 ATS 컨트롤러를 사용하지 않고 일반 버튼을 많이 사용한다.

- ▶ 1번 : 한전 라인
- ▶ 2번 : 발전 라인
- ▶ 3번 : 셀렉터 스위치 수동
- ▶ 4번 : 셀렉터 스위치 자동
- ▶ 5번 : 한전 푸시 버튼
- ▶ 5-1번 : 한전 표시 램프
- ▶ 6번 : 발전 푸시 버튼
- ▶ 6-1번 : 발전 표시 램프
- ▶ 7번 : 한전 · 발전 상태 표시용 접점
- ▶ 8번 : 한전 라인 타이머와 릴레이
- ▶ 9번 : 발전 라인 타이머와 릴레이

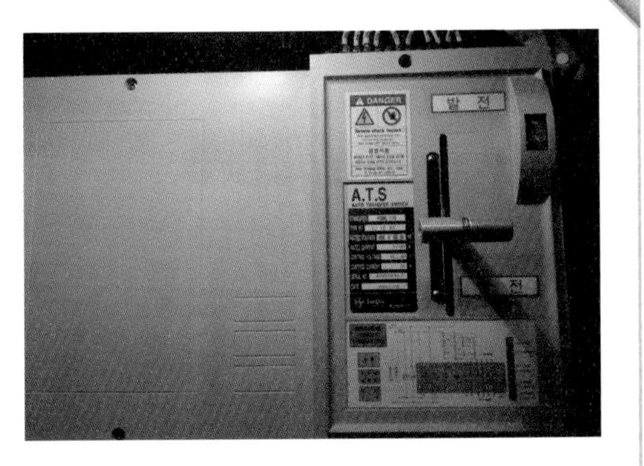

ATS 본체 전면

가운데 손잡이는 기계적 수동으로 절체할 때 사용된다.

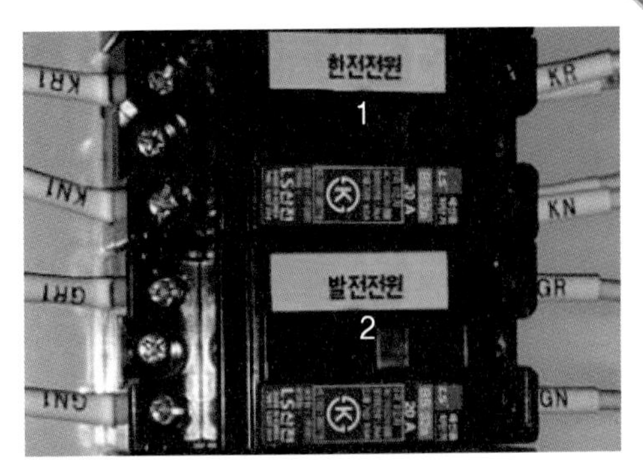

한전 · 발전 조작 차단기

㉠ 1번 : 한전 전원 차단기
㉡ 2번 : 발전 전원 차단기

셀렉터 스위치 및 푸시 버튼

㉠ 3 · 4번 : 셀렉터 스위치(4번 : 수동, 3번 : 자동)
㉡ 5 · 5–1번 : 한전 푸시 버튼과 램프가 조합된 제품
㉢ 6 · 6–1번 : 발전 푸시 버튼과 램프가 조합된 제품

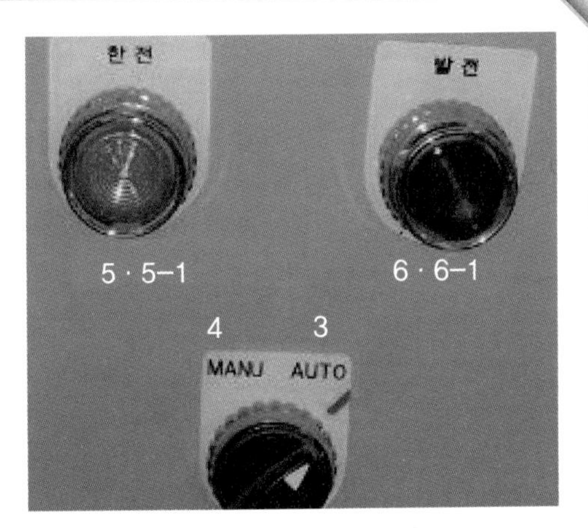

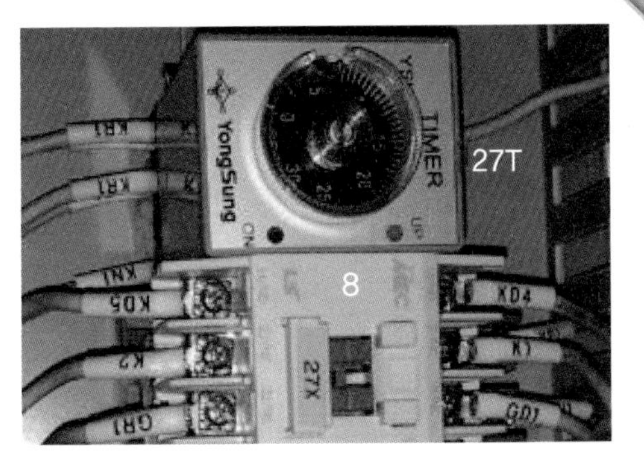

한전측 타이머와 릴레이(8번)

한전측 회로 구성에 사용된 타이머(27T)와 보조 계전기(27X)의 번호이다.

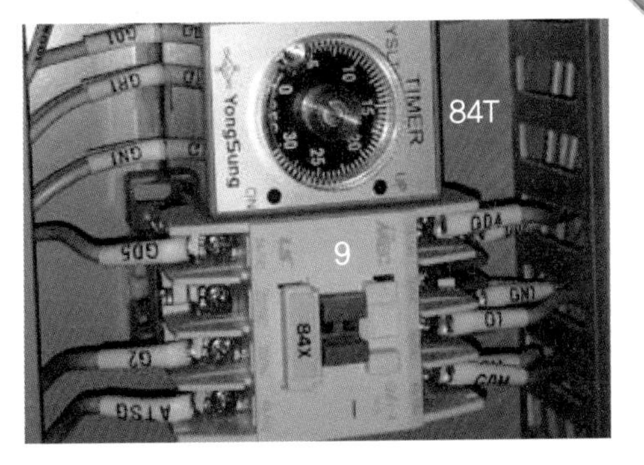

발전측 타이머와 릴레이(9번)

발전측 회로 구성에 사용된 타이머(84T)와 보조 계전기(84X)의 번호이다.

5 PL8(산업용, 가로등 패널)

(1) PL8(산업용, 보안등 패널) 단선도

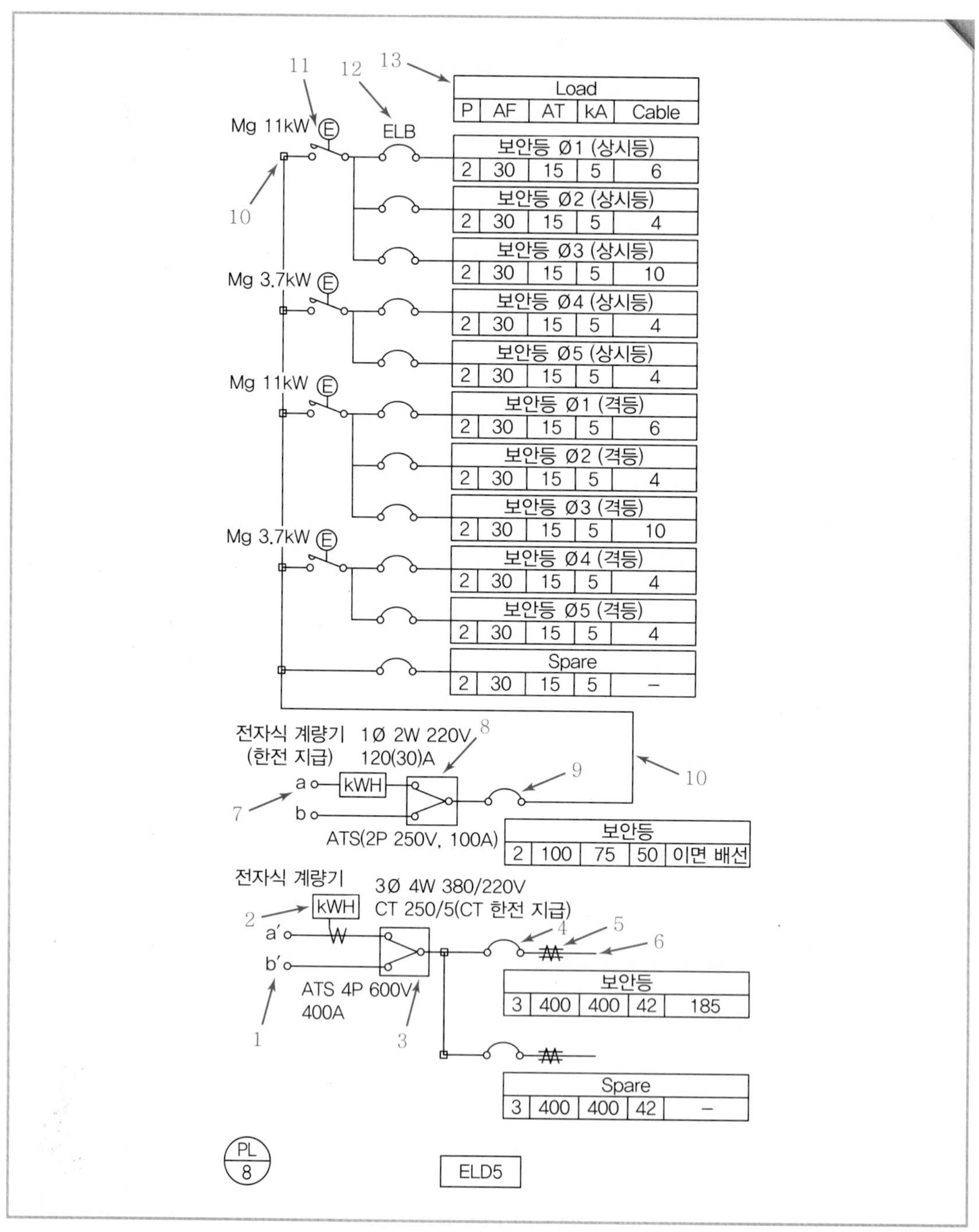

- ▶ 1번 : PL4(ACB3) 2차측에서 온다.
- ▶ 2번 : 적산 전력계
- ▶ 3번 : 산업용(급수 동력) ATS
- ▶ 4번 : 급수 동력 메인 MCCB
- ▶ 5번 : 영상 변류기(ZCT)
- ▶ 6번 : 급수 동력 부하
- ▶ 7번 : PL4(ACB3) 2차측에서 온다.
- ▶ 8번 : 가로등(보안등)용 ATS
- ▶ 9번 : 가로등 메인 MCCB
- ▶ 10번 : 가로등 부하
- ▶ 11번 : 타이머, 마그넷
- ▶ 12번 : 누전 차단기
- ▶ 13번 : 가로등(보안등)에 대한 주기

PL8 1차측 라인

1 · 7번 : PL4 ACB 2차측에서 산업용(1번)과 가로등용(7번) 전원을 받는다.

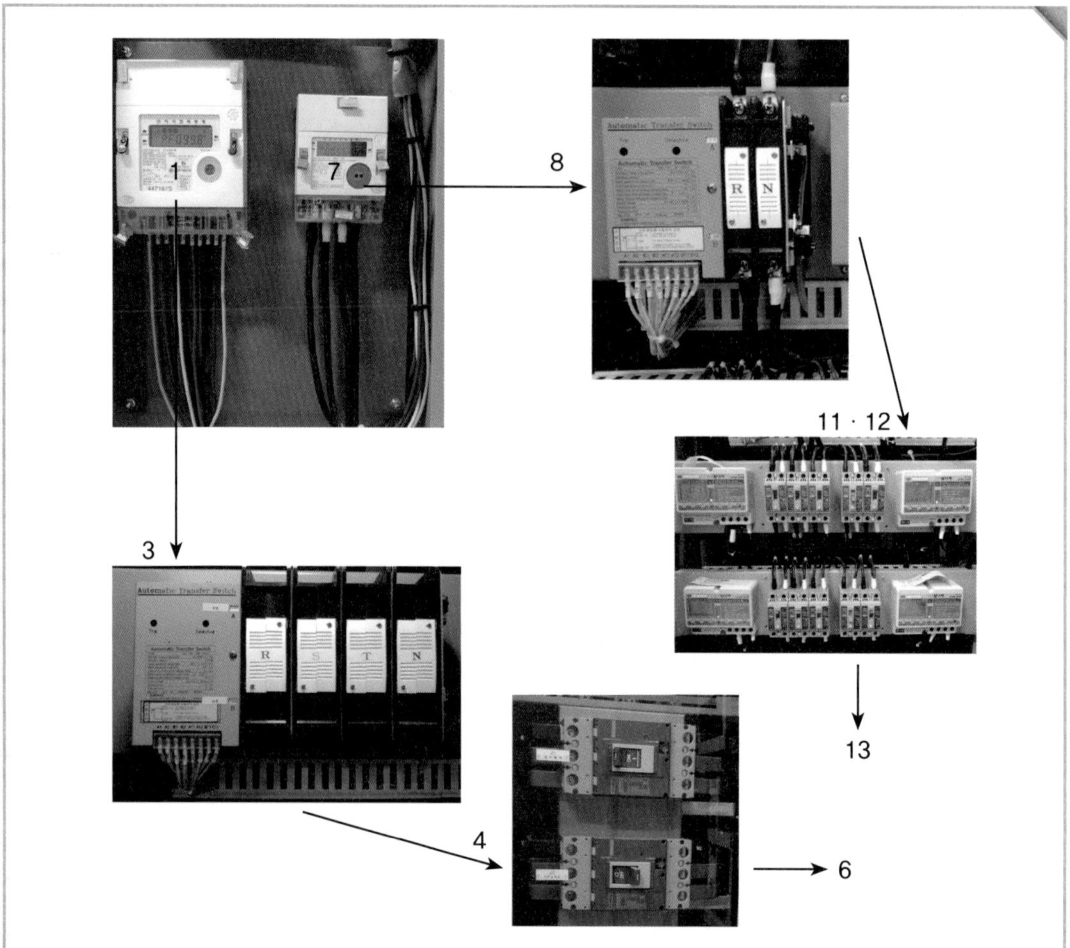

산업용, 가로등용 흐름도

㉠ **산업용** : PL4 ACB 2차측 → 적산 전력계(1번) → ATS(3번) → 메인 MCCB(4번) → 산업용 부하(6번)

㉡ **가로등용** : PL8 ACB 2차측 → 적산 전력계(7번) → ATS(8번) → 타이머, ELB(4번) → 가로등용 부하(13번)

(2) PL8(산업용 패널) 삼선도

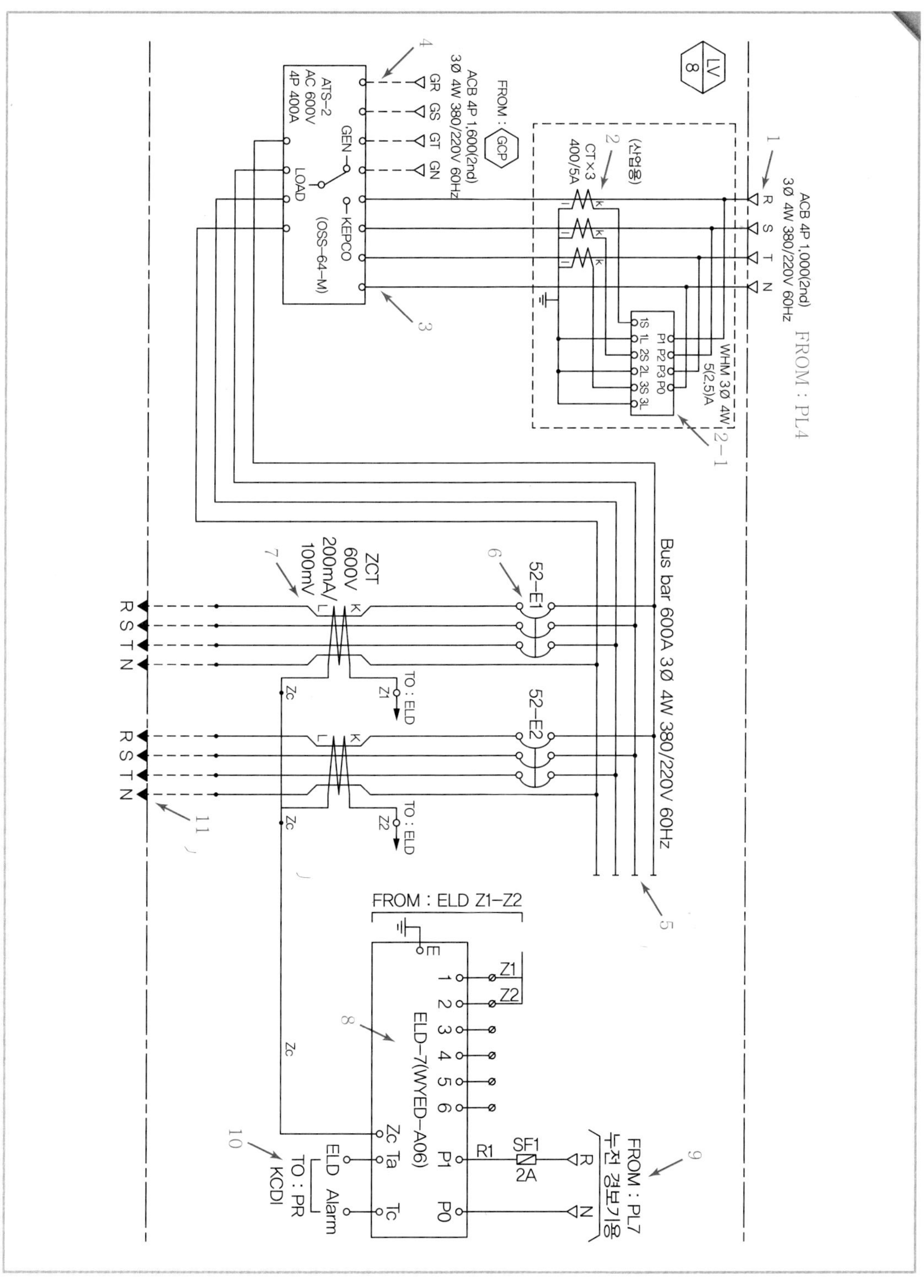

▶ 1번 : PL4 ACB 2차측
▶ 2번 : 산업용 계량기
▶ 2-1번 : 계량기 단자대
▶ 3번 : ATS(4극)
▶ 4번 : 발전측 라인
▶ 5번 : 다음 라인으로 이동
▶ 6번 : 산업용 부하 메인 MCCB
▶ 7번 : 영상 변류기(ZCT)
▶ 8번 : ELD
▶ 9번 : PL7 패널에서 오는 전원
▶ 10번 : PR 패널의 디지털 입력 유닛으로 가는 알람 신호 접점
▶ 11번 : 산업용 부하(급수 동력 등)

산업용 계량기

㉠ 1번 : PL4 ACB 2차측에서 온 전원
㉡ 2번 : CT
㉢ 2-1번 : 산업용 계량기

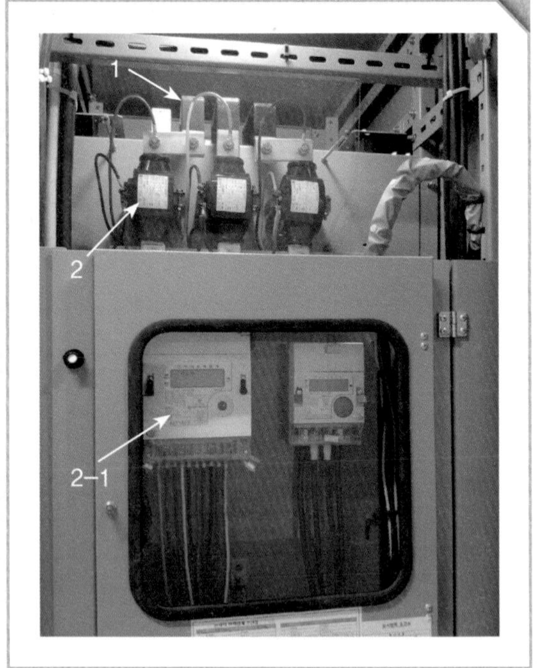

산업용 계량기 CT

㉠ P단자 : 계량기 1차측에 연결된다.

㉡ S단자 : K단자로, 계량기 2차측에 연결된다.

㉢ L단자 : L단자로, 공통 연결 및 접지 후 계량기 2차측 L1~L3 단자에 연결된다.

산업용 계량기 단자대

㉠ P1~P3, P0 : 계량기 1차측

㉡ 1S~3S 단자 : CT의 K단자

㉢ L단자 : CT의 L단자

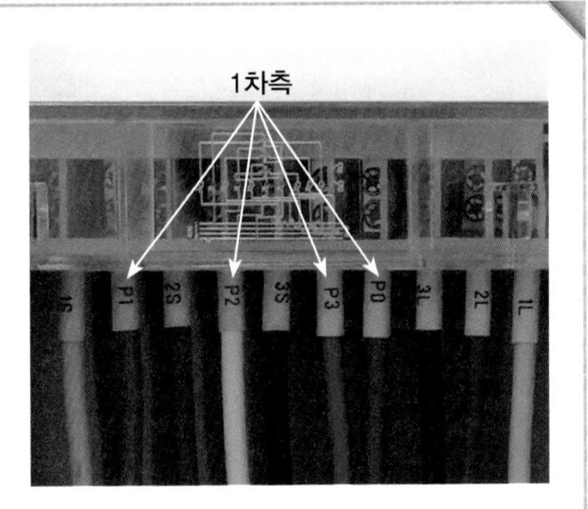

산업용 계량기 ATS 전면

4극으로, 왼쪽이 컨트롤 장치이다.

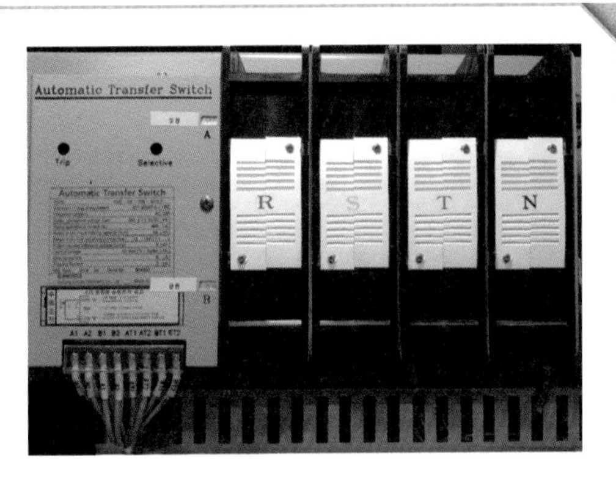

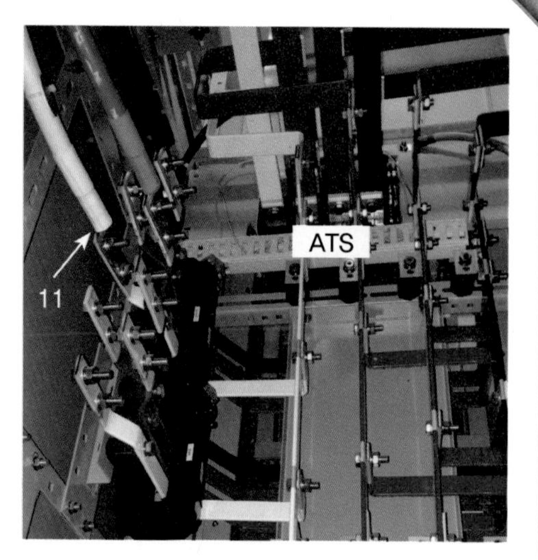

산업용 계량기 ATS 후면

11번 : ATS 부하측 → 차단기 → ZCT를 거쳐 부하로 가는 케이블이다.

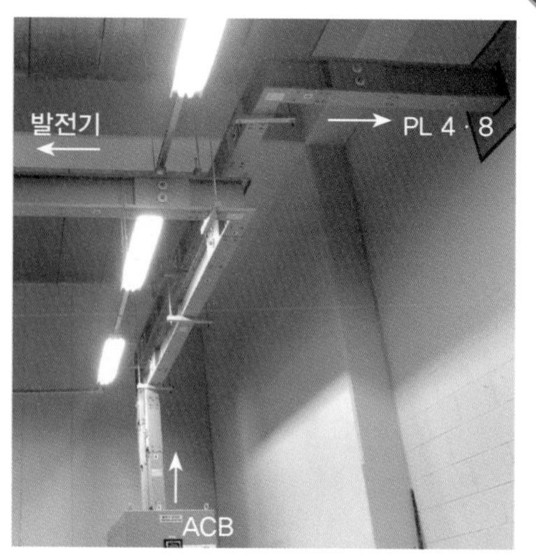

ATS 발전기 라인 계통

발전기 운전반 신호 → 발전기 가동 → 발전 전원 생성 → 발전기 운전반 ACB → PL 4 · 8 패널로 간다.

(3) PL8(보안등 패널) 삼선도

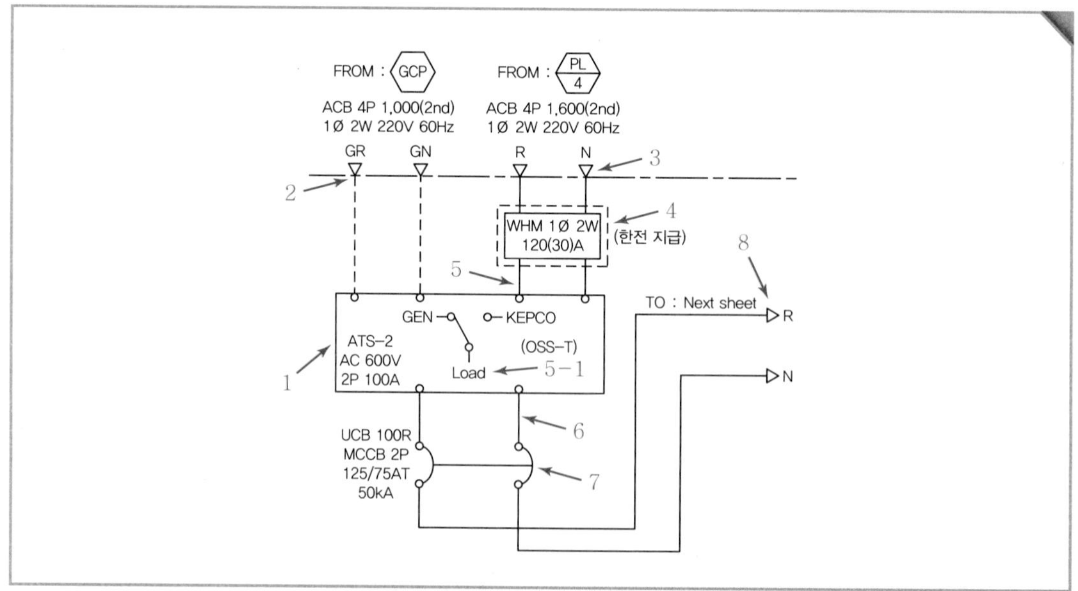

PL8 보안등 ATS 삼선도

- ▶ 1번 : 보안등 ATS
- ▶ 2번 : 발전측 라인
- ▶ 3 · 5번 : 한전측 라인
- ▶ 4번 : 단상용 한전 계량기
- ▶ 5–1, 6번 : 부하측 단자
- ▶ 7번 : 부하(보안등)측 메인 차단기
- ▶ 8번 : 다음 페이지에 계속

보안등 계량기

㉠ 3번 : PL4 패널에서 온다.

㉡ 5번 : ATS의 한전측 단자에 연결된다.

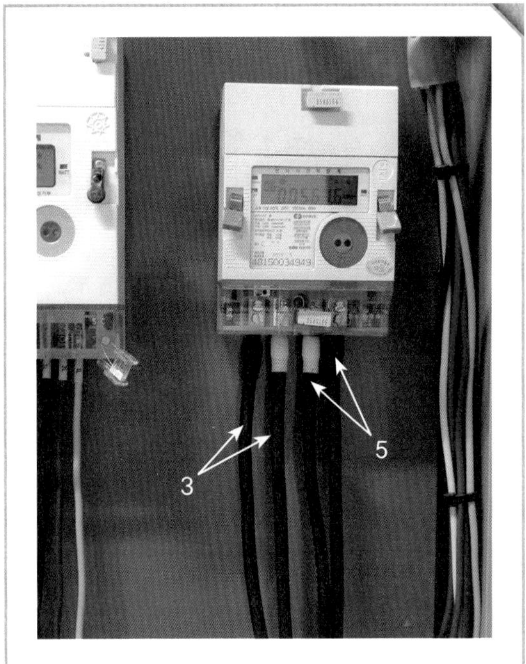

보안등 ATS 전면

㉠ 5–1번 : 계량기 2차에서 연결된다.

㉡ 6번 : 부하(보안등)측 메인 차단기의 1차에 연결된다.

㉢ 7번 : 부하(보안등)측 메인 차단기이다.

㉣ 8번 : 분기 차단기로 연결된다.

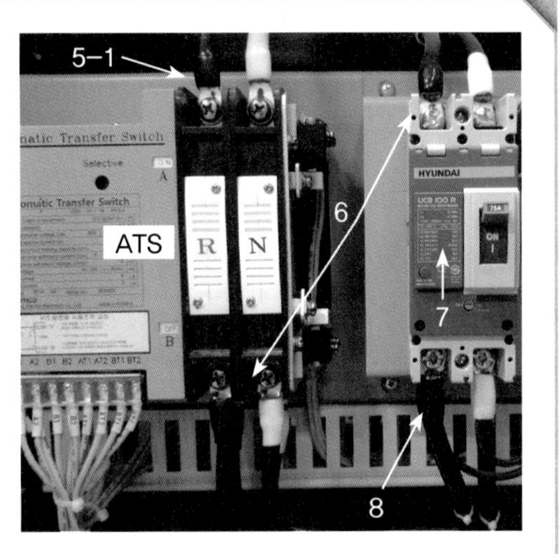

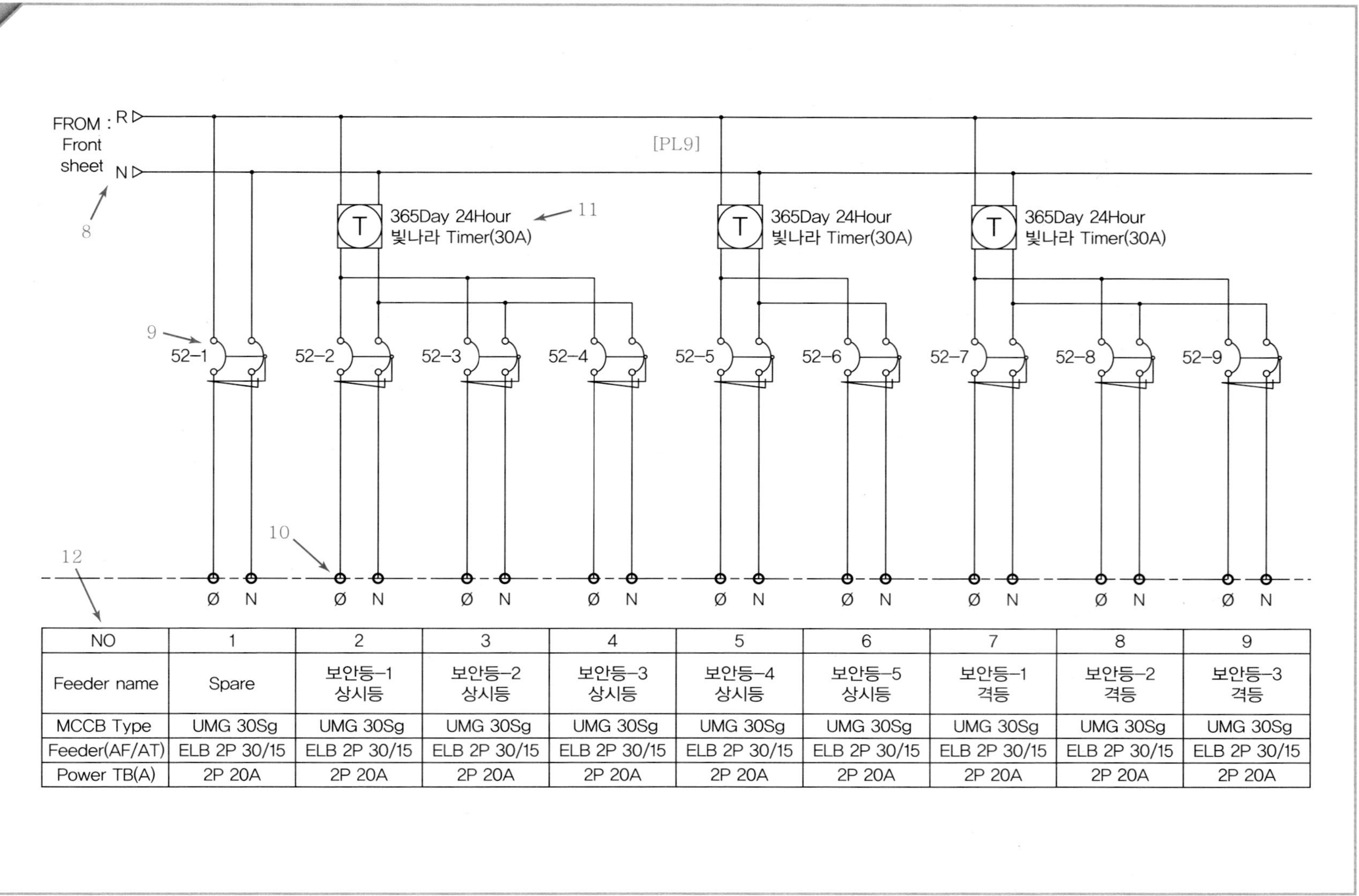

NO	1	2	3	4	5	6	7	8	9
Feeder name	Spare	보안등-1 상시등	보안등-2 상시등	보안등-3 상시등	보안등-4 상시등	보안등-5 상시등	보안등-1 격등	보안등-2 격등	보안등-3 격등
MCCB Type	UMG 30Sg	UMG 30Sg	UMG 30Sg	UMG 30Sg	UMG 30Sg	UMG 30Sg	UMG 30Sg	UMG 30Sg	UMG 30Sg
Feeder(AF/AT)	ELB 2P 30/15	ELB 2P 30/15	ELB 2P 30/15	ELB 2P 30/15	ELB 2P 30/15	ELB 2P 30/15	ELB 2P 30/15	ELB 2P 30/15	ELB 2P 30/15
Power TB(A)	2P 20A	2P 20A	2P 20A	2P 20A	2P 20A	2P 20A	2P 20A	2P 20A	2P 20A

보안등(가로등) 삼선도

- ▶ 8번 : 가로등용 ATS의 N호측(load)에서 연결된다.
- ▶ 9번 : 누전 차단기(ELB)
- ▶ 10번 : 해당 라인에 속한 가로등으로 연결된다.
- ▶ 11번 : 24시간 타이머
- ▶ 12번 : 각 라인에 대한 주기

보안등 패널 내부 I

㉠ 7번 : 가로등 전체 메인 차단기

㉡ 9번 : 스페어용 분기 차단기

㉢ 10번 : 각 라인별 분기 차단기 A(상단), B(하단)

㉣ 11번 : 각 라인별 타이머로, 전체 5개 회로를 타이머 용량에 맞게 4개로 나누었다.

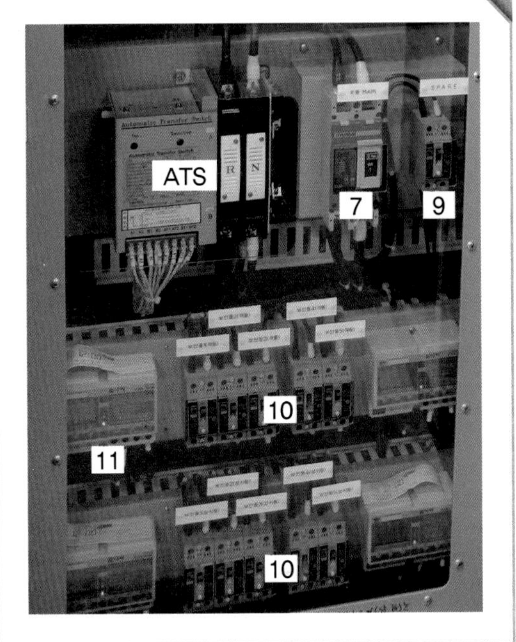

보안등 패널 내부 II

㉠ 10번 : 분기 차단기

㉡ 11번 : 디지털식 타이머

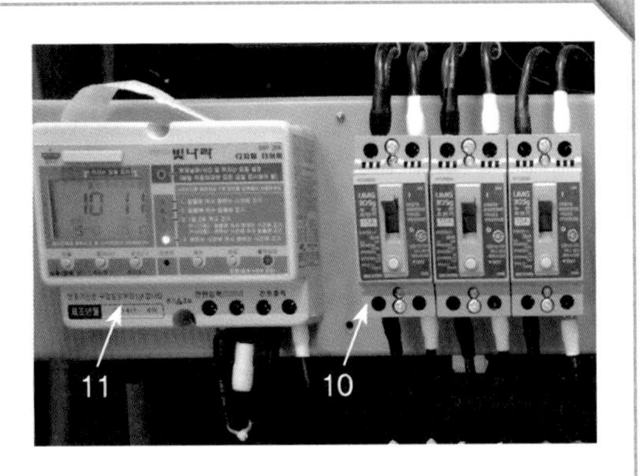

보안등 패널 내부 Ⅲ

㉠ 10번 : 분기 차단기 2차측

㉡ 12번 : 해당 가로등으로 연결되는 케이블

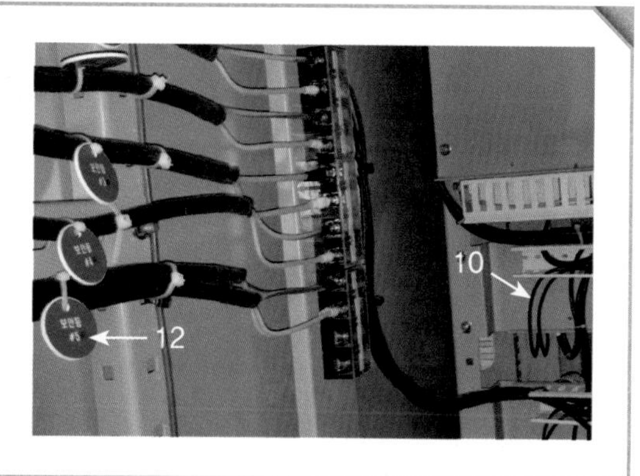

(4) PL8(산업용, 보안등 패널) 시퀀스

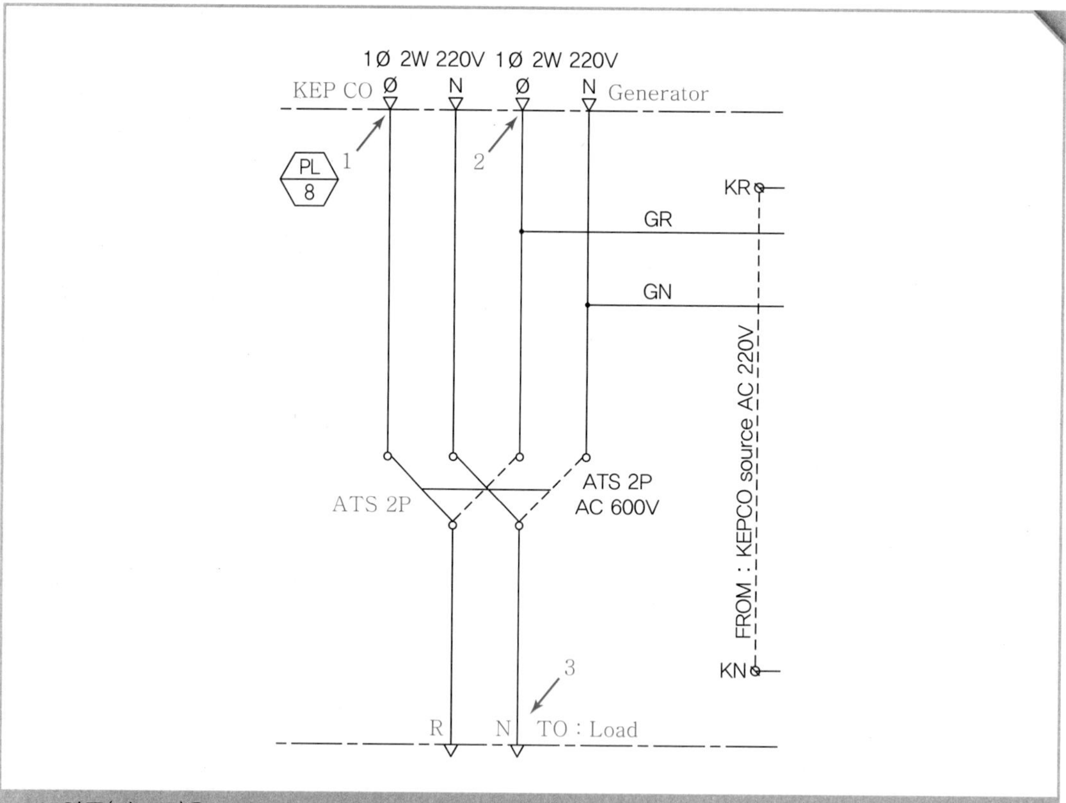

보안등(가로등)용 ATS

- ▶ 1번 : 한전측 라인
- ▶ 2번 : 발전측 라인
- ▶ 3번 : 동부하측 라인

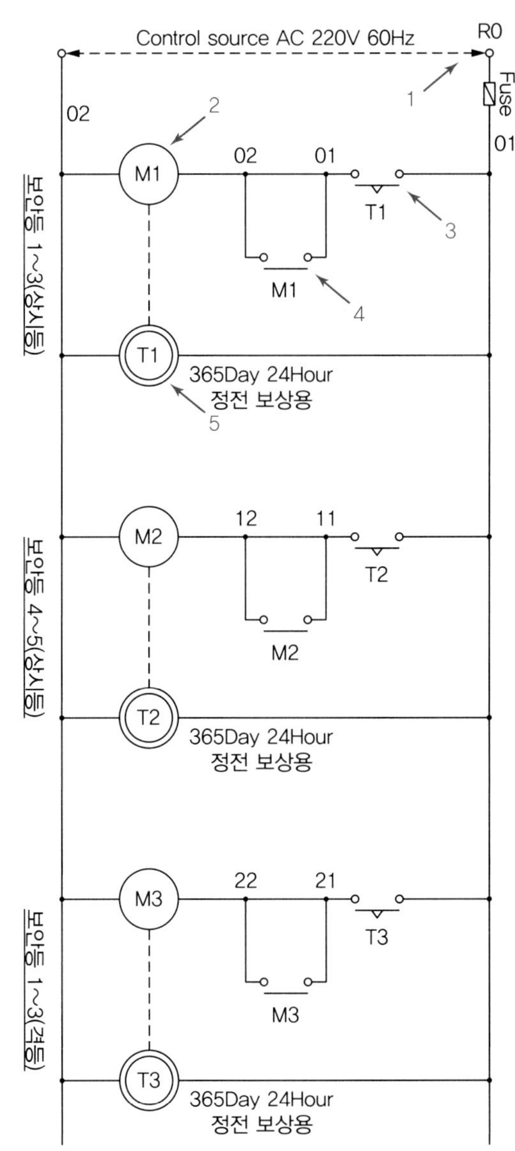

가로등 시퀀스 회로

- ▶ 1번 : 조작 전원
- ▶ 2번 : 마그넷(해당 라인에 걸린 가로등의 용량에 맞게 설정)
- ▶ 3번 : 타이머 한시 접점
- ▶ 4번 : 마그넷 a접점
- ▶ 5번 : 24시간 타이머

6 PR(정류기 패널)

(1) PR(정류기 패널) 단선도

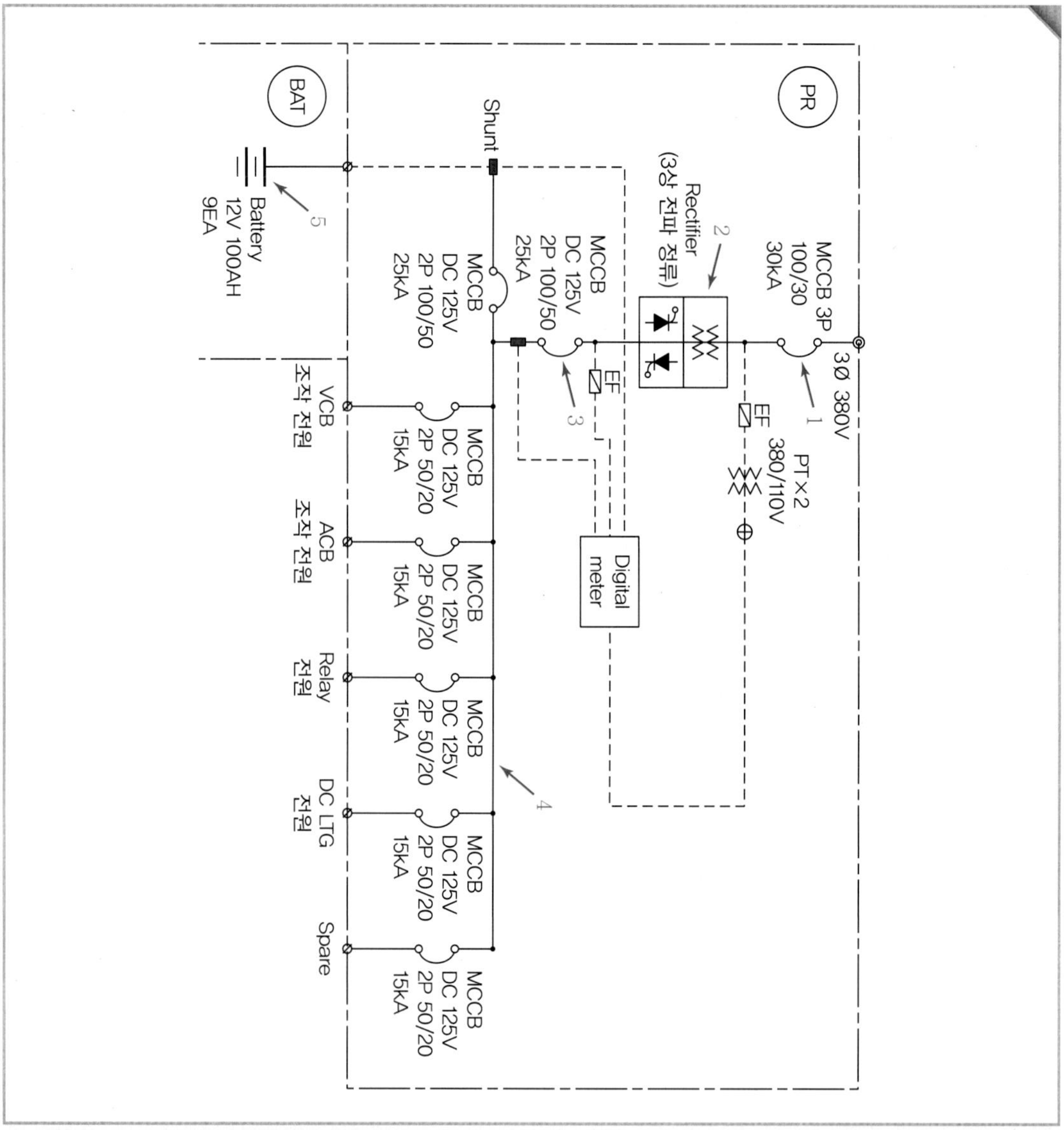

▶ 1번 : PR7 패널에서 오는 AC 메인 차단기

▶ 2번 : 정류기(AC → DC)

▶ 3번 : DC 메인 차단기

▶ 4번 : 각각의 DC 부하 라인 메인 차단기

▶ 5번 : 배터리로, 정전이 되어 정류기가 제 역할을 하지 못할 때 배터리로 부하 전원을 공급한다(평상시에는 정류기 전원으로 충전하고 있다).

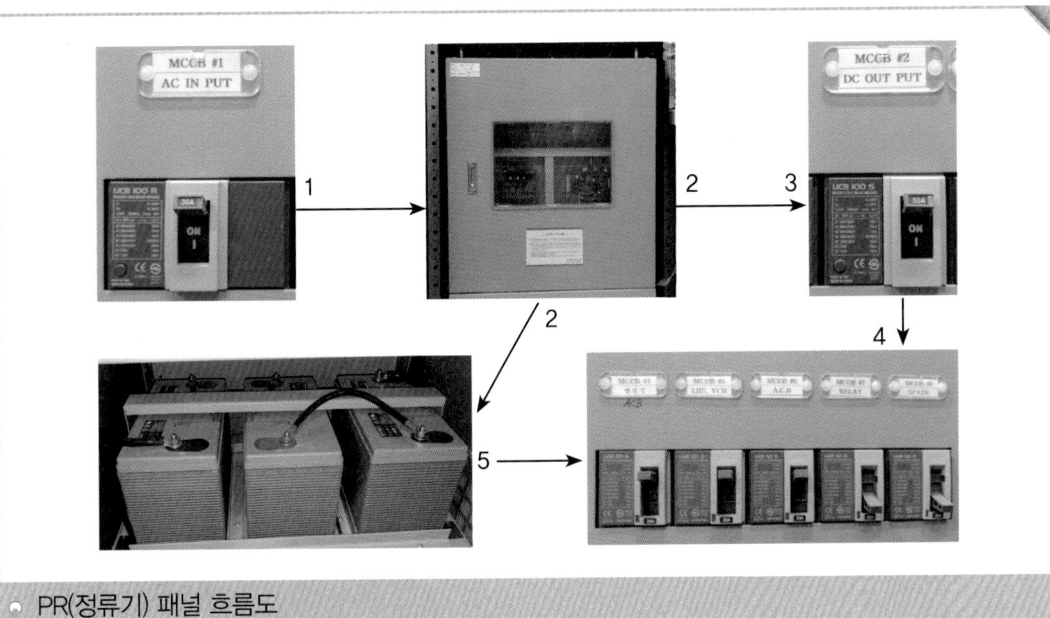

PR(정류기) 패널 흐름도

㉠ 평상시 : AC 메인 전원(1번) → 정류기(2번) → DC 메인 전원(3번) 및 배터리(5번) → 각각의 DC 부하 라인 전원(4번)

㉡ 정전 시 : 배터리(5번) → DC 메인 전원(3번) 및 배터리

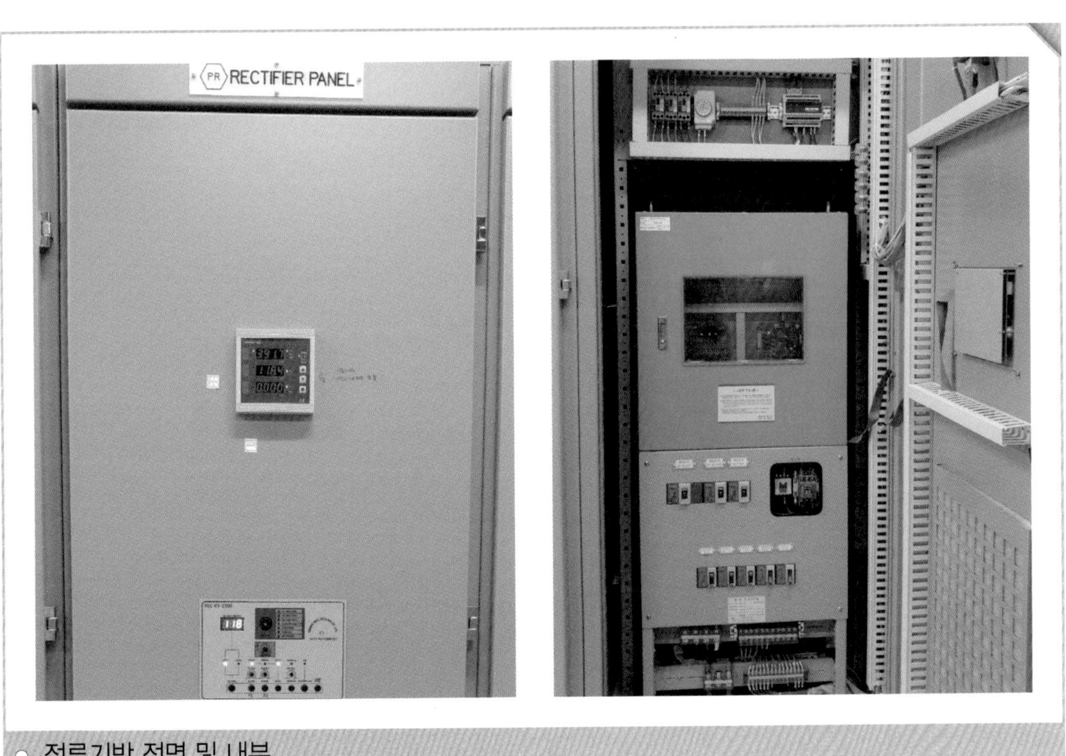

정류기반 전면 및 내부

전면에는 부동 충전과 균등 충전용 장치가, 내부에는 각 부하 라인 메인 차단기들이 있다.

(2) PR(정류기 패널) 삼선도

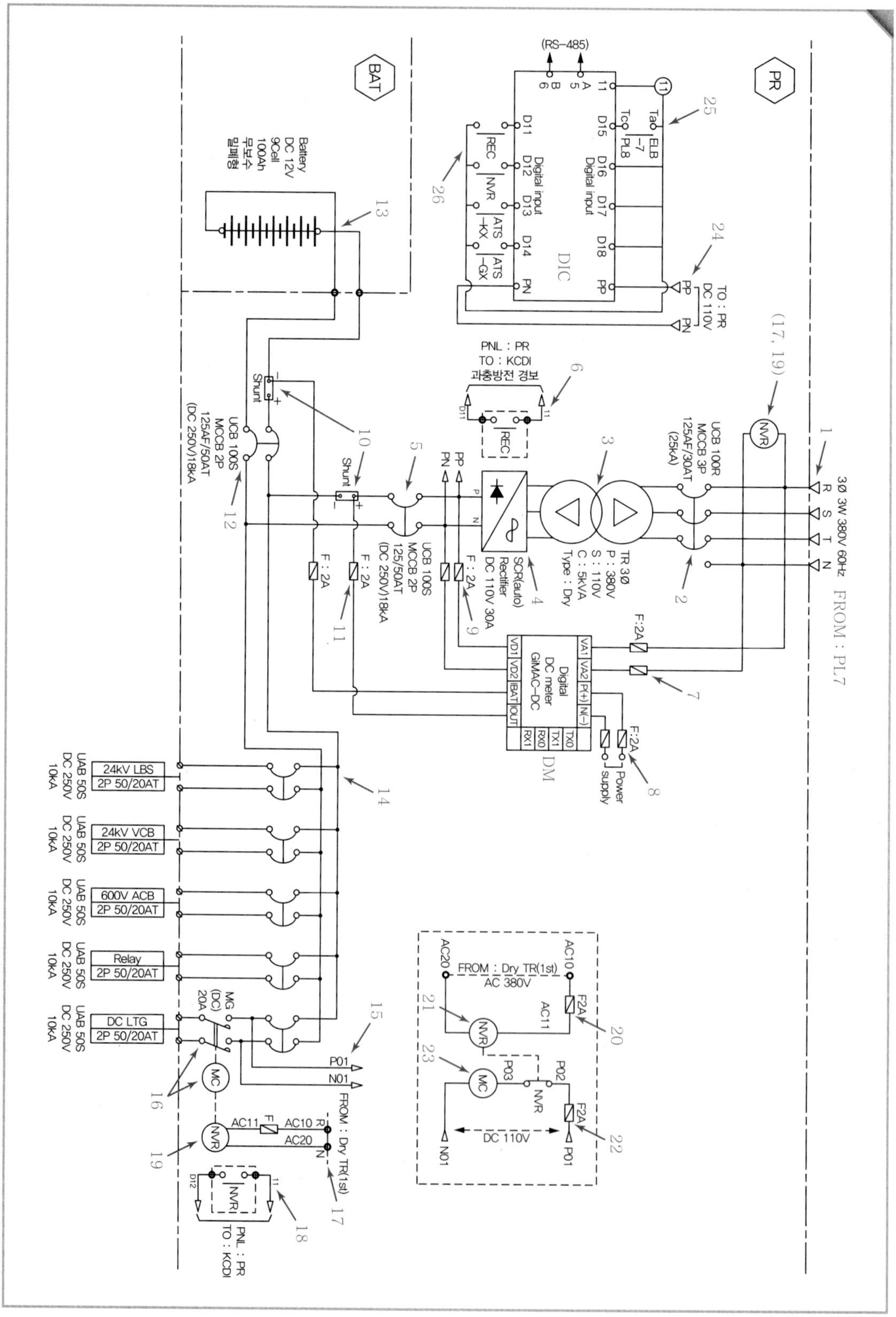

- ▶ 1번 : PL7 패널과 연결
- ▶ 2번 : AC 메인 차단기
- ▶ 3번 : 변압기(AC 380/110V)
- ▶ 4번 : 정류기(AC 110V/DC 110V)
- ▶ 5번 : DC 메인 차단기
- ▶ 6번 : 과충 · 방전 경보 접점
- ▶ 7 · 8 · 9 · 11번 : 다이젯 퓨즈
- ▶ 10번 : 션트(shunt)
- ▶ 12번 : 배터리 차단기
- ▶ 13번 : 배터리
- ▶ 14번 : 정류된 DC 110V – 각 부하 라인의 메인 차단기 1차측으로 간다.
- ▶ 17 · 19번 : NVR 시스템
- ▶ 24번 : 디지털 입력 유닛 전원
- ▶ 25번 : PL8의 ELD 경보 접점
- ▶ 26번 : ATS, NVR, REC 상태 표시 접점

정류기 패널 입력 전원

PL7 패널에 있는 PR(정류기) 패널 입력 전원용 차단기

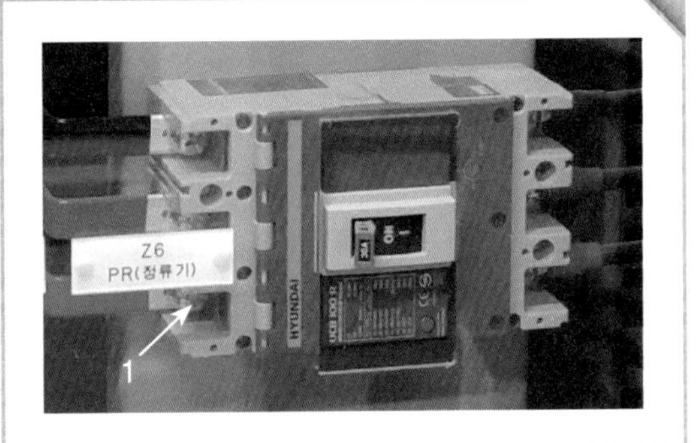

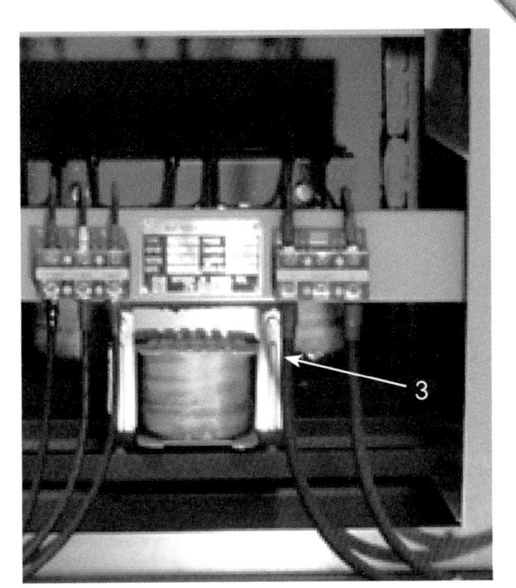

AC 변압기

3번 : 3상 380V를 110V로 낮춘다.

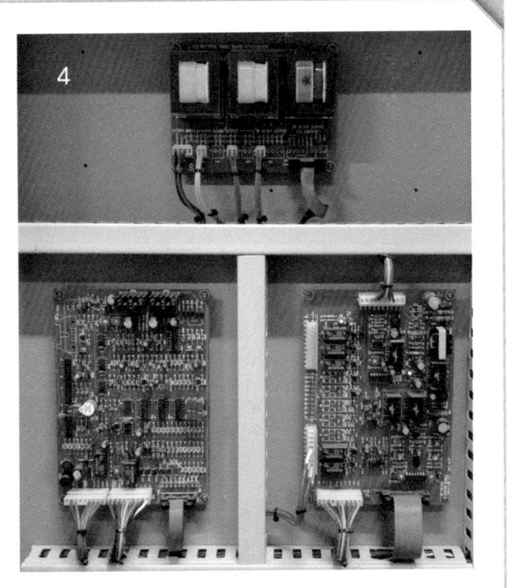

정류기 회로(4번)

AC 110V를 DC 110V로 변환시킨다.

DC 메인 차단기(5번)

DC 110V로 정류된 전압이 DC 출력측 메인 차단기 1차로 온다.

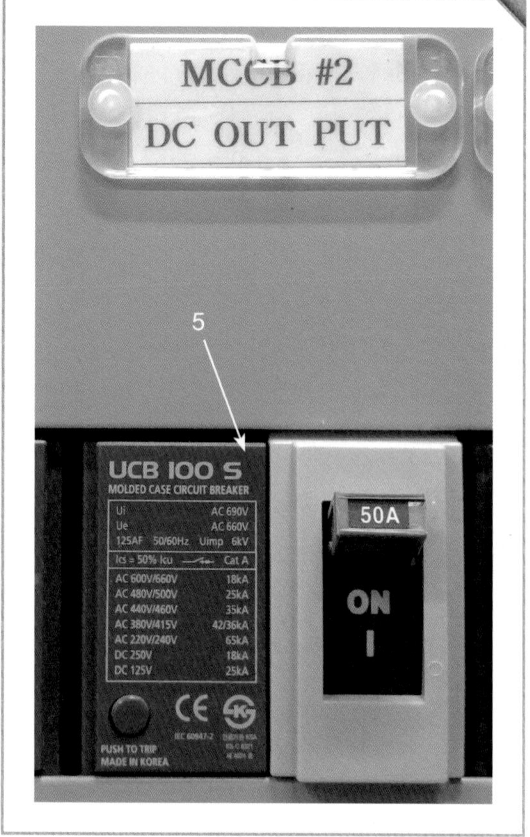

디지털미터

㉠ 7번 : AC 메인 차단기 1차측에 설치된 다이젯 퓨즈와 연결

㉡ 8번 : 디지털미터 전원

㉢ 9번 : 정류기 2차측에 설치된 다이젯 퓨즈와 연결

㉣ 11번 : 션트라인에 설치된 다이젯 퓨즈와 연결

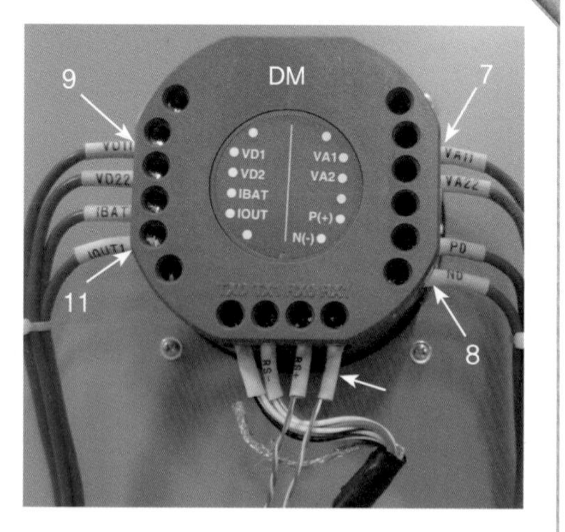

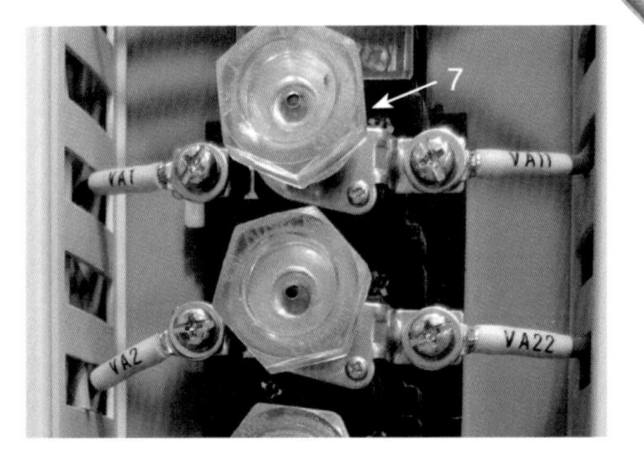

다이젯 퓨즈 I (7번)

AC 메인 차단기 1차측과 디지털미터 사이에 설치한다.

다이젯 퓨즈 II (9번)

정류기 2차측과 디지털미터 사이에 설치한다.

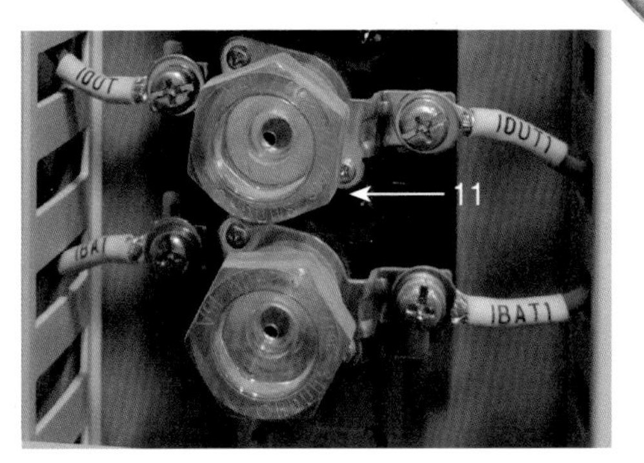

다이젯 퓨즈 III (11번)

션트(shunt) 라인과 디지털미터 사이에 설치한다.

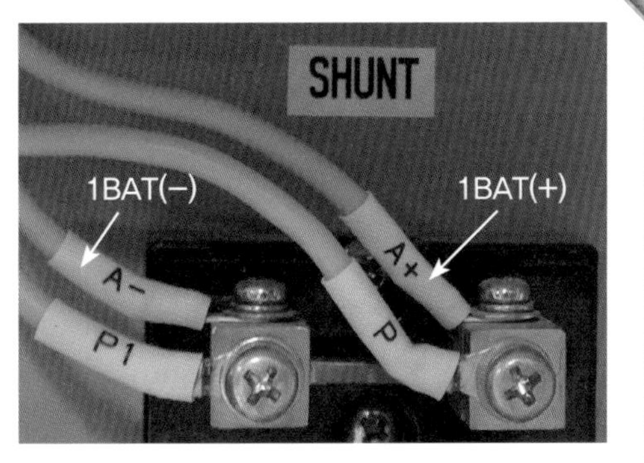

션트(shunt)

㉠ 배터리의 충전이나 방전 시 흐르는 DC 전류를 측정하기 위한 것으로, AC의 CT라고 생각하면 된다.

㉡ **전류계 설치** : 한 션트의 작은 단자(A)에 연결한다.

배터리 차단기(12번)

정전 시 사용하는 배터리용 차단기이다.

배터리(13번)

배터리는 총 9개로 평상시 충전 전압은 DC 117~118V를 유지한다.

배터리 결선

9개가 직렬로 연결된 다음 DC 메인 차단기 2차측으로 간다.

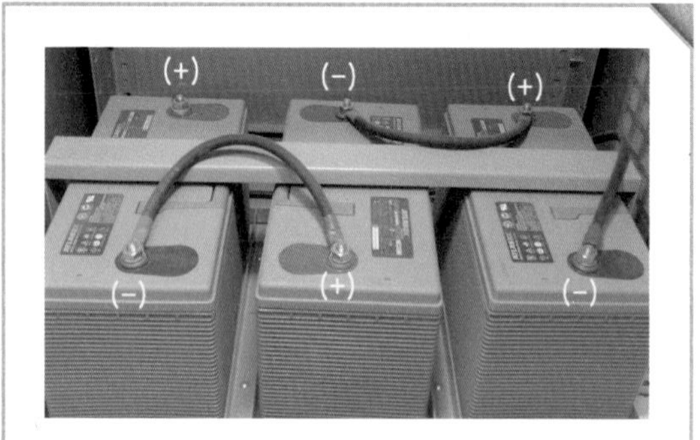

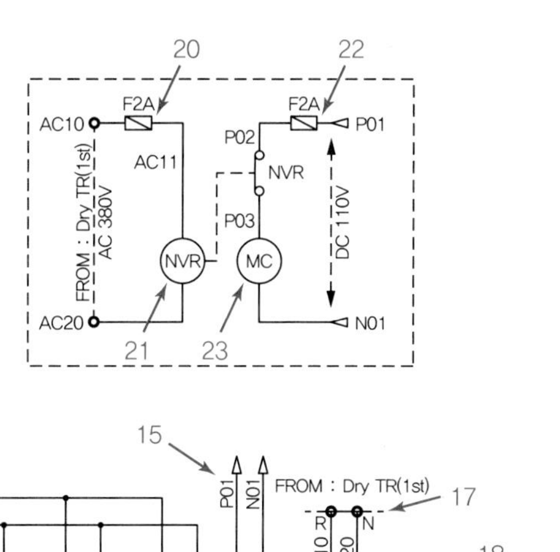

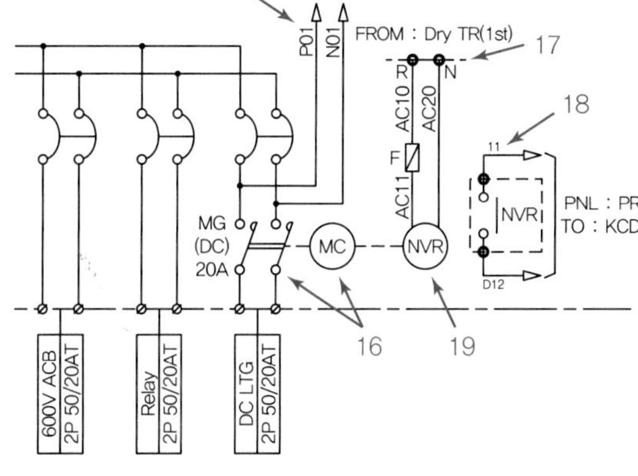

NVR 회로

〈NVR 원리〉

NVR은 평상시 여자되어 있다가 정전 시 접점이 구성되어 발전기에서 공급되는 비상 전원으로 원하는 회로를 동작시킨다.

- 전압 : NVR(AC 220V), MC(DC 110V)
- 평상시 : NVR(릴레이)의 b접점에 의해 MC(23번)가 여자되지 못하고 램프는 점등되지 않는다.
- 정전 시 : AC 전원이 끊기면서 NVR(보조 계전기)의 b접점이 붙고, MC가 여자되면서 DC전등(16번)이 점등된다. 이때, MC 전원은 배터리에 의한 DC 110V가 공급된다.

▶ 15번 : NVR용 MC 전원

▶ 16 · 23번 : NVR용 MC와 주접점

▶ 17번 : NVR 전원

▶ 18번 : 디지털미터로 가는 신호 – R 패널의 디지털 입력 유닛으로 가는 NVR 상태 접점이다.

▶ 19 · 21번 : NVR

▶ 20번 : NVR Fuse

NVR 결선

㉠ 16 · 23번 : MC(마그넷)
㉡ 19 · 21번 : NVR(보조 계전기)
㉢ 20번 : 다이젯 퓨즈

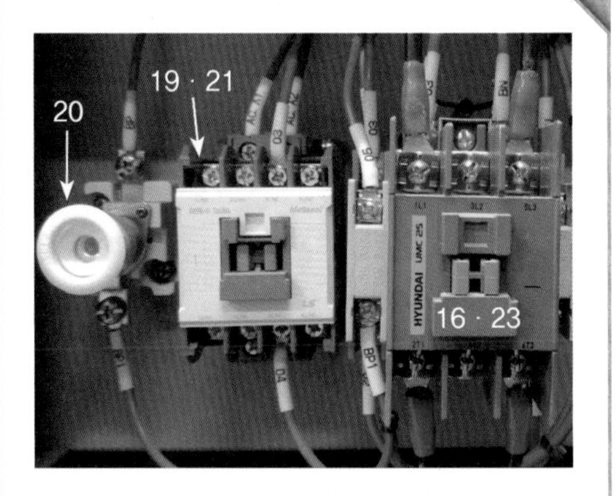

DC 전등

16번 : NVR 시스템을 거쳐 정류기반 DC 전등 전원 단자대에 연결된다.

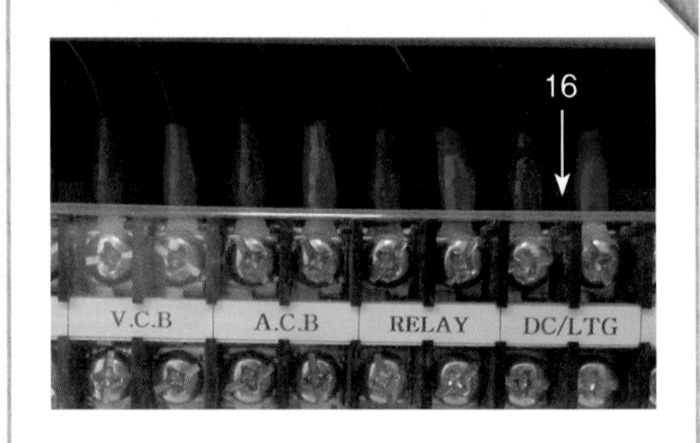

DC등과 상시등

전기실 천장에 설치된 DC 전등 모습이다.

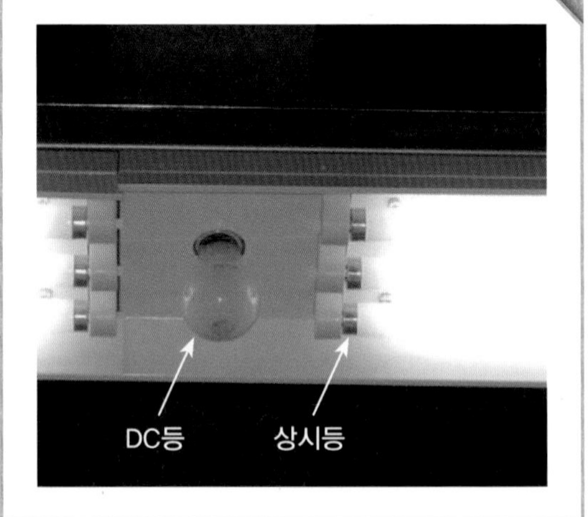

CON(콘덴서 패널)

(1) CON(콘덴서 패널) 단선도

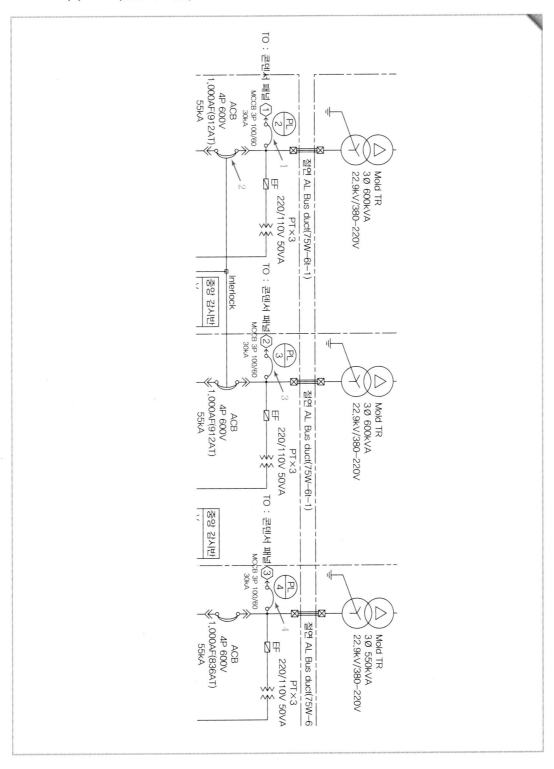

Mold TR
3Ø 600kVA
22.9kV/380–220V
절연 AL Bus duct(75W–6t–1)
PT×3
220/110V 50VA
EF
1
2
TO : 콘덴서 패널 ①
PL 2
MCCB 3P 100/60
30kA
ACB
4P 600V
1,000AF(912AT)
55kA
Interlock
중앙 감시반

Mold TR
3Ø 600kVA
22.9kV/380–220V
절연 AL Bus duct(75W–6t–1)
PT×3
220/110V 50VA
EF
3
TO : 콘덴서 패널 ②
PL 3
MCCB 3P 100/60
30kA
ACB
4P 600V
1,000AF(912AT)
55kA
중앙 감시반

Mold TR
3Ø 550kVA
22.9kV/380–220V
절연 AL Bus duct(75W–6
PT×3
220/110V 50VA
EF
4
TO : 콘덴서 패널 ③
PL 4
MCCB 3P 100/60
30kA
ACB
4P 600V
1,000AF(836AT)
55kA

▶ 1번 : TR1 라인 콘덴서 ▶ 2번 : ACB

▶ 3번 : TR2 라인 콘덴서 ▶ 4번 : TR3 라인 콘덴서

MCCB 3P 100/60 30kA

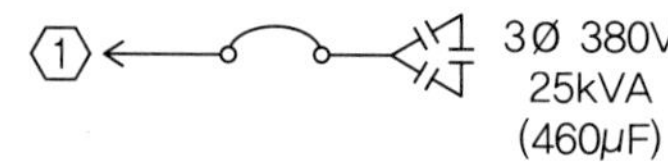

3Ø 380V
25kVA
(460μF)

MCCB 3P 100/60 30kA

2

3Ø 380V
25kVA
(460μF)

MCCB 3P 100/60 30kA

3

3Ø 380V
25kVA
(460μF)

각 라인별 차단기 및 콘덴서 주기

▶ TR1~ACB1 사이에 설치

▶ TR2~ ACB2 사이에 설치

▶ TR3~ ACB3 사이에 설치

ACB 후면의 콘덴서용 메인 차단기

㉠ 1번 : ACB 1차측에 연결된다.

㉡ 2번 : 메인 차단기로, 2차측에서 해당 콘덴서로 간다.

콘덴서 패널 내부

㉠ 1번 : 차단기, ACB 패널에 있는 메인 차단기 2차에서 온다.

㉡ 2번 : 마그넷 – 패널 전면에 있는 역률 컨트롤러에서 신호가 오면 동작한다.

㉢ 3번 : 콘덴서

㉣ 4번 : 접지

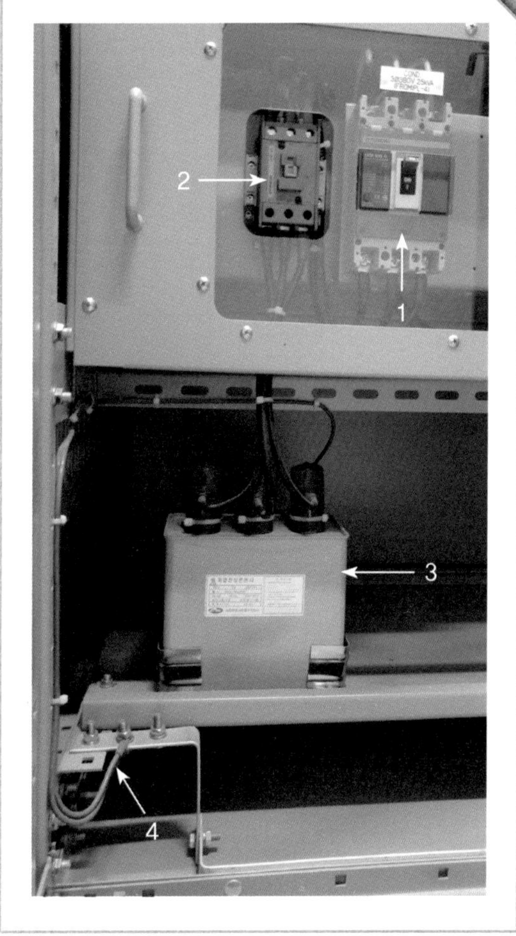

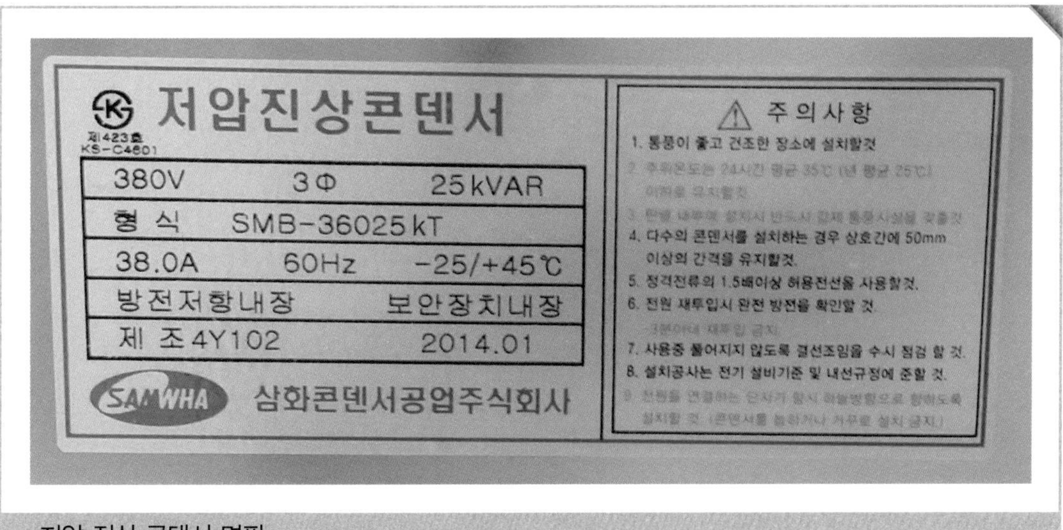

저압 진상 콘덴서 명판

콘덴서에 붙은 명판으로, 부하의 용량에 맞게 콘덴서를 선택해야 한다.

(2) CON(콘덴서 패널) 삼선도

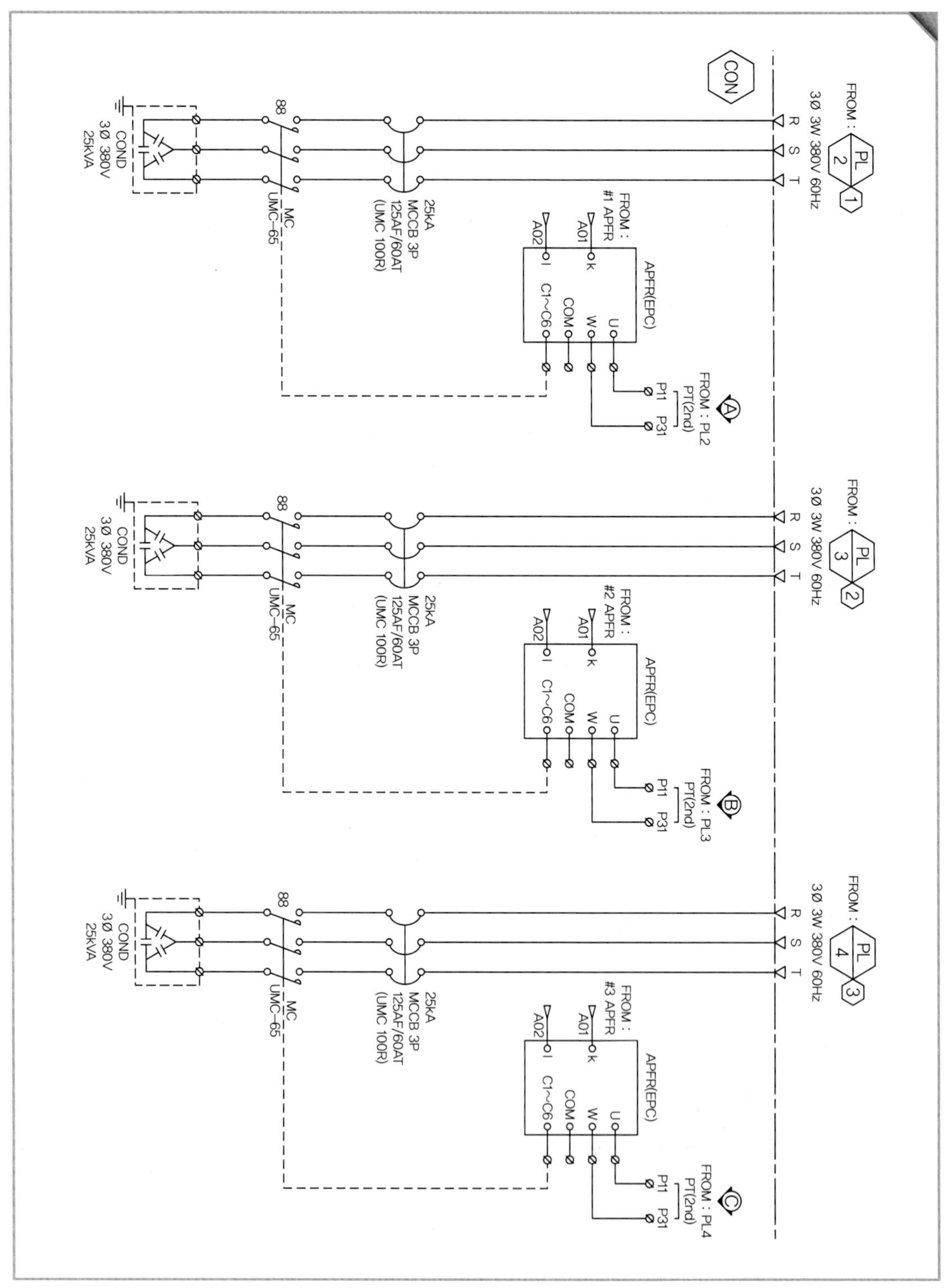

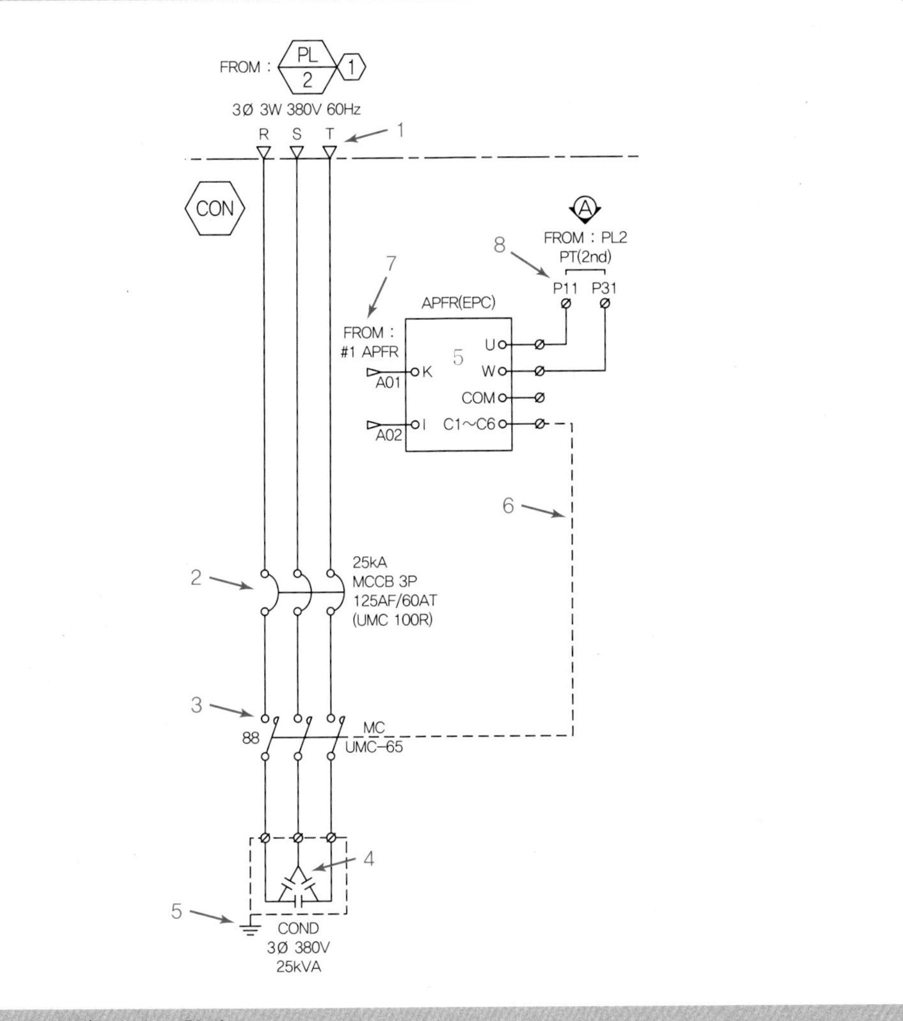

CON(콘덴서 패널) 삼선도 확대

▶ 1번 : ACB 1차측과 연결된다.

▶ 2번 : 차단기(MCCB)

▶ 3번 : 마그넷

▶ 4번 : 콘덴서

▶ 5번 : 역률 컨트롤러(APFR)

▶ 6번 : 역률 컨트롤러에서 마그넷을 제어한다.

▶ 7번 : APFR의 CT에 연결된다.

▶ 8번 : PL2 패널의 PT 2차측 라인에서 온다.

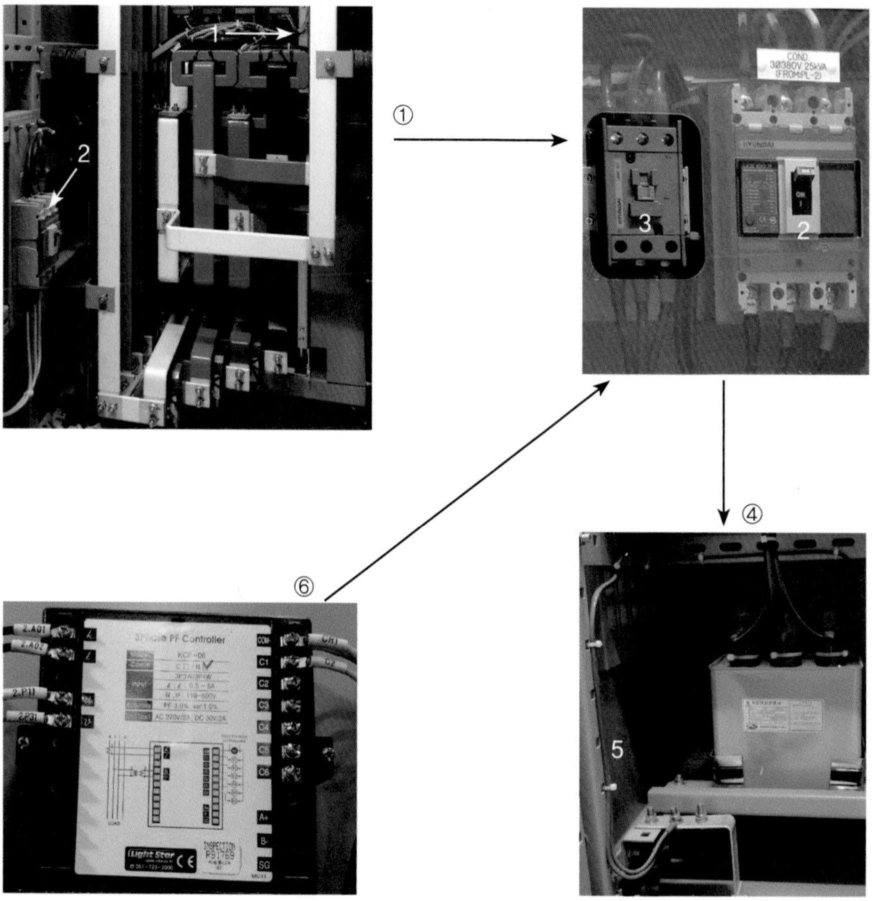

콘덴서 패널 흐름도

ACB 2차측에서 마그넷 1차까지 3상 전원이 연결되어 있다가(①번) 역률 변화에 따라 역률 컨트롤러(⑥번)에서 신호가 마그넷으로 가면(6번) 마그넷이 동작하여 콘덴서까지 3상 전원이 공급된다(④번).

㉠ 1번 : ACB 1차측과 연결된다.

㉡ 2번 : 차단기(MCCB)

㉢ 3번 : 마그넷

㉣ 5번 : 역률 컨트롤러(APFR)

07 IL 패널

1 특고압 IL 패널

특고압 IL 패널 시퀀스도 I

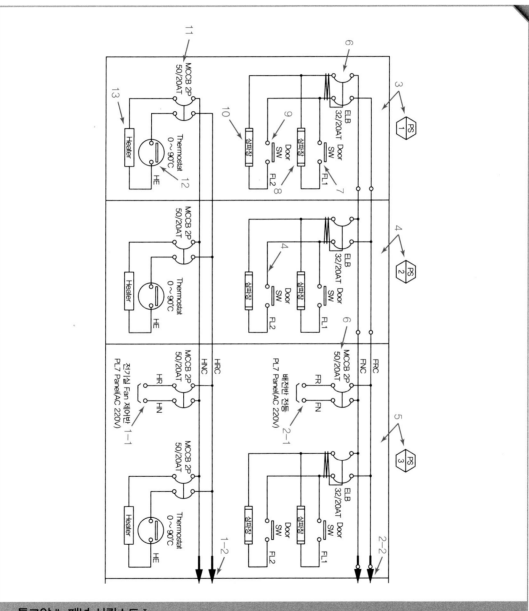

▶ 1–1번 : PL7 패널에서 오는 팬 전원

▶ 1–2번 : 다음 도면으로 연결

▶ 2–1번 : PL 패널에서 오는 패널 전등 전원

▶ 2-2번 : 다음 도면으로 연결
▶ 3번 : PS1(LBS) 패널
▶ 4번 : PS2(MOF) 패널
▶ 5번 : PS3(VCB) 패널
▶ 6번 : 전등 차단기
▶ 7번 : 전면 도어 스위치(마이크로 스위치)
▶ 8번 : 전면 램프
▶ 9번 : 후면 도어 스위치(마이크로 스위치)
▶ 10번 : 후면 램프
▶ 11번 : 히터 차단기
▶ 12번 : 온도 조절기
▶ 13번 : 히터

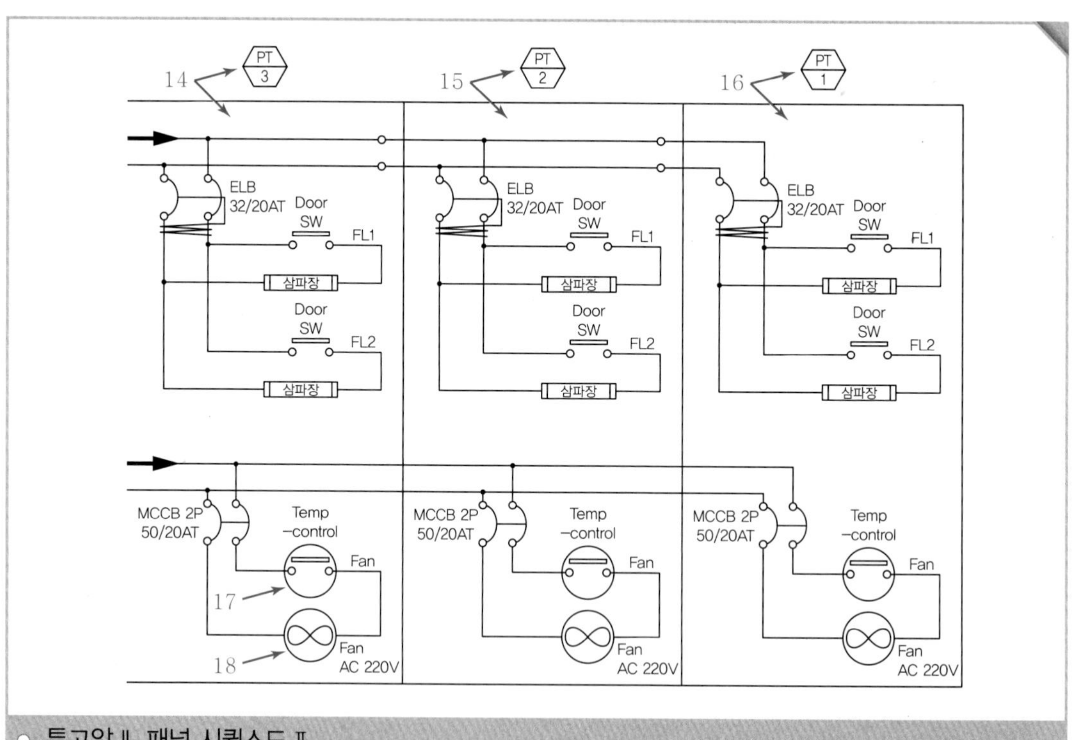

특고압 IL 패널 시퀀스도 II

▶ 14번 : PT(TR)1 패널
▶ 15번 : PT(TR)2 패널
▶ 16번 : PT(TR)3 패널
▶ 17번 : 온도 조절기
▶ 18번 : 패널 배기팬

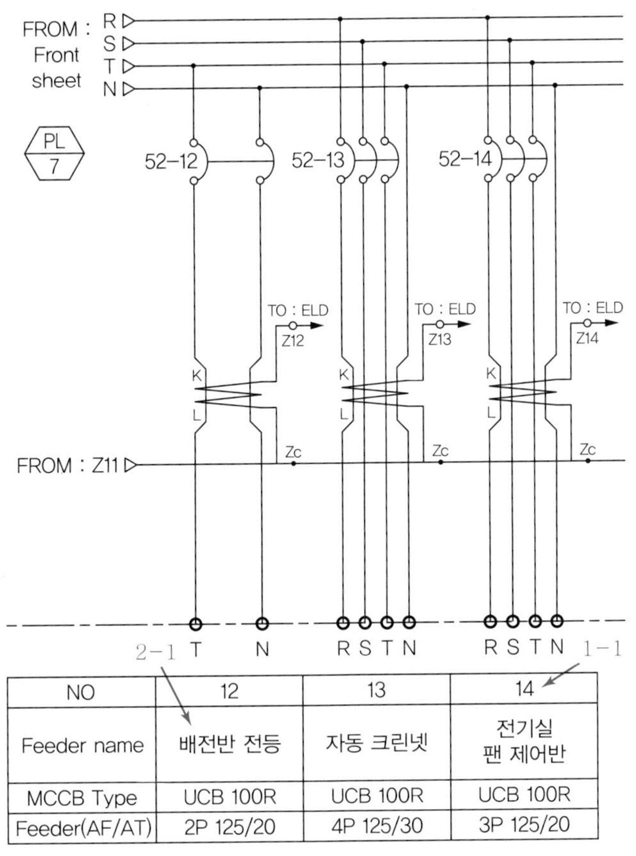

NO	12	13	14
Feeder name	배전반 전등	자동 크린넷	전기실 팬 제어반
MCCB Type	UCB 100R	UCB 100R	UCB 100R
Feeder(AF/AT)	2P 125/20	4P 125/30	3P 125/20

부하 라인 주기

▶ 1-1번 : 전기실 팬 제어반에 대한 주기

▶ 2-1번 : 배전반 전등에 대한 주기

메인 차단기

PL7 패널에 있는 차단기 모습이다.

㉠ 1-1번 : 전기실에 설치된 Fan의 제어 패널 공급 전원

㉡ 2-1번 : 전기실에 설치된 패널 내부에 설치된 전등 공급 전원

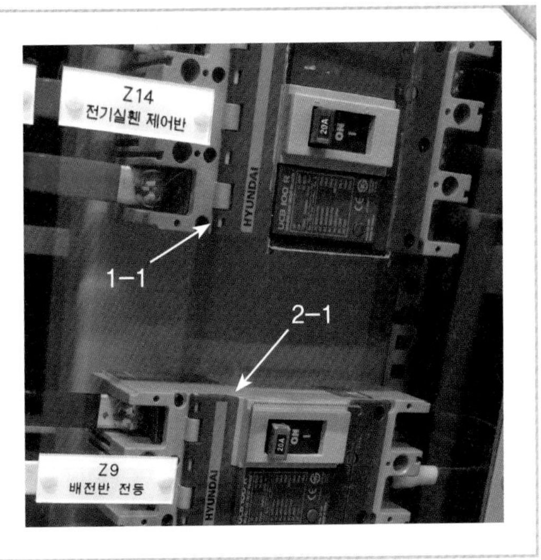

도어 스위치

7 · 9번 : 전면 및 후면 도어 상단에 설치되어 문을 열면 램프가 점등된다.

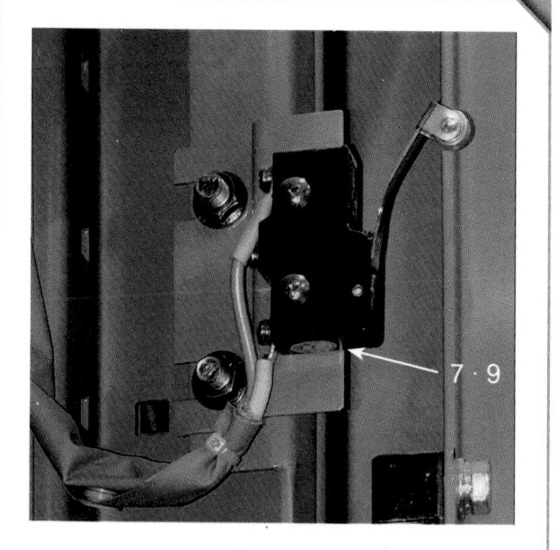

전등 및 히터 전원 차단기

㉠ 6번 : 각 패널 내부에 설치된 전등의 전원 공급용 차단기이다.

㉡ 11번 : 각 패널의 바닥에 설치된 스페이스 히터의 전원 공급용 차단기이다.

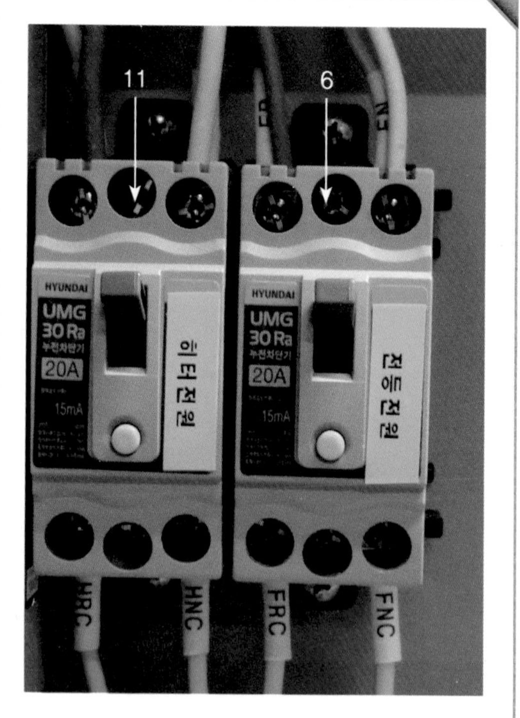

패널 내부 전등

8 · 10번 : 패널 내부 천장에 설치된 삼파장 램프이다.

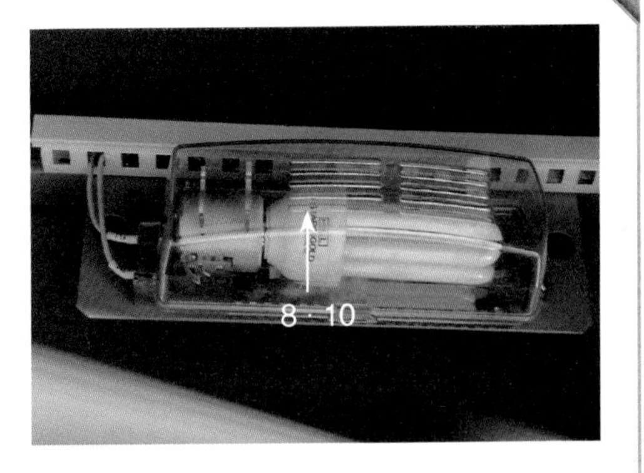

히터 온도 조절기 및 히터

㉠ 12번 : 온도 조절기로, 원하는 온도에 다이얼을 맞추면 패널 내부 온도가 설정값보다 낮을 때 히터가 가동된다.

㉡ 13번 : 스페이스(바닥) 히터

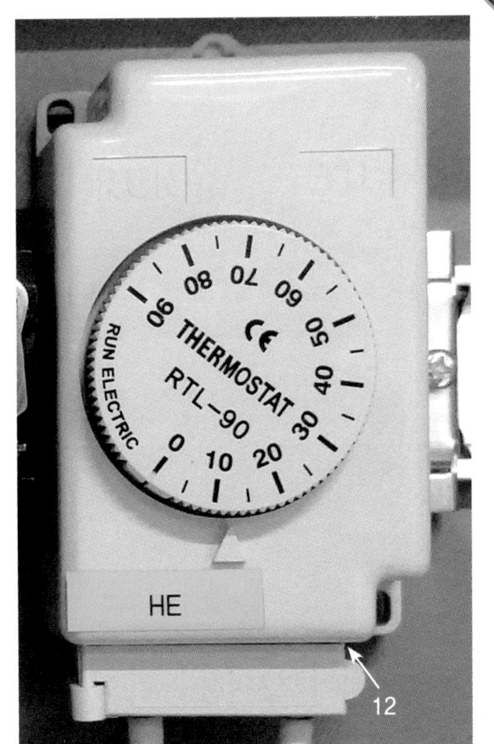

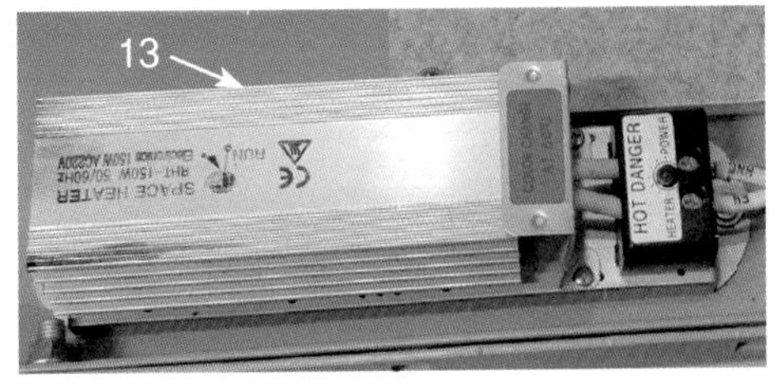

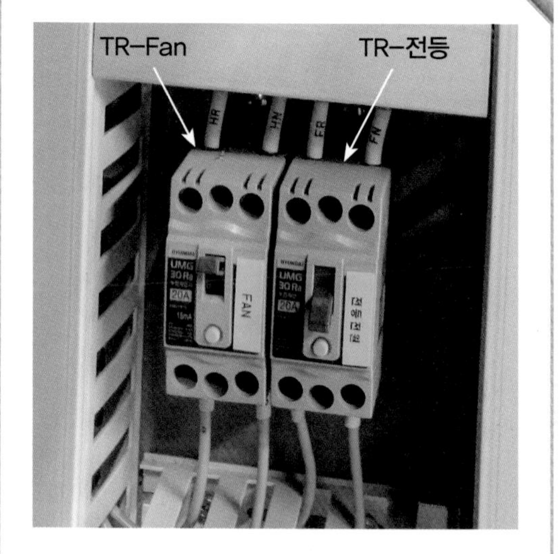

PL 패널에서 오는 패널 팬 및 전등 전원

㉠ TR–Fan : TR 패널 문에 설치된 Fan의 전원 공급용 차단기이다.

㉡ TR–전등 : TR 패널 내부에 설치된 전등의 공급 전원용 차단기이다.

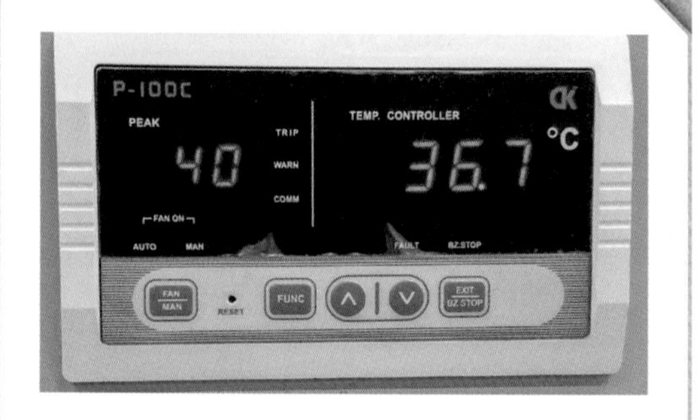

온도 컨트롤러

TR에 설치된 센서에 의해 온도를 감지하여 Fan을 제어한다.

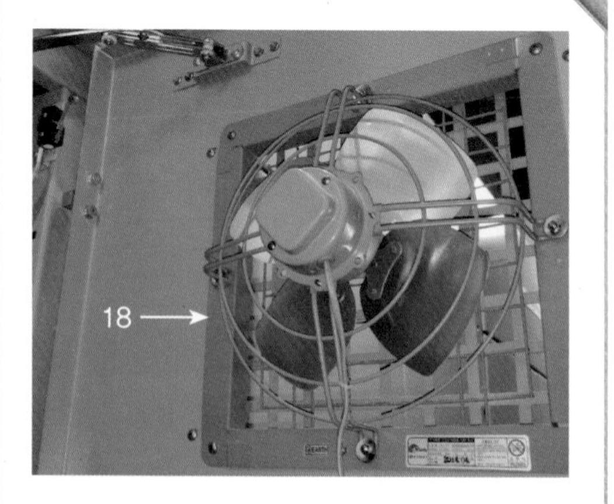

패널 팬(18번)

설정 온도값이 되면 온도 컨트롤러의 접점에 의해 팬이 가동되어 변압기 패널 내부의 온도를 낮춘다.

저압 IL 패널

PL 4 PL 5 PL 6

1-5 FRC FNC

ELB 32/20AT SW FL1 삼파장 Door SW FL2 삼파장

2-3

MCCB 52/20AT Thermostat 0～90℃ HE Heater

1-4

PR PL 8 PL 7

1-1

1-3 FRC FNC

1-2

PL7 PNL 배전반 전등

ELB 32/20AT SW FL1 삼파장 Door SW FL2 삼파장

2-1

2-2

MCCB 52/20AT Thermostat 0～90℃ HE Heater

PL7 PNL 스페이스 히터

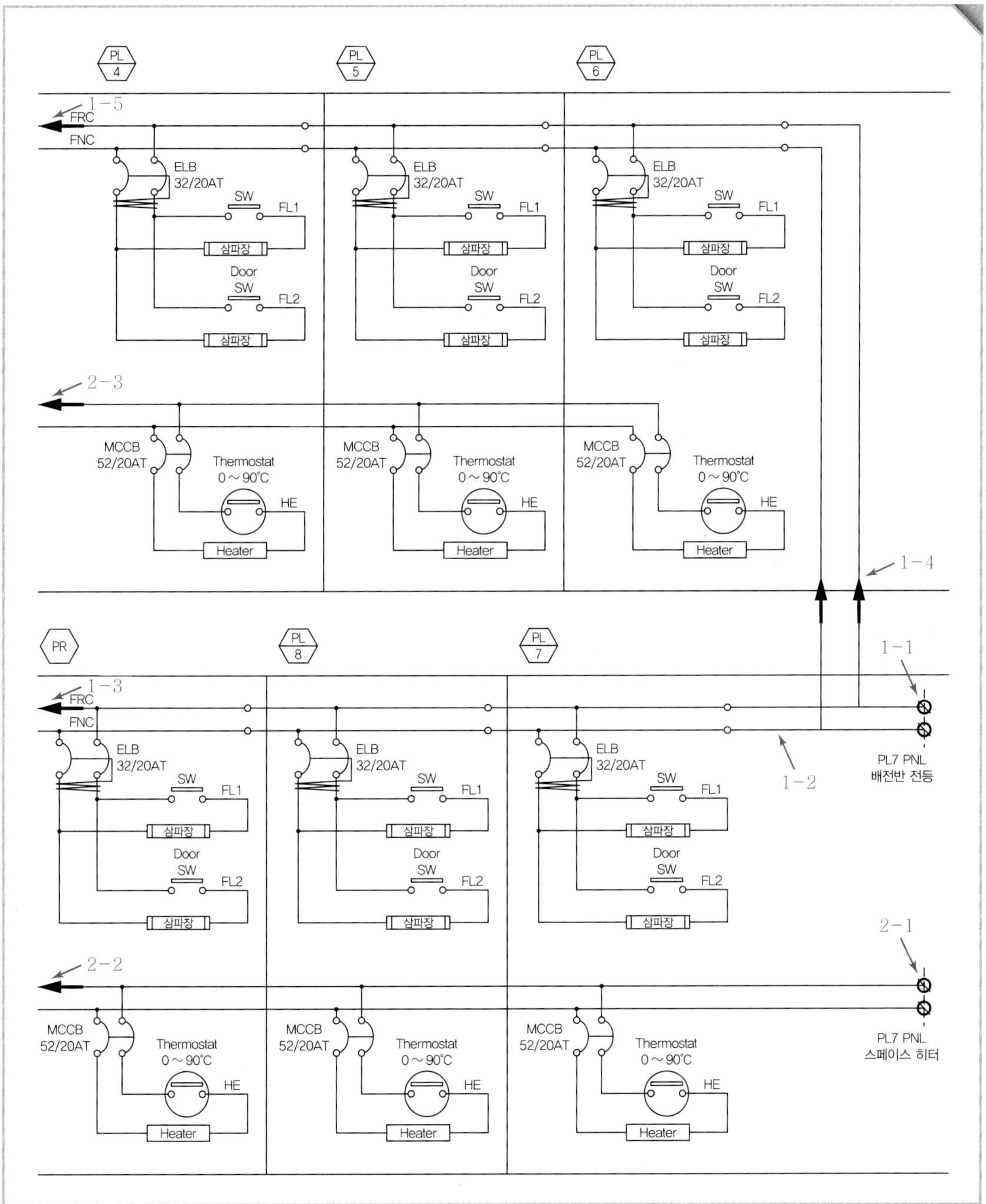

저압 IL 패널 시퀀스도 I

▶ 1-1번 : PL7에서 시작하는 전등 전원이다.

▶ 1-2번 : 처음 시작하는 PL7에서 분기하여 저압반으로 간다.

▶ 1-3번 : 다음 도면으로 연결된다.

▶ 1-4번 : 특고압반으로 간다.
▶ 1-5번 : 다음 도면으로 연결된다.
▶ 2-1번 : PL7에서 시작하는 히터 전원이다.
▶ 2-2번 : 저압반 다음 도면으로 연결된다.
▶ 2-3번 : 특고압반 다음 도면으로 연결된다.

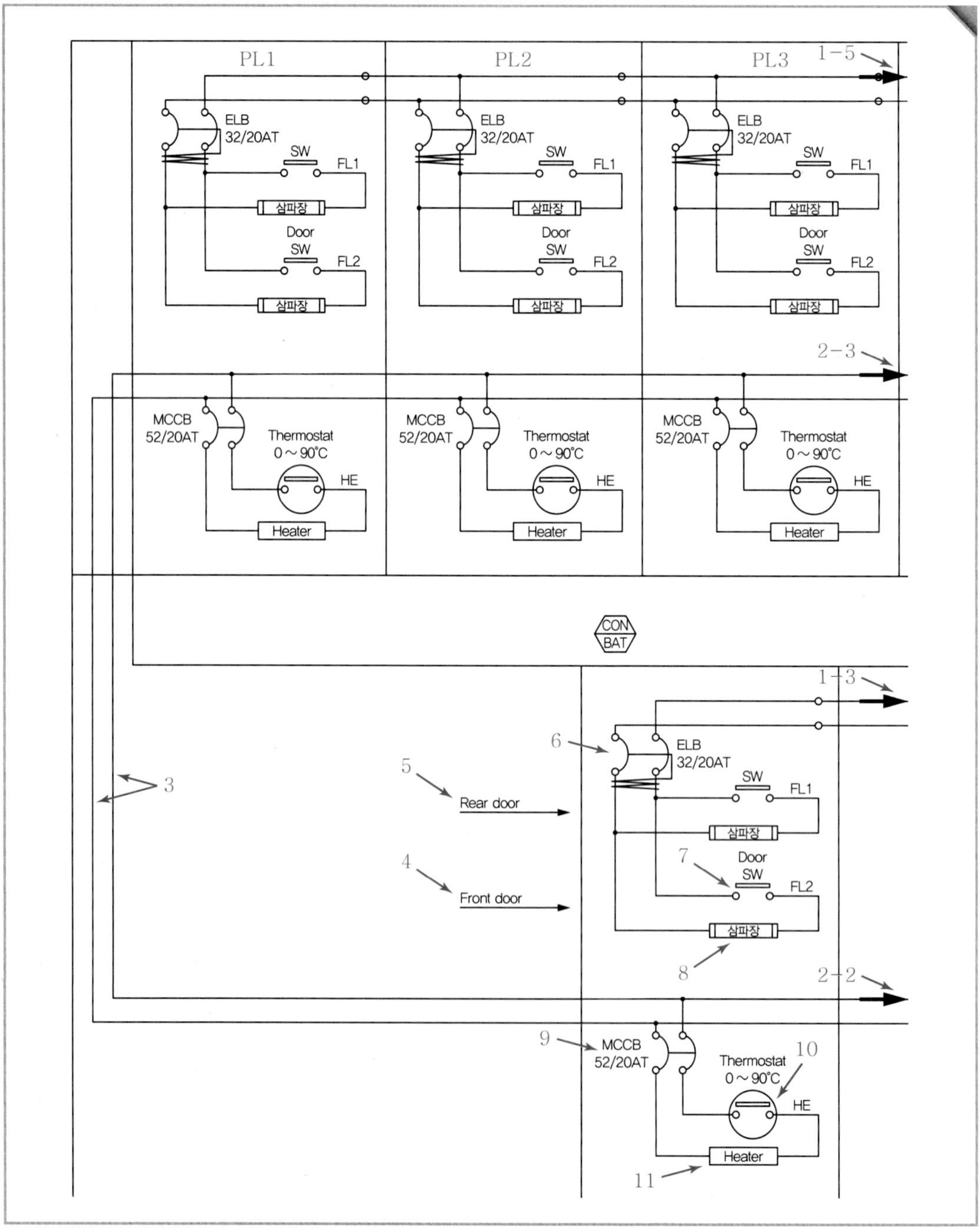

PL1 PL2 PL3 1-5
ELB 32/20AT
SW FL1
삼파장
Door SW FL2
삼파장
2-3
MCCB 52/20AT
Thermostat 0～90℃
HE
Heater
CON BAT
1-3
6
ELB 32/20AT
SW FL1
5 Rear door
3
삼파장
7 Door SW FL2
4 Front door
삼파장
8
2-2
9 MCCB 52/20AT
10 Thermostat 0～90℃
HE
Heater
11

저압 IL 패널 시퀀스도 Ⅱ

▶ 1–3 · 5번 : 전등 전원
▶ 2–2 · 3번 : 히터 전원
▶ 3번 : 히터 전원
▶ 4번 : 패널 전면
▶ 5번 : 패널 후면
▶ 6번 : 각 패널의 전등 전원용 차단기
▶ 7번 : 도어 스위치(마이크로 스위치)
▶ 8번 : 전등
▶ 9번 : 히터 전원용 차단기
▶ 10번 : 히터 온도 조절기
▶ 11번 : 스페이스(바닥) 히터

PL7 패널에 있는 메인 차단기

㉠ 1–1번 : 전등용 차단기
㉡ 2–1번 : 스페이스 히터용 차단기

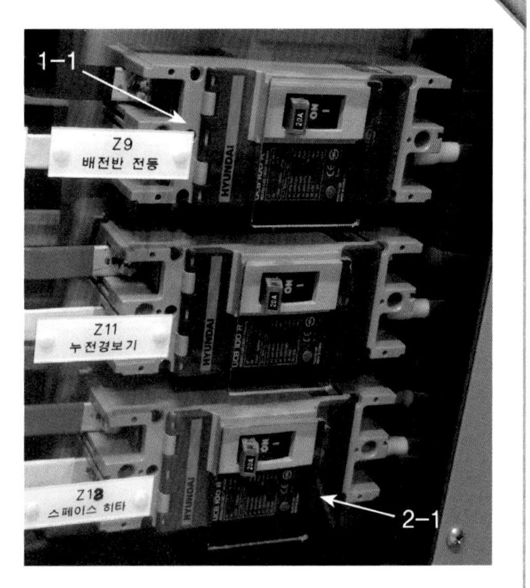

저압반 내부(전면)

㉠ 1 · 2번 : 전등 및 히터 전원용 차단기

㉡ 7번 : 도어 스위치

㉢ 8번 : 전등

㉣ 10번 : 히터 온도 조절기

㉤ 11번 : 스페이스 히터

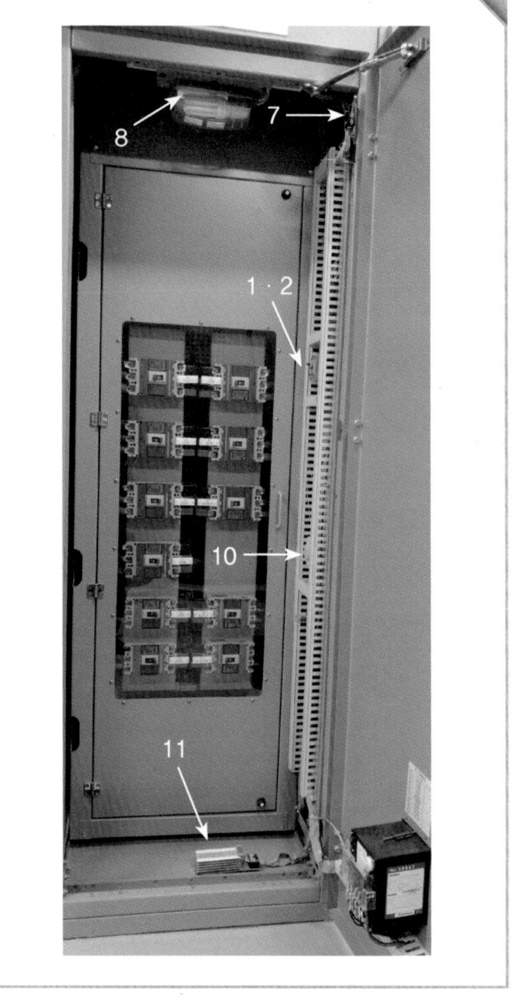

저압반 내부(후면)

㉠ 7번 : 도어 스위치

㉡ 8번 : 전등

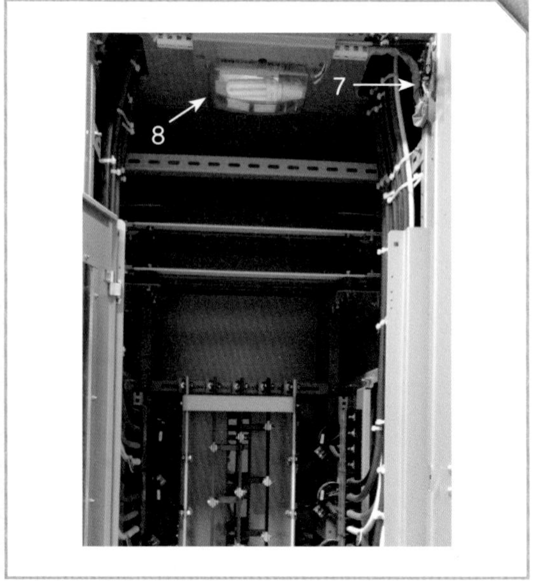

08 발전기 패널

1 발전기 패널 단선도

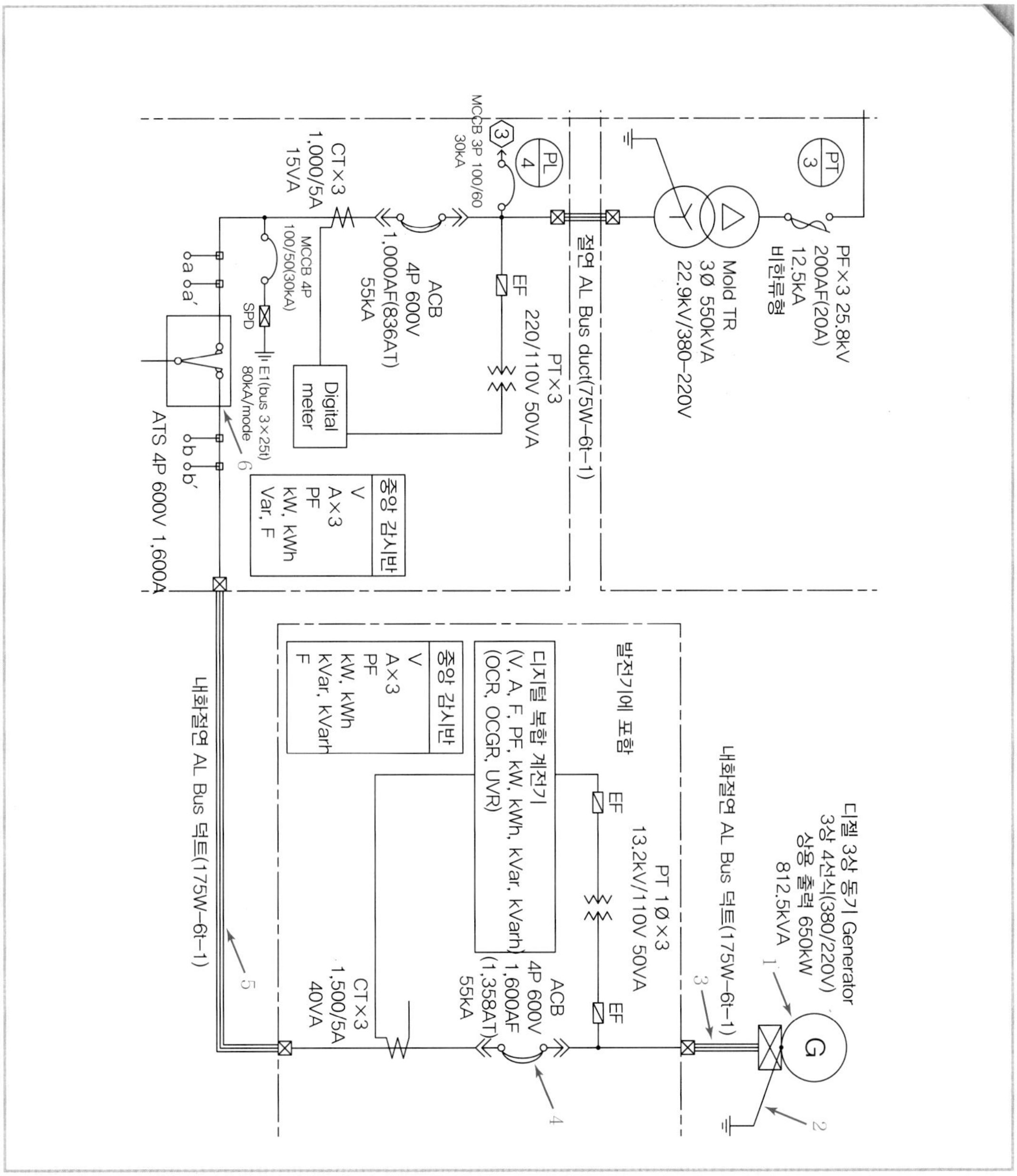

- ▶ 1번 : 발전기
- ▶ 2번 : 발전기 외함 접지(제3종)
- ▶ 3번 : 발전기 운전에 있는 ACB로 가는 연결 버스(bus) 덕트

▶ 4번 : ACB
▶ 5번 : PL4 패널에 있는 ATS의 발전측에 연결
▶ 6번 : ATS

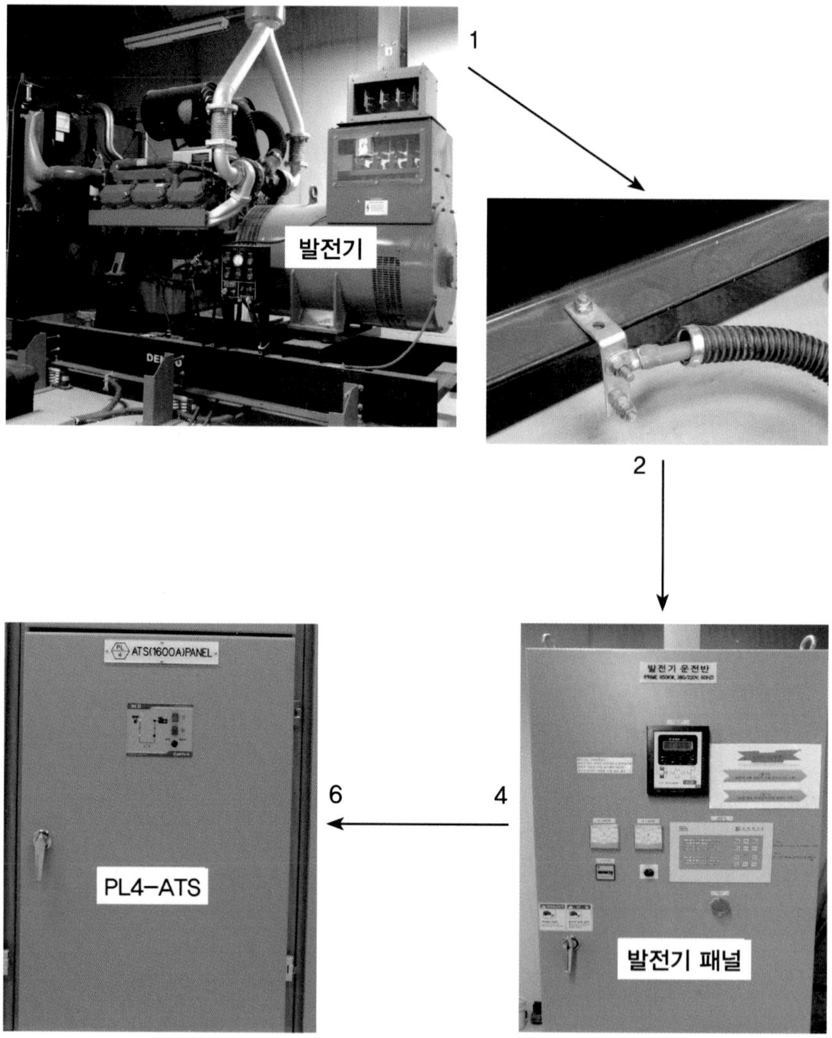

1
발전기
2
PL4-ATS
6
4
발전기 패널

발전기 흐름도

㉠ 발전기에서 생성된 전기(1번)가 버스 덕트(혹은 케이블)를 타고 발전기 운전반에 있는 ACB 1차측으로 간다(2번). ACB 2차측(4번)에서 PL4 패널에 있는 ATS의 발전측에 연결된다(6번).

㉡ 2번 : 발전기 외함 접지(제3종)

② 발전기 패널 삼선도

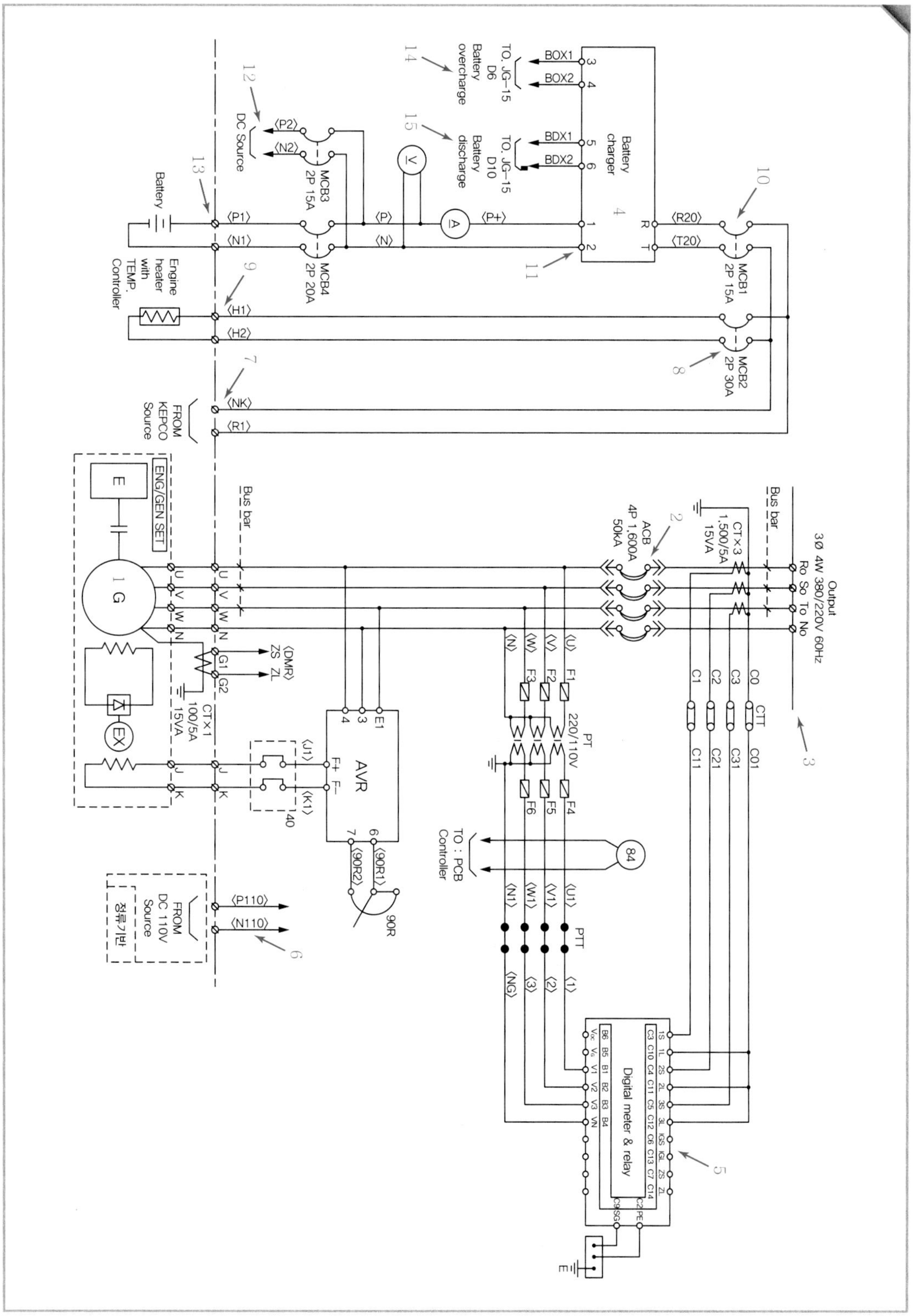

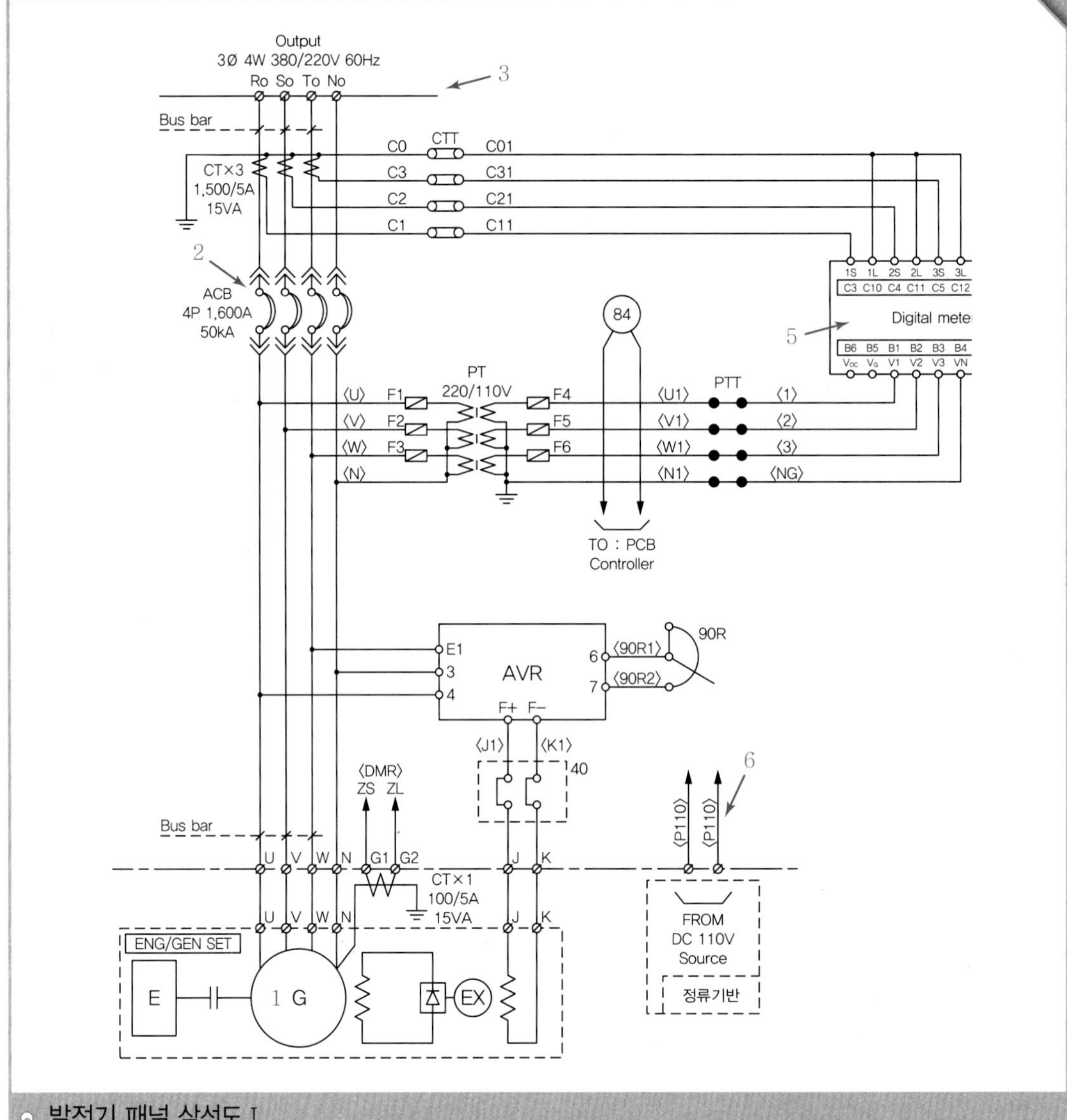

발전기 패널 삼선도 I

▶ 1번 : 발전기

▶ 2번 : 발전기 운전반 내부에 있는 ACB

▶ 3번 : 발전기에서 생성된 전기가 PL4 ATS의 발전측으로 가는 라인

▶ 5번 : 패널 전면에 있는 디지털미터

▶ 6번 : PR(정류기반) 패널에서 오는 DC 110V

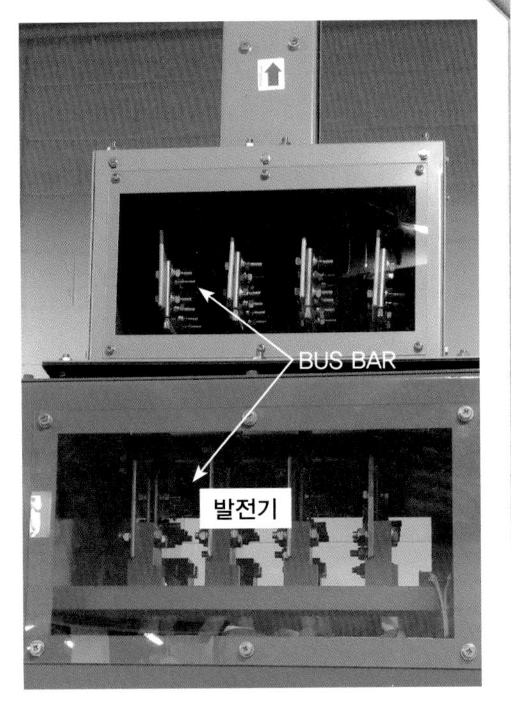

버스 덕트 모습

발전기에서 생성된 전기가 발전기 운전반의 ACB로 가는 버스 덕트와 연결된 모습이다.

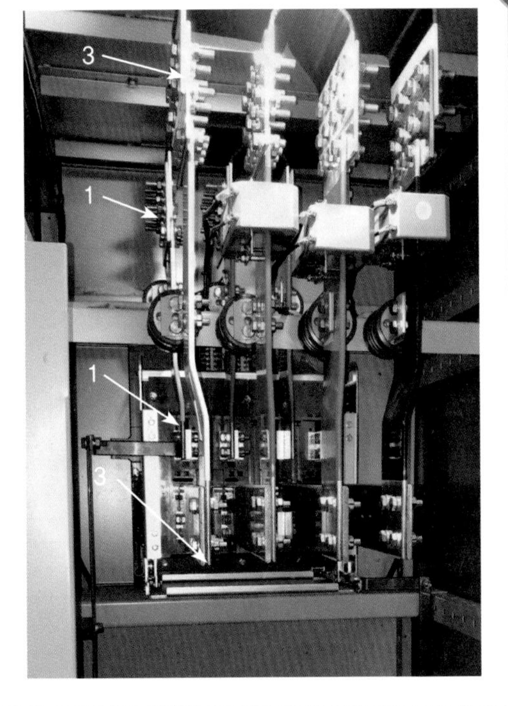

발전기 운전반 내부 ACB 후면

㉠ 1번 : 발전기에서 오는 1차측

㉡ 3번 : PL4의 ATS 발전측으로 가는 2차측

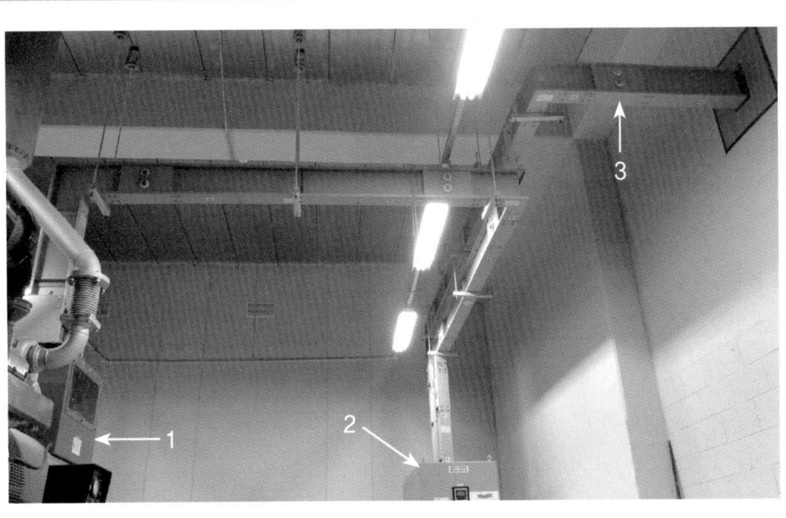

발전기 운전 흐름

㉠ 1번 : 발전기

㉡ 2번 : 발전기 운전반

㉢ 3번 : ATS로 가는 버스 덕트

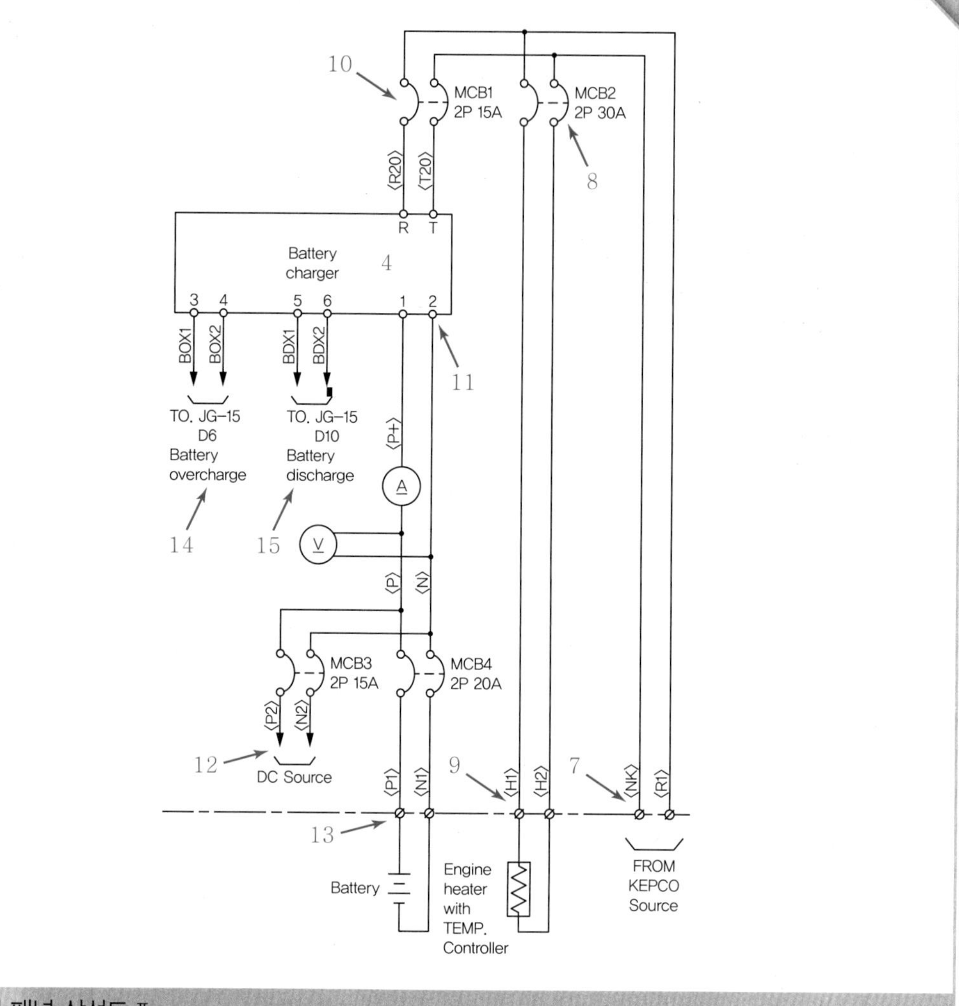

발전기 패널 삼선도 Ⅱ

▶ 4번 : 패널 내장형 배터리 충전기
▶ 7번 : 한전 라인에서 온 전원
▶ 8번 : 발전기 엔진 히터 컨트롤러 전원용 차단기
▶ 9번 : 발전기 엔진 히터 컨트롤러
▶ 10번 : 배터리 충전기 차단기
▶ 11번 : 출력으로, DC 라인 및 배터리 충전 전압
▶ 12번 : DC 라인 공급 전원
▶ 13번 : 배터리(2개) 공급 전원
▶ 14번 : 배터리 과충전 표시
▶ 15번 : 배터리 충전 표시

발전기 운전반 내부

㉠ ACB : 도어 스위치 발전기에서 온 전기를 PL4의 ATS 발전으로 보낸다.

㉡ 4번 : 패널 내장형 충전기

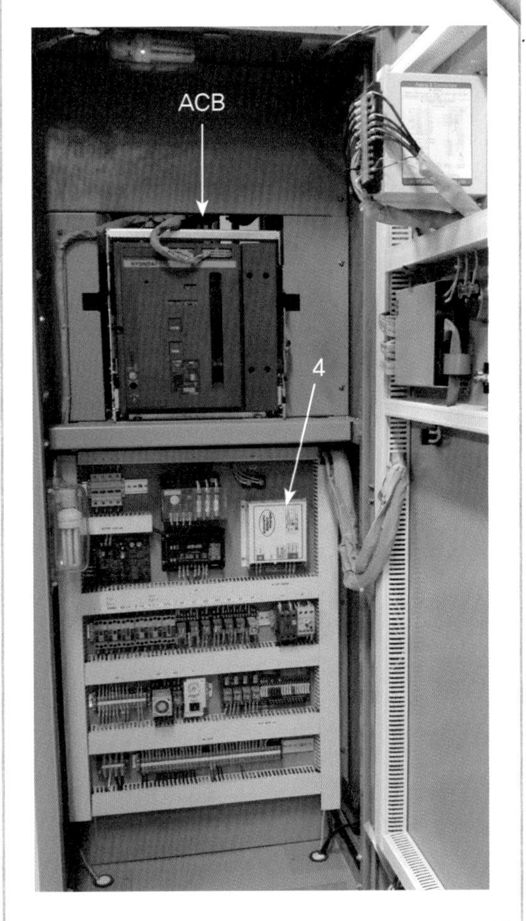

발전기 배터리(13번)

배터리는 발전기 운전반에 있는 충전기로부터 온 출력 전압으로 충전된다.

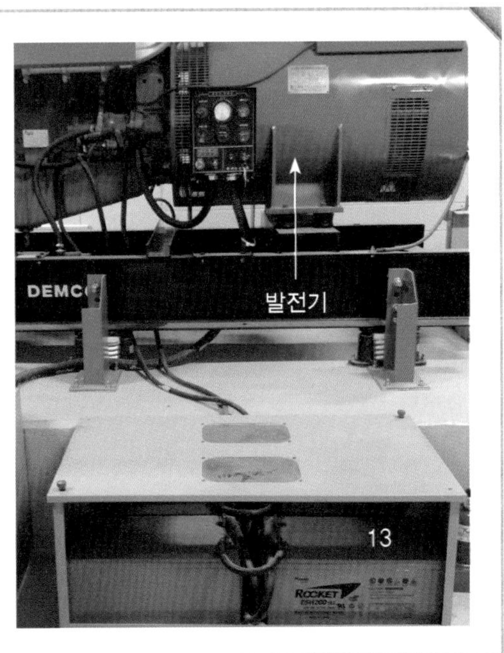

배터리 충전기

㉠ 10번 : 전원

㉡ 11번 : 배터리를 충전하기 위한 DC 출력 전압

㉢ 14번 : 과충전 표시 램프

㉣ 15번 : 충전 표시 램프

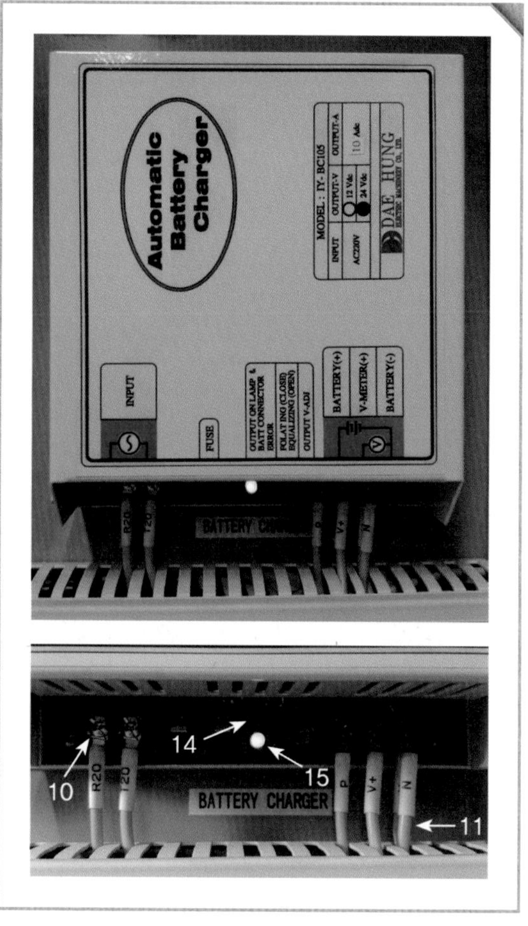

MEMO

Chapter 03

약식 수배전 계통도(1,000kVA 이하)

01 빌딩–수전 용량 1,000kVA 이하
02 빌딩 수배전 계통도 – 수전 용량 550kVA, 발전기 제외
03 주상복합–수전 용량 700kVA, 발전기 200kVA
04 아파트–수전 용량 900kVA, 발전기 288kVA

Chapter 03 약식 수배전 계통도(1,000kVA 이하)

01 빌딩 – 수전 용량 1,000kVA 이하

1 기계실, 전기실 평면도

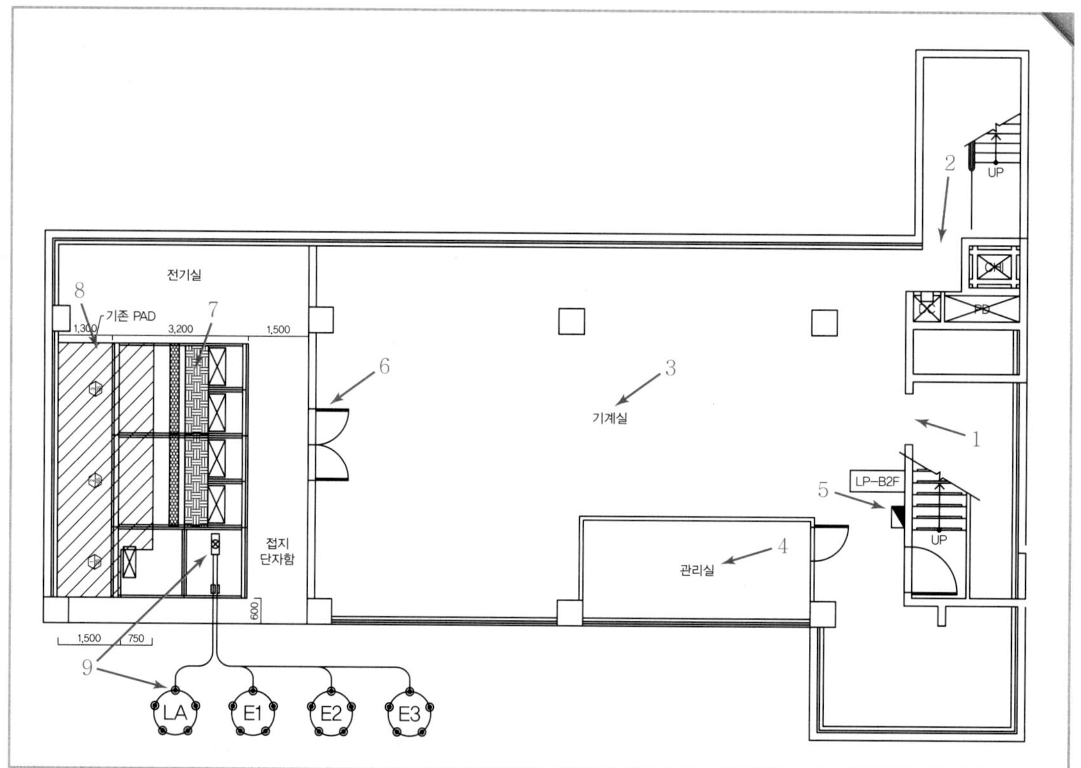

▶ 1번 : 지하 기계실 입구 1

▶ 2번 : 지하 기계실 입구 2

▶ 3번 : 기계실

▶ 4번 : 관리실

▶ 5번 : 기계실 분전함

▶ 6번 : 전기실 출입문

▶ 7번 : 신설된 수배전 패널

▶ 8번 : 기존 패널 위치

▶ 9번 : 접지 단자함 위치 및 접지 종류

접지 단자함

9번의 접지 단자함 내부 모습이다. 건축물의 터파기 공사 때 대지에 접지 종별로 공사한 접지선이 접지 단자함으로 간다.

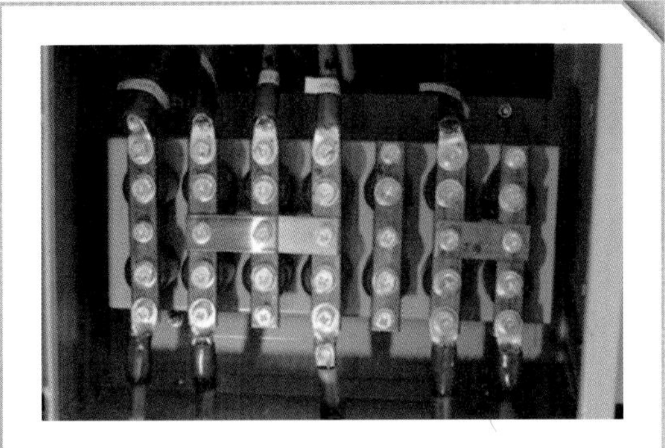

2 전기실 패널 윗면 및 전면도

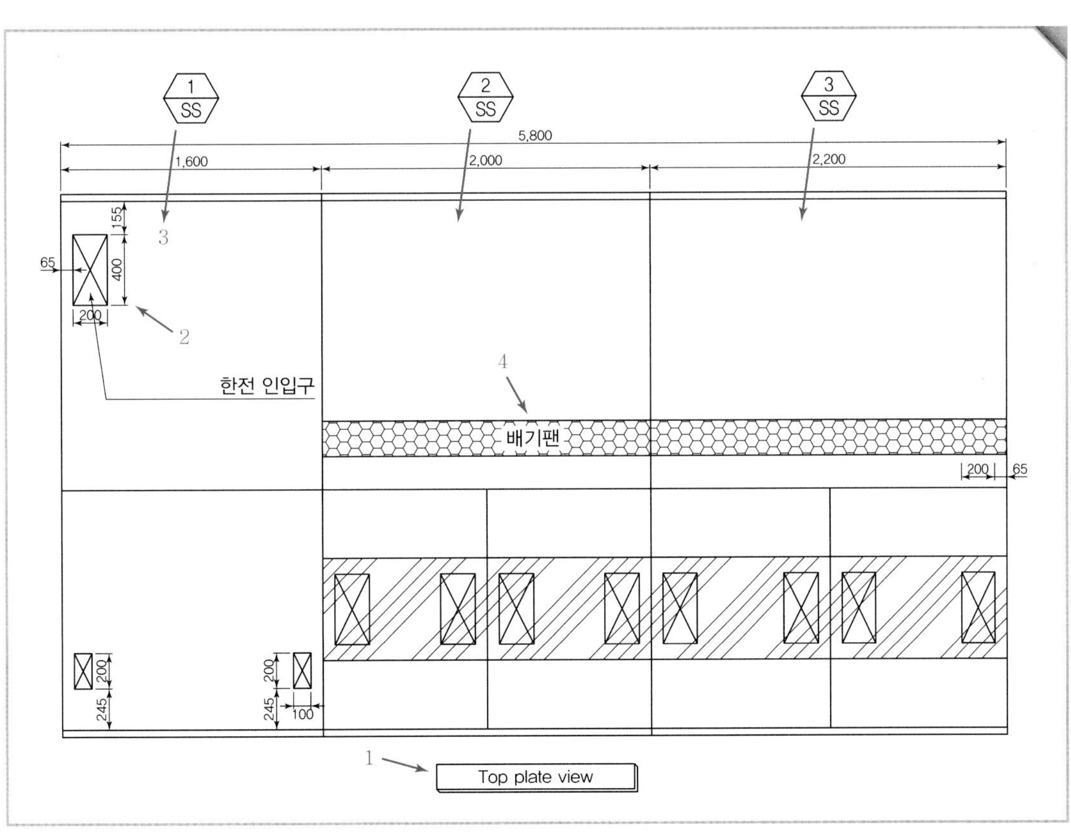

전기실 패널 윗모습

▶ 1번 : 위에서 본 모습

▶ 2번 : 한전 인입 케이블이 들어오는 입구로, SS1 패널이다.

▶ 3번 : SS1 · SS2 · SS3 패널

▶ 4번 : 패널의 배기팬

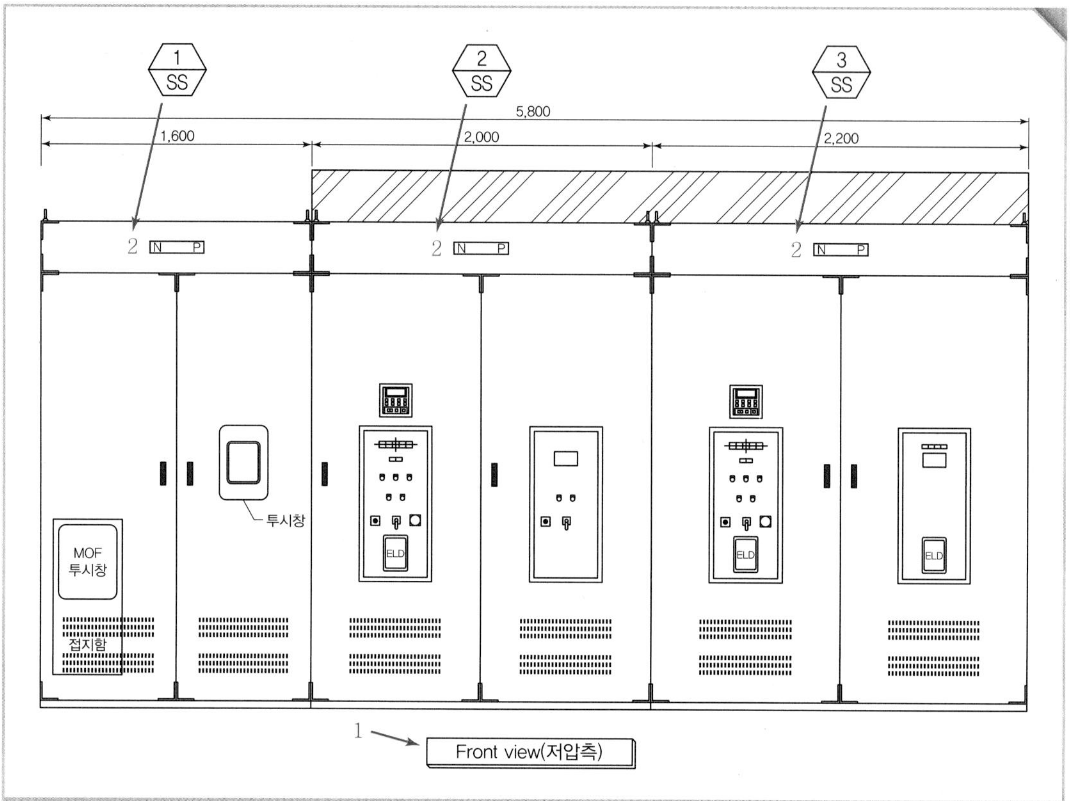

전면 모습

▶ 1번 : 전면(저압측)

▶ 2번 : SS1 · SS2 · SS3 패널

전기실 패널 측면도

6
배기 팬3
4
투시창
2
5
3
저압측
급기 팬1
특고압측
300
2,350
2,700
50
495
400
515
1,410
695
Side view
1

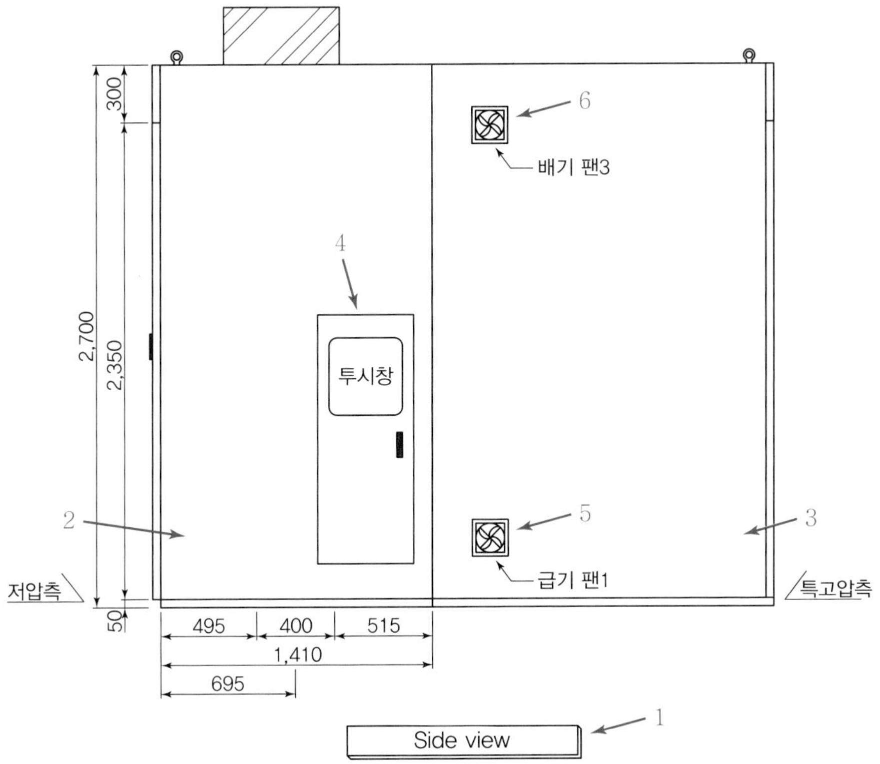

측면도

- ▶ 1번 : 측면 모습
- ▶ 2번 : 저압측 패널
- ▶ 3번 : 특고압측 패널
- ▶ 4번 : 패널 내부를 볼 수 있는 표시창
- ▶ 5번 : 급기 팬(공기를 공급)
- ▶ 6번 : 배기 팬(공기를 배출)

참고 SS1 : ASS/LA/MOF, SS2 : 저압 배전반(동력), SS3 : 저압 배전반(전등, 일반 동력)

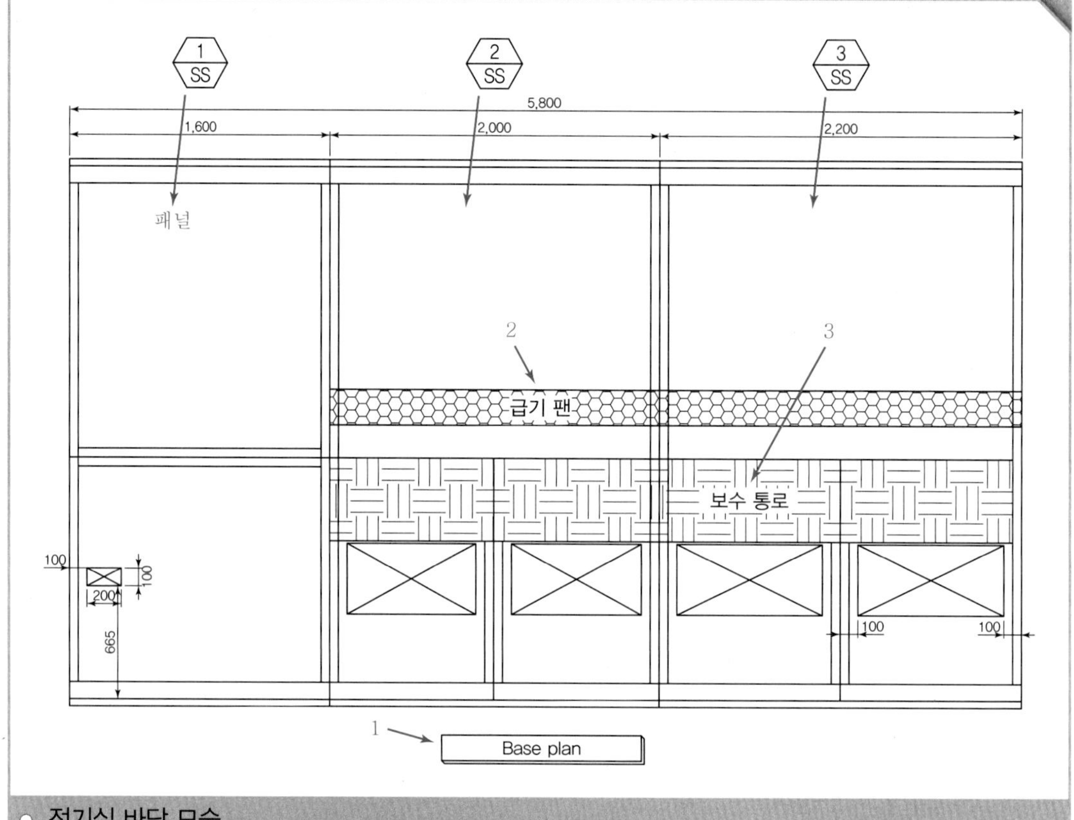

전기실 바닥 모습

▶ 1번 : 바닥 평면도(base plan)

▶ 2번 : 급기 팬

▶ 3번 : 이상 발생 시 유지 · 보수를 위한 통로

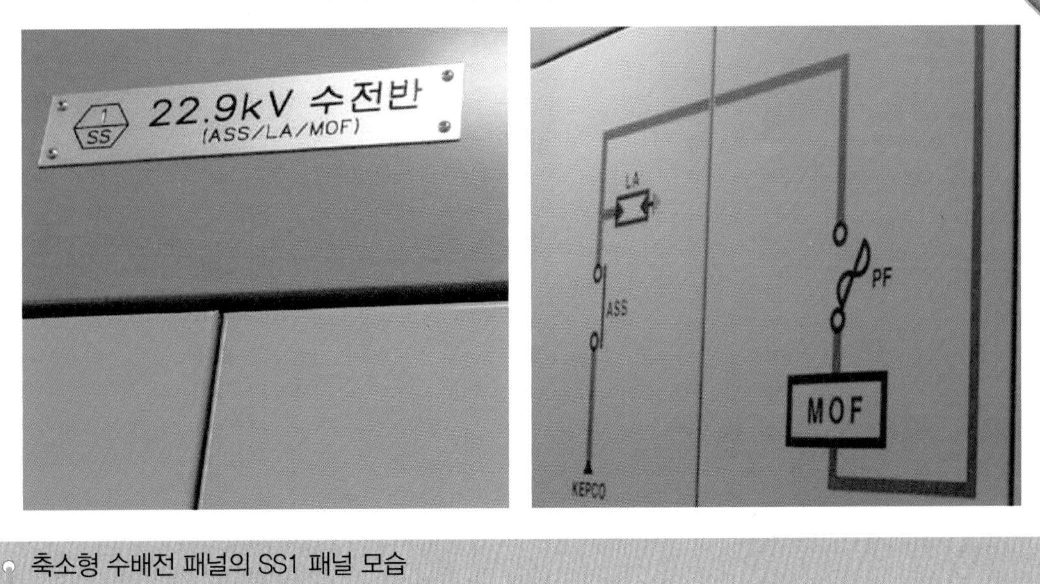

축소형 수배전 패널의 SS1 패널 모습

ASS(고장 구간 자동 개폐기), LA(피뢰기), MOF(계기용 변압 변류기)가 설치되어 있다.

축소형 수배전 패널의 SS2 패널 모습

저압 패널로, 변압기(TR)와 ACB가 설치되어 있다.

참고 본 수배전반은 흡 · 배기 관로가 형성되었다. 따라서, 온도 상승 시 단계별 관로의 Fan이 동작하여 배전반 내부의 적정 온도를 유지한다.

02 빌딩 수배전 계통도 – 수전 용량 550kVA, 발전기 제외

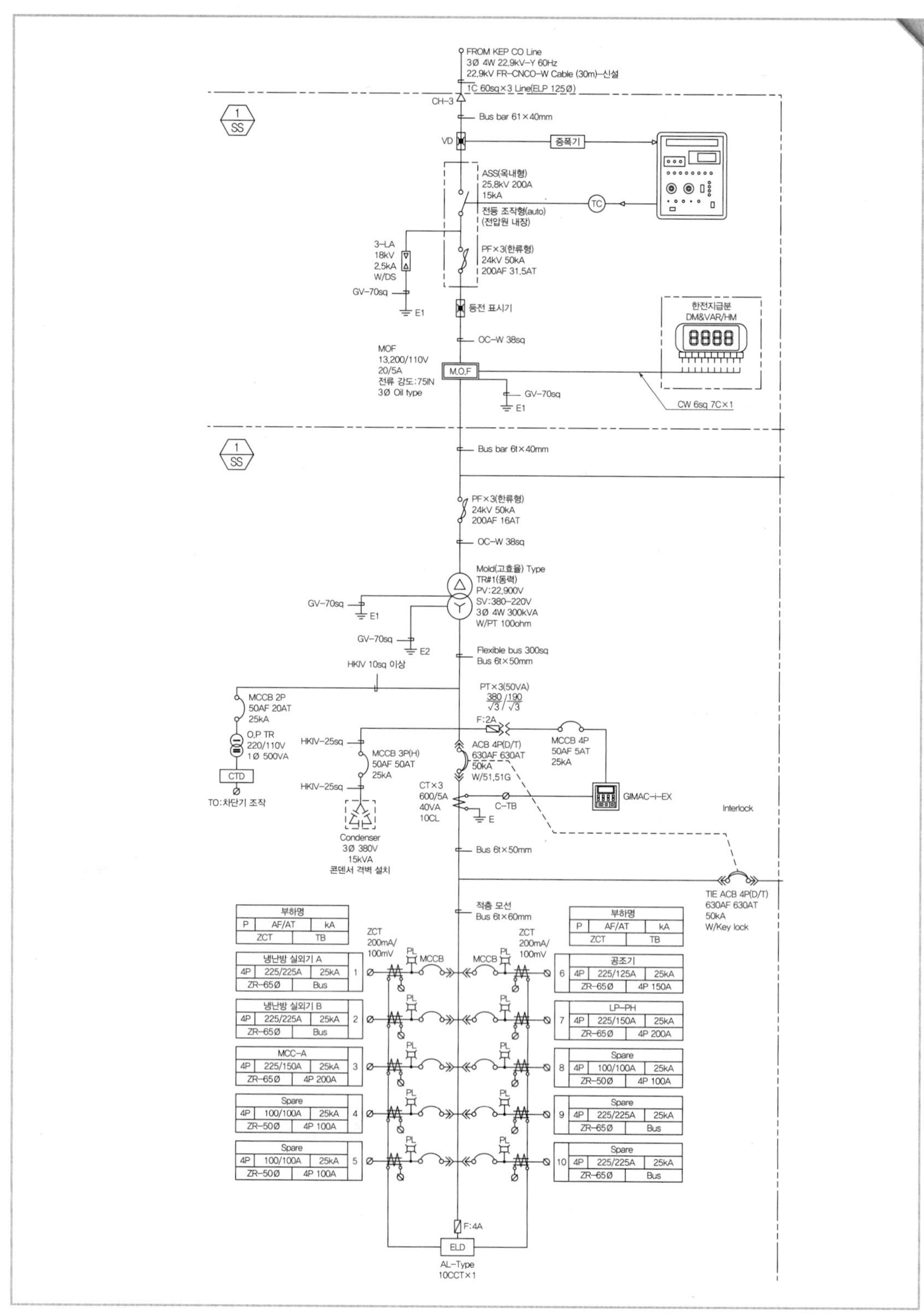

부하명		
P	AF/AT	kA
ZCT	TB	
냉난방 실외기 A (1)		
4P	225/225A	25kA
ZR-65Ø	Bus	
냉난방 실외기 B (2)		
4P	225/225A	25kA
ZR-65Ø	Bus	
MCC-A (3)		
4P	225/150A	25kA
ZR-65Ø	4P 200A	
Spare (4)		
4P	100/100A	25kA
ZR-50Ø	4P 100A	
Spare (5)		
4P	100/100A	25kA
ZR-50Ø	4P 100A	

부하명		
P	AF/AT	kA
ZCT	TB	
공조기 (6)		
4P	225/125A	25kA
ZR-65Ø	4P 150A	
LP-PH (7)		
4P	225/150A	25kA
ZR-65Ø	4P 200A	
Spare (8)		
4P	100/100A	25kA
ZR-50Ø	4P 100A	
Spare (9)		
4P	225/225A	25kA
ZR-65Ø	Bus	
Spare (10)		
4P	225/225A	25kA
ZR-65Ø	Bus	

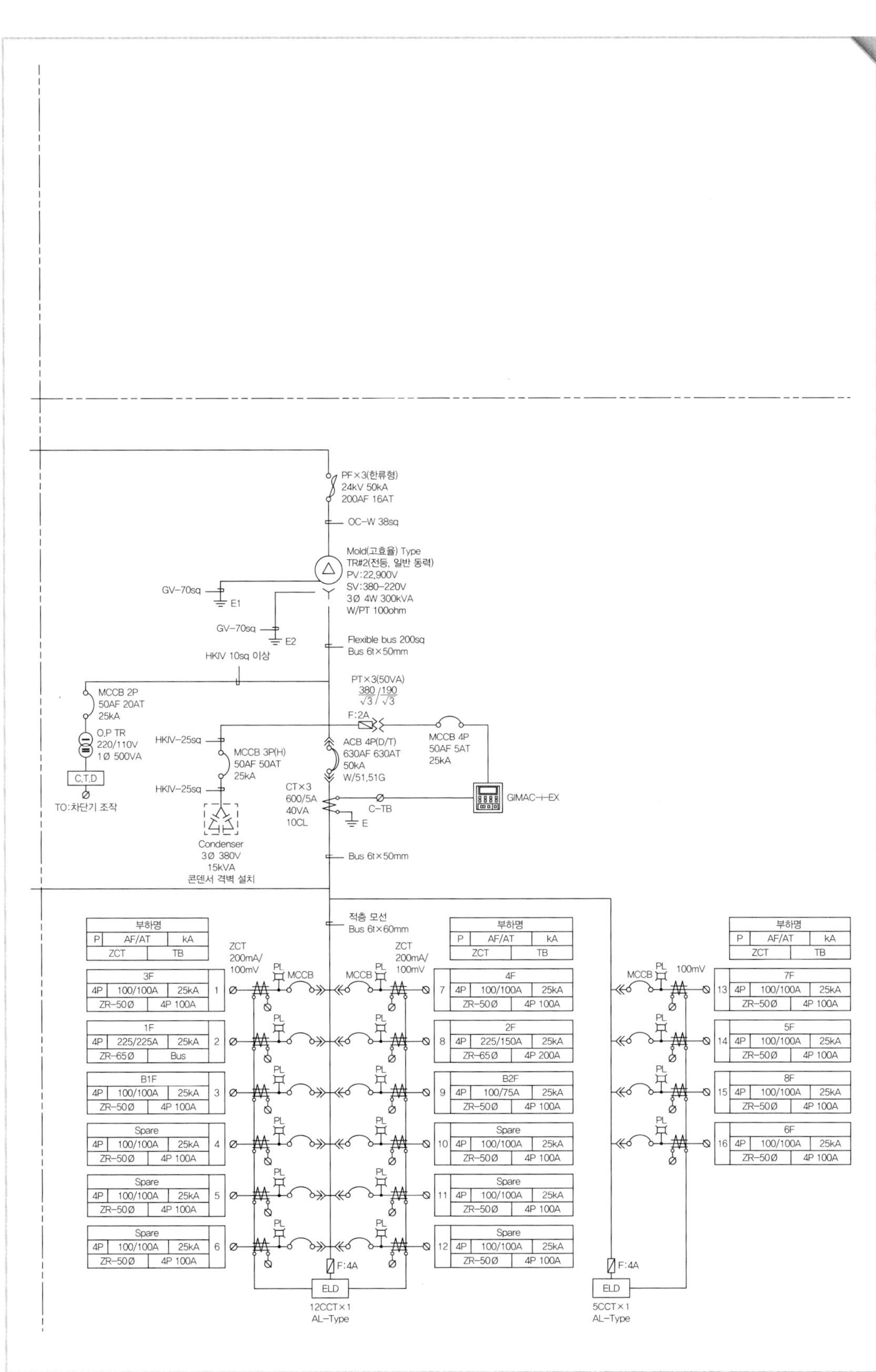

PF×3(한류형)
24kV 50kA
200AF 16AT
OC-W 38sq
Mold(고효율) Type
TR#2(전등, 일반 동력)
PV:22,900V
SV:380-220V
3Ø 4W 300kVA
W/PT 100ohm
GV-70sq
E1
GV-70sq
E2
Flexible bus 200sq
Bus 6t×50mm
HKIV 10sq 이상
MCCB 2P
50AF 20AT
25kA
O.P TR
220/110V
1Ø 500VA
C.T.D
TO:차단기 조작
PT×3(50VA)
380/√3 / 190/√3
F:2A
HKIV-25sq
MCCB 3P(H)
50AF 50AT
25kA
HKIV-25sq
Condenser
3Ø 380V
15kVA
콘덴서 격벽 설치
ACB 4P(D/T)
630AF 630AT
50kA
W/51,51G
MCCB 4P
50AF 5AT
25kA
CT×3
600/5A
40VA
10CL
C-TB
E
GIMAC-i-EX
Bus 6t×50mm
적층 모선
Bus 6t×60mm
부하명
P AF/AT kA
ZCT TB
ZCT 200mA/100mV
PL MCCB
1 3F 4P 100/100A 25kA ZR-50Ø 4P 100A
2 1F 4P 225/225A 25kA ZR-65Ø Bus
3 B1F 4P 100/100A 25kA ZR-50Ø 4P 100A
4 Spare 4P 100/100A 25kA ZR-50Ø 4P 100A
5 Spare 4P 100/100A 25kA ZR-50Ø 4P 100A
6 Spare 4P 100/100A 25kA ZR-50Ø 4P 100A
7 4F 4P 100/100A 25kA ZR-50Ø 4P 100A
8 2F 4P 225/150A 25kA ZR-65Ø 4P 200A
9 B2F 4P 100/75A 25kA ZR-50Ø 4P 100A
10 Spare 4P 100/100A 25kA ZR-50Ø 4P 100A
11 Spare 4P 100/100A 25kA ZR-50Ø 4P 100A
12 Spare 4P 100/100A 25kA ZR-50Ø 4P 100A
13 7F 4P 100/100A 25kA ZR-50Ø 4P 100A
14 5F 4P 100/100A 25kA ZR-50Ø 4P 100A
15 8F 4P 100/100A 25kA ZR-50Ø 4P 100A
16 6F 4P 100/100A 25kA ZR-50Ø 4P 100A
100mV
F:4A
ELD
12CCT×1
AL-Type
F:4A
ELD
5CCT×1
AL-Type

1 한전 인입 라인～MOF 1차측 계통도

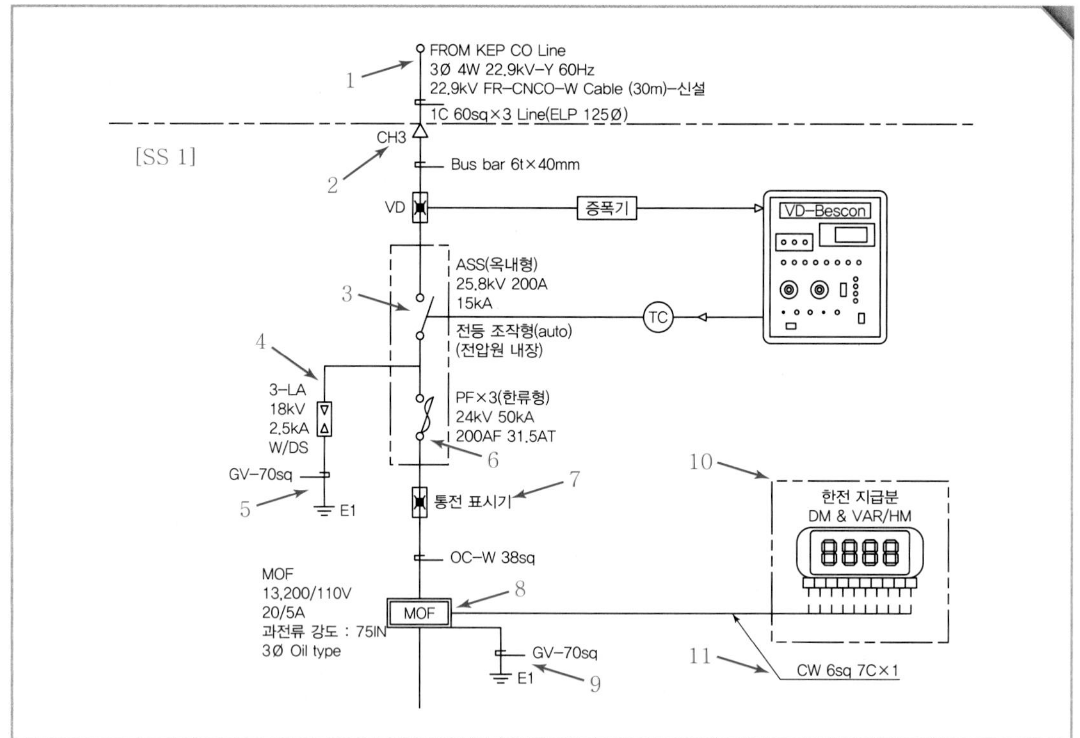

▶ 1번 : FROM KEP CO Line(3ϕ 4W 22.9kV-Y 60Hz), 한전 인입 라인
22.9kV FR-CNCO-W Cable(30m)-신설, 1C 60sq×3 Line(ELP 125ϕ)
FR-CNCO(케이블 종류) 케이블 60sq(굵기) 3가닥을 신설하며, 지중(땅속) 배관 공사를 하고, 길이는 30m, 관의 종류 및 굵기는 ELP관 125ϕ이다.

▶ 2번 : CH3 - 케이블 헤드 3개, 1조는 사용되며 1조는 예비용이다.

참고 VD : Voltage Detector(검전기, 활선 상태 표시기)

▶ 3번 : ASS(옥내형), 25.8kV(정격 전압), 200A(정격 전류), 15kA(정격 차단 전류), 전동 조작형(auto, 전압원 내장), 제어 전원(AC 220V/DC 24V), 조합 설치 기기(LA, PF), 고장 구간 자동 개폐기(auto section switch)

▶ 4번 : LA3, 피뢰기(폴리머형), 18kV(정격 전압), 2.5kA(공칭 방전 전류), 부속품(단로기)
LA는 낙뢰 등으로부터 설비를 보호하기 위함이다.

▶ 5번 : E1 - 제1종 접지이며, GV-70sq이다.

▶ 6번 : PF×3(한류형), 24kV(정격 전압), 50kA(정격 차단 전류), 200AF(홀더 정격)/31.5AT 전력 퓨즈로, 고압 및 특고압 기기의 단락 보호를 위함이다.

▶ 7번 : 통전 표시기(정상적으로 전기가 흐르고 있음을 나타냄)

▶ 8번 : MOF(계기용 변압 변류기), 13,200V(정격 1차 전압), 110V(정격 2차 전압), 20/5A (정격 전류 : 1 · 2차), 과전류 강도(15/5A 이하 : 150IN, 20/5A 이상 : 75IN)

▶ 9번 : E1 – 접지선의 굵기는 GV–70sq이다.

▶ 10번 : DM & VAR/HM – 한전 계량기로 해당 수용가에서 사용하는 소비 전력량이 나타난다.

▶ 11번 : CVV 6sq 7C×1 – MOF와 한전 계량 간 연결되며 MOF에 낮춰진 전압과 전류값이 한전 계량기에 나타난다.

LA(피뢰기)

LBS 2차측에 설치되며, 낙뢰 등으로 인한 이상 전류 발생 시 대지로 흘려보낸다.

예비용 인입 케이블

한전 입입 케이블이 2조(6가닥)가 패널로 들어와 1조는 사진처럼 예비용으로 둔다.

ASS 컨트롤러 전면 모습

컨트롤러에는 전류계, 동작 전류 표시 램프, 동작 전류 정정 탭, 닫힘/열림 기능들이 있다.

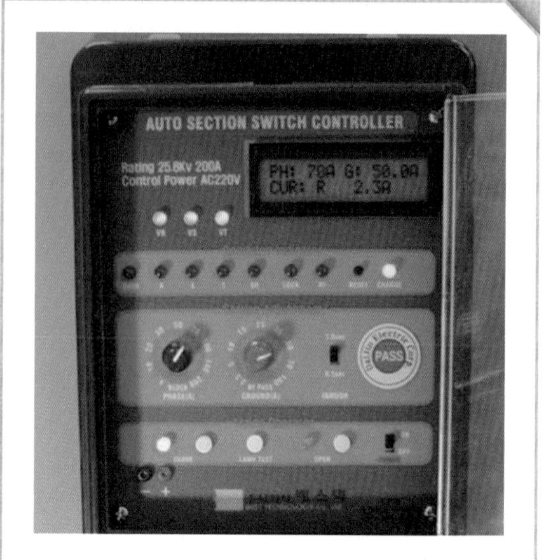

ASS 컨트롤러 후면 단자대 결선 모습

컨트롤러의 배터리 교체 시 제어함 뒤에 있는 전원 버튼을 OFF 후 교체하면 된다.

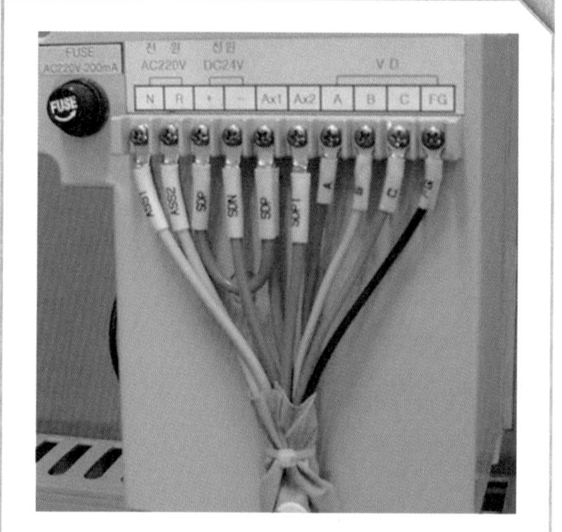

ASS 모습

보통 수용가측 인입구에 설치되어 수용가측 보호 기기와 협조한다.

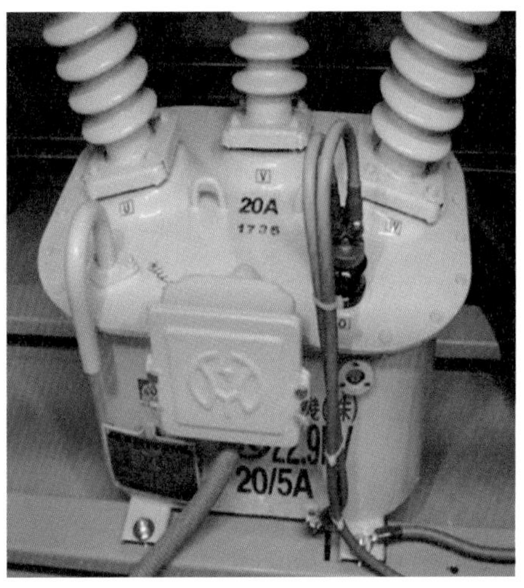

MOF 모습

유입형으로 내부에 PT와 CT가 내장되어 있다.

패널 전면에 있는 ASS 수동 투입구 및 핸들 모습

㉠ 1번 : 수동 투입구

㉡ 2번 : 핸들

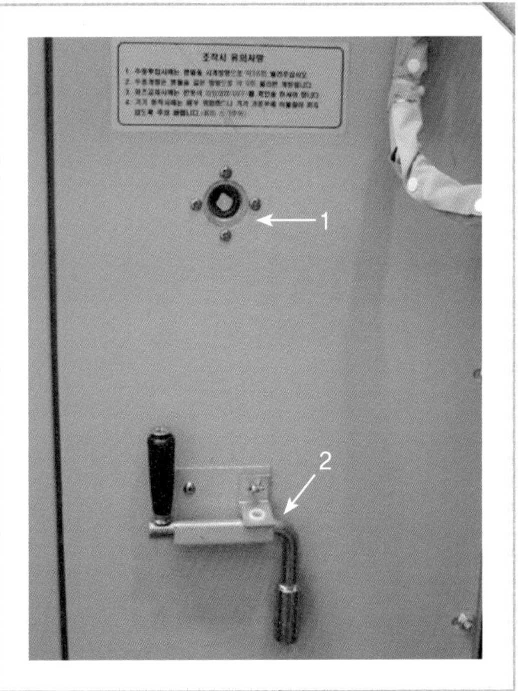

(1) 고장 구간 자동 개폐기(auto section switch) 운전 방법

① 전동 조작 방법

㉠ 투입 동작 : 투입 버튼을 누르면 투입 스프링의 복원력을 이용하여 15초 이내에 투입 상태가 되게 한다.

㉡ 개방 동작 : 개방 버튼을 누르면 차단 스프링의 복원력을 이용하여 극히 짧은 시간 내에 신속한 차단 동작을 하게 된다. 아크를 불어내도록 함으로써 소호 능력을 극대화한다.

② 수동 조작 방법

㉠ 투입 동작 : 핸들을 삽입하여 한 방향으로(시계 방향 약 25회) 돌리면 회전 운동으로 투입 스프링을 압축시켜 압축된 투입 스프링의 복원력을 이용해 투입 상태가 되게 한다.

㉡ 개방 동작 : 핸들을 삽입하여 한 방향으로(시계 방향 약 10회) 돌리면 트립 Hook을 벗겨주어 차단 스프링의 복원력에 의해 신속하게 차단 동작하게 된다.

③ 돌입 전류 억제 기능

㉠ 최초로 ASS를 투입할 때 부하가 걸려 있으면 ASS가 선로 고장이 아닌 경우 돌입 전류로 인해 오동작을 할 경우가 있다(돌입 전류 억제 기능을 위한 정상 전류를 기억하지 못하므로). 이때는 돌입 전류를 감안하여 상전류, 지락 전류, 탭 정정 전류보다 3~4단계 상위 탭으로 설정하거나 Block, By pass로 한 후 ASS를 투입시키고 돌입 전류가 소멸되어 전류가 정상적으로 돌아온 후 다시 상전류, 지락 전류, 탭 전류로 설정하면 된다.

㉡ 위와 같은 동작을 시켜도 계속 오동작을 하면 부하의 이상이 있을 수 있으니 점검 후 다시 실행한다.

④ 탭 설정 방법

㉠ 탭 정정 전류 $= \dfrac{\text{변압기 용량}}{22.9\text{kV} \times \sqrt{3}} \times 3$

㉡ 지락 전류 탭은 상전류의 $\frac{1}{2}$로 정정한다.

㉢ Block : 상전류에 의한 개방 억제 탭

㉣ By pass : 지락 전류에 의한 개방 억제 탭

(2) 배전반 운전 방법

① 전원 투입 방법

㉠ ASS 투입 방법

- 전동 조작 : Door에 설치된 조작용 컨트롤 박스의 커버를 열고 닫힘 버튼을 누른다.
- 수동 조작 : 핸들을 삽입하여 시계 방향(우측으로 약 25회) 돌리면 회전하면서 투입된다.

㉡ PF Fuse cross 방법 : DS 조작봉을 고리에 끼운 후 앞에서 뒤로 밀어 넣는다.

㉢ 수동 · 자동 투입

- 수동 투입 : Push ON(I) 버튼을 누른다.
- 자동 투입 : Bescon run + CB ON 버튼을 누른다.

㉣ ATS 절체

- 수동 절체 : A측, B측으로 ON 버튼을 누른다(레버를 돌린다).
- 자동 절체 : COM SW를 Auto 위치에 설정한다.

② 전원 인가 순서

ASS → ACB → MCCB

③ 전원 차단 방법

㉠ MCCB를 OFF한다.

㉡ ACB 자동 개방 : Bescon run + CB OFF 버튼을 누른다.

㉢ ACB 수동 개방 : Push OFF(O) 버튼을 누른다.

㉣ PF Fuse open 방법(ASS 개방 후 open하는 것도 무방) : DS 조작봉을 고리에 끼운 후 앞으로 당긴다.

㉤ ASS 개방 방법

- 전동 조작 : Door에 설치된 조작용 컨트롤 박스의 커버를 열고 열림 버튼을 누른다.
- 수동 조작 : 핸들을 삽입하여 시계 방향(우측으로 약 10회) 돌리면 회전하면서 트립된다.

④ 전원 차단 순서

MCCB → ACB → ASS

살·펴·보·기 전기 안전 수칙 및 주의

1. 전기 안전 수칙

① 수전 설비 운전 및 점검 보수 시는 전기 계통도를 숙지한다.

② 수전 설비 조작 시 반드시 안전 장구를 착용한다.

③ 전기 설비 개폐기를 개방 또는 투입할 때에는 무부하 상태에서 조작한다.

④ 변전실의 전등이 꺼졌을 때 정전되었다고 착각하여 고압 기기에 함부로 접근하지 않는다.

⑤ 수전 설비의 보호 울타리에는 위험 표지판을 부착하고 출입문에는 시건 장치를 한다.

⑥ 특고압선, 특고압 기기 주위에서 작업하지 않는다.

⑦ 전기 설비 점검 및 보수 시 작업 전에 검전기로 충전 여부를 확인하여 완전 방전을 확인한 후 작업한다.

⑧ 전기 기계 기구 및 개폐기류는 담당자가 안전 장구를 착용한 뒤 취급한다.

⑨ 전기 설비의 점검 및 보수 시 '작업 중' 또는 '점검 중' 표시판을 해당 개폐기에 부착한 뒤 작업한다.

⑩ 작업이 끝난 후 공구나 자재를 위험한 곳에 놓아두지 않는다.

2. 안전상의 주의

(1) 경고

① 전문가 외에는 운전이나 점검 및 보수를 하지 않는다.
→ 오동작 및 다치거나 감전의 원인이 된다.

② 통전 중에는 문이나 보호 커버를 열지 않는다.
→ 감전의 원인이 된다.

③ 통전 중에는 금속봉을 투입하지 않는다.
→ 다치거나 감전의 원인이 된다.

④ 통전 중에는 줄자 등을 이용하여 실측하지 않는다.
→ 다치거나 감전의 원인이 된다.

⑤ 점검 보수 시 충전 전류를 반드시 방전시키고 사용한다.
→ 다치거나 감전의 원인이 된다.

⑥ 볼트 및 너트는 지정된 토크로 조인다.
→ 과열 및 화재의 원인이 된다.

⑦ 통전 중에는 충전부 막음판을 들어 올리지 않는다.
→ 다치거나 감전의 원인이 된다.

⑧ Fuse 개폐 시 습기나 물에 젖은 절연봉을 사용하지 않는다.
→ 감전의 원인이 된다.

⑨ 통전 중에는 계기용 변류기 2차측을 개방하지 않는다.
→ 고전압이 유기되어 화재의 원인이 된다.

⑩ 단로기 개로 시 하위 차단기를 먼저 개방하고, 단로기 폐로 시 단로기를 투입 후 하위 차단기를 투입한다.
→ 아크열로 인해 단락 및 상해의 원인이 된다.

⑪ 설치·점검·보수 완료 후 이물질(작업 공구, 전선, 와셔)을 제거한다.
→ 단락 및 화재의 원인이 된다.

⑫ 점검 시에는 차단기를 OFF시키고 시험 위치로 유지한다.
→ 감전의 원인이 된다.

⑬ 점검 시에는 상위 및 하위 차단기, Bus tie 차단기를 OFF시키고 시험 위치로 유지한다.
→ 감전의 원인이 된다.

⑭ 전원 OFF 후 상태를 확인할 때에는 적정한 계측기를 사용한다.
→ 감전의 원인이 된다.

⑮ 규정된 길이보다 긴 볼트를 사용하지 않는다.
→ 단락 및 화재의 원인이 된다.

⑯ 설치·점검·보수 완료 후 운전 중인 제품 표면을 물에 젖은 걸레로 닦지 않는다.
→ 감전의 원인이 된다.

(2) 주의

① 회로를 임의로 변경하지 않는다.
→ 오동작 및 부동작의 원인이 된다.

② 임의적으로 제품을 분해하거나 변경·개조하여 사용하지 않는다.
→ 누전, 과열, 단락 등이 발생할 수 있다.

③ 침수 위험 및 습기가 많은 장소에 보관하지 않는다.
→ 절연 파괴 및 제품 성능 저하의 원인이 된다.

④ 옥내용 배전반을 옥외에 보관하지 않는다.
→ 습기 등으로 제품 성능 저하의 원인이 된다.

 MOF 2차측 ~ ACB(1) 1차 계통도

MOF
13,200/110V
20/5A
과전류 강도 : 75IN
3Ø Oil type
MOF
GV-70sq
E1
[SS2]
Bus bar 6t×40mm
PF×3(한류형)
24kV 50kA
200AF 16AT
1
OC-W 38sq
Mold(고효율) Type
TR#1(동력)
PV : 22,900V
SV : 380-220V
3Ø 4W 300kVA
W/PT 100ohm
3
2
GV-70sq
E1
GV-70sq
4
E2
HKIV 10sq 이상
Flexible bus 300sq
Bus 6t×50mm
5
MCCB 2P
50AF 20AT
25kA
OP TR
220/110V
1Ø 500VA
6
CTD
TO : 차단기 조작
7
PT×3(50VA)
$\frac{380}{\sqrt{3}}/\frac{190}{\sqrt{3}}$
F : 2A
8
9
MCCB 4P
50AF 5AT
25kA
HKIV-25sq
10
MCCB 3P(H)
50AF 50AT
25kA
HKIV-25sq
11
Condenser
3Ø 380V
15kVA
콘덴서 격벽 설치
ACB 4P(D/T)
630AF 630AT
50kA
W/51, 51G
CT×3
600/5A
40VA
10CL
C-TB
E
Bus 6t×50mm

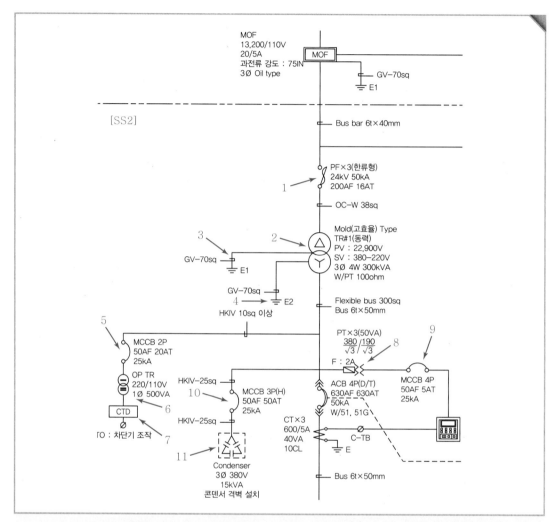

▶ 1번 : PF×3(한류형) 전력 퓨즈, 24kV(정격 전압), 50kA(정격 차단 전류), 200AF/16AT

▶ 2번 : Mold(고효율) Type 변압기 – TR#1(동력), PV : 22,900V(정격 1차 전압), SV : 380-220V(정격 2차 전압), 3ϕ 4W 300kVA, 권선 온도 상승 한도(고압 B종 : 80℃), 부속품 : W/PT 100ohm(옴)

▶ 3번 : E1(제1종 접지) – GV-70sq

▶ 4번 : E2(제2종 접지) – GV-70sq

▶ 5번 : MCCB 2P 50AF/20AT, 25kA

▶ 6번 : OP TR, 다운트랜스, 220(1차 전압)/110V(2차 전압), 1ϕ(단상) 500VA(정격 부담)

▶ 7번 : CTD AC 110V를 DC로 변환시켜 주는 장치

▶ 8번 : PT×3(50VA) 계기용 변압기, $\frac{380}{\sqrt{3}}/\frac{190}{\sqrt{3}}$. 정격 1차 전압$\left(\frac{380}{\sqrt{3}}\right)$, 정격 2차 전압 $\left(\frac{190}{\sqrt{3}}\right)$, 정격 부담(50VA), 상수(3$\phi$)

▶ 9번 : MCCB 4P 50AF/50AT, 25kA, 디지털 파워 미터용 차단기

▶ 10번 : MCCB 3P(H) 50AF/50AT, 25kA, 콘덴서용 차단기

▶ 11번 : Condenser(진상 콘덴서), 형식(밀폐형), 3ϕ(상수), 380V(정격 전압), 방전 저항(방전 3분 후 75V 이하)

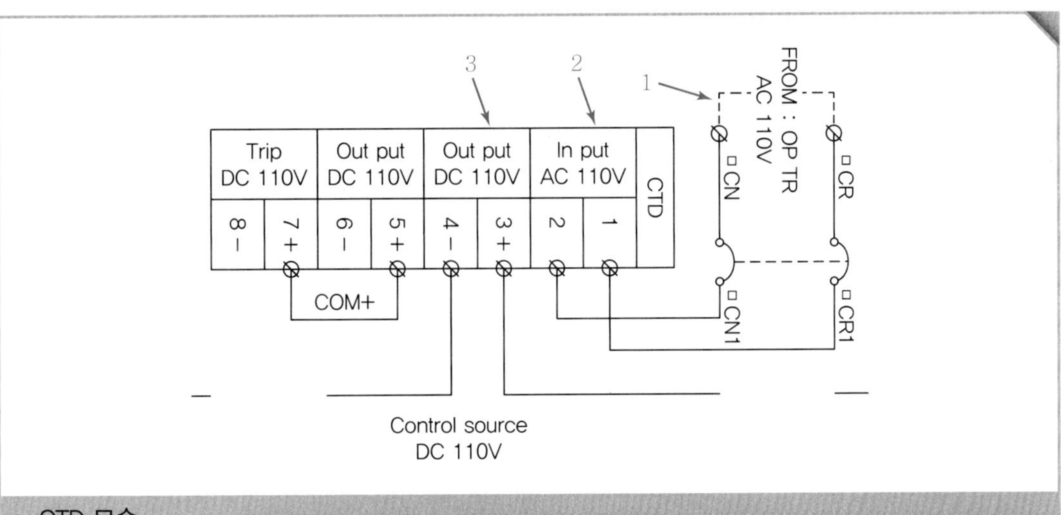

CTD 모습

▶ 1번 : OP TR에서 다운된 AC 110V를 공급받음

▶ 2번 : 입력(AC 110V)

▶ 3번 : 출력(DC 110V)

TR 1차측(22.9kV) 모습

몰드 변압기는 원통형으로, 외부가 1차측(22.9kV), 내부 원통이 2차측(380/220V)이다.

외함 접지(E1)

변압기 프레임 접지(제1종)로, 전기실에 있는 접지 단자함으로 간다.

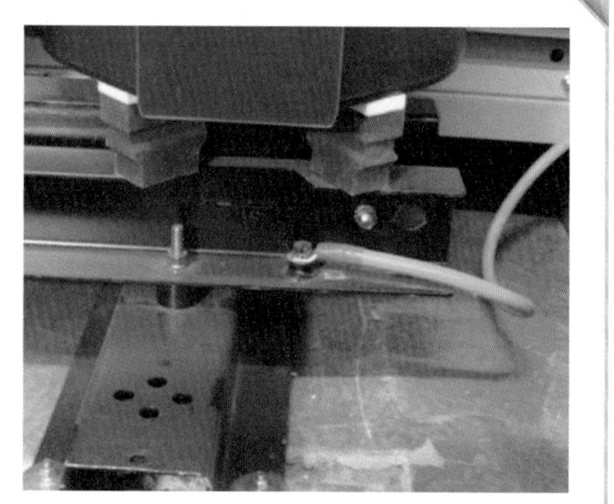

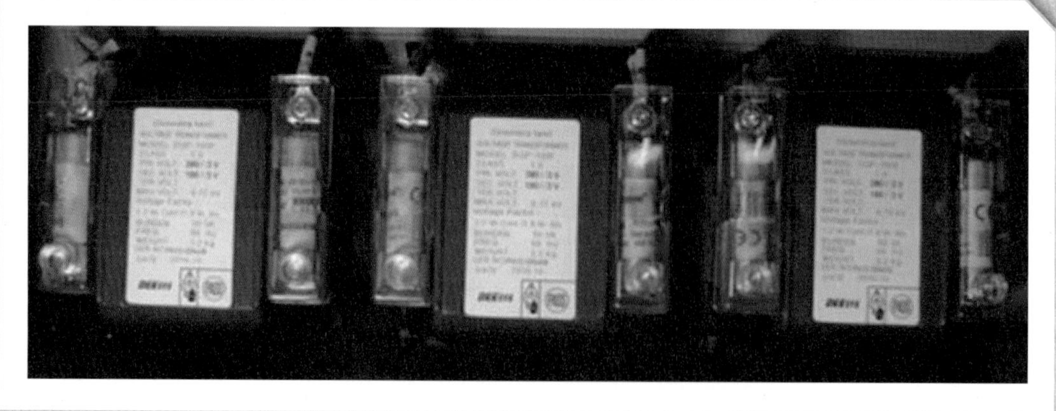

PT 및 각 PT마다 다이젯 퓨즈(2A)가 있는 모습

 ACB(1) 2차 ~ 부하 패널 계통도

F : 2A
MCCB 4P 50AF 5AT 25kA
HKIV-25sq
MCCB 3P(H) 50AF 50AT 25kA
HKIV-25sq
1
ACB 4P(D/T) 630AF 630AT 50kA W/51, 51G
CT×3 600/5A 40VA 10CL
C-TB
E
GIMAC-i-EX
2
Condenser 3Ø 380V 15kVA 콘덴서 격벽 설치
Bus 6t×50mm
적층 모선 Bus 6t×60mm
ZCT 200mA/100mV
PL
MCCB
4
3
5
6
F : 4A
ELD
AL-Type 10CCT×1
7

부하명			
P	AF/AT	kA	
ZCT	TB		
냉 · 난방 실외기 A			1
4P	225/225A	25kA	
ZR-65Ø	Bus		
냉 · 난방 실외기 B			2
4P	225/225A	25kA	
ZR-65Ø	Bus		
MCC-A			3
4P	225/150A	25kA	
ZR-65Ø	4P 200A		
Spare			4
4P	100/100A	25kA	
ZR-50Ø	4P 100A		
Spare			5
4P	100/100A	25kA	
ZR-50Ø	4P 100A		

	부하명		
	P	AF/AT	kA
	ZCT	TB	
6	공조기		
	4P	225/125A	25kA
	ZR-65Ø	4P 150A	
7	LP-PH		
	4P	225/150A	25kA
	ZR-65Ø	4P 200A	
8	Spare		
	4P	100/100A	25kA
	ZR-50Ø	4P 100A	
9	Spare		
	4P	225/225A	25kA
	ZR-65Ø	Bus	
10	Spare		
	4P	225/225A	25kA
	ZR-65Ø	Bus	

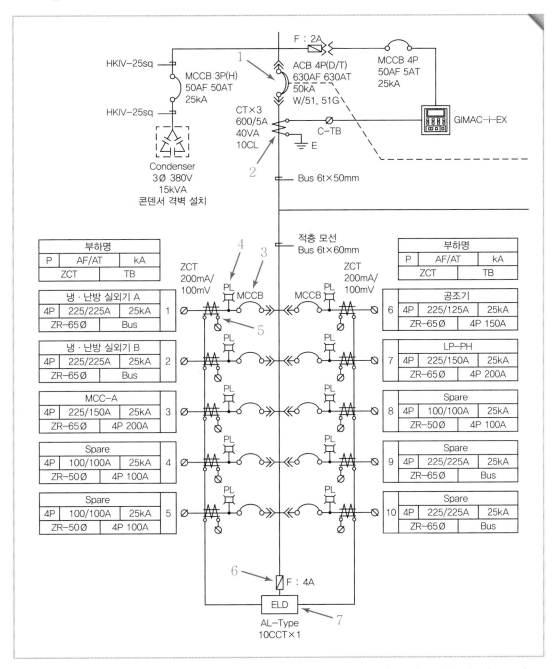

▶ 1번 : ACB 4P, 630AF/630AT, 50kA, W/51, 51G, 정격 전압(600V), 정격 전류(630AT), 극수(4P), 차단 전류(50kA), 조작 전압(DC 110V), 접속 방식(인출형)

▶ 2번 : CT×3(600/5A) 계기용 변류기 – 정격 전류비(1차/2차 : 600/5A), 정격 부담(40VA), 10CL

▶ 3번 : MCCB – 냉 · 난방 실외기(A)용 차단기
▶ 4번 : PL – 냉 · 난방 실외기(A) 동작 상태 표시용 램프
▶ 5번 : ZCT – 냉 · 난방 실외기(A)용 영상 변류기
▶ 6번 : F : 4A, 퓨즈, ELD 전원(220V)의 하트상에 다이젯 퓨즈 걸어 줌
▶ 7번 : ELD(AL–type 10CCT×1) 누전 경보기(10회로)

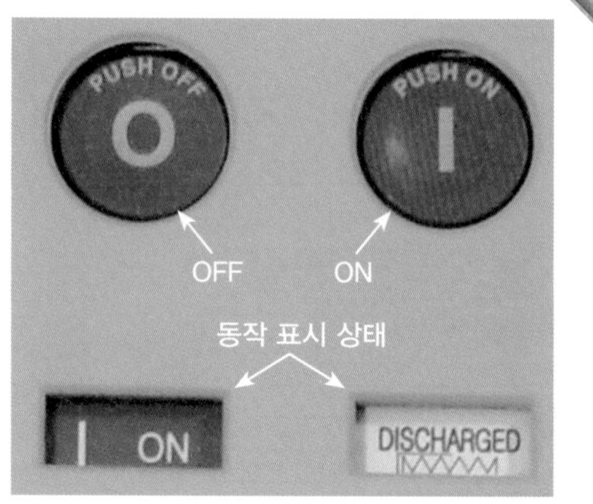

ACB 모습

표시 상태(ON)는 적색이지만 버튼은 투입(push on, 녹), 개방(push off, 적)으로 주의해야 한다(제품마다 다를 수 있으므로 주의).

패널 전면의 ACB 조작 스위치 모습

아날로그 타입으로, 캠 스위치, 푸시 버튼(ON, OFF, reset), 표시 램프, 버저 등이 설치되어 있다.

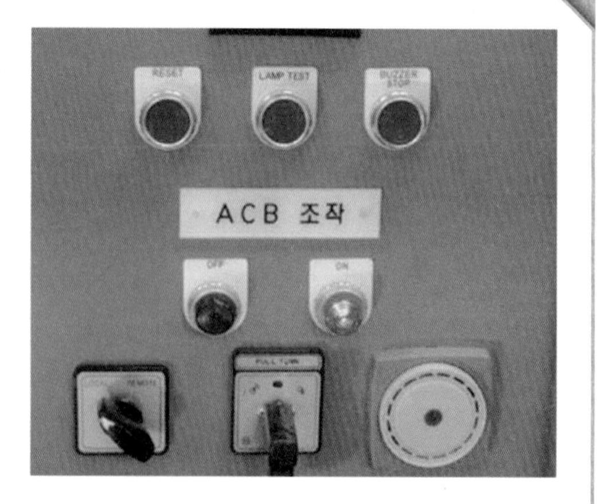

디지털미터(GIMAC) 모습

전압, 전류, 역률, 전력 등 각종 정보가 실시간으로 나타난다.

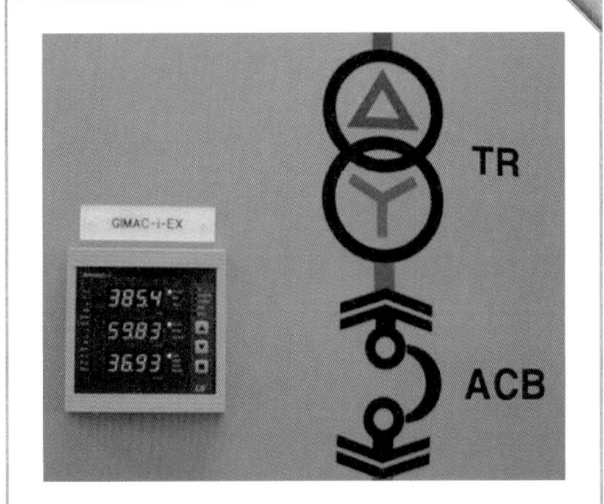

누전 경보기(ELD) 모습

10회로이며 현장에서 누설 전류가 흐를 경우 해당 선로의 표시 램프가 점등되며 버저가 울린다.

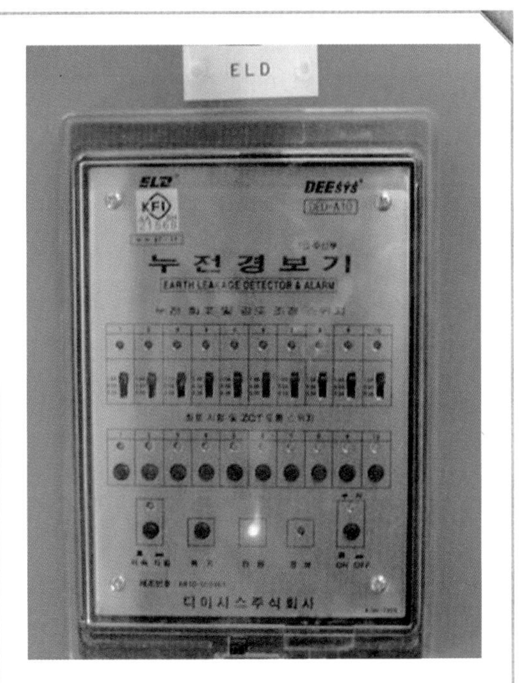

MOF 2차측 ~ ACB(2) 1차 계통도

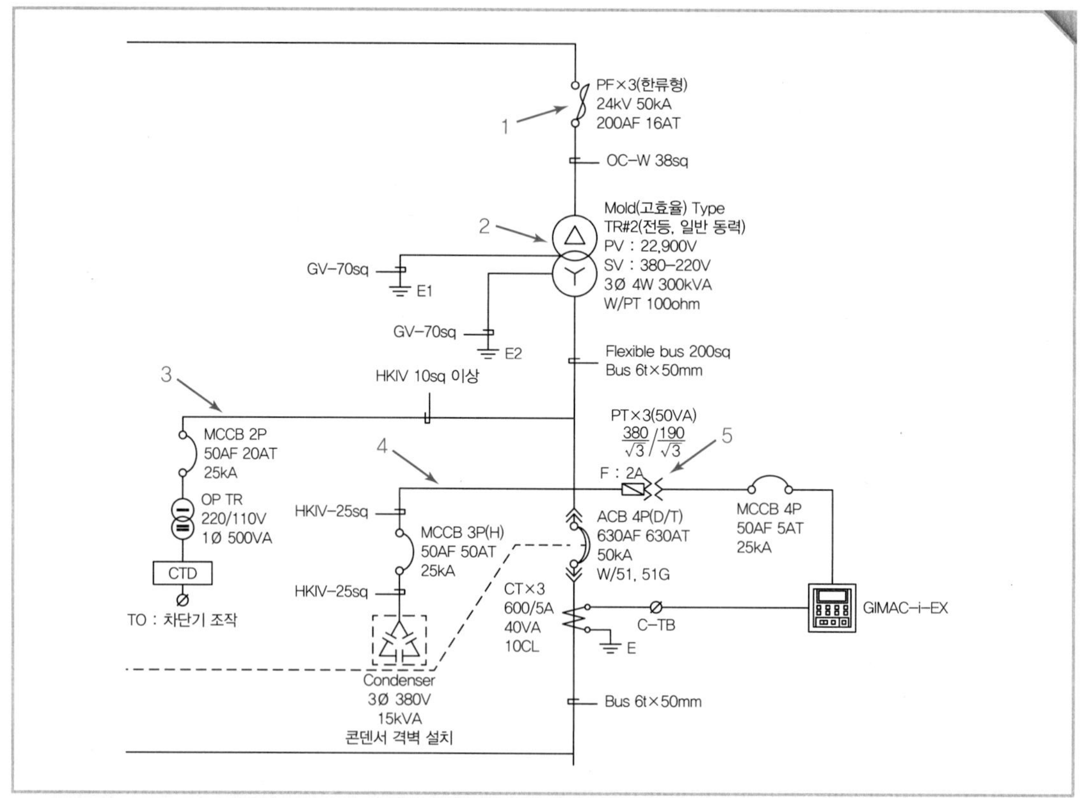

▶ 1번 : PF×3, 24kV 50kA, 200AF/16AT, 전력 퓨즈

▶ 2번 : Mold(고효율) Type 변압기 – TR#2(전등, 일반 동력), PV : 22,900V(정격 1차 전압), SV : 380–220V(정격 2차 저압), 3ϕ 4W 250kVA, W/PT 100ohm(옴)

▶ 3번 : MCCB 2P 50AF(정격 프레임 크기)/20AT(정격 전류), 25kA(정격 차단 전류), OP TR용 차단기

▶ 4번 : HKIV–25sq – 콘덴서용 차단기의 1차측에 연결되는 전선의 굵기

▶ 5번 : PT×3(50VA) – 계기용 변압기 3개, $\frac{380}{\sqrt{3}}$(정격 1차 전압)/$\frac{190}{\sqrt{3}}$(정격 2차 전압), F : 2A(PT에 있는 퓨즈 용량)

5 ACB(2) 2차 ~ 부하 패널 계통도

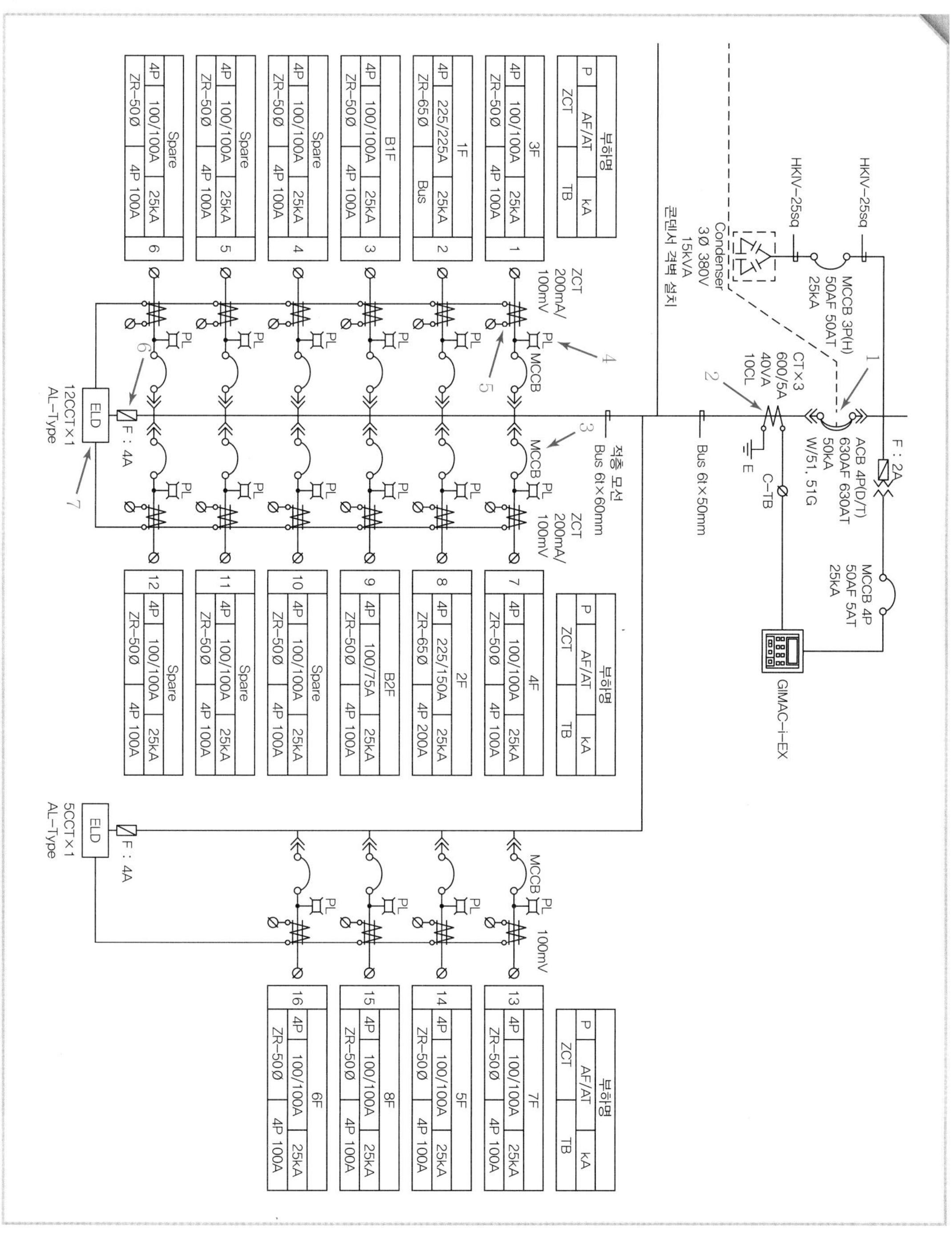

▶ 1번 : ACB 4P, 630AF/630AT, 50kA, W/51, 51G, 정격 전압(600V), 정격 전류(630AT), 극수(4P), 차단 전류(50kA), 조작 전압(DC 110V), 접속 방식(인출형)
▶ 2번 : CT×3(600/5A)계기용 변류기
▶ 3번 : MCCB, 4F 메인 차단기
▶ 4번 : PL, 3F 동작 상태 표시용 램프
▶ 5번 : ZCT, 3F 영상 변류기
▶ 6번 : F : 4A, 퓨즈, ELD 전원(220V)의 하트상에 다이젯 퓨즈 걸어 줌
▶ 7번 : ELD(AL-type 12CCT×1), 누전 경보기(12회로)

살·펴·보·기 ACB 관련 질문과 답변

질문 15년차 복합건물인데 전기 정기검사를 실시했습니다.

간이수전설비로 450kW 변압기 2대가 각각 직렬로 ACB와 접속되어 있습니다.

검사 후 복전 시에 세대부하의 ACB는 자동투입이 되었지만 비상부하(공용) ACB가 자동투입이 되지 않았습니다. 물론 수동투입도 되지 않았습니다.

전기안전공사 직원 두 분이 한 시간 가량 ACB에 붙어서 씨름한 후 수동투입은 되었습니다.

비상부하가 동작 중 발전기 ATS와의 어떤 문제가 생긴 건지, 아니면 ACB 자체 문제로 투입이 되지 않았는지 궁금합니다.

답변 ACB 노후로 인한 불량인 듯합니다.

전면 케이스를 빼서 보면 스프링 쪽이 대부분 굳어서 투입할 때 많이 말썽을 부립니다. 여건이 된다면 종종 4WD를 뿌려주면 좋습니다. 물론 내구연수가 지난 경우 교체하는 게 가장 좋습니다.

 TIE ACB 계통도

번호	부하명		
	P	AF/AT	kA
	ZCT		TB
6	공조기		
	4P	225/125A	25kA
	ZR-65Ø		4P 150A
7	LP-PH		
	4P	225/150A	25kA
	ZR-65Ø		4P 200A
8	Spare		
	4P	100/100A	25kA
	ZR-50Ø		4P 100A
9	Spare		
	4P	225/225A	25kA
	ZR-65Ø		Bus
10	Spare		
	4P	225/225A	25kA
	ZR-65Ø		Bus

번호	부하명		
	P	AF/AT	kA
	ZCT		TB
1	3F		
	4P	100/100A	25kA
	ZR-50Ø		4P 100A
2	1F		
	4P	225/225A	25kA
	ZR-65Ø		BUS
3	B1F		
	4P	100/100A	25kA
	ZR-50Ø		4P 100A
4	Spare		
	4P	100/100A	25kA
	ZR-50Ø		4P 100A
5	Spare		
	4P	100/100A	25kA
	ZR-50Ø		4P 100A
6	Spare		
	4P	100/100A	25kA
	ZR-50Ø		4P 100A

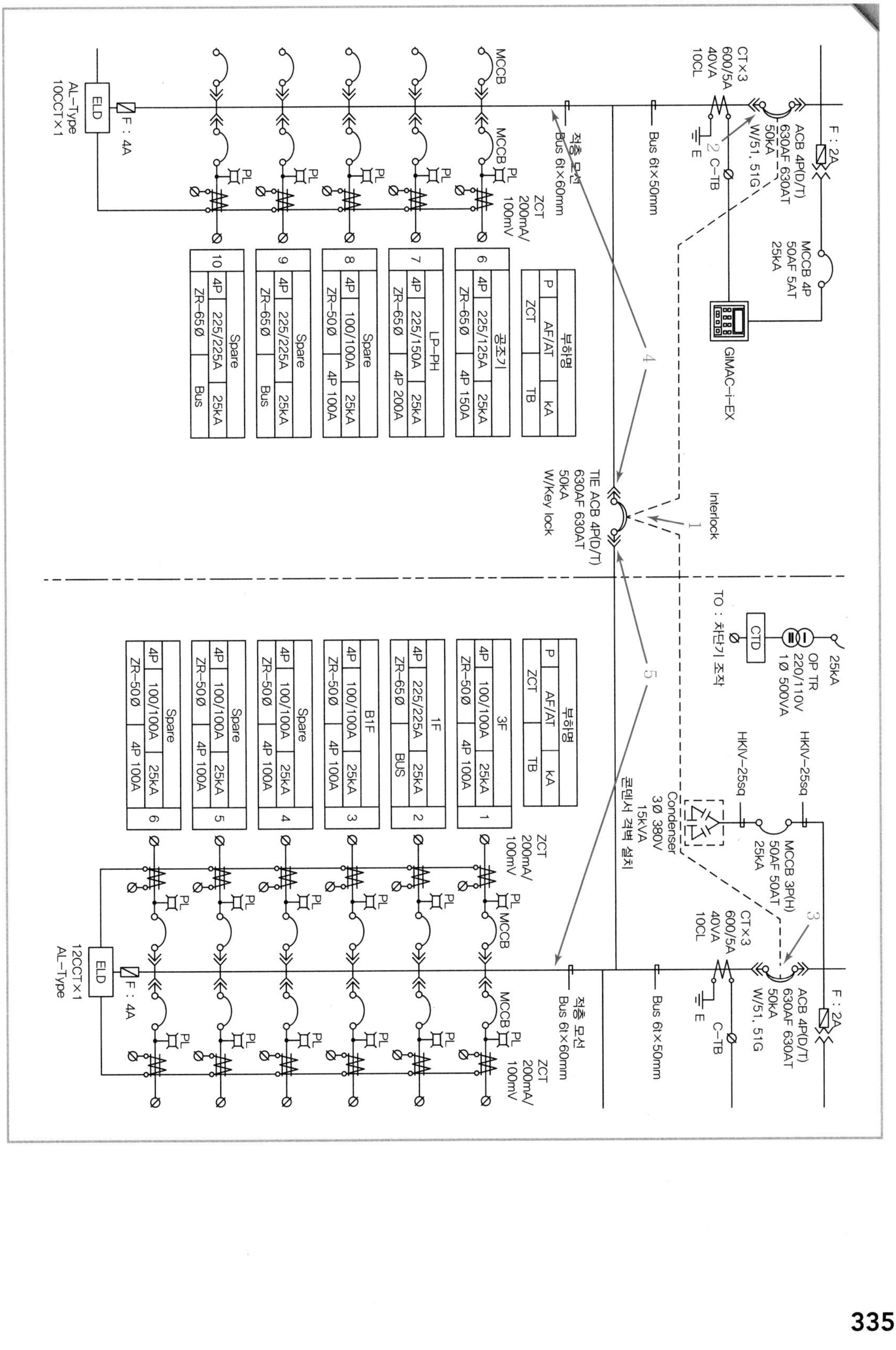

F : 2A
ACB 4P(D/T)
630AF 630AT
50kA
W/51, 51G
CT×3
600/5A
40VA
10CL
E
C-TB
Bus 6t×50mm
MCCB 4P
50AF 5AT
25kA
GIMAC-i-EX
적층 모선
Bus 6t×60mm
ZCT
200mA/
100mV
MCCB
PL
F : 4A
ELD
AL-Type
10CCT×1
Interlock
TIE ACB 4P(D/T)
630AF 630AT
50kA
W/Key lock
25kA
OP TR
220/110V
1Ø 500VA
CTD
TO : 차단기 조작
HKIV-25sq
HKIV-25sq
MCCB 3P(H)
50AF 50AT
25kA
Condenser
3Ø 380V
15kVA
콘덴서 격벽 설치
12CCT×1
AL-Type
1 2 3 4 5

▶ 1번 : TIE ACB
▶ 2번 : 동력 라인 ACB
▶ 3번 : 전등, 일반 동력 라인 ACB
▶ 4번 : TIE ACB의 동력측
▶ 5번 : TIE ACB의 전등, 일반 동력측

(1) TIE ACB의 이해

① 보통 때는 Open되어 서로 다른 변압기에서 전원을 받지만 한쪽 부분의 변압기의 고장이나 메인 차단기의 고장 시 TIE ACB를 Close하여 전원 공급할 수 있게 한다.

② A-Line과 B-Line이 모두 ON되어 있으면 절대로 동작하지 않도록 TIE ACB-b 접점으로 인터록을 걸어 놓는다.

③ 제조회사마다 조금씩 다르지만 기계적(수동)으로도 투입되지 않게 해놓는다. 또, 제품 자체에 Key lock 장치를 내장시켜 인터록을 구성하기도 한다.

(2) Key lock 장치 이용의 경우

안정적으로 부하측에 전원을 공급하기 위해 3대의 차단기로 시스템을 구성하고, 각 차단기에 내장되어 있는 Key lock을 이용하여 Interlock을 구성할 수 있다.

ACB1	ACB2	ACB3	상태	
			Load1	Load2
●	●	●	OFF	OFF
●	○	○	OFF	ON
○	●	○	ON	OFF
○	○	●	ON	ON
●	●	○	OFF	OFF
●	○	●	OFF	ON
○	●	●	ON	OFF

※ ○ : Release
● : Lock

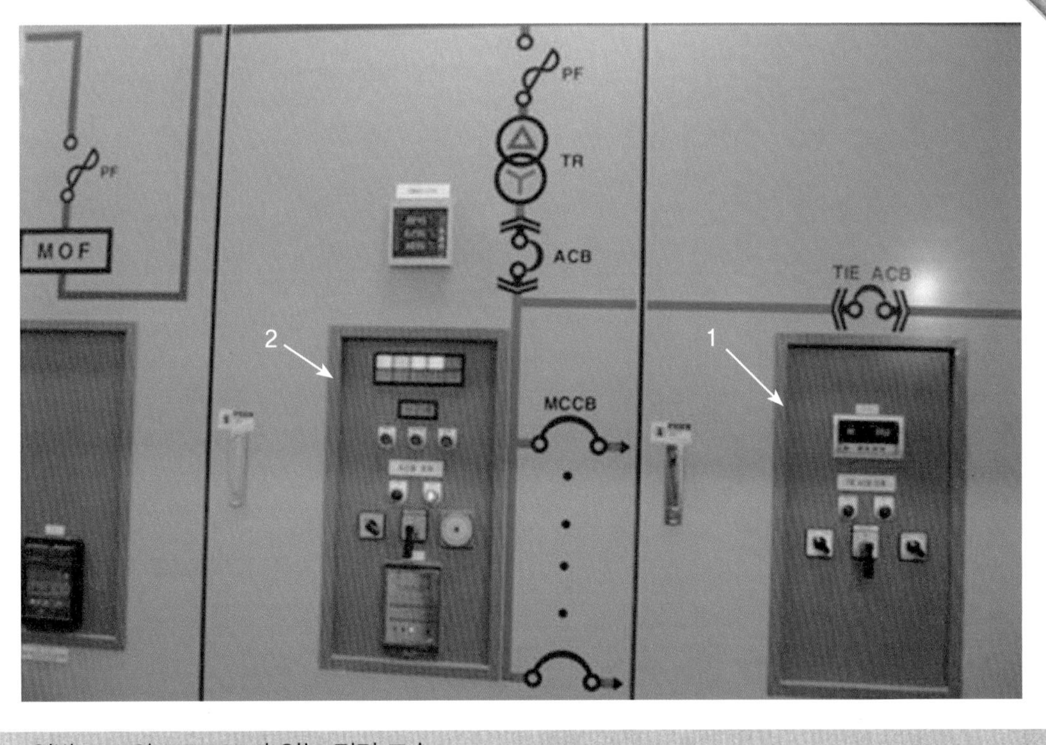

일반 ACB와 TIE ACB가 있는 전면 모습

㉠ 1번 : TIE ACB

㉡ 2번 : 일반 ACB1

TIE ACB 조작 버튼 확대

TR1과 TR2 계통이 동시에 만나지 않도록 인터록 회로가 구성되어 있다.

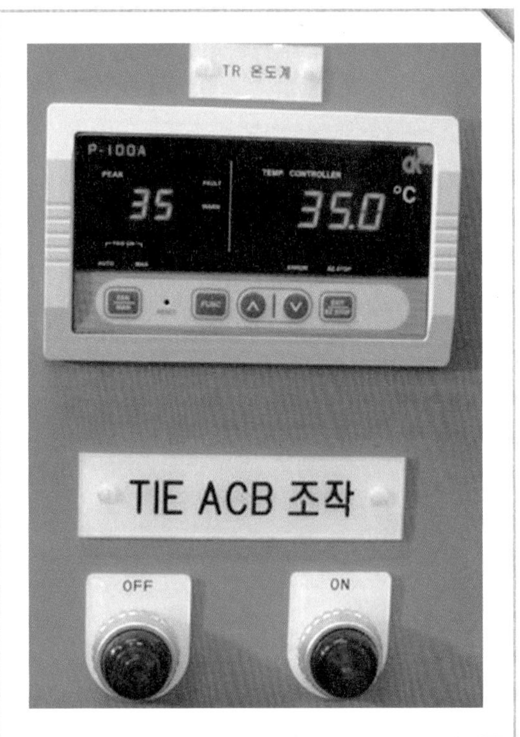

7 SS1 패널 결선도(한전 인입 ~ MOF 1차)

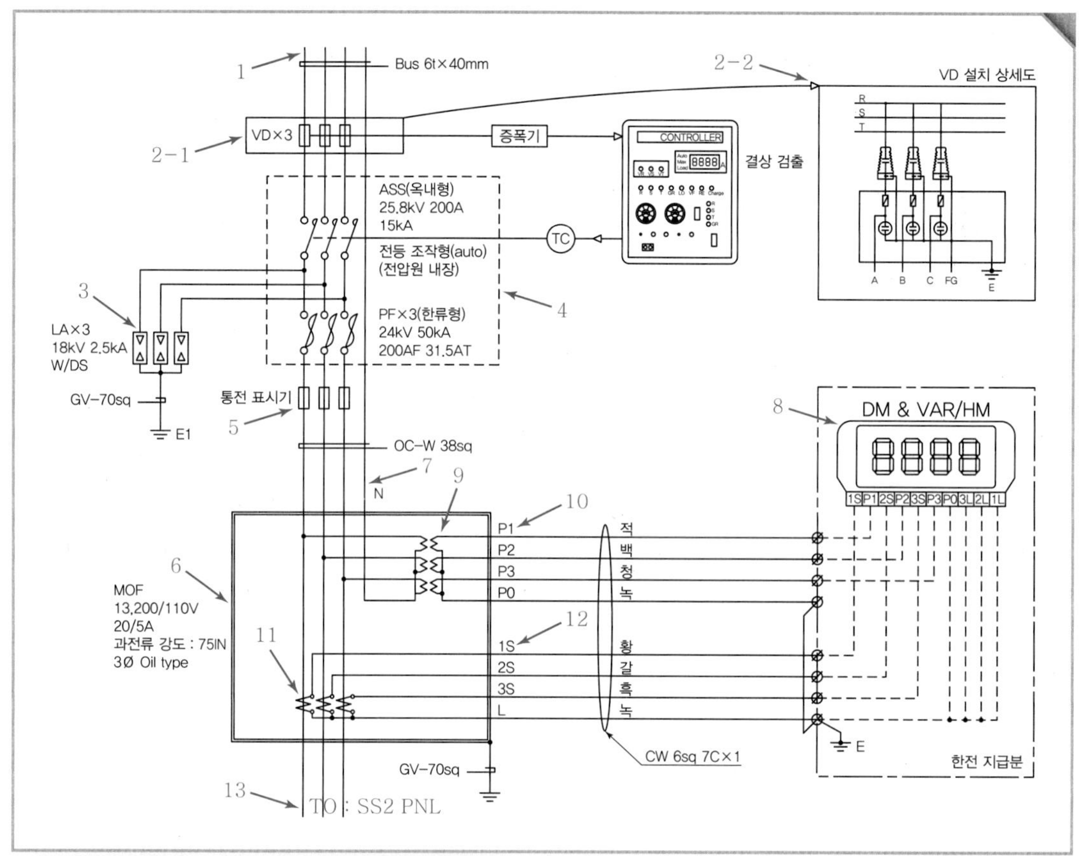

▶ 1번 : 한전 인입, KEP CO Line, 22.9kV FR-CNCV-W Cable(30m)-신설, 1/C 60sq×3 LINE(ELP 125ϕ)

▶ 2-1번 : VD×3 - Voltage detector(검전기, 활선 상태 표시기)

▶ 2-2번 : VD 설치 상세도, 각 상에 1개씩 설치한다.

▶ 3번

- LA-3, 피뢰기(폴리머형), 18kV(정격 전압), 2.5kA(공칭 방전 전류), 부속품(단로기)
- 각 상의 2차측을 공결(공통 연결)하여 GV-70sq로 E1 접지를 한다.

▶ 4번

- ASS(옥내형), 25.8kV(정격 전압), 200A(정격 전류), 15kA(정격 차단 전류), 전동 조작형(auto, 전압원 내장), 제어 전원(AC 220V/DC 24V), 조합 설치 기기(LA, PF)

- 점선 : 점선의 범위가 모두 ASS를 구성하고 있는 요소를 뜻한다. 따라서, PF(전력 퓨즈)도 함께 결하되어 있다.

▶ 5번 : 통전 표시기(정상적으로 전기가 흐르고 있음을 나타내 줌)

▶ 6번

- MOF(계기용 변압 변류기) – 13,200V(정격 1차 전압), 110V(정격 2차 전압), 20/5A(정격 전류 : 1차/2차), 과전류 강도(15/5A 이하 : 150IN, 20/5A 이상 : 75IN), Oil type
- MOF 내부에 PT와 CT가 들어 있다.

▶ 7번 : 중성선(N선), 한전 인입 라인의 케이블 헤드에서 실드 처리된 중성 실드선이다.

▶ 8번 : 적산 전력계

▶ 9번 : PT(계기용 변압기)

▶ 10번 : PT 단자에서 나오는 선으로, 적산 전력계와 연결한다.

▶ 11번 : CT(계기용 변류기)

▶ 12번 : CT 단자에서 나오는 선으로 적산 전력계와 연결한다.

▶ 13번 : SS2 패널로 전원 공급을 한다.

CNCV 케이블에서 중성선이 만들어진 모습

㉠ 1번 : 각 케이블 속에 있는 실드선을 밖으로 꺼낸다.

㉡ 2번 : GV선으로 각 실드선을 연결하여 MOF의 O단자에 연결되어 마감된다.

참고 흔히 사용하는 저압 계통(380V 3상 4선식)에서의 중성선(N선)은 인입 케이블의 중성 실드선이 아닌 변압기(TR)의 2차측의 Y결선에서 얻어내어 사용한다.

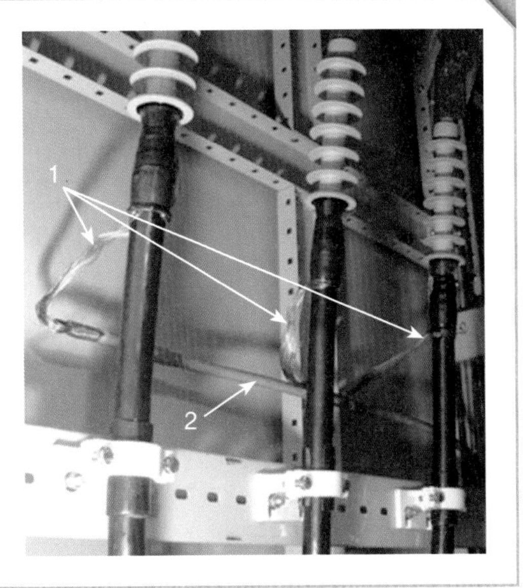

8 SS2(1/2) 패널 결선도(MOF 2차～ACB1 1차)

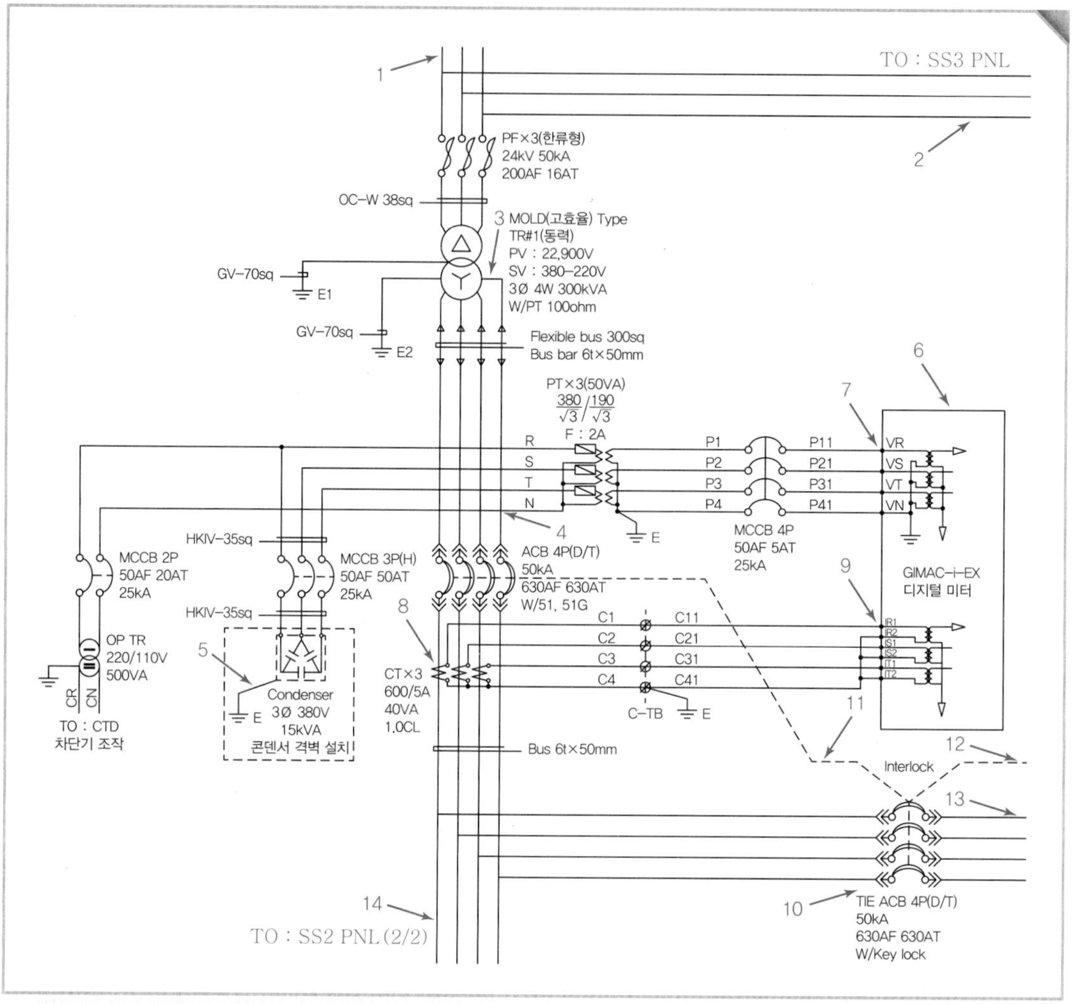

▶ 1번 : MOF 2차측과 연결된다.

▶ 2번 : SS3 패널의 TR2 라인으로 간다.

▶ 3번 : TR 중성점 접지(제2종) 후 COM하여 중성선으로 사용한다.

▶ 4번 : 저압(380/220V)반에 사용되는 중성선(N선)으로, TR 중성점 접지와 COM되었다.

▶ 5번 : 역률 개선용 콘덴서의 케이스를 접지한다.

▶ 6번 : 디지털미터

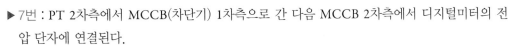

▶ 7번 : PT 2차측에서 MCCB(차단기) 1차측으로 간 다음 MCCB 2차측에서 디지털미터의 전압 단자에 연결된다.

▶ 8번 : CT(계기용 변류기)

▶ 9번 : CT 단자에서 디지털미터의 전류 단자에 연결된다.

▶ 10번 : TIE ACB(key lock형 : 키 잠금 장치형)

▶ 11 · 12번 : TIE ACB에 의해 TR1 라인의 ACB와 TR2 라인의 ACB가 인터록된다는 표시이다.

▶ 13번 : TR2 라인의 ACB 2차측 및 SS3 패널의 1차측과 연결된다.

▶ 14번 : SS2 패널(2/2)로 간다.

참고 SS2 패널은 모두 2페이지이며, SS1 페이지는 PF, TR1, ACB, 디지털미터 등이 있고 SS2 페이지는 각종 동력 패널이 있다.

TR 중성점 접지 모습

㉠ 1번 : 하트상(R, S, T)

㉡ 2번 : 중성선(N선)

㉢ 3번 : 중성선과 함께 연결된 접지선으로, 접지 단자함을 통해 대지로 간다.

콘덴서에 접지된 모습

㉠ 1번 : 접지선

㉡ 2번 : 콘덴서

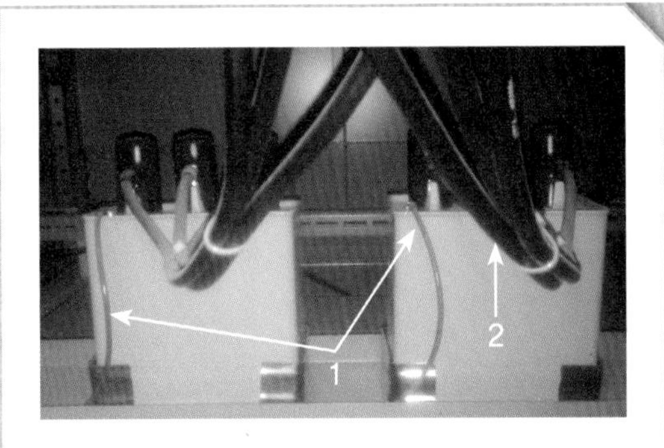

디지털미터

디지털미터(GIMAC : LS 산전 제품)가 설치된 모습이다.

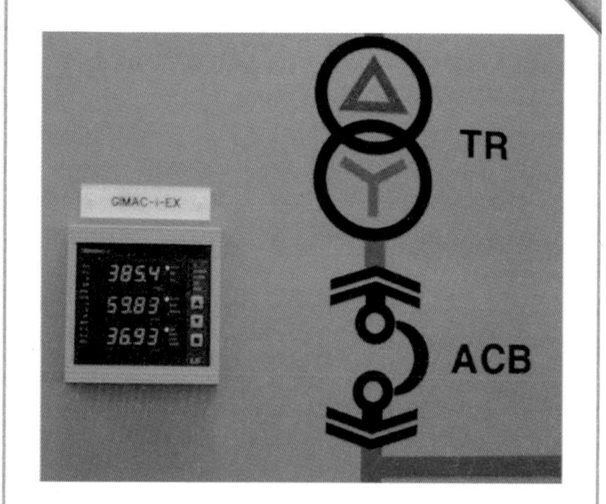

패널 전면에 표시된 TIE ACB 라인

㉠ 1번 : TIE ACB

㉡ 2번 : TIE ACB와 TR1 라인 표시

㉢ 3번 : TIE ACB와 TR2 라인 표시

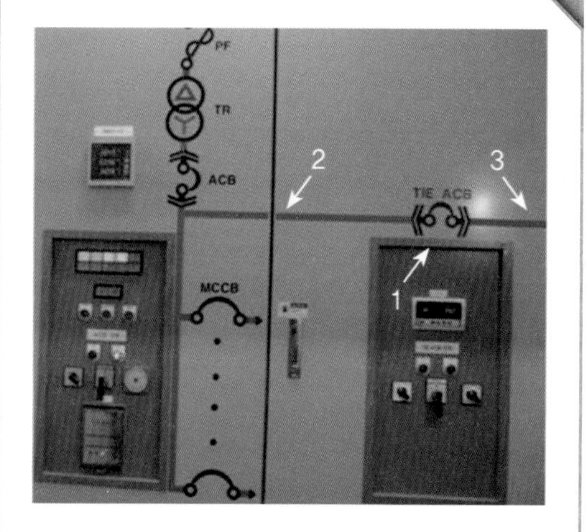

9 SS2(2/2) 패널 결선도(ACB1 2차 ~ 분기 패널 1차)

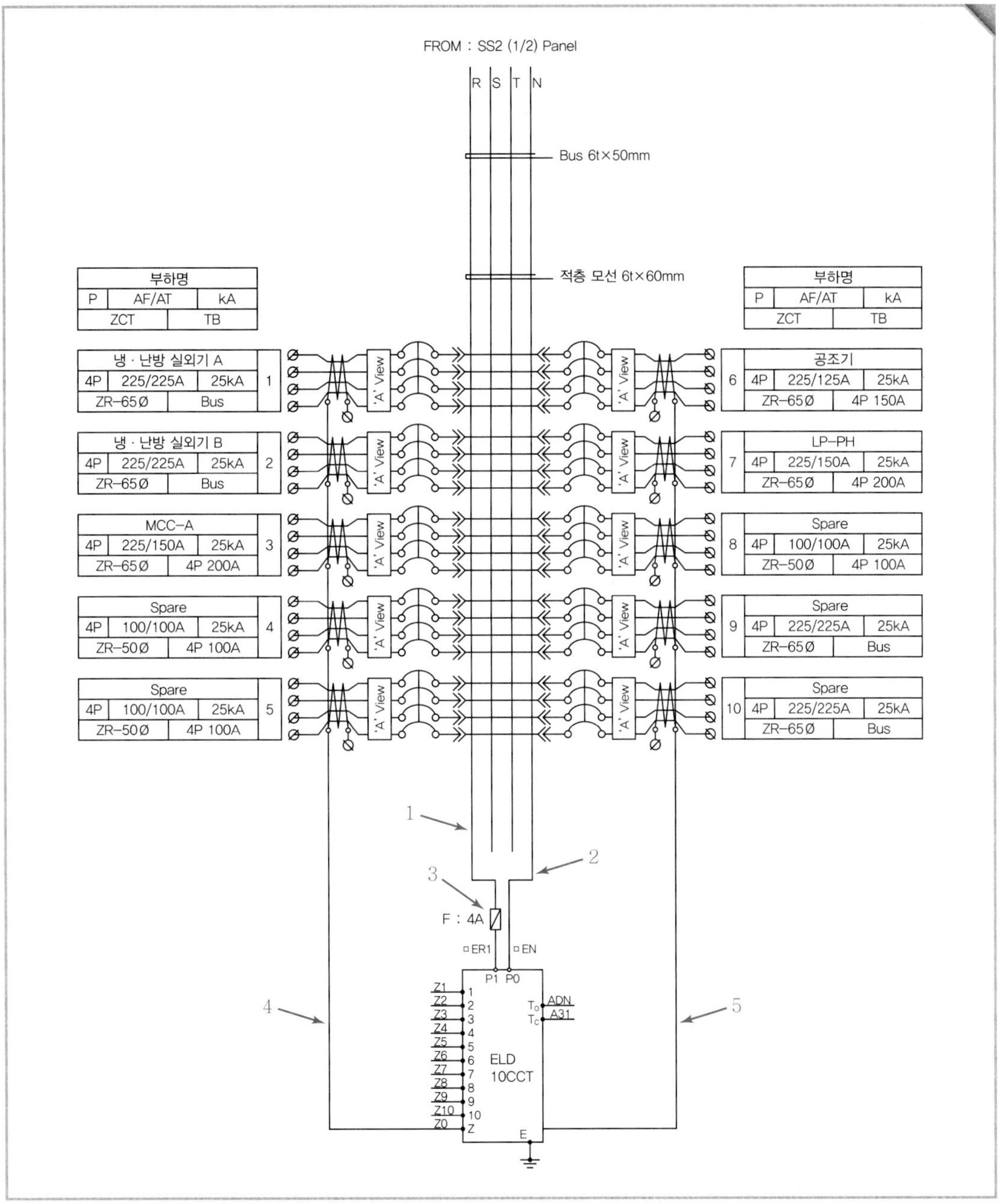

FROM : SS2 (1/2) Panel

R S T N

Bus 6t×50mm

적층 모선 6t×60mm

부하명		
P	AF/AT	kA
ZCT	TB	

No.	부하명	P	AF/AT	kA	ZCT	TB
1	냉 · 난방 실외기 A	4P	225/225A	25kA	ZR-65Ø	Bus
2	냉 · 난방 실외기 B	4P	225/225A	25kA	ZR-65Ø	Bus
3	MCC-A	4P	225/150A	25kA	ZR-65Ø	4P 200A
4	Spare	4P	100/100A	25kA	ZR-50Ø	4P 100A
5	Spare	4P	100/100A	25kA	ZR-50Ø	4P 100A
6	공조기	4P	225/125A	25kA	ZR-65Ø	4P 150A
7	LP-PH	4P	225/150A	25kA	ZR-65Ø	4P 200A
8	Spare	4P	100/100A	25kA	ZR-50Ø	4P 100A
9	Spare	4P	225/225A	25kA	ZR-65Ø	Bus
10	Spare	4P	225/225A	25kA	ZR-65Ø	Bus

'A' View

1 2 3 4 5

F : 4A

ER1 EN

P1 P0

Z1 Z2 Z3 Z4 Z5 Z6 Z7 Z8 Z9 Z10 Z0

1 2 3 4 5 6 7 8 9 10 Z

ELD 10CCT

T_o ADN

T_c A31

E

▶ 1번 : 하트(R)상

▶ 2번 : 중성선(N선)

▶ 3번 : 다이젯 퓨즈

▶ 4번 : 1~5번 ZCT 공통으로 ELD의 공통 단자로 간다.

▶ 5번 : 6~10번 ZCT 공통으로 ELD의 공통 단자로 간다.

퓨즈 부분 확대 모습

㉠ 1번 : 하트(R)상에서 퓨즈 1차 및 넘버링 번호
㉡ 2번 : 중성선(N선)과 넘버링 번호
㉢ 3번 : 퓨즈 2차 및 넘버링 번호
㉣ 4번 : ELD

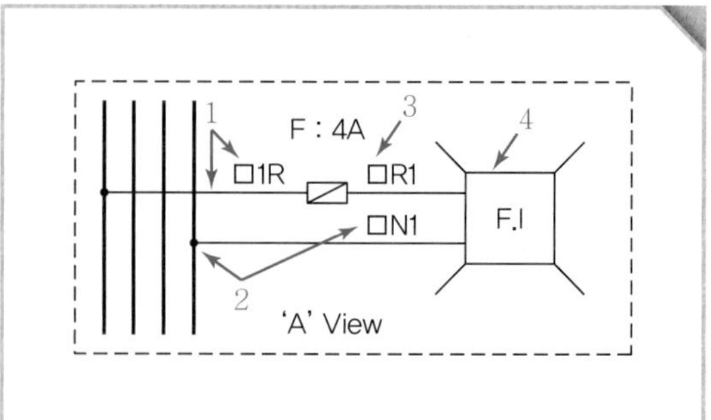

10 SS3(1/2) 패널 결선도(MOF 2차～ACB2 1차)

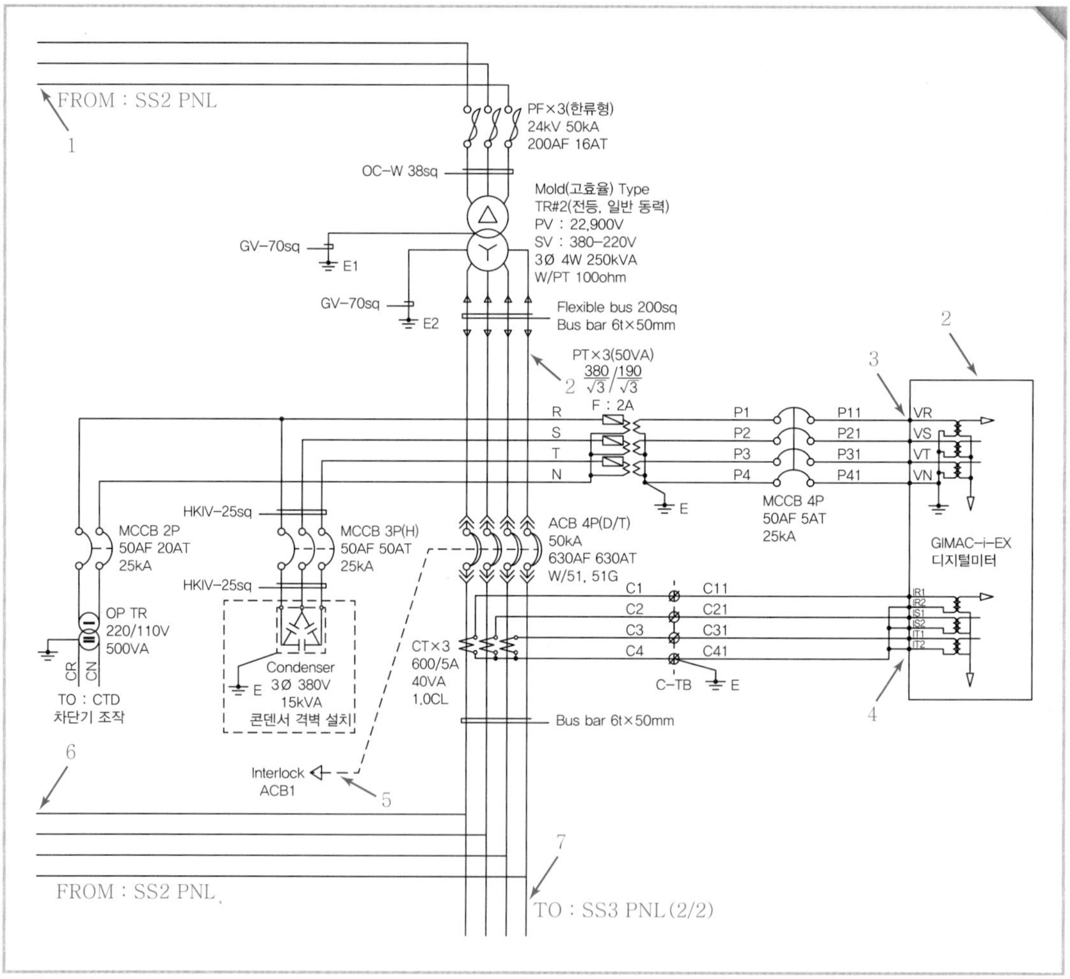

▶ 1번 : SS2 패널 TR1 라인의 MOF 2차측에서 온다.

▶ 2번 : TR 중성점 접지(제2종) 후 COM하여 중성선으로 사용한다.

▶ 3번 : PT 2차측에서 MCCB(차단기) 1차측으로 간 다음, MCCB 2차측에서 디지털미터의 전압 단자에 연결된다.

▶ 4번 : CT 단자에서 디지털미터의 전류 단자에 연결된다.

▶ 5번 : TIE ACB에 의해 TR1 라인의 ACB와 TR2 라인의 ACB가 인터록된다는 표시이다.

▶ 6번 : TR2 라인의 ACB 2차측 및 SS3 패널의 1차측에서 TIE ACB와 연결된다.

▶ 7번 : SS3 패널(2/2)로 간다.

11 ASS 시퀀스 회로도

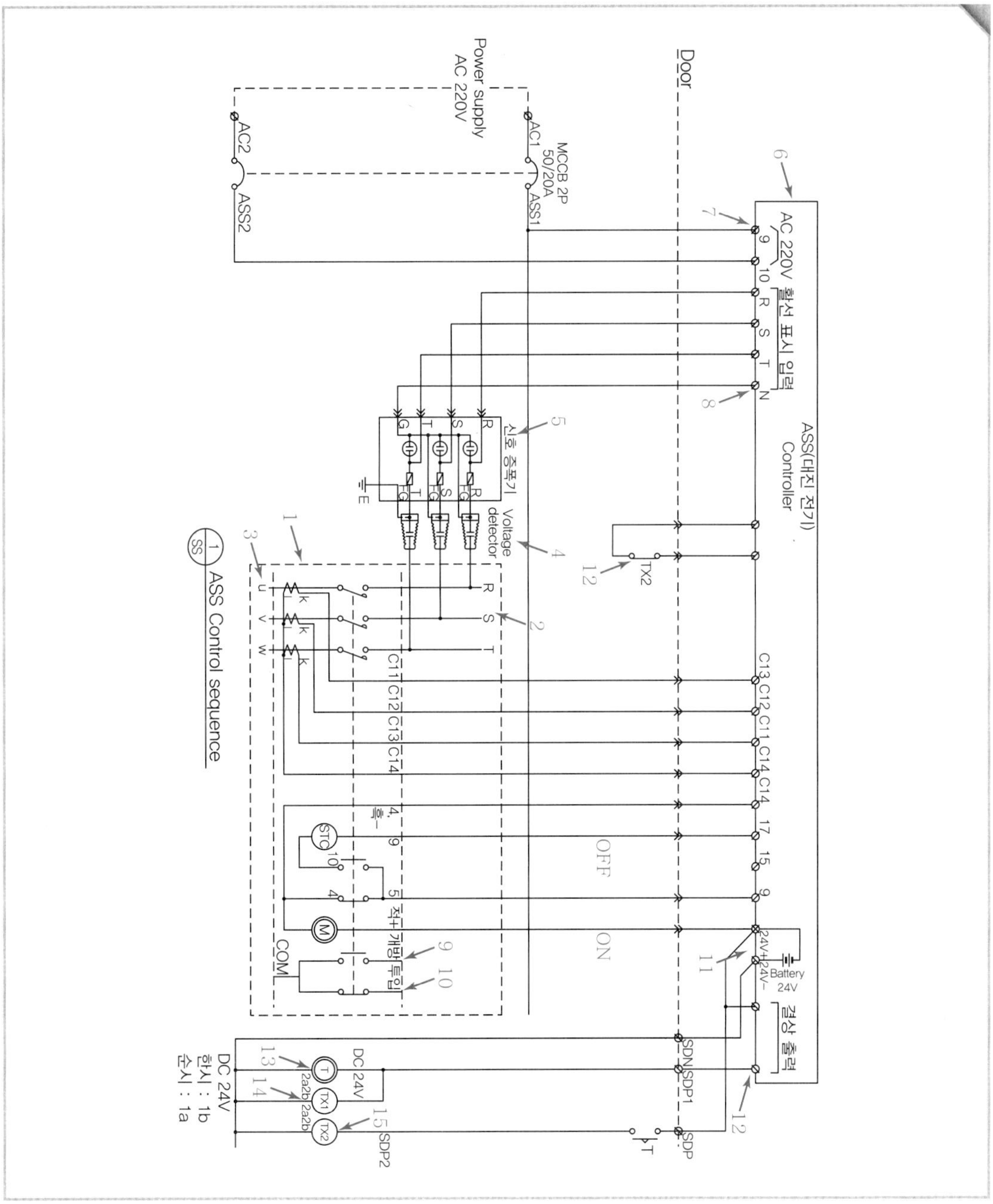

ASS 컨트롤러(대진 전기) 시퀀스 회로도 설명

- ▶ 1번 : ASS(점선 부분)
- ▶ 2번 : 한전 인입(VD 1차)측
- ▶ 3번 : ASS ON/OFF(내부 접점) 2차측으로, 접점은 작동은 자동(모터 구동) 및 수동(핸들 조작)으로 할 수 있다.
- ▶ 4번 : VD(Voltage Detector)
- ▶ 5번 : 신호 증폭기
- ▶ 6번 : ASS 컨트롤러
- ▶ 7번 : 컨트롤러 외부 입력 전원(AC 220V)
- ▶ 8번 : 활선 표시 입력 단자(R, S, T, N)로, VD 2차측과 연결된다.
- ▶ 9번 : 개방 표시 b접점
- ▶ 10번 : 투입 표시 a접점
- ▶ 11번 : 축전지 연결 – DC 전원(24V)이고, 결상 시 이용되는 타이머의 전원에 사용된다.
- ▶ 12번 : 결상 출력 단자 – 결상 시 애부 접점에 의해 DC 24V의 (+)극이 출력되어 타이머를 동작시킨다.
- ▶ 13~15번 : 결상 시 사용되는 타이머이다.

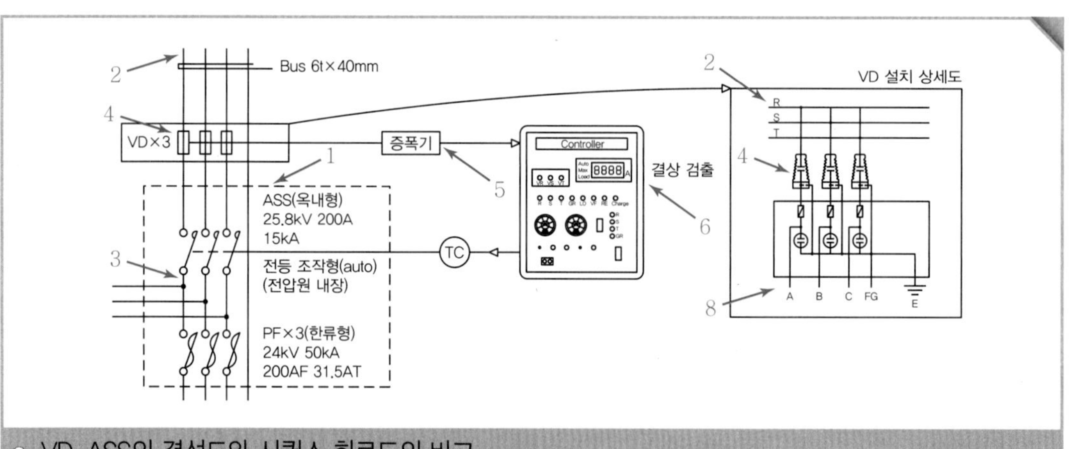

VD, ASS의 결선도와 시퀀스 회로도의 비교

- ▶ 1번 : ASS(점선 부분)
- ▶ 2번 : 한전 인입(22.9kV)
- ▶ 3번 : ASS ON/OFF(내부 접점) 2차측

- ▶ 4번 : VD(Voltage Detector)
- ▶ 5번 : 신호 증폭기
- ▶ 6번 : ASS 컨트롤러
- ▶ 8번 : VD 2차측 – 컨트롤러의 활선 표시 입력 단자(R, S, T, N)와 연결된다.

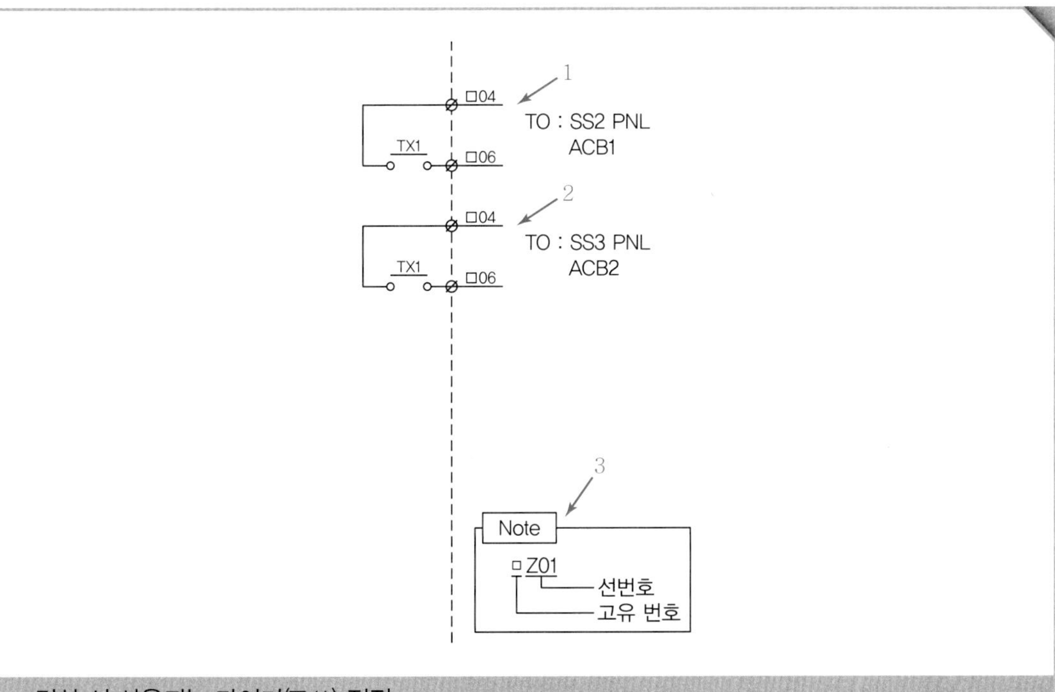

결상 시 사용되는 타이머(TX1) 접점

결상이 되면 타이머 TX1과 TX2가 동작한다. TX2는 컨트롤러 내부에 접점을 제공하고(12번), TX1은 각각 SS1 및 SS2 패널의 ACB를 트립시키는 역할을 하는 접점으로 제공된다.

- ▶ 1번 : SS2 패널에 있는 ACB1로 간다.
- ▶ 2번 : SS2 패널에 있는 ACB2로 간다.
- ▶ 3번 : Note(고유 번호 및 선번호–넘버링)

참고 위 접점들이 실제 어떻게 사용되는지는 해당 패널의 시퀀스 회로도를 보아야 한다.

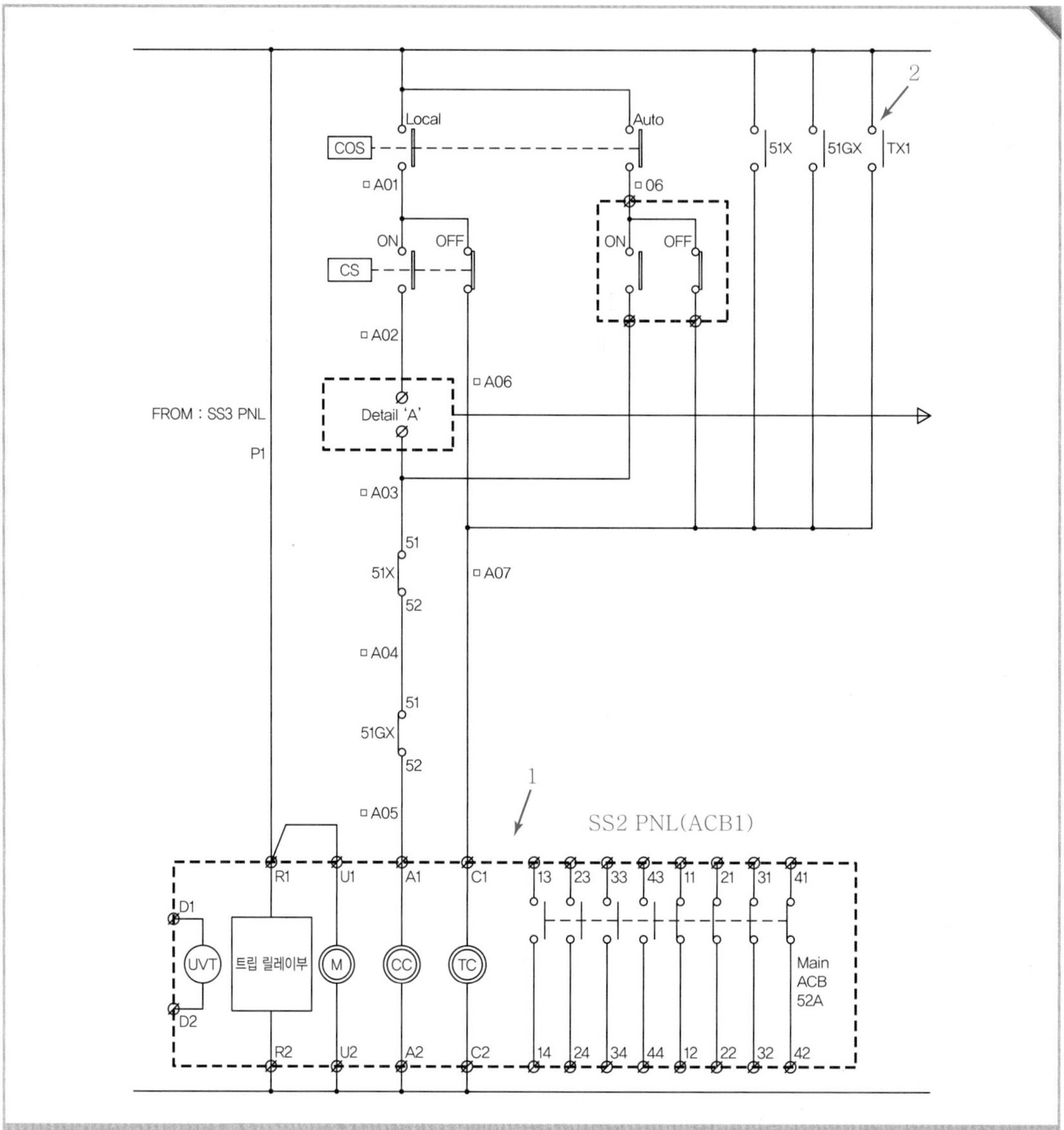

COS Local Auto
□ A01 □ 06
CS ON OFF ON OFF
□ A02 □ A06
FROM : SS3 PNL
P1
Detail 'A'
□ A03
51X 51 52
□ A07
□ A04
51GX 51 52
□ A05
51X 51GX TX1
2
1
SS2 PNL(ACB1)
R1 U1 A1 C1 13 23 33 43 11 21 31 41
D1 D2
UVT 트립 릴레이부 M CC TC
Main ACB 52A
R2 U2 A2 C2 14 24 34 44 12 22 32 42

TX1 접점이 사용된 모습

- ▶ 1번 : SS2 패널의 ACB1
- ▶ 2번 : TX1 접점 – ACB의 OFF 라인에 각각 51X, 51GX와 병렬로 결선되었다.
  이 경우 어느 한 접점만 동작해도(병렬이므로) 전원이 ACB의 TC(트립 코일)에 전달되어 ACB가 트립된다.

참고 LBS의 트립 코일 접점으로 이해하면 된다.

12 TIE ACB 시퀀스 회로도

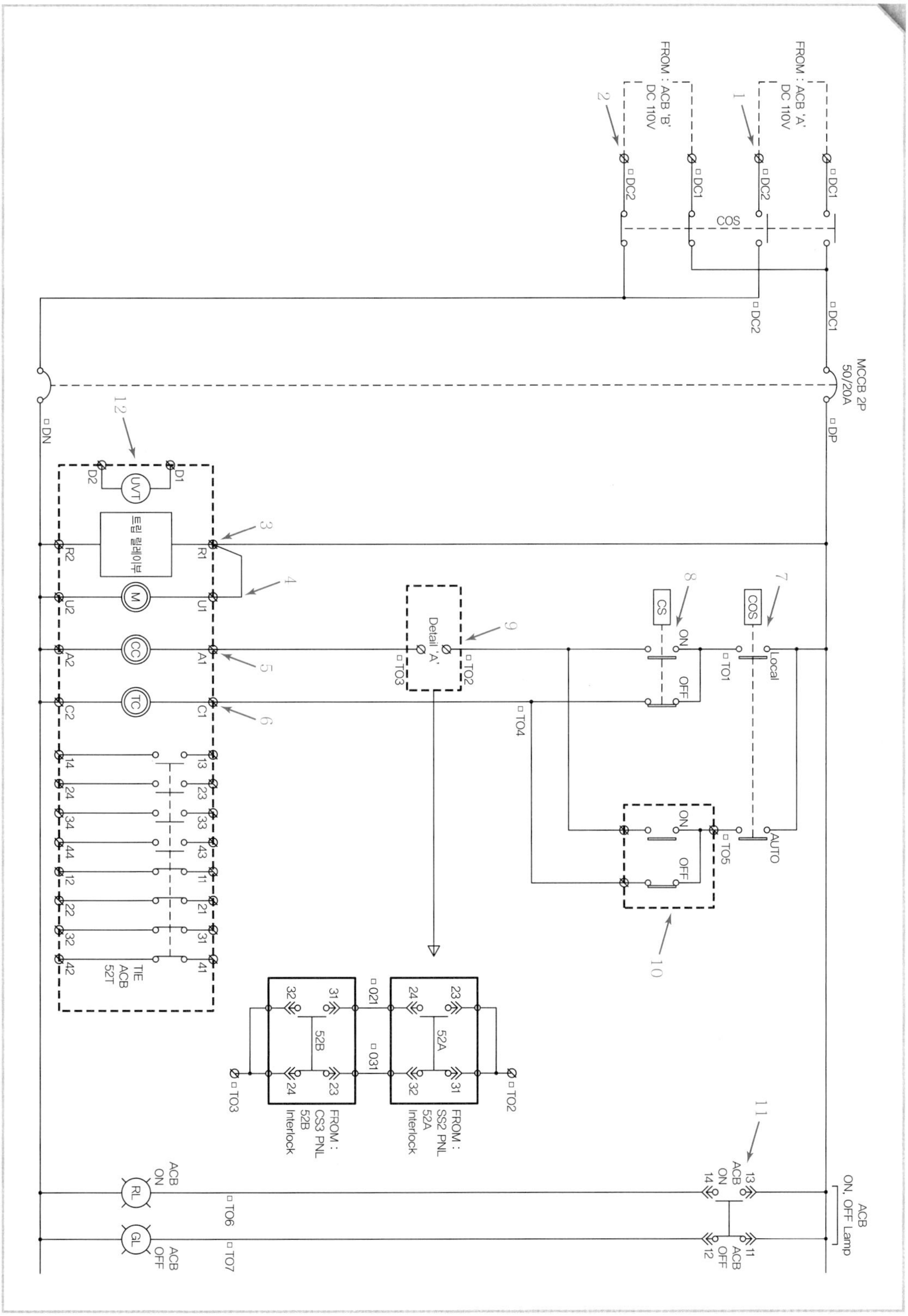

▶ 1 · 2번 : TIE ACB 시퀀스 회로 전원

▶ 3번 : TIE ACB – 접점 내부에 계전기 및 접점은 모두 ACB 자체에 들어 있는 것들이다.

▶ 4번(M) : Charge Motor(차지 모터)

▶ 5번(CC) : Ciosing Coil(투입 코일) – ON일 때 동작한다.

▶ 6번(TC) : Trip Coil(트립 코일) – OFF일 때 동작한다.

▶ 7번(COS) : 캠 스위치(지침형) – 현장(local)이나 원격 조정(remote) 선택에 사용되며, 일반적으로 원격 조정 상태는 사용하지 않는다(대부분 항상 local 상태 이용).

▶ 8번(CS) : 캠 스위치(pull turn형) – COS의 Local 상태에서 ON/OFF용 캠 스위치이며, Pull turn형이므로 ON/OFF 절환 시 손잡이를 잡아당겨 절환시킨다(지침형 캠 스위치처럼 그냥 돌리면 파손 위험).

▶ 9번 : 인터록 접점 – SS2 패널에 있는 ACB 1–A와 SS3 패널에 있는 ACB 2–B의 신호가 동시에 TIE반에 공급되지 않도록 접점으로 인터록 회로를 구성한 모습이다.

▶ 10번 : 원격 조정(remote)일 때 이용되는 자동 ON/OFF 접점이다.

▶ 11번 : ACB 상태를 나타내는 표시 램프이다.

▶ 12번(UVT) : ACB 트립 장치(옵션 사항) – 정격 전압 이하(보통 70 ~ 75%)가 되면 트립되는 장치로 제품 설치 시 옵션 사항이다.

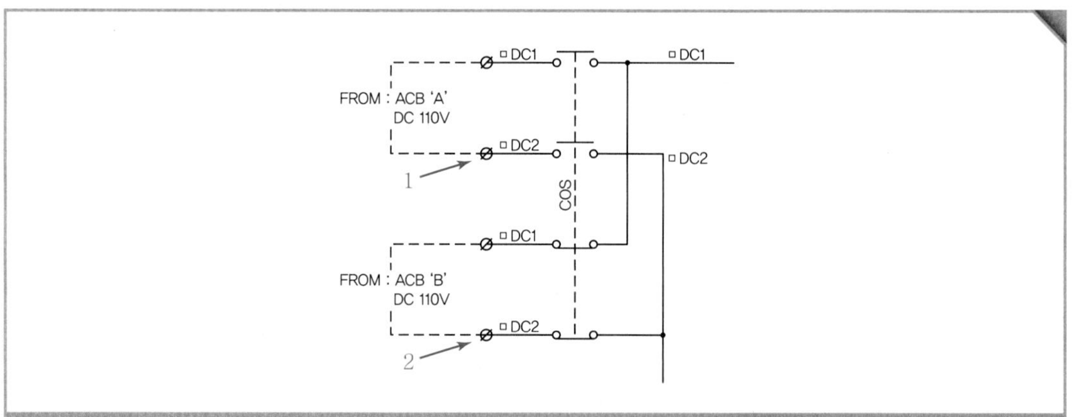

시퀀스 회로 전원

DC 110V이며, 각각 ACB 1–A와 ACB 2–B에서 받는다. 그런데 ACB 1–A는 a접점을, ACB 2–B는 b접점을 받기 때문에 두 라인에서 동시에 전원이 공급되지는 않는다(인터록 의미).

▶ 둘 다 ON일 때 : 1번(ACB1)으로 전원 공급

▶ 둘 다 OFF일 때 : 2번(ACB2)으로 전원 공급

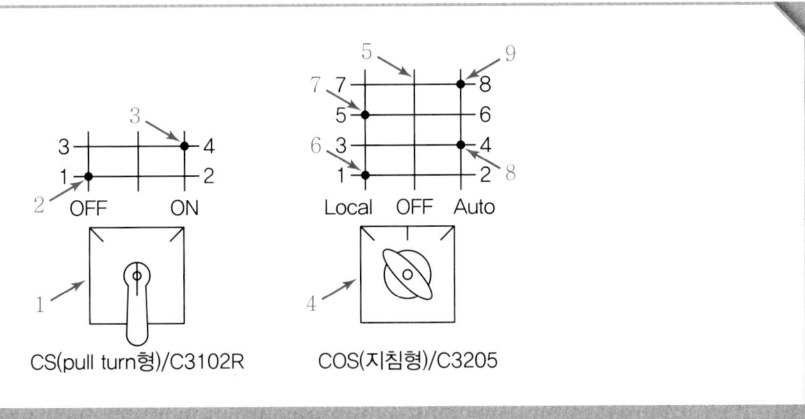

CS와 COS 내부 결선도

- ▶ 1번 : CS(pull turn형)
- ▶ 2번 : OFF 접점 – 스위치를 OFF로 절환 시 만나는 부분(점이 찍힌 부분)의 번호(1 · 2번)가 OFF 접점이다.
- ▶ 3번 : ON 접점 – 스위치를 ON으로 절환 시 만나는 부분(점이 찍힌 부분)의 번호(3 · 4번)가 ON접점이다.
- ▶ 4번 : COS(지침형)
- ▶ 5번 : OFF 상태 – 스위치를 OFF로 했을 때 만나는 부분(점이 찍힌 부분)이 1개도 없으므로 전류가 흐르지 않는다.
- ▶ Local 접점 : 6번(1 · 2), 7번(5 · 6)이다.
- ▶ Auto 접점 : 8번(3 · 4), 9번(7 · 8)이다.

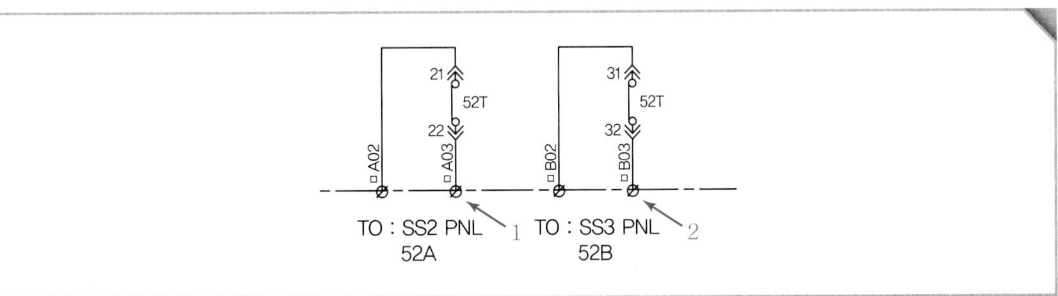

TIE ACB의 접점 사용

TIE ACB의 b접점이 각각 SS2 패널의 52A 및 SS3 패널의 52B 회로에 가서 사용되었으며, 위 접점들이 실제 어떻게 사용되는지는 해당 패널의 시퀀스 회로도를 보아야 한다.

- ▶ 1번 : SS2 패널의 52A
- ▶ 2번 : SS3 패널의 52B

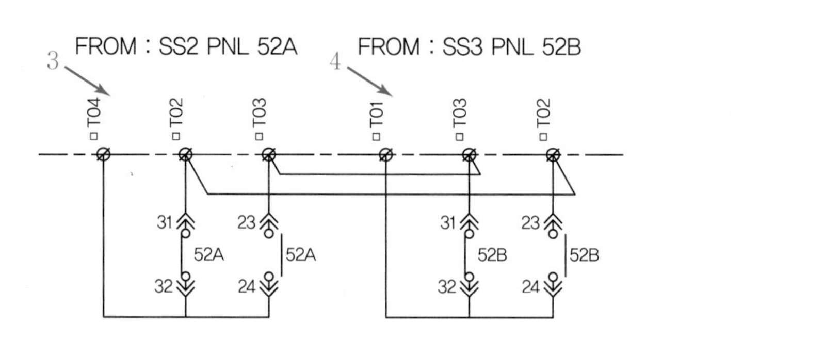

인터록 회로의 구성 접점

9번의 인터록 회로에 사용되는 접점으로, 각각 SS2 패널의 ACB(52A), SS3 패널의 ACB(52B)에서 왔다.

- ▶ 3번 : SS2 패널의 ACB(52A)
- ▶ 4번 : SS3 패널의 ACB(52B)

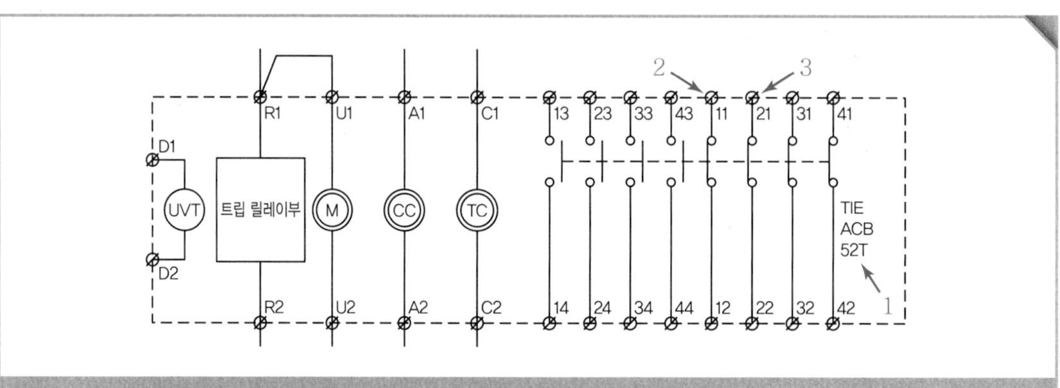

TIE ACB의 b접점

- ▶ 1번 : TIE ACB
- ▶ 2번 : b접점1(SS2 52A)
- ▶ 3번 : b접점2(SS2 52B)

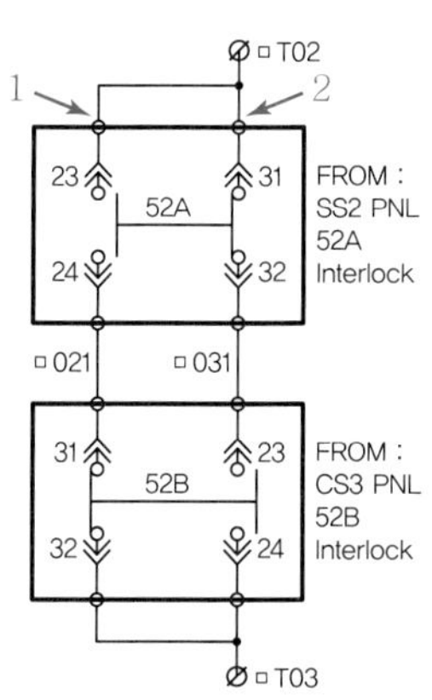

인터록 회로 확대 모습(9번)

SS2 패널에 있는 ACB 1-A와 SS3 패널에 있는 ACB 2-B의 신호가 동시에 TIE반에 공급되지 않도록 접점으로 인터록 회로를 구성한 모습이다.

- ▶ ACB1(52A), ACB2(52B) 모두 ON 시 : 1번과 2번 라인 어느 쪽으로든 전원이 흐르지 않으므로 TIE ACB 동작하지 않는다.
- ▶ ACB1(52A), ACB2(52B) 모두 OFF 시 : 1번과 2번 라인 어느 쪽으로든 전원이 흐르지 않으므로 TIE ACB 동작하지 않는다.
- ▶ ACB1(52A), ACB2(52B) 중 어느 1개만 ON(혹은 OFF) 시 : 1번과 2번 라인 중 어느 한쪽으로 반드시 전원이 흐르므로 TIE ACB 동작한다.

UVT(Under Voltage Trip Device, 부족 전압 트립 장치(순시형))

㉠ 차단기 내부에 설치되며, 주전원이나 제어 전원의 전압이 규정값 이하로 떨어졌을 때 자동으로 차단기를 트립시키는 장치이다. 순시 동작형이므로 지연 동작형으로 사용하려면 별도의 지연 제어 장치와 결합해야 한다.

㉡ UVT에 제어 전원이 공급되지 않으면 차단기의 전기 · 기계적 투입이 불가능하며, 차단기를 투입시키기 위해서는 약 70~80%의 전압이 UVT 코일에 인가되어야 차단기 투입이 가능하다.

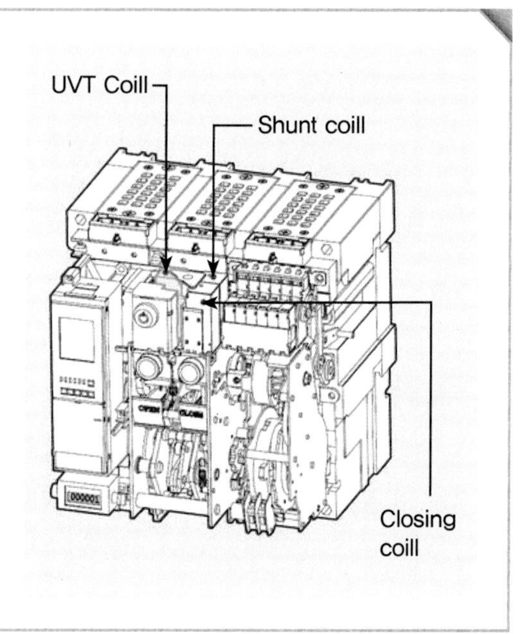

부족 전압 지연용 컨트롤러(UVT time Delay Controller ; UDC)

㉠ 이상 발생 시 즉시 동작하는 순시형과는 달리 설정 시간이 되어야 트립된다.

㉡ 순시 동작형은 UVT 코일에만 사용되는데 비해 지연 동작형은 UVT 코일과 UVT Time deiay 컨트롤러를 연결하여 사용한다.

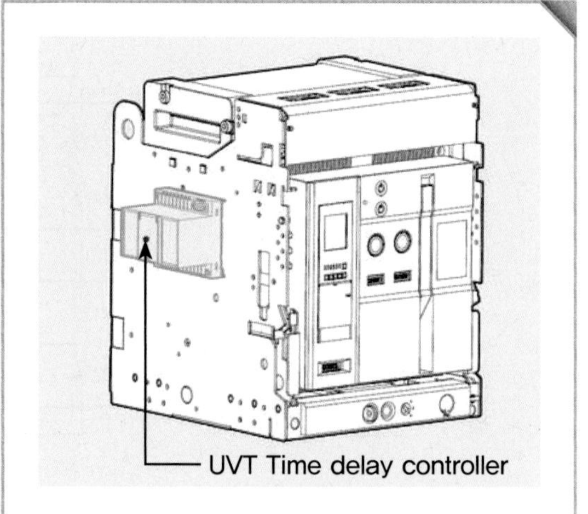

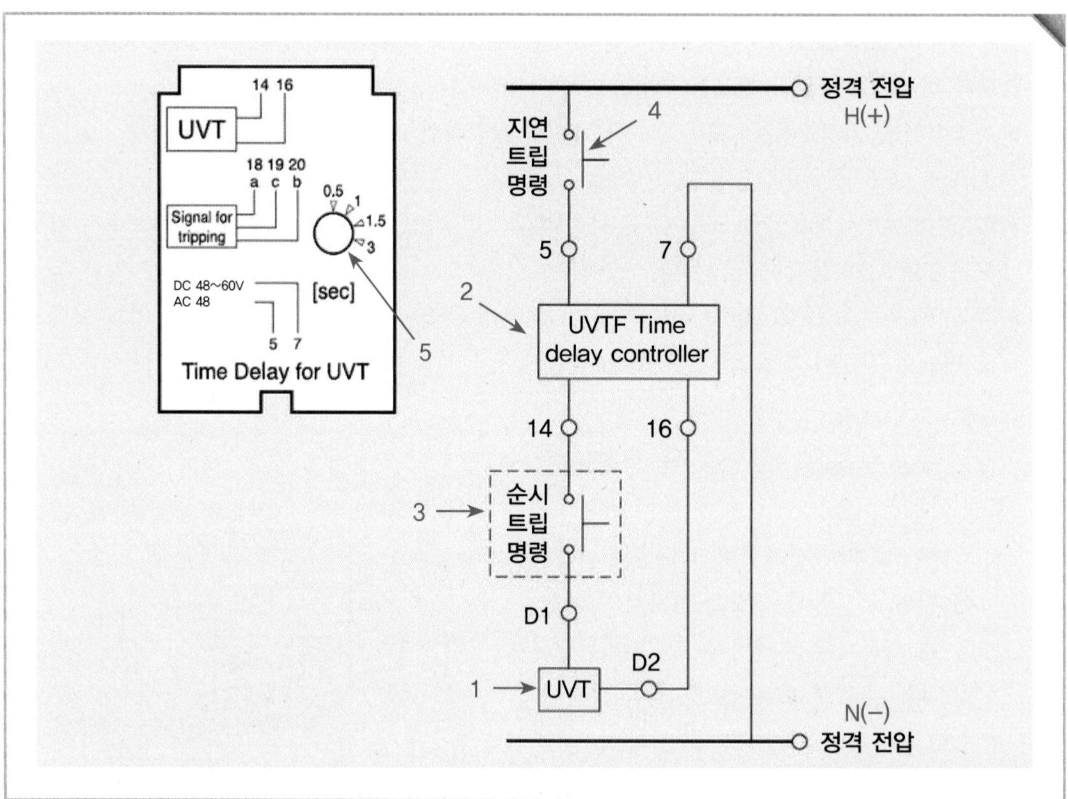

UVT 회로도(순시와 지연 회로 결합)

㉠ 전원 : AC와 DC 모두 사용 가능(제품마다 다름)하다.

㉡ 순시 동작 : 지연 트립 접점과 지연 컨트롤러가 없기 때문에 하트(H, +)상이 곧바로 순시 접점(14)으로 간다.

ⓒ 지연 동작 : 이상 발생 시 순시 접점이 즉시 여자되고, 지연 설정 시간 후 지연 접점까지 여자되어야 UVT가 트립된다.

▶ 1번 : UVT

▶ 2번 : 동작 지연 컨트롤러

▶ 3번 : 순시 트립 접점

▶ 4번 : 지연 트립 접점

▶ 5번 : 지연 시간 선택 스위치

13 LHF 패널 시퀀스 회로도(Light, Heater, Fan)

(1) LHF 패널 전체 회로도

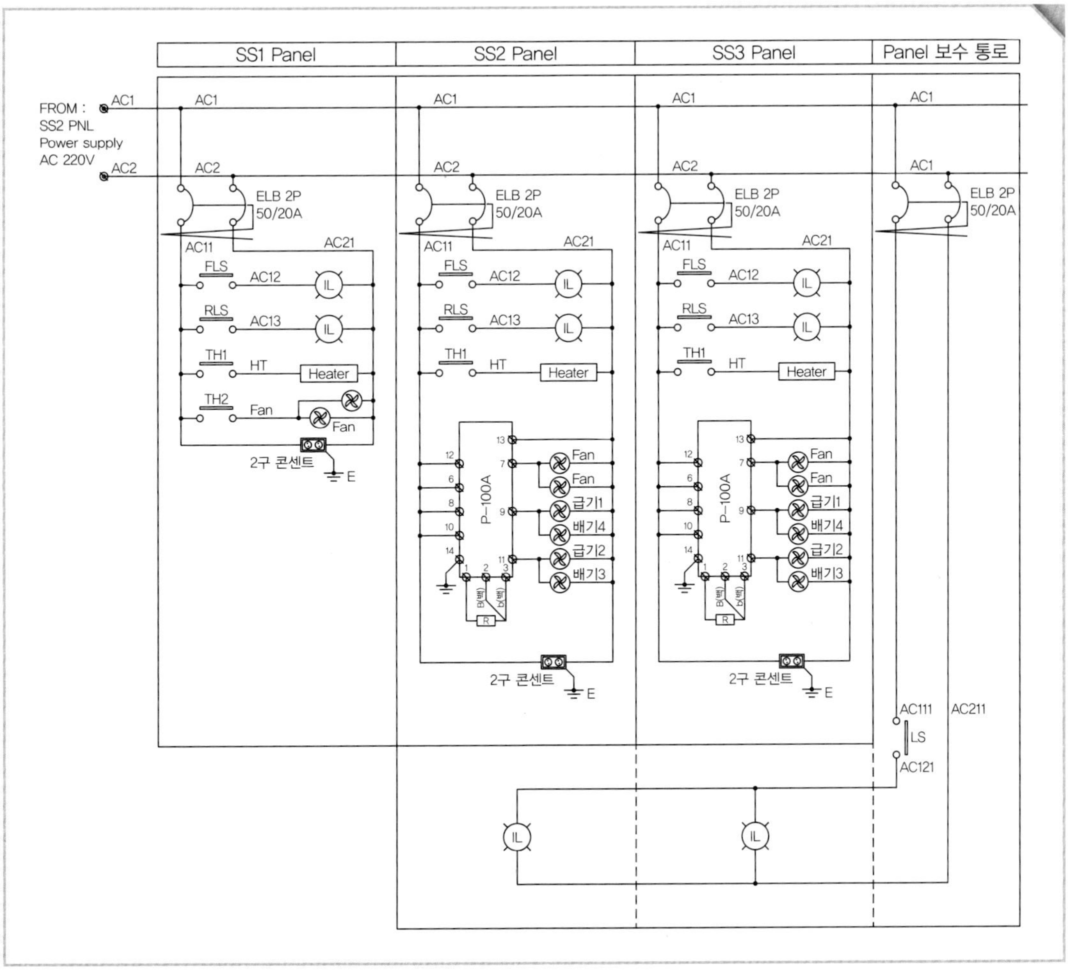

SS1 Panel
SS2 Panel
SS3 Panel
Panel 보수 통로
FROM : SS2 PNL Power supply AC 220V
AC1
AC2
ELB 2P 50/20A
AC11
AC21
FLS
AC12
RLS
AC13
IL
TH1
HT
Heater
TH2
Fan
2구 콘센트
E
P-100A
급기1
배기4
급기2
배기3
R
AC111
AC211
LS
AC121

(2) SS1 Panel

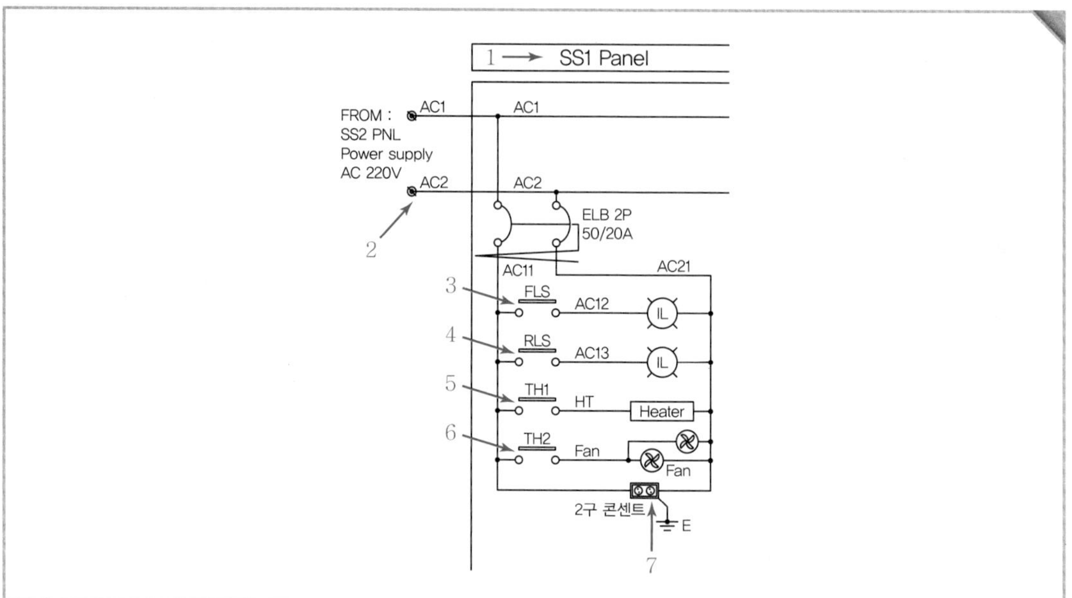

▶ 1번 : 패널 명칭

▶ 2번 : 전원(220V)

▶ 3번 : 패널 전면 내부 조명으로, 문을 열면 리밋 스위치에 의해 램프(IL)가 점등된다.

▶ 4번 : 패널 후면 내부 조명

▶ 5번 : 내부 히터로, 자동 온도 조절기와 연동하며, 보통 TR 패널에는 설치하지 않는다.

▶ 6번 : 배기 팬으로, 자동 온도 조절기와 연동하며, 후면 및 천장에 설치한다.

▶ 7번 : 일반 콘센트

(3) SS2 Panel

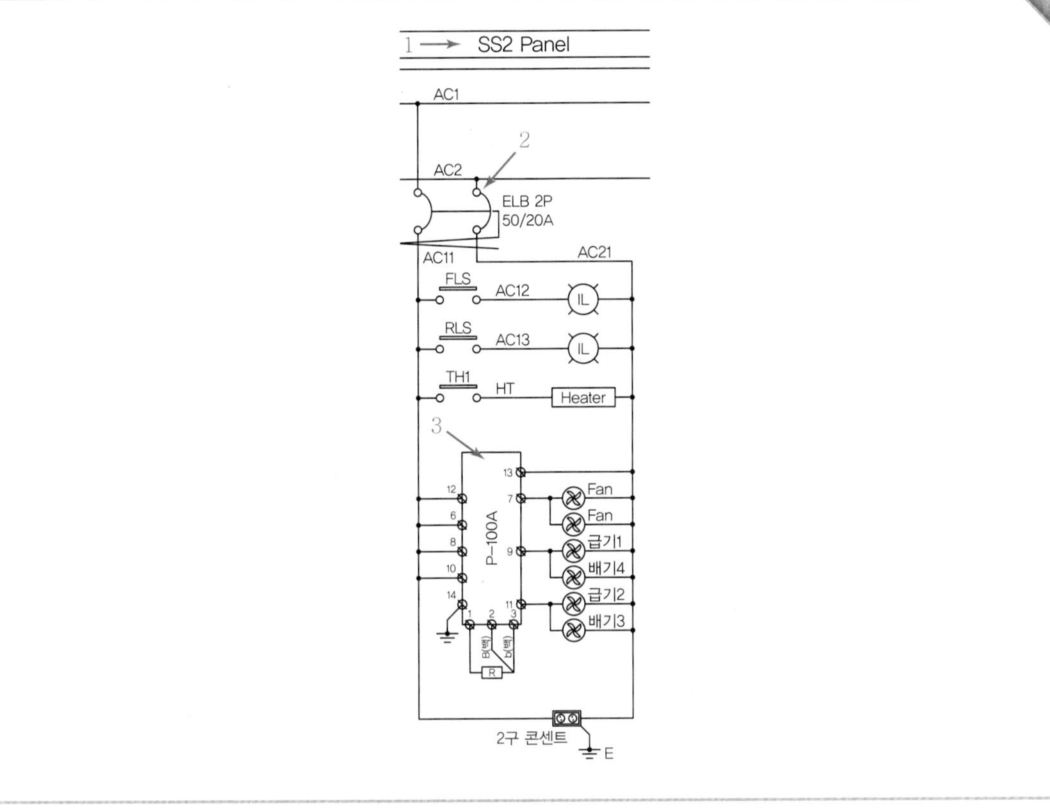

▶ 1번 : 패널 명칭

▶ 2번 : 전원용 차단기

▶ 3번 : 자동 온도 조절기

(4) SS3 Panel

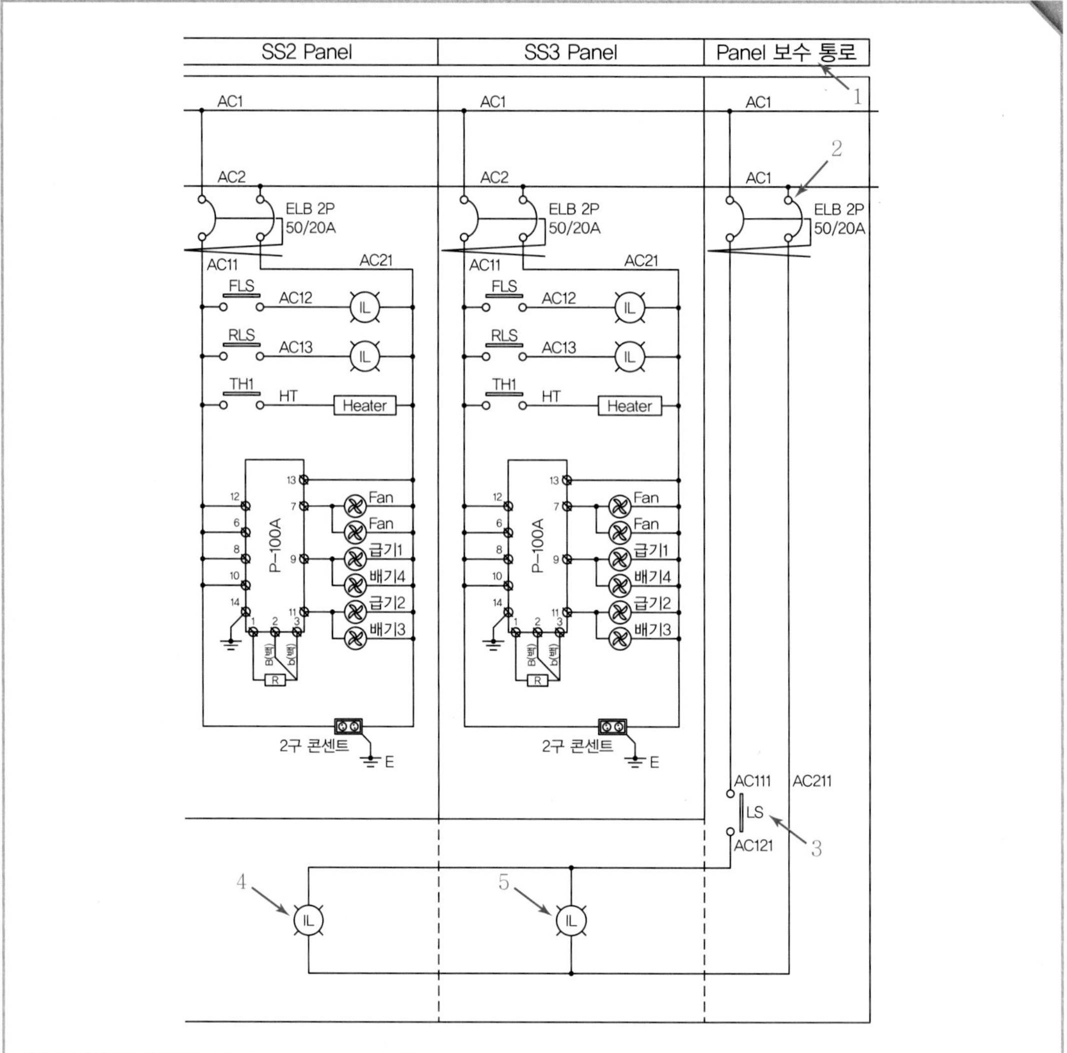

▶ 1번 : 보수 통로 패널로, 패널의 유지 · 보수를 위한 통로이다.

▶ 2번 : 전원용 차단기

▶ 3번 : 보수 통로 램프 점등용 리밋 스위치로, 보수용 패널의 문을 열면 리밋 스위치에 의해 SS2 및 SS3 패널의 보수용 램프가 점등된다.

▶ 4번 : SS2 보수용 통로 램프

▶ 5번 : SS3 보수용 통로 램프

03 주상복합 – 수전 용량 700kVA, 발전기 200kVA

1 수배전 전체 계통도 Ⅰ

KEPCO Incoming line
3Ø 4W 22.9kV 60Hz
(CNCV-W 1C 60sq×3 line ELP125Ø)×2 Line
1 Line spare

CH
CH
1 SS
Bus bar 6t×25
N상
AISS(auto)
25.8kV 200A
15kA(Asym)
PF×3(한류형)
24kV 40kA
Fuse : 20A
LA×3
18kV 5kA
(W/DISC)
GV 38sq×1
E1
MOF(OIL)
PT : 13,200/110V
CT : 15/5A
과전류 강도-150배
MOF
OC 5mm
GVV 5.5sq-7C (28C)
한전 공급
DM
VAR
GV 38sq×1
E1
OC 5mm
GV 38sq×1
E1
TR(mold type)
22,900V/380-220V
3Ø 4W 400kVA
GV 38sq×1
E2
Bus bar 8t×50
F
계량기함 'B'type
WHM
한전 지급
한전 봉인
KN 38sq
ACB 4P
800AF, 50kA
(W/OCR, OCGR)
KEN
2,000LN
COM TB
MCCB 3P
100AF/50AT
25kA
CT×3
800/5A
5VA 0.5CL
SC
3Ø 380V
20kVA
FROM : Ⓐ ▶ TO : Ⓑ
TO : Ⓐ
ATS 4P
100A
ATS 4P
100A
MCCB
ZCT
ELD-10A
10CCT×2

No.	MCCB P	MCCB AF	MCCB AT	MCCB kA	Load name	Cable schedule
1	3	100	30	25	MCC-A (급수 펌프)	FCV 22sq-4C E-8sq
2	3	100	30	25	PA-J (정화조)	FCV 22sq-4C E-8sq
3	3	400	400	35	L-M	FCV 200sq-1C×4 E-38sq
4	3	100	100	25	P-SMP	FCV 38sq-1C×4 E-14sq
5	3	100	100	25	Spare	
6	3	100	100	25	Spare	
7	3	100	75	25	LE-F	FR-8 38sq-1C×4 E-14sq
8	3	100	50	25	LE-4	FCV 22sq-4C E-8sq
9	3	100	50	25	LE-E	FCV 22sq-4C E-8sq
10	3	100	75	25	LE-B4	FCV 38sq-1C×4 E-14sq
11	3	100	75	25	P-ELEV-A	FR-8 22sq-4C E-8sq
12	3	225	225	35	MCC-F1	FR-8 60sq-1C×4 E-22sq
13	3	100	75	25	P-FB4	FR-8 38sq-1C×4 E-14sq
14	3	100	50	25	MCC-B	FCV 22sq-4C E-8sq

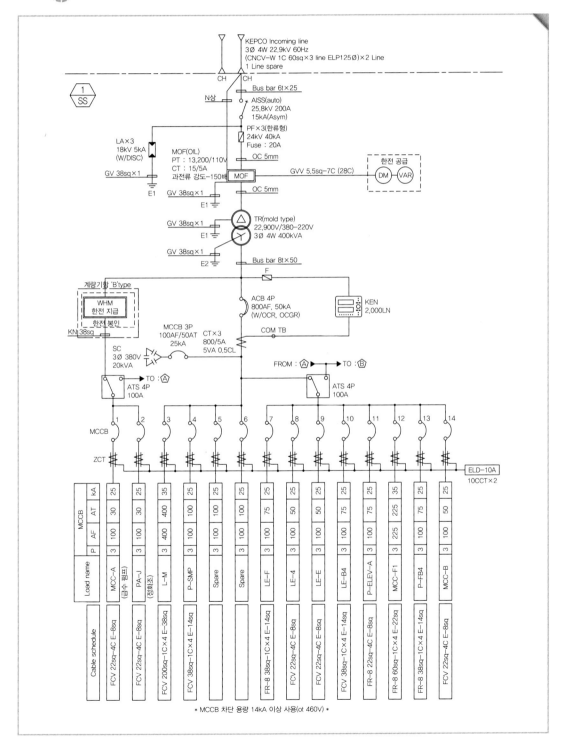

* MCCB 차단 용량 14kA 이상 사용(ot 460V) *

2 수배전 전체 계통도 Ⅱ

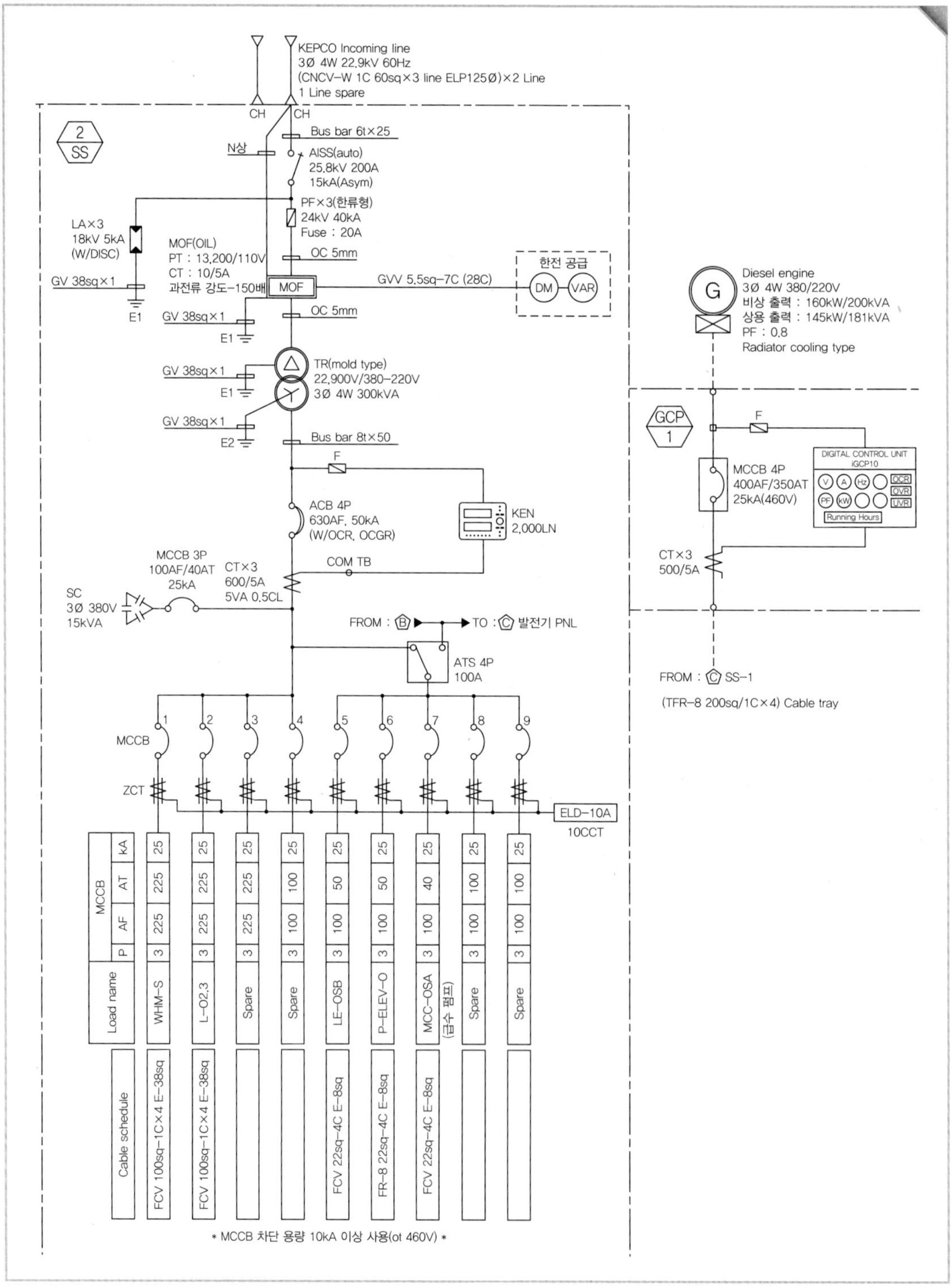

KEPCO Incoming line
3Ø 4W 22.9kV 60Hz
(CNCV-W 1C 60sq×3 line ELP125Ø)×2 Line
1 Line spare

CH
CH

2 SS

Bus bar 6t×25
N상
AISS(auto)
25.8kV 200A
15kA(Asym)

PF×3(한류형)
24kV 40kA
Fuse : 20A

LA×3
18kV 5kA
(W/DISC)

GV 38sq×1
E1

MOF(OIL)
PT : 13,200/110V
CT : 10/5A
과전류 강도-150배
MOF

OC 5mm
GVV 5.5sq-7C (28C)
한전 공급
DM
VAR

OC 5mm
GV 38sq×1
E1

GV 38sq×1
E1
TR(mold type)
22,900V/380-220V
3Ø 4W 300kVA

GV 38sq×1
E2
Bus bar 8t×50

F
ACB 4P
630AF, 50kA
(W/OCR, OCGR)
KEN
2,000LN

MCCB 3P
100AF/40AT
25kA
CT×3
600/5A
5VA 0.5CL
COM TB

SC
3Ø 380V
15kVA

FROM : Ⓑ ▶ TO : Ⓒ 발전기 PNL

ATS 4P
100A

Diesel engine
3Ø 4W 380/220V
비상 출력 : 160kW/200kVA
상용 출력 : 145kW/181kVA
PF : 0.8
Radiator cooling type

G

GCP 1

F

MCCB 4P
400AF/350AT
25kA(460V)

DIGITAL CONTROL UNIT
iGCP10
V A Hz OCR
OVR
PF kW UVR
Running Hours

CT×3
500/5A

FROM : Ⓒ SS-1
(TFR-8 200sq/1C×4) Cable tray

MCCB
ZCT
ELD-10A
10CCT

	1	2	3	4	5	6	7	8	9
MCCB kA	25	25	25	25	25	25	25	25	25
MCCB AT	225	225	225	100	50	50	40	100	100
MCCB AF	225	225	225	100	100	100	100	100	100
MCCB P	3	3	3	3	3	3	3	3	3
Load name	WHM-S	L-O2.3	Spare	Spare	LE-OSB	P-ELEV-O	MCC-OSA (급수 펌프)	Spare	Spare
Cable schedule	FCV 100sq-1C×4 E-38sq	FCV 100sq-1C×4 E-38sq			FCV 22sq-4C E-8sq	FR-8 22sq-4C E-8sq	FCV 22sq-4C E-8sq		

* MCCB 차단 용량 10kA 이상 사용(ot 460V) *

아파트

(1) SS1 패널 LBS ~ TR 1차측 계통도

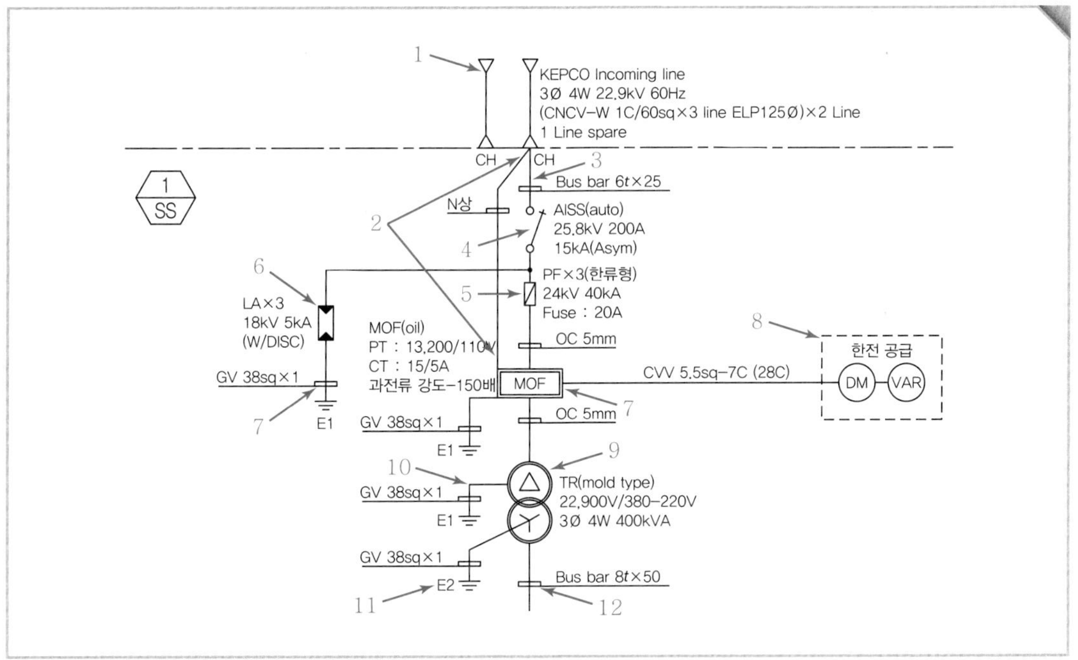

- ▶ 1번 : 한전 인입×2라인(6가닥, 1라인)
- ▶ 2번 : 케이블 헤드에서 실드 처리한 중성점 접지(N선)가 MOF의 중성점 단자(O 단자)와 연결된다는 의미이다.
- ▶ 3번 : Bus bar 6t×25, 버스바로 연결되는 부위에서 버스바의 규격이다.
- ▶ 4번 : AISS(옥내용 고장 구간 자동 개폐기)
- ▶ 5번 : PF(전력 퓨즈)×3개(한류형)
- ▶ 6번 : LA(피뢰기)
- ▶ 7번 : MOF(계기용 변압 변류기)
- ▶ 8번 : 한전용 적산 전력계
- ▶ 9번 : TR(몰드 변압기), 1차측 정격 전압(22,900V)/2차측 정격 전압(308-220V)
- ▶ 10번 : E1(제1종 접지, 변압기 외함 접지)
- ▶ 11번 : E2(제2종 접지, 변압기 중성점 접지)
- ▶ 12번 : TR 2차측에서 ACB 1차까지의 연결을 케이블이 아닌 버스바(8t×50)로 한다.

(2) TR 2차 ~ ATS 2차측 계통도

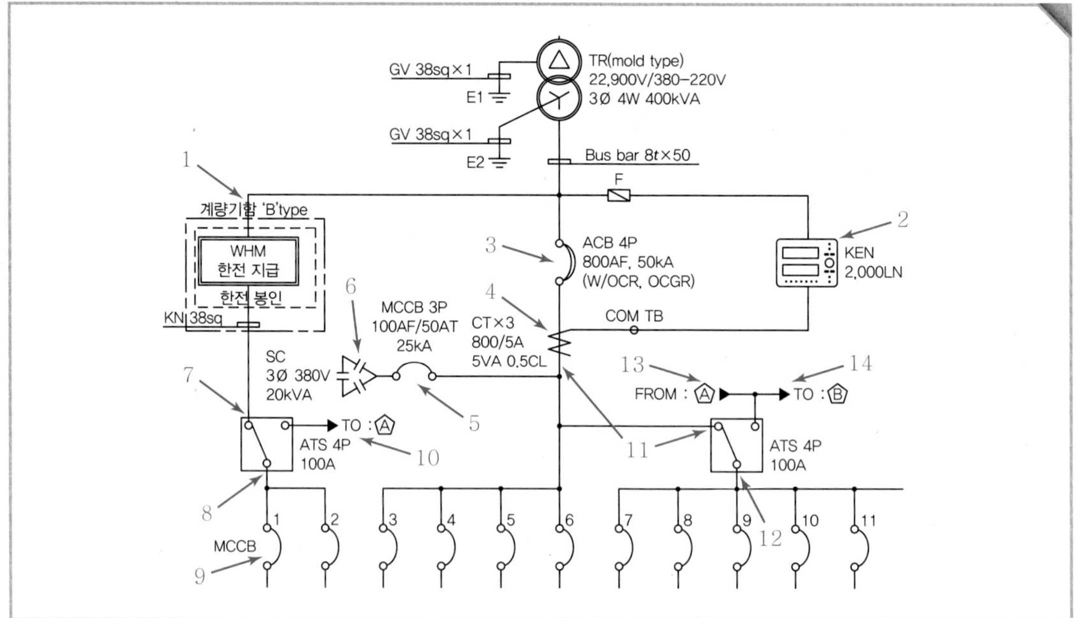

▶ 1번 : ATS1의 부하 검침용 적산 전력계로, 부하는 MCCB1(급수 펌프), MCCB2(정화조)이다.

▶ 2번 : 디지털 계측 기기

▶ 3번 : ACB(기중 차단기)

▶ 4번 : CT(계기용 변류기)×3개

▶ 5번 : 콘덴서용 차단기

▶ 6번 : 콘덴서 – 3상(3ϕ), 380V(정격 전압), 20kVA(정격 용량)

▶ 7번 : ATS1(한전측) – 평상시에는 한전측에서 부하측으로 전원이 공급된다.

▶ 8번 : ATS1(부하측) – 세대에 물을 공급하는 급수 펌프와 정화조용 부하이다.

▶ 9번 : 부하측 차단기

▶ 10번 : ATS1(발전측) – 정전 시 발전기에 의해 부하측으로 전원이 공급된다. 발전기실에서 직접 오지 않고 ATS2의 발전측 단자에서 연결되어 온다.

▶ 11번 : ATS2(한전측) – 평상시 한전측에서 공급되는 전원이다.

▶ 12번 : ATS2(부하측) – 비상 및 동력 라인이다.

▶ 13번 : FROM : (A), 상가쪽 ATS의 발전측 단자에서 연결되어 온 다음 ATS2의 발전측에 연결되고(TO : B), 다시 연결되어 ATS1의 발전측 단자에 연결된다.

▶ 14번 : ATS2(발전측) – 정전 시 발전기에 의해 부하측으로 전원이 공급된다. 발전기실에서 직접 오지 않고 상가쪽 ATS의 발전측 단자에서 연결되어 온다.

(3) ATS 2차측 ~ MCCB 계통도

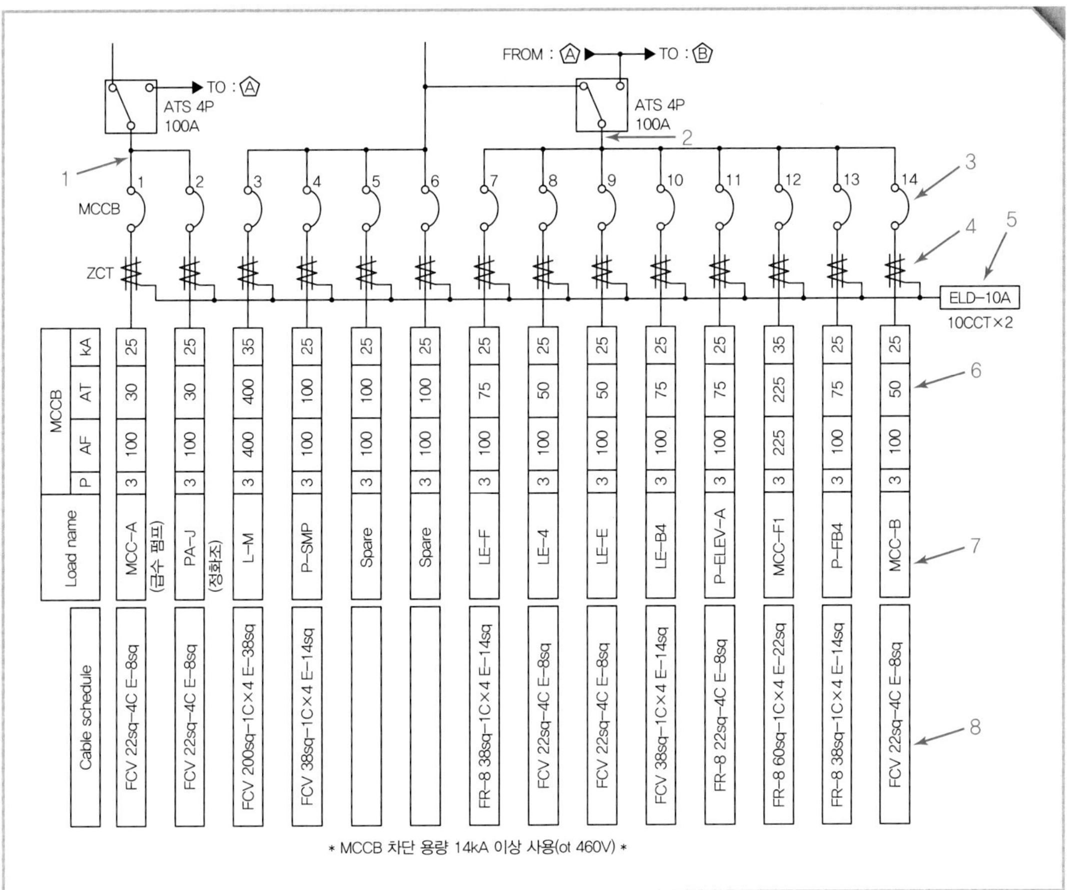

- ▶ 1번 : 세대 급수 펌프 및 정화 라인
- ▶ 2번 : 비상, 엘리베이터, 일반 동력 라인
- ▶ 3번 : 해당 부하측 차단기
- ▶ 4번 : ZCT(영상 변류기)
- ▶ 5번 : ELD(누전 경보기) 10회×2개
- ▶ 6번 : 차단기 규격(형식), 극수/프레임 크기/정격 허용 전류/정격 차단 전류
- ▶ 7번 : 부하명
- ▶ 8번 : 케이블 종류 및 굵기

4 상가

(1) SS2 패널 LBS ~ TR 1차측 계통도

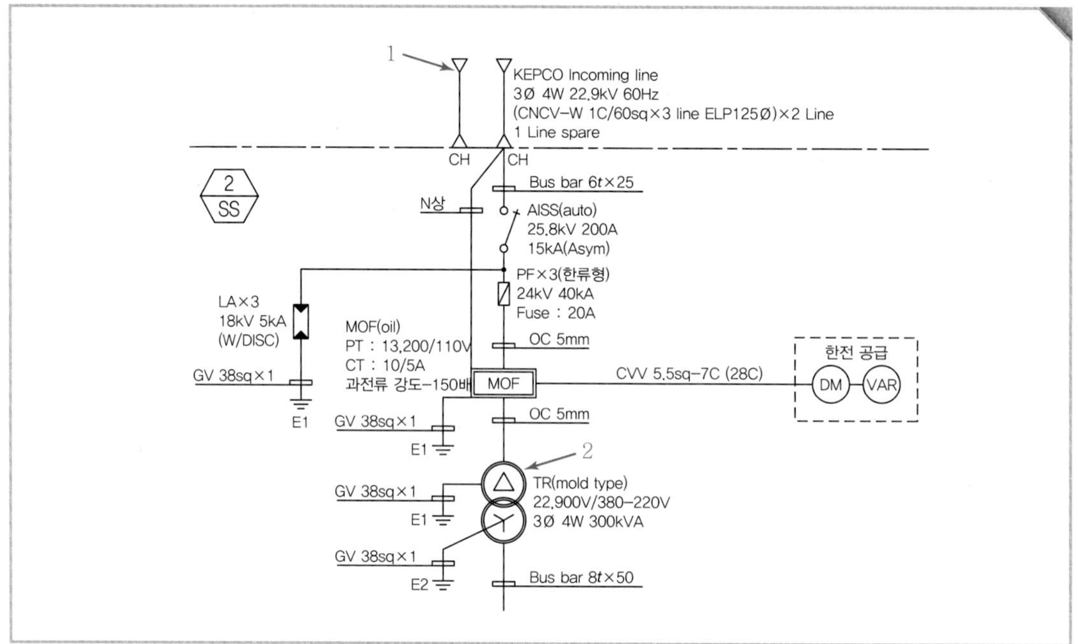

▶ 1번 : 한전 인입×2라인(6가닥, 1라인)

▶ 2번 : TR(몰드 변압기) – 1차측 정격 전압(22,900V)/2차측 정격 전압(380–220V)

(2) TR 2차 ~ ATS 2차측 계통도

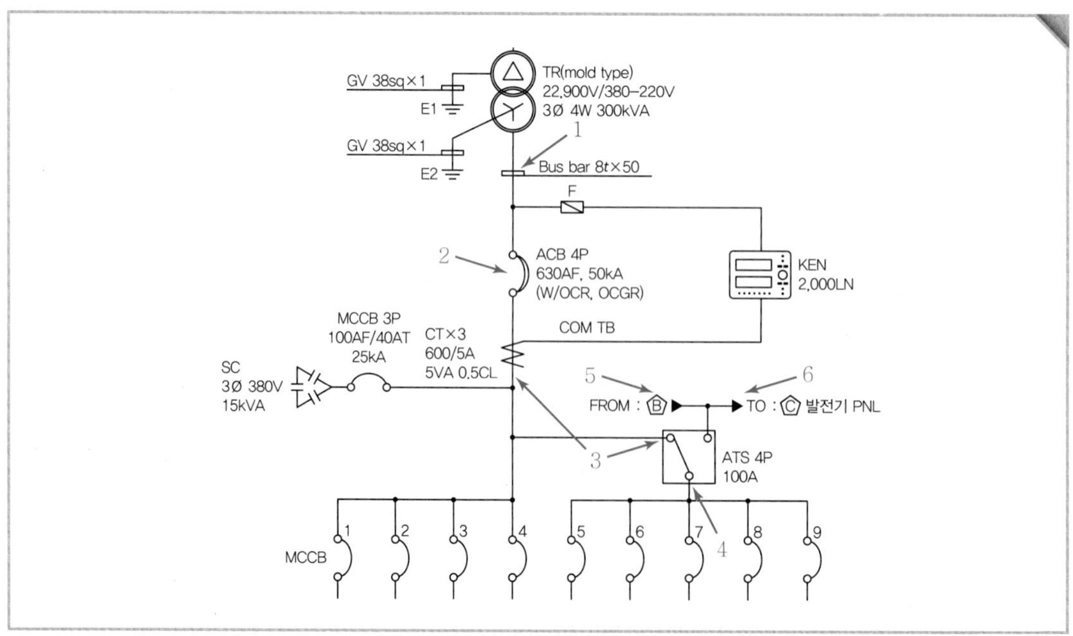

▶ 1번 : TR 2차측에서 ACB 1차까지의 연결을 케이블이 아닌 버스바($8t \times 50$)로 한다.
▶ 2번 : ACB(기중 차단기)
▶ 3번 : ATS(한전측)
▶ 4번 : ATS(부하측)
▶ 5번 : 아파트 ATS2의 발전측으로 발전 전원 공급
▶ 6번 : 발전기실에서 오는 발전 전원 라인

(3) ATS 2차측 ~ MCCB 계통도

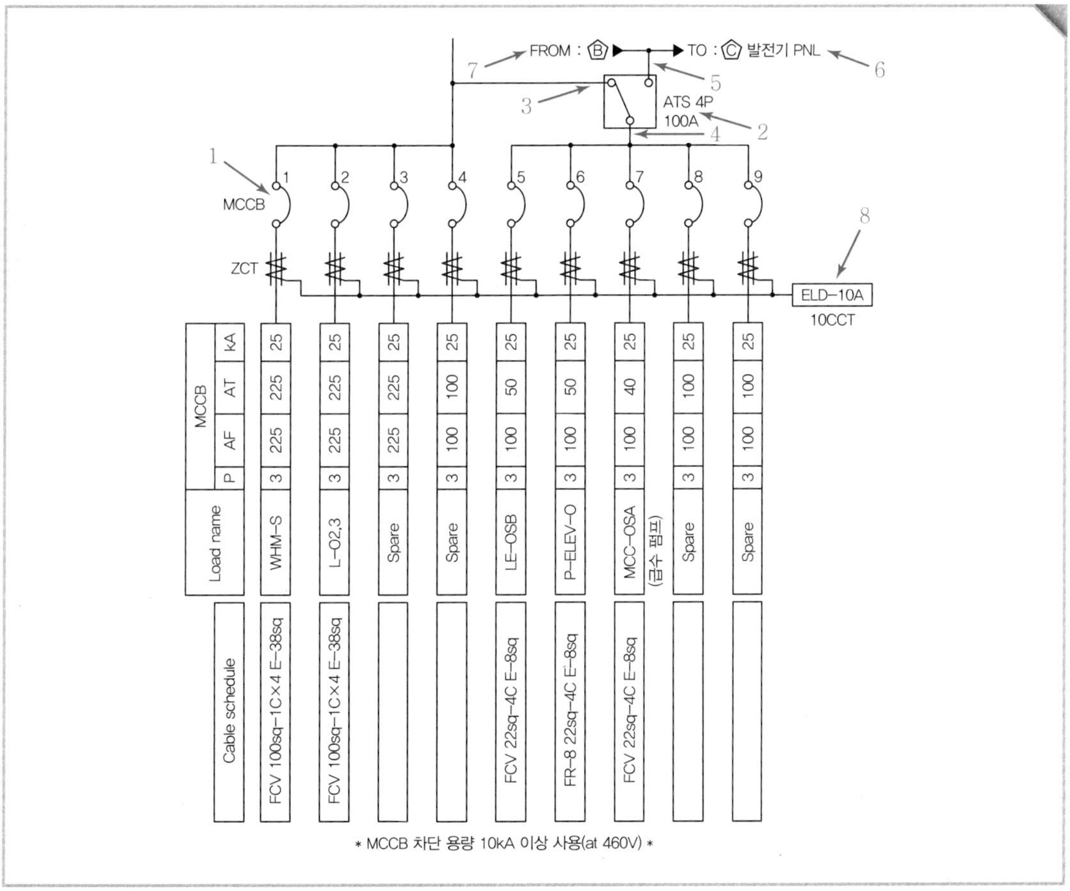

FROM : Ⓑ ▶ TO : Ⓒ 발전기 PNL
ATS 4P
100A
MCCB
ZCT
ELD–10A
10CCT

회로	1	2	3	4	5	6	7	8	9
MCCB kA	25	25	25	25	25	25	25	25	25
MCCB AT	225	225	225	100	50	50	40	100	100
MCCB AF	225	225	225	100	100	100	100	100	100
MCCB P	3	3	3	3	3	3	3	3	3
Load name	WHM–S	L–O2,3	Spare	Spare	LE–OSB	P–ELEV–O	MCC–OSA (급수 펌프)	Spare	Spare
Cable schedule	FCV 100sq–1C×4 E–38sq	FCV 100sq–1C×4 E–38sq			FCV 22sq–4C E–8sq	FR–8 22sq–4C E–8sq	FCV 22sq–4C E–8sq		

* MCCB 차단 용량 10kA 이상 사용(at 460V) *

▶ 1번 : 부하용 차단기
▶ 2번 : ATS 용량(4극 400A)
▶ 3번 : 한전측 라인
▶ 4번 : 부하측 라인
▶ 5번 : 발전측 라인
▶ 6번 : 발전기실 패널
▶ 7번 : 아파트측에 있는 ATS의 발전기측
▶ 8번 : 누전 경보기(10회로)

04 아파트 – 수전 용량 900kVA, 발전기 288kVA

1 수배전 전체 계통도

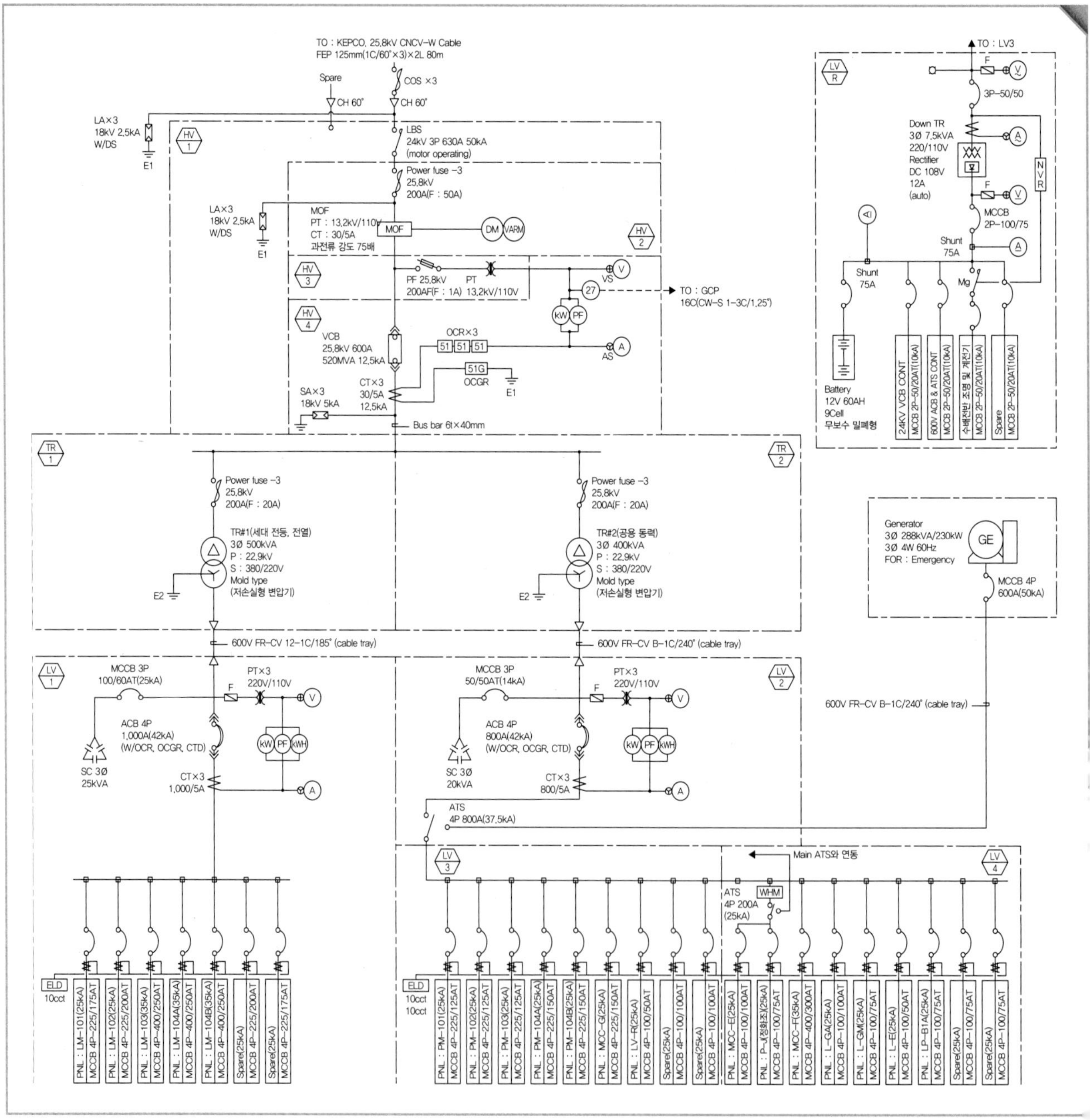

 COS ~ MOF 1차측 계통도

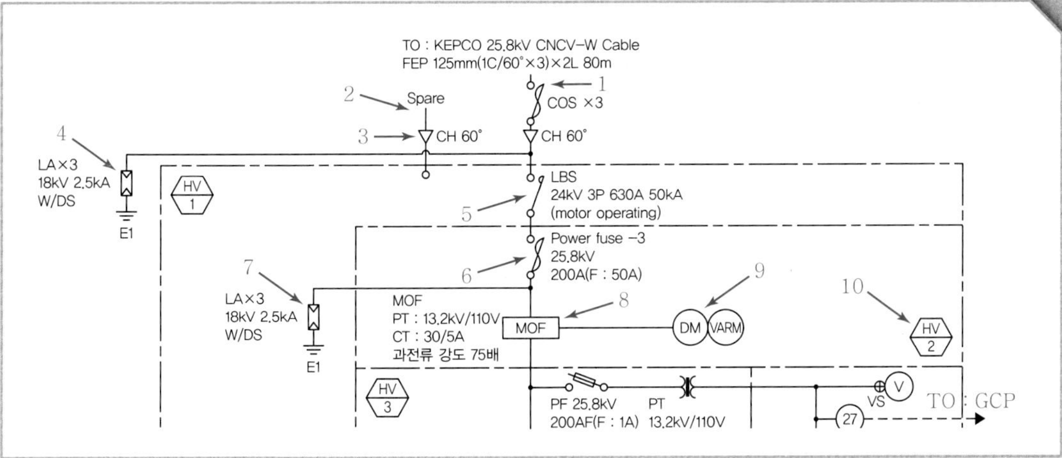

▶ 1번 : COS(Cut Out Switch)

▶ 2번 : 한전 라인(여유분, spare)

▶ 3번 : Spare 케이블 헤드

▶ 4번 : LA(피뢰기)×3개

▶ 5번 : LBS(부하 개폐기)

▶ 6번 : PF(전력 퓨즈)

▶ 7번 : LA(피뢰기)×3개

▶ 8번 : MOF(계기용 변압 변류기)

▶ 9번 : 한전 적산 전력계

▶ 10번 : HV2(패널 명칭)

살·펴·보·기 컷아웃 스위치(COS)

1. 주로 변압기 1차측의 각 상마다 설치하여 변압기의 보호와 개폐를 위한 것으로서, 단극으로 제작된 것인데, 내부의 퓨즈가 용단되면 스위치의 덮개(특고압용의 경우 퓨즈 홀더)가 중력에 의해 스스로 개방되게 하여 멀리서도 퓨즈의 용단 여부를 쉽게 눈으로 식별할 수 있게 한 것이며, COS에 퓨즈 대신 동봉을 사용하면 단로기 대용으로 사용할 수 있는 장점이 있다.
2. COS는 정격 차단 전류 용량은 그다지 크지 않으므로 이를 채용할 경우에는 신중을 기해야 한다. 퓨즈의 차단 전류용량 부족은 과전류에 의하여 용단될 때 퓨즈 링크의 폭발을 일으킬 우려도 있다.
3. 외형은 자기제 외면(원통형)에 퓨즈를 장치하는 구조이다.

 MOF 2차측～PF 1차측 계통도

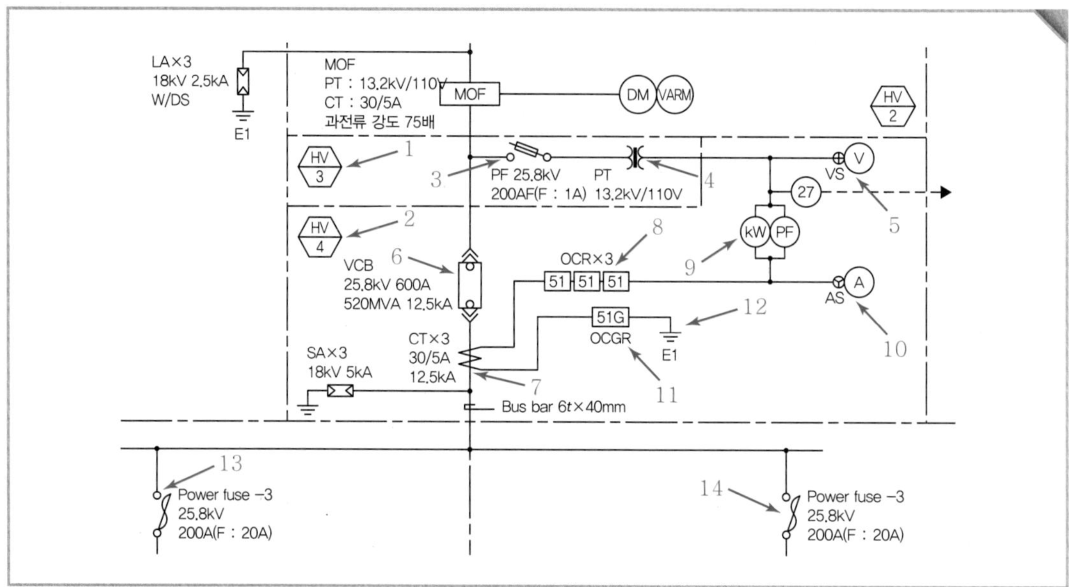

▶ 1번 : HV3(패널 명칭)

▶ 2번 : HV4(패널 명칭)

▶ 3번 : PF(전력 퓨즈), 퓨즈 50A

▶ 4번 : 계기용 변압기

▶ 5번 : VS(3ϕ 4W) – 전압계 3상 절환 스위치 및 V(전압계)

▶ 6번 : VCB(진공 차단기) – 정격 전압(25.8kV), 정격 전류(600A), 정격 차단 전류(12.5kA, 520MVA), 정격 투입 조작 전압(DC 110V), 조작 전압(DC 110V)

▶ 7번 : CT(계기용 변류기)

▶ 8번 : OCR(과전류 계전기)

▶ 9번 : kW(전력계), PF(역률계)

▶ 10번 : AS(3ϕ 4W) – 전류계 3상 절환 스위치 및 A(전류계)

▶ 11번 : OCGR(지락 과전류 계전기)

▶ 12번 : E1(제1종 접지)

▶ 13번 : LM 패널 라인의 PF(전력 퓨즈), 퓨즈 20A

▶ 14번 : PM 패널 및 기타 동력 패널 라인의 PF(전력 퓨즈), 퓨즈 20A

 PF1 2차측 ~ MCCB1(TR1 ~ LV1) 계통도

1 Power fuse -3
25.8kV
200A(F : 20A)

2 TR#1(세대 전등, 전열)
3Ø 500kVA
P : 22.9kV
S : 380/220V
Mold type
(저손실형 변압기)

3 E2

4 600V FR-CV 12-1C/185° (cable tray)

LV 1

5 MCCB 3P
100/60AT(25kA)

F

PT×3
220V/110V

6 SC 3Ø
25kVA

7 ACB 4P
1,000A(42kA)
(W/OCR, OCGR, CTD)

8 V

kW PF kWH

10

CT×3
1,000/5A

11

9 A

12

13

14 ELD
10cct

PNL : LM-101(25kA) MCCB 4P-225/175AT

PNL : LM-102(25kA) MCCB 4P-225/200AT

PNL : LM-103(35kA) MCCB 4P-400/250AT

PNL : LM-104A(35kA) MCCB 4P-400/250AT

PNL : LM-104B(35kA) MCCB 4P-400/250AT

Spare(25kA) MCCB 4P-225/200AT

Spare(25kA) MCCB 4P-225/175AT

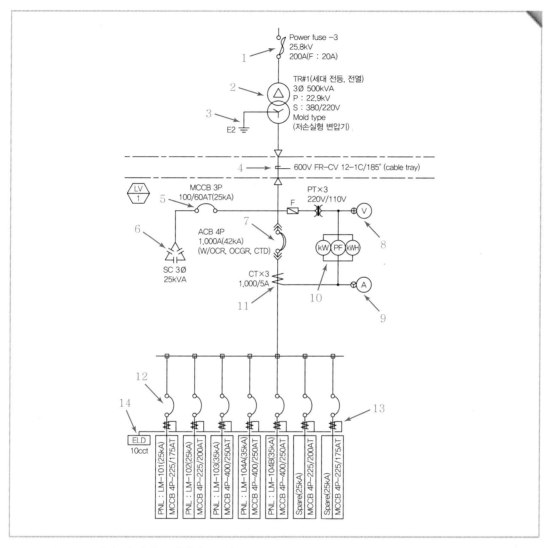

▶ 1번 : LM 패널 라인의 PF(전력 퓨즈), 퓨즈 20A

▶ 2번 : TR1(세대 전등, 전열)

▶ 3번 : E2(제2종 접지, 중성점 접지)

▶ 4번 : TR 2차측에서 ACB 1차측으로 연결되는 케이블의 규격(형식)

▶ 5번 : 콘덴서용 차단기

▶ 6번 : 콘덴서(3상용)

▶ 7번 : ACB(기중 차단기)

▶ 8번 : VS(3ϕ 4W) – 전압계 3상 절환 스위치 및 V(전압계)

▶ 9번 : AS(3ϕ 4W) – 전류계 3상 절환 스위치 및 A(전류계)

▶ 10번 : kW(전력계), PF(역률계), kWH(전력량계)

▶ 11번 : CT(계기용 변류기)

▶ 12번 : 부하용 차단기

▶ 13번 : ZCT(영상 변류기)

▶ 14번 : ELD(누전 경보기)

5 PF2 2차측 ~ MCCB2(TR2 ~ LV 2 · 3 · 4) 계통도

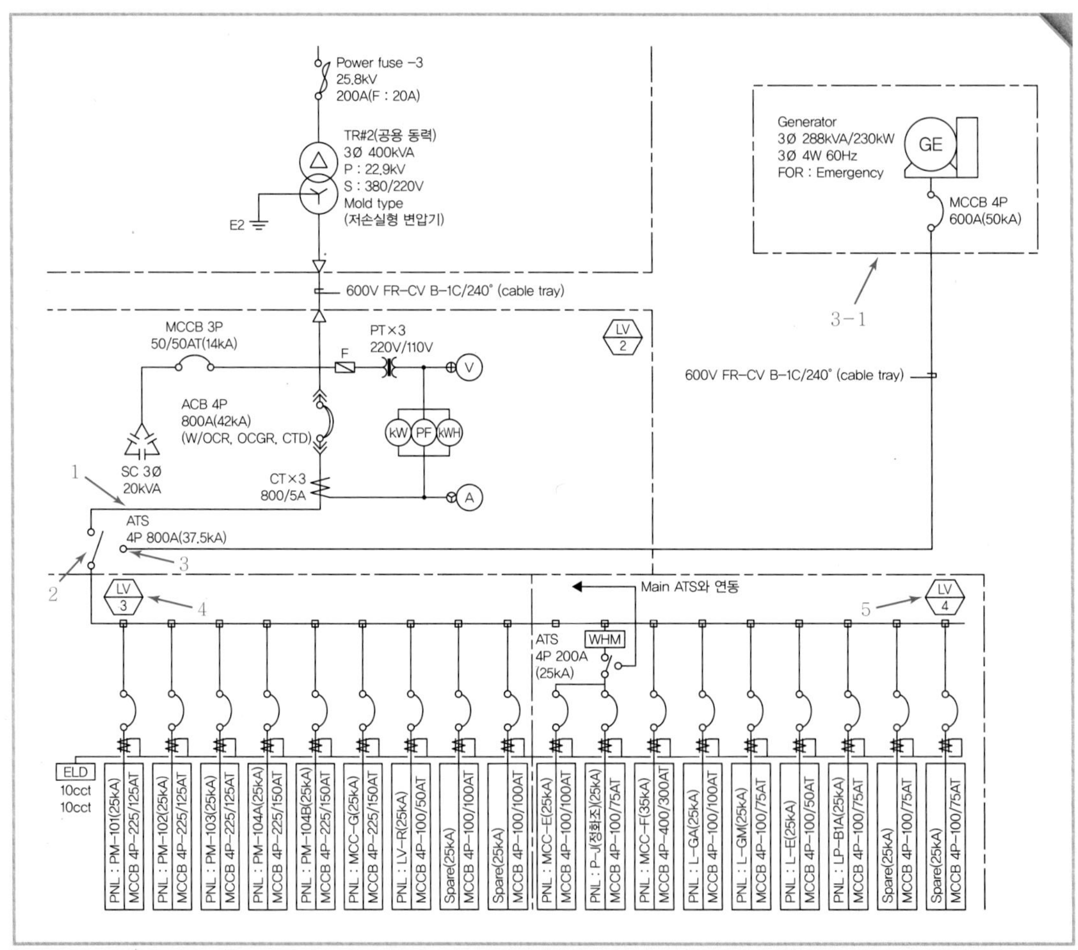

▶ 1번 : 메인 ATS(4P/800A/37.5kA)의 한전측 라인

▶ 2번 : 메인 ATS(4P/800A/37.5kA)의 부하측 라인

▶ 3번 : 메인 ATS(4P/800A/37.5kA)의 발전측 라인

▶ 3-1번 : 정전 시 메인 ATS에 전원을 공급하는 발전기

- 용량 : 280kVA/230kW
- 3상 4선식
- 차단기 용량 : MCCB 4P(600A/50kA)

▶ 4번 : LV3 패널

PM, MCC-G, LV-R 패널 등에 전원을 공급하는 메인 차단기가 들어 있다.

▶ 5번 : LV4 패널

MCC-E, 정화조, MCC-F, L-GA, L-GM, L-E 등에 전원을 공급하는 메인 차단기가 들어 있다.

6 ACB2 2차측 ~ MCCB2(TR2 ~ LV 2 · 4) 계통도의 ATS 확대

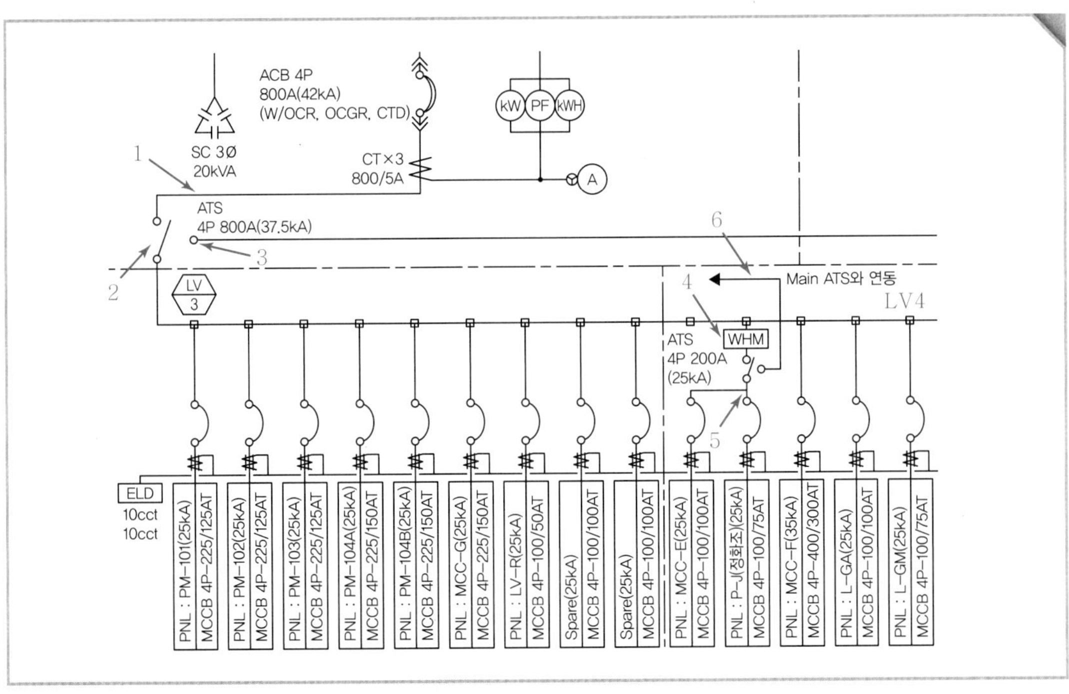

▶ 1번 : 메인 ATS(4P/800A/37.5kA)의 한전측 라인

▶ 2번 : 메인 ATS(4P/800A/37.5kA)의 부하측 라인

▶ 3번 : 메인 ATS(4P/800A/37.5kA)의 발전측 라인

▶ 4번 : MCC-E – 정화조 패널용 적산 전력계로, 메인 ATS의 부하측에서 적산 전력계의 1차로 간 다음 적산 전력계의 2차에서 분기 ATS의 한전측으로 간다.

▶ 5번 : 분기 ATS의 부하측 라인 – MCC-E, 정화조 패널이다.

▶ 6번 : 분기 ATS의 발전측 라인 – 메인 ATS의 발전측으로 가서 연동한다.

Chapter 04

기타 수배전 일반

Chapter 04 기타 수배전 일반

01 누전 경보기(ELD : Earth Leakage Detector) 작동 시 흐름도 및 조치 과정

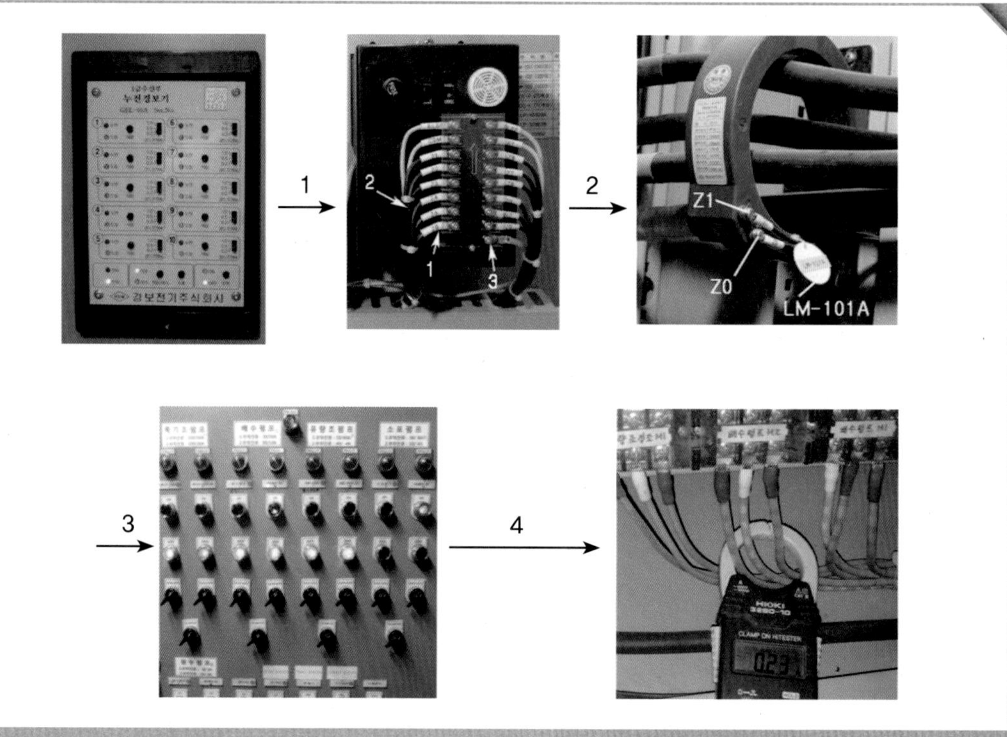

누전 경보기(ELD) 작동 시 조치 순서

㉠ 1번 : 누전 경보기가 설치된 라인에서 누전되어 설정값 이상의 누설 전류가 흐르면 누전 경보기에서 경보가 울리면서 누전된 라인(번호)의 LED가 점멸된다.

㉡ 2번 : 누전 경보기의 후면 단자대에서 점멸된 라인의 번호를 찾아 현장의 부하 패널을 확인한다(예시 사진 : 점멸 LED 확인 결과 누전 라인 Z1은 LM-101A 패널이다).

㉢ 3번 : 현장의 해당 패널로 이동한다.

㉣ 4번 : 패널에서 나가는 각각의 부하에 대해 누전 부위를 찾아내 조치를 취하면 누전 경보기의 상태가 정상으로 돌아온다.

참고
- 누전 경보기는 설정값 이상의 누설 전류가 흐르면 경보(알림) 역할만 하는 것이지, 보호 계전기(OCR 등)처럼 자체 접점을 이용하여 회로를 차단하는 등의 역할은 하지 않는다.
- 버저 기능을 OFF시켜 놓으면 작동 시 경보는 울리지 않고 LED만 점멸된다.
- 경보기가 작동한다고 해서 반드시 해당 부하 패널의 차단기가 트립(trip)되는 것은 아니다.

02 과전류 계전기(OCR : Over Current Relay) 작동 시 흐름도 및 조치 과정

(1) 주전력은 차단기 VCB를 통하여 공급되며, 하트상에 과전류가 검출되면 해당 계전기(relay)가 동작하고 특성에 의하여 접점이 동작한다. 이 접점 동작에 의해 VCB 차단기를 동작시켜 VCB가 전압을 차단하게 된다. 전압을 차단하면 전류 · 전력 등 모든 전원이 차단된다.

(2) ACB(저압 기중 차단기)에도 부속품으로 결합되어 회로를 구성한다.

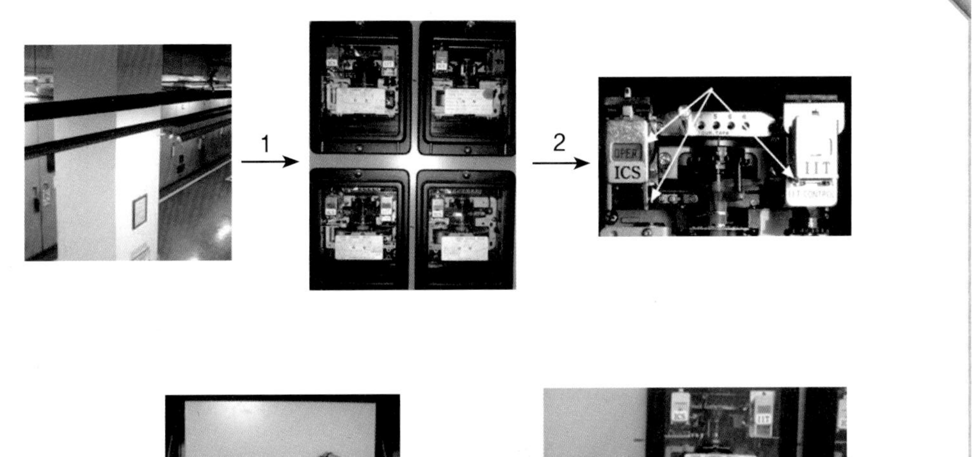

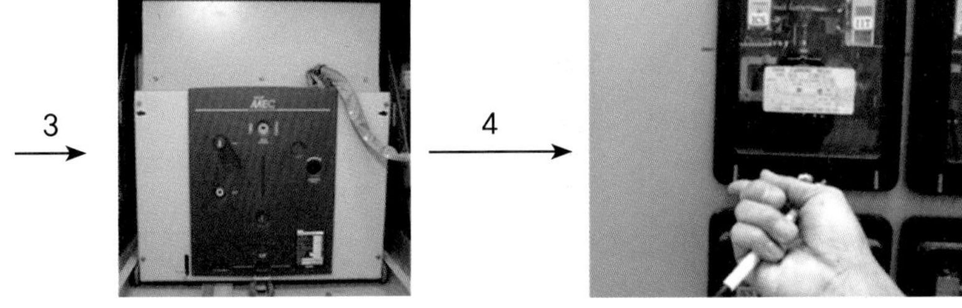

과전류 계전기(OCR) 작동 시 조치 순서

㉠ 1번 : OCR이 설치된 계통에 설정값 이상의 과전류가 흐르면 해당 패널의 전면에 설치된 OCR이 작동한다. OCR이 동작하면 내부 a접점에 → 51번 릴레이 동작 → 86번 릴레이 동작 → VCB 트립 → 해당 라인의 전력 차단으로 이어진다.

㉡ 2번 : OCR이 동작하면 전면에 있는 타깃이 내려온다(샘플 : 왼쪽 – 타깃이 내려 온 상태, 오른쪽 – 타깃이 올라간 상태)

㉢ 3번 : OCR 동작으로 VCB의 OFF 접점에 전원이 투입되어 VCB가 트립된다.

㉣ 4번 : 반드시 OCR 동작 원인을 제거한 뒤 VCB를 다시 투입시키고 OCR 밑에 있는 레버를 위로 밀어 올려 타깃을 원위치시킨다.

참고 원인 제거 후 타깃을 올리지 않아도 VCB 투입은 가능하다. 즉, 원인을 제거하면 OCR의 a접점이 원상 복귀되면서 회로가 정상화되는 것이다.

03 저전압 계전기(UVR : Under Voltage Relay) 작동 시 흐름도 및 조치 과정

전압이 어느 설정값 이하 또는 정전일 때 동작하여 기기를 보호하거나 발전기 패널에 신호 접점을 보내 비상용 발전기를 기동시키기 위해서 사용한다.

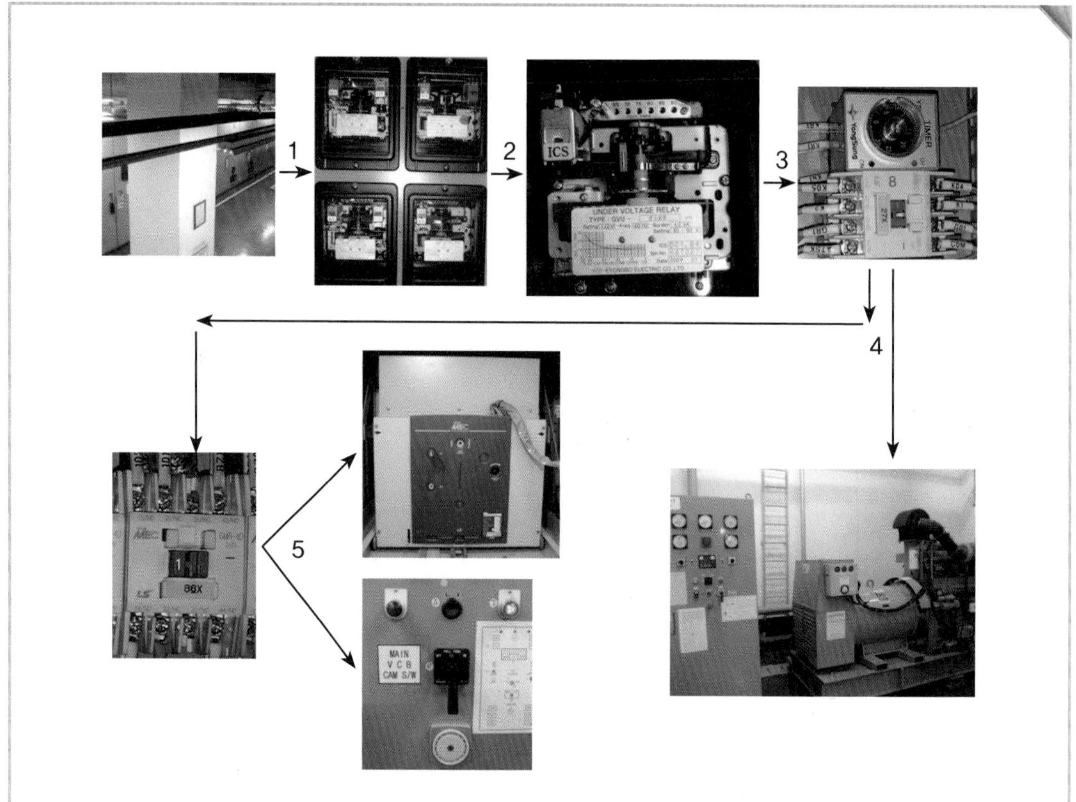

저전압 계전기(UVR) 작동 시 조치 순서

㉠ 1번 : UVR이 설치된 계통에 설정값 이하의 전압이 흐르면 해당 패널의 전면에 설치된 UVR이 작동한다. UVR이 동작하면 내부 a접점에→27번 릴레이 동작→86번 릴레이 동작→VCB 트립→해당 라인의 한전 전력 차단→27번 릴레이 접점 신호 발전기 패널로 전달→발전기 가동→발전 전력 공급으로 이어진다.

㉡ 2번 : UVR이 동작하면 전면에 있는 타깃이 내려오며, 설정 전압 및 동작 시간이 조절 가능하다.

㉢ 3번 : 27번 릴레이가 동작한다.

㉣ 4번 : 86번 릴레이와 발전기 패널에 동시에 접점 신호를 보낸다.

㉤ 5번 : 86번 릴레이에 의해 VCB가 트립되어 한전 전력이 차단되고 동시에 패널 전면에 있는 버저가 울린다.

참고 정전 시 발전기 패널로 신호를 주는 방식은 대부분 VCB 패널이며, 여건에 따라 ATS 패널에서도 공급하기 때문에 반드시 현장의 도면을 숙지하여야 한다.

04 정전 시 흐름도 및 조치 과정

정전에는 한전 정전과 자체 정전이 있을 것이며, 또한 정식 수전 설비 계통과 간이 수전 설비 계통으로 나눌 수가 있다. 정확한 동작 계통은 각 현장마다 성격이 다르므로 반드시 수배전 도면을 숙지하여야 한다.

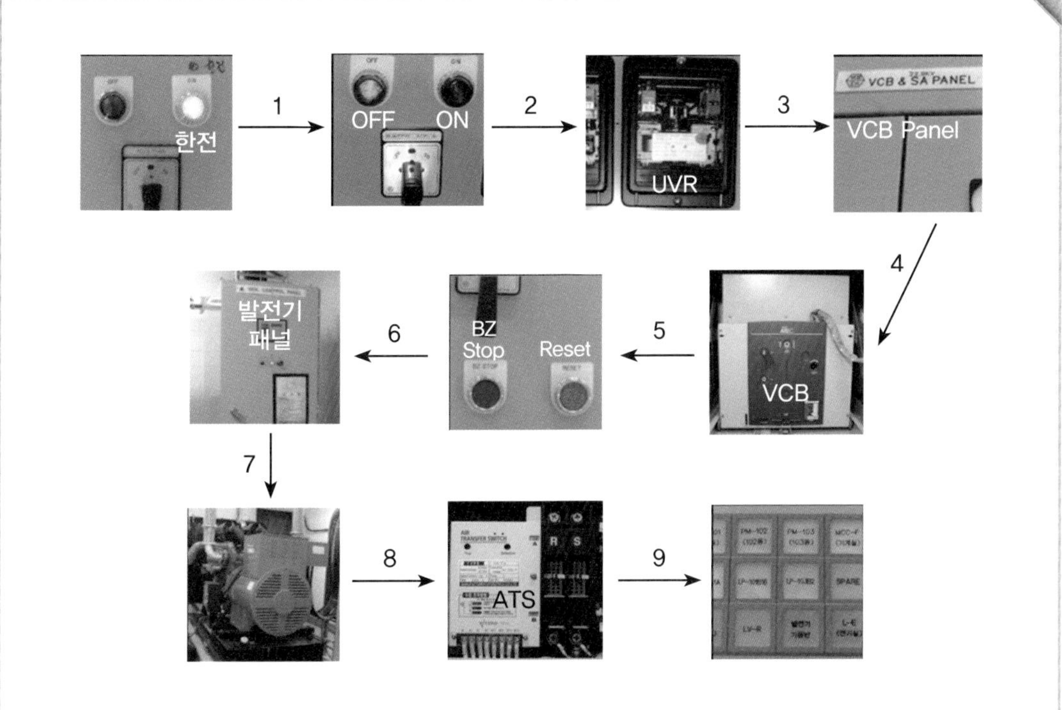

정전 시 흐름도 및 조치 순서(VCB 패널 동작 계통)

㉠ 1번 : 정전이 되면 LBS 패널 전면에 있는 한전 ON 램프(적색)는 소등되고 OFF 램프(녹색)가 점등된다.

㉡ 2~4번 : UVR에 의해 VCB가 트립된다.

㉢ 5~6번 : VCB 패널에 있는 버저가 울린다(일단 패널 전면에 있는 버저 스톱 버튼을 눌러 버저를 정지시킨다). 동시에 정전 신호가 발전기 패널로 간다.

㉣ 7번 : 발전기가 가동하여 발전측 전력이 ATS로 간다.

㉤ 8번 : ATS 컨트롤(제어부)에 발전측 전원이 인식되어 ATS 접점(주접점부)이 발전측으로 자동 절체된다.

㉥ 9번 : 곧이어 패널 전면에 있는 상황에 맞는 표시 램프가 점등된다.

05 복전 시 흐름도 및 조치 과정

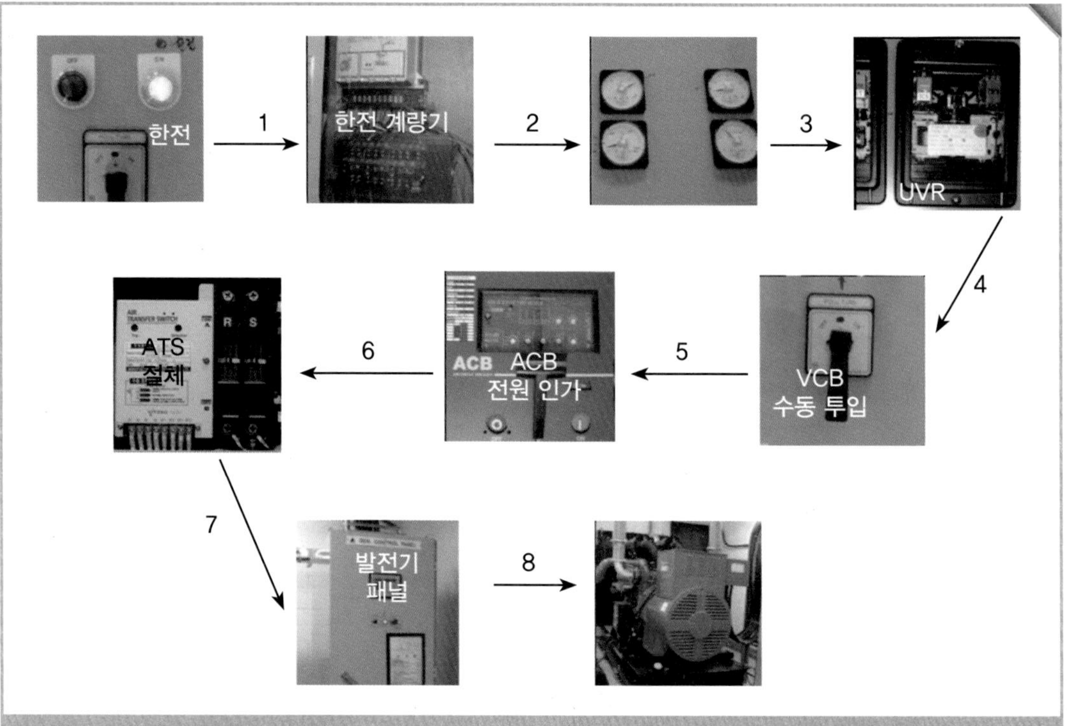

복전 시 흐름도 및 조치 과정

㉠ 1번 : 복전되면 소등되었던 LBS 패널의 한전 표시 램프와 MOF 패널에 있는 한전 계량기 LED 램프가 점등된다.

㉡ 2번 : 특고압반의 전면에 있는 V−Meter(전압 계측기)에 22.9kV가 지시되는지 확인 후 캠스위치를 전환시켜가며 각 선 간 전압(R, S, T)이 균등하게 지시되는지 확인한다.

㉢ 3번 : 떨어진 UVR을 복구시키고 리셋 버튼을 눌러 회로를 원상 복귀시킨다.

㉣ 4번 : Pull turn 방식의 캠스위치를 이용해 VCB를 투입시킨다.

㉤ 5번 : ACB를 ON시킨다(ACB에 걸린 부하 용량이 작을 경우 정전됐을 때 OFF시키지 않고 그냥 두는 경우도 많다).

㉥ 6번 : ACB를 ON시키면 ATS 컨트롤부에 한전 신호가 가면서 ATS가 발전측에서 한전측으로 자동 절체되는데, 표시 램프를 통해 한전측으로 절체됐는지 확인한다.

㉦ 7번 : 한전 라인이 가동되면 발전기 패널에서 신호를 받아 발전기로 보낸다.

㉧ 8번 : 발전기가 정지된다.

참고
- 발전기는 즉시 OFF시키지 말고 약 2~3분 정도 더 가동되도록 하여 또 다른 사태를 대비한다.
- 한전 라인이 정상으로 투입되면 중요 장비(전산실)나 시설물(냉 · 온수기, 보일러 등)에 대한 전반적인 점검을 한다.
- 타이머로 운전 중인 간판, 보안등 같은 경우 타이머 상태를 살핀다.
- 기타 모터 부하의 경우 상회전을 체크한다.

06 ACB(기중 차단기)

1 트립과 조치 과정

저압 배전 선로에 설치하여 과전류, 단락, 지락 사고 등 이상 전류 발생 시 회로를 차단하여 인명 및 부하 기기를 보호한다. 또한, 공용 부하 라인에는 ACB를 단독으로 사용하며, 비상 부하에는 ACB에 UVT(부족 전압 트립 계전기)를 부착하여 사용하기도 한다.

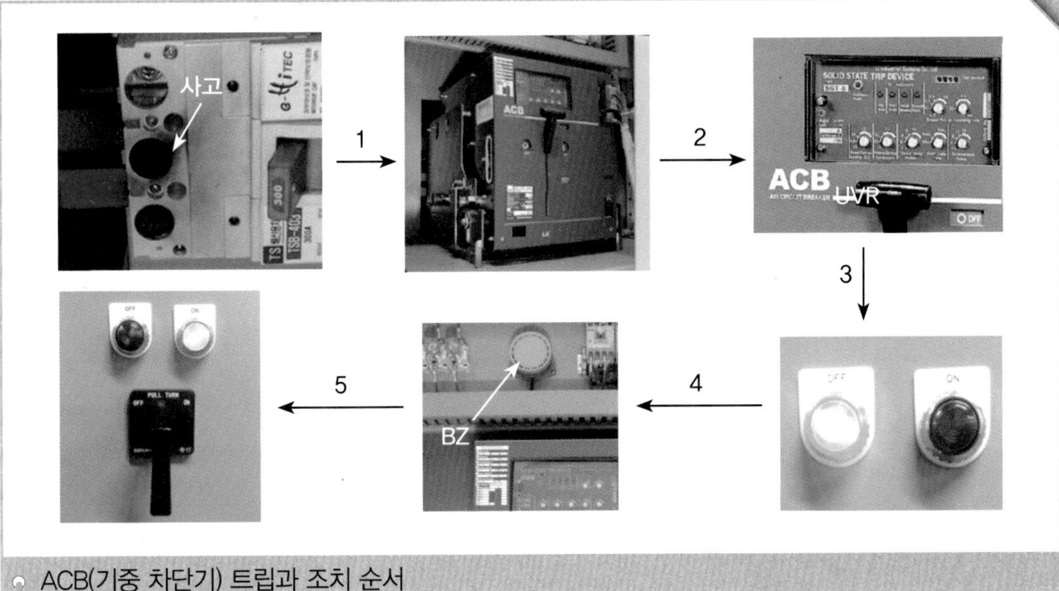

ACB(기중 차단기) 트립과 조치 순서

㉠ 1번 : 현장에서 과전류, 단락, 지락 사고 등이 발생하면 ACB와 결합되어 있는 OCR(OCGR)이 감지하여 동작한다.

㉡ 2번 : OCR(OCGR)이 동작하면 ACB 시퀀스 회로와 연계된 51X 릴레이에 의해 ACB가 떨어진다.

㉢ 3번 : ACB가 떨어지면서 패널 전면에 있는 ON 표시 램프(적색)는 소등되고 OFF 표시 램프(녹색)는 점등된다.

㉣ 4번 : 위와 동시에 패널 내부에(혹은 전면에 매입되기도 함) 있는 버저가 동작한다. 일단 버저 스톱 버튼을 눌러 경보를 정지시킨 뒤 문제 발생의 원인을 제거한다.

㉤ 5번 : ACB를 다시 ON시키면 적색 표시 램프가 점등되면서 라인이 정상화된다.

참고
- 간이 수전 설비의 정전일 경우 VCB와 UVR이 아닌 ACB에 설치된 UVT(부족 전압 트립 계전기)에 의해 발전기 패널에 신호를 주므로 평소 자신의 현장에 있는 도면을 숙지하고 있어야 한다.
- ACB는 부하의 메인 차단기가 실제 부하로 많이 사용된다. 따라서, ACB가 떨어지면 원인이 무엇인지 반드시 파악 및 조치 후 투입시킨다. 그렇지 않고 무조건적으로 재투입하면 사고 지점에서의 아크 발생 등 또 다른 사고로 이어질 수 있다.
- 계획된 정전 작업을 할 때는 순서(하위 단계 부하측 MCCB OFF → ACB OFF, 복전 시는 반대)대로 ACB를 OFF시키고 뜻하지 않은 돌발 정전 시에는 그냥 VCB를 투입해도 된다.

 ACB(기중 차단기)의 수동 투입

(1) 기계적 수동 투입

① 기계적 수동 투입은 조작 전원(보통 DC 110V)이 인가되지 않은 경우 ACB의 스프링을 충전(charge)시켜 투입 · 트립시키는 방법이다.

② ACB는 모터, 발전기 등과 같은 것들을 제외하고 일반적으로 수동 조작을 한다.

③ ACB가 떨어진 후 자동으로 투입되지 않는다.

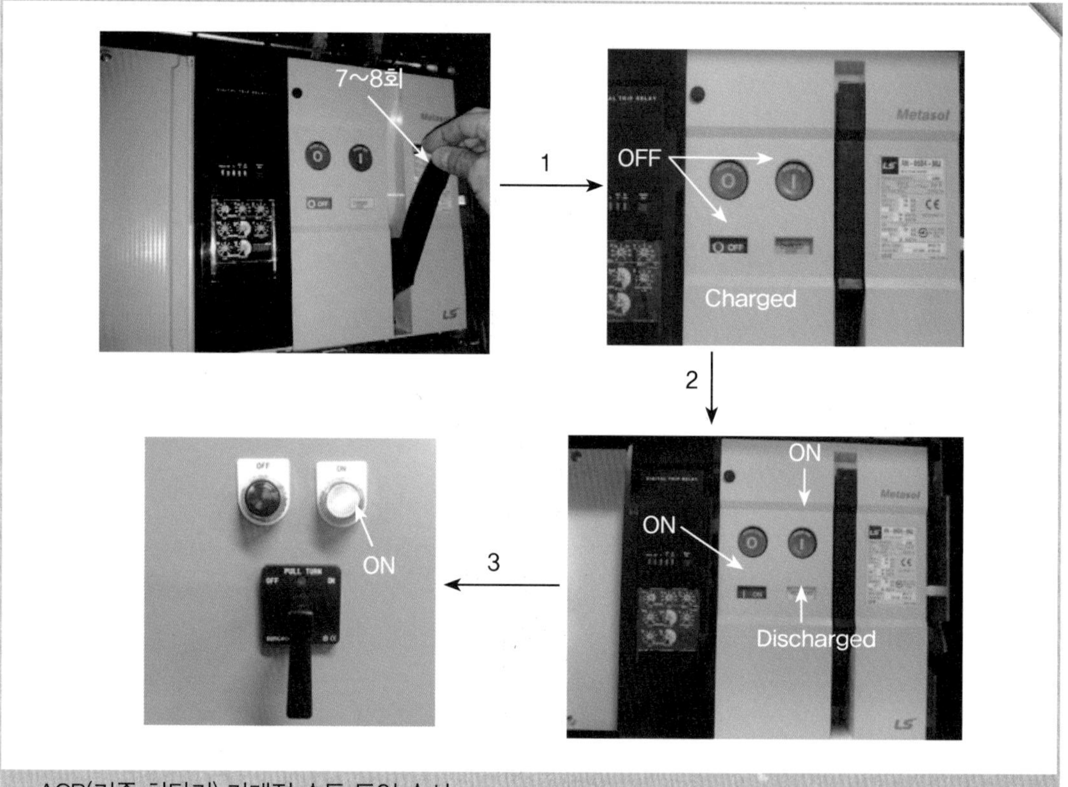

ACB(기중 차단기) 기계적 수동 투입 순서

㉠ 1번(charging) : 축세용 핸들을 아래 방향으로 수차례 반복하여 잡아당기면 스프링이 축적되며, Charged 표시가 된다.

㉡ 2번(투입) : 투입 버튼을 누르면 투입이 되면서 ON(혹은 close) 표시가 되며, 동시에 축적이 풀림(discharge) 표시가 된다.

㉢ 3번 : 투입과 동시에 패널 전면에 있는 적색 램프가 점등된다.

참고 • 스프링 축적 초기에는 힘이 덜 들고, 완료 시점에서 힘이 더 들며, 그 시점이 지나면 '철컹'하는 소리와 함께 축적이 풀린다.

• 트립 : 트립 버튼을 누르면 차단기가 떨어지면서 OFF(혹은 open) 표시가 되며, 패널 전면에 있는 녹색 램프가 점등된다.

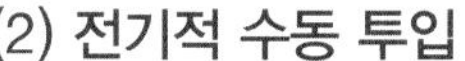

(2) 전기적 수동 투입

① 조작원(보통 DC 110V)이 인가된 경우에 있어서 ACB 전면에 있는 버튼을 이용하여 전기적으로 투입과 트립을 시키는 방법이다.

② ACB에는 일반적으로 OCR, OCGR, UVT 등과 결합되어 사용되는데, 과부하(& 지락) 등의 경우 OCR(& OCGR)이 동작하고, 정전이 발생하면 UVT가 동작한다.

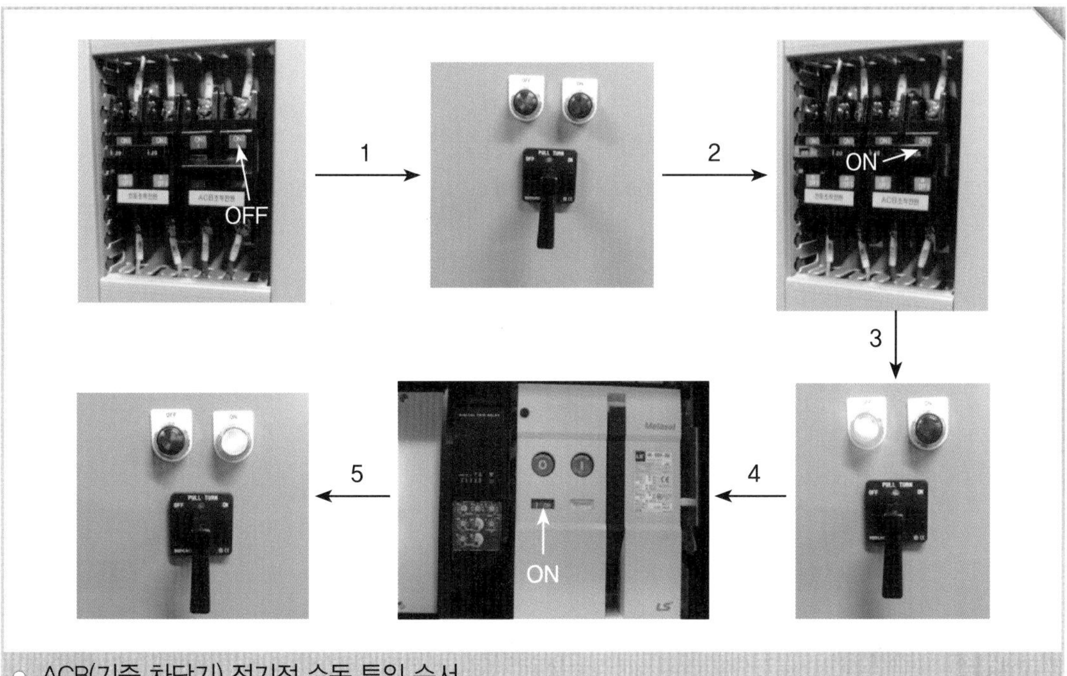

ACB(기중 차단기) 전기적 수동 투입 순서

㉠ 1번 : ACB 조작용 차단기가 OFF된 상태에서는 수동 투입이 안 된다. 패널 전면에 있는 램프도 점등되지 않는다.

㉡ 2번 : 패널 내부에 있는 조작용 차단기를 ON시키면, 조작 전원(보통 DC 110V)이 흐르며 녹색 램프가 점등된다.

㉢ 3번 : 조작 전원(보통 DC 110V)이 흐르며 녹색 램프가 점등된다.

㉣ 4번 : 패널 전면에 있는 Pull turn(혹은 푸시 버튼)을 이용해 투입시킨다.

㉤ 5번 : 녹색 램프는 소등되고 적색(ON) 램프가 점등된다.

07 TIE ACB 동작 계통의 이해

평상시에는 사용하지 않기 때문에 관리에 소홀할 수 있는데, 항상 TIE ACB를 투입해야 하는 상황에 대비하여 근무지 시설물의 각 계통의 최대 사용 전류를 Data화하여 놓는 것이 중요하다.

아울러 문제가 발생한 라인의 부하 가동율은 이상이 없는 라인의 차단기 여유 용량에 맞춰 운영할 부하를 미리 파악해 두었다가 문제 상황이 발생했을 때 가동할 부하 외에는 모두 차단기를 OFF시키도록 한다.

사진은 TR1(전등 부하)과 TR2(동력 부하) 라인이 있으며 그 가운데 TIE ACB가 있다. 만약, TR2(동력) 라인에서 문제가 발생했다면 다음과 같이 처리한다.

(1) TIE ACB를 사용해도 괜찮은 환경인지 파악한 후 사고 발생된 TR2 라인의 ACB는 재투입이 되지 않도록 확실히 조치한다(조작 전원 차단기 OFF시켜 놓음).

(2) TR2 라인의 부하에서 평소 파악해 둔 가동할 차단기를 제외하고 모두 OFF시킨다.

(3) 곧이어 TIE ACB를 Local로 두고, Pull turn 스위치를 이용하거나(TIE반 사진 : 위), KEY를 꽂은 다음 ACB를 투입한다(TIE반 사진 : 아래).

(4) 전원은 TR1 → ACB1(1번) → TIE ACB(5번) → (6번) → 부하2(4번)로 공급된다.

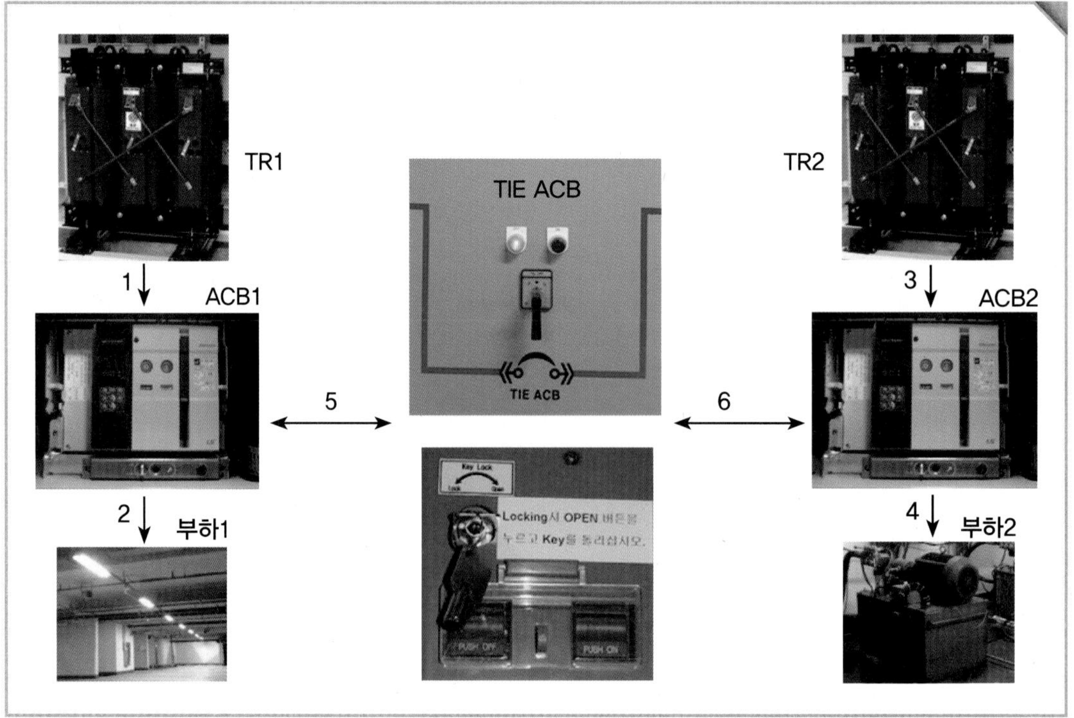

TIE ACB 동작

㉠ 1번 : TR1(전등 부하) 라인 ACB

㉡ 2번 : TR1 라인 부하(전등)

㉢ 3번 : TR2(동력 부하) 라인 ACB

㉣ 4번 : TR2 라인 부하(동력)

㉤ 5번 : TIE ACB반과 부하1이 연결된다.

㉥ 6번 : TIE ACB반과 부하2가 연결된다.

참고 변압기(TR)는 일반적으로 두 라인의 용량이 차이가 난다(사용하는 부하의 용량 차이). 만약, 용량이 큰 변압기가 고장났을 경우 용량이 작은 변압기로는 양쪽의 부하를 모두 감당할 수 없다. 따라서, TIE ACB는 부하를 조절해 가면서 수동으로 사용하는 것도 좋다.

08 ATS(자동 절체 스위치)

1 구조

(1) 결선도

① 한전과 발전 라인의 컨트롤 전원(AC 220V)은 ATS의 후면에 있는 해당 라인의 단자에서 연결하여 전면에 있는 컨트롤부 단자에 연결된다.

② 해당 라인(한전 혹은 발전)에 전원이 공급되면 컨트롤부에 신호를 보낸다.

③ 신호를 받은 ATS가 해당 라인으로 자동으로 절체된다.

(2) 전면

4극짜리 ATS의 전면으로 제어부(왼쪽)와 주접점부(오른쪽)로 나뉜다.

(3) 접점

주접점부 내부에 있는 접점 구조물이다. 부하측 단자는 고정된 채 컨트롤부에 공급되는 전원에 따라 한전과 발전측 단자가 움직이게 된다.

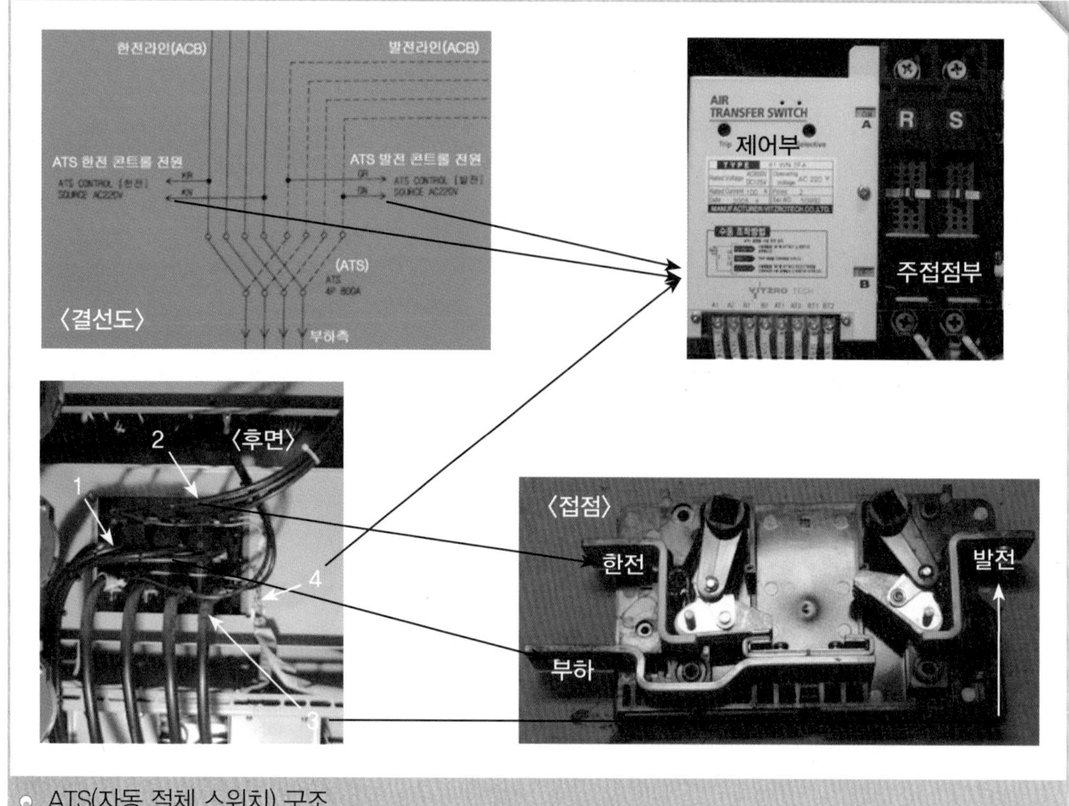

ATS(자동 절체 스위치) 구조

㉠ 1번 : 부하측 패널로 연결된다.

㉡ 2번 : 한전측의 ACB 2차측(혹은 적산 전력계 2차)으로 연결된다.

㉢ 3번 : 발전기실로 연결되어 문제 발생(정전이나 기타 상황) 시 발전기 가동으로 생성된 전력을 공급받는다.

㉣ 4번 : 컨트롤 전원선이 해당 라인에 연결된 모습이다.

2 ATS 기계적 수동 절체

(1) A–한전측

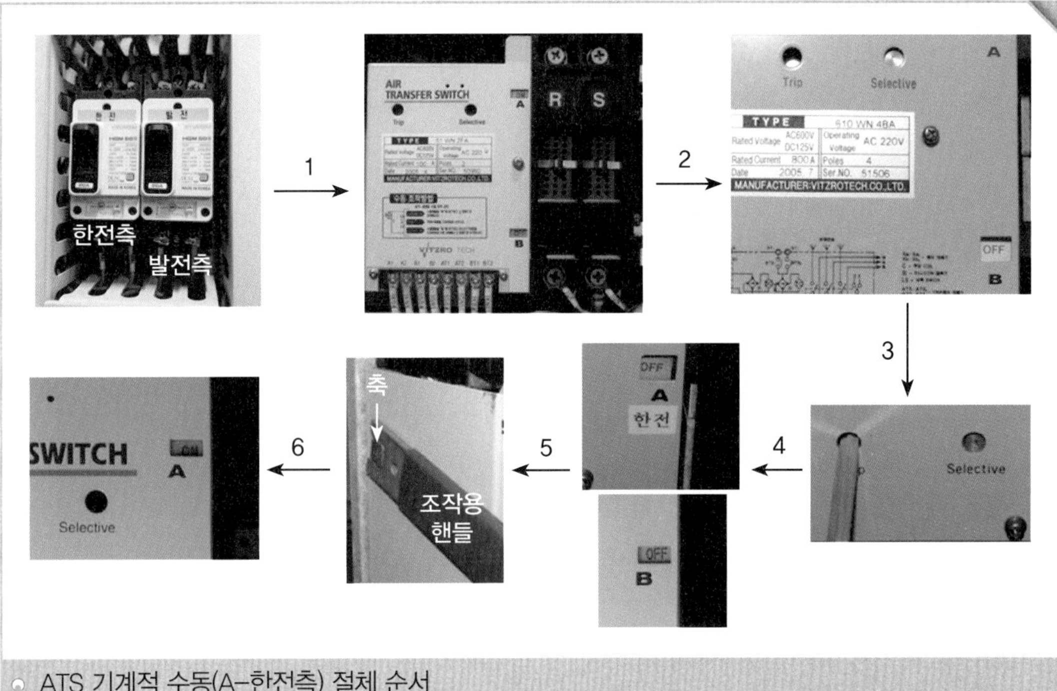

ATS 기계적 수동(A–한전측) 절체 순서

㉠ 1번 : 조작 전원용 차단기를 OFF한다. 조작 차단기를 내리면 설사 주접점부에서 신호가 오더라도 컨트롤부의 조작 전원이 차단된 상태이므로 ATS가 자동으로 절체되지 않는다.

㉡ 2번 : 컨트롤부 전면에는 Trip, Selective, A · B 상태 표시부 등이 있다.

㉢ 3번 : A측(한전)으로 핸들을 조작하기 전에 반드시 드라이버로 Trip을 누른다.

㉣ 4번 : Trip을 누르면 A · B 모두 OFF 상태가 된다.

㉤ 5번 : A · B 모두 OFF 상태에서 조작용 핸들을 ATS 옆(혹은 전면)에 있는 축에 끼운 뒤 위로 올린다.

㉥ 6번 : A(한전)측이 선택된다.

참고
- 실제 현장마다 구조 및 시퀀스 회로가 조금씩 다르므로 반드시 해당 현장의 도면을 숙지해야 한다.
- 트립(trip) 상태에서는 A전원이나 B전원 모두 OFF 상태로 된다.
- 드라이버로 떨어뜨릴 때는 반드시 축에 끼워진 조작용 핸들을 빼야 한다(부상 위험).
- A에서 B로(혹은 그 반대) 전환시키고자 할 때는 반드시 그 전에 드라이버로 트립을 눌러 떨어진 상태(중립)에서 전환한다.

(2) B-발전측

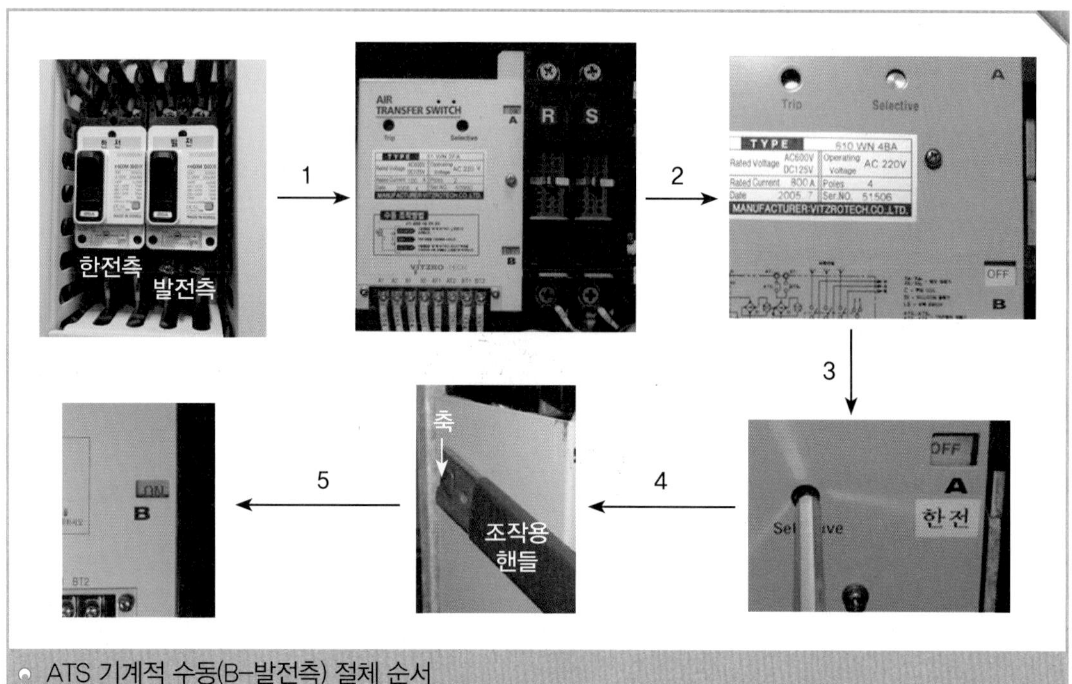

ATS 기계적 수동(B-발전측) 절체 순서

㉠ 1번 : 조작 전원용 차단기를 OFF한다. 조작 차단기를 내리면 설사 주접점부에서 신호가 오더라도 컨트롤부의 조작 전원이 차단된 상태이므로 ATS가 자동으로 절체되지 않는다.

㉡ 2번 : 컨트롤부 전면에는 Trip, Selective, A · B 상태 표시부 등이 있다.

㉢ 3번 : B측(발전)으로 핸들을 조작하기 전에 드라이버로 반드시 먼저 Trip을 눌러 중립으로 한 다음 Selective를 누른다.

㉣ 4번 : 조작용 핸들을 축에 끼운 뒤 위로 올리면 B(발전)측이 선택된다(반드시 selective 누른 상태에서 핸들을 올린다).

㉤ 5번 : B(발전)가 선택된 모습

참고
- 만약 트립(중립) 상태이며, 패널 전면에 있는 셀렉터 스위치가 자동으로 선택된 상태에서 컨트롤 전원이 투입된다면 설사 양쪽(한전과 발전) 신호가 모두 오더라도 ATS는 우선 회로 조건(보통 한전 우선)으로 절체된다.
- A측(한전)이 투입된 상태에서 컨트롤부를 점검하고자 할 때는 다음과 같이 한다.
  - 조작 차단기 OFF 시 : 현재 공급된 상태를 기준으로 상대편 차단기를 먼저 OFF한다 (예 : 한전측이 공급되고 있는 상태라면 발전측 조작 차단기를 먼저 내림).
  - 조작 차단기 ON 시 : 내편 차단기를 먼저 ON한다.

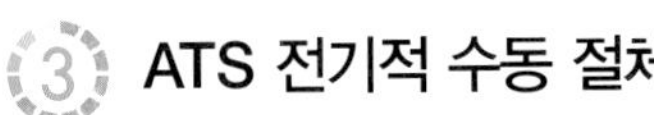

ATS 전기적 수동 절체

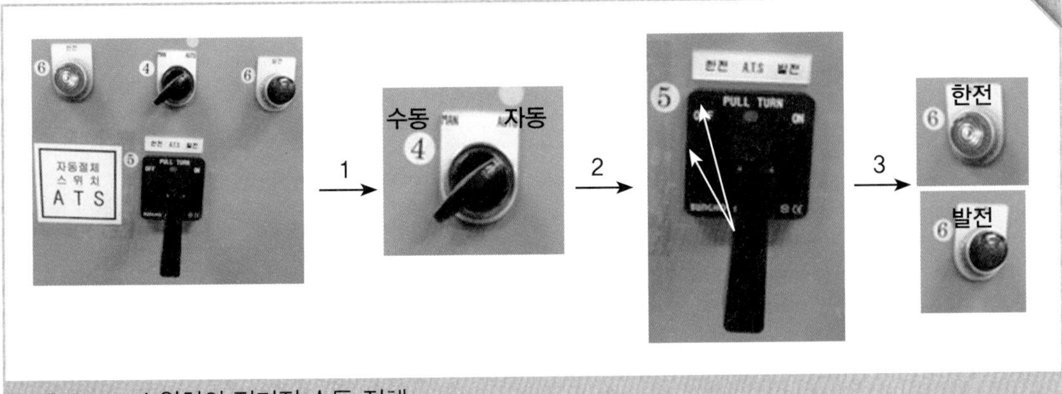

Pull turn 스위치의 전기적 수동 절체

㉠ 1번 : 셀렉터 스위치를 수동 위치에 놓는다.

㉡ 2번 : Pull turn 스위치를 이용해 원하는 방향(한전측 혹은 발전측)으로 선택한다(사진은 한전 선택).

㉢ 3번 : 선택된 라인의 표시 램프가 점등된다.

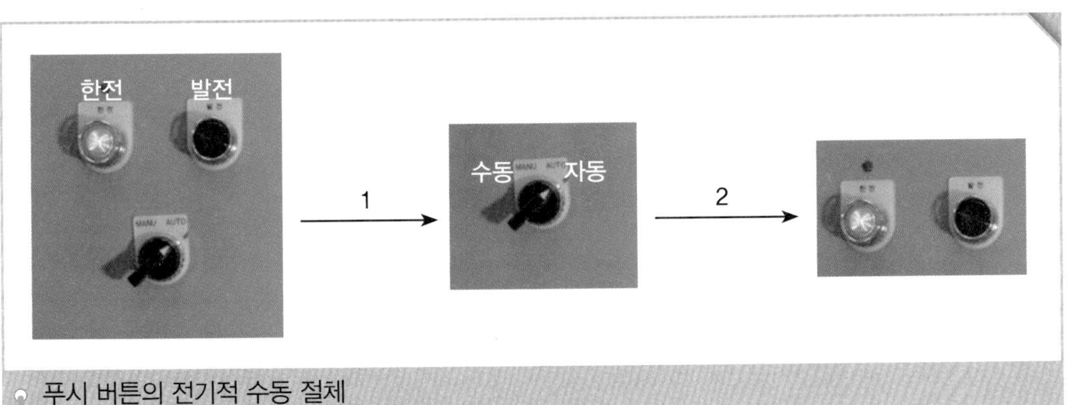

푸시 버튼의 전기적 수동 절체

㉠ 1번 : 사진의 자동으로 되어 있는 셀렉터 스위치를 수동으로 선택한다.

㉡ 2번 : 원하는 라인의 푸시 버튼을 누른다(사진은 한전 선택). 램프와 버튼이 결합된 스위치라 별도의 표시 램프 없이 버튼의 램프가 점등된다.

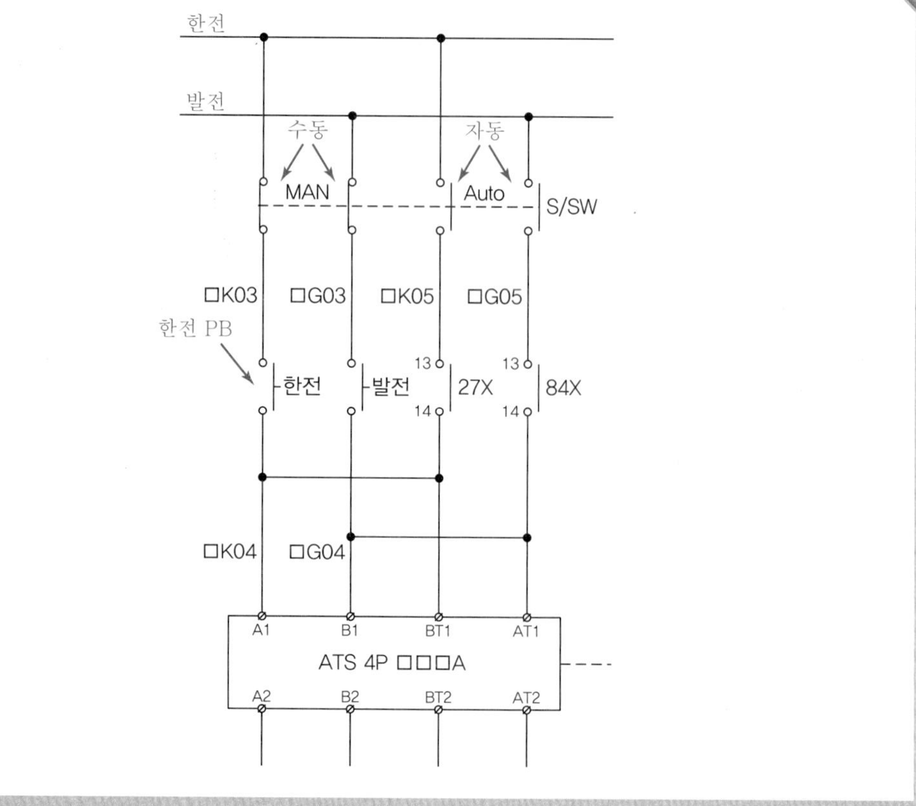

시퀀스 회로도

셀렉터 스위치로 수동과 자동을 선택하고 해당 라인의 푸시 버튼으로 ATS에 신호를 공급한다(푸시 버튼 대신 pull turn 스위치를 사용한 곳도 있다).

디지털형 ATS 조작 디스플레이

요즘에는 버튼(풀턴 스위치, 셀렉터 스위치, 푸시 버튼) 대신 디스플레이에서 간단하게 조작할 수 있는 제품들이 나오고 있다.

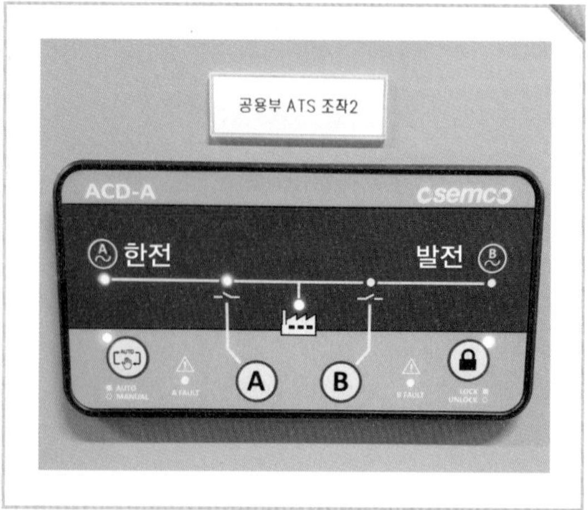

09 정류기반 전원 공급 계통

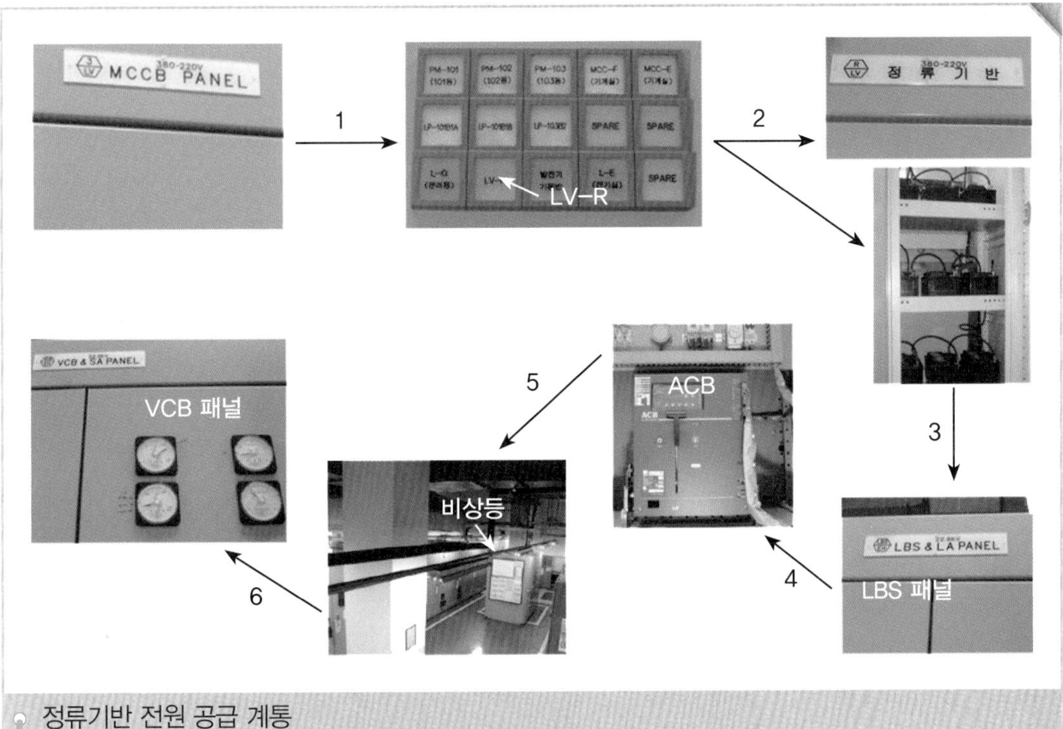

정류기반 전원 공급 계통

㉠ 1번 : MCCB 패널에서 정류기반(LV−R)의 메인 전원을 공급받는다(실제 현장마다 어느 패널에서 공급받는지 도면으로 확인). 전원이 공급되면 MCCB 패널 전면에 있는 표시 램프가 점등된다. 사진처럼 전원이 정상 공급되고 있는데 램프가 점등되지 않으면 원인(램프 수명 여부 등)을 파악한다.

㉡ 2번 : 전원을 공급(보통 AC 380V) 받은 정류기반에서 AC 110V로 낮추고, 다시 DC 110V로 정류시킨다. 정류기반의 뒤쪽(혹은 별도의 패널)에 배터리(보통 9개)가 있으며 정전 시 패널 대신 DC 110V를 공급하게 된다.

㉢ 3~6번 : ADC 110V로 정류된 전압은 LBS, ACB, VCB 패널 등의 조작 전원에 공급한다. 또 전기실의 비상등에도 공급되어 정전 시 점등되도록 한다.

참고
- ATS의 조작 전원은 DC 110V가 아니라 AC 220V이므로 주의한다.
- 평상시 배터리(9개)가 제대로 충전되는지 주기적인 점검을 한다.
- 비상등(DC 전등)은 NVR(무전압 계전기)과 연계되어 있으며, 반드시 정류기반에 전원 공급이 끊어졌을 때만 동작되어야 한다. 즉, 정전 발생 후 한전에서 발전으로 전환되기 전까지, 그리고 복전되어 발전에서 한전으로 전환되는 사이에만 한시적으로 점등된다.

10 한전의 순간 정전 현상

1 순간 정전 시 전기실 상황

(1) 순간 정전

한전의 어떤 원인에 의해 순간적으로 정전이 되었다가 다시 복구된 상황을 말한다.

(2) 순간 정전 시 전기실 상태

① 순간 정전이 되는 순간 저전압 경보 장치(UVR)에 의해 VCB가 트립되면서 VCB의 하위 계통은 전기 공급이 끊긴다. 이때, 순간 정전이므로 전기는 다시 공급되어 LBS → MOF → VCB 1차측까지는 흐르고 있는 상태이다.

② VCB 패널에 있는 버저가 울린다.

③ VCB 패널(혹은 ATS 패널)에서 신호가 발전기 패널로 가서 발전기가 기동되어 공용 부하 라인에 비상 발전을 공급한다(공용 부하 외 일반 부하 라인은 모두 정전 상태임).

(3) 순간 정전 시 각 패널별 내부 및 외부 기기 상태

① LBS 패널 : 순간 정전 시간 만큼 ON 표시 램프가 소등되었다가 다시 점등된다.

② MOF 패널 : 한전 계량기 표시 램프가 순간 정전 시간만큼 소등되었다가 다시 점등된다.

③ VCB 패널

㉠ VCB : 트립

㉡ 표시 램프 : OFF 램프 점등 및 ON 램프 소등되고 버저가 울린다.

㉢ 전압계 : 22.9kV가 표시된다.

㉣ 전류계 : 표시되지 않는다.

④ ACB 패널(UVT 장치 결합된 경우)

㉠ ACB : 일반적인 경우 ON 상태를 유지(UVT 장치 결합된 경우 트립)한다.

㉡ 표시 램프 : OFF 표시 램프 점등되고 ON 표시 램프 소등된다.

㉢ 전압계 및 전류계 : 표시되지 않는다.

⑤ ATS 패널

㉠ ATS : 발전측으로 절체된다.

㉡ 표시 램프 : 한전 램프는 소등되고 발전 램프는 ON된다.

⑥ **정류기반** : 한전 전원으로 DC 110V 공급되는데 정전이 되면 항상 충전되고 있던 배터리로 공급되고 발전기가 가동되면 발전 전원으로 DC 110V 공급된다.

참고 상기 정전 계통은 일반적인 상황이며, 각 현장마다 회로 구성이 조금씩 다르므로 반드시 현장의 도면을 숙지하여야 한다.

 한전 순간 정전 시 복전 순서

① 버저 정지 : VCB 패널에서 울리고 있는 버저를 정지한다.

② 한전 전원 공급 확인 : 소등되었던 LBS 패널의 한전 표시 램프와 MOF 패널에 있는 한전 계량기 LED 램프가 점등되었는지, 또 특고압반의 전면에 있는 V-Meter(전압 계측기)에 22.9kV가 지시되는지 확인 후 캠스위치를 전환시켜 가며 각 선간 전압(R, S, T)이 균등하게 지시되는지 확인한다(복합 디지털미터인 경우 메시지 창 확인).

③ MCCB OFF : 혹시 모를 돌입 전류로 인한 부하 소손 방지를 위해 위험성이 있는 MCCB를 OFF시킨다.

④ 세대 부하용 ACB OFF

㉠ 세대 부하용 ACB를 OFF시킨다.

㉡ UVT가 설치되었다면 정전 시 ACB도 트립되므로 별도로 OFF시키지 않아도 된다.

㉢ 일반적으로 세대 부하용 ACB에 UVT가 설치되며, 공용 부하 ACB에는 설치되지 않는다.

㉣ 공용 부하용 ACB는 발전기 가동으로 비상 전원을 공급하고 있으므로 OFF시키지 않도록 주의한다.

⑤ VCB 회로 리셋 및 복구

㉠ VCB 복구(ON)를 위해서는 먼저 UVR 작동으로 트립된 회로의 초기화를 위해 반드시 리셋을 시켜주어야 한다.

㉡ 리셋은 제품 설치에 따라 디지털 복합 계전기나 푸시 버튼으로 한다.

㉢ 디지털 복합 계전기의 복구 순서에 따라(혹은 풀턴 스위치로) VCB를 ON시킨다.

㉣ 각 상에 전압이 바르게 측정되는지, ON 표시 램프가 점등되었는지 확인한다.

⑥ 발전기 정지 : VCB가 ON되면 설정 시간(보통 2 ~ 5분) 후 발전기가 정지되며, ATS는 한전측으로 절체되어 공용 부하는 복전된 한전 전원으로 공급된다.

⑦ 세대 부하용 ACB 복구

㉠ ACB 패널에 있는 풀턴 스위치를 오른쪽으로 돌려 ON시킨다.

㉡ 각 상에 전압이 바르게 측정되는지, ON 표시 램프가 점등되었는지 확인한다.

⑧ MCCB ON : OFF시켰던 MCCB를 차례로 ON시킨다.

⑨ 각 부하 라인 점검

㉠ 승강기 내부에 사람이 갇혔는지 등 인명 피해 여부를 확인한다.

㉡ 각 현장에 있는 부하들이 정상으로 동작하고 있는지 파악한다.

㉢ 한전 라인이 정상으로 투입되면 중요 장비(전산실)나 시설물(냉 · 온수기, 보일러 등)에 대한 전반적인 점검을 한다.

㉣ 타이머로 운전 중인 간판, 보안등 같은 경우 타이머 상태를 살핀다.

㉤ 기타 모터 부하의 경우 상회전을 체크한다.

11 한전 계획(장기) 정전 현상

1 계획 정전 시 전기실 상황

(1) 한전 계획(장기) 정전

한전의 자체 계획 혹은 사고 발생으로 장시간 정전이 되는 경우를 말한다.

(2) 계획(장기) 정전 시 전기실 상태

① 정전이 되는 순간 저전압 경보 장치(UVR)에 의해 VCB가 트립되면서 VCB의 하위 계통은 전기 공급이 끊긴다. 이때 전기는 한전에서 계획한 공정이 모두 마무리될 때까지 정전 상태가 되므로 인입 첫 단계인 LBS 패널부터 전원 공급이 끊긴 상태이다.

② VCB 패널에 있는 버저가 울린다.

③ VCB 패널(혹은 ATS 패널)에서 신호가 발전기 패널로 가서 발전기가 기동되어 공용부하 라인에 비상 발전을 공급한다(공용 부하 외 일반 부하 라인은 모두 정전 상태).

(3) 계획(장기) 정전 시 각 패널별 내부 및 외부 기기 상태

① LBS 패널 : ON 표시 램프가 소등되고 OFF 램프는 점등되며 통전 표시기(설치된 경우)는 소등된다.

② MOF 패널 : 한전 계량기 표시 램프가 소등된다.

③ VCB 패널

㉠ VCB : 트립(trip)

㉡ 표시 램프 : ON 표시 램프는 소등되고 OFF 램프는 점등되며 버저가 울린다.

㉢ 전압계 및 전류계 : 표시되지 않는다.

④ ACB 패널(UVT 장치 결합된 경우 트립)

㉠ ACB : 일반적인 경우 ON 상태를 유지(UVT 장치 결합된 경우 트립)한다.

㉡ 표시 램프 : ON 램프가 소등되고 OFF 램프는 점등된다.

㉢ 전압계 및 전류계 : 표시되지 않는다.

⑤ ATS 패널

㉠ ATS : 발전측으로 절체된다.

㉡ 표시 램프 : 한전 램프는 소등되고, 발전 램프는 ON된다.

⑥ 정류기반 : 한전 전원으로 DC 110V 공급되고 정전이 되면 항상 충전되고 있던 배터리로 공급되다가 발전기가 가동되면 발전 전원으로 DC 110V가 공급된다.

⑦ 기타 : 정전되면 전기실 내부 전등은 소등되고, 정류기반으로부터 DC 110V를 공급받은 DC 전등이 점등된다.

참고 상기 정전 계통은 일반적인 상황이며, 각 현장마다 회로 구성이 조금씩 다르므로 반드시 현장의 도면을 숙지하여야 한다.

2 한전 계획(장기) 정전 시 복전 순서

(1) 한전 계획(장기) 정전되는 동안 처리 과정

① 버저 정지 : VCB 패널에서 울리고 있는 버저를 정지한다.

② 한전 전원 공급 확인

㉠ LBS 패널의 한전 표시 램프, 통전 표시기, MOF 패널에 있는 한전 계량기 LED 램프, 특고압반에 있는 V-Meter(전압 계측기) 등을 통해 정전이 지속되고 있음을 확인한다.

㉡ 비상 발전기가 가동되어 공용 부하 라인에 전원을 공급하고 있는지 확인한다.

㉢ 한전에 연락하여 정전 원인 및 복전 예상 시간을 파악한 뒤 비상 연락망을 통해 보고하고 방송을 실시한다.

③ MCCB OFF : 혹시 모를 돌입 전류로 인한 부하 소손 방지를 위해 위험성이 있는 MCCB를 OFF시킨다.

④ 세대 부하용 ACB OFF

㉠ 세대 부하용 ACB를 OFF시킨다.

㉡ UVT가 설치되었다면 정전 시 ACB도 트립되므로 별도로 OFF시키지 않아도 된다.

㉢ 일반적으로 세대 부하용 ACB에 UVT가 설치되며, 공용 부하 ACB에는 설치되지 않는다.

㉣ 공용 부하용 ACB는 발전기 가동으로 비상 전원을 공급하고 있으므로 OFF시키지 않도록 주의한다.

⑤ 복전 대기 및 인명 피해 여부 확인

㉠ 한전에서 복전될 때까지 기다리며 승강기 이상으로 내부에 사람이 갇혔는지 확인한다.

㉡ 시간별 상황 변화를 꼼꼼히 기록한다.

(2) 한전 전원 공급 및 복전 순서

① LBS, MOF 전원 공급 확인 : LBS 패널의 한전 표시 램프, 통전 표시기, MOF 패널에 있는 한전 계량기 LED 램프가 점등되었는지, 특고압반에 있는 V-Meter(전압 계측기)에 22.9kV가 지시되는지 확인 후 캠스위치를 전환시켜 가며 각 선간 전압(R, S, T)이 균등하게 지시되는 지 확인한다(복합 디지털미터인 경우 메시지 창 확인).

② VCB 회로 리셋 및 복구

㉠ VCB 복구(ON)를 위해서는 먼저 UVR 작동으로 트립된 회로의 초기화를 위해 반드시 리셋을 시켜주어야 한다.

㉡ 리셋은 제품 설치에 따라 디지털 복합 계전기나 푸시 버튼으로 한다.

㉢ 디지털 복합 계전기의 복구 순서에 따라(혹은 풀턴 스위치로) VCB를 ON시킨다.

㉣ 각 상에 전압이 바르게 측정되는지, ON 표시 램프가 점등되었는지 확인한다.

③ 발전기 정지 : VCB가 ON되면 설정 시간(보통 2 ~ 5분) 후 발전기가 정지되며, ATS는 한전측으로 절체되어 공용 부하는 복전된 한전 전원으로 공급된다.

④ 세대 부하용 ACB 복구

㉠ ACB 패널에 있는 풀턴 스위치를 오른쪽으로 돌려 ON시킨다.

㉡ 각 상에 전압이 바르게 측정되는지, ON 표시 램프가 점등되었는지 확인한다.

⑤ MCCB ON : OFF시켰던 MCCB를 차례로 ON시킨다.

⑥ 각 부하 라인 점검 : 각 현장에 있는 부하들이 정상으로 동작하고 있는지 파악한다.

12 각 부하 라인의 과전류(지락) 사고 등에 의한 정전 현상

1 세대 부하 라인에서 과전류(지락) 사고 등에 의한 정전 현상

(1) 세대 부하 라인에서 과전류(지락) 사고

세대 부하 라인의 어느 한 부분에서 과전류(OCR), 지락(OCGR) 등의 사고로 정전이 되는 경우이다.

(2) 전기실 상태

① 해당 라인의 ACB가 과전류(OCR), 지락(OCGR) 등을 감지하여 떨어진다.

② 공용 부하에 비상 전원을 공급하는 발전기는 기동하지 않는다.

③ 떨어진 ACB에 해당되는 세대 부하만 전원 공급이 끊기고 다른 세대 부하용 ACB는 정상적으로 공급된다.

(3) 패널 내부 및 외부 기기 상태

① LBS 패널 : 정상

② MOF 패널 : 정상

③ VCB 패널 : 정상

④ TR 패널 : 정상

⑤ 트립되지 않은 ACB 패널 : 정상

⑥ 공용 부하용 ACB 및 ATS 패널 : 정상

⑦ 정류기반 : 정상

⑧ 사고 발생된 라인에 떨어진 ACB 패널

㉠ 표시 램프 : ON 램프는 소등되고 OFF 램프는 점등된다.

㉡ 전압계 : 380/220V가 표시된다.

㉢ 전류계 : 표시되지 않는다.

㉣ 내부 MCCB : 사고가 발생된 라인의 메인 MCCB가 트립될 수도 있고 그렇지 않을 수도 있다.

(4) 조치 사항

① 떨어진 ACB 패널의 표시 램프를 확인하고 내부에 있는 ACB가 트립되었는지 확인한다.

② 떨어진 ACB의 2차측에 있는 MCCB들이 트립되었는지 확인한다.

③ **떨어진 MCCB가 있는 경우 :** 해당 라인에서 문제가 발생됐으므로 문제의 MCCB만 OFF시켜 놓고 다른 MCCB들은 ON시킨 채 패널 전면에 있는 풀턴 스위치를 이용해 ACB를 ON시킨다.

④ **떨어진 MCCB가 없는 경우 :** 어느 MCCB 라인에서 문제가 발생됐는지 모르므로 ACB를 ON시키면 안 된다. 떨어진 ACB를 그대로 둔 채 관련 기관(안전 공사)에 연락하여 빠른 방문을 요청한다(TIE ACB 사용 불가).

⑤ ACB 1차측에서 문제가 발생했다면 매뉴얼에 따라 TIE ACB를 동작시켜 정상인 다른 세대 부하용 라인으로부터 임시 전원을 공급받을 수 있다.

⑥ 위의 경우처럼 ACB 2차측에서 발생된 상태에서 TIE ACB를 사용하면 아직 문제점을 해결하지 못했으므로 정상인 세대 라인의 ACB까지 떨어진다.

참고
- 안전 공사에서 문제의 MCCB 라인을 찾아낼 때까지 ACB는 떨어진 그대로 둔다.
- 상기 정전 계통은 일반적인 상황이며, 각 현장마다 회로 구성이 조금씩 다르므로 반드시 현장의 도면을 숙지하여야 한다.

2 공용 부하 라인에서 과전류(지락) 사고 등에 의한 정전 현상

(1) 공용 부하 라인에서 과전류(지락) 사고

공용 부하 라인의 어느 한 부분에서 과전류(OCR), 지락(OCGR) 등의 사고로 정전이 되는 경우이다.

(2) 전기실 상태

① 해당 공용 부하 라인의 ACB가 과전류(OCR), 지락(OCGR) 등을 감지하여 떨어진다.

② 신호가 발전기 패널로 가서 비상 발전기 기동 → 비상 전원 ATS의 발전측 단자까지 도착 → ATS 발전측으로 절체 → 공용 부하 라인에서 발생된 사고 감지 → 발전기 패널의 ACB 트립된다.

③ 사고 발생 → 한전 라인의 ACB 트립 → 발전기 가동 → ATS 절체 → 발전기 패널 ACB 트립 → 한전 및 비상 발전 전원 모두 공급 불능에 이른다.

참고 • 발전기 기동 신호를 ATS 패널에서 주는 경우 : 일단 발전기는 기동되나 곧바로 발전기 패널 ACB 트립으로 전원 공급되지 않는다.
• 발전기 기동 신호를 VCB 패널에서 주는 경우 : 한전 정전 상황이 아니므로 UVR이 동작하지 않아 발전기 자체가 기동하지 않는다.

④ 일반 세대 부하용 ACB는 정상적으로 공급된다.

(3) 패널 내부 및 외부 기기 상태

① LBS 패널 : 정상

② MOF 패널 : 정상

③ VCB 패널 : 정상

④ TR 패널 : 정상

⑤ 일반 세대 부하용 ACB 패널 : 정상

⑥ 정류기반 : 정상

⑦ 발전기 패널 : OFF 램프 점등 및 OCR(혹은 OCGR) 표시 램프가 점등되고 경보용 버저가 울린다.

⑧ 사고가 발생된 라인의 떨어진 공용 부하용 ACB 패널

㉠ 표시 램프 : ON 램프가 소등, OFF 램프는 점등된다.

㉡ OCR(혹은 OCGR) 표시 램프가 점등된다.

㉢ 전압계 : 380/220V가 표시된다.

㉣ 전류계 : 표시되지 않는다.

㉤ 내부 MCCB : 사고가 발생된 라인의 메인 MCCB가 떨어질 수도 있고 그렇지 않을 수도 있다.

(4) 조치 사항

① 떨어진 MCCB가 있는 경우 : 해당 라인에서 문제가 발생됐으므로 문제의 MCCB만 OFF시켜 놓고 다른 MCCB들은 ON시킨 채 패널 전면에 있는 풀턴 스위치를 이용해 ACB를 ON시킨다.

② 떨어진 MCCB가 없는 경우 : 어느 MCCB 라인에서 문제가 발생됐는지 모르므로 트립된 ACB를 그대로 둔 채 관련 기관(안전 공사)에 연락하여 빠른 방문을 요청한다.

참고 • 안전 공사에서 문제의 MCCB 라인을 찾아낼 때까지 ACB는 떨어진 그대로 둔다.
• 상기 정전 계통은 일반적인 상황이며, 각 현장마다 회로 구성이 조금씩 다르므로 반드시 현장의 도면을 숙지하여야 한다.

13 변압기 소손에 의한 각 부하 라인의 정전 현상

1 세대 부하 라인에서 변압기 소손에 의한 정전 현상

(1) 세대 부하용 TR의 소손 사고

세대 부하용 변압기(TR)가 소손되어 정전이 되는 경우이다.

(2) 전기실 상태

① UVT가 설치된 경우 해당 라인의 ACB가 떨어진다.

② 공용 부하에 비상 전원을 공급하는 발전기는 기동하지 않는다.

③ 소손된 TR에 해당되는 세대 부하 라인만 전원 공급이 끊기고 다른 세대 부하 라인 및 공용 부하 라인은 정상적으로 공급된다.

(3) 패널 내부 및 외부 기기 상태

① LBS 패널 : 정상

② MOF 패널 : 정상

③ VCB 패널 : 정상

④ 소손되지 않은 다른 세대 부하 라인의 TR, ACB 패널 : 정상

⑤ 공용 부하 라인의 TR, ACB, ATS 패널 : 정상

⑥ ATS 패널 : 한전측 유지

⑦ 정류기반 : 정상

⑧ 소손된 TR 라인의 ACB 패널

㉠ 전압계 및 전류계 : 표시되지 않는다.

㉡ UVT가 설치된 경우 : ACB 트립, ON 램프 소등, OFF 램프 점등

㉢ UVT가 설치되지 않은 경우 : ACB 미트립, ON 램프 점등, OFF 램프 소등

(4) 조치 사항

① 문제된 라인의 MCCB OFF → ACB OFF시킨다.

② TR 패널의 화재 여부 등을 확인하고 직원 비상 연락망 및 한전, 안전 공사, 변압기 업체 등에 연락한다.

③ TIE ACB ON : 시간이 오래 걸릴 경우 매뉴얼에 따라 TIE ACB를 동작시켜 정상인 다른 세대 부하용 라인으로부터 임시 전원을 공급받는다.

참고
- 변압기 소손의 경우 업체가 오기 전까지 추가 피해(화재) 예방에 만전을 기한다.
- 안전을 위해 함부로 패널을 개방하지 않는다.

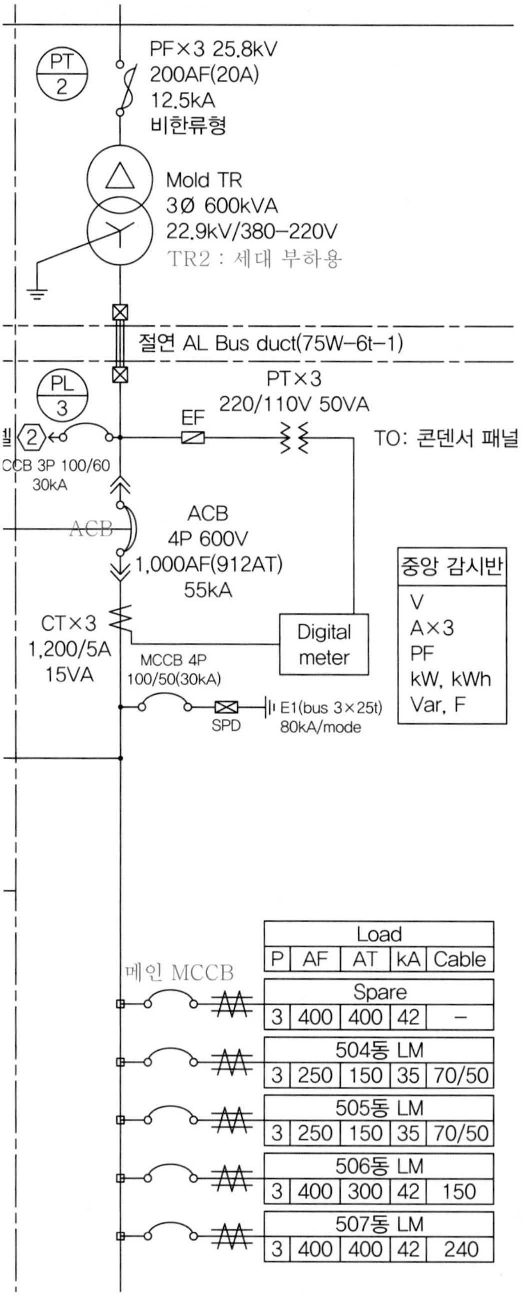

PT 2

PF×3 25.8kV
200AF(20A)
12.5kA
비한류형

Mold TR
3Ø 600kVA
22.9kV/380-220V
TR2 : 세대 부하용

절연 AL Bus duct(75W-6t-1)

PL 3

PT×3
220/110V 50VA
EF
TO: 콘덴서 패널

CCB 3P 100/60
30kA

ACB
4P 600V
1,000AF(912AT)
55kA

ACB

중앙 감시반
V
A×3
PF
kW, kWh
Var, F

CT×3
1,200/5A
15VA

Digital
meter

MCCB 4P
100/50(30kA)

SPD
E1(bus 3×25t)
80kA/mode

메인 MCCB

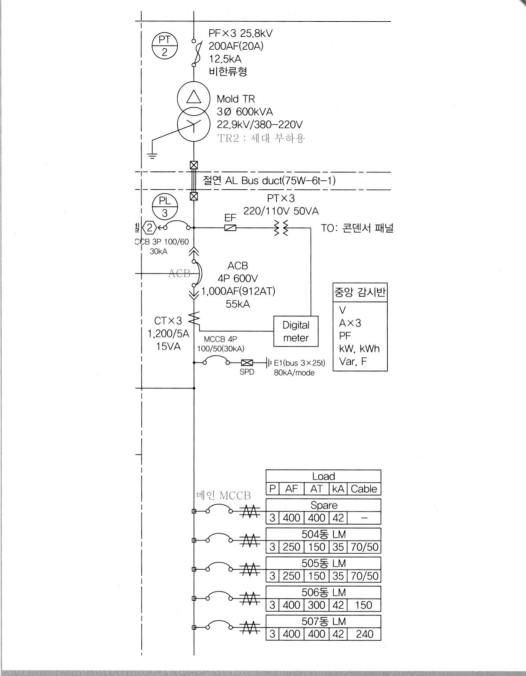

Load				
P	AF	AT	kA	Cable
Spare				
3	400	400	42	-
504동 LM				
3	250	150	35	70/50
505동 LM				
3	250	150	35	70/50
506동 LM				
3	400	300	42	150
507동 LM				
3	400	400	42	240

세대 부하용 TR(변압기) 단선도

TR2는 각 세대에 전기를 공급하는 일반용 변압기로, 계통은 다음과 같다.

▶ VCB 2차측 → PF → TR2 → ACB 1차측 → MCCB → 각 동 지하에 일반 메인 패널 → 각 세대에 있는 세대 분전함

▶ 상기 계통에서 어떤 원인에 의해서 TR2가 소손되어 정전된다.

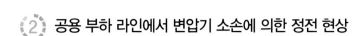

2 공용 부하 라인에서 변압기 소손에 의한 정전 현상

(1) 공용 부하용 TR의 소손 사고

공용 부하용 변압기(TR)가 소손되어 정전되는 경우이다.

(2) 전기실 상태

① UVT가 설치된 경우 해당 라인의 ACB가 떨어진다.

② 발전기 기동 신호를 ATS 패널에서 주는 경우 : 스타트 신호를 받은 발전기가 기동된다.

③ 발전기 기동 신호를 VCB 패널에서 주는 경우 : 한전 정전 상황이 아니며, VCB 2차측에서 사고가 났으므로 UVR이 저전압을 인식하지 않아 발전기가 기동하지 않는다.

④ 소손된 TR에 해당되는 공용 부하 라인만 전원 공급이 끊기고 다른 세대 부하 라인은 정상적으로 공급된다.

(3) 패널 내부 및 외부 기기 상태

① LBS 패널 : 정상

② MOF 패널 : 정상

③ VCB 패널 : 정상

④ 세대 부하 라인의 TR, ACB 패널 : 정상

⑤ ATS 패널 및 발전기

㉠ ATS 패널에서 발전기 기동 신호를 주는 경우 : 변압기 하위 단계에 있는 ATS 패널로부터 신호를 받아 발전기가 기동되며, ATS가 발전측으로 절체된다.

㉡ VCB 패널에서 발전기 기동 신호를 주는 경우 : 한전 정전 상황이 아니므로 UVR이 동작하지 않아 발전기가 미기동되고 ATS 한전측은 그대로 유지한다.

⑥ 정류기반 : 정상

⑦ 소손된 TR 라인의 ACB 패널

㉠ 전압계 및 전류계 : 표시되지 않는다.

㉡ UVT가 설치된 경우 : ACB 트립, ON 램프 소등, OFF 램프 점등

㉢ UVT가 설치되지 않은 경우 : ACB 미트립, ON 램프 점등, OFF 램프 소등

(4) 조치 사항

① ATS 패널에서 발전기 기동 신호를 주는 경우 : 변압기 하위 단계에 있는 ATS 패널로부터 신호를 받아 발전기가 기동되며, ATS가 발전측으로 절체되므로 부하측에 정상적으로 전원이 공급되고 있는지 확인한다.

② VCB 패널에서 발전기 기동 신호를 주는 경우 : 발전기 미기동 및 ATS가 한전측 그대로 유지하고 있으므로, 이 경우 변압기 소손을 확인한 뒤 MCCB OFF → 한전측 ACB OFF → 수동으로 발전기 기동 → 수동으로 ATS를 발전측으로 절체 → MCCB ON시켜 비상 전원을 공급한다.

③ TR 패널의 화재 여부 등을 확인하고 직원 비상 연락망 및 한전, 안전 공사, 변압기 업체 등에 연락한다.

④ 모든 공용 부하의 전원이 잠시 끊긴(발전측 전원이 인가되기까지) 상태였으므로 현장의 공용 부하 피해 여부를 파악한다.

참고
- 변압기 소손의 경우 업체가 오기 전까지 추가 피해(화재) 예방에 만전을 기한다.
- 안전을 위해 함부로 패널을 개방하지 않는다.

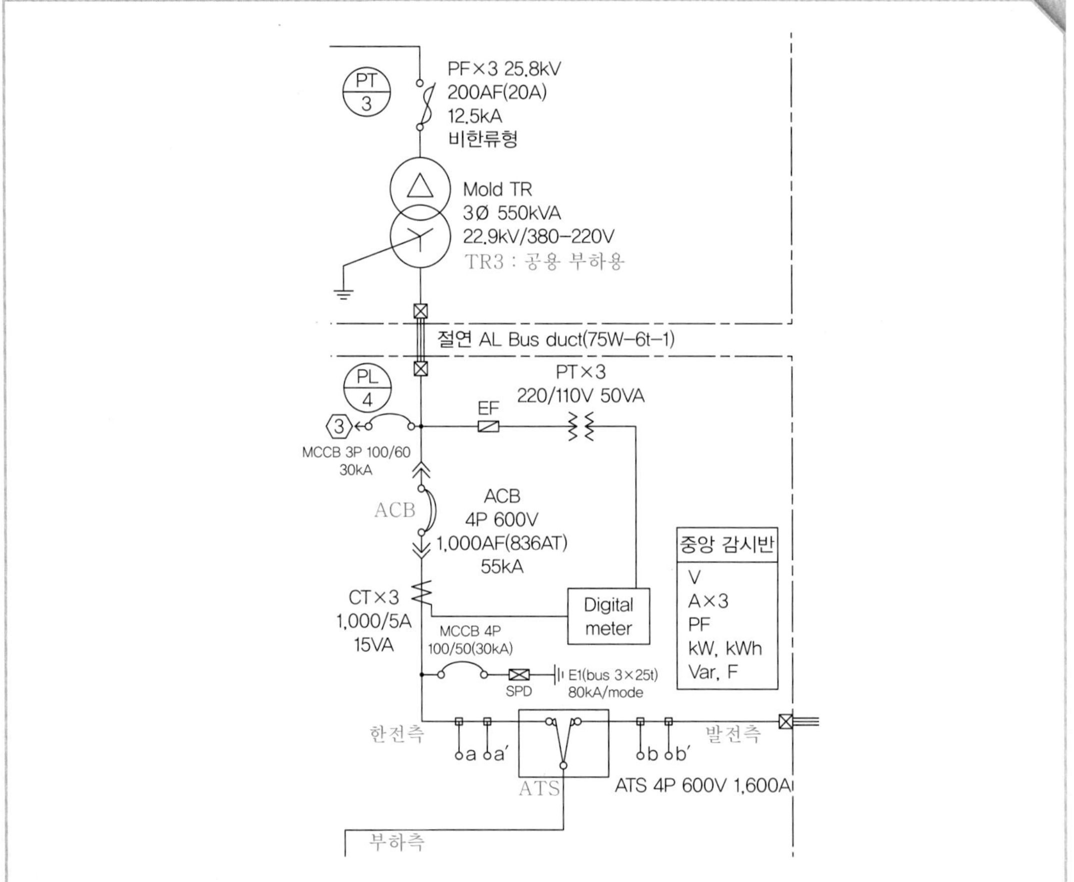

공용 부하용 TR(변압기) 단선도

TR3는 세대에 공급하는 일반용 외의 모든 공용부에 공급(주차장, 가로등, 급수 동력 등)하는 변압기로, 계통은 다음과 같다.

▶ VCB 2차측 → PF → TR2 → ACB 1차측 → ATS → MCCB → 각 동 지하에 비상 메인 패널 → 각 현장에 있는 공용 부하용 패널

▶ 상기 계통에서 어떤 원인에 의해 TR3가 소손되어 정전된다.

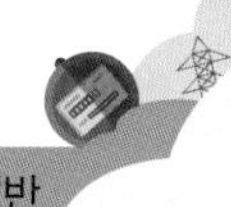

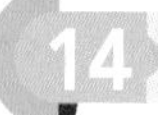

14 VCB PT 라인의 다이젯 퓨즈 및 PTT 제거 시 정전 이유

(1) VCB 디지털 복합 계전기 전압 계통

VCB 1차측에 설치된 PT → 다이젯 퓨즈 → PTT → 디지털 복합 계전기

(2) VCB 디지털 복합 계전기 전류 계통

VCB 2차측에 설치된 CT → CTT → 디지털 복합 계전기

(3) PT 라인의 다이젯 퓨즈 및 PTT 제거

디지털 복합 계전기에서 저전압을 인식해 UVR 접점이 동작하여 VCB가 떨어진다.

참고
- 위 상황을 파악하지 못한 채 복합 계전기의 전압 단자에 연결된 선을 풀어야 한다고 가정하면, 감전 예방을 위해 다이젯 퓨즈를 빼거나 PTT를 삽입할 경우 VCB가 떨어지므로 조심해야 한다.
- CTT는 전류와 관계되며 저전압(UVR)과는 상관없다.

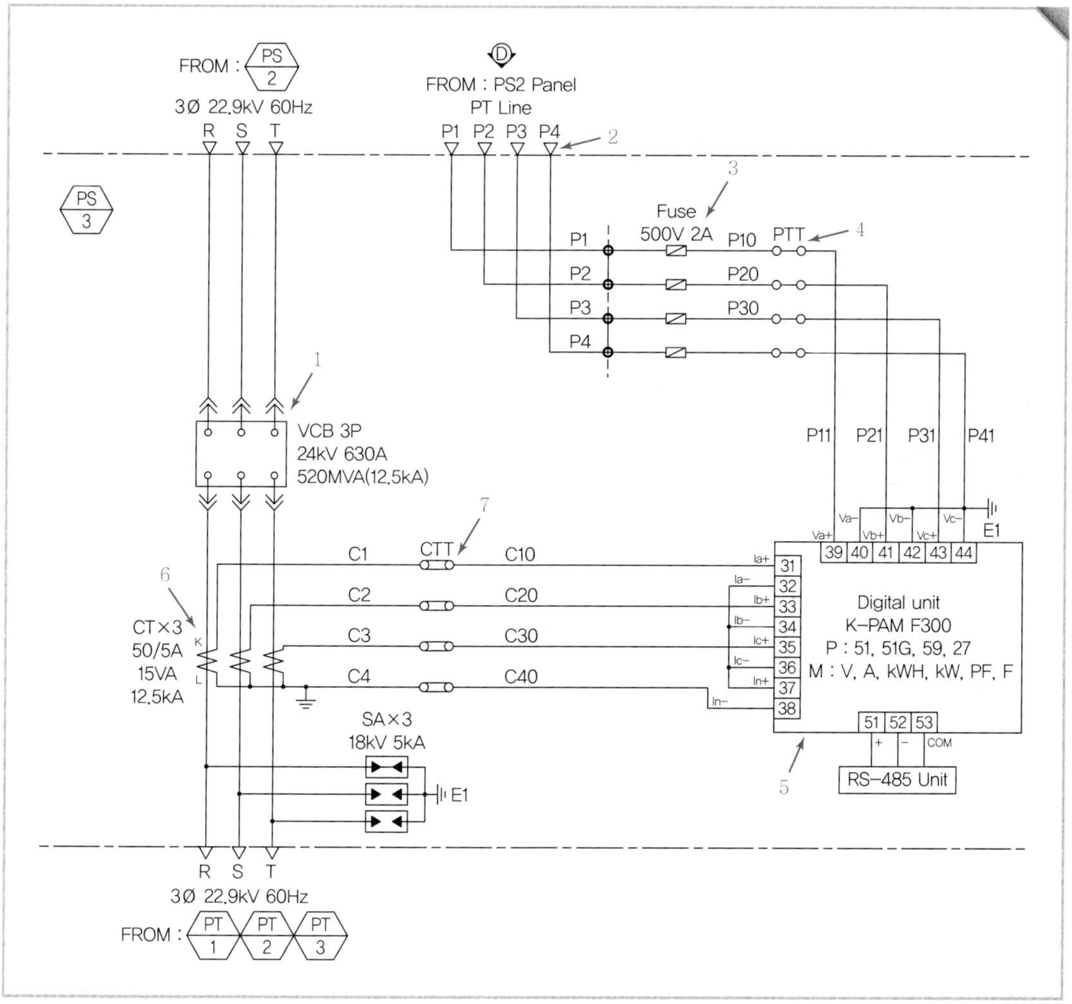

FROM : PS 2
3Ø 22.9kV 60Hz
R S T
FROM : PS2 Panel
PT Line
P1 P2 P3 P4
2
PS 3
3
Fuse
500V 2A
P10
PTT
4
P1
P2
P3
P4
P20
P30
1
VCB 3P
24kV 630A
520MVA(12.5kA)
P11 P21 P31 P41
Va- Vb- Vc-
Va+ Vb+ Vc+
E1
39 40 41 42 43 44
7
C1
CTT
C10
C2
C20
C3
C30
C4
C40
6
CT×3
50/5A
15VA
12.5kA
K
L
Ia+ Ia- Ib+ Ib- Ic+ Ic- In+ In-
31 32 33 34 35 36 37 38
Digital unit
K-PAM F300
P : 51, 51G, 59, 27
M : V, A, kWH, kW, PF, F
51 52 53
+ - COM
RS-485 Unit
5
SA×3
18kV 5kA
E1
R S T
3Ø 22.9kV 60Hz
FROM : PT 1 PT 2 PT 3

디지털 복합기와 연결된 PT 및 CT 라인 계통

- ▶ PT 라인(VCB 1차측) : MOF 2차측 → PT(2번) → 다이젯 퓨즈(3번) → PTT(4번) → 디지털 복합 계전기(5번)
- ▶ CT 라인(VCB 2차측) : VCB(1번) → CT(6번) → CTT(7번) → 디지털 복합 계전기(5번)
- ▶ 정전 인식 상황 : PT 라인 중 어느 한 군데서라도 단선이 되면 복합 계전기에서 저전압을 인식하여 UVR 기능이 동작한다.

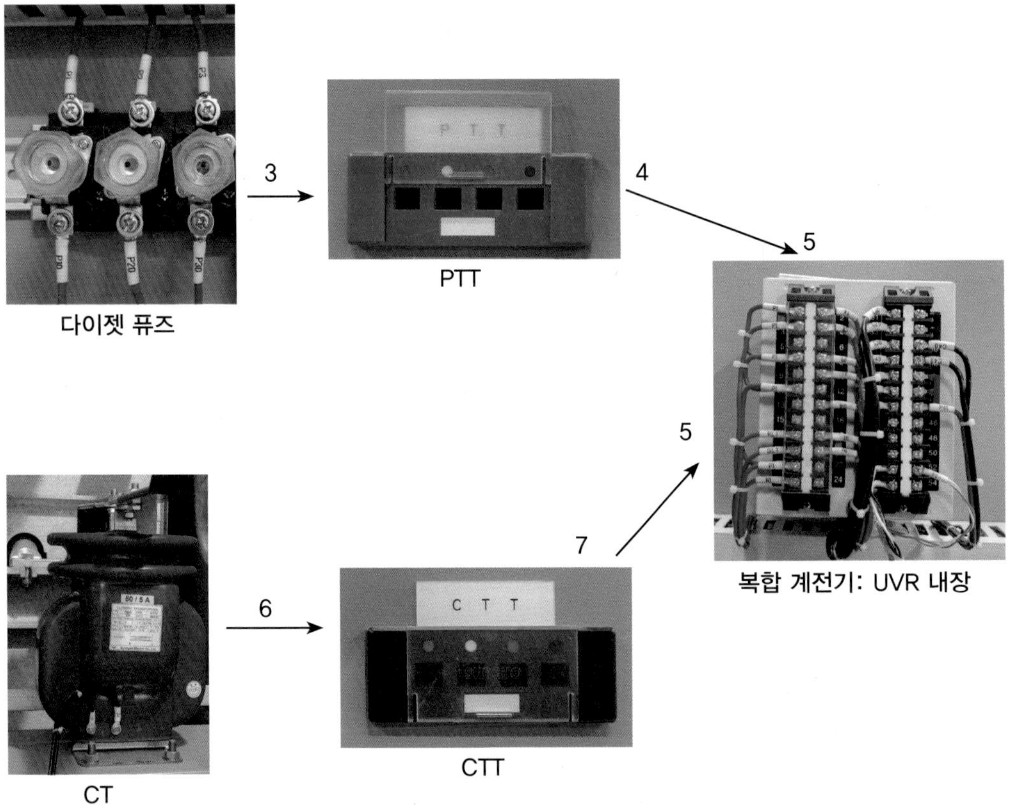

3

4

5

다이젯 퓨즈

PTT

5

7

복합 계전기: UVR 내장

6

CT

CTT

PT 및 CT 라인 사진 계통

㉠ PT 라인 : 다이젯 퓨즈(3상, 3번) → PTT → 복합 계전기(5번)의 PT 단자

㉡ CT 라인 : CT(6번) → CTT(7번) → 디지털 복합 계전기(5번) CT 단자

MEMO

Chapter 05

APT 일반 건축 평면도 보는 법

01 101동 전력 간선 설비 계통도
02 33평형 전등 평면도
03 33평형 전열 평면도
04 101동 공용부 비상등 설비 계통도
05 101동 유도등 설비 계통도
06 3~9층 자동 화재 탐지 설비 및 방송 설비 평면도
07 101동 방송 설비 평면도
08 홈 오토(home auto, 통신) 평면도

Chapter 05 APT 일반 건축 평면도 보는 법

01 101동 전력 간선 설비 계통도

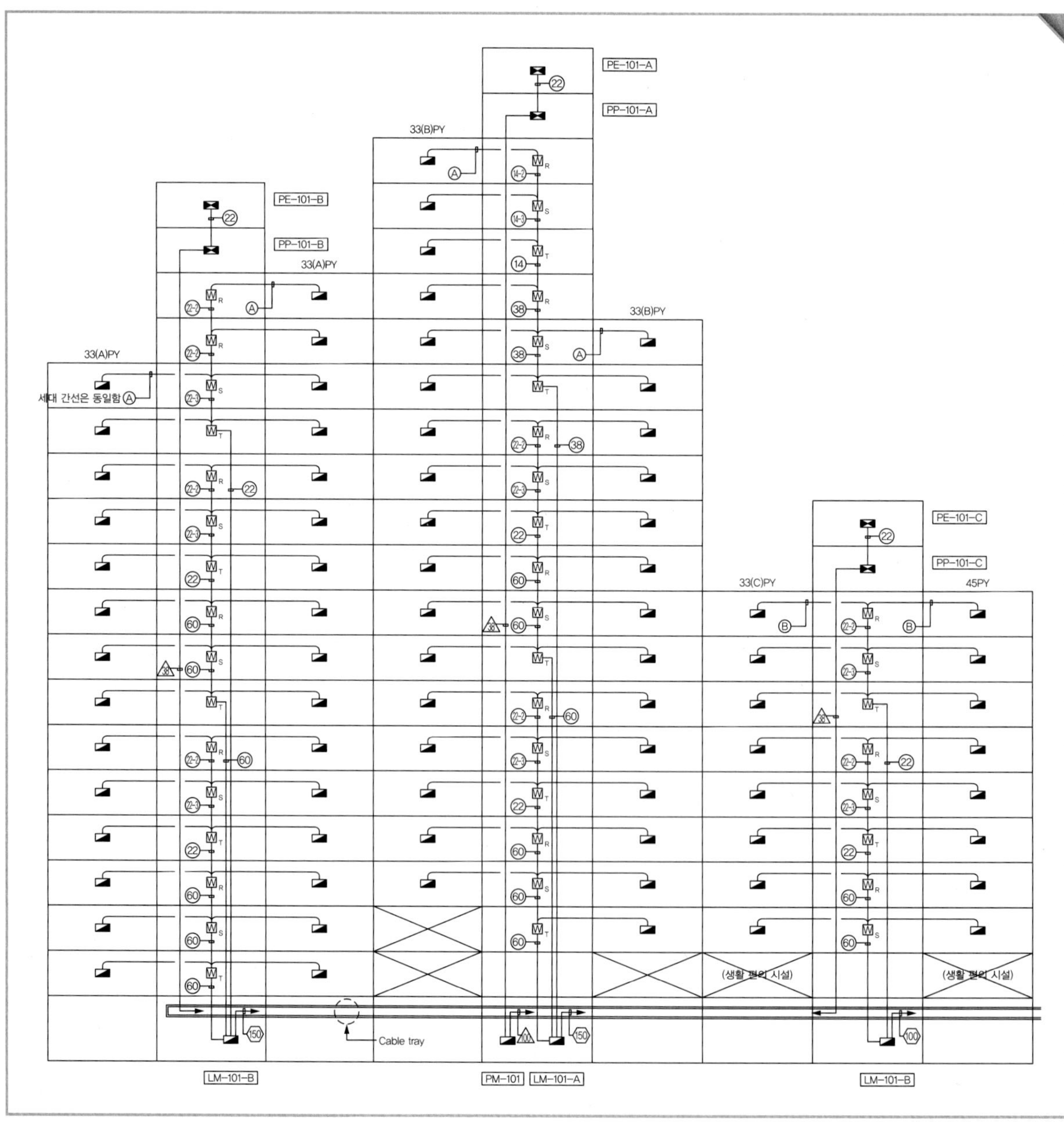

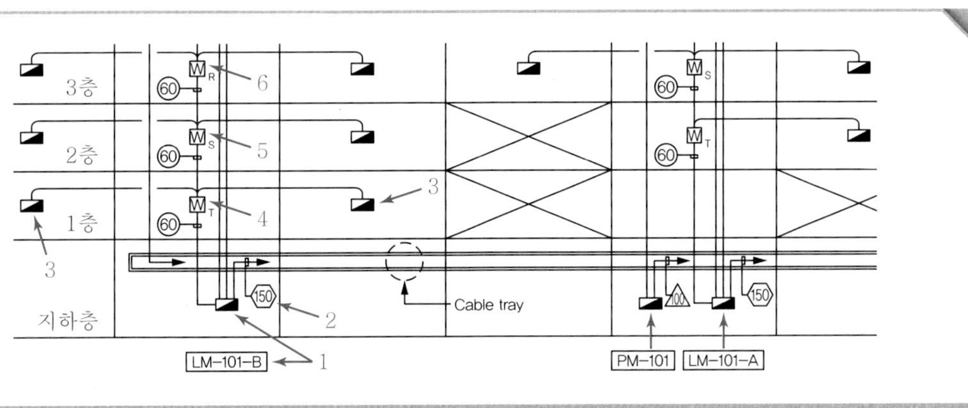

B1F~3F 전력 간선 계통도

- ▶ 1번 : 101동 B라인 지하에 있는 LM 패널로, 101동 B라인의 세대 전원을 공급한다.
- ▶ 2번 : 전기실의 LV1 패널의 LM-101-B 메인 차단기 2차측으로 간다.
- ▶ 3번 : 비상 계단의 벽에 있는 세대 계량기에서 세대 내부에 있는 분전함 1차측으로 간다.
- ▶ 4번(T) : LM-101-B 패널의 T상에서 비상 계단의 세대 계량기 1차측으로 간다.
- ▶ 5번(S) : LM-101-B 패널의 S상에서 비상 계단의 세대 계량기 1차측으로 간다.
- ▶ 6번(R) : LM-101-B 패널의 R상에서 비상 계단의 세대 계량기 1차측으로 간다.

참고 부하가 어느 한 상에 집중되지 않도록 각 상(R, S, T)에 골고루 분산되도록 한다(부하 분담이라 한다).

전기실 모습

각 현장에 있는 패널로 전원을 공급해 주는 전기실이다.

패널끼리 연결되는 케이블

요즘에는 버스바를 이용해 패널 내부끼리 연결한다.

현장에 있는 PM 패널 명판 모습

PM은 해당 동의 공용 부하에 전원을 공급해 준다.

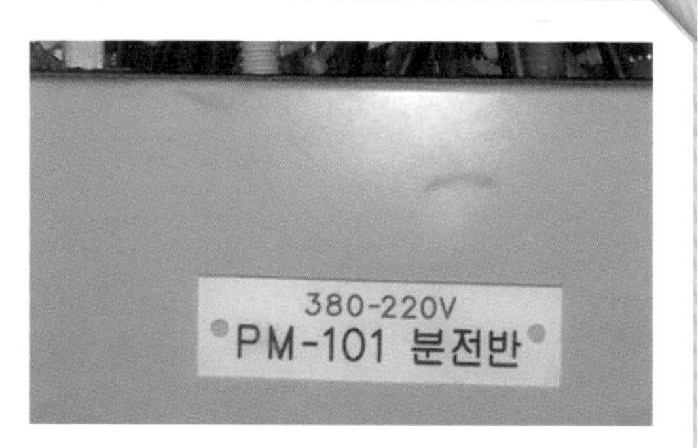

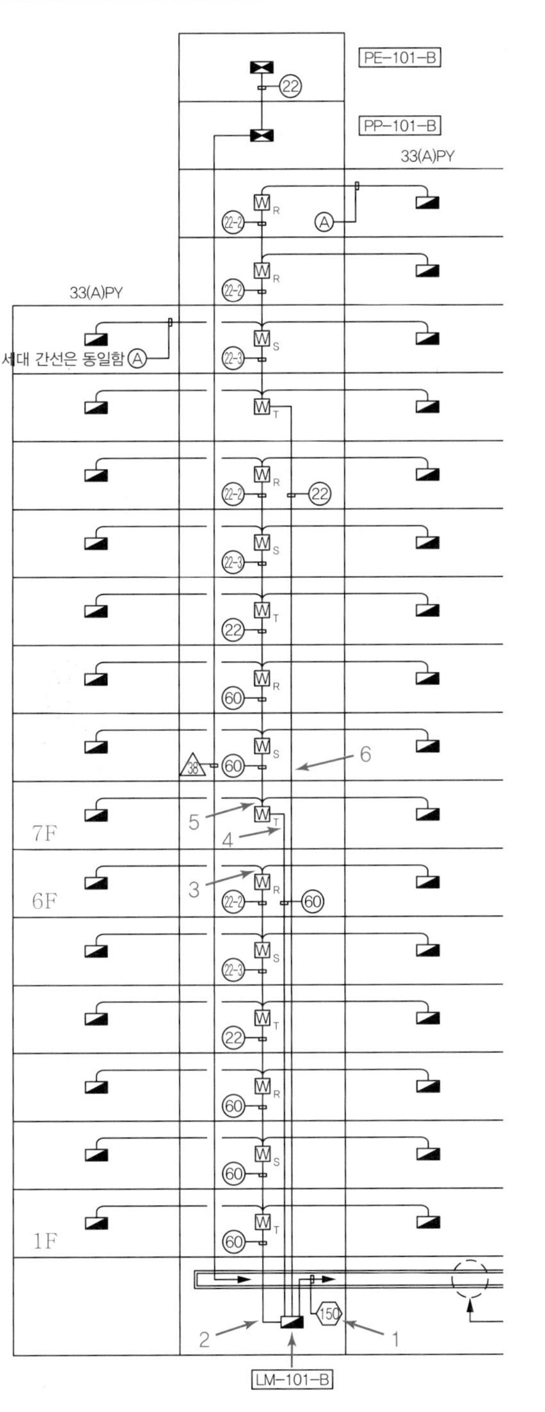

LM 패널 계통

▶ 1번 : 전기실로 가는 케이블의 굵기로, 도면의 Note에 적힌 표를 참조한다(150sq).

▶ 2번 : 세대 계량기로 올라가는 케이블 굵기로, Note 참조한다(60sq).

▶ 3번 : 비상 계단에 있는 세대 계량기이다.

▶ 4번 : 60sq 케이블로 1~6층까지 공급하고, 7층부터 다시 전원 케이블이 간다(용량).
▶ 5번 : 새로 시작된 케이블이다.
▶ 6번 : 13층부터 새로 공급되는 전원이다.

현장의 LM 패널 명판 모습

LM은 공용 부하 외의 부하, 즉 각 세대의 전원 공급에 사용된다.

세대 내부에 있는 세대 분전함

메인은 MCCB(배선용), 분기는 ELB(누전차단기)를 사용한다.

비상 계단에 있는 세대 계량기와 메인 차단기

㉠ 1번 : 지하 패널에서 올라온 전원
㉡ 2번 : 위층 세대로 올라가는 케이블
㉢ 3번 : 세대용 전자식 적산 전력계

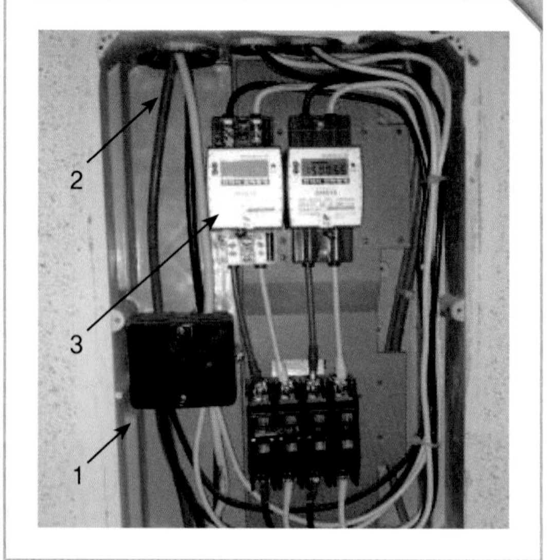

살·펴·보·기 패널끼리 연결되는 케이블 표기

1. Ⓐ
HIV(전선의 종류) 2(2가닥)−8°(전선 굵기), E(접지)−5.5°(전선 굵기), 28C(배관의 굵기)
2. ⟨22⟩
F−CV(케이블 종류) 22°/4C(22sq인 케이블 4가닥), E−8°(접지선의 굵기), 36C(케이블을 입선할 배관의 굵기)

NO	배관 · 배선 Size	NO	배관 · 배선 Size
Ⓐ	HIV 2−8°, E−5.5(28C)	⟨22⟩	F−CV 22°/4C, E−8°(42C)
Ⓑ	HIV 2−14°, E−5.5(28C)	⟨38⟩	F−CV 38°/4C, E−8°(54C)
(14-2)	HIV 2−14°, E−5.5(28C)	⟨60⟩	F−CV 60°/1C×4, E−14°(70C)
(14-3)	HIV 3−14°, E−5.5(28C)	⟨100⟩	F−CV 100°/1C×4, E−22°(82C)
(14)	HIV 4−14°, E−5.5(36C)	⟨150⟩	F−CV 150°/1C×4, E−38°(104C)
(22-2)	HIV 2−22°, E−8(28C)	⟨200⟩	F−CV 200°/1C×4, E−38°(104C)
(22-3)	HIV 3−22°, E−8(28C)	△38	FR−8 38°/4C, E−8°(54C)
(22)	HIV 4−22°, E−8(36C)	△60	FR−8 60°/1C×4, E−14°(70C)
(38)	HIV 4−38°, E−8(42C)	△100	FR−8 100°/1C×4, E−22°(82C)
(60)	HIV 4−60°, E−14(54C)	△150	FR−8 150°/1C×4, E−38°(104C)

주) • Cable tray 내 전선관 제외
• Cable tray 내 접지선 GV 38° 포설
• 지하주차장 전력 간선 계통도 참조

02 33평형 전등 평면도

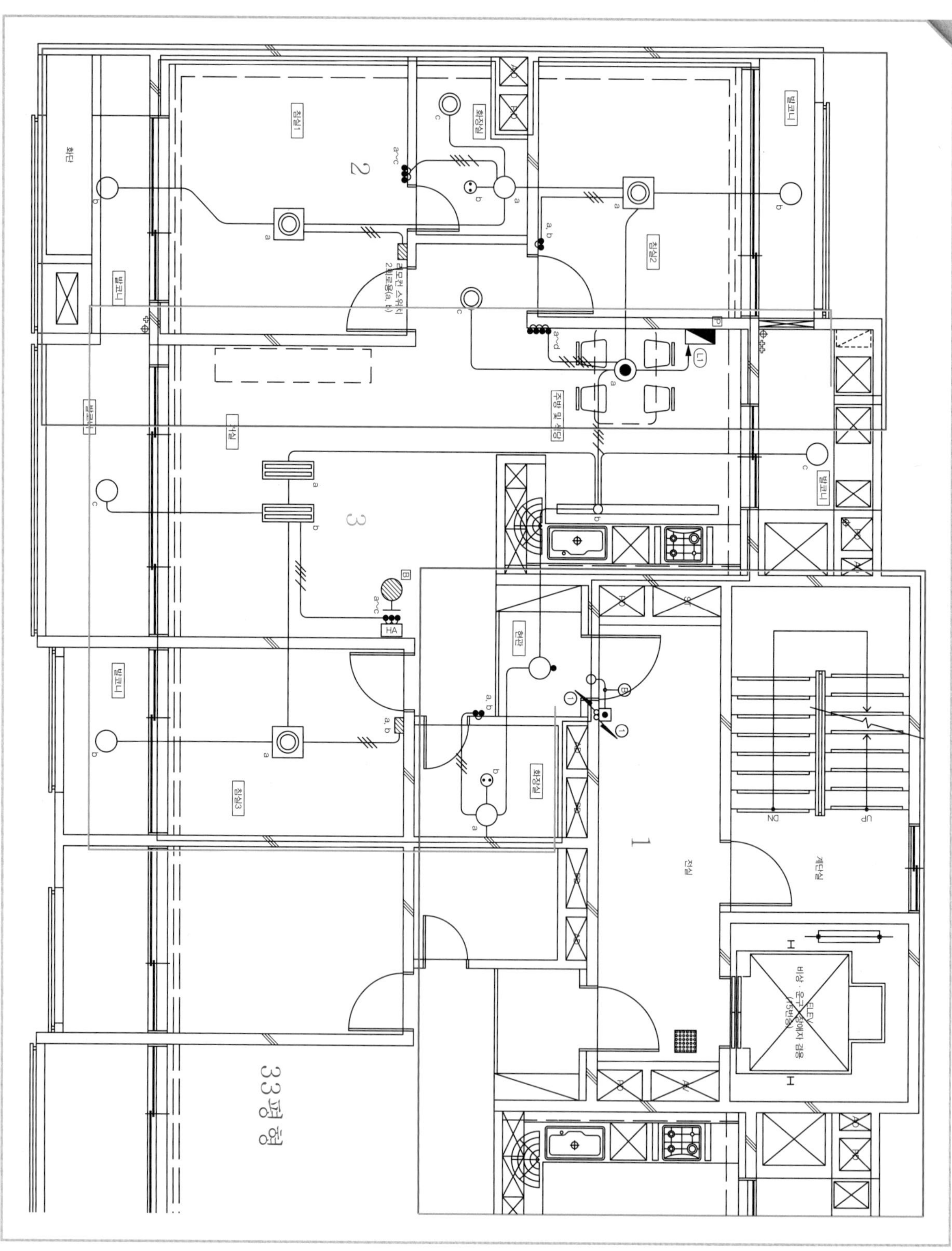

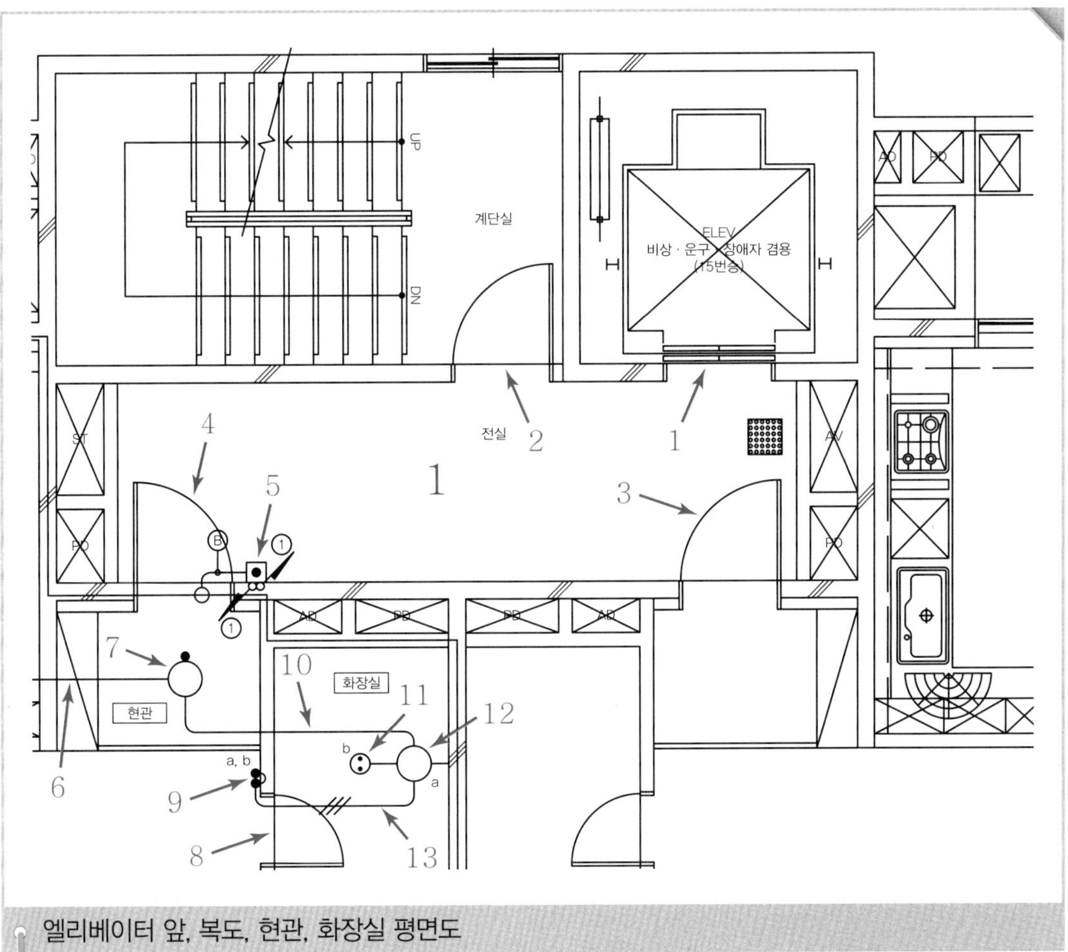

엘리베이터 앞, 복도, 현관, 화장실 평면도

- ▶ 1번 : 엘리베이터(EL)
- ▶ 2번 : 비상 계단 출입문
- ▶ 3 · 4번 : 세대 현관문
- ▶ 5번 : 초인종
- ▶ 6번 : 신발장
- ▶ 7번 : 센서등
- ▶ 8번 : 화장실문
- ▶ 9번 : 화장실 스위치(2구 : 전등, 환풍기 전원용 콘센트)
- ▶ 10번 : 센서등에서 온 화장실 전원
- ▶ 11번 : 환풍기용 콘센트
- ▶ 12번 : 전등
- ▶ 13번 : 전등에서 스위치로 간 선(2회로 3가닥 : 스위치 공통, 전등 출력, 환풍기 출력)

세대 현관의 신축 공사 모습

목공팀에서 폼으로 현관을 만든 모습으로, 폼과 폼 사이에 콘크리트를 부어 현관을 완성한다.

완공 모습

콘크리트가 굳은 뒤 폼을 뜯어낸 현관 인터폰 위치이다.

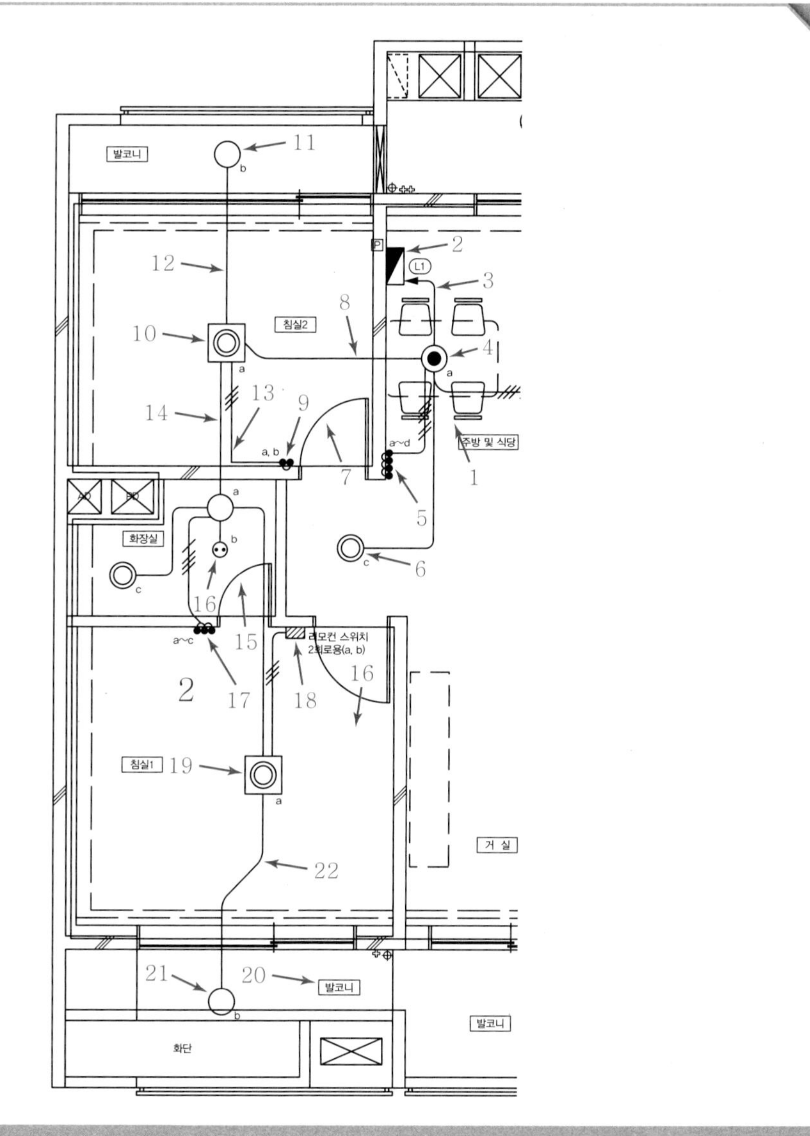

발코니, 침실, 화장실 평면도

- ▶ 1번 : 주방 식탁
- ▶ 2번 : 세대 분전함
- ▶ 3번 : 전등 전원(L1), 2가닥(하트상, 중성선)
- ▶ 4번 : 식탁등(4구 스위치의 a)
- ▶ 5번 : 4구 스위치(a ~ d)

▶ 6번 : 화장실 앞 전등(d)
▶ 7번 : 침실2 방문
▶ 8번 : 침실2 전등 전원으로, 식탁등에서 회로 구성 후 COM해서 온다.
▶ 9번 : 침실2 스위치(2구)
▶ 10번 : 침실2 전등(a)
▶ 11번 : 발코니 전등(b)
▶ 12번 : 발코니 전등으로 가는 스위치 출력(b)선과 등공통(중성선)
▶ 13번 : 침실2, 발코니 스위치이며 2구이므로 3가닥이다(하트상, 출력 a, 출력 b).
▶ 14번 : 침실2에서 회로 구성 후 연결해서 화장실 전원으로 온다.
▶ 15번 : 화장실 문
▶ 16번 : 침실1 방문
▶ 17번 : 화장실 3구 스위치(a-전등, b-환풍기, c-전등)
▶ 18번 : 침실1 리모컨 스위치(2구)로, 일반 스위치가 아니라 리모컨으로 조작한다.
▶ 19번 : 침실1 전등(a)
▶ 20번 : 발코니
▶ 21번 : 발코니 전등(b)
▶ 22번 : 리모컨에서 발코니로 가는 출력선과 등공통(중성선)

침실 등기구를 취부하는 모습

사진은 2등용이지만 방의 크기에 따라 3등용도 많다.

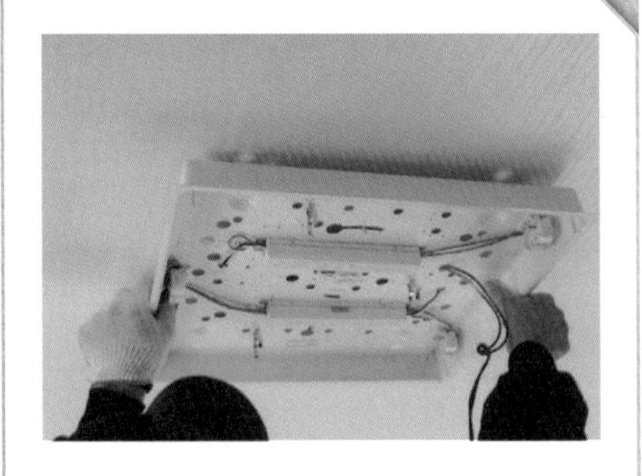

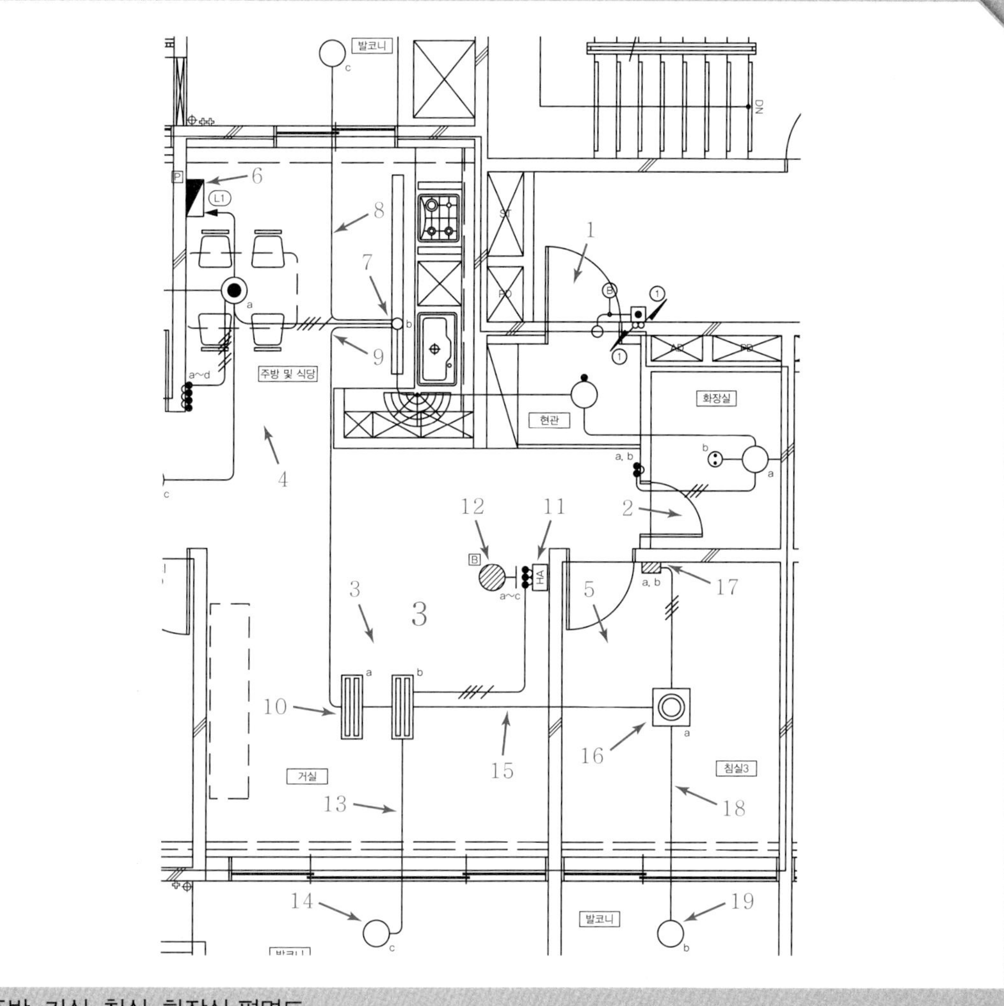

주방, 거실, 침실, 화장실 평면도

- ▶ 1번 : 세대 출입문
- ▶ 2번 : 화장실 문
- ▶ 3번 : 거실
- ▶ 4번 : 주방
- ▶ 5번 : 침실3
- ▶ 6번 : 세대 분전함
- ▶ 7번 : 주방 전등
- ▶ 8번 : 발코니 전등 라인
- ▶ 9번 : 주방에서 회로 구성 후 거실로 전원 공급

▶ 10번 : 거실 전등으로, 2회로(a, b)

▶ 11번 : 홈오토 및 거실 스위치(3구)

▶ 12번 : 비상등(벽등으로 홈오토가 있는 벽 상부 위치)

▶ 13번 : 발코니 전등 라인

▶ 14번 : 발코니 전등(c)

▶ 15번 : 거실에서 회로 구성 후 침실3으로 전원 공급

▶ 16번 : 침실3 전등

▶ 17번 : 침실3(a), 발코니(b) 스위치

▶ 18번 : 발코니 전등 라인

▶ 19번 : 발코니 전등(b)

주방 전등이 취부된 모습

사진은 노출 등기구이나 최근에는 매입형 등기구를 많이 사용한다.

거실에 입선된 공사 현장 모습

㉠ 1번 : 거실 전등

㉡ 2번 : 주방 전등

㉢ 3번 : 주방 환풍기

㉣ 4번 : 홈오토 및 스위치

주방 벽의 세대 분전함

메인 차단기 1차측 전원 복도에 세대 계량기와 함께 있는 차단기에서 온다.

전기 배관 중인 신축 공사 현장

현재 상태는 평면도를 보고 철근에 배관을 한 모습이다.

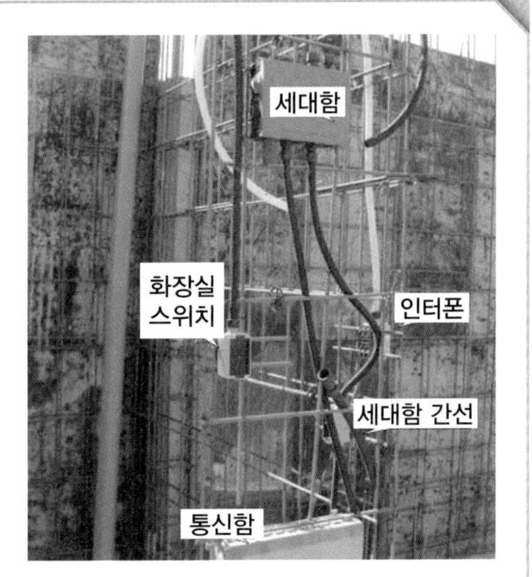

NO	설명	LTG Type	수량	Remark
⟨1⟩	거실	Model house 참조	1.1	Model house 참조
⟨2⟩	침실1		1	
⟨3⟩	침실2		1	
⟨4⟩	침실3		1	
⟨5⟩	주방 및 식당		1.1	
⟨6⟩	화장실		2	
⟨7⟩	발코니		5	
⟨8⟩	현관		1	

세대를 구성하는 표기표

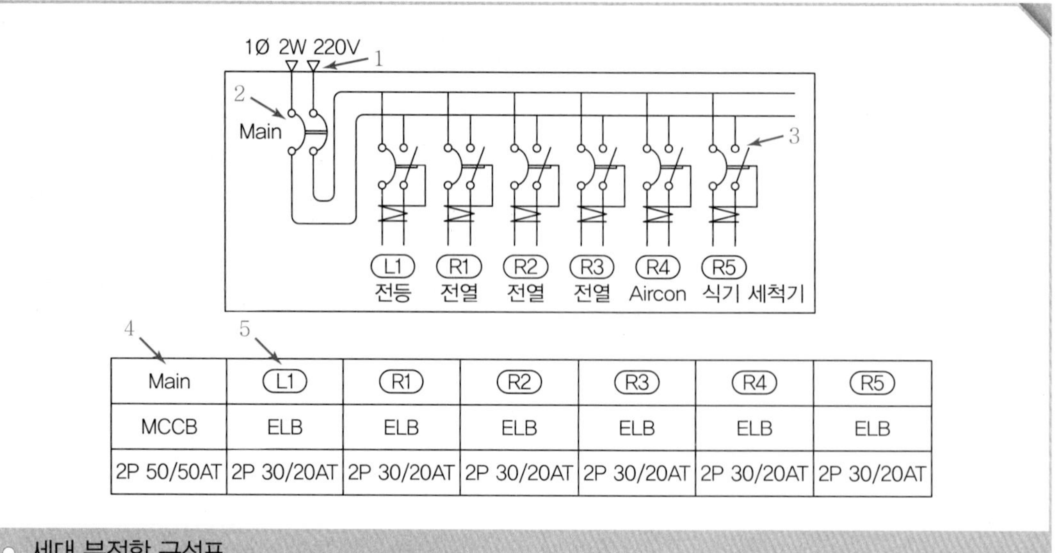

Main	L1	R1	R2	R3	R4	R5
MCCB	ELB	ELB	ELB	ELB	ELB	ELB
2P 50/50AT	2P 30/20AT	2P 30/20AT	2P 30/20AT	2P 30/20AT	2P 30/20AT	2P 30/20AT

세대 분전함 구성표

▶ 1번 : 인입(220V)

▶ 2번 : 메인 차단기

▶ 3번 : 분기 차단기

▶ 4번 : 메인 차단기 형식

▶ 5번 : 분기 차단기 형식

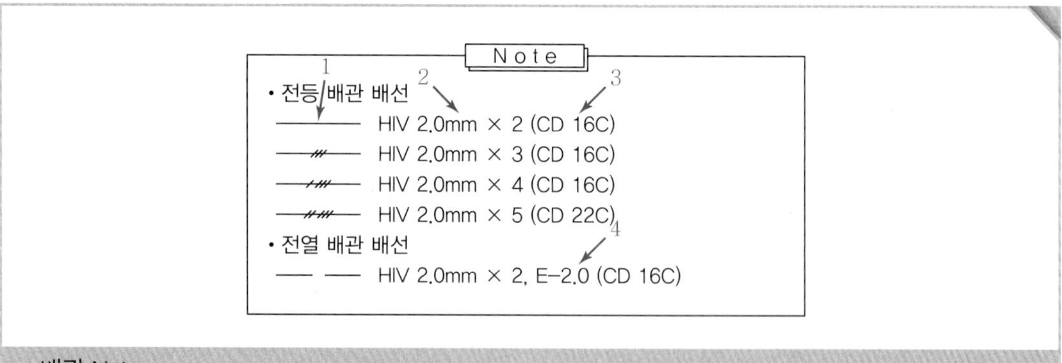

배관 Note

▶ 1번 : 배관에 입선되는 전선 가닥수

▶ 2번 : 전선의 종류, 굵기, 가닥수

▶ 3번 : 배관의 종류, 굵기

▶ 4번 : 배관(CD 16mm) 속에 들어가는 전선으로, 전선의 종류 HIV, 굵기 2.0mm, 가닥수 2, 접지선(E : 접지선의 뜻, 2.0 : 접지선 굵기)이 표기되어 있다.

NO	설명	Remark
A	Unit speaker	Model house 참조
B	Unit, Emer, Light	
C	에어컨용 콘센트	
D	세탁기용 콘센트	
E	보일러용 콘센트	
F	라디오용 콘센트	
G	주방 보조등용 콘센트	
H	음식물 탈수기용 콘센트	
I	식기 세척기용 콘센트	
J	가스 오븐용 콘센트	
K	Hood 및 자동식 소화기용 콘센트	
L	냉장고용 콘센트	
N	김치 냉장고용 콘센트	
O	주방가전용 콘센트	
P	Unit panel board	
Q	세대 단자함용 콘센트	

전열 부하 Note

평면 도면에 표기된 알파벳을 보고 Note를 비교하면 된다.

참고
- 세대 내 모든 기구의 설치 위치와 설치 높이는 모델하우스에 준한다.
- Aircon, 식기 세척기 콘센트는 전용 회로로 한다(ELB 전용 회로임).
- 배선 기구 및 조명 기구 위치는 현장 상황에 따라 변경될 수 있다.

03 33평형 전열 평면도

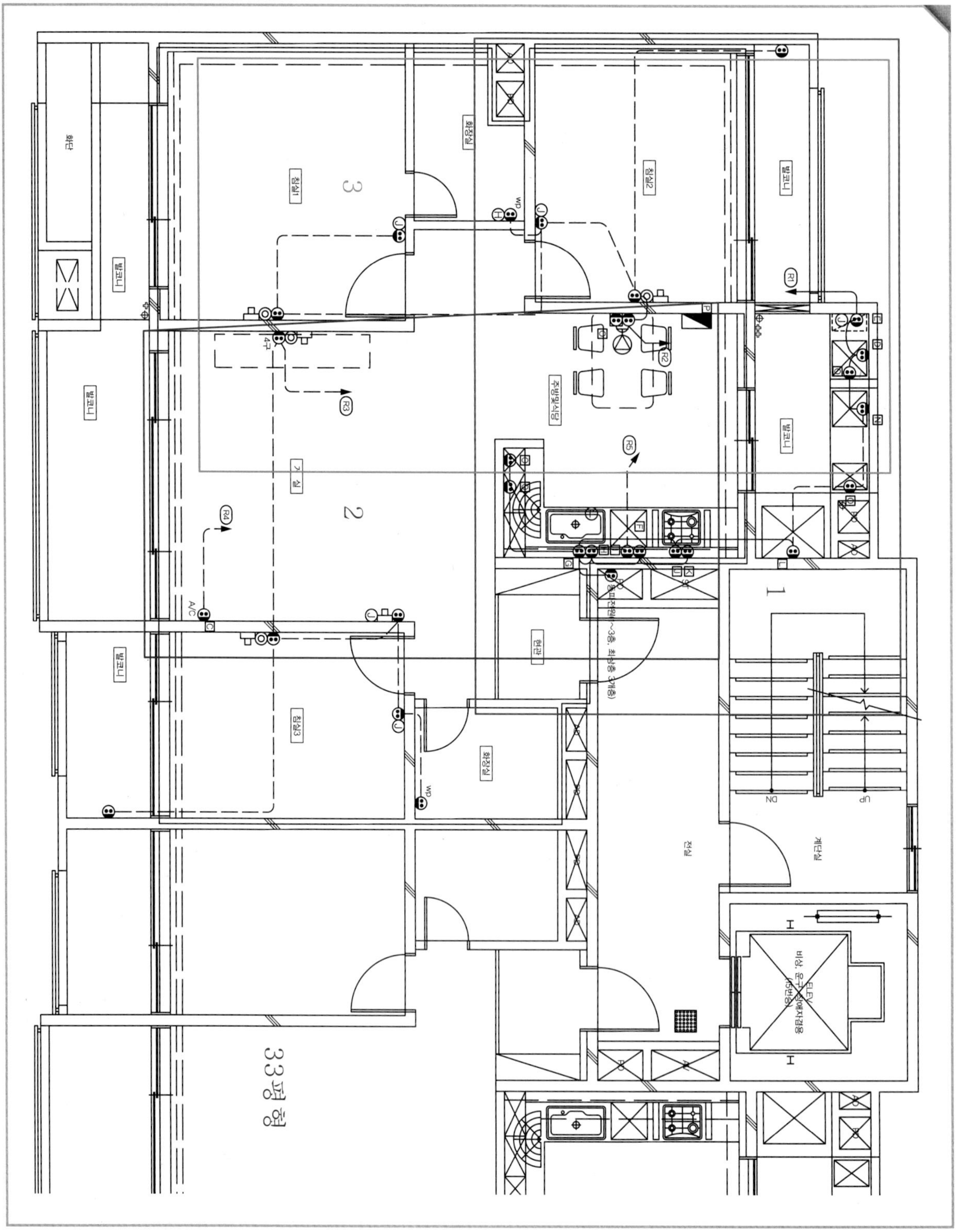

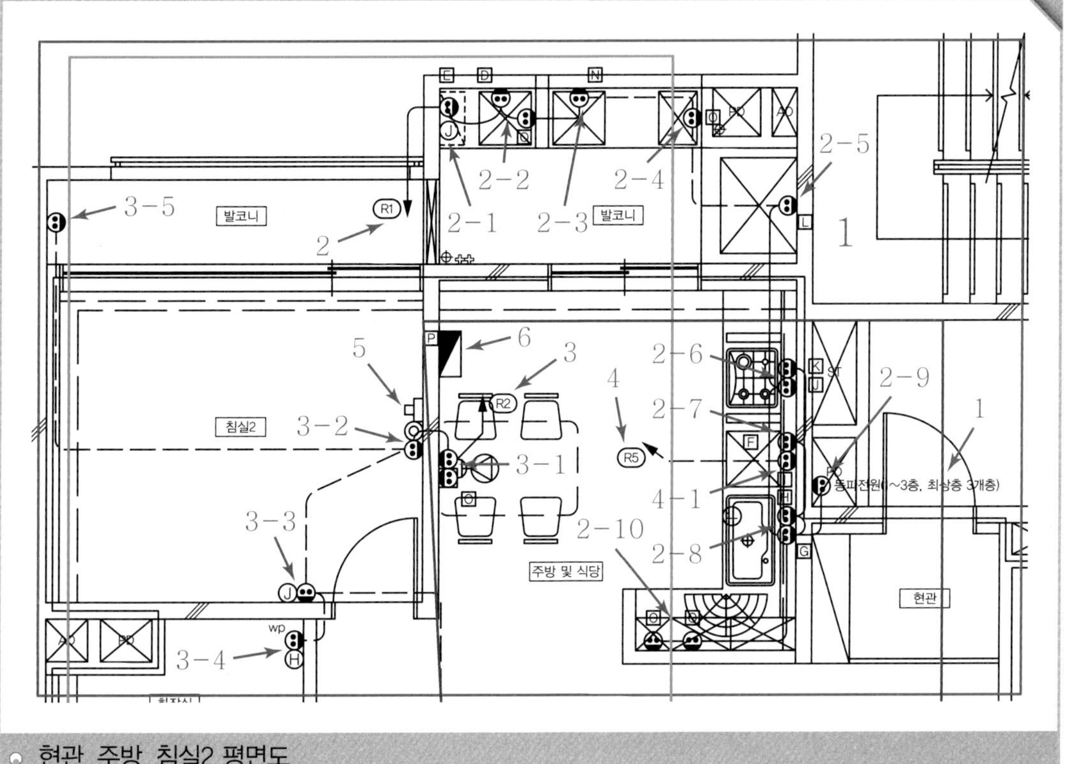

현관, 주방, 침실2 평면도

▶ 1번 : 세대 출입문

▶ 2번(R1) : 발코니(2-1~5번) 및 주방(2-6~10번) 콘센트 전원

▶ 2-1번 : 발코니 콘센트1(R1에서 직접 콘센트로 가지 않고 정크션 박스-J를 사용)

▶ 2-2번 : 발코니 콘센트2

▶ 2-3번 : 발코니 콘센트3

▶ 2-4번 : 발코니 콘센트4

▶ 2-5번 : 발코니 콘센트5

▶ 2-6번 : 가스레인지로, 발코니(2-5)에서 연결되어 왔다.

▶ 2-7번 : 주방 콘센트

▶ 2-8번 : 주방 콘센트(싱크대 밑의 탈수기 등에 사용)

▶ 2-9번 : 현관 밖에 있는 수도 계량기의 동파 방지용(2-8에서 연결됨)

▶ 2-10번 : 주방 콘센트

▶ 3번(R2) : 식탁 밑, 발코니, 침실, 화장실 콘센트 전원

▶ 3–1번 : 식탁 콘센트

▶ 3–2번 : 침실2 콘센트

▶ 3–3번 : 침실2 콘센트(정크션 박스를 써서 화장실로 감)

▶ 3–4번 : 화장실 콘센트(WP : 방우형)

▶ 3–5번 : 발코니 콘센트

▶ 4번(R5) : 가스오븐레인지용 전원으로, 용량이 크기 때문에 단독으로 갔다.

▶ 4–1번 : 가스오븐레인지용 콘센트

▶ 5번 : 전화

▶ 6번 : TV

세대 분전함

세대 분전함의 차단기는 보통 왼쪽부터 메인(MCCB), 전등(ELB), 전열(ELB) 순서로 된다.

거실의 4구 콘센트

콘센트가 4구일지라도 전원선은 1구나 2구와 같은 3가닥(하트상, 중성선, 접지)이다.

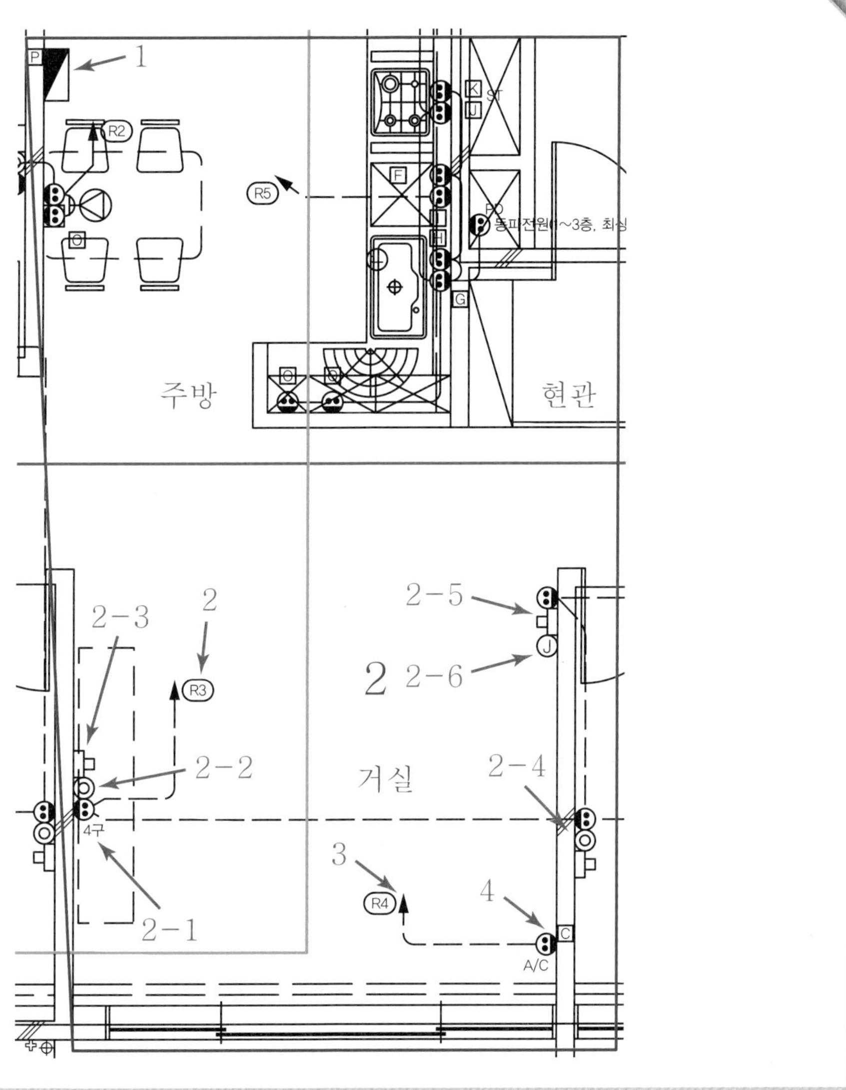

거실 평면도

- ▶ 1번 : 세대 분전함
- ▶ 2번(R3) : 거실 전원
- ▶ 2–1번 : 거실 TV 장식장 전원(4구)
- ▶ 2–2번 : TV 잭
- ▶ 2–3번 : 통신 잭
- ▶ 2–4번 : 침실3 콘센트
- ▶ 2–5번 : 거실 콘센트로 정크션 박스를 이용한다.
- ▶ 2–6번 : 정크션 박스
- ▶ 3번(R) : 에어컨 전원
- ▶ 4번 : 에어컨 단독 콘센트

콘센트 배관

4번의 에어컨 전용 콘센트 배관 모습이다(화살표 표시).

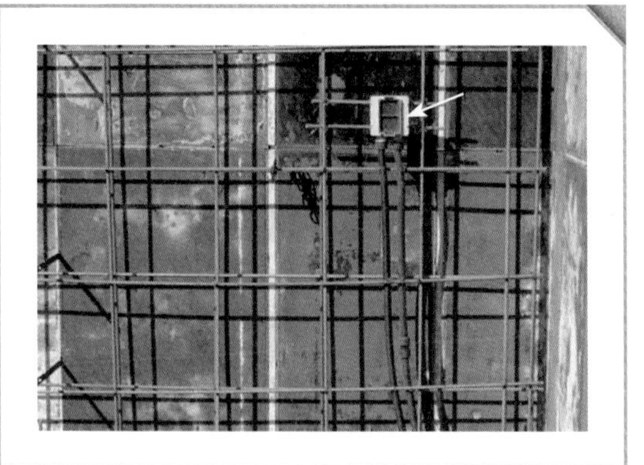

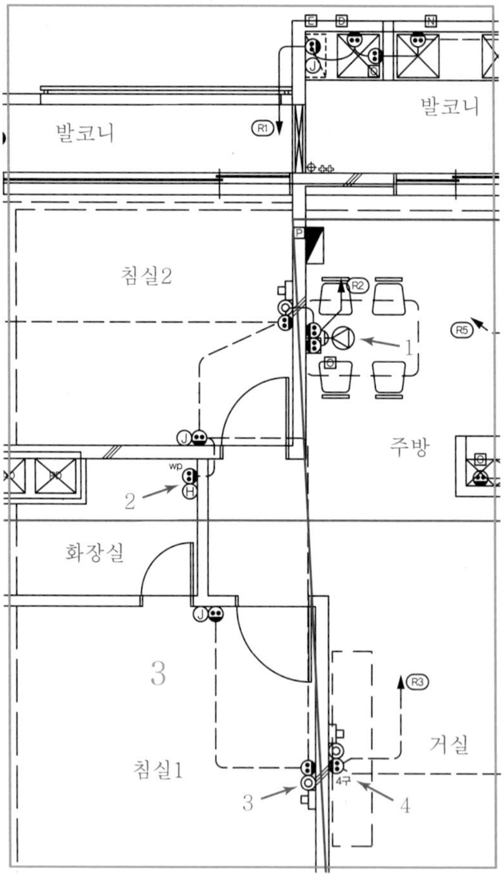

주방, 화장실, 침실 전열 평면도

▶ 1번 : 스피커 기호

▶ 2번 : 화장실 방우형 콘센트로, 화장실은 물에 노출되기 때문에 방우형을 사용한다.

▶ 3번 : 침실1의 콘센트로, TV · 전화 용도이다.

▶ 4번 : 거실1의 콘센트로, TV · 전화 용도이며 거실은 전열 기기가 많아 4구 콘센트를 사용했다.

배관 모습

㉠ 1번 : 콘센트

㉡ 2번 : TV

㉢ 3번 : 전화

배관 입선

매입 배관 속에 입선하는 모습이다.

04 101동 공용부 비상등 설비 계통도

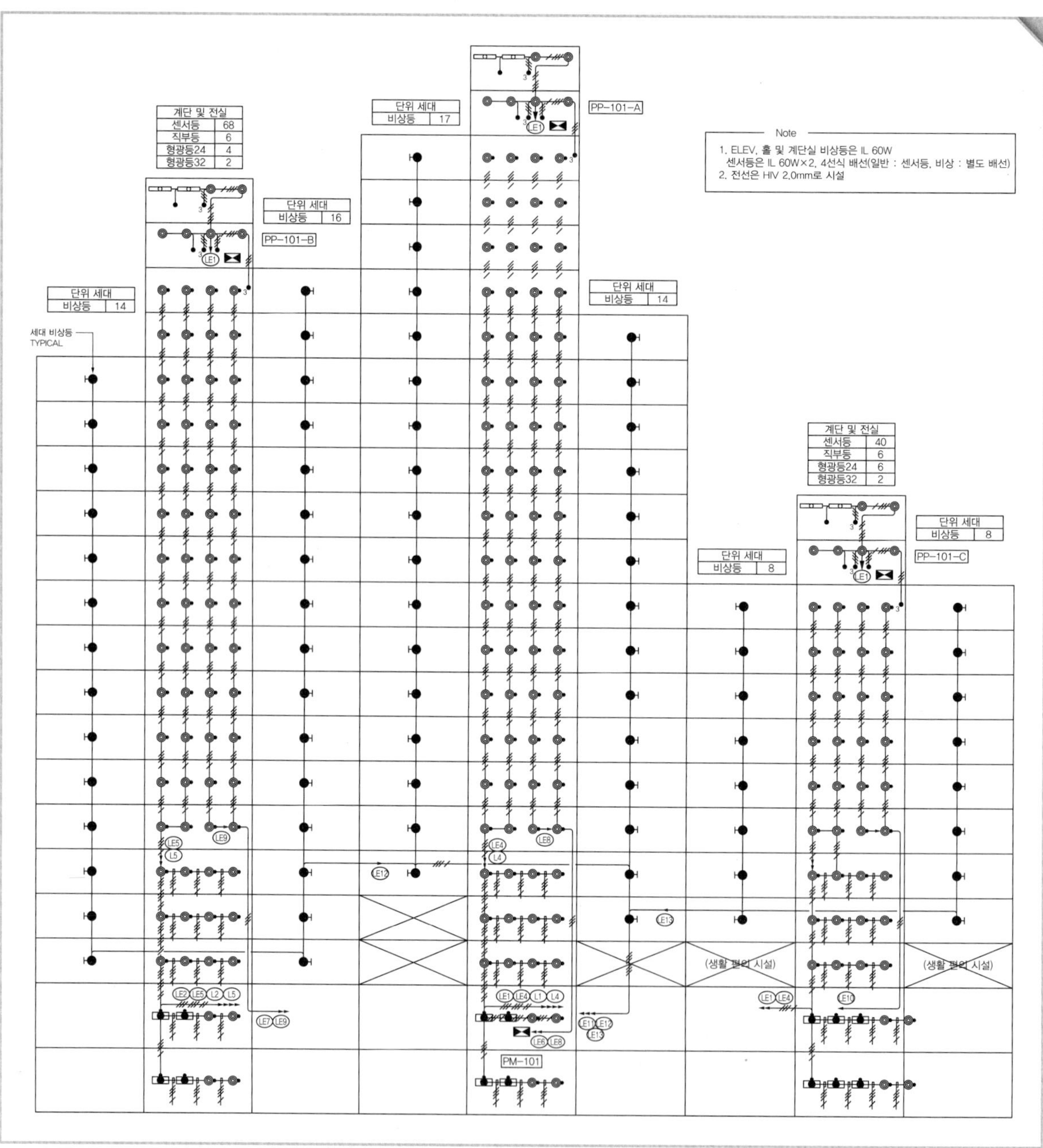

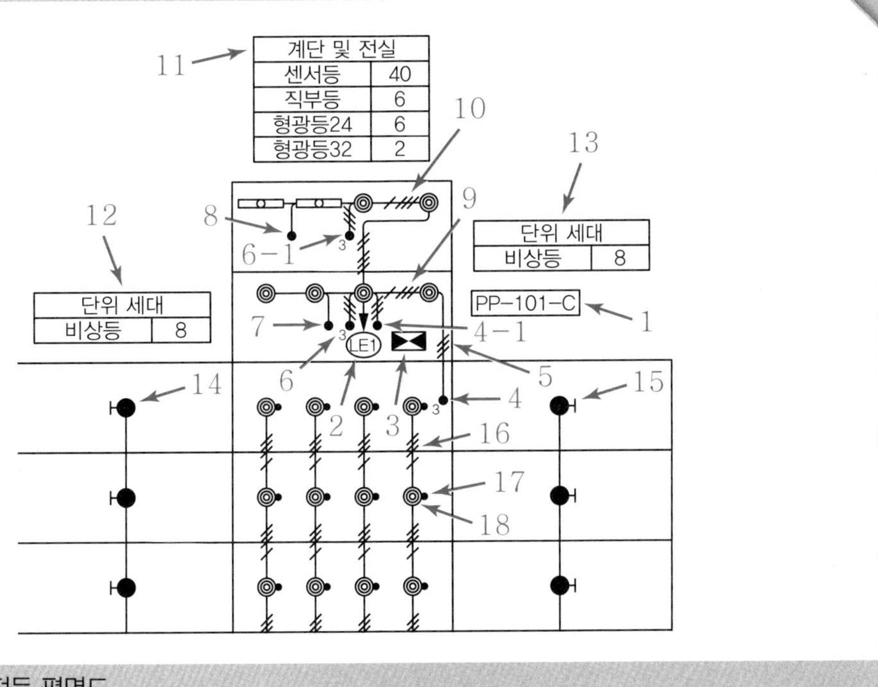

상층부 공용 전등 평면도

- ▶ 1번 : 공용부 패널 명칭
- ▶ 2번(LE1) : 비상 전등 전원
- ▶ 3번 : PP-101-C 패널
- ▶ 4번 : 아래층 3로 스위치로, 옥상으로 나가는 상층부는 센서등이 아닌 3로 회로이다.
- ▶ 4-1번 : 중층 3로 스위치
- ▶ 5번 : 입선된 전선 가닥수(3가닥)
- ▶ 6-1번 : 중층 3로 스위치
- ▶ 6-2번 : 위층 3로 스위치
- ▶ 7 · 8번 : 해당 층 복도의 일반 스위치
- ▶ 9번 : 전선 가닥수
- ▶ 10번 : 전선 가닥수(4가닥 : 연락선 – 2, 스위치 출력 – 1, 등공통 – 1)
- ▶ 11번 : 해당 라인의 계단 및 전실에 있는 전등의 종류 및 개수
- ▶ 12 · 13번 : 세대 내부의 벽에 설치된 비상 벽부등 개수
- ▶ 14 · 15번 : 세대 내부 비상 벽부등
- ▶ 16번 : 전선 가닥수(4가닥 : 일반 – 2, 비상 – 2)
- ▶ 17번 : 비상등 표시
- ▶ 18번 : 일반등 표시

참고 1개의 등기구 속에 일반과 비상 라인이 함께 들어 있다.

일반 센서등의 점등 모습

내부에는 상시 램프와 비상 램프가 있으며, 센서에 의해 점등되는 것은 상시 램프이다.

센서등 내부

매입 배관 등기구 속에 일반 램프와 비상(적색 포인트) 램프가 함께 들어 있다.

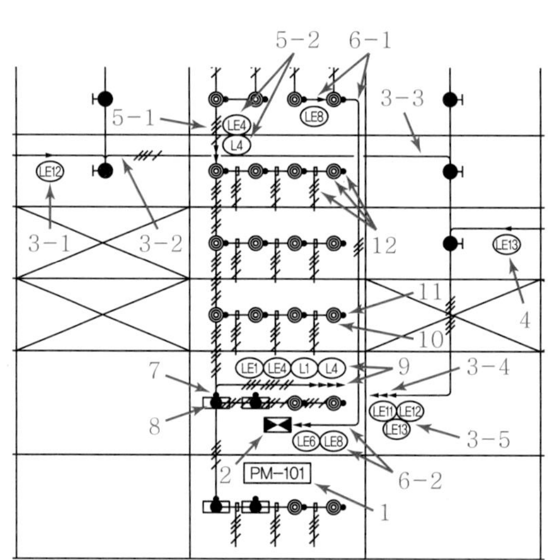

하층부 공용 전등 평면도

- ▶ 1번 : 지하에 있는 패널 명칭
- ▶ 2번 : 패널 위치(PM-101)
- ▶ 3-1번(LE12) : 1호 라인 비상 전등 전원
- ▶ 3-2번 : LE12 전원이 패널로 가는 배관 라인

- ▶ 3–3번 : LE12의 전원이 3호 라인의 세대 배관을 통해 패널로 연결된다.
- ▶ 3–4번 : 화살표 3개는 패널로 가는 전원이 3개라는 뜻이다.
- ▶ 3–5번 : 전원 3개(LE11, LE12, LE13)
- ▶ 4번(LE13) : 3호 라인 비상 전등 라인 전원
- ▶ 5–1번 : 상층부에서 내려오는 전원
- ▶ 5–2번(L4, LE4) : L4(일반 전원), LE4(비상 전원)
- ▶ 6–1번 : LE8 전원이 패널로 가는 배관
- ▶ 6–2번 : LE6과 LE8의 전원이 같은 배관 속에 입선되었다.
- ▶ 7 · 11번 : 비상 램프
- ▶ 8 · 10번 : 일반 램프
- ▶ 9번 : L1(일반), LE1(비상), L4(일반), LE4(비상) 전원
- ▶ 12번 : 전선 가닥수(4가닥으로, 일반 – 2, 비상 – 2)

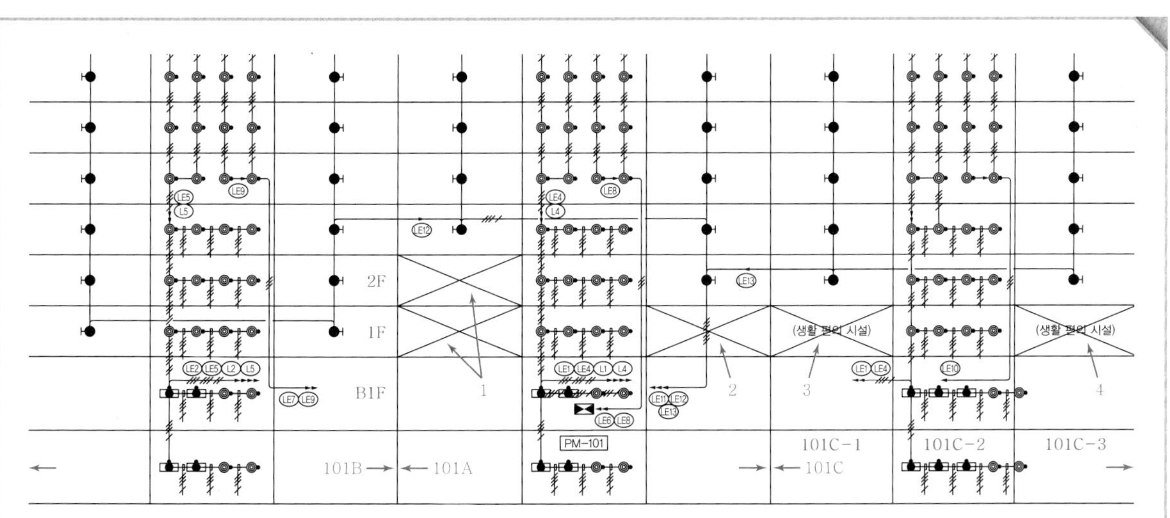

101동 A ~ C 라인 하부 평면도

- ▶ 1번 : 2F까지 필로티로, 3층부터 세대가 시작된다.
- ▶ 2번 : 1F까지 필로티로, 2층부터 세대가 시작된다.
- ▶ 3번 : 1F까지 필로티로, 2층부터 세대가 시작된다.
- ▶ 4번 : 1F까지 필로티로, 2층부터 세대가 시작된다.

05 101동 유도등 설비 계통도

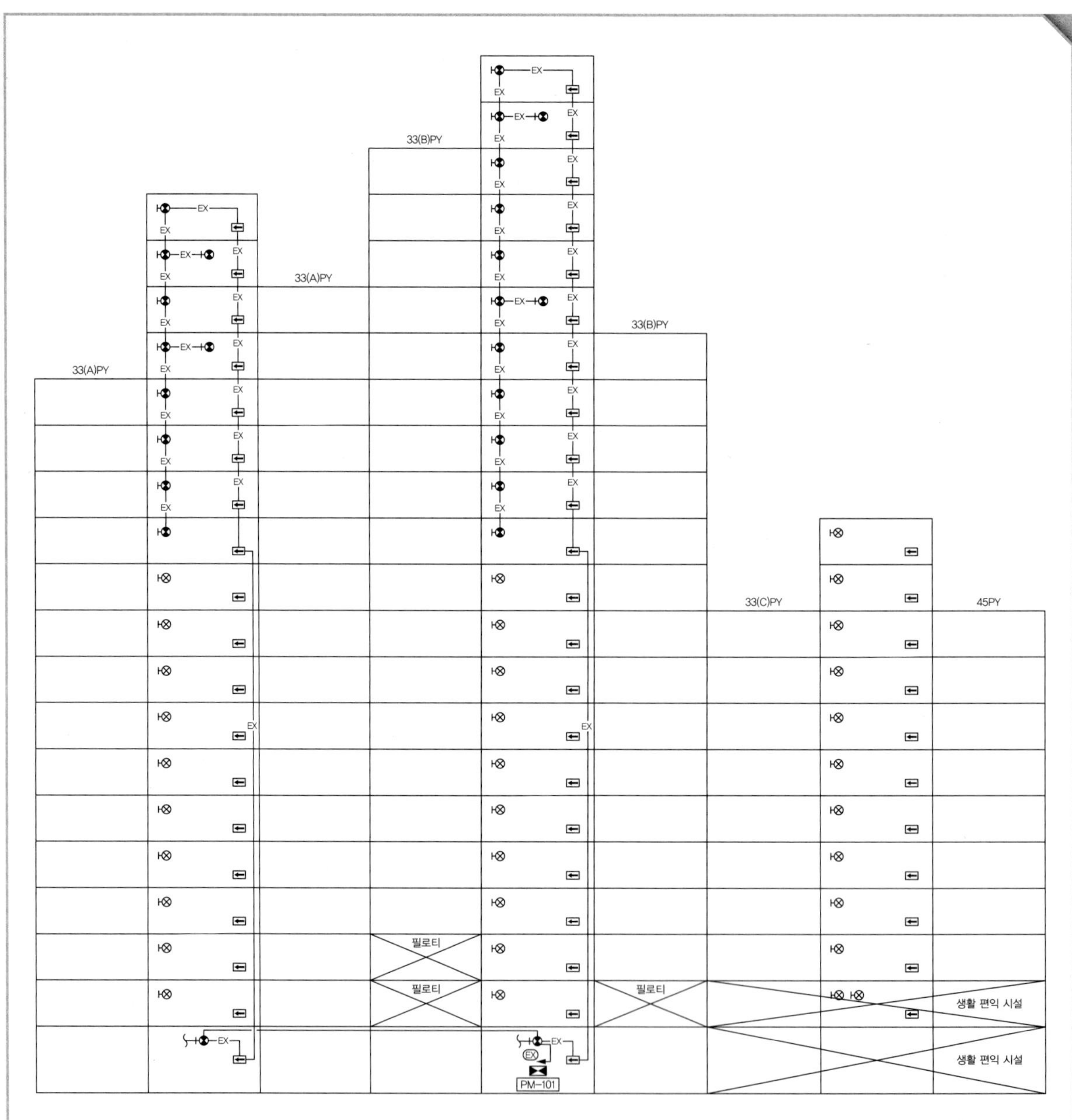

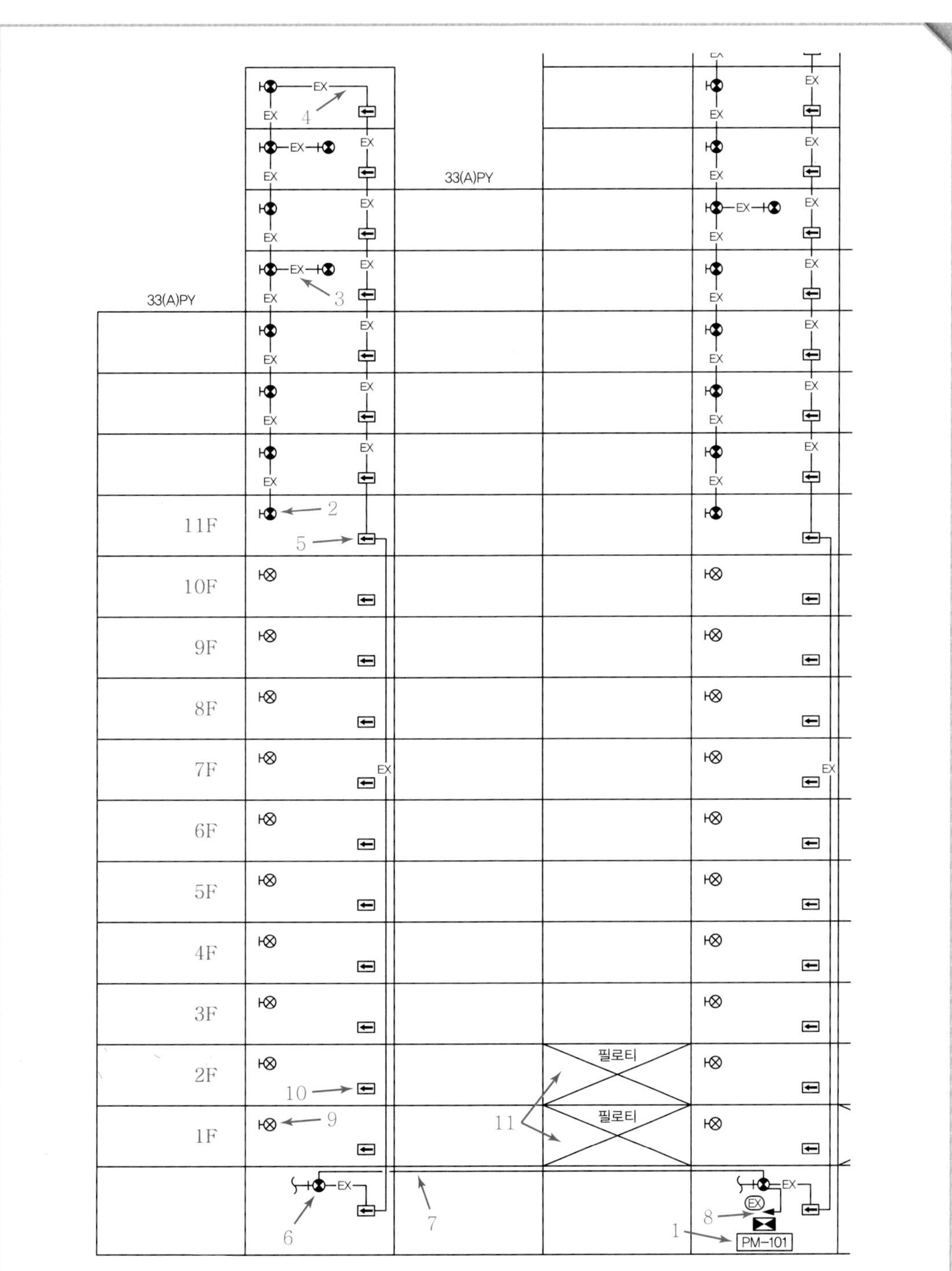

33(A)PY
33(A)PY
EX
4
3
2
5
11F
10F
9F
8F
7F
6F
5F
4F
3F
2F
1F
10
9
11
필로티
필로티
6
7
8
1
PM-101

유도등 평면도

1~10층까지는 램프 점등형이 아닌 유도 표지판형을 부착한다.

- ▶ 1번 : 패널 명칭(PM-101)
- ▶ 2번 : 벽부형 유도등
- ▶ 3번 : 비상구(EX)에 설치된 유도등
- ▶ 4번 : 비상 계단의 통로 유도등
- ▶ 5번 : 꼭대기층에서 11층까지 램프 점등형이므로 전원이 공급된 뒤 지하로 갔다.
- ▶ 6번 : 지하층 유도등
- ▶ 7번 : A라인에 공급된 전원 배관이 B라인과 연결된다.
- ▶ 8번 : B라인에 전원을 공급하고 지하층 유도등 박스에서 PM-101 패널로 간다.
- ▶ 9번 : 비상문 상부에 부착된 표지판형 유도등
- ▶ 10번 : 비상 계단의 무릎 위치에 부착된 표지판형 유도등
- ▶ 11번 : 필로티는 유도등이 없다.

유도등에 대한 Note

㉠ 소방법에 따라 유도등의 종류, 크기 등이 다르며, 유도등이 아닌 유도 표지판을 설치한다.

㉡ 케이블 트레이로 지나가는 구간은 별도의 배관을 하지 않는다.

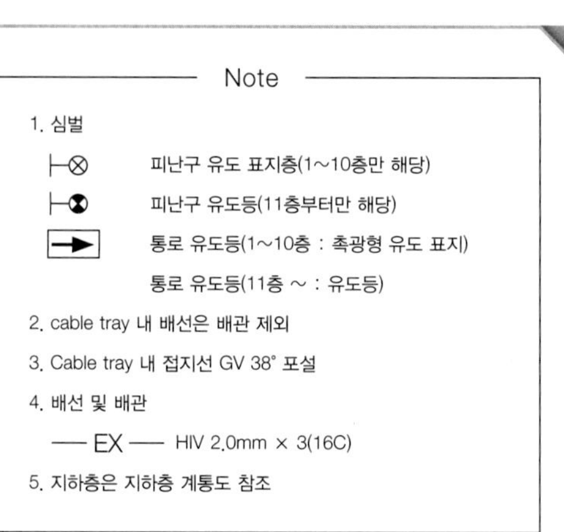

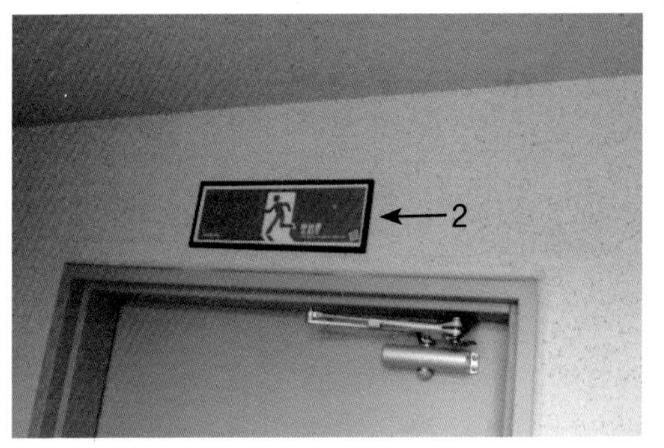

피난구 유도등

㉠ 1번 : 램프 점등형 – 상기 Note에 따라 11F부터 설치한다.

㉡ 2번 : 표지판형 – Note에 따라 1~10F까지 설치한다.

참고 소방법은 자주 바뀌기 때문에 항상 소방법을 근거로 한다.

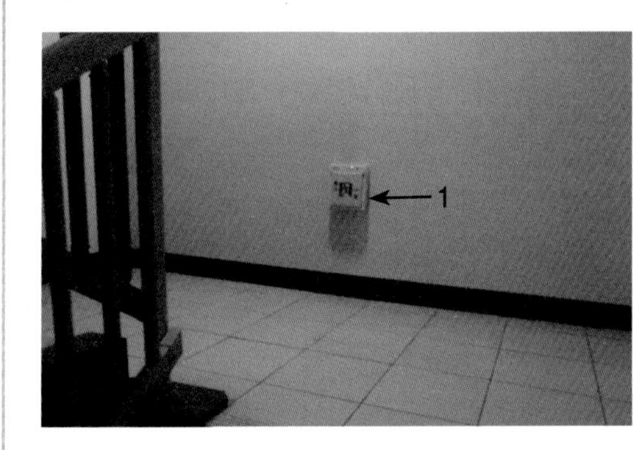

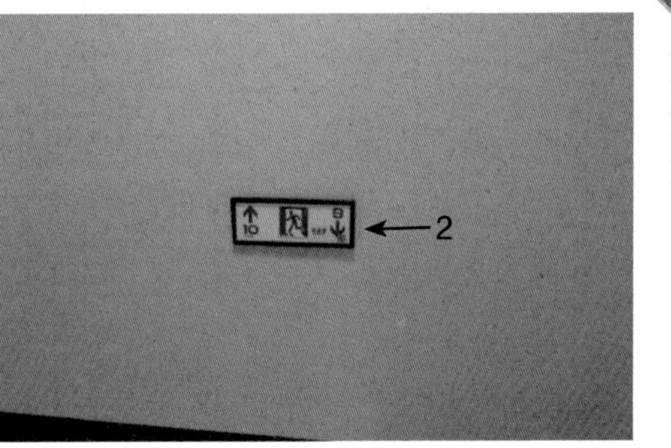

통로 유도등

㉠ 1번 : 램프 점등형 – Note에 따라 설치된 유도등이다.

㉡ 2번 : 표지판형 – Note에 따라 설치된(9~10F 사이) 유도 표지이다.

06 3～9층 자동 화재 탐지 설비 및 방송 설비 평면도

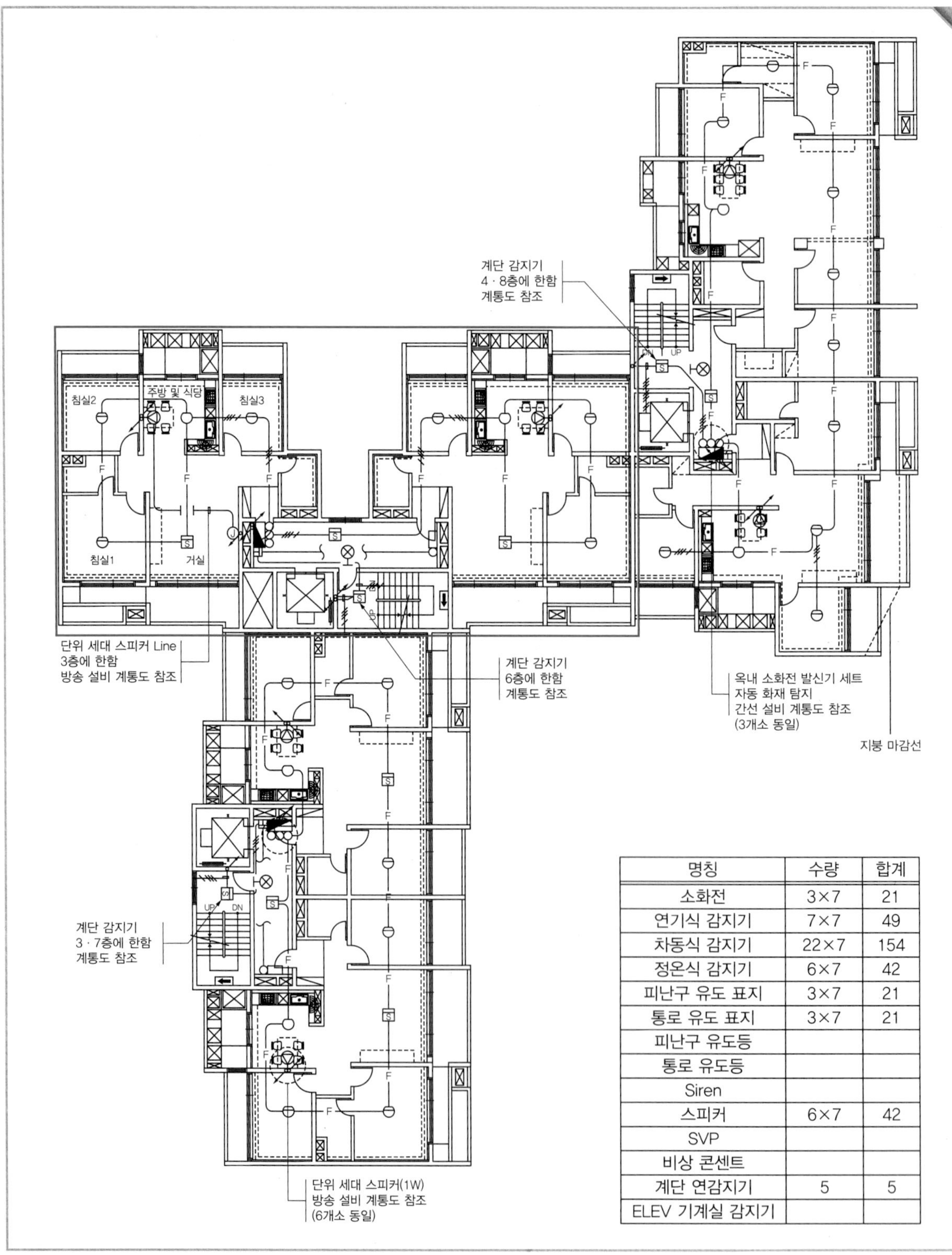

명칭	수량	합계
소화전	3×7	21
연기식 감지기	7×7	49
차동식 감지기	22×7	154
정온식 감지기	6×7	42
피난구 유도 표지	3×7	21
통로 유도 표지	3×7	21
피난구 유도등		
통로 유도등		
Siren		
스피커	6×7	42
SVP		
비상 콘센트		
계단 연감지기	5	5
ELEV 기계실 감지기		

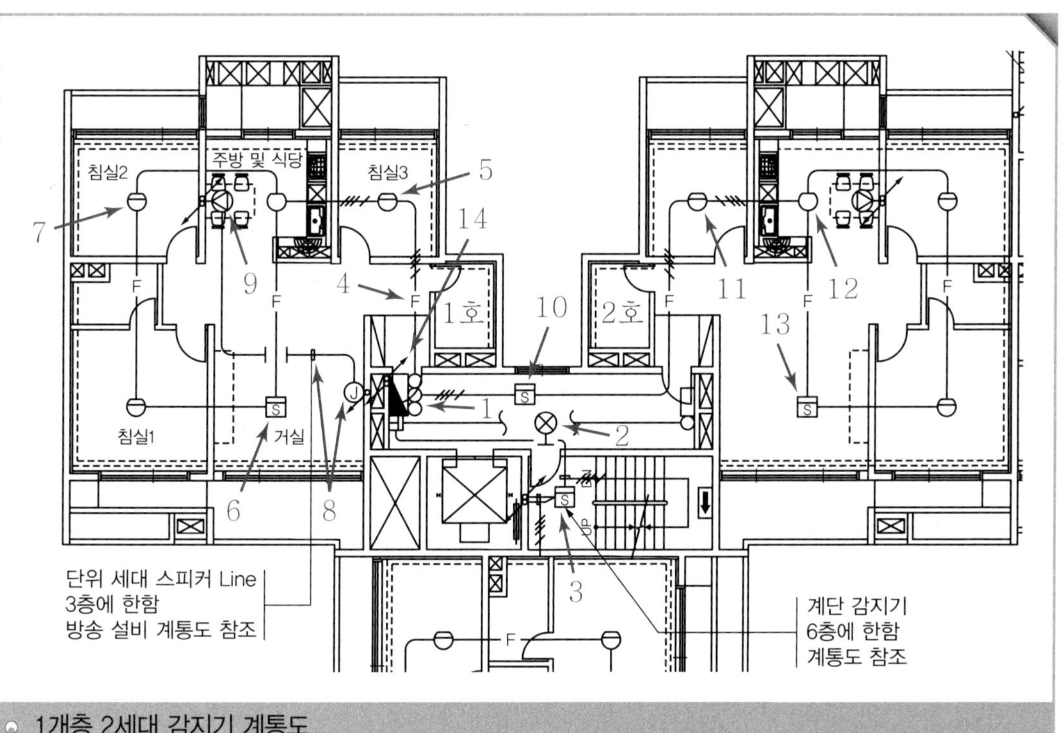

1개층 2세대 감지기 계통도

- ▶ 1번 : 소화전 위에 있는 발신기 세트
- ▶ 2번 : 비상구 유도등
- ▶ 3번 : 연기식 감지기
- ▶ 4번 : 발신기 세트에서 1호 세대로 간다. 루프 형식 결선이므로 보내는 라인(DC 24V 2가닥)과 다시 받는 라인(2가닥)이 배관 속에 같이 입선되어 4가닥이 된다.
- ▶ 5번 : 차동식 감지기
- ▶ 6번 : 연기식 감지기
- ▶ 7번 : 말단(종단) 감지기로, 발신기 세트에서 온 선이 이곳에서 다시 왔다가 배관을 통해 발신기로 되돌아간다.
- ▶ 8번 : 스피커 배관
- ▶ 9번 : 스피커
- ▶ 10번 : 엘리베이터 앞 연기식 감지기
- ▶ 11번 : 2호 세대 차동식 감지기
- ▶ 12번 : 정온식 감지기
- ▶ 13번 : 연기식 감지기

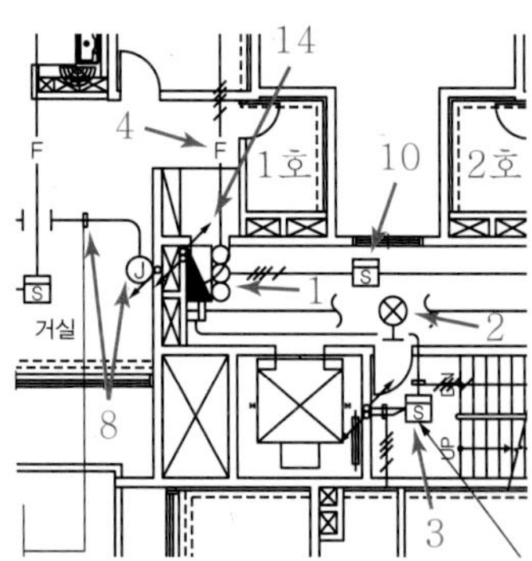

확대 모습

- ▶ 1번 : 발신기 세트
- ▶ 2번 : 비상구 유도등
- ▶ 3번 : 연기식 감지기
- ▶ 4번 : 1호 세대 감지기 전원
- ▶ 8번 : 스피커 배관
- ▶ 10번 : 엘리베이터 앞 연기식 감지기
- ▶ 14번 : 입상(↗), 입하(↙), 위 · 아래층으로 배관이 간다.

발신기

소화전 위에 설치된 발신기 세트 모습이다.

엘리베이터 앞 천장 모습

㉠ 1번 : 연기식 감지기

㉡ 2번 : 센서등

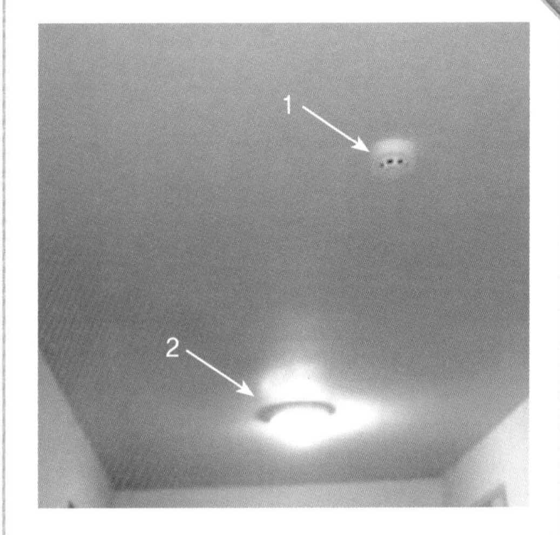

거실 천장 모습

㉠ 1번 : 감지기

㉡ 2번 : 거실 등기구

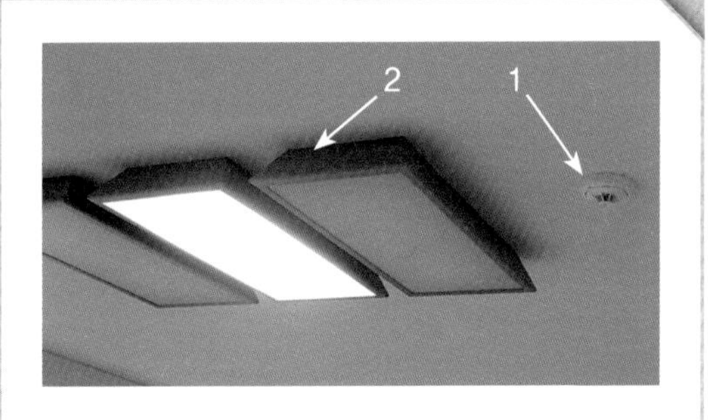

주방 천장 모습

㉠ 1번 : 정온식 감지기

㉡ 2번 : 주방등

㉢ 3번 : 가스 누설 탐지기

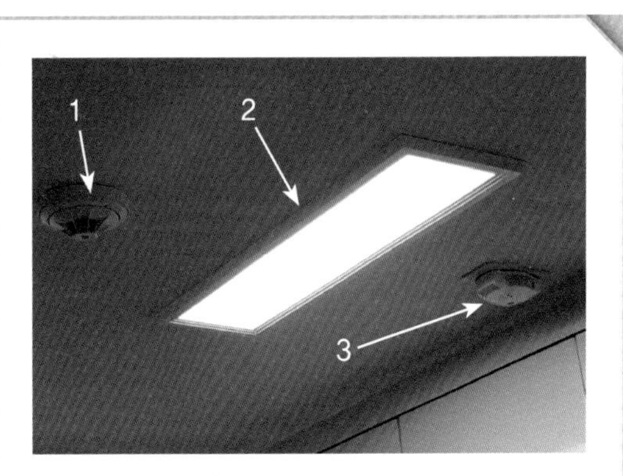

07 101동 방송 설비 평면도

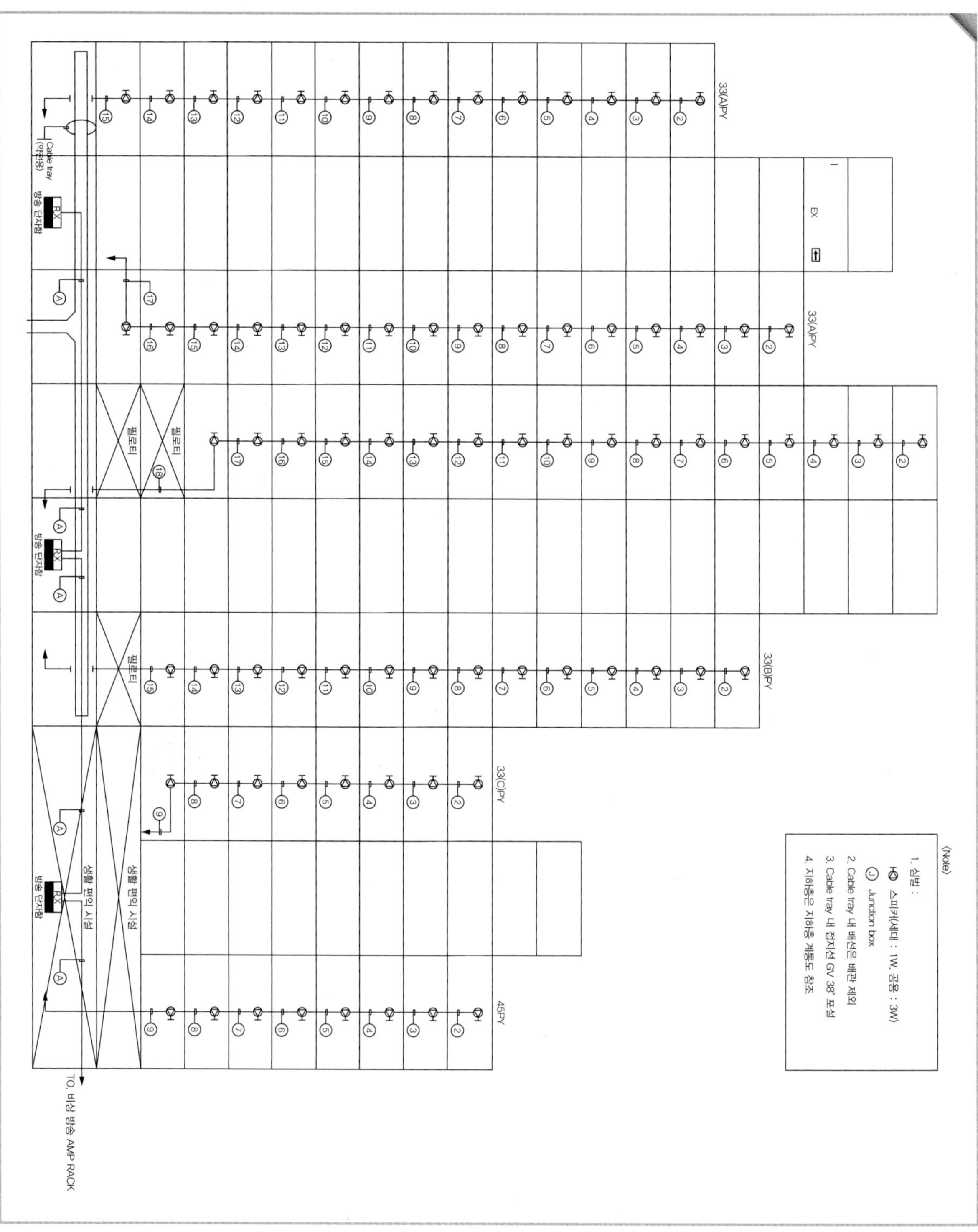

케이블 스케줄표

평면도에 있는 번호를 해당 스케줄표에서 찾는다.

㉠ ① : HIV(전선의 종류) 전선 1.2mm(전선의 굵기)×1(전선 가닥수), 16C(전선을 입선하는 배관 굵기)

㉡ Ⓐ : 방송 단자함 ~ 관리동까지 전선 규격

NO	설명	배관 규격
①	HIV 1.2mm × 1	16C
②	HIV 1.2mm × 2	16C
③	HIV 1.2mm × 3	16C
④	HIV 1.2mm × 4	16C
⑤	HIV 1.2mm × 5	16C
⑥	HIV 1.2mm × 6	16C
⑦	HIV 1.2mm × 7	16C
⑧	HIV 1.2mm × 8	22C
⑨	HIV 1.2mm × 9	22C
⑩	HIV 1.2mm × 10	22C
⑪	HIV 1.2mm × 11	22C
⑫	HIV 1.2mm × 12	22C
⑬	HIV 1.2mm × 13	28C
⑭	HIV 1.2mm × 14	28C
⑮	HIV 1.2mm × 15	28C
⑯	HIV 1.2mm × 16	28C
⑰	HIV 1.2mm × 17	28C
⑱	HIV 1.2mm × 18	28C
⑲	HIV 1.2mm × 19	28C
⑳	HIV 1.2mm × 20	28C
㉑	HIV 1.2mm × 21	28C
Ⓐ	단자함 ~ 관리동 FR-3 2.0mm/2C (22C) × 1 CWS 2.0mm/4C (28C) × 1	

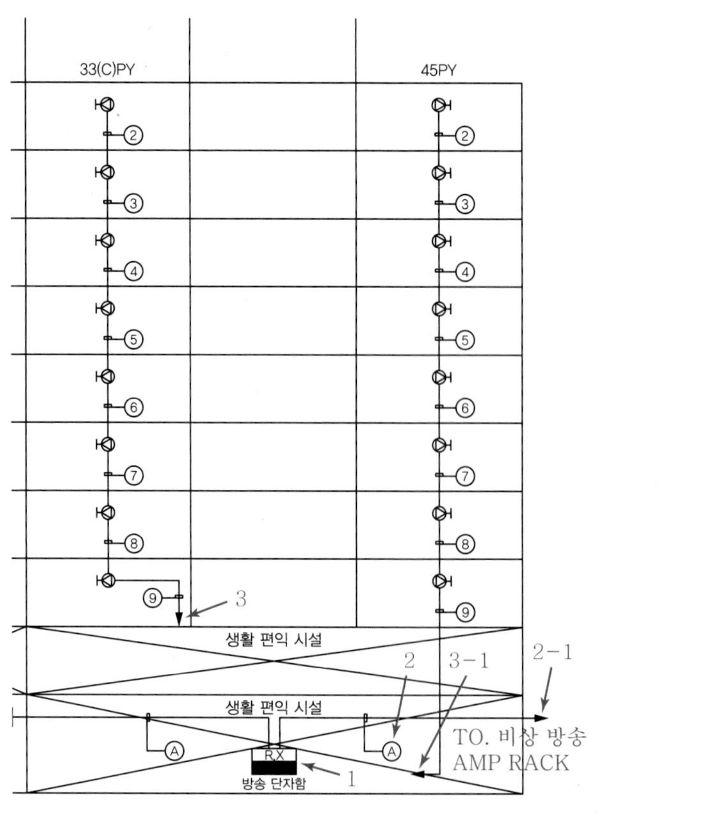

세대 방송 평면도

방송 간략 계통은 크게 방재실의 방송 시스템 → 각 동 지하에 있는 방송 단자함 → 각 세대 내부 방송 스피커로 된다.

- ▶ 1번 : 지하 주차장 벽에 있는 방송 단자함이다.
- ▶ 2번(Ⓐ) : 해당 라인의 단자함에서 관리동에 있는 비상 방송 AMP RACK까지의 전선 규격으로, FR-3(2C) 1가닥과 CVVS(4C) 1가닥이 간다.
- ▶ 2-1번 : 관리동의 비상 방송 시스템으로 간다는 뜻이다.
- ▶ 3번 : 33평형 세대 내부에 있는 스피커 라인으로, 각 세대마다 COM하여 방송 단자함으로 온다.
- ▶ 3-1번 : 45평형 세대 내부에 있는 스피커 라인으로, 각 세대마다 COM하여 방송 단자함으로 온다.

방송 시스템

관리동 방제실에 있는 방송 시스템이다. 화재 시 수신기의 신호를 받아 비상 방송이 송출된다.

지하 주차장의 방송 단자함

㉠ 1번 : 케이블 트레이

㉡ 2번 : 케이블

㉢ 3번 : 방송 단자함

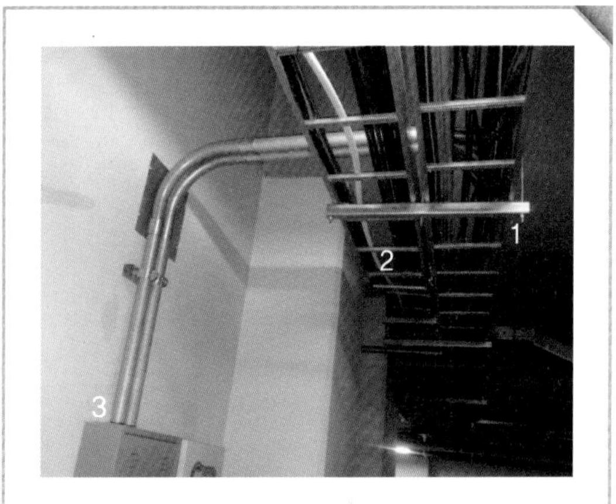

방송 단자함

각 동의 지하에 있다.

내부 단자함의 결선 모습

현장에 따라 내부 컨트롤러는 다양하다.

공통 단자에 선이 결선된 모습

공통 1가닥(용량에 따라 다름)에 출력선은 각 세대마다 1가닥씩이다.

스피커 결선

각 세대의 스피커에서 온 선이 회로 단자에 결선된 모습이다.

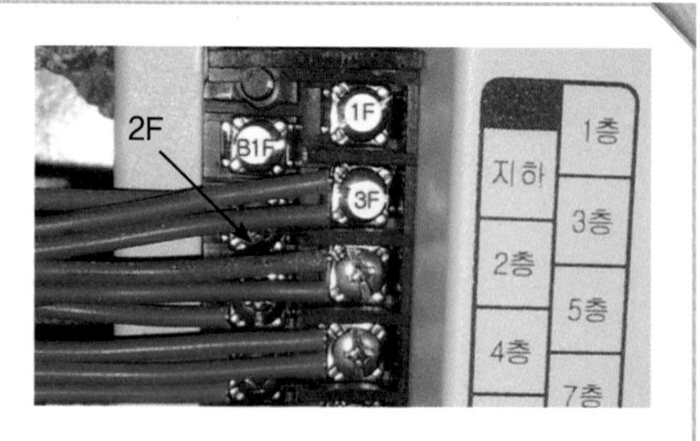

08 홈 오토(home auto, 통신) 평면도

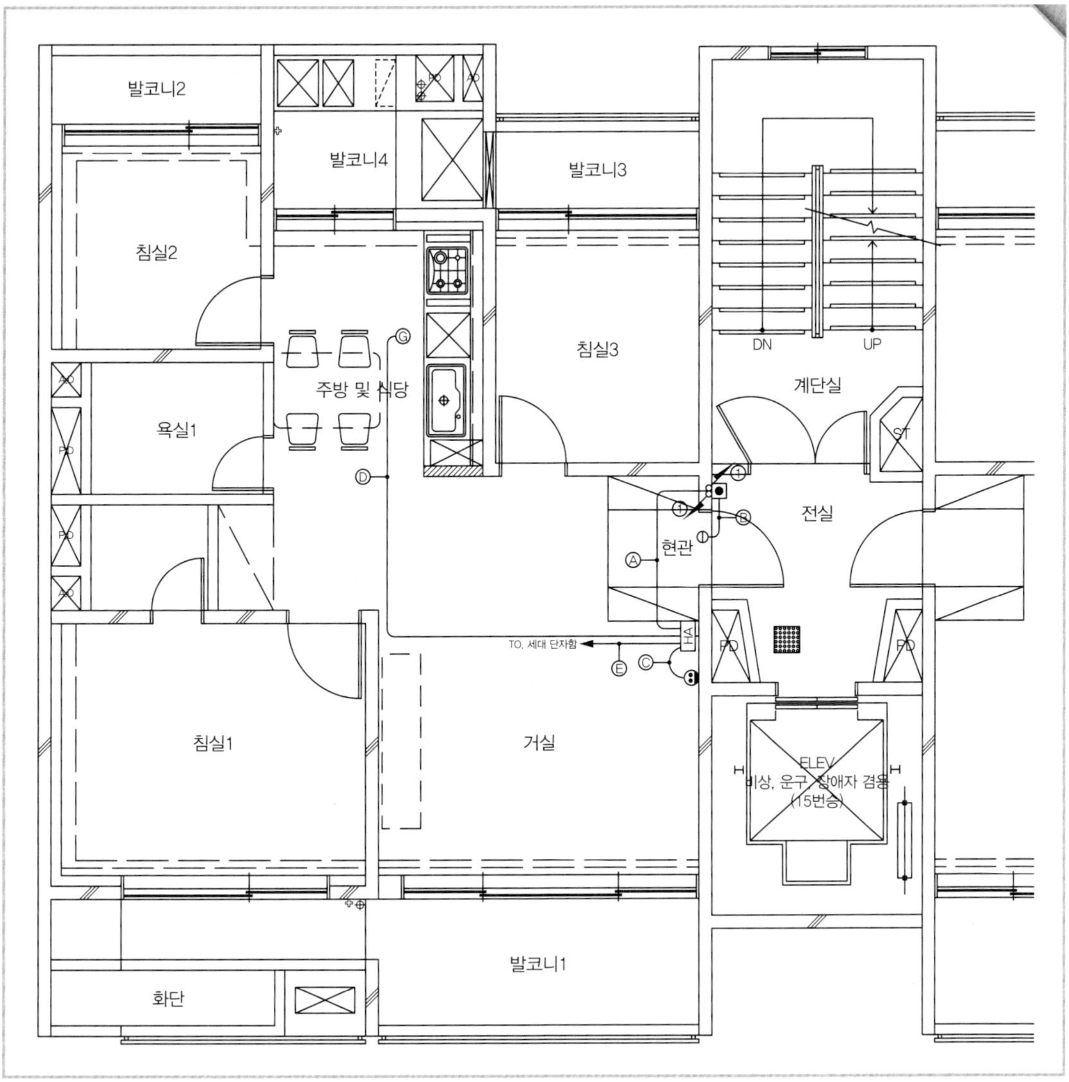

발코니2
발코니4
발코니3
침실2
침실3
DN
UP
주방 및 식당
계단실
욕실1
ST
전실
현관
HA
TO. 세대 단자함
침실1
거실
ELEV
비상, 운구, 장애자 겸용
(15번승)
발코니1
화단

주기 사항 ①의 예시

㉠ 1 : 가닥수

㉡ UTP : 통신선

㉢ CAT.5 : 카테고리 5번으로, 통신선의 종류

㉣ 4P : 케이블 속에 들어 있는 전선의 조(4조-8가닥임)

㉤ Data/통화 : 컴퓨터, 일반 전화 용도로 사용

주기 사항

① 1–UTP CAT.5 4P(data/통화) ⎤ – 22C
1–ECX 5C/2V (로비 영상) ⎦

Ⓐ 2–UTP CAT.5 4P(data/통화/카메라) ⎤ – 22C
1–ECX 5C/2V (로비 영상) ⎦

Ⓑ 1–UTP CAT.5 – 16C(방범)

Ⓒ 2–IV 2.0mm (G)IV 2.0mm – 16C(HAS 전원)

Ⓓ 1–UTP CAT.5 4P – 16C(가스 감지기)

Ⓔ 1–UTP CAT.5 4P – 16C(전화)

* 특기 없는 단위 세대 내 배관은 CD 전선관을 사용한다.

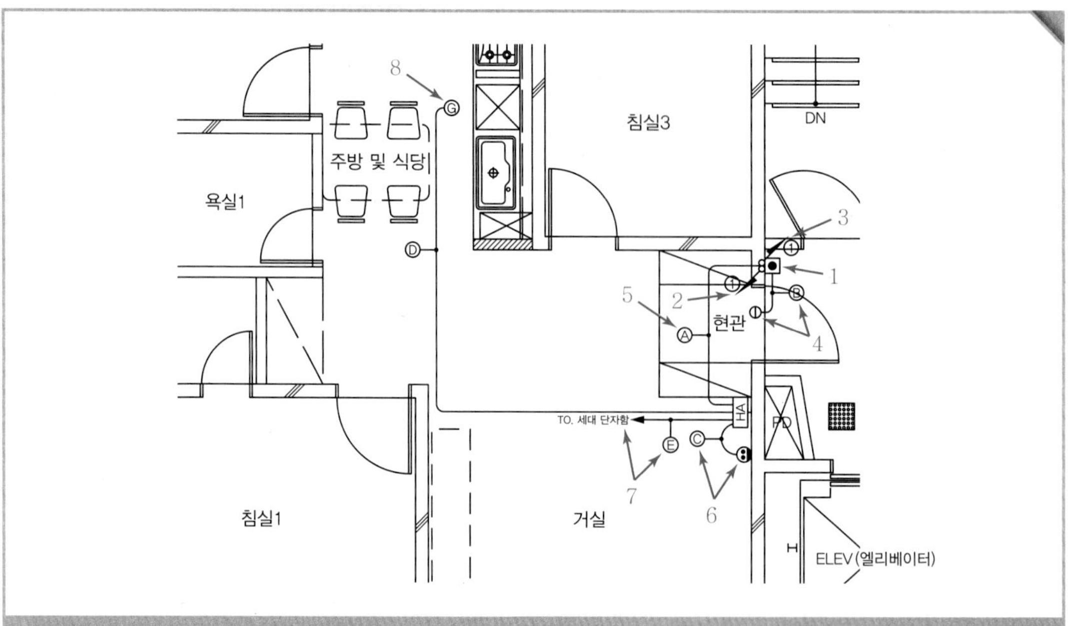

외부 현관 및 세대 내부 평면도

- ▶ 1번 : 현관 입구에 설치된 도어폰
- ▶ 2번(↙) : 입하로, 아래층 도어폰 박스와 연결된다.
- ▶ 3번(↗) : 입상으로, 위층 도어폰 박스와 연결된다.
- ▶ 4번 : 방범용 감지기이다.
- ▶ 5번 : 도어폰과 세대 내부에 있는 홈 오토와 연결되는 라인이다.
- ▶ 6번 : 홈 오토용 전원으로, 벽에 있는 콘센트에서 공급받는다.
- ▶ 7번 : 세대에 있는 통신 단자함과 연결한다.
- ▶ 8번 : 홈 오토와 주방 천장에 있는 가스 감지기와 연결한다.

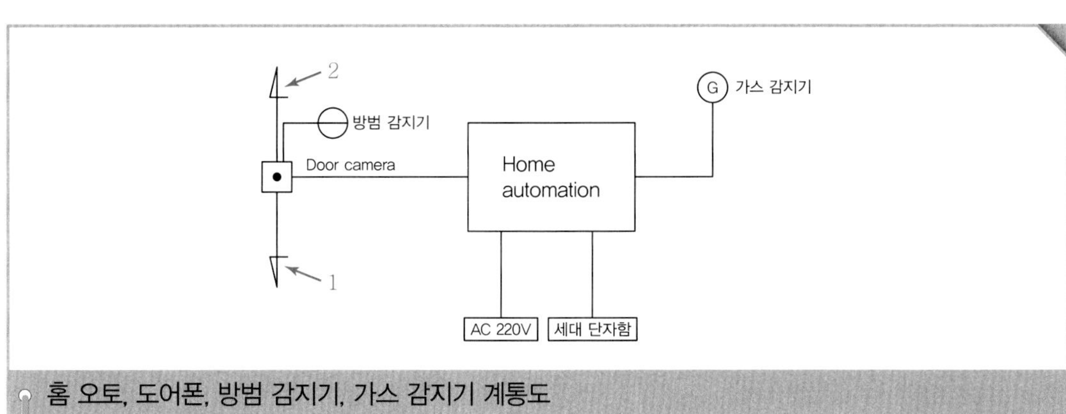

홈 오토, 도어폰, 방범 감지기, 가스 감지기 계통도

- ▶ 1번 : 입하
- ▶ 2번 : 입상

생생 수배전설비 실무 기초

2020. 1. 6. 초 판 1쇄 발행
2023. 2. 15. 초 판 3쇄 발행

지은이 | 김대성
펴낸이 | 이종춘
펴낸곳 | BM ㈜도서출판 성안당
주소 | 04032 서울시 마포구 양화로 127 첨단빌딩 3층(출판기획 R&D 센터)
| 10881 경기도 파주시 문발로 112 파주 출판 문화도시(제작 및 물류)
전화 | 02) 3142-0036
| 031) 950-6300
팩스 | 031) 955-0510
등록 | 1973. 2. 1. 제406-2005-000046호
출판사 홈페이지 | **www.cyber.co.kr**
ISBN | 978-89-315-2648-6 (13560)
정가 | 39,000원

이 책을 만든 사람들
기획 | 최옥현
진행 | 박경희
교정 · 교열 | 이은화
전산편집 | 정희선
표지 디자인 | 정희선, 박현정
홍보 | 김계향, 유미나, 이준영, 정단비
국제부 | 이선민, 조혜란
마케팅 | 구본철, 차정욱, 오영일, 나진호, 강호묵
마케팅 지원 | 장상범
제작 | 김유석

※ 잘못된 책은 바꾸어 드립니다.